de Gruyter Lehrbuch

Döring · Atomphysik und Quantenmechanik

Werner Döring

Atomphysik und Quantenmechanik

III. Anwendungen

W DE G

Walter de Gruyter · Berlin · New York 1979

Prof. em. Dr. Werner Döring
Universität Hamburg
I. Institut für Theoretische Physik

45 Abbildungen im Text

CIP-Kurztitelaufnahme der Deutschen Bibliothek

Döring, Werner
Atomphysik und Quantenmechanik / Werner Döring. –
Berlin, New York: de Gruyter
3. Anwendungen. – 1979.
(de-Gruyter-Lehrbuch)
ISBN 3-11-007090-1

 Druck: Karl Gerike, Berlin, Bindearbeiten: Dieter Mikolai, Berlin. Einbandentwurf: Rudolf Hübler, Berlin. – Printed in Germany

Inhalt

Einleitung

Im ersten Band dieses Lehrbuches wurden die Erscheinungen behandelt, aus denen das Vorhandensein von Atomen und Molekülen in den makroskopischen Körpern folgt sowie die Existenz von Atomkernen und Elektronenhüllen in den Atomen. Es wurden die Doppelnatur Welle-Korpuskel behandelt, das Unbestimmtheitsprinzip und die Wahrscheinlichkeitsaussagen, welche den Widerspruch zwischen Wellenmodell und Partikelmodell überbrücken.

Im zweiten Band wurde die Struktur der Elektronenhüllen der Atome und ihre Spektren behandelt. Ferner wurde der allgemeine Formalismus der Quantenmechanik entwickelt, welcher die Zustände der Körper den Strahlen in einem Hilbertraum zuordnet und die Observablen den hermitischen Operatoren, deren Eigenwerte dann die einzig möglichen Meßergebnisse bilden. Es wurde gezeigt, daß diese Theorie nicht nur in makroskopischer Näherung mit der klassischen Mechanik übereinstimmt, sondern auch bei geeigneter Wahl der Vertauschungsrelationen für das Partikelmodell und das Wellenmodell der Materie dieselbe Quantenmechanik liefert.

Im vorliegenden dritten Band wird nun auf dieser Grundlage ein bunter Strauß von Anwendungen entfaltet. Über die Zweckmäßigkeit der Auswahl wird es sicherlich viele verschiedene Meinungen geben. Hier wird versucht, überall die grundlegenden Ansätze möglichst klar auszuführen. Die Fülle der Resultate wurde dafür stark beschnitten. Die vorhandenen Lehrbücher lassen nämlich in dieser Hinsicht oft viele Wünsche offen.

Nicht selten sind die Begründungen mehr als bedenklich, was dann mit dem richtigen Resultat entschuldigt wird. Selten wird ausgeführt, daß die Darstellungen der Symmetriegruppe eines Körpers, welche von den Eigenelementen zu einem Eigenwert des Hamiltonoperators erzeugt werden, im allgemeinen keine Vektordarstellungen, sondern nur Strahldarstellungen sein müssen. Daß die Diracgleichung die Bewegungsgleichung eines klassischen Wellenmodells ist und nicht etwa die relativistische Verallgemeinerung der Schrödingergleichung für die Wahrscheinlichkeitsamplitude, wissen zwar alle Fachleute auf diesem Gebiet. Die meisten Lehrbücher aber verschleiern es und führen dementsprechend nicht aus, daß in diesem Modell die Ladungs- und Massenverteilungen nicht übereinstimmen.

Außer nach solchen Gesichtspunkten der kritischen Würdigung der Grundlagen wurde die Auswahl des Stoffes so getroffen, daß die Besonderheiten der Quantenmechanik deutlich hervortreten. Deshalb wurde die gruppentheoretische Methode möglichst elementar erörtert, weil sie zeigt, wie viele quantenmechanische Aussagen aus der Symmetrie folgen. Aus dem gleichen Grunde wurde die chemische Bindung relativ ausführlich behandelt, denn sie erscheint bei richtiger Betrachtung als unmittelbare Folge des Welle-Korpuskel-Dualismus.

Fast alles in diesem Buch wurde mehrfach in Vorlesungen oder Seminaren vorgetragen. Vieles wurde mit meinen Mitarbeitern Herrn Dr. Freese und Dr. Kitz besprochen, wofür hier herzlich gedankt sei. Der Leser aber wird hier noch einmal gebeten, dem Verfasser seine Ansicht zu schreiben, besonders, wenn sie von den vorliegenden Ausführungen abweicht. Denn nur durch solchen Gedankenaustausch können unsere Vorstellungen reifen.

Kapitel I. Die Störungsrechnung für stationäre Zustände

Inhalt

Die Störungsrechnung für stationäre Zustände ist eine Näherungsrechnung, mit welcher die Änderung eines diskreten Eigenwertes durch eine kleine Änderung des Hamiltonoperators angenähert berechnet werden kann. Wenn der Hamiltonoperator die Form

$$H = H^{(0)} + \lambda H^{(1)} \tag{1}$$

hat, ist die Änderung eines nicht entarteten Eigenwertes $E_0^{(0)}$ von $H^{(0)}$ in erster Näherung gleich λ mal dem Mittelwert von $H^{(1)}$ in dem zu $E_0^{(0)}$ gehörenden stationären Zustand $|0\rangle$:

$$E_0^{(1)} = \langle 0|H^{(1)}|0\rangle . \tag{2}$$

Ist $|k\rangle$ ($k = 0, 1, \ldots \infty$) das vollständige orthonormierte System der Eigenelemente von $H^{(0)}$, so gilt in zweiter Näherung

$$E_0^{(2)} = \sum_{k=1}^{\infty} \frac{|\langle 0|H^{(1)}|k\rangle|^2}{E_0^{(0)} - E_k^{(0)}} . \tag{3}$$

Wenn der betrachtete Eigenwert entartet ist und f orthonormierte Eigenelemente besitzt, ist die Energieänderung $E^{(1)}$ in erster Näherung eine Wurzel der Säkulargleichung

$$\mathrm{Det}\{\langle j|H^{(1)}|k\rangle - \delta_{jk}E^{(1)}\} = 0 \qquad (j, k = 0, 1, \ldots f-1). \tag{4}$$

Als Anwendungsbeispiel wird der lineare Stark-Effekt der 1. Linie der Lyman-Serie des H-Atoms berechnet. Nach der gleichen Methode wird dann die Dispersionsformel abgeleitet und damit bewiesen, daß selbst ein einzelnes Elektron quantenmechanisch unendlich viele Freiheitsgrade besitzt und unendlich viele Resonanzterme liefert. Ihre relativen Intensitäten werden durch Zahlenfaktoren f_j gegeben, deren Summe bei einem Elektron gleich 1 ist.

Zum Schluß werden die Verfahren zur Fortsetzung der Störungsrechnung bis zu unendlich hoher Ordnung besprochen und an einfachen Beispielen diskutiert.

§1. Die Störungsrechnung für nichtentartete Zustände

Als Störungsrechnung bezeichnet man in der Quantenmechanik eine ganze Anzahl von Näherungsrechnungen, welche sich im einzelnen weitgehend unterscheiden, aber eines gemeinsam haben: Bei ihnen wird der Hamiltonoperator H in zwei Summanden zerlegt, von denen der erste, der sog. ungestörte Hamiltonoperator $\mathsf{H}^{(0)}$, eine so einfache Gestalt hat, daß man alle gewünschten Rechnungen mit ihm durchführen kann. Der zweite Summand, die sog. Störung, wird als eine Korrektur betrachtet, deren Einfluß als relativ gering angesehen werden kann. Bei allen von ihr abhängigen Ausdrücken genügt daher eine Näherungsrechnung.

Als erstes Beispiel sei die Störungsrechnung von Schrödinger[1] behandelt. Sie benutzt eine Methode, welche bereits Lord Rayleigh[2] für klassische Probleme entwickelte. Ihr Ziel ist die Berechnung der Änderung eines diskreten Eigenwertes von H unter der Voraussetzung, daß dieser unter dem Einfluß der Störung diskret bleibt und nicht ins Kontinuum hineinrückt. Der Einfachheit halber werde im folgenden angenommen, daß der ungestörte Hamiltonoperator überhaupt kein Kontinuum besitzt. Das ist aber keine wesentliche Einschränkung, da man andernfalls nur einige Summen durch Integrale zu ersetzen hätte.

Ein besonders wichtiges und durchsichtiges Beispiel ist die Berechnung des Stark-Effektes (§3) und des Zeeman-Effektes (Kap. III) der Linienspektren. Dabei wird die Änderung der Energie-Eigenwerte unter dem Einfluß eines äußeren elektrischen oder magnetischen Feldes bestimmt. Der ungestörte Hamiltonoperator $\mathsf{H}^{(0)}$ ist derjenige für die Elektronenbewegung bei Abwesenheit des äußeren

1) E. Schrödinger, Ann. d. Phys. 80 (1926) S. 437
2) Lord Rayleigh, Theory of Sounds, 2. Aufl. London 1894, S.115-118

Feldes. Die Änderung des Hamiltonoperators durch das homogene äußere Feld hat die Form $\lambda H^{(1)}$, wobei λ der Betrag der Feldstärke ist und $H^{(1)}$ ein von der Art des überlagerten Feldes abhängiger hermitischer Operator. Beim magnetischen Feld tritt allerdings außer diesem Term noch ein in λ quadratischer zweiter Term auf. Die in diesem Fall notwendigen Abänderungen der folgenden Störungsrechnung sind aber so einfach, daß sie hier der Kürze halber nicht ausgeführt werden sollen.

Man nimmt nun an, daß die Eigenelemente und Eigenwerte des Hamiltonoperators analytische Funktionen von λ sind und berechnet die ersten Glieder ihrer Potenzreihen nach λ. Wenn der Einfluß des äußeren Feldes wirklich klein ist, genügt es praktisch, nur die ersten beiden Summanden zu berücksichtigen. Der mathematische Nachweis, daß das Verfahren konvergiert, läßt sich fast nie erbringen. Wenn aber die Ergebnisse mit dem Experiment übereinstimmen, halten die Physiker das Vorgehen in der Regel für berechtigt, obwohl man das nicht mit Sicherheit sagen kann.

Die mathematische Aufgabe besteht also in der Berechnung eines Eigenelementes $|u\rangle$ und des zugehörigen Eigenwertes E der Eigenwertgleichung

$$H|u\rangle = (H^{(0)} + \lambda H^{(1)})|u\rangle = E|u\rangle . \tag{1}$$

Es wird vorausgesetzt, daß der ungestörte Operator $H^{(0)}$ ein vollständiges, orthonormiertes System von Eigenelementen $|j\rangle$ mit den Eigenwerten $E_j^{(0)}$ ($j = 0, 1, 2, \ldots$) besitzt:

$$H^{(0)}|j\rangle = E_j^{(0)}|j\rangle \tag{2}$$

mit

$$\langle k|j\rangle = \delta_{kj} . \tag{3}$$

Hier soll speziell die Änderung von E_0 durch die Störung berechnet werden. Zu diesem Zweck setzt man für $|u\rangle$ und E_0 die folgenden Potenzreihen an:

$$|u\rangle = |0\rangle + \lambda|u_0^{(1)}\rangle + \lambda^2|u_0^{(2)}\rangle + \ldots \tag{4}$$

und

$$E_0 = E_0^{(0)} + \lambda E_0^{(1)} + \lambda^2 E_0^{(2)} + \ldots \quad . \tag{5}$$

Der obere, eingeklammerte Index (i) gibt also bei $E_0^{(i)}$ und $|u_0^{(i)}\rangle$ die Potenz an, mit der der Störparameter λ in dem zugehörigen Summanden auftritt. Diese Zahl bezeichnet man auch als die Ordnung oder den Grad der Näherung. Der untere Index gibt die Nummer des ungestörten Zustandes an, dessen Änderung berechnet wird.

Nun setzt man (4) und (5) in (1) ein und sortiert die Glieder nach Potenzen von λ . Da die entstehende Gleichung für alle λ gelten soll und die $E_0^{(i)}$ und $|u_0^{(i)}\rangle$ von λ unabhängig sind, müssen die Koeffizienten der gleichen Potenz von λ rechts und links gleich sein. Das liefert die folgenden Gleichungen:

$$H^{(0)}|0\rangle = E_0^{(0)}|0\rangle \; ; \tag{6}$$

$$H^{(1)}|0\rangle + H^{(0)}|u_0^{(1)}\rangle = E_0^{(1)}|0\rangle + E_0^{(0)}|u_0^{(1)}\rangle \; ; \tag{7}$$

$$H^{(1)}|u_0^{(1)}\rangle + H^{(0)}|u_0^{(2)}\rangle = E_0^{(2)}|0\rangle + E_0^{(1)}|u_0^{(1)}\rangle + E_0^{(0)}|u_0^{(2)}\rangle \; ; \tag{8}$$

$$\ldots \; .$$

Die erste Gleichung ist wegen (2) von selbst erfüllt. Die nächste kann durch geeignete Wahl von $E_0^{(1)}$ und $|u_0^{(1)}\rangle$ erfüllt werden. Zur Bestimmung von $E_0^{(1)}$ bildet man auf beiden Seiten das skalare Produkt mit $\langle 0|$. Wegen $\langle 0|0\rangle = 1$ ergibt sich

$$\langle 0|H^{(1)}|0\rangle + \langle 0|H^{(0)}|u_0^{(1)}\rangle = E_0^{(1)} + E_0^{(0)}\langle 0|u_0^{(1)}\rangle . \tag{9}$$

Da $H^{(0)}$ hermitisch ist und $E_0^{(0)}$, wie jeder Eigenwert eines hermitischen Operators, reell ist, gilt

$$\langle 0|H^{(0)}|u_0^{(1)}\rangle = \langle H^{(0)}|0\rangle|u_0^{(1)}\rangle = E_0^{(0)}\langle 0|u_0^{(1)}\rangle . \tag{10}$$

Also hebt sich in (9) das zweite Glied links gegen das

und daraus wegen $\langle 0|0\rangle = 1$ zwingend $\langle 0|u_0^{(1)}\rangle = 0$ und $\langle u_0^{(1)}|0\rangle = 0$. Dann ist also auch $c_0 = ia$ nicht möglich. Diese Forderung ist aber mathematisch unvernünftig. Wenn nämlich $\langle u|u\rangle = 1$ für beliebiges, komplexes λ gelten würde, ergäbe sich mit $\lambda = \lambda_r + i\lambda_i$ (λ_r, λ_i reell) aus der Bedingung

$$\frac{\partial^2}{\partial\lambda_r^2}\langle u|u\rangle + \frac{\partial^2}{\partial\lambda_i^2}\langle u|u\rangle = 0 \tag{21}$$

für $\lambda \to 0$ die Konsequenz

$$\langle u_0^{(1)}|u_0^{(1)}\rangle = 0, \tag{22}$$

also $|u_0^{(1)}\rangle = 0$. In ähnlicher Weise kann man weiter schließen und zeigen, daß dann auch $|u_0^{(2)}\rangle = 0$ sein müßte usw. Kurzum, dann könnte $|u\rangle$ gar nicht von λ abhängen. Physikalisch sind auch nur reelle λ sinnvoll, weil $H^{(0)} + \lambda H^{(1)}$ hermitisch sein muß, was bei hermitischem $H^{(1)}$ nur für reelles λ der Fall ist (vgl. Bd. II, §5; 17).

Hat man auf diese Weise $|u_0^{(1)}\rangle$ in Gestalt einer unendlichen Reihe bestimmt, so ergeben sich die höheren Glieder der Reihenentwicklungen (4) und (5) in gleicher Weise aus der Gleichung (8) und den folgenden. Speziell erhält man aus (8) durch skalare Multiplikation beider Seiten mit $\langle 0|$

$$\langle 0|H^{(1)}|u_0^{(1)}\rangle + \langle 0|H^{(0)}|u_0^{(2)}\rangle = E_0^{(2)} + E_0^{(1)}\langle 0|u_0^{(1)}\rangle + E_0^{(0)}\langle 0|u_0^{(2)}\rangle. \tag{23}$$

Wieder hebt sich hier auf Grund derselben Umformung wie in (10) das zweite Glied links gegen das letzte rechts fort. Der zweite Summand rechts ist proportional zu c_0 und verschwindet daher, wenn man $c_0 = 0$ setzt. Bei anderer Wahl von c_0 würde er sich gegen den zu c_0 proportionalen Anteil des ersten Summanden links wegheben. Einsetzen der Reihenentwicklung (12) für $|u_0^{(1)}\rangle$ und der durch (16) gegebenen Werte von c_k liefert

$$E_0^{(2)} = \sum_{\substack{k=1 \\ k\neq 0}}^{\infty} \frac{\langle 0|H^{(1)}|k\rangle\langle k|H^{(1)}|0\rangle}{E_0^{(0)} - E_k^{(0)}}. \tag{24}$$

Die Fortsetzung dieser Rechnung soll in §5 erörtert werden. Praktisch stößt man aber bald an technische Grenzen. Beim nächsten Term $E_0^{(3)}$ würde man bereits eine Doppelsumme erhalten, in welcher zwei Indizes unendlich viele Werte durchlaufen. Bei den höheren Termen treten Summen noch höherer Vielfachheit auf, deren Auswertung selbst dann schwierig wird, wenn alle Matrixelemente $\langle k|H^{(1)}|l\rangle$ und alle Eigenwerte $E_k^{(0)}$ bekannt sind. Diese Reihenentwicklungen sind daher nur dann brauchbar, wenn wenige Summanden zu ihrer Berechnung ausreichen. Das ist insbesondere dann nicht mehr der Fall, wenn die Differenz $E_0^{(0)} - E_k^{(0)}$ zwischen zwei bestimmten Eigenwerten des ungestörten Hamiltonoperators $H^{(0)}$ mit der Änderung des Eigenwertes durch die Störung vergleichbar wird. Diese Methode eignet sich also praktisch nur zur Berechnung der Änderung solcher Eigenwerte, die von allen anderen einen relativ großen Abstand haben.

§2. Der Fall der Entartung

Jetzt soll der Fall betrachtet werden, daß zu dem Eigenwert $E_0^{(0)}$, dessen Änderung durch die Störung $\lambda H^{(1)}$ berechnet werden soll, mehrere linear unabhängige Eigenelemente des ungestörten Hamiltonoperators $H^{(0)}$ gehören. Beim Ausschalten der Störung, also beim Grenzübergang $\lambda \to 0$, geht dann das gesuchte Eigenelement $|u\rangle$ des gestörten Hamiltonoperators H in irgendeine Linearkombination der Eigenelemente von $H^{(0)}$ zum Eigenwert $E_0^{(0)}$ über. Man kann aber nicht von vornherein sagen, in welche. Das ist die Ursache für das Versagen der Rechnung im vorigen Paragraphen. Denn dort wurde mit dem Ansatz (§1; 4) die spezielle Annahme eingeführt, daß dabei das Element $|0\rangle$ entsteht.

Nun werde angenommen, daß die ersten f orthonormierten Elemente $|0\rangle, |1\rangle, \ldots |f-1\rangle$ zum Eigenwert $E_0^{(0)}$ gehören, alle übrigen nicht. Dann muß man statt (§1; 4) den folgenden allgemeineren Ansatz machen:

$$|u\rangle = \sum_{j=0}^{f-1} |j\rangle a_j + \lambda |u^{(1)}\rangle + \lambda^2 |u^{(2)}\rangle + \ldots \quad . \tag{1}$$

Für den Eigenwert E wird der gleiche Ansatz wie in (§1; 5) benutzt:

$$E = E_0^{(0)} + \lambda E^{(1)} + \lambda^2 E^{(2)} + \ldots \quad . \tag{2}$$

Nur wurde hier bei allen Störtermen der untere Index weggelassen. Wie sich nämlich sogleich zeigen wird, kann es in diesem Fall vorkommen, daß der f-fache Eigenwert $E_0^{(0)} = E_1^{(0)} = \ldots = E_{f-1}^{(0)}$ durch die Störung in maximal f verschiedene Eigenwerte aufspaltet. Dann gibt es also mehrere verschiedene Werte für $E^{(1)}$ und mehrere zugehörige Störelemente $|u^{(1)}\rangle$. Diese sollen dann durch einen neuen, sogleich zu definierenden unteren Index unterschieden werden.

Beim Einsetzen des verbesserten Ansatzes (1) in die Eigenwertgleichung

$$(H^{(0)} + \lambda H^{(1)})|u\rangle = E|u\rangle \tag{3}$$

erhält man durch Gleichsetzen der in λ linearen Glieder rechts und links statt (§1; 7) die folgende Gleichung

$$\sum_{j=0}^{f-1} H^{(1)}|j\rangle a_j + H^{(0)}|u^{(1)}\rangle = E^{(1)} \sum_{j=0}^{f-1} |j\rangle a_j + E_0^{(0)}|u^{(1)}\rangle . \tag{4}$$

Nun multipliziert man diese Gleichung skalar mit einem der f Eigenelemente $\langle k|$ zum Eigenwert $E_0^{(0)}$ von $H^{(0)}$. Dann zeigt man mit Hilfe derselben Umformung wie in (§1; 10), daß sich in der erhaltenen Gleichung das zweite Glied links gegen das zweite rechts weghebt. Beachtet man außerdem die Orthonormierung $\langle k|j\rangle = \delta_{jk}$, so ergibt sich

$$\sum_{j=0}^{f-1} \langle k|H^{(1)}|j\rangle a_j = E^{(1)} a_k \,. \tag{5}$$

Das ist ein homogenes System von f linearen Gleichungen für die f Koeffizienten a_j. Ein solches System hat nur dann eine nichttriviale Lösung, bei der nicht alle a_j verschwinden, wenn die Determinante ihrer Koeffizienten gleich null ist:

$$Det\{\langle k|H^{(1)}|j\rangle - E^{(1)}\delta_{kj}\} = 0 \tag{6}$$

oder ausgeschrieben

$$\begin{vmatrix} \langle 0|H^{(1)}|0\rangle - E^{(1)} & \langle 0|H^{(1)}|1\rangle & \dots & \langle 0|H^{(1)}|f-1\rangle \\ \langle 1|H^{(1)}|0\rangle & \langle 1|H^{(1)}|1\rangle - E^{(1)} & \dots & \langle 1|H^{(1)}|f-1\rangle \\ \dots & \dots & \dots & \dots \\ \langle f-1|H^{(1)}|0\rangle & \langle f-1|H^{(1)}|1\rangle & \dots & \langle f-1|H^{(1)}|f-1\rangle - E^{(1)} \end{vmatrix} = 0. \tag{7}$$

Das ist eine Gleichung f-ten Grades für $E^{(1)}$. Man bezeichnet sie als Säkulargleichung, weil sie bei der Berechnung der säkularen Störungen der Planetenbewegung zum ersten Mal auftrat. Ihre f Wurzeln sind alle reell (vgl. Bd. I, §16; 45), wenn $H^{(1)}$ hermitisch ist. Sie seien mit $E_k^{(1)}$($k = 0, 1, \dots f-1$) bezeichnet. Die $E_k^{(1)}$ müssen nicht alle verschieden sein. Eine r-fache Wurzel von (7) soll aber unter den $E_k^{(1)}$ mit r verschiedenen Indizes mehrfach aufgeführt werden.

Diese Bezeichnungsweise ist nämlich aus dem folgenden Grunde zweckmäßig: Zu einer r-fachen Wurzel der Säkulargleichung gibt es genau r linear unabhängige nichttriviale Lösungen des Gleichungssystems (5) für die f Koeffizienten a_j. Zu allen Wurzeln $E_k^{(1)}$ zusammen gibt es also genau f solche Lösungen. Diese sollen von jetzt ab durch einen zweiten Index k ($k = 0, 1, \dots f-1$) bei den Koeffizienten a_{jk} unterschieden werden. Diese f Linearkombinationen der miteinander entarteten Eigenelemente $|j\rangle$ ($j = 0, 1, \ldots f-1$) von $H^{(0)}$, welche als erste Summanden in der Reihenentwicklung (1) auftreten können, bezeichnet man als die zu der Störung $H^{(1)}$ gehörenden "richtigen" Linearkombinationen. Zu jeder von ihnen gehört ein eindeutig bestimmter Wert von $E_k^{(1)}$.

Das umgekehrte gilt nicht. Wenn $E_k^{(1)}$ eine mehrfache Wurzel von (7) ist, sind die zugehörigen Koeffizientenfolgen a_{jk} nicht eindeutig festgelegt. Vielmehr ist dann jede Linearkombination der verschiedenen Lösungen zum gleichen $E_k^{(1)}$ wiederum eine Lösung des Gleichungssystems (5). Über diese Willkür und über einen bei allen a_{jk} mit gleichen k, aber verschiedenem j gleichen Faktor kann man so verfügen, daß die richtigen Linearkombinationen orthonormiert sind. Linearkombinationen zu verschiedenen Werten $E_k^{(1)}$ sind von selbst zueinander orthogonal. Schreibt man für die k-te richtige Linearkombination

$$|v_k\rangle = \sum_{j=0}^{f-1} |j\rangle a_{jk} , \tag{8}$$

dann gilt also

$$\langle v_m | v_k\rangle = \delta_{mk} . \tag{9}$$

Durch die oben eingeführte Indizierung der $E_k^{(1)}$ ist dann sichergestellt, daß die richtigen Linearkombinationen jeweils die gleiche Bezifferung tragen wie die zugehörigen Energiestörungen erster Näherung $E_k^{(1)}$.

Faßt man die Koeffizienten

$$a_{jk} = \langle j | v_k\rangle \tag{10}$$

als Komponenten einer Matrix $\overleftrightarrow{U}$ auf, so besagt (9), daß $\overleftrightarrow{U}$ eine unitäre Matrix ist. Die Gleichung (5) besagt, daß die mit $H^{(1)}$ gebildete $f \times f$ -Matrix $\overleftrightarrow{H}^{(1)}$ mit den Komponenten $\langle j|H^{(1)}|k\rangle$ durch die Ähnlichkeitstransformation mit $\overleftrightarrow{U}$ zu einer Diagonalmatrix wird, deren Diagonalelemente die $E_k^{(1)}$ sind.

Das alles braucht hier nicht bewiesen zu werden, da die ganze Rechnung bis auf die Schreibweise mit derjenigen identisch ist, die in Bd. I, §16 bei der Berechnung der Eigenschwingungen eines Systems von Massenpunkten durchgeführt wurde. Faßt man die Matrix $\overleftrightarrow{H}^{(1)}$ als Darstellung eines Operators auf, welcher in dem durch die $|j\rangle$ aufgespannten f -dimensionalen Hilbertraum wirkt, so sind die Aussagen über die $E_k^{(1)}$ und die richtigen Linearkombinationen identisch mit denen über die Eigenwerte und Eigenfunktionen eines hermitischen Operators (vgl. Bd. II, §5) und der Matrixdarstellung des Eigenwertproblems (vgl. Bd. II, §19).

Wenn man die Säkulargleichung (7) gelöst hat und die zugehörigen richtigen Linearkombinationen bestimmt hat, läuft die weitere Störungsrechnung genauso ab wie im nichtentarteten Fall. Wenn allerdings die Säkulargleichung mehrfache Wurzeln hat, kann es passieren, daß der Eigenwert $E_0^{(0)}$, der ja dann in erster Näherung nicht in f , sondern in weniger verschiedene Eigenwerte aufspaltet, in höherer Näherung noch weiter aufspaltet.

Die Durchführung einer solchen Rechnung ist eine lehrreiche Übungsaufgabe für theoretische Physiker. Dazu seien folgende Hinweise gegeben: Die Elemente $|m\rangle$ mögen etwa für $m = 0$ bis $m = f-1$ so gewählt worden sein, daß die Matrix $\langle m|H^{(1)}|n\rangle$ für $m,n < f$ Diagnomalform hat. Die ersten g Diagonalelemente $\langle m|H^{(1)}|m\rangle$ für $m = 0, 1, \ldots (g-1)$ seien untereinander gleich und von den übrigen für $m = g$ bis $m = f-1$ verschieden. Dann muß man für die zweite Näherung der Störung eines der g Eigenwerte, die in erster Näherung entartet bleiben, folgenden Ansatz machen:

$$|u\rangle = \sum_{m=0}^{g-1} |m\rangle a_m + \lambda |u^{(1)}\rangle + \lambda^2 |u^{(2)}\rangle + \ldots \tag{11}$$

$$E = E_0 + \lambda\langle 0|H^{(1)}|0\rangle + \lambda^2 E^{(2)} + \ldots \quad . \tag{12}$$

Aus der Normierungsbedingung folgt bei passender Wahl der Phasenfaktoren der $|m\rangle$ für $m < g$, daß $|u^{(1)}\rangle$ orthogonal zu den ersten g Elementen $|m\rangle$ ist. Die Anteile von $|u^{(1)}\rangle$, welche den $|m\rangle$ mit $m \geq f$ proportional sind, werden durch die Störungsrechnung 1. Näherung eindeutig festgelegt, nicht jedoch diejenigen, welche proportional zu den $|m\rangle$ mit $g \leq m < f-1$ sind. Die Störungsrechnung 2. Näherung liefert dann für die a_m ein lineares Gleichungssystem der Form

$$\sum_{p=f}^{\infty} \frac{\langle n|H^{(1)}|p\rangle\langle p|H^{(1)}|m\rangle}{E_0^{(0)} - E_p^{(0)}}\, a_m = E^{(2)} a_n \tag{13}$$

($n, m < g$) mit einer Säkulargleichung g-ten Grades für $E^{(2)}$. Ferner wird der Anteil $\sum_{m \geq g}^{f-1} |m\rangle\langle m|u^{(1)}\rangle$ von $|u^{(1)}\rangle$ durch die Störungsrechnung 2. Näherung eindeutig festgelegt, sobald die a_m mit $m<g$ bestimmt wurden. In den dafür gültigen Formeln treten im Nenner die Differenzen $\langle m|H^{(1)}|m\rangle - \langle 0|H^{(1)}|0\rangle$ der Diagnonalelemente von $H^{(1)}$ auf. Wenn die obige Säkulargleichung für $E^{(2)}$ noch mehrfache Wurzeln hat, sind die richtigen Linearkombinationen der miteinander entarteten Ausgangsfunktionen erst durch die Störung in noch höherer Näherung festgelegt. Ihre Berechnung kann daher recht kompliziert werden.

§3. Der lineare Stark-Effekt beim H-Atom

Unter dem Stark-Effekt versteht man die Veränderung der Spektrallinien durch ein überlagertes homogenes elektrisches Feld. Dieser Effekt soll hier für das H-Atom als Anwendungsbeispiel für die Schrödingersche Störungsrechnung behandelt werden. Der Einfachheit halber sei die Rechnung auf die erste Näherung, die in der Feldstärke lineare Näherung, beschränkt. Experimentell kann man zwar die Felder so stark machen, daß auch die Glieder mit höheren Potenzen der Feldstärke wesentlich werden. Zu deren Berechnung ist aber ein anderes Verfahren zweckmäßiger , bei welchem man parabolische Koordinaten einführt. Diese sehr spezielle Rechenmethode soll hier nicht behandelt werden. Das Hauptanliegen der folgenden Rechnung ist vielmehr die methodische Erläuterung der Störungsrechnung.

Legt man die z-Richtung des Koordinatensystems in die Richtung des überlagerten elektrischen Feldes, deren Feldstärke den Betrag F hat, so hat der Störungsterm des Hamiltonoperators die Form (Elektronenladung = $-e$)

$$\lambda H^{(1)} = +eFZ. \tag{1}$$

Da dieser Operator ebenso wie der ungestörte Hamiltonoperator für das eine Elektron des H-Atoms die Spinkoordinaten nicht enthält, kann man von dem Vorhandensein des Spins absehen. Die ungestörten Eigenelemente $|n,l,m\rangle$ sind dann durch die drei Quantenzahlen n, l und m eindeutig gekennzeichnet. Die Energie des ungestörten Zustandes hängt nur von n ab. l gibt den Betrag des Drehimpulses an, m den Wert seiner z-Komponente.

Der Grundzustand des H-Atoms mit den Quantenzahlen $n = 1$, $l = m = 0$ ist bei Vernachlässigung des Spins nicht entartet. Die Änderung ΔE_1 seiner Energie E_1 durch das Feld beträgt nach (§1; 11) in linearer Näherung

$$\Delta E_1 = eF\langle 1,0,0|Z|1,0,0\rangle. \tag{2}$$

Das hier auftretende Matrixelement von Z verschwindet, denn in der Ortsdarstellung ist es ein Integral über den Ortsraum, dessen Integrand gleich z mal dem Absolutwertquadrat der kugelsymmetrischen Wellenfunktion $\langle\vec{r}|1,0,0\rangle$ ist. Die Halbräume mit positivem und negativen z liefern also entgegengesetzt gleiche Beiträge zum Integral. Die Energie des Elektronen-Grundzustandes verschiebt sich also in linearer Näherung nicht mit dem Feld.

Der Zustand mit $n=2$ ist vierfach. Seine Zustandselemente haben die Quantenzahlen $n=2;\ l=m=0$ und $n=2;\ l=1;\ m=\pm 1$ und 0. Die Säkulargleichung enthält also $4^2 = 16$ Matrixelemente $\langle n,l,m|eFZ|n',l',m'\rangle$. Die meisten davon verschwinden aber, weil $H^{(1)}$ rotationssymmetrisch um die z-Achse ist. $|n,l,m\rangle$ enthält den Azimutalwinkel φ nur in einem Faktor der Form $\exp im\varphi$. Also verschwindet das Integral im Falle $m' \neq m$, weil in der Ortsdarstellung dann der Integrand φ nur in dem Faktor $\exp i(m'-m)\varphi$ enthält, der bei Integration über φ null ergibt.

Das ist ein Spezialfall des folgenden allgemeineren Satzes: Wenn zwei Zustandselemente $|i\rangle$ und $|k\rangle$ Eigenelemente eines mit $H^{(1)}$ vertauschbaren hermitischen Operators A mit verschiedenen Eigenwerten a_i und a_k sind, ist $\langle i|H^{(1)}|k\rangle = 0$. Denn aus

$$AH^{(1)} = H^{(1)}A \tag{3}$$

folgt

$$\langle i|AH^{(1)}|k\rangle = \langle Ai|H^{(1)}|k\rangle = \langle i|H^{(1)}A|k\rangle. \tag{4}$$

Einsetzen der beiden Eigenwertgleichungen $A|i\rangle = a_i|i\rangle$ und $A|k\rangle = a_k|k\rangle$ liefert bei Beachtung des Umstandes, daß a_i und a_k reell sind,

$$a_i\langle i|H^{(1)}|k\rangle = a_k\langle i|H^{(1)}|k\rangle. \tag{5}$$

Das aber kann für $a_i \neq a_k$ nur für $\langle i|H^{(1)}|k\rangle = 0$ gelten.

In dem betrachteten Fall ist der Operator zur z-Komponente des Drehimpulses solch ein Operator A. Er lautet in der Ortsdarstellung

$$L_z = \frac{\hbar}{i}\cdot\frac{\partial}{\partial\varphi} \tag{6}$$

und hat die Eigenwerte $m\hbar$ mit ganzzahligem m. Derartige Schlüsse aus der Symmetrie auf die Werte der Matrixelemente einer Störungsrechnung werden später in systematischer Weise mit den Hilfsmitteln der Gruppentheorie entwickelt werden (vgl. Kap. V).

In einem homogenen elektrischen Feld ergibt sich außerdem aus der Parität der Wellenfunktionen, daß alle Diagonalelemente der Störmatrix verschwinden. Denn alle Wellenfunktionen $\langle\vec{r}|n,l,m\rangle$ sind gegenüber dem Vorzeichenwechsel von $\vec{r}$ entweder gerade oder ungerade. Eine gemischte Parität kommt nicht vor. Also ist z mal dem Absolutwertquadrat der Wellenfunktion $\langle\vec{r}|n,l,m\rangle$ stets ungerade gegenüber einem Vorzeichenwechsel aller Komponenten von $\vec{r}$. Daher verschwindet das Integral darüber. Die einzigen, nichtverschwindenden Matrixelemente $\langle 2,l,m|eFZ|2,l',m'\rangle$ der Störmatrix zu den Zuständen mit $n=2$ sind also die beiden Elemente $\langle 2,0,0|eFZ|2,1,0\rangle$ und $\langle 2,1,0|eFZ|2,0,0\rangle$, welche zueinander konjugiert komplex sind.

Aus den in Bd. II, §7 und 8b angegebenen Formeln ergeben sich für die normierten Funktionen die Ausdrücke

$$\langle\vec{r}|2,0,0\rangle = \frac{1}{2\sqrt{2\pi a_0^3}}\left(1 - \frac{r}{2a_0}\right)\exp\left(-\frac{r}{2a_0}\right), \qquad \langle\vec{r}|2,1,0\rangle = \frac{1}{4\sqrt{2\pi a_0^3}}\,\frac{r}{a_0}\,\exp\left(-\frac{r}{2a_0}\right)\cos\vartheta . \tag{7}$$

Daraus folgt durch elementare Rechnung

$$\langle 2,1,0|eFZ|2,0,0\rangle = -3eFa_0 . \tag{8}$$

Numeriert man die 4 Wellenfunktionen zu $n=2$ so, daß die erste diejenige mit $l=0$ ist, die zweite diejenige mit $l=1$, $m=0$ und die dritte und vierte diejenigen mit $m=\pm 1$, so lautet die Säkulargleichung für die Energieänderung ΔE_2 des Terms $n=2$ in erster Näherung

$$\begin{vmatrix} -\Delta E_2 & -3eFa_0 & 0 & 0 \\ -3eFa_0 & -\Delta E_2 & 0 & 0 \\ 0 & 0 & -\Delta E_2 & 0 \\ 0 & 0 & 0 & -\Delta E_2 \end{vmatrix} = 0. \tag{9}$$

Demnach ist $\Delta E_2 = 0$ eine Doppelwurzel, zu der die Funktionen mit $m = \pm 1$ jede für sich allein "richtige" Linearkombinationen darstellen. Die anderen beiden Wurzeln der Säkulargleichung lauten

$$\Delta E_{21} = +3eFa_0 \quad \text{und} \quad \Delta E_{22} = -3eFa_0 . \tag{10}$$

Zu der ersten gehört als richtige Linearkombination die Funktion

$$\begin{aligned} \langle \vec{r}|V_1\rangle &= \frac{1}{\sqrt{2}}\left\{\langle \vec{r}|2,0,0\rangle - \langle \vec{r}|2,1,0\rangle\right\} \\ &= \frac{1}{4\sqrt{\pi a_0^3}}\left\{1 - \frac{r}{2a_0}(1+\cos\vartheta)\right\}\exp\left(-\frac{r}{2a_0}\right). \end{aligned} \tag{11}$$

Zu ΔE_{22} gehört

$$\begin{aligned} \langle \vec{r}|V_2\rangle &= \frac{1}{\sqrt{2}}\left\{\langle \vec{r}|2,0,0\rangle + \langle \vec{r}|2,1,0\rangle\right\} \\ &= \frac{1}{4\sqrt{\pi a_0^3}}\left\{1 - \frac{r}{2a_0}(1-\cos\vartheta)\right\}\exp\left(-\frac{r}{2a_0}\right). \end{aligned} \tag{12}$$

Aus diesen Wellenfunktionen erkennt man auch anschaulich den Grund, weshalb der Energiewert zu $n=2$ eine zu F proportionale Aufspaltung im Feld aufweist. Die beiden Wellenfunktionen $\langle \vec{r}|V_1\rangle$ und $\langle \vec{r}|V_2\rangle$ besitzen gemischte Parität und beschreiben Zustände mit einem elektrischen Dipolmoment. Wie Abb.1 zeigt, ist das Absolutwertquadrat von $\langle \vec{r}|V_1\rangle$ in der Umgebung der positiven z-Achse groß. Da

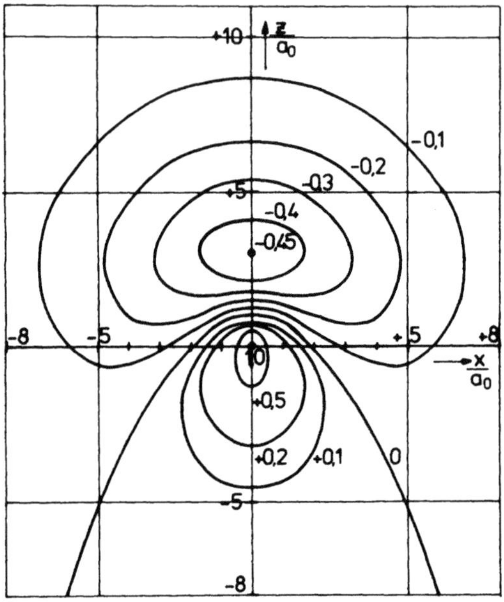

Abb. 1. Die Kurven konstanten Wertes der ersten Wellenfunktion $\langle \vec{r} | V_1 \rangle$ in der x - z -Ebene für das H-Atom in einem elektrischen Feld in z -Richtung im Zustand mit der Hauptquantenzahl $n = 2$.

das Elektron eine negative Ladung besitzt, liegt das elektrische Dipolmoment in diesem Zustand demnach in Richtung der negativen z -Achse. Der Schwerpunkt der Elektronenladung liegt im äußeren Feld an einem Ort mit höherer potentieller Energie als der Kern, und daher wächst die Energie dieses Zustandes mit wachsender Feldstärke an. In dem Zustand zu $|V_2\rangle$ gilt entsprechend das umgekehrte.

Eine derartige, von der elektrischen Feldstärke linear abhängige Verschiebung der Eigenwerte der Energie und der Spektrallinien gibt es daher nur für solche Atome, bei denen es ungestörte Zustände mit elektrischen Dipolmomenten gibt, die ungestörten Energien der Zustände mit verschiedenen Werten der Drehimpulsquantenzahlen also zusammenfallen. Das ist nur beim H-Atom bei Vernachlässigung der Spin-Bahn-Wechselwirkung der Fall. Das war schon vor Entdeckung der Quantenmechanik von J. Stark[1)] experimentell festgestellt worden und zwei Jahre nach dieser Entdeckung von Schwarzschild[2)] und Epstein[3)] aus den Gesetzen der Bohr-Sommerfeldschen Quantenmechanik abgeleitet worden. Auf die Durchführung der entsprechenden Rechnungen für die höheren Terme und die Diskussion des gesamten Aufspaltungsbildes der Spektrallinien sei hier verzichtet, da es nichts wesentlich Neues bringt.

§4. Die Dispersionsformel

A. Die Störungsrechnung für ein periodisches, äußeres Feld

Das Prinzip der Näherungsmethode von Schrödinger zur Berechnung von Eigenwerten des Hamiltonoperators läßt sich auch auf andere Probleme anwenden. Das soll jetzt am Beispiel der quantenmechanischen Theorie der Dispersionsformel dargelegt werden. Die Dispersionsformel gibt die Abhängigkeit des Brechungsindex eines durchsichtigen, elektrisch nichtleitenden Körpers von der Frequenz an. Der Brechungsindex hängt davon ab, wie stark eine elektromagnetische Welle die betrachtete Substanz polarisiert. In der folgenden Rechnung wird als Näherung angenommen, daß die einfallende, linear polarisierte Welle

1) J. Stark, Berliner Sitzungsber. Nov. 1913; Ann. d. Phys. 43 (1914) S. 965 und 983; Göttinger Nachrichten Nov. 1914
2) K. Schwarzschild, Berliner Sitzungsber. April 1916
3) P.S. Epstein, Ann. d. Phys. 50 (1916) S. 489

durch die Polarisation des Körpers nicht verändert wird. Das ist in Wirklichkeit nur in verdünnten Gasen der Fall, und auch da nicht exakt. Die Übertragung der erhaltenen Formeln auf flüssige und feste Körper erfordert einige Zusatzüberlegungen, welche hier nicht behandelt werden sollen. Man findet sie in den Lehrbüchern der physikalischen Chemie. Außerdem muß aus demselben Grund ausgeschlossen werden, daß die einfallende Welle in dem betrachteten Medium merklich absorbiert wird. Die folgende Rechnung gilt daher nur für Frequenzen, die sich wesentlich von denen aller Absorptionslinien und Absorptionsbanden unterscheiden.

Schließlich soll im folgenden auch noch vernachlässigt werden, daß die einfallende Welle außer dem elektrischen Feld ein Magnetfeld besitzt. Man kann zeigen, daß dessen Einfluß gering ist, aber dieser Nachweis kann erst erbracht werden, wenn die Form des Hamiltonoperators im Magnetfeld behandelt worden ist. Hier wird deshalb die einfallende, monochromatische ebene Welle, deren Wellenlänge groß gegen die Abmessungen der betrachteten Atome und Moleküle sein soll, durch ein vorgegebenes, homogenes zeitlich periodisches elektrisches Feld mit der Amplitude F_0 und der Kreisfrequenz ω ersetzt. Wenn man die z-Achse des Koordinatensystems in die Schwingungsrichtung der Welle legt, liefert dieses zum Hamiltonoperator eines Elektrons (Elektronenladung $-e$) den Beitrag

$$\lambda H^{(1)} = eF_0 Z \sin \omega t . \tag{1}$$

Es würde im Prinzip keine Schwierigkeiten machen, die folgende Rechnung für ein Atom oder Molekül mit vielen Elektronen durchzuführen, aber das würde nur zusätzliche Schreibarbeit verursachen. Deshalb sei hier davon abgesehen und nur ein Elektron behandelt. Ist $H^{(0)}$ sein Hamiltonoperator bei Abwesenheit des äußeren Feldes, so ist also die folgende Bewegungsgleichung zu lösen:

$$(H^{(0)} + eF_0 Z \sin\omega t)|\psi\rangle = i\hbar\frac{\partial}{\partial t}|\psi\rangle . \qquad (2)$$

Wenn der Einfluß des äußeren Feldes auf den Zustand des betrachteten Körpers klein ist, kann man $|\psi\rangle$ nach Potenzen von F_0 entwickeln und sich auf die Betrachtung des in F_0 linearen Gliedes beschränken. Der von F_0 unabhängige Term, der sog. ungestörte Zustand, sei der Grundzustand des betrachteten Körpers. Alle angeregten Zustände würden infolge von Ausstrahlung mehr oder weniger rasch in den Grundzustand übergehen. Das ergibt sich allerdings nicht aus der obigen Gleichung (2), weil in ihr wie bemerkt die Rückwirkung des ausgestrahlten Feldes auf den betrachteten Körper vernachlässigt wurde. Deshalb muß hier die zusätzliche Annahme hinzugefügt werden, daß $|\psi\rangle$ keinen von F_0 unabhängigen Anteil zu angeregten Zuständen enthält und auch keinen von der Zeit unabhängigen solchen Anteil. Dadurch unterscheidet sich die Rechnung dieses Paragraphen von dem nachher in §6 betrachteten Fall, in welchem die Änderung des Zustandes durch eine beliebige zeitabhängige Störung behandelt wird (vgl. S. 55). Hier wird nur der Zustand berechnet, der sich nach längerer Wirksamkeit des periodischen Feldes einstellt, also gewissermaßen der stationäre Zustand in einem zeitlich periodisch veränderlichen äußeren Feld.

Ist $|0\rangle$ das Eigenelement von $H^{(0)}$ zur kleinsten Energie E_0 , so lautet der Anfang der Entwicklungsformel

$$|\psi\rangle = |0\rangle \exp\left(-\frac{i}{\hbar}E_0 t\right) + F_0|\psi^{(1)}\rangle + \ldots \quad . \qquad (3)$$

Einsetzen dieses Ausdrucks in (2) und Gleichsetzen der in F_0 linearen Terme auf beiden Seiten liefert

$$H^{(0)}|\psi^{(1)}\rangle - i\hbar\frac{\partial}{\partial t}|\psi^{(1)}\rangle = -eZ|0\rangle \sin\omega t \cdot \exp\left(-\frac{i}{\hbar}E_0 t\right). \quad (4)$$

Das ist eine inhomogene Gleichung für $|\psi^{(1)}\rangle$. Der inhomogene Anteil kann als Summe von 2 Summanden geschrieben werden, von denen der eine die Zeit nur in dem Faktor $\exp\left(-\frac{i}{\hbar}(E_0-\hbar\omega)t\right)$ enthält und der andere nur in $\exp\left(-\frac{i}{\hbar}(E_0+\hbar\omega)t\right)$. Infolgedessen kann man zur Lösung den folgenden Ansatz machen:

$$|\psi^{(1)}\rangle = |w_+\rangle \exp\left(-\frac{i}{\hbar}(E_0+\hbar\omega)t\right) + |w_-\rangle \exp\left(-\frac{i}{\hbar}(E_0-\hbar\omega)t\right). \quad (5)$$

Darin sind $|w_+\rangle$ und $|w_-\rangle$ unabhängig von t. Beim Einsetzen in (4) ergibt sich damit

$$\left[H^{(0)} - (E_0+\hbar\omega)\right]|w_+\rangle = \frac{eZ}{2i}|0\rangle \quad (6a)$$

und

$$\left[H^{(0)} - (E_0-\hbar\omega)\right]|w_-\rangle = -\frac{eZ}{2i}|0\rangle. \quad (6b)$$

Nun muß vorausgesetzt werden, daß $(E_0+\hbar\omega)$ kein Eigenwert von $H^{(0)}$ ist, denn sonst wäre ω eine Absorptionsfrequenz. $(E_0-\hbar\omega)$ kann kein Eigenwert sein, weil E_0 der tiefste Eigenwert von $H^{(0)}$ sein sollte. Daher gibt es keine Elemente zu physikalisch realisierbaren Zuständen, welche die linken Seiten von (6a und b) zu null machen. In der Ortsdarstellung sind die Lösungen der homogenen Gleichungen (6a und b) nämlich nichtquadratintegrierbare Funktionen. Die physikalisch allein möglichen Lösungen von (6a und b) sind also eindeutig bestimmt und lassen sich durch Entwicklung von $|w_+\rangle$ und $|w_-\rangle$ nach den Eigenelementen von $H^{(0)}$ bestimmen. Der Einfachheit halber werde angenommen, daß $H^{(0)}$ nur ein diskretes Eigenwertspektrum mit den normierten, orthogonalen Eigenelementen $|j\rangle$ ($j = 0,1,2,\dots\infty$) besitzt. Ein eventuell vorhandenes, kontinuierliches Eigenwertspektrum werde durch ein Quasikontinuum ersetzt (vgl. Bd. II, §3 und 5). Mit dem Ansatz

$$|w_+\rangle = \sum_{j=0}^{\infty} |j\rangle c_j \tag{7}$$

und der Eigenwertgleichung

$$H^{(o)}|j\rangle = E_j|j\rangle \tag{8}$$

ergibt sich dann aus (6a)

$$\sum_{j=0}^{\infty} |j\rangle (E_j - E_o - \hbar\omega) c_j = \frac{eZ}{2i}|0\rangle . \tag{9}$$

Skalare Multiplikation mit $|k\rangle$ liefert

$$c_k = \frac{e}{2i} \frac{\langle k|Z|0\rangle}{E_k - E_o - \hbar\omega} \tag{10}$$

und damit

$$|w_+\rangle = \frac{e}{2i}\sum_{j=0}^{\infty} |j\rangle \frac{\langle j|Z|0\rangle}{E_j - E_o - \hbar\omega} . \tag{11a}$$

Analog ergibt sich

$$|w_-\rangle = -\frac{e}{2i}\sum_{j=0}^{\infty} |j\rangle \frac{\langle j|Z|0\rangle}{E_j - E_o + \hbar\omega} . \tag{11b}$$

Einsetzen dieser Ausdrücke in (5) und (3) liefert

$$|\psi\rangle = \left\{|0\rangle + \frac{eF_o}{2i}\sum_{j=0}^{\infty} |j\rangle\langle j|Z|0\rangle\left[\frac{\exp(-i\omega t)}{E_j - E_o - \hbar\omega} - \frac{\exp(+i\omega t)}{E_j - E_o + \hbar\omega}\right]\right\}\exp\left(-\frac{i}{\hbar}E_o t\right) . \tag{12}$$

B. Berechnung der Polarisation

Bei der Berechnung der elektrischen Polarisation sind nun zwei Fälle zu unterscheiden, nämlich der, daß die betrachteten Atome oder Moleküle ein elektrisches Dipolmoment besitzen, und der, daß kein solches Dipolmoment vorhanden ist. Der erste ist z. B. bei den unsymmetrischen, polaren Molekülen der Alkali-Halogenide und beim H_2O-Molekül verwirklicht, der zweite bei Atomen und bei unpolaren Molekülen wie O_2 und N_2. Der Mittelwert des Dipolmoments ist allerdings im Grundzustand auch bei einem polaren Molekül gleich null, weil in diesem Zustand der Drehimpuls der Molekülrotation verschwindet. Jeder solche Zustand ohne Drehimpuls ist nach den Gesetzen der Quantenmechanik kugelsymmetrisch, d. h. in ihm treten alle Richtungen des Dipolmomentes mit gleicher Wahrscheinlichkeit auf. In Substanzen mit polaren Molekülen ist aber die Anregungsenergie der höheren Zustände, in denen das Molekül rotiert, so klein, daß bei Temperaturen, in denen diese Substanzen im Gaszustand existieren, viele Zustände mit nichtverschwindendem Drehimpuls angeregt sind. Ein elektrisches Feld bewirkt dann eine teilweise Ausrichtung der elektrischen Dipolmomente, deren Stärke außer von der Feldstärke auch noch von der Temperatur abhängt. Dieser Effekt soll hier nicht behandelt werden, weil er durch die oben abgeleitete Formel für den Einfluß des elektrischen Feldes auf die Elektronenhülle nicht erfaßt wird. Außerdem erfordert er eine Berechnung des thermodynamischen Gleichgewichts mit Hilfe der Formeln der Statistik, die in diesem Buch nicht behandelt wird. Die folgenden Rechnungen gelten daher nur für Atome und unpolare Moleküle und beschreiben nur die Polarisation infolge der Deformation der Elektronenhülle durch das elektrische Feld. Bei Abwesenheit des Feldes soll nur der Grundzustand $|0\rangle$ realisiert sein, welcher kein Dipolmoment besitzen soll:

$$\langle 0|eZ|0\rangle = 0 \,. \tag{13}$$

Für den Mittelwert des elektrischen Dipolmomentes $p = -ez$ in Feldrichtung erhält man im Feld in linearer Näherung mit Hilfe von (12) den Ausdruck

$$\bar{p} = -e\langle\psi|Z|\psi\rangle$$

$$= \mathrm{Re}\left\{\frac{e^2F_0}{i}\sum_{j=1}^{\infty}\langle 0|Z|j\rangle\langle j|Z|0\rangle\left[\frac{\exp(+i\omega t)}{E_j-E_0-\hbar\omega} - \frac{\exp(-i\omega t)}{E_j-E_0+\hbar\omega}\right]\right\} \qquad (14)$$

$$= \sum_{j=1}^{\infty} e^2|\langle 0|Z|j\rangle|^2\left[\frac{1}{E_j-E_0-\hbar\omega} + \frac{1}{E_j-E_0+\hbar\omega}\right]F_0 \sin\omega t . \qquad (15)$$

Das mittlere Dipolmoment ist in diesem Fall also der jeweiligen Feldstärke $F = F_0 \sin\omega t$ proportional. Ist N die Molekülzahldichte in dem betrachteten Gas, so erhält man für die Polarisation

$$P = N\bar{p} = \frac{2Ne^2}{\hbar^2}\sum_{j=1}^{\infty}\frac{|\langle 0|Z|j\rangle|^2(E_j-E_0)}{((E_j-E_0)/\hbar)^2 - \omega^2}\cdot F_0 \sin\omega t . \qquad (16)$$

Für die relative Dielektrizitätskonstante ε, welche gleich dem Quadrat des Brechungsindex n ist, ergibt sich daraus die Formel

$$\varepsilon = n^2 = \frac{\varepsilon_0 F + P}{\varepsilon_0 F} = 1 + \frac{2Ne^2}{\varepsilon_0\hbar^2}\sum_{j=1}^{\infty}\frac{|\langle 0|Z|j\rangle|^2(E_j-E_0)}{((E_j-E_0)/\hbar)^2 - \omega^2} . \qquad (17)$$

Die Form dieser Formel stimmt mit derjenigen überein, die man klassisch für elastisch gebundene Elektronen erhält. Nach Bd. I, §24 gilt in diesem Fall für Atome, welche Elektronen in einer Bindung mit der Eigenfrequenz ω_j enthalten,

$$n^2 = 1 + \frac{Ne^2}{m\varepsilon_0}\sum_{j=1}^{\infty}\frac{f_j}{\omega_j^2 - \omega^2} . \qquad (18)$$

Beide Formeln stimmen überein, wenn man ω_j gleich der Absorptionsfrequenz

$$\omega_j = \frac{E_j - E_0}{\hbar} \qquad (19)$$

setzt und

$$f_j = \frac{2m}{\hbar^2} |\langle 0|Z|j\rangle|^2 (E_j - E_0). \tag{20}$$

Der Unterschied zwischen der klassischen Formel und dem Ergebnis der Quantenmechanik liegt in folgendem:

1). Selbst bei Atomen, in welchen praktisch nur ein Elektron von der einfallenden Welle beeinfluß wird, treten quantenmechanisch unendlich viele Absorptionsfrequenzen ω_j ,also auch unendlich viele Summanden in der Dispersionsformel (18) auf, während klassisch nur einer oder wenige zu erwarten sind. Das liegt natürlich daran, daß ein Elektron nicht nur Partikeleigenschaften, sondern auch Welleneigenschaften hat, und beide sind implizit in den quantenmechanischen Gleichungen enthalten. Eine Welle hat unendlich viele Freiheitsgrade und daher auch unendlich viele Schwingungsmöglichkeiten. Die Frequenzen $\omega_j = (E_j - E_0)/\hbar$ sind gerade diejenigen Frequenzen, welche in der Formel für die elektrische Raumladung ρ in einem nur wenig von $|0\rangle$ verschiedenen Zustand auftreten (vgl. Bd. II, §2).

2). Die Koeffizienten f_j sind quantenmechanisch keine ganzen Zahlen. Sie stellen Maßzahlen dafür dar, wie stark eine Eigenschwingung der Ladung durch ein äußeres Feld angefacht wird. Ein geladener Massenpunkt, dessen freie Schwingung um seine Gleichgewichtslage die Frequenz ω_j besitzt, wird unter der Wirkung eines oszillierenden Feldes mit der Amplitude F_0 und der Frequenz ω zu einer Zwangsschwingung angestoßen, deren Amplitude proportional $eF_0/(\omega_j^2 - \omega^2)$ ist. Bei der entsprechenden Schwingung eines kontinuierlich verteilten Mediums kommt es außerdem auf die Verteilung der komplexen Amplitude der oszillierenden Ladung an. Diese ist bei demjenigen Anteil der Raumladung, dessen freie Schwingung die Frequenz $\omega_j = (E_j - E_0)/\hbar$ besitzt, proportional dem Produkt $u_j^* u_0$ der Wellenfunktionen zu $|j\rangle$ und $|0\rangle$. Wie die obige Rechnung zeigt, hängt die Wirkung des Wechselfeldes von $\langle j|Z|0\rangle$ ab, also in der Ortsdarstellung von dem Integral $\iiint u_j^* z\, u_0\, d^3x$, und dieses kann kontinuierlich viele verschiedene Werte annehmen. Daher gilt dasselbe auch für f_j. Schon vor Auffindung der Quantenmechanik im Jahre 1925 hätte man aus der schon lange vorher bekannten Dispersionsformel (18) schließen können, daß ein Elektron mehr Freiheitsgrade als ein Massenpunkt besitzen muß, denn die Zahl der Summanden in der Dispersionsformel hängt eng damit zusammen. Aber erst hinterher hat man diesen Zusammenhang klar durchschaut.

C. Der f-Summensatz

Die obige Dispersionsformel enthält implizit auch eine Partikeleigenschaft der Elektronen. Nach der Quantenmechanik ist zwar nicht jedes einzelne f_j eine ganze Zahl, wohl aber ihre Summe. Sie ist gleich der Anzahl der Elektronen in dem betrachteten Atom oder Molekül, in dem betrachteten Fall also gleich 1:

$$\sum_{j=1}^{\infty} f_j = 1. \qquad (21)$$

Das ergibt sich in wenigen Zeilen aus den Vertauschungsrelationen, wenn man beachtet, daß E_j und E_0 die Eigenwerte des ungestörten Hamiltonoperators $H^{(0)}$ zu den Eigenelementen $|j\rangle$ und $|0\rangle$ sind. Aus der Normierung und Orthogonalität der $|j\rangle$ ergibt sich daher

$$\langle k|H^{(0)}|j\rangle = E_j \delta_{kj}. \qquad (22)$$

Daraus folgt

$$\begin{aligned}\sum_{j=1}^{\infty} f_j &= \frac{2m}{\hbar^2}\sum_{j,0}^{\infty}\langle 0|Z|j\rangle(E_j - E_0)\langle j|Z|0\rangle \\ &= \frac{m}{\hbar^2}\sum_{j,k=0}^{\infty}\{2\langle 0|Z|k\rangle\langle k|H^{(0)}|j\rangle\langle j|Z|0\rangle \\ &\quad -\langle 0|Z|k\rangle\langle k|Z|j\rangle\langle j|H^{(0)}|0\rangle - \langle 0|H^{(0)}|k\rangle\langle k|Z|j\rangle\langle j|Z|0\rangle\}.\end{aligned} \tag{23}$$

Jetzt steht auf der rechten Seite in Matrixschreibweise der Mittelwert des Operators

$$A = \frac{m}{\hbar^2}[2ZH^{(0)}Z - Z^2H^{(0)} - H^{(0)}Z^2] \tag{24}$$

im Zustand $|0\rangle$:

$$\sum_{j=0}^{\infty} f_j = \langle 0|A|0\rangle \; . \tag{25}$$

Wenn jetzt ein System mit nur einem Elektron betrachtet wird, ist $H^{(0)} = [P_x^2+P_y^2+P_z^2]/2m + E_{pot}$. Da von dessen Summanden nur P_z^2 nicht mit Z vertauschbar ist, ergibt sich

$$A = \frac{1}{2\hbar^2}[2ZP_z^2Z - Z^2P_z^2 - P_z^2Z^2] \tag{26}$$

$$\begin{aligned}= \frac{1}{2\hbar^2}[&(ZP_z - P_zZ)P_zZ + P_z(ZP_z - P_zZ)Z \\ &+ ZP_z(P_zZ - ZP_z) + Z(P_zZ - ZP_z)P_z] \, .\end{aligned} \tag{27}$$

Wegen der Vertauschungsrelation $P_zZ - ZP_z = \hbar/i$ ist also $A = 1$. Wenn ein System mit mehreren Elektronen betrachtet wird, ist Z durch die Summe ΣZ_j der Operatoren zu allen z-Koordinaten zu ersetzen. In $H^{(0)}$ tritt entsprechend eine Summe über die Operatoren $P_j^2/2m$ der kinetischen Energien der einzelnen Elektronen auf. Aber immer noch ist ein einzelnes Z_j nur mit einem einzelnen Summanden $P_{jz}^2/2m$ nicht vertauschbar und liefert daher zu A einen Summanden 1 . Insgesamt treten also in diesem Falle soviele Summanden 1 auf, wie es z-Koordinaten von Elektronen gibt, also die Elektronenzahl. Also gilt in diesem Fall $A =$ Elektronenzahl.

Aus diesem Satz, daß die Summe aller f-Werte gleich der Anzahl der Elektronen in dem betrachteten Atom oder Molekül ist, ergibt sich, daß bei sehr hohen Frequenzen, also im Gebiet der Röntgenstrahlen, die klassische Dispersionsformel streng richtig ist. Denn dort kann man im Nenner von (18) ω_j^2 gegen ω^2 vernachlässigen, und dann tritt in dieser Formel nur noch die f-Summe auf. Bezeichnet man das Produkt aus Ne mal der Summe aller f-Werte mit Q , so gilt in diesem Frequenzbereich

$$n^2 = 1 - \frac{e}{m\varepsilon_0} \cdot \frac{Q}{\omega^2} \tag{28}$$

Im Gebiet der Röntgenstrahlen, weit jenseits der letzten Röntgenabsorptionskante, ist also $n^2 < 1$ und hängt außer von ω^2 nur noch von der spezifischen Ladung der Elektronen e/m ab und von der Gesamtladungsdichte Q aller Elektronen in allen Atomen und Molekülen der betrachteten Substanz zusammen. Da die Materie als Ganzes elektrisch neutral sein muß, ist Q auch zugleich die Summe der Ladungen aller Atomkerne in der Volumeneinheit, also eine Größe, die sich bei bekannter Ordnungszahl und bekannter relativer Atom- und Molekülmasse aus der Massendichte ergibt. Daher kann man im Röntgengebiet aus Messungen von $1 - n^2$ den Wert von e/m bestimmen (vgl. Bd. I, §24).

§5. Die Fortsetzung der Störungsrechnung bis zu hohen Näherungen

In den letzten Jahrzehnten sind in der Quantenmechanik große Fortschritte durch teilweise Fortsetzung von Störungsrechnungen bis zu hohen Näherungen, manchmal bis zu unendlich hoher Näherung erzielt worden. Zuerst gelang das mit Hilfe der von Feynman[1] erfundenen Diagrammtechnik in der relativistischen Quantenelektrodynamik und danach auch in der Vielelektronentheorie der Festkörper. Diese Verfahren erlauben es, in systematischer Weise unendlich viele Terme einer gewissen Sorte in der Störungsrechnung zusammenzufassen und dadurch Divergenzen zu beheben. Die Grundlagen zu diesen Rechnungen wurden aber bereits viel früher entwickelt. Zur Einführung seien sie hier für den Spezialfall von stationären Zuständen und zur Berechnung der Eigenwerte diskreter Zustände erörtert.

1) R.P. Feynman, Phys. Rev. 76 (1949), S. 749 und 769; Phys. Rev. 80 (1950), S. 440

A. Die Methode von Brillouin und Wigner

Für die Störungsrechnung in hoher Näherung gibt es zwei Varianten, von denen die einfachere von Brillouin[1] und Wigner[2] entwickelt wurde. Bei ihr wird auf die systematische Berechnung des Eigenelementes und des Eigenwertes durch Entwicklung nach Potenzen eines Störparameters verzichtet. Vielmehr wird in Gedanken davon ausgegangen, daß der Eigenwert E schon bekannt sei, und zunächst das Eigenelement in unendlich hoher Näherung berechnet. Deshalb werde hier für den Störoperator $\lambda H^{(1)}$ der Einfachheit halber der eine Buchstabe S geschrieben und die Eigenwertgleichung auf die folgende Form gebracht:

$$(E - H^{(0)})|u\rangle = S|u\rangle . \tag{1}$$

Es werde nun ein Eigenelement $|u\rangle$ betrachtet, welches beim Einschalten der Störung stetig aus dem Eigenelement $|0\rangle$ von $H^{(0)}$ zum Eigenwert E_0 hervorgeht. Für dieses wird eine Reihe mit Korrekturtermen wachsender Näherung angesetzt:

$$|u\rangle = |0\rangle + |u^{(1)}\rangle + |u^{(2)}\rangle + \dots \tag{2}$$

Der Einfachheit halber werde auf die Normierung von $|u\rangle$ verzichtet und stattdessen gefordert, daß alle Korrekturterme $|u^{(\nu)}\rangle$ zu $|0\rangle$ orthogonal sind. Man kann auch sagen, die zu $|0\rangle$ proportionalen Anteile der Entwicklung der $|u^{(\nu)}\rangle$ nach den Eigenelementen von $H^{(0)}$ sollen jeweils zum ersten Term $|0\rangle$ hinzugefügt werden, und danach soll $|u\rangle$ mit einem solchen Faktor multipliziert werden, daß der Koeffizient von $|0\rangle$ gleich 1 ist.

Da in (1) der Summand $S|u\rangle$ als kleine Korrektur an $H^{(0)}|u\rangle$ betrachtet wird, ist $S|u^{(\nu-1)}\rangle$ als ein Korrekturterm ν-ter Näherung anzusehen, welcher in (1) dem Term ν-ter Näherung links gleichzusetzen ist. Daher ergibt sich

$$(E - H^{(0)})|u^{(\nu)}\rangle = S|u^{(\nu-1)}\rangle \tag{3}$$

für alle $\nu \geq 1$. Diese Gleichung kann man formal nach $|u^{(\nu)}\rangle$ auflösen, indem man $|u^{(\nu)}\rangle$ nach den Eigenelementen $|m\rangle$ von $H^{(0)}$ entwickelt ($m = 1, 2, 3, \dots \infty$). Der Einfachheit halber werde wieder angenommen, daß $H^{(0)}$ nur ein diskretes Spektrum besitzt bzw. daß das Kontinuum durch ein Quasikontinuum ersetzt wird. Wegen

1) L. Brillouin, J. de Phys. et le Rad. III (1932) S. 323
2) E.P. Wigner, Math. u. naturw. Anzeiger d. ungar. Akad. d. Wiss. L III (1935) S. 475

$$H^{(0)}|m\rangle = E_m|m\rangle \tag{4}$$

ergibt sich dann, falls E kein Eigenwert von $H^{(0)}$ ist,

$$\langle m|u^{(\nu)}\rangle = \frac{\langle m|S|u^{(\nu-1)}\rangle}{E - E_m} . \tag{5}$$

An dieser Stelle führt man zweckmäßig den folgenden Operator G ein, welcher nahezu mit dem in Kap.VIII definierten zeitunabhängigen Greenschen Operator identisch ist:

$$G = \sum_{m=1}^{\infty} \frac{|m\rangle\langle m|}{E - E_m} . \tag{6}$$

Die Formeln (5) liefern damit die folgende Beziehung:

$$|u^{(\nu)}\rangle = \sum_{m=1}^{\infty} |m\rangle\langle m|u^{(\nu)}\rangle = GS|u^{(\nu-1)}\rangle . \tag{7}$$

Somit ergibt sich

$$|u\rangle = |0\rangle + GS|0\rangle + GSGS|0\rangle + \ldots \tag{8}$$

Wenn diese Reihe konvergiert, liefert sie $|u\rangle$ eindeutig. Allerdings enthält der erhaltene Ausdruck implizit in G noch den bislang unbekannten Eigenwert E . Dieser ergibt sich nachträglich aus (1) durch skalare Multiplikation mit $\langle 0|$. Mit Benutzung von (4) und (2) erhält man bei Beachtung der Hermitizität von $H^{(0)}$, der Normierung von $|0\rangle$ und $\langle 0|u^{(\nu)}\rangle = 0$ für $\nu \geq 1$

$$\langle 0|E - H^{(0)}|u\rangle = (E - E_0)\langle 0|u\rangle = E - E_0 \tag{9}$$

Daher ergibt sich aus (1)

$$E = E_0 + \langle 0|S|u\rangle \tag{10}$$

$$= E_0 + \langle 0|S + SGS + SGSGS + \ldots|0\rangle . \tag{11}$$

Das ist eine implizite, im allgemeinen transzendente Gleichung für E , da G den Eigenwert E in unendlich vielen verschiedenen Nennern enthält.

Der praktische Wert dieser Formel ist gering, da man fast nie die unendlich vielen Matrixelemente der unendlich vielen Operatorenprodukte berechnen kann. Außerdem läßt sich im Fall der Entartung des Ausgangstermes nicht ohne teilweise Durchführung der Rayleigh-Schrödingerschen Störungsrechnung angeben, in welches Eigenelement von $H^{(0)}$ das betrachtete $|u\rangle$ beim Ausschalten der Störung S übergeht. In einem solchen Falle nützt also die obige Formel gar nichts, weil $|u\rangle$ nicht bekannt ist. Die Rechenmethode zu ihrer Ableitung wird jedoch später noch mehrfach benutzt werden.

Damit aber diese Rechnung hier nicht nur als leere Gelehrsamkeit erscheint, sei ein einfacher Spezialfall betrachtet, in welchem die Rechnung vollständig durchgeführt werden kann, nämlich der Fall, daß in der mit den Eigenelementen $|m\rangle$ von $H^{(0)}$ gebildeten Matrix $\langle m|S|n\rangle$ von S alle Matrixelemente verschwinden, bei denen eines der Elemente $|0\rangle$ oder $|1\rangle$ ist und das andere davon verschieden. Für alle $m \geq 2$ soll also gelten

$$\langle m|S|0\rangle = 0 \quad \text{und} \quad \langle m|S|1\rangle = 0. \tag{12}$$

Da $\langle m|G|n\rangle$ für $m \neq n$ verschwindet und außerdem $G|0\rangle = 0$ ist, erhält man z. B.

$$\langle 0|SGSGS|0\rangle = \sum_{m,n,p,q=1}^{\infty} \langle 0|S|m\rangle\langle m|G|n\rangle\langle n|S|p\rangle\langle p|G|q\rangle\langle q|S|0\rangle \tag{13}$$

$$= \langle 0|S|1\rangle \frac{1}{E-E_1} \langle 1|S|1\rangle \frac{1}{E-E_1} \langle 1|S|0\rangle$$

$$= \frac{|\langle 0|S|1\rangle|^2}{E-E_1} \cdot \frac{\langle 1|S|1\rangle}{E-E_1} \,. \tag{14}$$

Jeder weitere Operatorfaktor SG in einem skalaren Produkt dieser Form erzeugt einen zusätzlichen Faktor $\langle 1|S|1\rangle/(E-E_1)$. Daher lautet (11)

$$E = E_0 + \langle 0|S|0\rangle + \frac{|\langle 0|S|1\rangle|^2}{E-E_1} \cdot \sum_{n=0}^{\infty} \left(\frac{\langle 1|S|1\rangle}{E-E_1}\right)^n \tag{15}$$

$$= E_0 + \langle 0|S|0\rangle + \frac{|\langle 0|S|1\rangle|^2}{E-E_1-\langle 1|S|1\rangle} \,. \tag{16}$$

Heraufmultiplizieren des Nenners liefert daher eine quadratische Gleichung für E,

$$(E - E_0 - \langle 0|S|0\rangle)(E - E_1 - \langle 1|S|1\rangle) = |\langle 0|S|1\rangle|^2, \tag{17}$$

welche leicht zu lösen ist.

Dieses Ergebnis hätte man natürlich auch viel einfacher ableiten können. Unter den genannten Annahmen enthält nämlich die Matrix $\langle m|H^{(0)}+S|n\rangle$ in der 0. und 1. Zeile lauter Nullen außer für $m,n = 0$ oder 1. Zu den ersten beiden Eigenwerten gehört daher als exakte Eigenfunktion eine Linearkombination von $|0\rangle$ und $|1\rangle$. Der Ansatz mit zwei unbestimmten Koeffizienten für sie führt auf die Säkulargleichung

$$\begin{vmatrix} E_0 + \langle 0|S|0\rangle - E & \langle 0|S|1\rangle \\ \langle 1|S|0\rangle & E_1 + \langle 1|S|1\rangle - E \end{vmatrix} = 0, \tag{18}$$

welche mit (17) identisch ist.

Diese Betrachtung ist trotzdem sehr nützlich. Sie zeigt nämlich, daß man durch geeignetes Zusammenfassen der Glieder der Reihenentwicklung Divergenzen vermeiden kann. Die in (15) auftretende geometrische Reihe konvergiert nur für $|\langle 1|S|1\rangle/(E-E_1)| < 1$.

Das exakte Ergebnis (17) gilt aber auch, wenn diese Konvergenzbedingung nicht erfüllt ist. Das besagt: Eine Störungsrechnung kann unter Umständen bei geeigneter Zusammenfassung unendlich vieler Terme selbst außerhalb ihres Konvergenzbereiches richtige Ergebnisse liefern.

Auf solche Einsichten gründet sich die an der Erfahrung bewährte Hoffnung, daß in der Quantenelektrodynamik die Störungsrechnung richtige Aussagen über die Lamb-Shift und das anomale magnetische Spinmoment des Elektrons ergibt, obwohl in ihr unendlich viele unendlich große Terme auftreten, die zusammengenommen aber die Masse und die Ladung des Elektrons ergeben müssen. Dafür kann man daher die gemessenen Werte einsetzen. Das ist der Grundgedanke des sog. Renormalisierungsverfahrens.

B. Die Methode von Rayleigh und Schrödinger

Die Rayleigh-Schrödingersche Störungsrechnung unterscheidet sich von der geschilderten dadurch, daß der Eigenwert jedem Näherungsschritt angepaßt wird. Das ermöglicht es, wie in §2 ausgeführt wurde, im Fall der Entartung auch die richtigen Linearkombinationen der miteinander entarteten Zustandselemente zu einem ungestörten Eigenwert zu bestimmen. Hier werde vorausgesetzt, daß das bereits geschehen ist. Wenn der betrachtete ungestörte Eigenwert E_0 nicht von vornherein einfach war, werde angenommen, daß bereits soviel von der Störung S abgespalten und zum ungestörten Hamiltonoperator hinzugefügt worden ist, daß $H^{(0)}$ nur ein bis auf einen Faktor eindeutig bestimmtes Eigenelement $|0\rangle$ zu E_0 besitzt. Macht man für E den entsprechenden Ansatz wie in (2) für $|u\rangle$, also

$$E = E_0 + E^{(1)} + E^{(2)} + \dots , \tag{19}$$

so erhält man beim Einsetzen in (1) für die Terme ν -ter Näherung

$$(E_0 - H^{(0)})|u^{(\nu)}\rangle = S|u^{(\nu-1)}\rangle - E^{(1)}|u^{(\nu-1)}\rangle - \dots$$
$$\dots - E^{(\nu-1)}|u^{(1)}\rangle - E^{(\nu)}|0\rangle . \tag{20}$$

Fordert man wieder statt der Normierung von $|u\rangle$ die Gültigkeit von

$$\langle 0|u^{(\nu)}\rangle = 0\,, \qquad \nu \geq 1, \tag{21}$$

so ergibt sich durch skalare Multiplikation mit $\langle 0|$

$$E^{(\nu)} = \langle 0|S|u^{(\nu-1)}\rangle \tag{22}$$

und mit Benutzung des Operators

$$G_0 = G(E_0) = \sum_{m=1}^{\infty} \frac{|m\rangle\langle m|}{E_0 - E_m} \tag{23}$$

für $|u^{(\nu)}\rangle$ die Gleichung

$$|u^{(\nu)}\rangle = G_0 S|u^{(\nu-1)}\rangle - \sum_{j=1}^{\nu-1} G_0|u^{(\nu-j)}\rangle E^{(j)}\,. \tag{24}$$

Diese Gleichung ist wegen der zusätzlichen Summanden proportional zu $G_0|u^{(\nu-j)}\rangle$ komplizierter als (7), aber andererseits auch einfacher, weil statt des Operators $G(E)$, der von dem unbekannten Parameter E abhängt, der gegebene Operator G_0 auftritt.

Die Folge ist, daß die Zahl der Terme mit wachsender Nummer der Näherung rasch anwächst. Die ersten Schritte lauten

$$E^{(1)} = \langle 0|S|0\rangle\,, \tag{25}$$

$$|u^{(1)}\rangle = G_0 S|0\rangle\,, \tag{26}$$

$$E^{(2)} = \langle 0|SG_0S|0\rangle\,, \tag{27}$$

$$|u^{(2)}\rangle = G_0SG_0S|0\rangle - G_0^2S|0\rangle\langle 0|S|0\rangle\,, \tag{28}$$

$$E^{(3)} = \langle 0|SG_0SG_0S|0\rangle - \langle 0|SG_0^2S|0\rangle\langle 0|S|0\rangle\,, \tag{29}$$

$$\begin{aligned} |u^{(3)}\rangle = {} & G_0SG_0SG_0S|0\rangle - G_0SG_0^2S|0\rangle\langle 0|S|0\rangle \\ & - G_0^2SG_0S|0\rangle\langle 0|S|0\rangle + G_0^3S|0\rangle\langle 0|S|0\rangle^2 \\ & - G_0^2S|0\rangle\langle 0|SG_0S|0\rangle\,, \end{aligned} \tag{30}$$

$$\begin{aligned} E^{(4)} = {} & \langle 0|SG_0SG_0SG_0S|0\rangle - \langle 0|SG_0SG_0^2S|0\rangle\langle 0|S|0\rangle \\ & - \langle 0|SG_0^2SG_0S|0\rangle\langle 0|S|0\rangle + \langle 0|SG_0^3S|0\rangle\langle 0|S|0\rangle^2 \\ & - \langle 0|SG_0^2S|0\rangle\langle 0|SG_0S|0\rangle\,. \end{aligned} \tag{31}$$

So fortfahrend kann man durch vollständige Induktion leicht die Gültigkeit der folgenden Regeln beweisen:

1). Die Energiekorrekturen sind Summen aus Produkten von skalaren Produkten der Gestalt $\langle 0|SG_0^m SG_0^n \ldots SG_0^p S|0\rangle$ mit ganzzahligem $m, n, p \geq 1$, d. h. in jedem der Operatorenprodukte in einem solchen skalaren Produkt steht zwischen zwei Operatoren S mindestens ein G_0, und der erste und letzte Operatorfaktor ist ein S, kein G_0. Das letztere ergibt sich schon allein daraus, daß $G_0|0\rangle = 0$ und G_0 hermitisch ist.

2). Jeder Summand von $E^{(\mu)}$ enthält in allen miteinander multiplizierten skalaren Produkten zusammen μ-mal den Operator S und $(\mu-1)$-mal den Operator G_0.

3). Ein Summand aus p Faktoren der angegebenen Form hat das Vorzeichen $(-1)^{p-1}$.

Leider reichen diese Regeln nicht aus, um den allgemeinen Ausdruck für $E^{(\mu)}$ sofort hinzuschreiben. Zwar ist $E^{(4)}$ gleich der Summe aller Produkte der angegebenen Gestalt, aber bereits bei $E^{(5)}$ tritt eines dieser Produkte zweimal auf. Es scheint keine einfache Regel für die Werte dieser zusätzlichen Faktoren zu geben. Man könnte nun eine Diagrammtechnik entwickeln, welche einen Überblick über die Form der auftretenden Summanden liefert, aber das soll hier nicht geschehen, da es in dieser allgemeinen Form nicht üblich ist. Die benutzten Diagramme sind alle auf speziellere Annahmen zugeschnitten.

Um den Nutzen dieser Rechnungen deutlich zu machen, sei ein Beispiel behandelt, nämlich der Fall, daß alle Quotienten der Form $|\langle m|S|n\rangle/(E_0-E_m)| \ll 1$ sind mit Ausnahme derjenigen, bei denen m und n beide ≤ 1 sind. Für diejenigen Summanden, die im Nenner nur die Energiedifferenz $E_0 - E_1$ enthalten und keine anderen, sei die Summation bis zu unendlich hoher Näherung durchgeführt. Um die abgeleiteten Formeln unverändert benutzen zu können, sei die Rechnung so durchgeführt, als ob alle Matrixelemente von S außer $\langle 0|S|0\rangle$, $\langle 0|S|1\rangle$ und $\langle 1|S|0\rangle$ verschwinden würden. Zur Vereinfachung der Formeln werde statt S der Operator

$$S' = S - |0\rangle\langle 0|S|0\rangle\langle 0| - |1\rangle\langle 1|S|1\rangle\langle 1| \tag{32}$$

und statt $H^{(0)}$ der Operator

$$H^{(0)\prime} = H^{(0)} + |0\rangle\langle 0|S|0\rangle\langle 0| + |1\rangle\langle 1|S|1\rangle\langle 1| \tag{33}$$

eingeführt. Letzterer hat dieselben Eigenelemente wie $H^{(0)}$, aber statt E_0 und E_1 die Eigenwerte

$$E_0' = E_0 + \langle 0|S|0\rangle \quad \text{und} \quad E_1' = E_1 + \langle 1|S|1\rangle . \tag{34}$$

Alle Nichtdiagonalelemente von S' sind gleich denen von S. Ferner gilt $\langle 0|S'|0\rangle = 0$ und $\langle 1|S'|1\rangle = 0$. Daher lauten die Formeln (25) bis (31) jetzt

$$E^{(1)'} = \langle 0|S'|0\rangle = 0; \qquad |u^{(1)'}\rangle = |1\rangle \frac{\langle 1|S|0\rangle}{E_0' - E_1'}; \tag{35}$$

$$E^{(2)'} = \frac{|\langle 0|S|1\rangle|^2}{E_0' - E_1'}; \qquad |u^{(2)'}\rangle = 0; \tag{36}$$

$$E^{(3)'} = 0; \qquad |u^{(3)'}\rangle = -|1\rangle \frac{\langle 1|S|0\rangle}{E_0' - E_1'} \cdot \frac{|\langle 0|S|1\rangle|^2}{(E_0' - E_1')^2}; \tag{37}$$

$$E^{(4)'} = -\frac{|\langle 0|S|1\rangle|^2}{(E_0' - E_1')^2} \frac{|\langle 0|S|1\rangle|^2}{E_0' - E_1'}. \tag{38}$$

Daraus läßt sich als Vermutung ablesen, daß alle Störelemente $|u^{(\nu)'}\rangle$ mit gerader Näherung ν und alle Störenergien $E^{(\mu)'}$ ungerader Näherung μ verschwinden. Für die Störfunktionen ungerader Näherung ist ferner die Gültigkeit einer Formel folgender Gestalt plausibel:

$$|u^{(2\mu-1)'}\rangle = |1\rangle \frac{\langle 1|S|0\rangle}{E_0' - E_1'} \cdot (-X)^{\mu-1} z_\mu. \tag{39}$$

Darin ist

$$X = \frac{|\langle 0|S|1\rangle|^2}{(E_0' - E_1')^2} \tag{40}$$

und z_μ ein noch zu bestimmender Zahlenfaktor. Mit Hilfe von (22) ergibt sich aus (39)

$$E^{(2\mu)'} = \langle 0|S|u^{(2\mu-1)'}\rangle = (E_1' - E_0')(-X)^\mu z_\mu. \tag{41}$$

Setzt man diesen Ausdruck und (39) in (24) mit S' an Stelle von S ein, so heben sich die Faktoren X rechts und links heraus. Für die z_μ erhält man die Rekursionsformel

$$z_\mu = \sum_{j=1}^{\mu-1} z_{\mu-j} z_j. \tag{42}$$

Die Richtigkeit des Ansatzes (39) ist damit erwiesen. Vergleich von (39) mit (35) und (37) liefert $z_1 = 1$ und $z_2 = 1$. Damit ergibt sich aus (42)

$$z_3 = 2; \quad z_4 = 5; \quad z_5 = 14; \quad z_6 = 42; \ \ldots \tag{43}$$

Man kann daraus eine geschlossene Formel für den allgemeinen Koeffizienten z_μ ableiten. Das kann man sich aber ersparen, wenn man direkt die Energie berechnet:

$$E = E_0' + \sum_{\mu=1}^{\infty} E^{(4\mu)'} = \tfrac{1}{2}(E_0'+E_1') - \tfrac{1}{2}(E_1'-E_0')\cdot R . \qquad (44)$$

Darin bedeutet R die folgende unendliche Reihe

$$R = 1 - 2\sum_{\mu=1}^{\infty}(-X)^{\mu} z_\mu . \qquad (45)$$

Wenn man diese Reihe quadriert, treten in ihr gerade dieselben Produkte der z_μ auf wie auf der rechten Seite von (42):

$$R^2 = 1 - 4\sum_{\mu=1}^{\infty}(-X)^{\mu} z_\mu + 4\sum_{\mu=2}^{\infty}(-X)^{\mu}\sum_{j=1}^{\mu-1} z_{\mu-j}\, z_j . \qquad (46)$$

Demnach heben sich in dieser Formel die beiden unendlichen Reihen von $\mu = 2$ an fort. Daher gilt

$$R^2 = 1 + 4X \qquad (47)$$

oder

$$E = \tfrac{1}{2}(E_0'+E_1') - \tfrac{1}{2}(E_1'-E_0')\sqrt{1 + 4\frac{|\langle 0|S|1\rangle|^2}{(E_0'-E_1')^2}} . \qquad (48)$$

Dieses Ergebnis war zu erwarten, denn es ist gerade diejenige Wurzel von (18), welche im Limes $S \to 0$ in E_0 übergeht.

So wie diese Rechnung hier wiedergegeben wurde, bedeutet sie also nur eine komplizierte Methode zur Berechnung eines auf andere Weise leichter zu erhaltenden Resultates. Ihr Sinn liegt darin, daß sie die Bedeutung einer teilweisen Aufsummierung aller Summanden einer bestimmten Art in einer Störungsrechnung erläutert. Falls alle anderen Energienenner $E_0' - E_m'$ außer $E_0' - E_1'$ groß sind gegen alle anderen Matrixelemente $\langle m|S|n\rangle$ außer denjenigen mit $m \leq 1$ und $n \leq 1$, genügt bei den übrigen Summanden die Berücksichtigung weniger Glieder der Reihe. Ersetzt man $|0\rangle$ durch diejenige Eigenfunktion, die bei dieser Teilsummation erhalten wurde, und E_0 durch den hier erhaltenen Eigenwert, so lassen sich die weiteren, viel kleineren Beiträge der Störungsrechnung ermitteln, selbst dann, wenn die ursprüngliche Störungsrechnung divergente Ergebnisse lieferte. Die obige Reihe für R konvergiert nur für $|4X| < 1$. Nach dieser teilweisen Aufsummierung und Anwendung der geschlossenen Formel (48) für die Energie des ungestörten Zustandes ist diese Grenze unwesentlich. Die weitere Störungsrechnung ist jetzt auch anwendbar, wenn diese Bedingung verletzt ist.

Man beachte ferner, daß die Bedingungen für die Konvergenz des Verfahrens bei den beiden Varianten der Störungsrechnung ganz verschieden lauten. Wenn man bei der Brillouin-Wignerschen Rechenmethode denselben Kunstgriff wie hier angewandt hätte und durch Übergang von S und $\mathsf{H}^{(0)}$ zu S' und $\mathsf{H}^{(0)\prime}$ einen Teil der Störung zum ungestörten Hamiltonoperator hinzugeschlagen hätte, wäre dort gar keine unendliche Reihe aufgetreten. Die Brillouin-Wignersche Methode scheint hiernach nicht nur hinsichtlich der Einfachheit ihrer Formeln überlegen zu sein. Das ist aber, wie Brückner zeigte, ein Trugschluß[1].

Es kann vorkommen, daß in einem Vielteilchensystem die Brillouin-Wignersche Reihe formal konvergiert, aber sinnvolle Ergebnisse erst liefert, wenn die Zahl der berücksichtigten Terme in der Größenordnung der Teilchenzahl liegt, und das wäre bei Festkörpern völlig undiskutabel. Bei der komplizierteren Rayleigh-Schrödingerschen Rechnung ist das nicht zu erwarten. Schreibt man zur Abkürzung für den Mittelwert eines Operatoren

$$\langle 0|\mathsf{A}|0\rangle = \bar{A} \quad , \tag{49}$$

so lauten (27), (29) und (31)

$$E^{(2)} = \overline{(\mathsf{S}-\bar{S})\mathsf{G}_0(\mathsf{S}-\bar{S})} \quad , \tag{50}$$

$$E^{(3)} = \overline{(\mathsf{S}-\bar{S})\mathsf{G}_0(\mathsf{S}-\bar{S})\mathsf{G}_0(\mathsf{S}-\bar{S})} \quad , \tag{51}$$

$$E^{(4)} = \overline{(\mathsf{S}-\bar{S})\mathsf{G}_0\{(\mathsf{S}-\bar{S})\mathsf{G}_0(\mathsf{S}-\bar{S}) - \overline{(\mathsf{S}-\bar{S})\mathsf{G}_0(\mathsf{S}-\bar{S})}\}\mathsf{G}_0(\mathsf{S}-\bar{S})} \, . \tag{52}$$

Hier treten also jeweils nur Differenzen zwischen Operatoren und ihren Mittelwerten auf, und diese verschwinden bei Mittelung für unkorrelierte Bewegungen. Sie sind daher bei einem System aus N unabhängigen Teilchen proportional zu N und nicht wie einzelne der in (27), (29) und (31) auftretenden Summanden proportional zu höheren Potenzen von N .

1) K.A. Brückner: Le problème à N corps. Univ. Grenoble, Cours donnée à l'école d'été de physique théoretique; Les Houches 1958

Fragen und Aufgaben zu Kap. I

Fragen

1). Welche der folgenden Bedingungen müssen notwendig erfüllt sein, um die Schrödingersche Störungsrechnung anwenden zu können? a). Der ungestörte Hamiltonoperator darf kein Kontinuum besitzen. b). Der betrachtete Eigenwert darf nicht im Kontinuum der Eigenwerte des ungestörten Hamiltonoperators liegen. c). Der betrachtete Eigenwert darf nicht entartet sein. d). Beim Hinzufügen der Störung darf kein Kontinuum von Eigenwerten entstehen, in welchem der ungestörte Eigenwert liegt. e). Der Hamiltonoperator muß hermitisch sein. f). Der Hamiltonoperator darf nur endlich viele Eigenwerte haben.

2). Was versteht man unter Entartung?

3). Wie groß ist die Änderung eines nichtentarteten Eigenwertes infolge der Störung in 1. Näherung?

4). In welchen Fällen kann man über das Vorzeichen der Störung in 2. Näherung eine allgemeine Aussage machen?

5). Ist die Änderung des Eigenelementes durch eine Störung eindeutig bestimmt?

6). Was versteht man unter der Säkulargleichung?

7). Kann es vorkommen, daß ein Eigenwert unter der Wirkung der Störung in mehrere Eigenwerte aufspaltet?

8). Kann es vorkommen, daß ein Eigenwert in 1. Näherung nicht aufspaltet, wohl aber in 2. oder 3. Näherung?

9). Hängt die richtige Linearkombination im Sinne der Störungsrechnung von der Art der Störung ab?

10). Kann man mit Hilfe der Störungsrechnung von Schrödinger auch die Änderungen der Eigenwerte anderer Operatoren außer dem Hamiltonoperator näherungsweise berechnen?

11). Ist die Schrödingersche Störungsrechnung auch auf zeitabhängige Operatoren anwendbar?

12). Ist es zulässig, daß die Störung Terme enthält, die nicht nur linear, sondern auch von einer höheren Potenz des Störparameters abhängen?

13). Was versteht man unter dem Stark-Effekt?

14). Unter welchen Bedingungen gibt es einen Beitrag zum Stark-Effekt in Atomspektren, welcher linear von der Feldstärke abhängt?

15). Was versteht man unter der Dispersionsformel?

16). Wie groß ist die Zahl der Eigenschwingungen eines Elektrons im Grundzustand?

17). Kann der Brechungsindex kleiner als 1 sein?

18). Was versteht man unter dem f-Wert eines Überganges?

19). Unter welchen Umständen kann ein stationärer Zustand eines Atoms ein elektrisches Dipolmoment besitzen?

20). Wodurch unterscheidet sich die Störungsrechnung von Rayleigh-Schrödinger von derjenigen von Brillouin-Wigner?

Aufgaben

1). Ein linearer harmonischer Oszillator mit der Ladung e wird einem elektrischen Feld F in Schwingungsrichtung ausgesetzt. a). Berechnen Sie die Änderung der Energie des Grundzustandes durch Störungsrechnung bis zur 2. Näherung. b). Berechnen Sie das vom Feld induzierte elektrische Dipolmoment in 1. Näherung. c). Vergleichen Sie das Ergebnis mit der klassischen Rechnung und mit dem Ergebnis der strengen, quantenmechanischen Rechnung, welche in dem betrachteten Fall durch Verschiebung des Koordinatenursprungs leicht zu ermitteln ist.

2). Der Hamiltonoperator für die Rotation des starren zweiatomigen Moleküls mit dem Trägheitsmoment Θ lautet $H^{(0)} = \vec{L}^2/(2\Theta)$. Wenn das Molekül in Richtung der Kernverbindungsachse ein elektrisches Dipolmoment mit dem Betrag p besitzt, tritt in einem elektrischen Feld F eine Störung $\lambda H^{(1)} = -pF\cos\vartheta$ hinzu. a). Zeigen Sie, daß die üblichen Kugelfunktionen $Y_{l,m}(\vartheta,\varphi)$ bereits die richtigen Linearkombinationen im Sinne der Störungsrechnung in der Ortsdarstellung sind, wenn man die Polachse in die Feldrichtung legt. b). Berechnen Sie das mittlere elektrische Dipolmoment $\overline{p\cos\vartheta}$ in Feldrichtung in 1. Näherung. c). Zeigen Sie, daß der Mittelwert dieser Größe über die $(2l+1)$ Zustände zu festem l für alle l außer für $l=0$ verschwindet. d). Berechnen Sie das thermische Mittel der Polarisation im Feld in 1. Näherung, insbesondere in der Näherung für hohe Temperaturen, d. h. $kT \gg \hbar^2/(2\Theta)$.
Hilfsformel:

$$\cos\vartheta\, Y_{l,m}(\vartheta,\varphi) = \sqrt{\frac{(l+1)^2 - m^2}{(2l+1)(2l+3)}}\, Y_{l+1,m}(\vartheta,\varphi) + \sqrt{\frac{l^2 - m^2}{(2l+1)(2l-1)}}\, Y_{l-1,m}(\vartheta,\varphi).$$

3). Wenn ein Atom in ein Gitter eingebaut wird an einem Platz, dessen Umgebung kubische Symmetrie hat, kann die Störung der Nachbaratome angenähert durch einen Zusatz $\lambda H^{(1)} = C(r)(x^4+y^4+z^4)$ zur potentiellen Energie des Elektrons beschrieben werden. In wieviel verschiedene Eigenwerte spaltet diese Störung einen s-, p- und d-Zustand eines einzelnen Elektrons auf?

Kapitel II. Die Störungsrechnung für nichtstationäre Zustände

Inhalt

Bei der von Dirac erstmalig angewandten Störungsrechnung wird die Änderung des Zustandes durch Störungen innerhalb kleiner Zeitintervalle berechnet. Als Beispiel wird die Anregung von Atomen oder Molekülen durch einfallende Lichtstrahlung behandelt.

Bei einer monochromatischen Welle wird die erzeugte Anregung nach einiger Zeit durch Interferenz wieder ausgelöscht. Auf Grund einer fehlerhaften Diskussion dieses Ergebnisses wird manchmal behauptet, die Anregungswahrscheinlichkeit W wachse linear mit der Zeit an. Das gilt im Linienspektrum nur für eine einfallende Strahlung mit kontinuierlichem Frequenzspektrum. Dann gilt

$$W = B\, u(\omega_k)\,(t - t_0)\,. \tag{1}$$

$u(\omega_k)\,\Delta\omega$ bedeutet die Energiedichte der einfallenden Strahlung des Frequenzbereiches $\Delta\omega$ in der Umgebung der Absorptionsfrequenz $\omega_k = (E_k - E_0)/\hbar$. Wenn das elektrische Feld die z-Richtung hat, lautet der Einsteinsche Absorptionskoeffizient

$$B = \frac{\pi e^2}{\varepsilon_0 \hbar^2} |\langle k|Z|0\rangle|^2\,. \tag{2}$$

Im kontinuierlichen Absorptionsspektrum gilt (1) auch für eine monochromatische Welle mit der Amplitude F_0 der elektrischen Feldstärke in folgender Form:

$$W = \frac{\pi e^2 F_0^2}{2\hbar} |\langle k,l,m|Z|0\rangle|^2 \varrho(E)(t - t_0)\,. \tag{3}$$

Darin ist $\varrho(E)$ die Dichte der Zustände auf der Energieskala für die Energie $E = E_0 + \hbar\omega$ (Fermis goldene Regel).

Der Koeffizient B hängt mit der Übergangswahrscheinlichkeit für spontane Ausstrahlung zusammen. Das ist für das Verständnis der Wirkungsweise des Lasers wesentlich.

§6. Der Ansatz der Störungsrechnung von Dirac

Die Diracsche Störungsrechnung dient zur näherungsweisen Berechnung einer Zustandsänderung unter der Wirkung einer beliebig von der Zeit abhängigen Störung $W(t)$. Zum Unterschied von der Schrödingerschen Störungsrechnung ist sie nicht geeignet, die Änderung der Eigenwerte eines Hamiltonoperators zu bestimmen. Wenn die Störung periodisch von der Zeit abhängt, ist zwar, wie nachher gezeigt werden soll, das Resultat dieser Störungsrechnung in 1. Näherung nahezu mit dem Ergebnis der Rechnung in §4 identisch. Ein wesentlicher Unterschied besteht aber hinsichtlich des Anwendungsbereiches: Die Diracsche Störungsrechnung setzt nicht voraus, daß die Störung selbst in irgendeiner Hinsicht klein ist. Das Ergebnis weniger Näherungsschritte, auf die man sich praktisch immer beschränken muß, liefert jedoch nur solange angenähert richtige Ergebnisse, als die berechnete Änderung des Zustandselements relativ klein ist. Solange das Zeitintervall, für das die Änderung berechnet wird, genügend klein gewählt wird, ist das aber immer der Fall. Aus diesem Grunde muß auch nicht wie in §4 ausgeschlossen werden, daß die Frequenz ω einer periodischen Störung mit einer Absorptionsfrequenz übereinstimmt. Im Gegenteil, für die Berechnung des Absorptionsvorganges ist die Diracsche Störungsrechnung besonders gut geeignet.

Aus dem gleichen Grund soll hier der Störoperator $\mathbf{W}(t)$ auch nicht als Produkt aus einem Störparameter λ mal einem Störoperator $\mathbf{H}^{(1)}$ geschrieben werden, da im folgenden keine Entwicklung nach Potenzen von λ vorgenommen wird. Das schließt natürlich nicht aus, daß für $\mathbf{W}(t) = \lambda\mathbf{H}^{(1)}$ die Unterschiede der Näherungsrechnungen verschiedener Ordnung den Potenzen von λ proportional sind. Aber wesentlich ist das für das Folgende nicht.

Die Bezeichnung $W(t)$ soll darauf hinweisen, daß die Störung bei den Anwendungen meist von der Wechselwirkung des betrachteten Körpers mit einem anderen herrührt, in dem im folgenden betrachteten Beispiel mit einer vorgegebenen elektromagnetischen Welle.

Die Schrödingergleichung mit dem Hamiltonoperator $H = H^{(0)} + W(t)$ schreibt man zweckmäßig in der Form

$$i\hbar \frac{\partial}{\partial t}|\psi\rangle - H^{(0)}|\psi\rangle = W(t)|\psi\rangle \quad . \tag{1}$$

Gesucht wird ihre Lösung in Abhängigkeit von t für gegebenen Anfangszustand $|u_0\rangle$ zur Zeit $t = t_0$. Dabei verwendet man das folgende Iterationsverfahren: In nullter Näherung wird die Störung $W(t)$ vernachlässigt, also die ungestörte Gleichung für den gegebenen Anfangszustand integriert. Das Näherungsverfahren ist praktisch nur anwendbar, wenn die zu $H^{(0)}$ gehörende Zerlegung der Einheit bekannt ist. Dann kann man das Resultat dieser Integration, wie in Bd. II, §22 gezeigt wurde, unmittelbar hinschreiben. Zur Berechnung der 1. Näherung wird diese Lösung in die Störung auf der rechten Seite von (1) eingesetzt. Dann wird die dadurch entstehende inhomogene Gleichung für $|\psi\rangle$ erneut integriert.

Als Beispiel werde hier zunächst nur die 1. Näherung der Störung durch ein vorgegebenes elektromagnetisches Feld berechnet. Dabei soll wieder die Rückwirkung der von dem betrachteten Körper emittierten Strahlung vernachlässigt werden, weil deren Berücksichtigung die Hilfsmittel der Quantenelektrodynamik erfordert.

Der Einfachheit halber werde angenommen, daß $H^{(0)}$ ein vollständiges Orthonormalsystem von normierten Eigenelementen $|0\rangle, |1\rangle, |2\rangle, \ldots |j\rangle, \ldots$ mit den Eigenwerten $E_0, E_1, E_2, \ldots E_j, \ldots$ besitzt. Ein eventuell vorhandenes Kontinuum von uneigentlichen Eigenelementen kann in physikalisch ausreichender Näherung durch ein Quasikontinuum von normierten Eigenelementen mit diskreten, aber sehr dicht beieinander liegenden Eigenwerten ersetzt werden (vgl. Bd. II, §3 und 5).

Für die allgemeine Lösung macht man den Ansatz

$$|\psi\rangle = \sum_{j=0}^{\infty} |j\rangle \exp\left(-\frac{i}{\hbar}E_j t\right) c_j(t) . \tag{2}$$

Setzt man das in (1) ein und benutzt die Eigenwertgleichung

$$H^{(0)}|j\rangle = |j\rangle E_j , \tag{3}$$

so hebt sich links der Summand $H^{(0)}|\psi\rangle$ gegen denjenigen Summanden fort, der durch die Differentiation der Exponentialfunktionen nach t entsteht. Daher erhält man

$$i\hbar \sum_{j=0}^{\infty} |j\rangle \exp\left(-\frac{i}{\hbar}E_j t\right) \frac{dc_j}{dt} = \sum_{j=0}^{\infty} W(t)|j\rangle \exp\left(-\frac{i}{\hbar}E_j t\right) c_j . \tag{4}$$

Multipliziert man diese Gleichung skalar mit $\langle k|$ und beachtet die Orthonormierung

$$\langle k|j\rangle = \delta_{kj} , \tag{5}$$

so ergibt sich

$$i\hbar \frac{dc_k}{dt} = \sum_{j=0}^{\infty} \langle k|W|j\rangle \exp\left(\frac{i}{\hbar}(E_k - E_j)t\right) c_j(t). \tag{6}$$

Diese Gleichung ist noch streng richtig. Jetzt soll näherungsweise die Lösung für den Fall bestimmt werden, daß zur Zeit $t = t_0$ der Grundzustand $|0\rangle$ vorliegt, also für

$$c_j(t_0) = \delta_{j0} . \tag{7}$$

Bei der Untersuchung der Absorption ist das praktisch stets der Fall. Wenn zu Anfang nicht der Grundzustand, sondern ein anderer stationärer Zustand vorliegt, ergibt sich die Lösung durch einfache Umnumerierung der Zustände in der folgenden Rechnung. Für einen beliebigen Anfangszustand kann man die Lösung dann durch Linearkombination der Ergebnisse bestimmen.

Setzt man auf der rechten Seite von (6) für $c_j(t)$ den Anfangswert ein und integriert, so erhält man als 1. Näherung

$$c_k^{(1)}(t) = \delta_{k0} - \frac{i}{\hbar}\int_{t_0}^{t} \langle k|W|0\rangle \exp\left(\frac{i}{\hbar}(E_k - E_0)t\right) dt . \tag{8}$$

Wenn man das auf der rechten Seite von (6) einsetzen würde und dann erneut über t integrieren würde, erhielte man die Lösung in 2. Näherung. Das kann man im Prinzip beliebig fortsetzen. Praktisch jedoch stößt man bald an Grenzen, weil beim Übergang von der $(n-1)$. Näherung zur n. Näherung ein n-faches Integral über t hinzukommt, welches für große n schwierig auszuwerten ist. Darauf wird in Kap. VIII näher eingegangen werden.

§7. Die Wirkung einer monochromatischen Welle auf ein Atom oder Molekül

Als erstes Anwendungsbeispiel für den Formalismus des vorigen Paragraphen sei derselbe Fall wie in §4 betrachtet, eine einfallende monochromatische, linear polarisierte, ebene Welle, deren Wellenlänge groß gegen die Abmessungen des betrachteten Atoms oder Moleküls ist, so daß die elektrische Feldstärke als homogen und zeitlich periodisch angenommen werden kann. Dann gilt

$$W(t) = eZF_0 \sin(\omega t + \gamma) . \tag{1}$$

Die Frequenz ω soll nicht in den Bereich des kontinuierlichen Absorptionsspektrums fallen, kann aber sonst beliebige Werte annehmen. Insbesondere soll nachher der Fall diskutiert werden, daß ω nahe bei einer Absorptionsfrequenz liegt, was in §4 gerade ausgeschlossen wurde.

Schreibt man in (1) den Sinus als Summe aus zwei komplexen e-Potenzen, so ergibt sich aus (§6; 8)

$$c_k^{(\omega)}(t) = \delta_{k0} - \frac{eF_0}{2\hbar}\langle k|Z|0\rangle \int_{t_0}^{t} \Big[\exp\Big(\frac{i}{\hbar}(E_k - E_0 + \hbar\omega)t + i\gamma\Big) - \exp\Big(\frac{i}{\hbar}(E_k - E_0 - \hbar\omega)t - i\gamma\Big)\Big] dt \tag{2}$$

$$= \delta_{k0} + \frac{eF_0}{2i}\langle k|Z|0\rangle \Big\{ \frac{\exp\frac{i}{\hbar}(E_k - E_0 - \hbar\omega)t - \exp\frac{i}{\hbar}(E_k - E_0 - \hbar\omega)t_0}{E_k - E_0 - \hbar\omega}\exp(-i\gamma) - \frac{\exp\frac{i}{\hbar}(E_k - E_0 + \hbar\omega)t - \exp\frac{i}{\hbar}(E_k - E_0 + \hbar\omega)t_0}{E_k - E_0 + \hbar\omega}\exp(i\gamma)\Big\}. \tag{3}$$

Dabei müssen die Fälle $E_k - E_0 \pm \hbar\omega = 0$ ausgeschlossen werden. Durch einen Grenzübergang kann man aber das Ergebnis auch dafür aus obiger Formel gewinnen. Daher brauchen diese nicht formelmäßig besonders berücksichtigt zu werden.

Man beachte, daß nach (§6; 2) der Koeffizient von $|k\rangle$ in der Wellenfunktion $|\psi\rangle$ aus $c_k^{(\omega)}(t)$ durch Multiplikation mit $\exp(-iE_k t/\hbar)$ hervorgeht. Dann erkennt man, daß die ersten, von t abhängigen Summanden in (3) bis auf den belanglosen Faktor $\exp(\pm i\gamma)$ denselben Beitrag zu $|\psi\rangle$ liefern wie (§4; 12) . Die Formel (3) unterscheidet sich davon nur durch die zweiten, von t_0 abhängigen Summanden. Das liegt an den anderen Anfangsbedingungen. Hier wurde näherungsweise die Zustandsänderung in dem begrenzten Zeitintervall $(t - t_0)$ berechnet. In §4 wurde der Zustand berechnet, der sich nach längerer Zeit einstellt, falls die einfallende Welle von dem betrachteten Körper nicht absorbiert wird. Diesen Zustand bezeichnet man manchmal auch als den eingeschwungenen Zustand. Infolge der Rückwirkung der ausgestrahlten Welle auf das betrachtete Atom oder Molekül klingen alle Anregungen, welche durch den "Einschaltvorgang" bei $t = t_0$ erzeugt werden, mit wachsendem t ab. Das wurde in §4 berücksichtigt, hier dagegen nicht. Wenn die Frequenz der einfallenden Welle nahe bei einer Absorptionsfrequenz liegt, kann im eingeschwungenen Zustand die Anregung einzelner Niveaus so stark sein, daß der Gültigkeitsbereich dieser Näherungsrechnung verlassen wird.

Jetzt soll die Wahrscheinlichkeit W berechnet werden, zur Zeit t den vom Grundzustand $|0\rangle$ verschiedenen Zustand $|k\rangle$ anzutreffen, wenn ω nahe bei der Absorptionsfrequenz $\omega_k = (E_k - E_0)/\hbar$ liegt. Dann ist wegen $\omega > 0$ der Nenner des ersten Summanden in der geschweiften Klammer von (3) klein gegen den des zweiten. Daher kann man den zweiten Summanden für fast alle t als klein gegen den ersten vernachlässigen und erhält für $k \neq 0$

$$W = |C_k^{(1)}(t)|^2 = \frac{e^2 F_0^2}{2\hbar^2} |\langle k|Z|0\rangle|^2 \frac{1 - \cos(\omega_k - \omega)(t - t_0)}{(\omega_k - \omega)^2} . \tag{4}$$

Wenn $\omega \neq \omega_k$ ist, variiert demnach $|C_k^{(1)}(t)|^2$ zeitlich periodisch mit der Periode $T = 2\pi/(\omega_k - \omega)$ zwischen einem von ω abhängigen Maximalwert und null. Das ist anschaulich verständlich. In nichtstationären Zuständen, die sich nur wenig vom Grundzustand $|0\rangle$ unterscheiden, ist die Änderung der Raumladung nach Bd. II, §2 durch eine Überlagerung periodischer Funktionen mit den Kreisfrequenzen $\omega_k = (E_k - E_0)/\hbar$ gegeben. Die einfallende Welle mit der Kreisfrequenz ω facht diese Schwingungen an. Wenn aber ω mit keiner der Eigenschwingungsfrequenzen

ω_k übereinstimmt, gerät die einfallende Welle nach einiger Zeit außer Takt mit der selbst angestoßenen Schwingung und schwächt diese wieder. Nach Ablauf der Zeit $T = 2\pi/(\omega_k - \omega)$ hat sie sie wieder vollständig zum Verschwinden gebracht, und dann beginnt dieses Spiel von neuem.

Wenn ω aber exakt mit der Eigenschwingungsfrequenz ω_k der Raumladung übereinstimmt, gilt das nicht. Die dann gültige Formel ergibt sich aus (4) durch den Grenzübergang $\omega \to \omega_k$. Sie lautet

$$W = |c_k^{(1)}(t)|^2 = \frac{e^2 F_0^2}{2\hbar^2} |\langle k|Z|0\rangle|^2 \frac{(t-t_0)^2}{2} \ . \tag{5}$$

In diesem Fall wächst also W proportional zu $(t - t_0)^2$ über alle Grenzen. Selbstverständlich gilt das nur, solange $|c_k^{(1)}(t)|^2 \ll 1$ ist, denn sonst ist die hier berechnete 1. Näherung nicht mehr brauchbar.

Dieses Ergebnis sieht völlig anders aus, als man auf Grund der Lichtquantenhypothese im Rahmen der älteren Quantenmechanik erwartet. Wenn eine Partikelstrahlung ungezielt auftrifft, besteht in jedem gleich großen Zeitintervall die gleiche Wahrscheinlichkeit dafür, daß der betrachtete Körper durch einen passenden "Treffer" aus dem Ausgangszustand $|0\rangle$ in den Zustand $|k\rangle$ überführt wird. Solange die Gesamtwahrscheinlichkeit für irgendeine Zustandsänderung noch klein gegen 1 ist, sollte daher die Wahrscheinlichkeit für das Auftreten des Zustands $|k\rangle$ proportional mit $(t - t_0)$ anwachsen:

$$W = |c_k^{(1)}(t)|^2 = w_k (t - t_0) \ . \tag{6}$$

Die durch diese Gleichung definierte Übergangsrate w_k sollte ferner zur Teilchendichte im einfallenden Strahl proportional sein.

Eine einfallende monochromatische Strahlung verhält sich nach (4) völlig anders. Das liegt natürlich daran, daß sich bei ihr die Einflüsse der Strahlung in den verschiedenen Zeitabschnitten nicht einfach inkohärent überlagern. Merkwürdigerweise wird in nicht wenigen Lehrbüchern das Gegenteil behauptet. Aus dem Wunsch heraus, ein Ergebnis der Form (6) zu erhalten, wird die folgende Umformung vorgenommen: Aus der richtigen Gleichung für die δ-Funktion von $(\omega_k - \omega)$,

$$\lim_{t\to\infty} \frac{1-\cos(\omega_k-\omega)(t-t_0)}{\pi(\omega_k-\omega)^2(t-t_0)} \overset{*}{=} \delta(\omega_k-\omega) , \tag{7}$$

wird durch Multiplikation mit $\pi(t-t_0)$ der falsche Schluß gezogen, daß für genügend große $(t-t_0)$ angenähert die Beziehung

$$\frac{1-\cos(\omega_k-\omega)(t-t_0)}{(\omega_k-\omega)^2} \approx \pi(t-t_0)\,\delta(\omega_k-\omega) \tag{8}$$

gelten müsse. Setzt man das in (4) ein, so nimmt diese Formel die Gestalt (6) an. Das Ergebnis ist aber offensichtlich unrichtig. Damit das deutlich in die Augen springt, wurde die Formel (8) oben durchgestrichen.

Da die fehlerhafte Formel (8) in der Lehrbuchliteratur weit verbreitet ist, möge dieser mathematische Fehler etwas näher erläutert werden. Zunächst ist zu bemerken, daß er nichts mit den Besonderheiten der δ-Funktion zu tun hat. Um das zu zeigen, multipliziere man (8) auf beiden Seiten mit einer Funktion $f(\omega)$ und integriere über ω. Dann tritt die δ-Funktion nicht mehr auf. Wenn (8) richtig wäre, müßte für große $(t-t_0)$ die folgende Formel gelten:

$$\int_{-\infty}^{+\infty} f(\omega)\,\frac{1-\cos(\omega_k-\omega)(t-t_0)}{(\omega_k-\omega)^2}\,d\omega \approx \pi(t-t_0)f(\omega_k) . \tag{9}$$

Um zu zeigen, daß das falsch ist, braucht man nur eine Funktion $f(\omega)$ einzusetzen, welche für $\omega=\omega_k$ verschwindet und sonst positiv ist. Dann steht rechts für alle t null und links ein Integral mit einem positiven und nicht überall verschwindenden Integranden. Man kann sogar erreichen, daß die linke Seite beliebig groß wird, z. B. durch Einsetzen der Funktion $f(\omega) = (\omega_k-\omega)^2 exp(-\alpha(\omega_k-\omega)^2)$. Dann wächst die linke Seite im Limes $\alpha \to 0$ über alle Grenzen, während rechts null steht.

Der Trugschluß liegt an folgendem: Wenn

$$\lim_{t\to\infty} \frac{f(t)}{t} = g \tag{10}$$

ist, muß keineswegs für große t angenähert

$$f(t) \approx t g \tag{11}$$

gelten. Wenn man z. B. in (10) zu $f(t)$ den Summanden $a + b\sqrt{t}$ hinzufügt, ändert sich der Wert der linken Seite dieser Gleichung nicht. Die verschiedenen Funktionen $f(t)$, welche (10) für dasselbe g erfüllen, können sich also für große t noch um beliebig große Summanden voneinander unterscheiden. Nur wenn g endlich und ungleich null ist, wird der relative Fehler von (11), also der Quotient aus der Differenz zwischen den beiden Seiten von (11), dividiert durch gt, für große t klein. Wenn dagegen $g = 0$ ist, kann der relative Fehler von (11) beliebig groß werden. Dieser Fall liegt bei (7) für $\omega \neq \omega_k$ vor. Wenn $g = \infty$ ist, bzw. wenn der Grenzwert in (10) gar nicht existiert, ist die Formel (11) gänzlich unsinnig, und dieser Fall liegt bei (7) für $\omega = \omega_k$ vor.

Gelegentlich wird auch gesagt, die Beziehung (8) sei zwar nicht für alle ω richtig, wohl aber bei Mittelung über ein kleines Frequenzintervall. Die Notwendigkeit einer solchen Mittelung wird dann damit begründet, daß es exakt monochromatische Wellen gar nicht gibt. Wenn dieses Intervall die Resonanzfrequenz $\omega = \omega_k$ enthält, ist zwar das Ergebnis für große $(t - t_0)$ auf beiden Seiten von (8) gleich, nicht aber außerhalb. Für genügend großes $(t - t_0)$ liefert die Mittelung über ein Frequenzintervall, welches die Frequenz ω_k nicht enthält, auf der linken Seite von (8) das Ergebnis $1/(\omega_k - \omega)^2$, auf der rechten Seite dagegen null. Letzteres ist ein falsches und physikalisch unsinniges Resultat. Es würde nämlich besagen, daß eine elektromagnetische Welle, deren spektrale Intensitätsverteilung für $\omega = \omega_k$ verschwindet, in erster Näherung keine Wirkung auf das betrachtete Atom oder Molekül hat. Dann müßte also in diesem Frequenzbereich der Brechungsindex gleich 1 sein, in eklatantem Widerspruch zur Erfahrung und zu den Ergebnissen von §4.

Der Grund, weshalb in der Literatur so häufig mit der fehlerhaften Formel (8) gearbeitet wird, ist vermutlich teilweise eine gedankliche Nachwirkung der Vorstellungen der älteren Quantenmechanik, in der man die stationären Zustände als die einzig möglichen Zustände ansah und den Übergang von $|0\rangle$ nach $|k\rangle$ als "Sprung" bezeichnete. In diese Vorstellung paßt es überhaupt nicht, daß die Schwingung der Raumladung langsam angefacht und wieder ausgelöscht wird, wie das (4) beschreibt. Außerdem wird die Formel (8) häufig auf Situationen angewandt, in denen sie, wie nachher gezeigt werden wird, zu richtigen Resultaten führt. Deren Ableitung sieht damit scheinbar besonders einfach aus. Der Grundsatz, "der Zweck heiligt die Mittel", sollte aber in der Physik noch weniger als in der Ethik zur Rechtfertigung eines Fehlers dienen.

§8. Die Absorption einer Strahlung mit kontinuierlichem Frequenzspektrum

Bei der Messung der Stärke einer Absorptionslinie läßt man niemals eine monochromatische Lichtwelle einfallen, sondern eine Welle mit kontinuierlichem Frequenzspektrum. Bei ihr liegen die Verhältnisse entscheidend anders als in dem bisher betrachteten Fall. Dann sind nämlich die Werte der elektrischen Feldstärken $F(t)$ in verschiedenen, nicht zu nah beieinander liegenden Zeitintervallen nicht mehr miteinander korreliert, und daher überlagern sich ihre Wirkungen auf ein Atom oder Molekül inkohärent, d. h. es addieren sich ihre Beiträge zu der Wahrscheinlichkeit $|c_k^{(1)}(t)|^2$ einer Anregung. Solange $|c_k^{(1)}(t)|^2 \ll 1$ ist, sollte diese Größe daher der Einstrahlungszeit $(t-t_0)$ proportional sein. Außerdem ist zu vermuten, daß sie zur spektralen Energiedichte $u(\omega_k)$ der einfallenden Strahlung bei der Resonanzfrequenz ω_k proportional ist. Deshalb machte Einstein[1] schon 1917 den Ansatz

$$|c_k^{(1)}(t)|^2 = B\, u(\omega_k)\cdot(t-t_0)\,. \tag{1}$$

Darin ist B eine von den Atom- oder Moleküleigenschaften abhängige Konstante. Diese Formel hat sich experimentell bewährt und ergibt sich auch aus der Quantenmechanik.

1) A. Einstein, Phys. Zs. 18 (1917) S. 121; Verh. D. phys. Ges. 16 (1914) S. 820

Zu ihrem Beweis zerlegt man die einfallende Welle in zeitlich periodische Teilwellen mit verschiedener Frequenz, also in inkohärente Teilwellen, und summiert ihre durch (§7; 4) gegebenen Beiträge zu $|c_k^{(1)}(t)|^2$. Dabei tritt aber eine mathematische Schwierigkeit auf: Die elektrische Feldstärke $F(t)$ einer Welle mit kontinuierlichem Frequenzspektrum läßt sich weder in eine Fourierreihe noch in ein Fourierintegral entwickeln. Das erstere ist nicht möglich, weil $F(t)$ nicht periodisch ist. Das letztere ist nicht zulässig, weil $F(t)$ nicht quadratintegrierbar ist. $|F(t)|^2$ geht für $t \to \pm\infty$ nicht einmal gegen null.

Man beschreitet deshalb den folgenden Ausweg: Man betrachtet zunächst nur den Verlauf von $F(t)$ in einem großen, aber endlichen Zeitabschnitt der Länge T und entwickelt diesen in eine Fourierreihe mit der Periodenlänge T. Diese Reihe gibt den Verlauf von $F(t)$ außerhalb des Zeitabschnittes der Länge T nicht richtig wieder, sondern liefert stattdessen dort die periodische Fortsetzung. Um diesen Fehler auszugleichen, muß man danach das Ergebnis über verschiedene Zeitabschnitte der gleichen Länge T mitteln. T muß dabei so groß gewählt werden, daß die Differenz $2\pi/T$ der Kreisfrequenzen benachbarter Summanden der Fourierreihe weit unterhalb der physikalischen Meßgenauigkeit liegt. Das wäre z. B. praktisch der Fall, wenn man T gleich einer Minute setzt. Bei der Mittelung hat man dann über die Werte der Feldgrößen in den verschiedenen Minutenintervallen bei der gleichen Stellung des Sekundenzeigers zu mitteln.

Der Mittelwert $\overline{F(t)}$ der Feldstärkekomponente in Schwingungsrichtung verschwindet dabei natürlich, weil $F(t)$ mit gleicher Wahrscheinlichkeit positiv und negativ ist und die Werte in verschiedenen Zeitabschnitten der Länge T nicht miteinander korreliert sind. $\overline{F(t)^2}$

verschwindet aber nicht. Zur Bestimmung der spektralen Energiedichte der einfallenden Strahlung schneidet man in Gedanken aus der Fourierreihe für $\mathcal{F}(t)$ diejenigen Summanden heraus, deren Kreisfrequenzen in ein bestimmtes Intervall $\Delta\omega$ fallen. $\Delta\omega$ muß dabei so klein sein, daß sich alle praktisch vorkommenden frequenzabhängigen Größen bei Veränderung von ω um $\Delta\omega$ fast nicht ändern. Zugleich aber muß $\Delta\omega$ groß gegen $2\pi/T$ sein, so daß das Intervall $\Delta\omega$ viele Summanden der Fourierreihe enthält. Ist $\Delta\mathcal{F}(t)$ die elektrische Feldstärke dieses Frequenzintervalles, so ist wegen des Umstandes, daß die elektrische und die magnetische Energiedichte jeder Lichtwelle übereinstimmen, die gesamte Energiedichte innerhalb $\Delta\omega$ durch $2\,\varepsilon_0(\Delta\mathcal{F}(t))^2/2$ gegeben. Wie nachher gezeigt wird, ist der Mittelwert davon proportional zu $\Delta\omega$. Man definiert daher $u(\omega)$, die sogenannte spektrale Energiedichte, durch die Gleichung

$$\varepsilon_0\overline{(\Delta\mathcal{F}(t))^2} = u(\omega)\Delta\omega . \tag{2}$$

Es zeigt sich, daß beim Einsetzen dieser Beziehung die Größe des Zeitintervalles T herausfällt. Man erhält auf diese Weise die Formel (1) mit dem folgenden Ausdruck für den Koeffizienten B:

$$B = \frac{\pi e^2}{\varepsilon_0 \hbar^2}|\langle k|Z|0\rangle|^2 . \tag{3}$$

In dieser Form gilt diese Formel allerdings nur, wenn nur ein Elektron von der einfallenden Welle merklich beeinfluß wird. Im allgemeinen Fall eines N-Teilchen-Systems tritt an die Stelle von eZ der Operator zur Komponente des elektrischen Dipolmomentes in Feldrichtung $\sum_{j=1}^{N} e_j Z_j$. Ferner ist zu beachten, daß hierbei die Wellenlänge als sehr groß gegen die Abmessungen des betrachteten Körpers vorausgesetzt wurde. Wenn das nicht der Fall ist, treten außerdem die entsprechenden Matrixelemente des Quadrupolmomentes oder höherer Multipolmomente auf. Das ist insbesondere dann wesentlich, wenn das Matrixelement $\langle k|Z|0\rangle$ des Dipolmomentes verschwindet.

Zum Beweis der obigen Formel schreibt man die Fourierzerlegung des elektrischen Feldes der einfallenden Welle innerhalb eines Zeitabschnittes der Länge T zweckmäßig in der Form

$$F(t) = \sum_{n=0}^{\infty} A_n \sin(\omega_n t + \gamma_n), \tag{4}$$

worin zur Abkürzung

$$\omega_n = \frac{2\pi}{T} n \quad , \qquad (n \text{ ganzzahlig}) \tag{5}$$

gesetzt wurde. Dann kann man nämlich im folgenden unmittelbar die Formel (§7; 4) benutzen. Der Anteil des Feldes, der auf das Frequenzintervall $\Delta\omega$ fällt, lautet dann

$$\Delta F = \sum_{\omega<\omega_n<\omega+\Delta\omega} A_n \sin(\omega_n t + \gamma_n). \tag{6}$$

Daher gilt

$$\Delta F(t)^2 = \sum_{\omega<\omega_n,\omega_m<\omega+\Delta\omega}\sum A_n A_m \sin(\omega_n t+\gamma_n)\sin(\omega_m t+\gamma_m). \tag{7}$$

Zu dem zeitlichen Mittelwert dieser Größe tragen nur die Summanden $n = m$ bei, denn aus

$$2\sin(\omega_n t+\gamma_n)\sin(\omega_m t+\gamma_m) = \cos[(\omega_n-\omega_m)t+\gamma_n-\gamma_m] - \cos[(\omega_n+\omega_m)t+\gamma_n+\gamma_m] \tag{8}$$

ergibt sich, daß die anderen bei Integration über eine Periode der Länge T verschwinden. Da der Mittelwert von $\sin^2\omega t$ gleich $1/2$ ist und die Zahl der Frequenzen ω_n im Intervall $\Delta\omega$ gleich $T\Delta\omega/(2\pi)$ ist, findet man dann

$$u(\omega)\Delta\omega = \overline{\varepsilon_0(\Delta F(t))^2} = \frac{\varepsilon_0}{2}\overline{A_n^2}\cdot\frac{T}{2\pi}\Delta\omega. \tag{9}$$

Darin ist bei A_n^2 für n natürlich der durch $\omega = 2\pi n/T$ gegebene Wert einzusetzen.

Wenn man nun statt der Formel (§7; 3) den Ausdruck $W = eF(t)Z$ mit (4) einsetzt und dieselbe Integration wie in (§7; 2) durchführt, ergibt sich für $k \neq 0$

$$c_k^{(\omega)}(t) = \frac{e}{2i\hbar}\langle k|Z|0\rangle \sum_{n=0}^{\infty} A_n \frac{\exp i(\omega_k-\omega_n)t - \exp i(\omega_k-\omega_n)t_0}{\omega_k-\omega_n} \exp(-i\gamma_n). \quad (10)$$

Dabei wurde der Kürze halber der zweite Summand mit dem Nenner $\omega_k+\omega_n$ gleich weggelassen, weil er in der folgenden Rechnung genauso wie bei der Ableitung von (§7; 4) vernachlässigt werden kann.

Bei der Berechnung von $|c_k^{(\omega)}(t)|^2$ aus (10) tritt nun zunächst eine Doppelsumme über zwei ganze Zahlen n und m auf, ähnlich wie in (7). Aber im Mittel über viele Zeitintervalle der Länge T verschwinden auch hier alle Summanden mit $n \neq m$, weil die Phasenkonstanten γ_n und γ_m für $n \neq m$ nicht miteinander korreliert sind und somit $\overline{\exp i(\gamma_n-\gamma_m)} = 0$ ist. Daher ergibt sich

$$\overline{|c_k^{(\omega)}(t)|^2} = \frac{e^2}{2\hbar^2}|\langle k|Z|0\rangle|^2 \sum_{n=0}^{\infty} \overline{A_n^2}\, \frac{1-\cos(\omega_k-\omega_n)(t-t_0)}{(\omega_k-\omega_n)^2}. \quad (11)$$

Da die verschiedenen Frequenzen ω_n in physikalisch unmeßbar kleinem Abstand liegen sollten, kann man die Summe praktisch durch ein Integral ersetzen. Auf das kleine Intervall $d\omega$ fallen $d\omega \cdot T/(2\pi)$ Summanden. Daher tritt bei dieser Umwandlung auf der rechten Seite gerade die in (9) auftretende Größe $\overline{A_n^2} \cdot T/(2\pi) = 2u(\omega)/\varepsilon_0$ auf. Man erhält daher

$$\overline{|c_k^{(\omega)}(t)|^2} = \frac{e^2}{\varepsilon_0\hbar^2}|\langle k|Z|0\rangle|^2 \int_{\omega=0}^{\infty} u(\omega)\frac{1-\cos(\omega_k-\omega)(t-t_0)}{(\omega_k-\omega)^2}\,d\omega. \quad (12)$$

Nun ist zu beachten, daß der Bruch im Integral nur in der Umgebung von $\omega_k-\omega=0$ erhebliche Werte annimmt und, im Groben gesprochen, außerhalb dieses Bereiches proportional mit $1/(\omega_k-\omega)^2$ auf null abklingt (vgl. Abb. 2). Den größten Beitrag zum Integral liefert das Gebiet $|\omega_k-\omega| < 2\pi/(t-t_0)$. Für nicht zu kleine $(t-t_0)$ kann man daher in guter Näherung $u(\omega)$ durch den konstanten Wert $u(\omega_k)$ ersetzen. Dann verbleibt nur noch ein von $u(\omega)$ unabhängiges Integral zu lösen, für dessen untere Grenze praktisch $\omega=-\infty$ gesetzt werden kann. Bei Einführung der Substitution $(\omega_k-\omega)(t-t_0) = \xi$ nimmt es die folgende Gestalt an:

$$\int_{\omega=-\infty}^{+\infty} \frac{1-\cos(\omega_k-\omega)(t-t_0)}{(\omega_k-\omega)^2}\,d\omega = |t-t_0|\int_{-\infty}^{+\infty}\frac{1-\cos\xi}{\xi^2}\,d\xi. \quad (13)$$

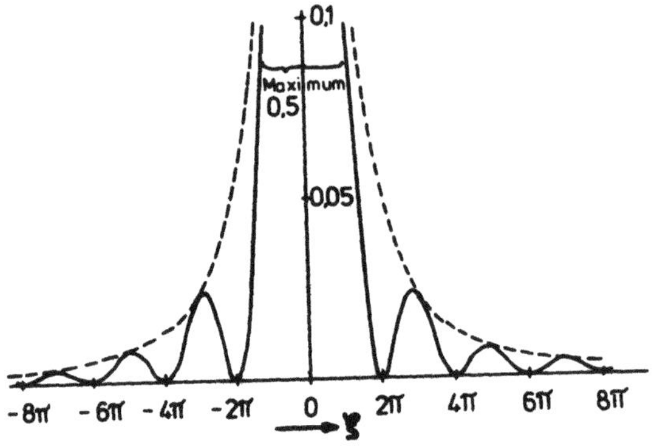

Abb. 2.
Die Funktion $\frac{1-\cos\xi}{\xi^2}$.

Dieses Integral berechnet man am einfachsten mit funktionentheoretischen Hilfsmitteln. Da der Integrand bei $\xi = 0$ regulär ist, kann man den Integrationsweg von der reellen Achse herunterziehen in den Bereich negativer Imaginärteile (vgl. Abb. 3). Dann kann man den Integranden in die folgenden, einzeln bei $\xi = 0$ singulären Summanden zerlegen:

$$\frac{1-\cos\xi}{\xi^2} = \frac{1}{\xi^2} - \frac{\exp i\xi}{2\xi^2} - \frac{\exp(-i\xi)}{2\xi^2} . \tag{14}$$

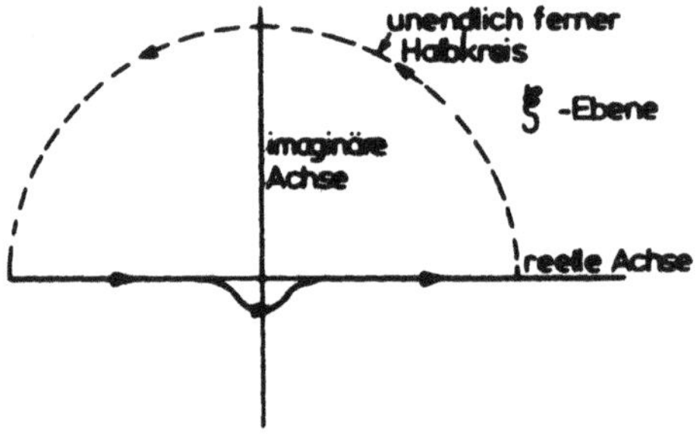

Abb. 3.
Der Integrationsweg in der komplexen ξ-Ebene zur Berechnung des Integrals in (§8; 13).

Das Integral über den ersten Summanden läßt sich sofort ausführen und ergibt null. Der dritte Summand geht beim Übergang zu ξ-Werten mit sehr großem, negativem Imaginärteil exponentiell gegen null. Daher kann man bei ihm den Integrationsweg durch einen sehr großen Halbkreis in der negativ-imaginären Halbebene zu einem Integral über einen geschlossenen Weg schließen, welcher keine Singularität des Integranden enthält und daher verschwindet. Im Integral über den zweiten Summanden kann man aus demselben Grund den Integrationsweg durch einen sehr großen Halbkreis in der positiv-imaginären Halbebene schließen und dann auf einen Weg um die singuläre Stelle $\xi = 0$ zusammenziehen. Dann erhält man durch Reihenentwicklung von $\exp(+i\xi)$

$$\oint \frac{\exp i\xi}{\xi^2} d\xi = \oint \frac{d\xi}{\xi^2} + i\oint \frac{d\xi}{\xi} + \text{Integrale mit regulären Integranden} = 0 - 2\pi + 0. \tag{15}$$

Damit ergibt sich mit (14)

$$\int_{-\infty}^{+\infty} \frac{1-\cos\xi}{\xi^2} d\xi = \pi. \tag{16}$$

Setzt man das in (13) und das Resultat in (12) ein, so erhält man

$$\overline{|c_k^{(\omega)}(t)|^2} = \frac{\pi e^2}{\varepsilon_0 \hbar^2} |\langle k|Z|0\rangle|^2 u(\omega_k)(t-t_0). \tag{17}$$

Das ist mit (1) und (3) identisch.

Man beachte, daß dieses Ergebnis sich auch aus (§7; 4) mit Benutzung der fehlerhaften Formel (§7; 8) ergeben hätte. Der Fehler macht sich in diesem Fall deshalb nicht bemerkbar, weil eine einfallende Welle mit kontinuierlichem Frequenzspektrum betrachtet wurde, welche in der Umgebung der Absorptionsfrequenz ω_k eine nahezu konstante spektrale Energiedichte $u(\omega)$ besitzt. Wenn dagegen $(t-t_0)$ so klein ist, daß $u(\omega)$ in dem Intervall der Breite $2\pi/(t-t_0)$ um ω_k herum nicht als praktisch konstant angesehen werden darf oder wenn $u(\omega_k)=0$ ist, gilt das obige Resultat nicht. Dann würde sich die Fehlerhaftigkeit von (§7; 8) auch hier bemerkbar machen.

§9. Die Absorption im Kontinuum

Wenn die Frequenz ω der einfallenden Lichtwelle in den Bereich des kontinuierlichen Absorptionsspektrums fällt, gelten die abgeleiteten Formeln nur, wenn das Kontinuum der Zustände durch ein Quasikontinuum ersetzt wird. Dann ist es aber nicht mehr sinnvoll, nach der Wahrscheinlichkeit zu fragen, daß zur Zeit t ein bestimmter Zustand $|k\rangle$ realisiert ist, weil dieser ja durch eine künstliche Randbedingung willkürlich ausgezeichnet ist und physikalisch von benachbarten Zuständen gar nicht zu unterscheiden ist. Betrachtet man wieder wie in §7 eine einfallende monochromatische Welle, so kann man sinnvoll nur nach der Wahrscheinlichkeit fragen, daß irgendein Zustand im Kontinuum angeregt wird. Praktisch werden nur solche Zustände angeregt, bei denen die Energiebedingung $E(k) - E_0 = \hbar\omega$ fast erfüllt ist.

Bei der Berechnung der Summe über die Wahrscheinlichkeiten $|C_k(t)|^2$ für das Vorhandensein eines der Zustände $|k\rangle$ im Quasikontinuum ist zu beachten, daß im allgemeinen außer quasikontinuierlich veränderlichen Quantenzahlen auch noch andere diskrete Quantenzahlen auftreten können. Ein typisches Beispiel dafür ist ein Elektron in einem kugelsymmetrischen Kraftfeld, bei welchem bei positiven Energien nur E kontinuierlich veränderlich ist, die Drehimpulsquantenzahl l und die magnetische Quantenzahl m dagegen nicht. Ein in z-Richtung schwingendes Wechselfeld regt in diesem Falle nur solche Zustände an, für welche die Änderung von l und m gegenüber dem Ausgangszustand $|0\rangle$ den Auswahlbedingungen

$$\Delta l = \pm 1; \quad \Delta m = 0 \tag{1}$$

genügt. Für alle anderen Übergänge verschwindet das Matrixelement von $\langle k|Z|0\rangle$.

Deshalb soll im folgenden die bisher verwendete eine Quantenzahl k durch das Tripel k, l, m ersetzt werden. Nur k sei quasikontinuierlich veränderlich, l und m nicht. Berechnet wird die Wahrscheinlichkeit W für die Anregung eines Zustandes mit den Quantenzahlen l und m und irgendeinem k-Wert in der Nähe desjenigen, der die Resonanzbedingung

$$E(k,l,m) = E_0 + \hbar\omega \tag{2}$$

erfüllt. Dazu ist der Ausdruck (§7;4) bei festem l und

m über alle Werte von k zu summieren. Natürlich kann diese Summe durch ein Integral ersetzt werden. $\varrho(E)dE$ sei die Anzahl der k-Werte von stationären Zuständen mit festem l und m, bei denen E in dem kleinen Intervall dE liegt. Dann ergibt sich für die gesuchte Summe

$$\begin{aligned} W &= \sum_k |c^{(1)}_{klm}(t)|^2 \\ &= \frac{e^2 F_0^2}{2\hbar^2} \int_E |\langle k,l,m|Z|0\rangle|^2 \frac{1-\cos\left(\frac{E(k)-E_0}{\hbar}-\omega\right)(t-t_0)}{\left(\frac{E(k)-E_0}{\hbar}-\omega\right)^2}\varrho(E)dE\,. \end{aligned} \tag{3}$$

Wieder kann man hier für nicht zu kleines $(t-t_0)$ das Quadrat des Matrixelements und $\varrho(E)$ als nahezu konstant in dem allein wesentlichen Integrationsintervall bei $E(k)-E_0-\hbar\omega=0$ vors Integral ziehen und erhält mit Benutzung von (§8;13 und 16)

$$W = \frac{\pi e^2 F_0^2}{2\hbar}|\langle k,l,m|Z|0\rangle|^2 \varrho(E_0+\hbar\omega)\,(t-t_0)\,. \tag{4}$$

Der Wert des im Matrixelement vorkommenden k ist dabei implizit durch (2) gegeben.

Auch in diesem Falle wächst also die Anregungswahrscheinlichkeit proportional zu $(t-t_0)$ an, was sich auch bei Benutzung der fehlerhaften Formel (§7;8) ergeben hätte. Der Grund ist hier, daß die angefachten Schwingungen der Ladung in dem betrachteten Atom oder Molekül durch eine Überlagerung des diskreten Zustandes $|0\rangle$ mit einem Zustand des Kontinuums beschrieben werden und daher nicht periodisch sind, also auch nicht kohärent in verschiedenen, nicht zu nah beieinander liegenden Zeitabschnitten. Gegenüber dem in §8 betrachteten Fall sind hier die Rollen der einfallenden Strahlung und der Schwingungen der Raumladung vertauscht. Auch hier wird das Ergebnis ungültig, wenn $(t-t_0)$ zu klein wird oder wenn sich $\varrho(E)$ in der Umgebung der Resonanzstelle zu rasch mit E verändert. Das letztere kann insbesondere vorkommen, wenn der Endzustand nahezu die Eigenschaften eines diskreten Zustandes besitzt, also eine Wellenfunktion besitzt, die nur in einem kleinen Gebiet wesentlich von null verschieden ist und relativ dazu im Gebiet außerhalb des betrachteten Atoms oder Moleküls eine sehr kleine Amplitude hat.

An der obigen Formel (4) ist zu beachten, daß sowohl der Wert des Matrixelements als auch die Dichte $\varrho(E)$ der Zustände davon abhängt, durch welche Zusatzbedingung aus dem Kontinuum ein Quasikontinuum gemacht wird bzw. welche künstlichen Randbedingungen man einführt. Das Produkt aus $|\langle k,l,m|Z|0\rangle|^2$ und $\varrho(E)$ ist dagegen davon unabhängig. Als Beispiel werde wieder der soeben betrachtete Fall eines Teilchens im kugelsymmetrischen Feld betrachtet, in welchem die Wellenfunktion in der Ortsdarstellung die Form $\langle\vec{r}|k,l,m\rangle = F_{kl}(r)Y_{lm}(\vartheta,\varphi)$ besitzt. Als Randbedingung werde ihr Verschwinden auf der Kugel mit dem sehr großen Radius $r = R$ gefordert. Wenn im Bereich großer Radien die potentielle Energie verschwindet, gilt dort angenähert

$$F_{kl}(r) = C\frac{\sin(kr+\gamma)}{r} \qquad \text{und} \qquad E = \frac{\hbar^2k^2}{2m} \,. \tag{5}$$

Die k -Werte des Quasikontinuums haben dann den Abstand π/R . $\varrho(E)$ ist also proportional zu R . Das Normierungsintegral $\langle k,l,m|k,l,m\rangle = 1$ enthält ein Integral über r von der Form $\int^R |F_{kl}(r)|^2r^2dr$, welches wegen (5) zu R proportional ist. Daher ist das Matrixelement $\langle k,l,m|Z|0\rangle$ proportional zu $1/\sqrt{R}$. Der Ausdruck (4) ist also von R unabhängig.

Das gilt sinngemäß allgemein. Wenn die Entwicklung von $|\psi\rangle$ nach den normierten Wellenfunktionen $|k\rangle$

eines Quasikontinuums die Form

$$|\psi\rangle = \sum_k |k\rangle\langle k|\psi\rangle \tag{6}$$

hat und $\varrho(E)dE$ die Zahl der k -Werte im Intervall dE ist, kann man (6) praktisch durch das folgende Integral ersetzen:

$$|\psi\rangle = \int_E |k\rangle\langle k|\psi\rangle\,\varrho(E)\,dE\,. \tag{7}$$

Führt man also

$$|E\rangle = |k\rangle\sqrt{\varrho(E)} \tag{8}$$

als neue, nicht normierte Wellenfunktion ein, so lautet die Integralentwicklung (7)

$$|\psi\rangle = \int |E\rangle\langle E|\psi\rangle\,dE\,. \tag{9}$$

In diesem Ausdruck kann man den Grenzübergang zum Kontinuum ausführen, so daß die künstliche Randbedingung und der Einfluß des endlichen Abstandes der Werte von k im Quasikontinuum fortfällt.

Schreibt man entsprechend

$$|E,l,m\rangle = |k,l,m\rangle\sqrt{\varrho(E)}\,, \tag{10}$$

so lautet (4)

$$W = \frac{\pi e^2 F_9^2}{2\hbar}|\langle E,l,m|Z|0\rangle|^2(t-t_0)\,. \tag{11}$$

Diese Formel besagt: In dem Ausdruck für die Wahrscheinlichkeit eines Übergangs ins Kontinuum ist im Matrixelement diejenige Wellenfunktion $|E,l,m\rangle$ des Kontinuums zu benutzen, welche in der zur Energie gehörenden Zerlegung der Einheit auftritt, für welche also

$$\sum_{l,m}\int_E |E,l,m\rangle\langle E,l,m|\,dE = 1 \tag{12}$$

gilt. Bezeichnet man die Amplitude des zu $\exp(-i\omega t)$

proportionalen Summanden der Wechselwirkung (§7;1) mit $V_0 = eZF_0/2$, so kann (11) auch in folgender Form geschrieben werden:

$$\frac{dW}{dt} = \frac{2\pi}{\hbar}|\langle E,l,m|V_0|0\rangle|^2 . \tag{13}$$

Diese Beziehung wird meist "Fermi's goldene Regel" genannt. Sie gilt für beliebig räumlich verteilte, zeitlich rein harmonische Felder.

§10. Absorption, stimulierte und spontane Emission

Zur Erläuterung der physikalischen Bedeutung der vorstehenden Überlegungen soll jetzt noch ihr Zusammenhang mit einigen anderen physikalischen Vorgängen behandelt werden. Dazu benötigt man die beiden folgenden Sätze:

1). Die Einsteinsche Formel (§8;1) für die Wahrscheinlichkeit der Anregung des diskreten Zustandes $|k\rangle$ aus dem Zustand $|0\rangle$ heraus unter Absorption eines Lichtquantes mit der Energie $\hbar\omega_k$ gilt auch für den umgekehrten Vorgang, also für den vom einfallenden Strahlungsfeld stimulierten Übergang vom angeregten Zustand $|k\rangle$ in den Ausgangszustand $|0\rangle$ unter Emission eines Lichtquants, und zwar mit demselben Einstein-Koeffizienten $\mathcal{B}$.

Dieser Satz läßt sich folgendermaßen plausibel machen: Wenn das betrachtete Atom oder Molekül sich in einem instationären Zustand befindet, welcher durch die Überlagerung

$$|\psi\rangle = |0\rangle c_0 \exp\left(-\frac{i}{\hbar}E_0 t\right) + |k\rangle c_k \exp\left(-\frac{i}{\hbar}E_k t\right) \tag{1}$$

der Zustände $|0\rangle$ und $|k\rangle$ beschrieben wird, oszilliert die Ladungsverteilung mit der Frequenz $\omega_k = (E_k - E_0)/\hbar$

(vgl. Bd. II, §2). Zwischen dieser Schwingung und derjenigen der einfallenden Welle besteht aber keinerlei Phasenbeziehung. Daher wird dem betrachteten Körper mit gleicher Wahrscheinlichkeit Energie zugeführt oder entzogen.

Der Beweis der obigen Aussage verläuft genauso wie in §7 und 8. Man muß dort nur die Terme $|0\rangle$ und $|k\rangle$ vertauschen. Dann kann man in (§7;3) den ersten Summanden gegenüber dem zweiten vernachlässigen. Daher lauten von (§7;4) an alle Formeln wieder genauso wie vorher.

2). Der Mittelwert $\overline{B}$ *der Koeffizienten* B *für alle Schwingungsrichtungen der einfallenden Welle, welcher die Wahrscheinlichkeit der Absorption von unpolarisierter, isotrop einfallender Strahlung liefert, ist proportional zu dem Koeffizienten* A *für die Wahrscheinlichkeit eines spontanen Übergangs vom angeregten Zustand* $|k\rangle$ *in den Zustand* $|0\rangle$.

Ist $|C_k(t)|^2$ die Wahrscheinlichkeit für das Vorkommen des Zustands $|k\rangle$ in dem betrachteten Körper, so gilt für $|C_k|^2 \ll 1$ bei Abwesenheit äußerer Felder

$$\frac{d|C_k|^2}{dt} = -A|C_k|^2 . \tag{2}$$

Dabei ist

$$A = \frac{\hbar\omega_k^3}{\pi^2 c^3}\overline{B} \tag{3}$$

oder

$$A = \frac{\omega_k^3 e^2}{3\pi\varepsilon_0\hbar c^3}\left\{|\langle k|X|0\rangle|^2 + |\langle k|Y|0\rangle|^2 + |\langle k|Z|0\rangle|^2\right\} . \tag{4}$$

Die Beziehung (3) wurde erstmalig von Einstein 1917 durch eine thermodynamische Überlegung bewiesen[1)]. Sie gilt, zum Unterschied von (4), ganz allgemein, nicht nur für

1) A. Einstein (Nobelpreisträger, 1879 - 1955), Phys. Zs. 18 (1917) S. 121

den in (4) betrachteten Fall von Dipolübergängen, sondern auch für Quadrupolstrahlung oder höhere Multipolübergänge.

Zum Beweis betrachtete Einstein einen Hohlraum mit strahlungsundurchlässigen Wänden der Temperatur T, in welchem sich im thermodynamischen Gleichgewicht eine isotrope Strahlungsverteilung mit der durch das Plancksche Strahlungsgesetz gegebenen Energiedichte einstellt. Befinden sich in ihm N_0 Atome oder Moleküle der betrachteten Sorte im Grundzustand $|0\rangle$ und N_k im angeregten Zustand $|k\rangle$, so werden pro Zeiteinheit von der thermischen Strahlung $N_0 u(\omega_k)\overline{B}$ Teilchen von $|0\rangle$ nach $|k\rangle$ überführt und $N_k u(\omega_k)\overline{B}$ umgekehrt durch stimulierte Emission von $|k\rangle$ nach $|0\rangle$. Außerdem gehen pro Zeiteinheit AN_k Teilchen durch spontane Emission von $|k\rangle$ nach $|0\rangle$ über. Das ergibt sich aus (2), wenn man beachtet, daß bei schwacher Anregung N_0 nahezu mit der Gesamtzahl der vorhandenen Teilchen identisch ist. Dann ist $N_0 |c_k|^2$ gleich der Zahl der Teilchen im angeregten Zustand $|k\rangle$.

Da nun im thermodynamischen Gleichgewicht die Zahlen N_0 und N_k im zeitlichen Mittel konstant sind, gilt

$$N_0 u(\omega_k)\overline{B} = N_k(A + u(\omega_k)\overline{B}). \tag{5}$$

Das Verhältnis von N_k zu N_0 ist aber durch den Boltzmannschen Satz gegeben (vgl. Bd. I, §11):

$$\frac{N_k}{N_0} = \exp\left(-\frac{E_k - E_0}{kT}\right). \tag{6}$$

Setzt man das in (5) ein und löst nach $u(\omega_k)$ auf, so erhält man

$$u(\omega_k) = \frac{A/\overline{B}}{\exp\frac{\hbar\omega_k}{kT} - 1}. \tag{7}$$

Vergleich dieser Formel mit der Planckschen Strahlungsformel (vgl. Bd. I, §30;17) liefert für $A/\overline{B}$ den Ausdruck (3).

In diese Überlegung gehen die besonderen Eigenschaften der betrachteten Körper gar nicht ein. Man kann auf diese Weise auch die Gleichheit der Koeffizienten $\overline{B}$ für Absorption und stimulierte Emission beweisen, denn sonst würde sich aus (5) bis (7) bei sehr hohen Temperaturen nicht die Rayleigh-Jeanssche Strahlungsformel ergeben (vgl. Bd. I, §30;2).

Heutzutage wird solch eine thermodynamische Überlegung manchmal als undurchsichtig empfunden. Dann empfiehlt es sich, die Formel (4) direkt modellmäßig zu berechnen. In dem nichtstationären Zustand (1) hat das elektrische Dipolmoment eines Elektrons $\vec{p}_e = -e\vec{r}$ einen mit der Frequenz ω_k oszillierenden Anteil. Das Quadrat der Amplitude seiner z-Komponente ist (vgl. Bd.II, §2; 3)

$$p_{ez}^2 = 4e^2 |\langle k|Z|0\rangle|^2 |C_k C_0|^2 . \tag{8}$$

Nach den Gesetzen der Elektrodynamik beträgt dann die ausgestrahlte Leistung

$$\mathcal{P} = \frac{\omega_k^4}{12\pi\varepsilon_0 c^3}\left(p_{ex}^2 + p_{ey}^2 + p_{ez}^2\right). \tag{9}$$

Die Rückwirkung dieses Strahlungsfeldes auf das betrachtete Atom oder Molekül bewirkt eine zeitliche Abnahme seiner Energie, ein Effekt, der bisher nicht berücksichtigt wurde, aber auf Grund des Energiesatzes leicht erfaßt werden kann. Daher gilt

$$\frac{d\overline{E}}{dt} = -\mathcal{P} . \tag{10}$$

Beachtet man, daß wegen der Normierung in dem durch (1) gegebenen Zustand $|C_0|^2 + |C_k|^2 = 1$ sein muß, so erhält man für den Mittelwert der Energie

$$\overline{E} = |c_0|^2 E_0 + |c_k|^2 E_k = E_0 + |c_k|^2 (E_k - E_0) \tag{11}$$

und daher

$$\frac{d|c_k|^2}{dt} = -\frac{P}{E_k - E_0} . \tag{12}$$

Setzt man hier den Ausdruck (9) ein sowie (8) und die entsprechenden Ausdrücke für die anderen Komponenten, so erhält man für den Fall schwacher Anregung, also für $|c_k|^2 \ll 1$ bzw. $|c_0|^2 \approx 1$ auch die Formeln (2) und (4).

Die Konstante A nennt man auch Abklingkonstante. Die Integration von (2) liefert nämlich

$$|c_k|^2 = C \exp(-At) . \tag{13}$$

Die Wahrscheinlichkeit einer schwachen Anregung klingt also in der Zeit $1/A$ auf den e-ten Teil ab. $1/A$ ist zugleich die mittlere Lebensdauer des angeregten Zustandes.

Man kann diese Größe meist nicht durch zeitliche Messung des Abklingens bestimmen, weil sie dazu zu kurz ist, wohl aber indirekt aus der Linienbreite. Ein Wellenzug der Kreisfrequenz ω_k, dessen Intensität für $t < 0$ verschwindet und für $t > 0$ nach dem Gesetz (13) abklingt, liefert bei Entwicklung in ein Fourierintegral für das Absolutwertquadrat der Fourieramplitude einen Ausdruck der Form (vgl. Aufg. 2, S. 82)

$$\mathcal{I}(\omega) = \frac{D}{(\omega - \omega_k)^2 + A^2/4} . \tag{14}$$

A ist also auch die Breite des Intervalles der Kreisfrequenz, in welcher die Intensität den halben Maximalwert überschreitet. Die beobachteten Spektrallinien haben zwar im allgemeinen eine größere Linienbreite, weil sich die Atome und Moleküle thermisch bewegen und daher durch Dopplereffekt verbreiterte Linien liefern. Die davon herrührende Intensitätsverteilung ist aber proportional einer Gaußschen Fehlerkurve und klingt in größerem Abstand vom Intensitätsmaximum schneller ab als (14). A nennt man dementsprechend die natürliche Linienbreite der Kreisfrequenz, zum Unterschied von der thermisch bedingten Dopplerverbreiterung, welche proportional zur Wurzel aus der absoluten Temperatur ist.

Die geschilderten Zusammenhänge sind für das Verständnis der Wirkungsweise des Lasers wichtig. Wenn es gelingt, in einer Substanz die Zahl N_k der angeregten Atome oder Moleküle größer als die Zahl N_0 der Teilchen in einem energetisch tiefer liegenden Zustand zu machen, erzeugt eine einfallende Lichtwelle mit der Frequenz ω_k mehr stimulierte Übergänge von $|k\rangle$ nach $|0\rangle$ als Absorptionsvorgänge von $|0\rangle$ nach $|k\rangle$. Daher wird sie dann verstärkt. Das bedeutet gerade das Wort Laser, welches anfänglich eine Abkürzung für "Light Amplifier by Stimulated Emission of Radiation" war (Lichtverstärker durch stimulierte Emission von Strahlung).

Einen solchen Zustand mit "invertierten" Besetzungszahlen $N_k > N_0$ kann man durch indirekte Anregung gewisser Niveaus erreichen, durch sogenanntes "optisches Pumpen". Im einfachsten Fall verwendet man eine Substanz, in welcher zwischen dem Grundzustand mit der Energie E_0 und einem angeregten Zustand mit der Energie E_1 ein weiteres Niveau mit der Energie E_2 existiert. Wenn die spontane Übergangswahrscheinlichkeit von $|1\rangle$ nach $|2\rangle$ relativ groß ist, diejenige von $|2\rangle$ in den Grundzustand $|0\rangle$ aber sehr klein, werden nach Anregung von $|1\rangle$ durch eine Lichtwelle der Frequenz $\omega_1 = (E_1 - E_0)/\hbar$ ziemlich viele Atome oder Moleküle in den Zustand $|2\rangle$ übergehen und dort längere Zeit verweilen. Dann kann unter Umständen $N_2 > N_0$ werden, so daß eine Lichtwelle mit der Frequenz $\omega_2 = (E_2 - E_0)/\hbar$ in dieser Substanz verstärkt wird.

Leichter ist die Bedingung invertierter Besetzungszahlen zu erreichen, wenn außerdem ein 4. Niveau $|3\rangle$

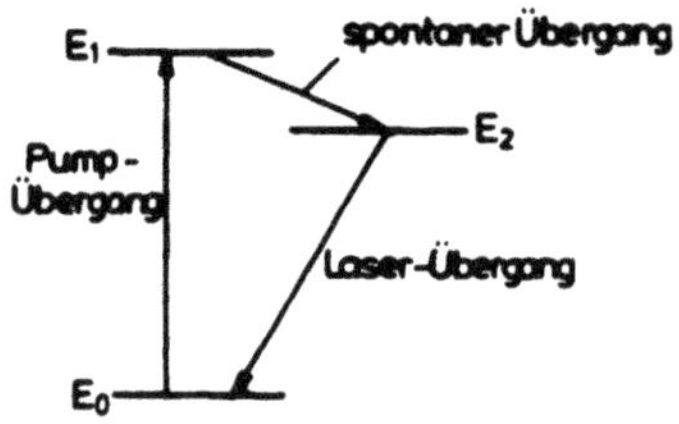

Abb. 4. Die Energieniveaus beim 3-Niveau-Laser.

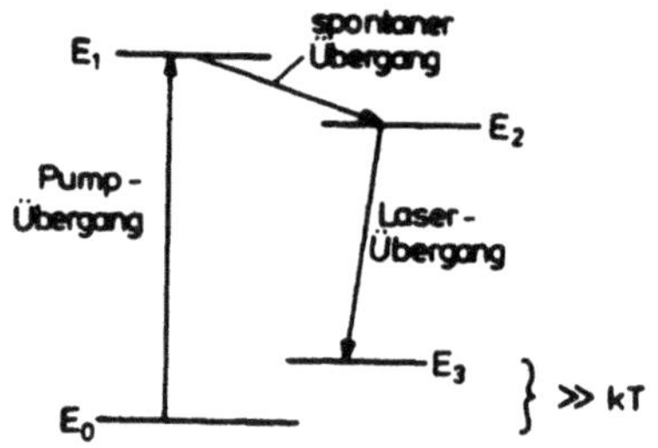

Abb. 5. Die Energieniveaus beim 4-Niveau-Laser.

mit einer Energie zwischen E_0 und E_2 vorhanden ist, aber in solchem Abstand von E_0, daß $E_3 - E_0 \gg kT$ ist. Dann ist dieses Niveau im thermischen Gleichgewicht nur sehr schwach besetzt. Es bleibt auch bei Anregung von $|1\rangle$ schwach besetzt, wenn die Übergangswahrscheinlichkeit von $|1\rangle$ nach $|3\rangle$ genügend klein ist. Daher ist dann die Bedingung $N_2 > N_3$ mit viel geringerer Einstrahlungsintensität zu erreichen als $N_2 > N_0$ im vorigen Fall. Abb. 4 und 5 zeigen die Termschemata für zwei solche Substanzen, welche als 3-Niveau-Laser und 4-Niveau-Laser bezeichnet werden.

In jedem Fall muß die Übergangswahrscheinlichkeit für spontane Übergänge von $|2\rangle$ in tiefere Niveaus genügend klein sein, um eine starke Ansammlung von Teilchen in diesem Zustand erreichen zu können. Dann ist aber naturgesetzlich auch $\mathcal{B}$ für alle Laserübergänge klein. Daher ist die Verstärkung der einfallenden Lichtwelle bei einmaligem Durchgang durch das Lasermaterial oft nur gering. Man erhöht sie, indem man das Lasermaterial zwischen parallele Spiegel stellt, so daß zwischen ihnen stehende Wellen entstehen. Es kann sein, daß dann nur eine einzige stehende Welle durch den Laser verstärkt wird.

Wichtig ist dabei der Umstand, daß bei der stimulierten Emission das Licht in Phase mit der einfallenden Lichtwelle ausgesandt wird. Auf diese Weise werden alle angeregten Atome in der betrachteten Substanz zu kohärenter Lichtemission gebracht. Alle älteren Lehrbücher der Optik gehen dagegen von der Annahme aus, daß Atome oder Moleküle ohne merkliche Wechselwirkung nur inkohärentes Licht aussenden können. Alle darauf beruhenden Aussagen sind daher durch die Erfindung des Lasers falsch geworden.

Fragen und Aufgaben zu Kap. II

Fragen

1). Welche der folgenden Probleme lassen sich mit Hilfe der Diracschen Störungsrechnung lösen? a). Die Verschiebung eines Eigenwertes des Hamiltonoperators durch ein äußeres Feld. b). Die Zustandsänderung innerhalb einer nicht zu langen Zeit infolge des Einflusses einer Störung. c). Die Wahrscheinlichkeit eines Übergangs von einem diskreten Niveau in ein anderes unter dem Einfluß einer eingestrahlten Welle mit kontinuierlichem Frequenzspektrum. d). Die Wahrscheinlichkeit eines induzierten Überganges unter der Wirkung eines äußeren Feldes. e). Die Wahrscheinlichkeit der spontanen Ausstrahlung in einem angeregten Zustand.

2). Wie hängt die Wahrscheinlichkeit des Auftretens eines angeregten Zustandes von der Zeit ab a). bei Einstrahlung einer monochromatischen Welle der Frequenz ω im Bereich des diskreten Absorptionsspektrums, falls ω nicht gleich einer Absorptionsfrequenz ω_k ist? b). im gleichen Fall, wenn $\omega = \omega_k$ ist? c). bei Einstrahlung einer Welle mit kontinuierlichem Frequenzspektrum im Bereich des diskreten Absorptionsspektrums? d). bei Einstrahlung einer monochromatischen Welle im Bereich der kontinuierlichen Absorption?

3). Warum kann man die Feldstärke einer ständig eingestrahlten Welle mit kontinuierlichem Frequenzspektrum weder in eine Fourierreihe noch in ein Fourierintegral entwickeln?

4). Was versteht man unter der spektralen Energiedichte?

5). Was ist ein Laser?

6). Wie lautet Fermis goldene Regel?

7). Wenn $\lim_{t\to\infty} f(\omega,t)/t = \delta(\omega)$ ist, für welche ω gilt dann

$$\lim_{t\to\infty} (f(\omega,t) - t\,\delta(\omega)) = 0 \ ?$$

8). Was versteht man unter stimulierter Emission?

9). Was versteht man unter spontaner Emission?

10). Was versteht man unter invertierten Besetzungszahlen?

11). Was versteht man unter optischem Pumpen?

12). Was versteht man unter der Abklingkonstanten eines Übergangs?

13). Durch welche Kohärenzeigenschaft unterscheidet sich Laserstrahlung von der gewöhnlichen thermischen Emission?

Aufgaben

1). Berechnen Sie die Größen der spontanen Übergangswahrscheinlichkeit A für die erste Linie der Lyman-Serie des H-Atoms. Wie groß ist demnach die natürliche Linienbreite? Vergleichen Sie diese Breite mit derjenigen infolge des Dopplereffektes der thermischen Bewegung bei der Temperatur der flüssigen Luft. Für letztere gilt:

$$\frac{\Delta\omega}{\omega} = 2\sqrt{\frac{2kT}{Mc^2}} \qquad (M = \text{Atommasse}) \ .$$

2). Wie lautet das Fourierintegral des gedämpft abklingenden Wellenzuges $F = C\exp(-At/2)\sin\omega_k t$ für $t > 0$ und $F = 0$ für $t < 0$? Wie hängt das Absolutwertquadrat dieser Amplitude im Bereich $|\omega - \omega_k| \ll \omega_k$ von der Frequenz ω ab, falls $A \ll \omega_k$ ist?

3). Auf einen linearen harmonischen Oszillator, welcher sich vor langer Zeit im Grundzustand befand, übt ein vorüberfliegendes Teilchen die Kraft $F = \frac{S_0}{t_0\sqrt{\pi}} \exp\left(-\frac{t^2}{t_0^2}\right)$ aus. Wie groß ist in 1. Näherung die Wahrscheinlichkeit, ihn nach langer Zeit im n-ten angeregten Zustand anzutreffen, falls keine spontane Ausstrahlung stattfindet?

S_0 bedeutet darin das Stoßintegral $S_0 = \int_{-\infty}^{+\infty} F\,dt$. Welcher Bedingung muß S_0 genügen, wenn diese Näherungsrechnung im Grenzfall $t_0 \to 0$ auch noch brauchbar sein soll?

Kapitel III. Der Zeemann-Effekt

Inhalt

Die Änderungen der Frequenzen der Spektrallinien im Magnetfeld haben zwei Ursachen, nämlich die Lorentzkraft und das Drehmoment auf das magnetische Spinmoment. Die Kraft des Magnetfeldes auf bewegte geladene Körper ist zwar nicht konservativ, kann aber bei Einführung des kanonischen Impulses $\vec{p} = m_e\vec{v} - e\vec{A}$ durch kanonische Gleichungen erfaßt werden. Das Vektorpotential $\vec{A}(\vec{r},t)$ ist durch das Magnetfeld nicht eindeutig bestimmt. Von seiner Wahl hängen die Wellenfunktion und die de-Broglie-Wellenlänge ab, meßbare Größen aber nicht (Eichinvarianz).

In Singulett-Termen erzeugt das Magnetfeld eine Aufspaltung aller Spektrallinien in ein Triplett (normaler Zeeman-Effekt) aus einer unverschobenen π-Linie und zwei um die Larmorfrequenz $\omega_L = \frac{eB}{2m_e}$ verschobenen σ-Linien. In einem Singulettzustand ohne Bahndrehimpuls erzeugt das Magnetfeld eine zu B^2 proportionale Energieänderung. Sie kann als Folge der Larmorpräzession aufgefaßt werden und ist die Ursache des Diamagnetismus.

Das Spinmoment $\vec{\mu}_s$ des Elektrons verursacht bei Bewegung in einem elektrischen Feld $\vec{E}$ die Wechselwirkungsenergie

$$W_{SB} = -\frac{1}{2c^2}\vec{\mu}_s\cdot[\vec{E}\times\vec{v}]. \tag{1}$$

Die verschiedenen Begründungen dieser Formel werden kritisch diskutiert. In Mehrelektronensystemen ist meist die elektrostatische Wechselwirkung und die Austauschwechselwirkung wesentlich größer als die Spin-Bahn-Wechselwirkung. Dann kann man letztere in Atomen in guter Näherung folgendermaßen schreiben (Russell-Saunders-Kopplung)

$$W_{SB} = K\,\vec{L}_B\cdot\vec{L}_S. \tag{2}$$

($\vec{L}_B$ = Bahndrehimpuls-, $\vec{L}_S$ = Spindrehimpuls-, K ein gegen Drehungen invarianter Operator). Der Ansatz zur Berechnung des bei nichtverschwindendem Spindrehimpuls auftretenden anomalen Zeeman-Effektes wird behandelt. Für $S=1/2$ wird der Effekt vollständig berechnet.

§11. Der Hamiltonoperator für den geladenen Massenpunkt im Magnetfeld

Unter dem Zeeman-Effekt[1] versteht man alle Veränderungen der Spektrallinien durch magnetische Felder. Dieser Effekt lieferte einen ersten Nachweis für das Vorhandensein von Elektronen in den Atomen (vgl. Bd. I, §22 und 23). Später erlaubte er eine besonders eingehende Nachprüfung der Hypothesen über den Elektronenspin und den Kernspin. Er ist außerdem eng verknüpft mit der Aufspaltung von Atomstrahlen im inhomogenen Magnetfeld (Stern-Gerlach-Versuch, vgl. Bd. II, §9), deren Untersuchung in der Zeit nach 1931 von Rabi und Mitarbeitern[2] zu hoher Vollkommenheit entwickelt wurde.

Zunächst sei hier der Elektronenspin außer Betracht gelassen und für das Elektron das Modell des geladenen Massenpunktes angenommen. Die Aufstellung der zugehörigen quantenmechanischen Bewegungsgleichung begegnet der Schwierigkeit, daß die Kraft des elektromagnetischen Feldes auf einen bewegten Körper mit der Ladung $-e$, die Lorentzkraft

$$\vec{F} = -e\{\vec{E} + [\vec{v} \times \vec{B}]\} \tag{1}$$

keine potentielle Energie besitzt, da sie von der Geschwindigkeit $\vec{v}$ abhängt. Da aber die magnetische Induktion $\vec{B}$ quellenfrei ist, gibt es für diese Kraft trotzdem eine Hamiltonfunktion, aber bei ihr ist trotz Verwendung kartesischer Koordinaten der zum Ortsvektor $\vec{r}$ kanonisch konjugierte Impuls nicht durch $m\vec{v}$ gegeben, sondern hängt vom Vektorpotential ab (vgl. Bd. I, §33). Hier

1) P. Zeeman (Nobelpreisträger, 1865 - 1943)

2) G. Breit und I. Rabi, Phys. Rev. 38 (1931) S. 2002;
I. Rabi und V. Cohen, Phys. Rev. 46 (1934) S. 707;
I. Rabi, S. Millman, P. Kusch und J. Zacharias, Phys. Rev. 55 (1939) S. 526

sei diese Hamiltonfunktion einfach ohne Herleitung angegeben und ihre Richtigkeit nachgeprüft. Die in den Lehrbüchern der Mechanik angegebenen Wege, um zu dieser Hamiltonfunktion zu gelangen, sind bei kritischer Beurteilung auch nicht mehr als geschickt erfundene, nachträgliche Rechtfertigungen für diese Formeln.

Der allgemeine Zusammenhang zwischen dem Vektorpotential $\vec{A}$ und dem elektrostatischen Potential U einerseits und der elektrischen Feldstärke $\vec{E}$ und der magnetischen Induktion $\vec{B}$ andererseits lautet

$$\vec{E} = -\operatorname{grad} U - \frac{\partial \vec{A}}{\partial t}, \tag{2a}$$

$$\vec{B} = \operatorname{rot} \vec{A}. \tag{2b}$$

Dieser Ansatz trägt bereits der Quellenfreiheit der Induktion und der Gültigkeit des Induktionsgesetzes Rechnung. Wegen der Quellenfreiheit jeder Rotation und der Wirbelfreiheit jedes Gradienten folgt nämlich aus (2)

$$\operatorname{div} \vec{B} = 0\,; \quad \operatorname{rot} \vec{E} = -\frac{\partial \vec{B}}{\partial t}. \tag{3}$$

Die Hamiltonfunktion lautet dann in nichtrelativistischer Näherung

$$H(\vec{r},\vec{p}) = \frac{1}{2m}(\vec{p} + e\vec{A}(\vec{r},t))^2 - eU(\vec{r},t). \tag{4}$$

Das erste Tripel der kanonischen Gleichungen, in welchem nach den Komponenten von $\vec{r}$ differenziert wird, liefert die Bedeutung des Impulsvektors. Bezeichnet man die Komponenten der Vektoren mit dem Index $j = 1, 2, 3$, so lautet die j-te Gleichung dieses Tripels

$$\dot{x}_j = \frac{\partial H}{\partial p_j} = \frac{1}{m}(p_j + eA_j(\vec{r},t)). \tag{5}$$

Zusammen mit den anderen Gleichungen des Tripels ergibt sich daraus für den Vektor $\vec{p}$ die Gleichung

$$\vec{p} = m\vec{v} - e\vec{A}(\vec{r},t)\,. \tag{6}$$

Das zweite Tripel der kanonischen Gleichungen liefert die Bewegungsgleichungen. Die erste von ihnen lautet

$$\dot{p}_1 = -\frac{\partial H}{\partial x_1} = -\frac{e}{m}\sum_{k=1}^{3}(p_k+eA_k)\frac{\partial A_k}{\partial x_1} + e\frac{\partial U}{\partial x_1}\,. \tag{7}$$

Beim Einsetzen von (6) ist bei der Berechnung von $\dot{p}_1$ zu beachten, daß die Zeit in $A_k(\vec{r},t)$ auch implizit vorkommt, da $\vec{r}$ darin den jeweiligen, von t abhängigen Ortsvektor des betrachteten Massenpunktes bedeutet. Daher gilt

$$\dot{p}_1 = m\frac{dv_1}{dt} - e\left(\sum_{j=1}^{3}\frac{\partial A_1}{\partial x_j}\dot{x}_j + \frac{\partial A_1}{\partial t}\right). \tag{8}$$

Damit ergibt sich aus (7)

$$m\frac{dv_1}{dt} = e\left\{v_2\left(\frac{\partial A_1}{\partial x_2} - \frac{\partial A_2}{\partial x_1}\right) + v_3\left(\frac{\partial A_1}{\partial x_3} - \frac{\partial A_3}{\partial x_1}\right) + \frac{\partial A_1}{\partial t} + \frac{\partial U}{\partial x_1}\right\}. \tag{9}$$

Das ist wegen (2) identisch mit der 1. Komponente der Vektorgleichung

$$m\frac{d\vec{v}}{dt} = -e\left\{\vec{E} + [\vec{v}\times\vec{B}]\right\}. \tag{10}$$

Die anderen Komponenten dieser Gleichung ergeben sich ebenso.

Aus (4) erhält man den Hamiltonoperator der zugehörigen Quantenmechanik durch Ersetzen der p_k und x_j durch hermitische Operatoren $\mathsf{P}_k, \mathsf{X}_j$, welche den Heisenbergschen Vertauschungsrelationen genügen. Nach Bd. II, §16 ist dadurch gewährleistet, daß die quantenmechanischen Mittelwerte den klassichen Bewegungsgleichungen genügen. Dabei aber erhebt sich wieder die Frage nach der Reihenfolge der Operatoren, denn die P_k sind mit den X_j und damit auch mit den $A_k(\mathsf{X}_j,t)$ nicht vertauschbar. Die Forderung der Hermitizität ergibt jedoch praktisch eindeutig:

$$\{\text{Operator zu } (\vec{p}\cdot\vec{A})\} = \frac{1}{2}\sum_{k=1}^{3}(P_k A_k + A_k P_k) \tag{11}$$

(vgl. Bd. II, §18).

Da U und $\vec{A}$ im allgemeinen in ziemlich komplizierter Weise von $\vec{r}$ abhängen, ist es zweckmäßig, die Ortsdarstellung zu verwenden. Dann lautet die Schrödingergleichung für $\langle\vec{r}|\psi\rangle = \psi(\vec{r},t)$

$$\begin{aligned} i\hbar\frac{\partial\psi}{\partial t} &= \langle\vec{r}|H|\psi\rangle = \frac{1}{2m}\sum_{k=1}^{3}\left(\frac{\hbar}{i}\frac{\partial}{\partial x_k} + eA_k\right)^2\psi - eU\psi \\ &= -\frac{\hbar^2}{2m}\nabla^2\psi - eU\psi + \frac{e\hbar}{2mi}\sum_{k=1}^{3}\left(A_k\frac{\partial\psi}{\partial x_k} + \frac{\partial}{\partial x_k}(A_k\psi)\right) + \frac{e^2\vec{A}^2}{2m}\psi. \end{aligned} \tag{12}$$

Ein Magnetfeld erzeugt also zwei Zusatzterme, einen in $\vec{A}$ linearen und einen quadratischen.

Bevor daraus der Zeeman-Effekt berechnet wird, werde der Einfluß einer Änderung in der Wahl der elektromagnetischen Potentiale erörtert. Zu gegebenen Feldern $\vec{E}$ und $\vec{B}$ gibt es noch viele verschiedene Potentiale $\vec{A}$ und U. Da $\text{rot}\,\text{grad}\,\chi = 0$ ist, kann man zu $\vec{A}$ stets den Gradienten einer beliebigen Funktion $\chi(\vec{r},t)$ hinzufügen, ohne daß (2b) ungültig wird. Fügt man zu U das negative der zeitlichen Ableitung von χ hinzu, so ändert sich auch an (2a) nichts. Die Potentiale

$$\vec{A}' = \vec{A} + \text{grad}\,\chi \;;\quad U' = U - \frac{\partial\chi}{\partial t} \tag{13}$$

liefern also dasselbe Feld wie $\vec{A}$ und U. Meist pflegt man diese Willkür noch weiter einzuschränken durch die sogenannte Lorentzkonvention (vgl. §43)

$$\text{div}\,\vec{A} + \frac{1}{c^2}\frac{\partial U}{\partial t} = 0. \tag{14}$$

Sie hat zur Folge, daß die Wellengleichungen für die Komponenten von $\vec{A}$ und für U entkoppelt werden. Sollen $\vec{A}'$ und U' auch dieser Bedingung genügen, so muß außerdem

$$\nabla^2\chi - \frac{1}{c^2}\frac{\partial^2\chi}{\partial t^2} = 0 \tag{15}$$

gefordert werden.

Eine solche Änderung der elektromagnetischen Potentiale bezeichnet man als einen Wechsel der Eichung. Beobachtbare Eigenschaften dürfen sich dadurch nicht ändern. Daher erfordert eine Änderung der Eichung auch eine Abänderung von $\psi(\vec{r},t)$. Beim Übergang von $\vec{A}$ und U zu $\vec{A}'$ und U' muß man zugleich $\psi(\vec{r},t)$ durch

$$\psi'(\vec{r},t) = \psi(\vec{r},t)\exp\left(-\frac{ie}{\hbar}\chi(\vec{r},t)\right) \tag{16}$$

ersetzen. Denn damit ergibt sich bei Beachtung von (13)

$$\begin{aligned} i\hbar\frac{\partial\psi'}{\partial t} + eU'\psi' &= \left(i\hbar\frac{\partial\psi}{\partial t} + eU\psi\right)\exp\left(-\frac{ie}{\hbar}\chi\right), \\ \frac{\hbar}{i}\frac{\partial\psi'}{\partial x_k} + eA_k'\psi' &= \left(\frac{\hbar}{i}\frac{\partial\psi}{\partial x_k} + eA_k\psi\right)\exp\left(-\frac{ie}{\hbar}\chi\right). \end{aligned} \tag{17}$$

Wenn also $\psi(\vec{r},t)$ die Gleichung (12) erfüllt, genügt $\psi'(\vec{r},t)$ der entsprechenden Gleichung mit $\vec{A}'$ und U' an Stelle von $\vec{A}$ und U .

Die Wellenfunktion ψ ist also nicht gegenüber einer Änderung der Eichung invariant und daher auch nicht die in ψ implizit vorkommende de-Broglie-Wellenlänge (vgl. Bd. I, §31). Alle beobachtbaren Größen sind dagegen eichinvariant. Dazu gehört insbesondere die Wahrscheinlichkeitsdichte $\varrho = |\psi|^2$. Da nämlich χ ebenso wie $\vec{A}$ und U reell sein muß, folgt aus (16)

$$\varrho = |\psi|^2 = |\psi'|^2. \tag{18}$$

Aus (17) ergibt sich ferner, daß die Erwartungswerte der Komponenten von $\vec{v} = (\vec{p}+e\vec{A})/m$ eichinvariant sind, diejenigen von $\vec{p}$ dagegen nicht. Die Eichinvarianz der zu ϱ gehörenden Stromdichte $\vec{j}$ ergibt sich aus dem Umstand, daß in dem Ausdruck für $\vec{j}$ das Vektorpotential explizit vorkommt. Damit aus (12) die Kontinuitätsgleichung

$$\operatorname{div}\vec{j} + \frac{\partial\varrho}{\partial t} = 0 \tag{19}$$

mit obigem ϱ folgt, muß man setzen

$$\vec{j} = \frac{1}{2m}\left\{\psi^*\left(\frac{\hbar}{i}\operatorname{grad}\psi + e\vec{A}\psi\right) + \psi\left(-\frac{\hbar}{i}\operatorname{grad}\psi^* + e\vec{A}\psi^*\right)\right\}. \tag{20}$$

Dieser Ausdruck enthält, wie man leicht erkennt, den zur Geschwindigkeit $\vec{v} = (\vec{p} + e\vec{A})/m$ gehörenden Operator $\left(\frac{\hbar}{i}\text{grad} + e\vec{A}\right)/m$ und nicht etwa den Operator $\frac{\hbar}{i}\text{grad}$ zum kanonischen Impuls $\vec{p}$.

Die zunächst befremdliche Tatsache, daß die wegen ihrer fehlenden Eichinvarianz nicht beobachtbare de-Broglie-Wellenlänge angeblich ungezählte Male experimentell gemessen worden ist, erklärt sich aus dem Umstand, daß in Wirklichkeit bei keinem Interferenzversuch jemals direkt die Wellenlänge gemessen wird, sondern immer nur die Intensitätsverteilung einer Interferenzfigur. Daraus wird dann die Wellenlänge berechnet. Dabei wird bei Elektronenwellen - meist unbemerkt - eine nicht eichinvariante Annahme hineingesteckt. Da nämlich bei diesen Versuchen meist kein Magnetfeld vorhanden ist, wird - scheinbar selbstverständlich, in Wirklichkeit willkürlich - $\vec{A} = 0$ gesetzt, und nur für diese Eichung gelten dann die mitgeteilten "Meßergebnisse" (vgl. Bd. I, §31 und 31a).

§12. Der normale Zeeman-Effekt

Den normalen Zeeman-Effekt beobachtet man an Atomen mit einer geraden Elektronenzahl in Singulett-Zuständen, in denen das resultierende Spinmoment der Elektronen verschwindet. Die Anwendung irgendeines Operators zum Gesamtspinmoment ergibt in diesen Zuständen null. Daher kann man alle von diesen Operatoren abhängigen Terme im Hamiltonoperator weglassen. Obwohl das nur bei Mehrelektronen-Spektren vorkommt, soll im folgenden dieser Effekt der Einfachheit halber mit dem Hamiltonoperator (§11; 12) berechnet werden, der in Wirklichkeit nur für ein Teilchen ohne Spin gilt. Bei Berücksichtigung von mehreren Elektronen in einem Singulettzustand würde die Rechnung fast genauso ablaufen, nur wäre jeder Teilchenoperator mehrfach hinzuschreiben.

Ist B der Betrag der Induktion eines homogenen zeitlich konstanten Magnetfeldes in Richtung der dritten Koordinatenachse, so kann man das Vektorpotential in folgender Form schreiben:

$$A_1 = -\frac{x_2}{2}B\,;\quad A_2 = \frac{x_1}{2}B\,;\quad A_3 = 0 \tag{1}$$

oder

$$\vec{A} = \frac{1}{2}[\vec{B}\times\vec{r}]\,. \tag{2}$$

Dann ist

$$\operatorname{div}\vec{A} = \frac{\partial A_1}{\partial x_1} + \frac{\partial A_2}{\partial x_2} + \frac{\partial A_3}{\partial x_3} = 0. \tag{3}$$

Das hat zur Folge, daß es in dem Operator zu dem skalaren Produkt aus $\vec{p}$ und $\vec{A}$ auf die Reihenfolge der Operatoren nicht ankommt, denn in der Ortsdarstellung gilt mit $\vec{P} = \frac{\hbar}{i}\,\mathrm{grad}$

$$\vec{P}\cdot\vec{A} - \vec{A}\cdot\vec{P} = \frac{\hbar}{i}\left(\frac{\partial A_1}{\partial x_1} + \frac{\partial A_2}{\partial x_2} + \frac{\partial A_3}{\partial x_3}\right) = 0\,. \tag{4}$$

Der Hamiltonoperator lautet in diesem Fall

$$H = H^{(0)} + \frac{eB\hbar}{2m_e i}\left(x_1\frac{\partial}{\partial x_2} - x_2\frac{\partial}{\partial x_1}\right) + \frac{e^2B^2}{8m_e}(x_1^2+x_2^2)\,. \tag{5}$$

(m_e = Elektronenmasse). Darin bedeutet $H^{(0)}$ den ungestörten Hamiltonoperator bei Abwesenheit des Magnetfeldes.

Bevor die Eigenwerte dieses Operators H mit Hilfe einer Störungsrechnung berechnet werden, sei seine Bedeutung diskutiert. Dabei ist vor allem zu beachten, daß $\hbar/i\cdot\mathrm{grad}$ der Operator zum kanonischen Impuls $\vec{p}$ in der Ortsdarstellung ist, nicht etwa der Operator zu $m_e\vec{v}$. Die Bedeutung von (5) wird durchsichtiger, wenn man statt der Ableitungen die Operatoren V_j zu den Geschwindigkeitskomponenten einführt. Wegen $\vec{v} = (\vec{p}+e\vec{A})/m_e$ ergeben sich für die ersten beiden von ihnen aus (1) in der Ortsdarstellung die Formeln

$$V_1 = \frac{\hbar}{im_e}\frac{\partial}{\partial x_1} - \frac{e}{2m_e}x_2B$$

und (6)

$$V_2 = \frac{\hbar}{i m_e}\frac{\partial}{\partial x_2} + \frac{e}{2m_e}x_1 B .$$

Damit erhält man aus (5)

$$H = H^{(0)} + \frac{eB}{2}(x_1 V_2 - x_2 V_1) - \frac{e^2 B^2}{8 m_e}(x_1^2 + x_2^2) . \quad (7)$$

In dieser Formel ist der erste Zusatzterm neben $H^{(0)}$ der Operator zu dem negativen skalaren Produkt $-(\vec{\mu}\cdot\vec{B})$ aus dem magnetischen Moment $\vec{\mu}$ der Bahnbewegung und $\vec{B}$. Das kann man folgendermaßen begründen: Ein ebener Stromkreis mit der Fläche F , der von einem Strom der Stärke I durchflossen wird, hat ein magnetisches Moment mit dem Betrag IF . Wenn der Strom von einem mit der Frequenz ν umlaufenden Teilchen mit der Ladung $-e$ herrührt, ist $I = \nu e$. Das Produkt νF ist andererseits gleich der Flächengeschwindigkeit, bzw. gleich der vom Radiusvektor in der Zeiteinheit überstrichenen Fläche, welche mit dem Betrag des Vektors $[\vec{r}\times\vec{v}]/2$ übereinstimmt. Das magnetische Moment $\vec{\mu}$ steht senkrecht auf der Fläche des Stromkreises und hat bei einem umlaufenden, negativ geladenen Teilchen die Richtung entgegengesetzt zu $[\vec{r}\times\vec{v}]$. Also gilt

$$\vec{\mu} = -\frac{e}{2}[\vec{r}\times\vec{v}] . \quad (8)$$

Der zweite Summand in (7) ist demnach der Operator zu $-\mu_3 B$, und das ist bei einem Feld in Richtung der dritten Koordinatenachse zugleich das skalare Produkt $-(\vec{\mu}\cdot\vec{B})$. Dieser Term stellt also die Wechselwirkung eines gegebenen magnetischen Momentes mit dem äußeren Feld dar.

Der letzte Term in (7) ist die Ursache für die Änderungen der Dichteverteilung der Elektronen unter der Wirkung der Lorentzkraft. Wie bereits in Bd. I, §23 erläutert wurde, erzeugt das Einschalten eines Magnetfeldes bei einer Elektronenhülle in einem kugelsymmetrischen Feld in erster Näherung eine Larmorpräzession, also eine zusätzliche Rotation der gesamten Elektronenhülle um die Feldrichtung mit der Winkelgeschwindigkeit

$$\omega_L = \frac{e}{2m_e}B. \tag{9}$$

Beim Übergang auf ein in dieser Weise rotierendes Koordinatensystem tritt in der Bewegungsgleichung eine Corioliskraft auf, welche die Lorentzkraft gerade kompensiert. Außerdem tritt aber natürlich eine Fliehkraft auf. Bei einem Massenpunkt der Masse m_e , der für den mit ω_L mitrotierenden Beobachter im Abstand $\varrho = \sqrt{x_1^2 + x_2^2}$ von der Drehachse ruht, ist diese Scheinkraft von der Achse weggerichtet und hat den Betrag $m_e\omega_L^2\varrho$. Ihr entspricht daher eine potentielle Energie der Größe $-m_e\omega_L^2\varrho^2/2$, in Übereinstimmung mit dem letzten Term in (7).

Um Verwechslungen zu vermeiden, sei darauf hingewiesen, daß hier die potentielle Energie zur Fliehkraft bei gegebener Winkelgeschwindigkeit ω_L vorkommt. In Bd. II, §8a, kam eine in anderer Weise vom Radius abhängige, aber ebenso bezeichnete Größe vor, nämlich die potentielle Energie zur Fliehkraft bei gegebenem Drehimpuls. Der gleiche Name kann leicht zu Mißverständnissen führen!

Nun werde die Änderung der Eigenwerte von H beim Einschalten eines Magnetfeldes mit Hilfe einer Störungsrechnung ermittelt, bei welcher B der Störparameter ist. In 1. Näherung braucht man dabei in (5) nur den in B linearen Term zu berücksichtigen, welcher gleich ω_L mal dem Operator L_3 zur 3. Komponente des Drehimpulses ist.

Wenn die potentielle Energie in $\mathsf{H}^{(0)}$ kugelsymmetrisch ist, kann man die Eigenfunktionen des ungestörten Hamiltonoperators $\mathsf{H}^{(0)}$ so wählen, daß sie zugleich Eigenelemente von L_3 sind. Dann sind sie auch Eigenelemente des Störoperators. Daher bemerkt man bei der Störungsrechnung von der Entartung nichts. Die Ausgangselemente sind bereits die richtigen Linearkombinationen im Sinne der Störungsrechnung. Jedes Matrixelement der Störung, welches mit zwei verschiedenen Eigenelementen gebildet wird, verschwindet wegen ihrer Orthogonalität. Die Störung der Energie in 1. Näherung im Zustand $|n,l,m\rangle$ beträgt

$$E^{(1)} = \frac{e\hbar}{2m_e} B \cdot m \;. \tag{10}$$

Die magnetische Quantenzahl m kann darin die Werte $-l$, $-l+1$ bis $+l$ annehmen. Damit in dieser Formel die Quantenzahl m nicht mit der Elektronenmasse verwechselt wird, wird letztere in diesem und den beiden nächsten Paragraphen mit m_e bezeichnet.

Ein Term mit der Nebenquantenzahl l spaltet also im Magnetfeld in $(2l+1)$ Terme auf, welche in erster Näherung äquidistant liegen. Der Abstand der einzelnen Niveaus hängt von den Eigenschaften des Terms nicht ab. Diesen Abstand, dividiert durch B, bezeichnet man als das Bohrsche Magneton

$$\mu_B = \frac{e\hbar}{2m_e} \,. \tag{11}$$

In der älteren Bohrschen Quantenmechanik glaubte man, daß der Betrag des magnetischen Momentes gleich $\mu_B l$ sei, so daß man das Bohrsche Magneton als die natürliche Einheit des magnetischen Momentes ansehen konnte. Das ist aber nicht ganz richtig. Wegen der Unbestimmtheit der Richtung des Drehimpulses ist der Betrag des magnetischen Momentes größer, nämlich

$$|\vec{\mu}| = \mu_B \sqrt{l(l+1)} \,. \tag{12}$$

Die Zeeman-Aufspaltung der Spektrallinien sei hier nur für "erlaubte" Übergänge mit oszillierendem Dipolmoment diskutiert. Für diese gilt die Auswahlregel

$$\Delta m = \pm 1 \quad \text{oder} \quad 0 . \tag{13}$$

Das ist in der Ortsdarstellung sehr leicht zu beweisen. Bei einem Übergang ist die Amplitude des oszillierenden Anteils des Dipolmomentes in Feldrichtung, also in Richtung der 3. Koordinatenachse bzw. der z-Richtung, proportional zu dem Matrixelement $\langle n',l',m'|Z|n,l,m\rangle$. Da z vom Azimutalwinkel φ nicht abhängt, kommt φ in dem Integranden dieses Integrals nur in dem Faktor $\exp i(m-m')\varphi$ vor. Bei Integration über φ ergibt sich daher immer null außer im Fall $m = m'$. Da bei dem Operator $X+iY$ in der Ortsdarstellung eine Multiplikation mit $\exp i\varphi$ vorkommt, liefert die Integration über φ in dem Matrixelement $\langle n',l',m'|X+iY|n,l,m\rangle$ nur dann nicht null, wenn $m' = m+1$ ist, denn sein Integrand enthält φ nur in dem Faktor $\exp i(m+1-m')\varphi$. Entsprechend ist $\langle n',l',m'|X-iY|n,l,m\rangle$ nur für $m' = m-1$ ungleich null.

Daraus liest man auch sofort die Polarisationsverhältnisse ab. Da die Energieänderung durch das Magnetfeld nach (10) von den Quantenzahlen n und l nicht abhängt, ändert sich die Frequenz einer Linie mit $m' = m$ im Magnetfeld nicht. Bei Beobachtung in Richtung senkrecht zum Magnetfeld ist diese Strahlung linear polarisiert mit einer Schwingungsrichtung parallel zum Magnetfeld. Bei den Linien mit $m' = m \pm 1$ unterscheiden sich die Matrixelemente von X und Y nur durch einen Faktor $\pm i$. Das bedeutet, daß die Dipolmomentkomponenten in x- und y-Richtung um 90° phasenverschoben sind. Bei Beobachtung in Feldrichtung, wo beide zur Ausstrahlung beitragen, ist die Strahlung zirkular polarisiert, und zwar bei den beiden, in der Kreisfrequenz um $\pm\omega_L$ ver-

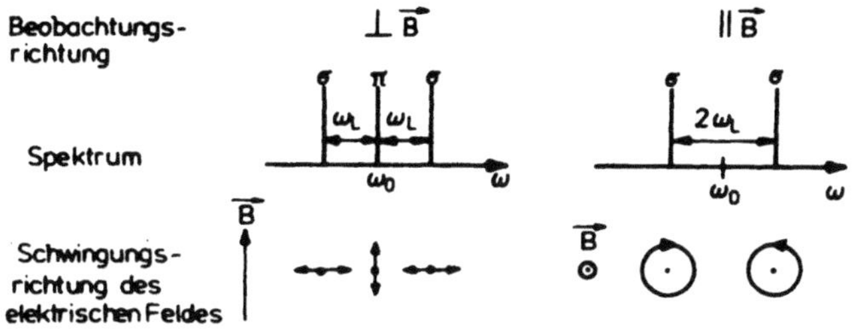

Abb. 6. Der normale Zeeman-Effekt.

schobenen Linien mit entgegengesetztem Umlaufsinn. Bei Beobachtung in Richtung senkrecht zum Magnetfeld, also z. B. in x -Richtung, rührt die Strahlung nur von der y-Komponente des Dipolmomentes her und ist daher linear, senkrecht zum Magnetfeld polarisiert. Eine Linie mit dem Polarisationsverhalten der unverschobenen Linie, also mit $\Delta m = 0$, bezeichnet man als π-Linie, diejenigen mit dem Polarisationsverhalten der verschobenen Linien $\Delta m = \pm 1$ heißen σ-Linien[1].

Die Quantentheorie liefert also dieselbe Aussage wie die klassische Quantentheorie auf Grund des Larmortheorem (vgl. Bd. I, §23). Das liegt daran, daß auch quantentheoretisch das Larmortheorem gilt, wenn man das auch zunächst nicht erkennt. Da die Funktionen $\langle\vec{r}|n,l,m\rangle$ Eigenfunktionen des Störoperators 1. Näherung sind, verschwinden alle Matrixelemente, in denen zwei verschiedene solche Funktionen vorkommen, und das besagt nach (§1; 16), daß sich die Wellenfunktion durch die Störung in 1. Näherung nicht ändert. Das bedeutet aber nicht, daß sich der Zustand im Magnetfeld nicht ändert. Denn die Wellenfunktion ist ja nur ein Hilfsmittel zur Berechnung von Mit-

1) In Bd. I, §22 wurden die Bezeichnungen π und σ versehentlich vertauscht

telwerten und Wahrscheinlichkeitsaussagen über den Zustand. Im vorliegenden Fall ändern sich diese Aussagen, weil sich die Form der Operatoren zu beobachtbaren Größen im Magnetfeld ändert. Am einfachsten erkennt man das an dem Ausdruck (§11; 20) für die Stromdichte $\vec{j}$, in welchem das Einschalten eines Magnetfeldes bei unverändertem ψ das Auftreten des Zusatzterms $e\vec{A}|\psi|^2/m_e$ bewirkt. Mit Benutzung des Ausdruckes (2) erhält man dafür die Formel

$$\Delta\vec{j} = \frac{e}{2m_e}|\psi|^2[\vec{B}\times\vec{r}]. \qquad (14)$$

Solch ein Term ist zu erwarten, wenn beim Einschalten des Magnetfeldes ein Medium mit der Dichte $|\psi|^2$ wie ein starrer Körper in eine Rotation mit dem Drehvektor

$$\vec{\omega}_L = \frac{e}{2m_e}\vec{B} \qquad (15)$$

versetzt wird. Denn die dabei zusätzlich erzeugte Geschwindigkeit am Endpunkt des Vektors $\vec{r}$ beträgt $\Delta\vec{v} = [\vec{\omega}_L \times \vec{r}]$, die zusätzliche Teilchenstromdichte also $|\psi|^2\Delta\vec{v}$, was mit dem obigen Ausdruck identisch ist. Mit anderen Worten: Der Umstand, daß der Operator zum kanonischen Impuls $\vec{p}$ beim Einschalten des Magnetfeldes unverändert bleibt und daher zu dem Operator zur Größe $m_e\vec{v}$ der Zusatz $-e\vec{A}$ hinzutritt, bedeutet bei unverändertem ψ gerade das Entstehen einer Larmorpräzession.

Genaue Messungen des Zeeman-Effektes an einigen Singulettspektren (an He, Ne, Cd, Zn) bestätigten die Aussagen dieser Theorie in allen Einzelheiten mit großer Genauigkeit[1]. Man hat aus ihnen früher (bis etwa 1935) Präzisionswerte für das Verhältnis e/m_e zu ermitteln versucht. Nach 1945 wurden dafür allerdings genauere Meß-

1) L.E. Kinsler und W.V. Houston, Phys. Rev. 46 (1934) S. 533

verfahren entwickelt. Daß der Zeeman-Effekt überhaupt mit einem Meßfehler unter 0,5 ‰ gemessen werden kann, ist an sich schon eine beachtliche experimentelle Leistung, beträgt doch die relative Frequenzänderung an sichtbaren Linien selbst in relativ hohen Feldern von $\mathcal{B} = 3 \cdot 10^{-2}$ Volt · s/m^2 ($\hat{=}\ \mathcal{B}_G = 30\,000$ Gauß) nur etwa 10^{-4}. Zeitweilig glaubte man, aus den Unterschieden zwischen den aus optischen und anderen Messungen erhaltenen e/m_e-Werten auf eine systematische Diskrepanz schließen zu müssen[1]. Es zeigte sich aber, daß diese nicht auf einem Fehler in der Theorie des Zeeman-Effektes beruhte, sondern auf experimentellen Fehlern bei anderen Messungen.

Der Einfluß des in $\mathcal{B}$ quadratischen, letzten Terms in (5) auf die Spektrallinien eines Atoms ist unbeobachtbar klein. Er beträgt nämlich unter den oben genannten Bedingungen nur etwa 10^{-6} der Linienverschiebung. Sein Vorhandensein kann jedoch an einem anderen Effekt nachgewiesen werden, nämlich an dem Diamagnetismus von Atomen mit abgeschlossenen Elektronenschalen wie z. B. am Helium-Gas. Der Grundzustand des Helium-Atoms ist ein Singulettzustand mit dem Bahndrehimpuls null. Die Anwendung des ersten, zu $\mathcal{B}$ proportionalen Terms des Störoperators auf seine Wellenfunktion ergibt daher null. Die Änderung der Energie des Grundzustandes beim Einschalten des Magnetfeldes ist deshalb in diesem Fall in 1. Näherung allein durch den Mittelwert des letzten Terms von (5) gegeben und beträgt

$$E^{(2)} = \frac{e^2}{8m_e} B^2 (\overline{x_1^2} + \overline{x_2^2}). \qquad (16)$$

1) R.T. Birge, Rev. mod. Phys. 1 (1929) S. 1; Phys. Rev. 60 (1941) S. 785

Da in dem kugelsymmetrischen Grundzustand die Mittelwerte aller Koordinatenquadrate gleich sind, ist $\overline{x_1^2} + \overline{x_2^2}$ gleich 2/3 des Mittelwertes von $r^2 = x_1^2 + x_2^2 + x_3^2$. Also gilt

$$E^{(2)} = \frac{e^2}{12 m_e} B^2 \overline{r^2}. \tag{17}$$

Diese Energieänderung ist für eine direkte Messung viel zu klein. Ihre Ableitung nach B ist aber gleich dem Negativen des vom Magnetfeld erzeugten magnetischen Momentes. Dieses kann im Heliumgas mit makroskopischen Methoden an den sehr vielen Atomen gemessen werden.

Die Gültigkeit der obigen Aussage folgt daraus, daß die Ableitung des Hamiltonoperators H nach dem Parameter B gleich dem Negativen des Operators μ_3 zur Komponente des magnetischen Momentes in Feldrichtung ist. Differentiation von (5) nach B liefert nämlich bei Beachtung von (6) und (8)

$$\begin{aligned} \frac{\partial \mathsf{H}}{\partial B} &= \frac{e\hbar}{2m_e i}\left(x_1 \frac{\partial}{\partial x_2} - x_2 \frac{\partial}{\partial x_1}\right) + \frac{e^2 B}{4 m_e}(x_1^2 + x_2^2) \\ &= \frac{e}{2}\left(x_1 v_2 - x_2 v_1\right) = -\mu_3 . \end{aligned} \tag{18}$$

Wenn nun $\psi(B)$ die exakte, normierte, von B als Parameter abhängige Eigenfunktion von H im Grundzustand ist, gilt für den tiefsten Eigenwert für alle B

$$E(B) = \langle \psi(B) | \mathsf{H} | \psi(B) \rangle . \tag{19}$$

Differenziert man beide Seiten nach B, so erhält man

$$\frac{\partial E(B)}{\partial B} = \langle \frac{\partial \psi}{\partial B} | \mathsf{H} | \psi \rangle + \langle \psi | \mathsf{H} | \frac{\partial \psi}{\partial B} \rangle + \langle \psi | \frac{\partial \mathsf{H}}{\partial B} | \psi \rangle \tag{20}$$

Beachtet man, daß $\psi(B)$ Eigenelement des hermitischen Operators H ist, so erhält man für die ersten beiden Summanden zusammen

$$\langle \frac{\partial\psi}{\partial B}|H|\psi\rangle + \langle\psi|H|\frac{\partial\psi}{\partial B}\rangle = E(B)\frac{\partial}{\partial B}\langle\psi|\psi\rangle. \tag{21}$$

Das verschwindet aber wegen der Normierung $\langle\psi(B)|\psi(B)\rangle = 1$. Also gilt

$$\overline{\frac{\partial H}{\partial B}} = \langle\psi|\frac{\partial H}{\partial B}|\psi\rangle = \frac{\partial E(B)}{\partial B}. \tag{22}$$

Dieser Satz, daß der Erwartungswert der Ableitung von H nach einem Parameter B gleich der Ableitung des Eigenwertes nach diesem Parameter ist, wird manchmal als Satz von Feynman bezeichnet, weil ihn Feynman[1)] in einer Arbeit aus dem Jahre 1939 in obiger Weise bewies, ohne zu bemerken, daß dieselbe Aussage für den hier betrachteten Fall schon in dem 1932 erschienenen Lehrbuch von Van Vleck[2)] zu finden ist.

Da der Eigenwert von $H^{(0)}$ nicht von B abhängt, gilt hier

$$\overline{\mu_3} = -\frac{\partial E(B)}{\partial B} = -\frac{\partial E^{(2)}}{\partial B} = -\frac{e^2}{6m_e}\overline{r^2}\cdot B. \tag{23}$$

Das induzierte magnetische Moment ist also entgegen zu $\vec{B}$ gerichtet und zu B proportional. Aus dem positiven Vorzeichen des letzten Terms in (5) folgt also allgemein das Auftreten von Diamagnetismus bei allen Atomen mit abgeschlossenen Elektronenschalen.

Natürlich kann man dasselbe auch aus dem Larmortheorem folgern. Wenn man die Elektronen als kontinuierlich verteilte Ladungswolken mit der Raumladungsdichte $-e|\psi|^2$ ansieht, erhält man damit auch den in (23) angegebenen Faktor richtig. Beim Heliumatom ist für $\overline{r^2}$ selbstver-

1) R.P. Feynman, Phys. Rev. 56 (1939) S. 340

2) J.H. Van Vleck: Theory of electric and magnetic susceptibilities, Oxford 1932

ständlich die Summe der Mittelwerte über die beiden Elektronen im Grundzustand einzusetzen. Da man die ψ-Funktion in diesem Zustand recht gut kennt, läßt sich dieser Faktor berechnen und mit dem Wert vergleichen, der sich aus der diamagnetischen Suszeptibilität des Heliumgases ergibt. Die Ergebnisse stimmen innerhalb der Genauigkeit von Messung und Theorie, also etwa bis auf 1 bis 2 % überein.

Umrechnung auf das cgs-System

Hier wurden durchweg die Größen des "système internationale" (SI) verwendet. Da die meisten Lehrbücher der theoretischen Physik heute noch das sogenannte cgs-System bevorzugen, sei die Umrechnung auf dieses System hier durchgeführt, obwohl dabei nichts vorkommt, was nicht bereits in den Ausführungen auf S. 9 von Bd. I steht. Die andere Gestalt der Formeln des sogenannten cgs-Systems beruht - im Gegensatz zu verbreiteten, irrigen Ansichten - nicht auf der Benutzung anderer Einheiten, denn jede Größe ist ein Produkt aus Zahlenwert und Einheit und ändert sich beim Übergang zu anderen Einheiten nicht. Der Unterschied liegt vielmehr daran, daß andere physikalische Größen benutzt werden, die ihrerseits auch wieder von den Einheiten unabhängig sind. Die Erwähnung der Einheiten Zentimeter, Gramm und Sekunde in der Bezeichnung cgs-System ist daher sinnlos. Man sollte es besser als das Gaußsche Begriffssystem bezeichnen. In ihm wird statt der Ladung e die Größe

$$e_G = \frac{e}{\sqrt{4\pi\varepsilon_0}} \tag{24}$$

verwendet. Bei ihrer Verwendung verschwindet in dem Coulombschen Gesetz für den Betrag F der Kraft zwischen zwei geladenen Körpern im Vakuum die Proportionalitätskonstante:

$$F = \frac{q_1 q_2}{4\pi\varepsilon_0 r^2} = \frac{q_{1G} \cdot q_{2G}}{r^2} \tag{25}$$

Statt B wird im Gaußschen System die Größe

$$B_G = B\sqrt{4\pi/\mu_0} \tag{26}$$

und statt des magnetischen Moments μ die Größe

$$\mu_G = \mu\sqrt{\mu_0/4\pi} \tag{27}$$

verwendet. Die Formel für die potentielle Energie eines Körpers mit dem magnetischen Moment $\vec{\mu}$ im Magnetfeld bleibt daher ungeändert:

$$E_{pot} = -(\vec{\mu}\cdot\vec{B}) = -(\vec{\mu}_G\cdot\vec{B}_G) \tag{28}$$

Beachtet man, daß $\mu_0\varepsilon_0 = 1/c^2$ (c = Vakuumlichtgeschwindigkeit) ist, so ergibt sich aus (11) für das Gaußsche Bohrsche Magneton

$$\mu_{BG} = \mu_B\sqrt{\frac{\mu_0}{4\pi}} = \frac{e\hbar}{2m_e c\sqrt{4\pi\varepsilon_0}} = \frac{e_G\hbar}{2m_e c}\ . \tag{29}$$

Der Betrag des magnetischen Moments eines Stromkreises lautet bei Benutzung der Gaußschen Stromstärkegröße $I_G = I/\sqrt{4\pi\varepsilon_0}$

$$\mu_G = \mu\sqrt{\mu_0/4\pi} = IF\sqrt{\mu_0/4\pi} = I_G F/c\,. \tag{30}$$

Alle diese Beziehungen gelten unabhängig von der Wahl der benutzten Einheiten. Wegen

$$\mu_0 = 4\pi\cdot 10^{-7}\,\frac{V\cdot s}{A\cdot m} = 4\pi\cdot 10^{-2}\,\frac{erg}{A^2 cm} = 4\pi\cdot 10^{-16}\,\frac{V^2 s^2}{erg\cdot cm} \tag{31}$$

ergibt sich zahlenmäßig:

Ist $B = 1\ V\cdot s/m^2$, so ist $B_G = 10^4\sqrt{dyn}/cm = 10^4\,Gauß$.

Das Bohrsche Magneton $\mu_B = 9{,}274\cdot 10^{-24}\,A\cdot m^2$ entspricht im Gaußschen System der Größe $\mu_{BG} = 9{,}274\cdot 10^{-21}\sqrt{dyn}\cdot cm^2$.

§13. Die Spin-Bahn-Wechselwirkung

In Atomen, in deren Elektronenhülle sich die magnetischen Spinmomente der Elektronen nicht kompensieren, tritt auch schon bei Abwesenheit eines äußeren Magnetfeldes eine Aufspaltung aller Zustände mit nicht verschwindendem Bahndrehimpuls auf und im Magnetfeld ein ziemlich komplizierter, sogenannter anomaler Zeeman-Effekt. Beides liegt an dem Einfluß der Wechselwirkung zwischen dem magnetischen Spinmoment und der Bahnbewegung. Qualitativ kann man diesen Effekt mit Hilfe des Modells eines geladenen Massenpunktes mit einem magnetischen Moment $\vec{\mu}_s$ verständlich machen. Ein Beobachter, der sich mit der konstanten Geschwindigkeit $\vec{v}$ durch ein elektrisches Feld $\vec{E}(\vec{r})$ bewegt, stellt nach der Relativitätstheorie in 1. Näherung ein Magnetfeld mit der Induktion

$$\vec{B} = [\vec{E}(\vec{r}) \times \vec{v}]/c^2 \tag{1}$$

fest. Dieses Feld wirkt auf das magnetische Moment $\vec{\mu}_s$ des Spinelektrons ein.

Das Auftreten dieses Induktionsfeldes kann man auch ohne Benutzung der Relativitätstheorie mit Hilfe der Maxwellschen Gleichungen verständlich machen. Ist $\vec{r}$ der Ortsvektor in einem Koordinatensystem, in welchem der Atomkern ruht, und $\vec{r}'$ derjenige in einem dagegen mit $\vec{v}$ bewegten System, so gilt (in nichtrelativistischer Näherung) $\vec{r}' = \vec{r} - \vec{v}t$. Ist $\varrho(\vec{r})$ die Raumladung welche das Feld $\vec{E}(\vec{r})$ erzeugt, so beobachtet der bewegte Beobachter einen Strom der Dichte $\vec{j} = -\varrho\vec{v}$ und außer dem elektrischen Feld $\vec{E}(\vec{r}' + \vec{v}t)$ ein Induktionsfeld $\vec{B}(\vec{r}', t)$, dessen Verteilung aus den Maxwellschen Gleichungen

$$\mathrm{div}'\vec{B} = 0; \quad \mathrm{rot}'\vec{B} = \mu_0\vec{j} + \frac{1}{c^2}\frac{\partial\vec{E}}{\partial t} \tag{2}$$

folgt. Darin deutet der Strich an den Symbolen div und rot an, daß nach den Komponenten von $\vec{r}'$ bei festem t zu differenzieren ist. Man kann nun leicht nachrechnen, daß die Gleichungen (2) von $\vec{B}(\vec{r}', t) = [\vec{E}(\vec{r}' + \vec{v}t) \times \vec{v}]/c^2$ erfüllt werden, wenn $\varepsilon_0 \mathrm{div}\,\vec{E}(\vec{r}) = \varrho$ und $\mathrm{rot}\,\vec{E}(\vec{r}) = 0$ gilt.

Da die Wechselwirkungsenergie eines Körpers mit dem magnetischen Moment $\vec{\mu}_s$ mit einem zeitlich konstanten Magnetfeld durch $-(\vec{\mu}_s \cdot \vec{B})$ gegeben ist, liegt die Vermutung nahe, daß die Spin-Bahn-Wechselwirkung zum Hamiltonoperator den Beitrag $-\vec{\mu}_s \cdot [\vec{E}(\vec{r}) \times \vec{v}]/c^2$ liefert. Diese Überlegung ist aber nicht stichhaltig, da nämlich weder $\vec{v}$ noch das Induktionsfeld (1) zeitlich konstant sind. Das richtige Ergebnis unterscheidet sich davon aber nur durch einen Faktor $1/2$:

$$W_{SB} = -\frac{1}{2c^2}\vec{\mu}_s \cdot [\vec{E}(\vec{r}) \times \vec{v}] . \tag{3}$$

Diese Formel wurde zum ersten Mal von Thomas[1] im Jahre 1926 angegeben. Später wurden in verschiedenen Lehrbüchern noch mehrere andere Begründungen dafür entwickelt. Gegen alle kann man Bedenken geltend machen. Darauf soll am Ende dieses Paragraphen etwas eingegangen werden. Die obige Formel hat sich an der Erfahrung bewährt und muß dementsprechend einwandfrei als richtig angesehen werden. Ihr Inhalt soll deshalb hier zunächst näher diskutiert werden.

Praktisch interessiert man sich für die Spin-Bahn-Wechselwirkung vor allem in dem Fall, daß $\vec{E}(\vec{r})$ kugelsymmetrisch verteilt ist. Wenn $E_{pot}(r)$ die zu diesem Feld gehörende potentielle Energie eines Teilchens mit der Ladung $-e$ ist, gilt in diesem Fall

$$\vec{E}(\vec{r}) = \frac{1}{e}\cdot\frac{dE_{pot}(r)}{dr}\cdot\frac{\vec{r}}{r} \quad . \tag{4}$$

Setzt man das in (3) ein, so entsteht aus dem Vektorprodukt ein Ausdruck, der dem Bahndrehimpuls

$$\vec{L}_B = m_e[\vec{r}\times\vec{v}] \tag{5}$$

proportional ist. Das magnetische Moment des Elektrons ist andererseits entgegengesetzt zum Vektor $\vec{L}_s$ des Spindrehimpulses gerichtet. Da die möglichen Meßergebnisse für eine Komponente des magnetischen Spinmomentes

$\pm\mu_B = \pm\frac{e\hbar}{2m_e}$ sind und diejenigen des Spindrehimpulses $\pm\hbar/2$, gilt

$$\vec{\mu}_s = -\frac{e}{m_e}\vec{L}_s\,. \tag{6}$$

1) L.H. Thomas, Nature 107 (1926) S. 514

Setzt man das alles in (3) ein, so erhält man

$$W_{SB} = \frac{1}{2m_e^2c^2} \cdot \frac{1}{r} \cdot \frac{dE_{pot}(r)}{dr} (\vec{L}_B \cdot \vec{L}_s) . \tag{7}$$

Der zugehörige Operator zur Spin-Bahn-Wechselwirkung $\mathbf{W}_{SB}$ ergibt sich daraus in der Ortsdarstellung, indem man lediglich $\vec{L}_B$ und $\vec{L}_s$ durch ihre Operatoren ersetzt, denn der Operator zu $\frac{1}{r}\frac{dE_{pot}(r)}{dr}$ bedeutet in dieser Darstellung einfach eine Multiplikation mit diesem Faktor.

Die Formel (7) gilt natürlich nur für ein Elektron in einem kugelsymmetrischen Kraftfeld. Sie wird aber oft auch für die Gesamtheit aller Elektronen außerhalb abgeschlossener Schalen als gültig angenommen. Nur bedeutet $\vec{L}_B$ dann den Vektor des gesamten Bahndrehimpulses aller Elektronen zusammen und $\vec{L}_s$ denjenigen des gesamten Spindrehimpulses. An die Stelle des Faktors vor $(\vec{L}_B \cdot \vec{L}_S)$ tritt in diesem Falle eine theoretisch schwierig zu berechnende Größe K , welche gegen alle Drehungen um den Atomkern invariant ist:

$$W_{SB} = K(\vec{L}_B \cdot \vec{L}_s). \tag{8}$$

Diese Formel ist für Systeme von mehreren Elektronen allerdings nur angenähert gültig und läßt sich folgendermaßen begründen: Die elektrostatische Wechselwirkung der Elektronen überwiegt meistens gegenüber der Spin-Bahn-Wechselwirkung. Eine Änderung des Betrages des gesamten Bahndrehimpulses kann aber nur durch eine Veränderung der Bahnform oder der gegenseitigen Orientierung der Bahnen der einzelnen Elektronen erreicht werden und bewirkt daher eine Änderung der elektrostatischen Wechselwirkungsenergie. Wegen des Pauliprinzips bzw. wegen des Vorhandenseins der Austauschwechselwirkung gilt dasselbe auch für jede Änderung der gegenseitigen Lage der Spinmomente,

Erfahrungsgemäß ist die damit verbundene Änderung der elektrostatischen Wechselwirkung sogar noch erheblich stärker. Die relativ kleine magnetische Spin-Bahn-Wechselwirkung beeinflußt daher fast nur die gegenseitige Orientierung des gesamten Bahndrehimpulsvektors und des gesamten Spindrehimpulsvektors, die durch die elektrostatischen Kräfte festgelegte relative Lage der Spinmomente der einzelnen Elektronen untereinander und diejenige ihrer Bahnmomente dagegen nur wenig. Die verschiedenen stationären Zustände, die aus einem Atomzustand zu gegebener Quantenzahl l des gesamten Bahndrehimpulses und zu gegebener Quantenzahl s des totalen Spindrehimpulses bei Berücksichtigung der Spin-Bahn-Wechselwirkung hervorgehen, unterscheiden sich daher fast nur durch den Winkel zwischen $\vec{\mathcal{L}}_B$ und $\vec{\mathcal{L}}_s$ und durch die Orientierung dieser Vektoren im Raum. Beim Fehlen äußerer Felder hängt die Energie nur von diesem Winkel ab und daher bei gegebenem $|\vec{\mathcal{L}}_B|$ und $|\vec{\mathcal{L}}_s|$ nur von dem skalaren Produkt $(\vec{\mathcal{L}}_B \cdot \vec{\mathcal{L}}_s)$. Außerdem ist sie aber wie alle magnetischen Wirkungen auf das Spinmoment eine lineare Funktion der Komponenten von $\vec{\mathcal{L}}_s$. Daher kann sich W_{sB} von $(\vec{\mathcal{L}}_B \cdot \vec{\mathcal{L}}_s)$ nur durch einen gegenüber räumlichen Drehungen invarianten Faktor K unterscheiden.

Wenn die obige Formel (8) für die Spin-Bahn-Wechselwirkung gültig ist, sagt man, es liege eine Russell-Saunders-Kopplung[1] zwischen den Elektronen vor. Das ist nicht mehr der Fall, wenn ausnahmsweise die Spin-Bahn-Wechselwirkung der einzelnen Elektronen vergleichbar oder gar groß gegen ihre elektrostatische Wechselwirkung ist. Das kann z. B. in einem Atom mit zwei Elektronen außerhalb der abgeschlossenen Schalen vorkommen, wenn

1) H.N. Russell und F.A. Saunders, Astrophys. J. 61 (1925) S. 38

sich das eine in einem energetisch tief liegenden p-Zustand mit relativ großer Spin-Bahn-Wechselwirkung befindet, das andere dagegen in einem energetisch sehr hoch liegenden Zustand mit sehr großer Bahndrehimpuls-Quantenzahl. Kleine Abweichungen von den Aussagen der Russell-Saunders-Kopplung werden auch schon bei geringeren Unterschieden der Haupt- und Nebenquantenzahlen der wechselwirkenden Elektronen beobachtet.

Zur Nachprüfung der Formel (8) für die Russell-Saunders-Kopplung müßte man eine Störungsrechnung mit $\mathbf{W}_{SB}$ als Störoperator durchführen und das Ergebnis mit den Messungen vergleichen. Diese Rechnung wäre aber bei Benutzung des in §2 geschilderten Formalismus ziemlich kompliziert. Betrachtet man nämlich einen ungestörten Term mit der Quantenzahl l zum Bahndrehimpuls und der Quantenzahl s zum Gesamtspindrehimpuls, so ist der ungestörte Zustand $(2l+1)(2s+1)$-fach, und diese Zahl ist schon bei relativ kleinen Zahlen l und s so groß, daß man die Säkulargleichung nicht allgemein auflösen kann. In einfachen Fällen ist andererseits das Ergebnis trivial und wenig aufschlußreich. Wenn z. B. $l=0$ ist, liefert die Anwendung aller Operatoren $\mathbf{L}_{Bj}$ auf einen ungestörten Zustand null, und wenn $s=0$ ist, gilt dasselbe für die $\mathbf{L}_{Sk}$ $(j,k=x,y,z)$. Dann verschwinden also alle Elemente der Störmatrix von $\mathbf{W}_{SB}$. Daher tritt in erster Näherung keine Aufspaltung und keine Verschiebung der Energie auf. Im Fall $s=1/2$ wird das Ergebnis dieser Störungsrechnung im nächsten Paragraphen als Teilergebnis bei der Berechnung des anomalen Zeeman-Effektes in Einelektronenspektren nebenbei erhalten werden. In diesem Fall tritt unter der Wirkung der Spin-Bahn-Wechselwirkung nur eine Aufspaltung in zwei Niveaus auf, deren Abstand aber praktisch niemals absolut bestimmt werden kann und daher keinen Aufschluß über die Gültigkeit der Formel für die Russell-Saunders-Kopplung liefert. In allen komplizierteren Fällen, also für $l \geq 1$ und $s > 1/2$, ist die Säkulargleichung eine Gleichung 9. oder höheren Grades für die Energieänderung und die Berechnung der in ihr vorkommenden vielen Matrixelemente äußerst mühsam.

Das gesuchte Ergebnis läßt sich aber auf einem anderen Wege allgemein ermitteln. Dazu beachte man, daß jeder der Operatoren L_{Bj} $(j = x, y, z)$ zum Bahndrehimpuls mit jedem der Operatoren L_{Sk} $(k - x, y, z)$ zum Spin vertauschbar ist. Denn in der Ortsdarstellung beeinflussen die ersteren nur die Abhängigkeit der Wellenfunktionen von den Ortskoordinaten, die letzteren nur diejenige von den Spinvariablen. Bezeichnet man mit $\vec{L}$ ohne Index den Vektoroperator zum Gesamtspin $\vec{L} = \vec{L}_B + \vec{L}_S$, so kann man deshalb den Operator zur Spin-Bahn-Wechselwirkung auch in folgender Form schreiben:

$$W_{SB} = \frac{1}{2}K\left(\vec{L}^2 - \vec{L}_B^2 - \vec{L}_S^2\right). \tag{9}$$

Ferner genügen die Komponenten von $\vec{L}$ denselben Vertauschungsrelationen wie diejenigen von $\vec{L}_B$ und $\vec{L}_S$ einzeln, nämlich

$$[\vec{L} \times \vec{L}] = i\hbar\vec{L}. \tag{10}$$

Daraus wurde bereits in Bd. II, §26 abgeleitet, daß die Operatoren zu jeder Komponente von $\vec{L}$ mit $\vec{L}^2$ vertauschbar sind und daß die möglichen Eigenwerte von $\vec{L}^2$ gleich $j(j+1)\hbar^2$ mit ganzzahligem oder halbzahligem j sind.

Nun kann man beweisen, daß man aus den $(2l+1)(2s+1)$ gemeinsamen Eigenelementen von $\vec{L}_B^2$, L_{Bz}, $\vec{L}_S^2$ und L_{Sz} zu den Quantenzahlen l und s von Bahn- und Spindrehimpuls Linearkombinationen herstellen kann, die Eigenelemente zum Quadrat des Gesamtdrehimpulses $\vec{L}^2$ sind mit den Quantenzahlen $j = l+s$, $l+s-1, \ldots$ bis $|l-s|$, und zwar gehört zu jedem dieser j -Werte genau ein Komplex von $(2j+1)$ Eigenelementen von L_z mit den Eigenwerten $m\hbar$ $(m = j, j-1, \ldots$ bis $-j)$. Dieser Satz soll später in §22 mit gruppentheoretischen Hilfsmitteln bewiesen werden.

Diese Aussage pflegt man als das Gesetz der quantenmechanischen Vektoraddition der Drehimpulse zu bezeichnen. In der älteren Quantenmechanik veranschaulichte man es geometrisch durch die Addition zweier Vektoren mit den Beträgen $l\hbar$ und $s\hbar$. Da man damals von der Unbestimmtheit der Richtung des Drehimpulsvektors noch nichts wußte, glaubte man, daß der maximale Meßwert für eine Komponente eines Drehimpulses gleich seinem Betrag sei. Wenn nun die Vektoren mit den Beträgen $l\hbar$ und $s\hbar$ parallel stehen, liefern sie zusammen einen Vektor zum Gesamtdrehimpuls mit dem Betrag $j\hbar = (l+s)\hbar$. Wenn außerdem

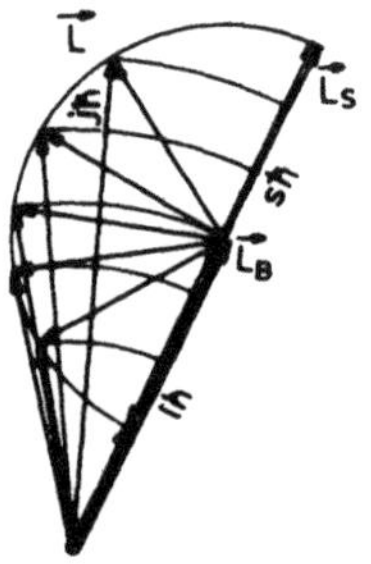

Abb. 7.
Konstruktion der Vektoren des Gesamtdrehimpulses zu gegebenen Beträgen von Bahndrehimpuls und Spindrehimpuls (für $l=5$ und $s=3$, also $j=8$ bis 2).

diese beiden Vektoren nur solche Lagen zueinander annehmen können, daß sich die Beträge der Resultierenden von $(l+s)\hbar$ um ein ganzzahliges Vielfaches von $\hbar$ unterscheiden, erhält man, wie in Abb. 7 gezeigt ist, gerade die oben genannten Werte von j . Man stellte sich damals vor, daß jeder dieser Vektoren des Gesamtdrehimpulses $(2j+1)$ verschiedene Orientierungen im Raum annehmen kann.

Wenn man dieses quantenmechanische Vektoradditionsgesetz als bekannt hinnimmt, ist auch das Problem der Störungsrechnung mit W_{SB} als Störoperator gelöst. Denn dann sind die gemeinsamen Eigenelemente von $\vec{L}^2$ und L_z zugleich die richtigen Linearkombinationen im Sinne der Störungsrechnung. Die Anwendung des Operators $\vec{L}^2-\vec{L}_B^2-\vec{L}_S^2$ reproduziert sie nämlich bis auf den Faktor $\{j(j+1) - l(l+1) - s(s+1)\}\hbar^2$. Ihm ist also bei Entwicklung nach diesen Funktionen eine Diagonalmatrix zugeordnet. Da K gegen alle Drehungen der Ladungsverteilung und der Spinmomente invariant ist, hat auch die Matrix von K Diagonalform. Ihre Diagonalelemente $\overline{K} = \langle\psi|K|\psi\rangle$ sind außerdem alle gleich.

Das zeigt man am besten in drei Schritten. Erstens folgt aus der Invarianz von K gegen Drehungen, daß K mit dem unitären Operator D zu einer Drehung vertauschbar ist. Denn dann muß das mit irgendwelchen Zustandselementen $|\varphi\rangle$ und $|\psi\rangle$ gebildete Matrixelement von K gleich demjenigen mit den Zustandselementen $D|\varphi\rangle$ und $D|\psi\rangle$ zu den gedrehten Zuständen sein:

$$\langle D\varphi|K|D\psi\rangle = \langle\varphi|D^+KD|\psi\rangle = \langle\varphi|K|\psi\rangle. \tag{11}$$

Da das für alle $|\varphi\rangle$ und $|\psi\rangle$ gelten muß, folgt

$$D^+KD = K \tag{12}$$

Wegen $D^+ = D^{-1}$ ergibt sich daraus durch Multiplikation mit D von links

$$KD = DK. \tag{13}$$

Als zweiter Schritt folgt aus dieser Gleichung, daß K auch mit dem Operator zu jeder Komponente des Drehimpulses vertauschbar ist. Denn der Operator D zu einer Drehung um den Winkel α um eine Achse parallel zu dem Einheitsvektor $\vec{n}$ lautet

$$D = exp\left(-\frac{i\alpha}{\hbar}(\vec{n}\cdot\vec{L})\right). \tag{14}$$

Für den Fall, daß $\vec{L}$ der Operator zum Bahndrehimpuls ist, wurde das bereits in Bd. II, §26 bewiesen. Für den Spindrehimpuls ergibt es sich ebenso, weil diese Operatoren denselben Vertauschungsrelationen genügen. Ist $\vec{L}$ der Operator zum Gesamtdrehimpuls, so bewirkt der obige Operator die gleiche Drehung der Bahn- und Spindrehmomente zusammen. Wenn nun (13) für alle α gilt, folgt daraus durch Differentiation nach dem Parameter α die Vertauschbarkeit von K mit dem Operator

$$D^{-1}\frac{\partial D}{\partial\alpha} = -\frac{i}{\hbar}(\vec{n}\cdot\vec{L}), \tag{15}$$

also mit dem Operator $(\vec{n}\cdot\vec{L})$ zu jeder Komponente von $\vec{L}$. Ebenso kann man aus der Invarianz gegenüber Drehungen die Vertauschbarkeit von $\vec{L}^2$ mit L_j sowie diejenige von $\vec{L}_B^2$ mit L_{Bj} und von $\vec{L}_S^2$ mit L_{Sj} erschließen. Man beachte aber, daß $\vec{L}^2$ mit L_{Bj} nicht vertauschbar ist, denn eine Drehung der Bahnmomente allein bei festgehaltenem Spindrehimpulsvektor würde den Betrag des Gesamtdrehimpulses verändern.

Drittens folgt aus der Vertauschbarkeit von K mit L_z der Satz: Sind $|\varphi_1\rangle$ und $|\varphi_2\rangle$ zwei Eigenelemente des hermitischen Operators L_z zu verschiedenen Eigenwerten $m_1\hbar$ und $m_2\hbar$, so ist

$$\langle\varphi_1|K|\varphi_2\rangle = 0\,. \tag{16}$$

Denn dann gilt

$$\langle L_z\varphi_1|K|\varphi_2\rangle = \langle\varphi_1|L_zK|\varphi_2\rangle = \langle\varphi_1|K|L_z\varphi_2\rangle \tag{17}$$

oder

$$m_1\hbar\langle\varphi_1|K|\varphi_2\rangle = m_2\hbar\langle\varphi_1|K|\varphi_2\rangle, \tag{18}$$

was für $m_1 \neq m_2$ nur für $\langle\varphi_1|K|\varphi_2\rangle = 0$ erfüllt ist. Dieser letzte Teilsatz wurde auch schon in §3 benutzt. Er gilt natürlich auch für $\vec{L}^2$ an Stelle von L_z.

Im betrachteten Fall gibt es aber auf Grund des genannten Satzes über die Addition von Drehimpulsvektoren keine zwei Linearkombinationen der $(2l+1)(2s+1)$ ungestörten Eigenelemente, welche sowohl im Eigenwert von L_z wie von $\vec{L}^2$ übereinstimmen. Also verschwinden alle Nichtdiagonalelemente der Matrix von K. Da außerdem K invariant gegen eine Drehung der Bahnmomente und Spinmomente einzeln ist, sind alle Diagonalelemente $\overline{K}$ gleich. Das kann man in ähnlicher Weise aus der Gültigkeit von (11) für die Operatoren zur Drehung der Bahnmomente und der Spinmomente einzeln folgern.

Daher beträgt die Energieänderung 1. Näherung infolge der Spin-Bahn-Wechselwirkung

$$E_j^{(1)} = \frac{1}{2}\overline{K}\hbar^2\{j(j+1) - l(l+1) - s(s+1)\}. \qquad (19)$$

Jeder dieser einzelnen Multiplett-Terme ist $(2j+1)$-fach. Die möglichen j-Werte sind $l+s, l+s-1, \ldots$ bis $|l-s|$. Das sind $(2l+1)$ oder $(2s+1)$ verschiedene Werte, je nachdem, welche der beiden Zahlen die kleinere ist.

Dieses Ergebnis besagt: Ist $l=0$ oder $s=0$, so tritt keine Aufspaltung und keine Energieänderung auf, was oben schon begründet wurde. Ist $s=1/2$, so tritt eine Aufspaltung in zwei Terme auf, von denen der eine zu $j=l+1/2$ gehört und $2(l+1)$-fach ist, während der andere zu $j=l-1/2$ gehört und $2l$-fach ist. Wenn $s>1/2$ und $l\geq 1$ ist, treten mehr als 2 Niveaus auf. Dann kann man aus dem Verhältnis der Energiedifferenzen die Gültigkeit der Formel für W_{SB} prüfen. Allgemein gilt dann

$$E_j^{(1)} - E_{j-1}^{(1)} = j\overline{K}\hbar^2. \qquad (20)$$

Die Energiedifferenzen benachbarter Terme eines Feinstrukturmultipletts verhalten sich also wie die Quantenzahlen j des Gesamtdrehimpulses des Niveaus mit dem höheren j-Wert. Im Fall $s=1$ verhalten sie sich wie $(l+1) : l$, im Fall $s=3/2$ wie $(l+3/2) : (l+1/2) : (l-1/2)$ Diese Intervallregel kann experimentell mit großer Genauigkeit nachgeprüft werden. Sie ist charakteristisch für die Russell-Saunders-Kopplung bzw. für eine Wechselwirkung, welche dem skalaren Produkt zweier Drehimpulsvektoren proportional ist und sonst nur Operatorfaktoren enthält, die gegenüber jeder Drehung invariant sind. Das gilt z. B. auch für die Hyperfeinstruktur infolge der magnetischen Wechselwirkung der Elektronenhülle mit dem Kernspin.

Kritische Bemerkungen zur Begründung der Formel (3) für die Spin-Bahn-Wechselwirkung

Die Überlegungen von Thomas zur Begründung des Faktors 1/2 in der Formel (3) werden ausführlich in dem bekannten Lehrbuch von Jackson[1] erläutert. Ausgangspunkt dieser Überlegung ist der Umstand, daß das Magnetfeld (1) von einem Beobachter festgestellt wird, welcher sich mit der konstanten Geschwindigkeit $\vec{v}$ relativ zum Atomkern bewegt. Eine Verwendung dieser Formel bei veränderlicher Geschwindigkeit bedeutet, daß zu verschiedenen Zeiten verschiedene Lorentztransformationen auf bewegte Koordinatensysteme durchgeführt werden. Die Zusammensetzung von zwei Lorentztransformationen mit verschieden gerichteten Geschwindigkeiten stellt aber keine einfache Lorentztransformation mit unveränderter Richtung der Koordinatenachsen dar, sondern unterscheidet sich davon durch eine Koordinatendrehung. Der Übergang von demjenigen Koordinatensystem, in welchem das Elektron in einem Zeitpunkt ruht, zu demjenigen, in welchem es im nächsten Augenblick ruht, setzt sich bei dieser Rechnung aus der Rücktransformation auf ruhenden Kern im ersten Moment und der Transformation auf die neue Geschwindigkeit im späteren Zeitpunkt zusammen und ist daher keine einfache Lorentztransformation zu der Differenzgeschwindigkeit. Eine längere Rechnung zeigt, daß sie sich davon gerade um eine solche Koordinatendrehung unterscheidet, wie sie der Elektronenspin wegen des Drehmoments der Hälfte des durch (1) gegebenen Magnetfeldes ausführen würde. Der zusätzliche Faktor 1/2 in (3) soll den Einfluß dieser implizit eingeführten Koordinatendrehung korrigieren.

Hierzu ist zu bemerken, daß eine solche, rein kinematische Betrachtung die Richtigkeit dieses Faktors 1/2 nicht rechtfertigen kann. Die Dynamik der Spin-Präzession bei beschleunigter Bewegung des Elektrons ist komplizierter als die für irgendein fiktives Magnetfeld. Das geht besonders klar aus einer Betrachtung von Leibfried und Brenig in dem Lehrbuch von Becker und Sauter[2] hervor. Wenn ein Massenpunkt mit dem magnetischen Moment $\vec{\mu}$ auf die Geschwindigkeit $\vec{v}$ beschleunigt wird, entsteht in erster Näherung in ihm ein elektrisches Dipolmoment der Größe

$$\vec{\pi} = [\vec{v} \times \vec{\mu}]/c^2 . \tag{21}$$

Das ist ein Effekt, der auf dem Gesetz der relativistischen Geschwindigkeitsaddition beruht. Um ihn plausibel zu machen, betrachte man eine quadratische Stromschleife, die sich parallel

1) J.D. Jackson: Classical Electrodynamics, New York, London, Sydney 1966, Kap. 11; 5

2) G. Leibfried und W. Brenig, in R. Becker, F. Sauter: Theorie der Elektrizität, Bd. II, §34. Stuttgart 1959

zu ihrer 1. und 3. Seite mit der Geschwindigkeit $\vec{v}$ bewegt (vgl. Abb. 8). v_r sei der Betrag der Geschwindigkeit, mit

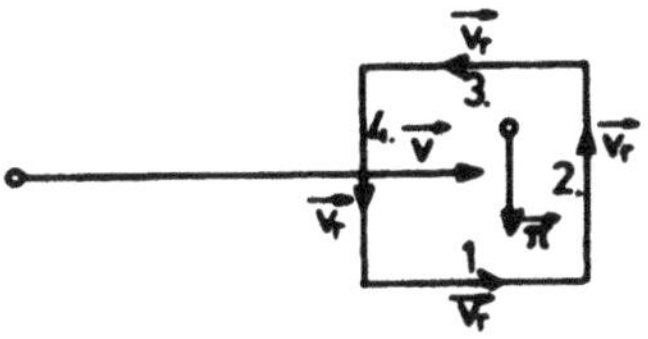

Abb. 8.
Zur Deutung der Entstehung eines elektrischen Dipolmomentes $\vec{\pi}$ einer bewegten Stromschleife.

der sich die Ladungsträger in der Drahtschleife relativ zum mitbewegten Beobachter bewegen. Nach der Relativitätstheorie ist dann der Betrag der resultierenden Geschwindigkeit der Ladungsträger relativ zu einem ruhenden Beobachter auf der 1. Seite, wo $\vec{v}$ und $\vec{v}_r$ parallel sind, kleiner als die Summe aus v und v_r und auf der gegenüberliegenden 3. Seite, wo $\vec{v}$ und $\vec{v}_r$ einander entgegengerichtet sind, größer als ihre Differenz. Die Ladungsträger halten sich daher, vom ruhenden Beobachter aus gesehen, auf der 1. Seite länger als 1/4 der Umlaufzeit auf und auf der gegenüberliegenden Seite kürzer. Das bewirkt die Entstehung eines elektrischen Dipolmomentes in Richtung senkrecht zu $\vec{v}$ in der Ebene parallel zur Stromschleife. Die Durchrechnung für das genannte Modell oder die Anwendung der allgemeinen Formeln für die Transformation eines magnetischen Momentes auf ein bewegtes Koordinatensystem liefern übereinstimmend die Formel (21). Auf einen bewegten Körper mit einem magnetischen Moment $\vec{\mu}$ wirkt daher in einem elektrischen Feld ein Drehmoment $[\vec{\pi} \times \vec{E}]$, und dieses ist weder mit dem Drehmoment $[\vec{\mu} \times \vec{B}]$ des in (1) angegebenen Magnetfeldes noch mit der Hälfte davon identisch. Die zeitliche Änderung des Spindrehimpulses eines bewegten Elektrons entspricht daher keiner normalen Präzession. Wie aber Leibfried und Brenig zeigten, ist die Frequenz dieser Bewegung, sofern sie klein gegen die Umlaufsfrequenz ist, im Mittel über viele Umläufe gerade halb so groß wie diejenige in dem Magnetfeld (1).

Auch das ist aber kein einwandfreier Beweis der Formel (3) für die Spin-Bahn-Wechselwirkung, denn daraus folgt nur, daß die Spinpräzession im Mittel so verläuft, "als ob" die Hälfte des Magnetfeldes (1) vorhanden wäre. Um (3) als richtigen Zusatz zur Hamiltonfunktion zu beweisen, müßte man nicht nur zeigen, daß die Abhängigkeit dieses Ausdruckes von der Spinrichtung angenähert die richtige Spinpräzessionsfrequenz liefert, sondern außerdem, daß aus seiner Ortsabhängigkeit die richtige Kraft des inhomogenen elektrischen Feldes $\vec{E}(\vec{r})$ auf das elektrische Dipolmoment

$\vec{\pi} = [\vec{v} \times \vec{\mu}]/c^2$ folgt. Das ist aber nicht der Fall. Da diese Kraft von der Geschwindigkeit $\vec{v}$ abhängt, gibt es zu ihr keine potentielle Energie, ja sie ist sogar, zum Unterschied von der Lorentzkraft, in solcher Weise von $\vec{v}$ abhängig, daß es dazu keine Lagrangefunktion und keine Hamiltonfunktion gibt.

Eine Rechtfertigung des zu (3) gehörenden Operators zur Spin-Bahn-Wechselwirkung ist dagegen auf ganz anderem Wege möglich, nämlich durch einen Grenzübergang von der relativistisch invarianten Diracgleichung zu Geschwindigkeiten, die klein gegen c sind. Bei Durchführung einer relativ komplizierten Entwicklung dieser Wellengleichung nach Potenzen von v/c erhält man unter den in v/c linearen Termen einen Ausdruck, der mit dem zu (3) gehörenden Operator in der Ortsdarstellung bei Anwendung auf eine ortsabhängige Wahrscheinlichkeitsamplitude identisch ist. So befriedigend das ist, so darf man doch nicht vergessen, daß dabei zwei ganz verschiedene Dinge miteinander verwechselt werden. Die Diracgleichung ist - im Gegensatz zu dem, was Dirac anfänglich meinte und was auch heute noch in vielen Lehrbüchern steht - keine quantenmechanische Gleichung, sondern die Wellengleichung eines klassischen Wellenmodells für eine kontinuierlich verteilte Elektronenmaterie. Sie spielt für die Elektronen eine ähnliche Rolle wie die Maxwellschen Gleichungen für die Lichtquanten. Eine Quantenmechanik entsteht aus ihr erst durch den Prozeß der sogenannten 2. Quantelung. Durch sie werden Partikeleigenschaften für zwei Sorten von Teilchen, für die Elektronen und Positronen, eingeführt.

Es ist keineswegs garantiert, daß eine für $v/c \ll 1$ gültige Näherungslösung für die Wellenfunktion dieses klassischen Modells dieselben Eigenschaften hat wie die quantenmechanische Wahrscheinlichkeitsamplitude eines Partikels. Das ist zwar, wie in Bd. II gezeigt wurde, für die nichtrelativistische Wellengleichung und für einen Massenpunkt ohne Spin der Fall, sofern man die Rückwirkung der Welle auf sich selbst fortläßt, aber einen stichhaltigen Grund, warum das auch bei anderen Modellen der Fall sein sollte, gibt es nicht. Vielmehr kann der erwähnte Umstand, daß sich zu der Kraft des elektrischen Feldes auf einen bewegten Massenpunkt mit einem magnetischen Moment gar keine Hamiltonfunktion angeben läßt, als Hinweis dafür angesehen werden, daß das Partikelmodell bereits beim Spin zu versagen beginnt. Bei Energien, die mit der Ruheenergie $m_e c^2$ der Teilchen vergleichbar sind, ist dieses Versagen allgemein bekannt, denn der Prozeß der Paarerzeugung, der sich aus der Quantelung der Diracgleichung ergibt, paßt in keiner Weise zu einem Partikelmodell.

§14. Der anomale Zeeman-Effekt in Einelektronenspektren

Bei der Störungsrechnung zur Behandlung des anomalen Zeeman-Effektes an den Linien eines Atoms mit einem Elektron außerhalb abgeschlossener Schalen kann man den Hamiltonoperator in einen gegenüber allen Drehungen der Bahn- und Spinmomente invarianten ungestörten Hamiltonoperator $H^{(0)}$ und eine Störung W zerlegen, welche die folgenden drei Anteile enthält:

1). Die Wechselwirkung der Bahnbewegung mit dem äußeren Magnetfeld in z-Richtung

$$W_B = \frac{eB}{2m_e} L_{Bz} . \tag{1}$$

Alle Terme, die quadratisch in B sind, werden im folgenden vernachlässigt.

2). Die Wechselwirkung des magnetischen Spinmomentes mit dem äußeren Magnetfeld

$$W_S = \frac{eB}{m_e} L_{Sz} . \tag{2}$$

Die kleine Abweichung des magnetischen Spinmomentes vom Bohrschen Magneton (vgl. Bd. II, letzter Abschnitt) wurde hier vernachlässigt, da sie zu klein ist, um bei der spektroskopischen Untersuchung des Zeeman-Effektes beobachtet werden zu können.

3). Die Spin-Bahn-Wechselwirkung, für welche die Russell-Saunders-Kopplung vorausgesetzt wird:

$$W_{SB} = K(\vec{L}_B \cdot \vec{L}_S) . \tag{3}$$

K kann dabei, wie im vorigen Paragraphen begründet wurde, wegen seiner Invarianz gegenüber allen Drehungen wie ein konstanter Faktor behandelt werden.

Die folgenden Rechnungen sollen zunächst für einen beliebigen ungestörten Term mit der Bahndrehimpulsquantenzahl l und der Spindrehimpulsquantenzahl s durchgeführt werden. Die ungestörten Eigenelemente seien die Eigenelemente von L_{Bz} und L_{Sz} mit den Eigenwerten $m_B\hbar$ und $m_s\hbar$. Sie sollen mit $|m_B, m_S\rangle$ bezeichnet werden. Die vollständige Rechnung wird hinterher allerdings nur für $s = 1/2$ durchgeführt, weil sonst Formeln auftreten, die nur numerisch ausgewertet werden können. Das Wesentliche wird aber auch schon für diesen Fall deutlich.

Die drei Operatoren der Störung sind alle mit dem Operator $L_z = L_{Bz} + L_{Sz}$ zur z-Komponente des Gesamtdrehimpulses vertauschbar. Das ergibt sich für (1) und (2) aus der Vertauschbarkeit aller Operatoren zum Bahndrehimpuls mit denjenigen zum Spin und für W_{SB} aus (§13; 9). Die Ausgangselemente sind ferner alle zugleich Eigenelemente von L_z zum Eigenwert $m\hbar = (m_B + m_s)\hbar$. Daher ergibt sich aus dem durch (§13; 16 bis 18) bewiesenen Satz, daß alle Matrixelemente des Störoperators $W = W_B + W_S + W_{SB}$, welche mit zwei Elementen zu verschiedenen Werten von $m = m_B + m_S$ gebildet werden, verschwinden:

$$\langle m_B', m_S' | W | m_B, m_s \rangle = 0, \quad \text{falls } m_B' + m_S' \neq m_B + m_S. \tag{4}$$

Die gesamte Störmatrix mit der Dimension $(2l+1)(2s+1)$ zerfällt daher in Teilmatrizen zu verschiedenen m-Werten. Im Fall $l = 1$, $s = 1/2$ hat sie die folgende Form: (Die Kreuze bedeuten dabei Matrixelemente, die von null verschieden sein können. Alle anderen verschwinden.)

$$\left(\begin{array}{c|cc|cc|c} \times & 0 & 0 & 0 & 0 & 0 \\ \hline 0 & \times & \times & 0 & 0 & 0 \\ 0 & \times & \times & 0 & 0 & 0 \\ \hline 0 & 0 & 0 & \times & \times & 0 \\ 0 & 0 & 0 & \times & \times & 0 \\ \hline 0 & 0 & 0 & 0 & 0 & \times \end{array}\right) .$$

Die Teilmatrix zu dem höchsten m-Wert $m = l+s$ ist stets eindimensional und liefert daher unmittelbar einen der Werte der Energieänderung 1. Näherung. Die Teilmatrix zum nächst kleineren m-Wert ist zweidimensional usw. Die Dimension der größten Teilmatrix ist $(2l+1)$ oder $(2s+1)$, je nachdem, welche der beiden Zahlen kleiner ist. Im Fall $s = 1/2$ treten also höchstens zweidimensionale Teilmatrizen auf mit einer Säkulargleichung 2. Grades.

Die Berechnung der Matrixelemente wird durch folgende Umstände sehr erleichtert: Die Matrizen zu W_B und W_S haben bereits Diagonalform, da die gewählten ungestörten Zustandselemente Eigenelemente von ihnen sind. Für sie gilt

$$\langle m_B', m_s' | W_B | m_B, m_s \rangle = \frac{eB}{2m_e} m_B \, \delta_{m_B' m_B} \, \delta_{m_s' m_s} \tag{5}$$

und

$$\langle m_B', m_s' | W_S | m_B, m_s \rangle = \frac{eB}{m_e} m_s \, \delta_{m_B' m_B} \, \delta_{m_s' m_s} . \tag{6}$$

In W_{SB} führt man zweckmäßig statt der x- und y-Komponenten der Drehimpulsoperatoren die folgenden Operatoren ein:

$$L_B^{(\pm)} = L_{Bx} \pm i L_{By} \; , \quad L_S^{(\pm)} = L_{Sx} \pm i L_{Sy} . \tag{7}$$

Damit ergibt sich

$$W_{SB} = \frac{1}{2} K \left(2 L_{Bz} L_{Sz} + L_B^{(+)} L_S^{(-)} + L_B^{(-)} L_S^{(+)} \right). \tag{8}$$

Das ist deshalb vorteilhaft, weil die Operatoren $L_B^{(\pm)}$, $L_S^{(\pm)}$ jedes der hier gewählten Ausgangselemente $|m_B, m_S\rangle$ nur in ein anderes von ihnen überführen und nicht in eine Linearkombination von ihnen. Aus den bereits in Bd. II, §26 bewiesenen Vertauschungsrelationen der $L_B^{(\pm)}$ mit L_{Bz} ergibt sich nämlich, daß $L_B^{(+)}$ die Quantenzahl m_B um 1 erhöht und $L_B^{(-)}$ sie um 1 vermindert (vgl. Bd. II, §26; 17 und 18):

$$L_B^{(\pm)} |m_B, m_S\rangle = \alpha_{\pm} |m_B \pm 1, m_S\rangle . \tag{9}$$

Das Entsprechende gilt auch für $L_S^{(\pm)}$ und m_S. Wenn man die Ausgangselemente $|m_B, m_S\rangle$ als normiert annimmt, erhält man die Faktoren α_+ und α_- aus den Operatorenbeziehungen (vgl. Bd. II, §26; 11):

$$\vec{L}_B^2 = L_B^{(+)} L_B^{(-)} + L_{Bz}^2 - \hbar L_{Bz} = L_B^{(-)} L_B^{(+)} + L_{Bz}^2 + \hbar L_{Bz} . \tag{10}$$

Da nämlich $L_B^{(+)}$ und $L_B^{(-)}$ zueinander hermitisch adjungiert sind, folgt aus (9)

$$\begin{aligned} |\alpha_+|^2 &= \langle L_B^{(+)} |m_B, m_S\rangle | L_B^{(+)} | m_B, m_S\rangle = \langle m_B, m_S | L_B^{(-)} L_B^{(+)} | m_B, m_S\rangle \\ &= \langle m_B, m_S | \vec{L}_B^2 - L_{Bz}^2 - \hbar L_{Bz} | m_B, m_S\rangle = \left(l(l+1) - m_B^2 - m_B \right) \hbar^2 \end{aligned} \tag{11}$$

und auf dieselbe Weise

$$|\alpha_-|^2 = \left(l(l+1) - m_B^2 + m_B \right) \hbar^2 . \tag{12}$$

Die durch die Normierung nicht bestimmten Phasenfaktoren von $|m_B, m_S\rangle$ pflegt man so festzulegen, daß $\alpha_{\pm}$ reell und positiv werden. Dann gilt

$$L_B^{(+)} |m_B, m_S\rangle = |m_B + 1, m_S\rangle \hbar \sqrt{(l - m_B)(l + m_B + 1)} \tag{13}$$

und

$$L_B^{(-)} |m_B, m_S\rangle = |m_B - 1, m_S\rangle \hbar \sqrt{(l + m_B)(l - m_B + 1)} . \tag{14}$$

Auf dieselbe Weise leitet man die folgenden Beziehungen ab:

$$\mathbf{L}_s^{(+)}|m_B, m_s\rangle = |m_B, m_s+1\rangle \hbar\sqrt{(s-m_s)(s+m_s+1)}\,, \tag{15}$$

$$\mathbf{L}_s^{(-)}|m_B, m_s\rangle = |m_B, m_s-1\rangle \hbar\sqrt{(s+m_s)(s-m_s+1)}\,. \tag{16}$$

Aus der Orthogonalität der $|m_B, m_s\rangle$ ergibt sich damit, daß in dem Ausdruck (8) für den Operator $\mathbf{W}_{SB}$ der erste Summand in der Klammer nur zu den Diagonalelementen der Störmatrix beiträgt, der 2. und 3. nur zu den Elementen unmittelbar neben der Hauptdiagonalen.

Speziell für $s = 1/2$ erhält man für das eine Matrixelement zum größten m-Wert $m = l + 1/2$

$$\langle l, 1/2|\mathbf{W}|l, 1/2\rangle = \mu_B B(l+1) + \hbar^2\overline{\mathbf{K}}\, l/2\,. \tag{17}$$

Dasjenige zu dem kleinsten m-Wert $m = -(l+1/2)$ beträgt

$$\langle -l, -1/2|\mathbf{W}|-l, -1/2\rangle = -\mu_B B(l+1) + \hbar^2\overline{\mathbf{K}}\, l/2\,. \tag{18}$$

Die zweidimensionale Matrix zu einem der m-Werte dazwischen lautet

$$\begin{pmatrix} \mu_B B(m+\frac{1}{2}) + \frac{\hbar^2}{2}\overline{\mathbf{K}}(m-\frac{1}{2}) & \frac{\hbar^2}{2}\overline{\mathbf{K}}\sqrt{(l+\frac{1}{2})^2 - m^2} \\ \frac{\hbar^2}{2}\overline{\mathbf{K}}\sqrt{(l+\frac{1}{2})^2 - m^2} & \mu_B B(m-\frac{1}{2}) - \frac{\hbar^2}{2}\overline{\mathbf{K}}(m+\frac{1}{2}) \end{pmatrix}. \tag{19}$$

Die Wurzeln $E^{(1)}_{m,\pm}$ der zu den verschiedenen m-Werten gehörenden Säkulargleichungen haben die folgenden Werte

$$E^{(1)}_{l+\frac{1}{2},+} = \frac{\hbar^2}{2}\overline{\mathbf{K}}\, l + \mu_B B(l+1)\,, \tag{20}$$

$$E^{(1)}_{m,\pm} = -\frac{\hbar^2}{4}\overline{\mathbf{K}} + \mu_B B m \pm \frac{\hbar^2}{4}\overline{\mathbf{K}}(2l+1)\sqrt{1 + \frac{8\mu_B B m}{\hbar^2\overline{\mathbf{K}}(2l+1)^2} + \left(\frac{2\mu_B B}{\hbar^2\overline{\mathbf{K}}(2l+1)}\right)^2} \tag{21}$$

für $l - \frac{1}{2} \geq m \geq -l + \frac{1}{2}$,

$$E^{(1)}_{-l-\frac{1}{2},+} = \frac{\hbar^2}{2}\overline{K}l - \mu_B B(l+1) . \tag{22}$$

Daraus ergibt sich:

1). Ohne äußeres Feld, also für $B = 0$, treten nur zwei Energiewerte auf, nämlich $2(l+1)$ mal der Wert $E^{(1)}_{m,+} = \hbar^2\overline{K}l/2$ und $2l$ mal der Wert $E^{(1)}_{m,-} = -\hbar^2\overline{K}(l+1)/2$. Das ist genau das, was nach den Ausführungen des vorigen Paragraphen für $s = 1/2$ zu erwarten war, nämlich eine Aufspaltung in $(2s+1) = 2$ entartete Zustände mit $j = l + 1/2$ und $j = l - 1/2$.

2). Für ein kleines äußeres Feld, also für $\mu_B B \ll \hbar^2\overline{K}$, ergeben sich bei Entwicklung der Wurzeln in (21) nach Potenzen von $\mu_B B/(\hbar^2\overline{K})$ und Abbrechen nach den in B linearen Gliedern die beiden folgenden Formeln

$$E^{(1)}_{m,+} = \frac{\hbar^2}{2}\overline{K}l + \mu_B B\,\frac{2(l+1)}{2l+1}\,m \quad \text{für } l+\tfrac{1}{2} \geq m \geq -l-\tfrac{1}{2}, \tag{23}$$

$$E^{(1)}_{m,-} = -\frac{\hbar^2}{2}\overline{K}(l+1) + \mu_B B\,\frac{2l}{2l+1}\,m \quad \text{für } l-\tfrac{1}{2} \geq m \geq -l+\tfrac{1}{2}. \tag{24}$$

Jedes der beiden Feinstrukturniveaus spaltet also im Magnetfeld in $(2j+1)$ äquidistante Niveaus auf, wie man das für einen Zustand mit festem magnetischen Moment erwartet. Solange $\mu_B B \ll \hbar^2\overline{K}$ ist, hält die Spin-Bahn-Wechselwirkung den Winkel zwischen dem Spin- und Bahndrehimpulsvektor konstant, und daher ist auch die mittlere Komponente des magnetischen Momentes in Richtung des Gesamtdrehimpulsvektors konstant. Die halbe Differenz zwischen dem höchsten und tiefsten Energiewert zu festem j ist dann gleich B mal dem resultierenden magnetischen Moment μ_{res}. Dieses pflegt man in der Form

$$\mu_{res} = g\mu_B j \tag{25}$$

zu schreiben. Dabei wird g als der Landé-Faktor bezeichnet. Im betrachteten Fall ergibt sich für den oberen Zustand $j = l + 1/2$

$$g_+ = \frac{2(l+1)}{2l+1} \tag{26}$$

und für $j = l - 1/2$

$$g_- = \frac{2l}{2l+1} . \tag{27}$$

Für einen Zustand, in welchem das Spinmoment aller Elektronen zusammen verschwindet, ist $g = 1$. Dieser Fall liegt beim normalen Zeeman-Effekt vor. Für einen Zustand ohne Bahndrehimpuls ist $g = 2$. Dieser Fall tritt bei s-Zuständen auf. Im betrachteten Fall ist $g_+ > 1$, denn in diesem Zustand stellen sich Spin- und Bahnmoment soweit parallel, wie das auf Grund der quantenmechanischen Unbestimmtheit möglich ist. Im unteren Zustand ist $g_- < 1$, weil dort das Spinmoment teilweise das Bahnmoment kompensiert. Wenn die Unbestimmtheit der Orientierung nicht existierte, würden die Drehimpulsvektoren in diesem Zustand exakt entgegengesetzt gerichtet sein, wie das auch in Abb. 7 dargestellt ist. Dann sollte das magnetische Moment im Fall $l = 1$, $s = 1/2$ verschwinden. In Wirklichkeit ist das nicht der Fall.

In einem Zustand mit der Bahndrehimpulsquantenzahl l, der Spindrehimpulsquantenzahl s und der Quantenzahl j zum Gesamtdrehimpuls gilt allgemein

$$g = 1 + \frac{j(j+1) + s(s+1) - l(l+1)}{2j(j+1)} . \tag{28}$$

Man überzeugt sich leicht, daß dieser Ausdruck im Fall $j = l + 1/2$ und $j = l - 1/2$ mit den obigen Ergebnissen übereinstimmt. Der allgemeine Beweis ist ziemlich umständlich und kann hier nicht wiedergegeben werden.

3). Bei großen Feldern, also für $\mu_B B \gg \hbar^2 K$, ändern sich die Verhältnisse völlig, weil dann die Bewegung der Spin- und Bahndrehimpulse in erster Linie durch das Drehmoment des äußeren Feldes gegeben ist und die Wechselwirkung W_{SB} daneben eine relativ geringe Rolle spielt. Daher sind dann die Ausgangselemente $|m_B, m_S\rangle$ nahezu die richtigen Linearkombinationen im Sinne der Störungsrechnung, weil mit ihnen die Matrizen zu W_B und W_S Diagonalform haben. Die Energieänderung $E^{(1)}$ hat daher bei großem B angenähert den Wert $\mu_B B(m_B + 2m_S)$. Die Spin-Bahn-Wechselwirkung ist in 1. Näherung durch den Mittelwert von W_{SB} im Zustand $|m_B, m_S\rangle$ gegeben. Da die Operatoren $L_B^{(\pm)}$ und $L_S^{(\pm)}$ den Wert von m_B oder m_S um ± 1 ändern, trägt nur der 1. Summand der Klammer von (8) zu diesem Mittelwert bei. $\overline{W_{SB}}$ hat daher den Wert $\hbar^2 \overline{K}\, m_B m_S$. Also erwartet man für große B, je nach dem Wert von $m_S = \pm 1/2$, die Gültigkeit einer der beiden Formeln

$$E^{(1)}_{m_s=+1/2} = \mu_B B(m+\tfrac{1}{2}) + \frac{\hbar^2}{2}\overline{K}(m-\tfrac{1}{2}), \tag{29}$$

$$E^{(1)}_{m_s=-1/2} = \mu_B B(m-\tfrac{1}{2}) - \frac{\hbar^2}{2}\overline{K}(m+\tfrac{1}{2}). \tag{30}$$

Dieses Ergebnis erhält man tatsächlich aus (21) durch Reihenentwicklung der Wurzel nach Potenzen von $\hbar^2\overline{K}/(\mu_B B)$ und Abbrechen nach den 1. Potenzen.

Den Zusammenhang zwischen den Näherungsformeln (25) und (24) einerseits und (29) und (30) andererseits erhält man aus der Bedingung, daß bei Vergrößerung von B die m-Werte jedes Termes erhalten bleiben und daß die beiden Energiewerte zum gleichen m niemals gleich werden können. Das letztere ergibt sich daraus, daß wegen $|m| \leq l$ die Wurzel in (21) niemals gleich null wird. Die $(2l+1)$ Energiewerte, welche bei großen Feldern zu den Zuständen mit $m_s = +1/2$ gehören, gehen daher mit $B \to 0$ alle in denjenigen zu dem Zustand mit $j = l + 1/2$ über, in welchem Spin- und Bahnmoment parallel stehen. Von den $(2l+1)$ Termen, welche bei großem B den Zuständen mit $m_s = -1/2$ entsprechen, geht derjenige mit dem kleinsten m-Wert auch in den Zustand zu $j = l + 1/2$ über, alle anderen in denjenigen mit $j = l - 1/2$. Für den Spezialfall $l = 1$ ist der Verlauf in Abb. 9 dargestellt.

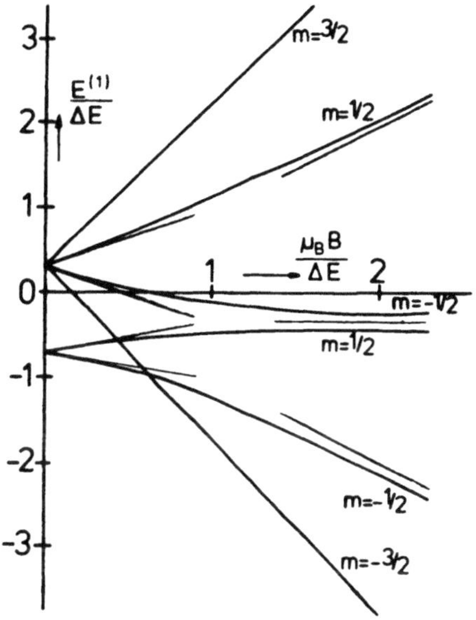

Abb. 9.
Die Aufspaltung eines Terms mit $l = 1$ und $s = 1/2$ im Magnetfeld beim Vorliegen der Russell-Saunders-Kopplung. ΔE = Energieaufspaltung ohne Magnetfeld. Die dünnen Linien sind die Tangenten am Anfang und die Asymptoten.

Wenn man außer den Eigenwerten auch die richtigen Linearkombinationen im Sinne der Störungsrechnung berechnet, läßt sich außer der Frequenzänderung im Magnetfeld auch die relative Intensität der verschiedenen Spektrallinien ermitteln. Dabei ist nur zu beachten, daß für die Ausstrahlung praktisch allein der oszillierende Anteil des elektrischen Dipolmomentes maßgebend ist. Dieser ist für einen Übergang zwischen zwei Zuständen $|m_B, m_s\rangle$ nur dann ungleich null, wenn sich m_s nicht ändert und die Änderung von m_B denselben Auswahlregeln genügt wie beim normalen Zeeman-Effekt, d. h. im Fall $\Delta m_B = \pm 1$ wird eine σ-Linie emittiert, bei welcher der Dipol in der Ebene $\perp \vec{B}$ rotiert, und für $\Delta m_B = 0$ eine π-Linie, bei der das Dipolmoment parallel zu $\vec{B}$ schwingt. Für einen Übergang von einem p-Zustand in einen s-Zustand, wie er bei der Na-D-Linie vorliegt,

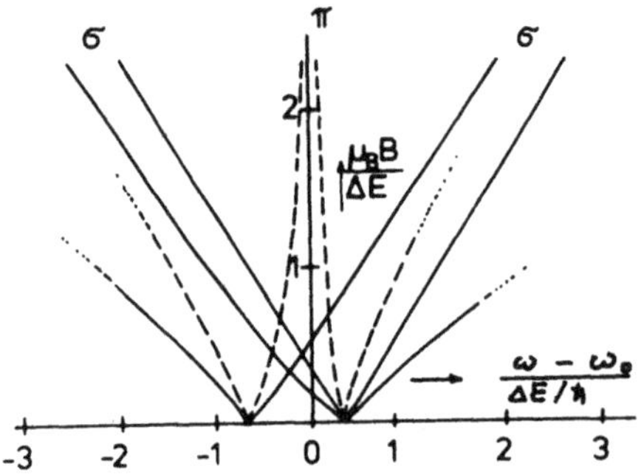

Abb. 10. Der Paschen-Back-Effekt für einen $s - p$-Übergang im Fall $s = 1/2$. ΔE = Auspaltung ohne Feld. Ausgezogen: σ-Linien. Gestrichelt: π-Linien Die Intensität der punktiert auslaufenden Linien nimmt mit wachsendem Feld bis auf null ab.

ergibt sich daraus, daß für $B = 0$ ein Dublett auftritt, dessen Linien das Intensitätsverhältnis 2 : 1 besitzen. Im schwachen magnetischen Feld spaltet die intensivere Linie in 6 äquidistante Linien auf, von denen die beiden innersten π-Linien sind und die anderen σ-Linien. Die schwächere Linie spaltet in 4 Linien auf, deren Frequenzänderung sich wie $\pm 1 : \pm 2$ verhalten. Auch hier sind die mittleren Linien π-Linien, die äußeren σ-Linien (vgl. Abb. 10). In beiden Fällen tritt keine in der Frequenz unveränderte Linie auf.

Mit wachsendem Magnetfeld verwandelt sich das Aufspaltungsbild des anomalen Zeeman-Effektes in ein normales Zeeman-Triplett. Das bezeichnet man als Paschen-Back-Effekt[1]. Bei den Na-D-Linien sind dazu allerdings höhe-

1) F. Paschen und E. Back, Ann. d. Phys. 39 (1912) S. 897 und 40 (1913) S. 960

re Felder erforderlich, als sie Paschen und Back damals zur Verfügung standen. Sie beobachteten den Effekt an den Linien des Sauerstoffs und des Lithiums. In jedem Fall kommt es darauf an, daß $\mu_B B/(\hbar^2 \overline{K})$ merklich größer als 1 wird. Das ist umso leichter zu erreichen, je kleiner $\overline{K}$ ist, je kleiner also die Aufspaltung im Felde $B=0$ ist. Bei den 10 Linien, die aus dem Na-D-Dublett in schwachem Magnetfeld hervorgehen, vollzieht sich diese Umwandlung folgendermaßen: Bei zwei σ - und zwei π - Linien nimmt die Intensität mit wachsender Feldstärke bis auf null ab. Die beiden anderen π-Linien rücken zusammen in den Frequenzschwerpunkt der beiden bei $B=0$ auftretenden Linien. Aus den übrigen vier σ-Linien entstehen zwei Linienpaare, deren mittlere Frequenz gegenüber dem Frequenzschwerpunkt um die Larmorfrequenz verschoben ist und deren Aufspaltung mit wachsender Feldstärke immer genauer gleich 2/3 der Aufspaltung bei $B=0$ wird.

Es ist bemerkenswert, daß dieses Aufspaltungsbild bereits vor Auffindung der Quantenmechanik von Voigt[1] aus einer Modellvorstellung mit gekoppelten, elastisch gebundenen Elektronen abgeleitet wurde. Das liegt natürlich daran, daß die betrachtete Säkulargleichung 6. Grades unter geeigneten Annahmen auch bei den kleinen Schwingungen eines Körpers mit 6 Koordinaten auftreten kann. Die vollständige Quantentheorie des anomalen Zeeman-Effektes und des Paschen-Back-Effektes für alle Typen von Multipletts wurde selbstverständlich erst nach 1925 entwickelt. Bei passender Wahl der für jedes Multiplett charakteristischen Konstanten $\overline{K}$ stimmen ihre Resultate mit den experimentellen Ergebnissen in allen

1) W. Voigt, Ann. d. Phys. 41 (1913) S. 403 und 42 (1913) S. 210

Einzelheiten überein, auch hinsichtlich der Polarisation und der Intensitätsverhältnisse. Ein solcher Hinweis ist heute wichtig, weil im Unterricht vielfach die Quantenmechanik rein theoretisch - spekulativ behandelt wird. Darüber wird dann vergessen, daß - wie beim anomalen Zeeman-Effekt - schon vor der Erfindung des Elektronenspins und vor Veröffentlichung der Arbeiten von Heisenberg und Schrödinger in den Jahren 1925 und 1926 eine Fülle von experimentellen Ergebnissen vorlag, die dann in den Jahren danach als richtige Konsequenzen dieser Theorie erkannt wurden. Der Grund, weshalb die Quantenmechanik heute nahezu allgemein für richtig gehalten wird, liegt nicht in der Beweiskraft der Spekulationen, mit denen diese Theorie in den Lehrbüchern plausibel gemacht wird, sondern in der Übereinstimmung mit einem umfangreichen Erfahrungsmaterial. Diese wurde in vielen, kaum noch beachteten Einzelarbeiten im Anschluß an die preisgekrönten Arbeiten nachgewiesen.

Fragen und Aufgaben zu Kap. III

Fragen

1). Was versteht man unter dem Zeeman-Effekt?

2). Was bezeichnet man als den normalen Zeeman-Effekt?

3). Was bezeichnet man als anomalen Zeeman-Effekt?

4). Wie lautet die potentielle Energie der Lorentzkraft?

5). Was versteht man unter dem kanonischen Impuls eines Massenpunktes mit der Ladung $-e$ im Magnetfeld?

6). Was versteht man unter dem Wechsel der Eichung der elektromagnetischen Potentiale?

7). Welche der folgenden Größen sind eichinvariant und welche nicht? a). Die elektrische Feldstärke? b). Die elektrische Ladung? c). Die Wellenfunktion $\langle \vec{r} | \psi \rangle$? d). Die de-Broglie-Wellenlänge? e). Die Geschwindigkeit des Elektrons? f). Der kanonische Impuls?

8). Was versteht man unter der Larmorpräzession?

9). Wodurch entsteht der Diamagnetismus?

10). Welche Auswahlregeln gelten für den normalen Zeeman-Effekt und welche Polarisationseigenschaften hat die Strahlung zu den zugehörigen Übergängen?

11). Woher kommt es, daß ein Elektron bei Bewegung in einem elektrischen Feld eine von seinem magnetischen Moment abhängige Zusatzkraft erfährt?

12). In wieviel Terme spaltet ein Term in einem Atom mit den Quantenzahlen l und s zu Bahn- und Spindrehimpuls infolge der Spin-Bahn-Wechselwirkung auf und welche Quantenzahlen des Gesamtdrehimpulses gehören zu den verschiedenen Termen?

13). Was versteht man unter der Rusell-Saunders-Kopplung?

14). Was versteht man unter dem Landé-Faktor?

15). Was versteht man unter dem Paschen-Back-Effekt?

16). Was versteht man unter dem Thomas-Faktor?

Aufgaben

1). Das Vorhandensein eines magnetischen Spinmomentes enthält einen Hinweis darauf, daß ein Elektron nicht punktförmig sein kann. Man stelle sich modellmäßig vor, das magnetische Moment rühre davon her, daß eine Punktladung der Größe e auf einer Kreisbahn mit dem Radius r umläuft. Da seine Geschwindigkeit nicht größer als c sein kann, ergibt sich daraus ein Mindestwert für diesen Radius? Wie groß ist dieser formelmäßig und zahlenmäßig?

2). Das Na-D-Dublett besteht aus zwei Linien mit den Wellenlängen λ_1 = 5889,95 Å und λ_2 = 5895,92 Å. Für den Paschen-Back-Effekt ist es wichtig, ob die Aufspaltung des normalen Zeeman-Effektes groß oder klein gegen die Feinstrukturaufspaltung ist. Bei welchem Feld B ist diese gerade gleich der obigen Aufspaltung?

3). Bei dem Paschen-Back-Effekt der Hyperfeinstruktur in den Alkalispektren spielen drei Wechselwirkungen eine Rolle, nämlich 1) die des äußeren Magnetfeldes mit dem magnetischen Moment des Atomkerns, 2) die des äußeren Feldes mit dem magnetischen Spinmoment des Elektrons und 3) die Hyperfeinstrukturwechselwirkung zwischen den beiden magnetischen Momenten. Die erste ist klein gegen die beiden anderen und kann daher vernachlässigt werden. Das Verhältnis der 2. zur 3. ist gleich dem Verhältnis des magnetischen Feldes, welches das magnetische Kernmoment am Orte des Elektrons erzeugt, zum äußeren Magnetfeld. Zur Abschätzung soll deshalb das Magnetfeld berechnet werden, welches das magnetische Moment μ_{Na} des Na-Kerns im Abstand von einem Bohrschen Radius in Richtung des Momentes erzeugt. $\mu_{Na} = 2{,}2 \mu_K$; $\mu_K = e\hbar/(2m_p)$ = Kernmagneton; m_p = Masse des Protons.

Kapitel IV. Gruppentheorie

Inhalt

Die Symmetrieoperationen, welche einen Hamiltonoperator invariant lassen, bilden eine Gruppe im Sinne der Mathematik. Deshalb werden hier die für die Quantenmechanik wichtigsten gruppentheoretischen Begriffe erörtert, nämlich die Ordnung einer Gruppe, die Gruppentafel, ihre Untergruppen und Nebenklassen, die Klassen konjugierter Elemente, die Normalteiler und Faktorgruppen, die Homomorphie und Isomorphie sowie das direkte Produkt zweier Gruppen.

Jeder Symmetrieoperation entspricht im Hilbertraum des betrachteten Körpers ein Operator, welcher zwar im allgemeinen nur bis auf einen unbestimmten Faktor definiert ist, für ein System von Massenpunkten aber mit Hilfe der Ortsdarstellung eindeutig festgelegt werden kann. In diesem Falle erzeugen die Eigenelemente eines p-fachen Eigenwertes des Hamiltonoperators eine Darstellung der Gruppe durch p-dimensionale, unitäre Matrizen. Bei allgemeineren Hamiltonoperatoren gehört zu einem Eigenwert nur eine Strahldarstellung der Gruppe.

Durch den Übergang zu anderen orthonormierten Eigenelementen wird die Darstellung zu einem entarteten Eigenwert in eine äquivalente Darstellung überführt, welche durch eine Ähnlichkeitstransformation aus der Ausgangsdarstellung hervorgeht. Manchmal kann dadurch erreicht werden, daß die Darstellung in irreduzible Bestandteile zerfällt.

Bei einer endlichen Gruppe ist die Zahl der nichtäquivalenten, irreduziblen Darstellungen gleich der Zahl der Klassen konjugierter Gruppenelemente. Die Summe der Quadrate der Dimensionen der irreduziblen Darstellungen ist gleich der Ordnung der Gruppe. Die Spuren ihrer Matrizen bilden den gegenüber Ähnlichkeitstransformationen invarianten Charakter einer Darstellung. Die Charaktere der irreduziblen Darstellungen lassen sich bei einfachen Gruppen elementar berechnen. Sie kennzeichnen die verschiedenen Typen der Teilräume der Eigenelemente, welche bei einem Hamiltonoperator auf Grund der Symmetrie zum gleichen Eigenwert gehören.

§15. Die Symmetriegruppe eines Hamiltonoperators

Nahezu alle Hamiltonoperatoren haben gewisse Symmetrieeigenschaften. Die Gesamtheit dieser Symmetrieoperationen bildet eine Gruppe im Sinne der Mathematik. Deshalb ermöglicht die Gruppentheorie allerlei Schlüsse über die Vielfachheit der Entartung der Eigenwerte, ihre Aufspaltung bei Einschaltung äußerer Felder und vieles ähnliche. Fast alle streng gültigen Aussagen in der Quantenmechanik beruhen auf Symmetrien und benutzen deswegen, nicht selten unerkannt, gruppentheoretische Begriffe.

Beispiele für derartige Symmetrieoperationen sind:

1) Die Drehungen. Der Hamiltonoperator für alle Elektronen in einem Atom ist bei Abwesenheit äußerer Felder und bei Vernachlässigung des magnetischen Moments des Atomkerns invariant gegen Drehungen um irgendeine Achse durch den Kernschwerpunkt, denn das elektrostatische Feld des Kerns ist kugelsymmtrisch. In einem zweiatomigen Molekül ist der Hamiltonoperator unter den gleichen Bedingungen noch invariant gegen irgendeine Drehung um die Achse durch die beiden Kerne, aber nicht mehr gegen beliebige Drehungen um andere Achsen. Wenn man jedoch die Kernbewegungen mitberücksichtigt, also den Hamiltonoperator für das gesamte System aus Elektronen und Atomkernen zusammen betrachtet, besteht beim Fehlen äußerer Felder wieder Invarianz gegen alle Drehungen.

2) Die Translationen. Der Hamiltonoperator für ein beliebiges System von n Massenpunkten ohne äußeres Feld ist gegen eine Verschiebung invariant, d. h. er ändert sich nicht, wenn man alle Ortsvektoren $\vec{r}_j$ ($j = 1, 2, \ldots \ldots n$) durch $\vec{r}_j + \vec{t}$ ersetzt. In einem idealen Kristall besteht diese Symmetrie auch schon für den Hamiltonope-

rator der Elektronen allein, allerdings nur, wenn $\vec{t}$ ein Gittervektor ist.

3) Spiegelungen. Der Hamiltonoperator für alle Teilchen eines Körpers im feldfreien Raum ist auch gegenüber der Spiegelung an irgendeiner Ebene invariant, allerdings nur, solange man die für den β-Zerfall verantwortliche, schwache Wechselwirkung vernachlässigt. Daher besteht auch Invarianz gegenüber der Inversion an irgendeinem Punkt, denn diese läßt sich aus drei Spiegelungen zusammensetzen. Die Entdeckung, daß diese Symmetrie bei der schwachen Wechselwirkung fehlt, bezeichnet man als den "Sturz der Parität" (vgl. Bd. II, §3A). In Kristallen, Atomen oder Molekülen besteht Symmetrie gegenüber Spiegelung an gewissen Ebenen oft auch schon für den Hamiltonoperator der Elektronen allein.

4) Permutationen. Wenn ein Körper mehrere identische Teilchen enthält, ist sein Hamiltonoperator gegenüber Vertauschung aller Koordinaten dieser Teilchen invariant. Diese Symmetrieeigenschaft ermöglicht eine einfache Formulierung des Pauliprinzips (vgl. Bd. II, §28). In der Natur kommen nur solche Zustände vor, deren Zustandselemente in der Ortsdarstellung gegenüber Vertauschung der Orts- und Spinkoordinaten zweier Elektronen antisymmetrisch sind. Dieser Satz würde zu Widersprüchen führen, wenn der Hamiltonoperator nicht gegenüber beliebigen Permutationen ihrer Koordinaten invariant wäre. Andererseits ist das bereits, ohne daß man es erkennt, eine gruppentheoretische Aussage. Wenn man die magnetischen Wechselwirkungen und das magnetische Spinmoment der Elektronen, also insbesondere die Spin-Bahn-Wechselwirkung der Elektronen außer Betracht läßt, ist der Hamiltonoperator eines Systems von Elektronen auch schon gegenüber der Permutation der Ortsvektoren allein invariant.

Außer diesen Symmetrien werden in der Elementarteilchentheorie noch einige andere, wie z. B. die der Ladungskonjugation, betrachtet, auf die hier nicht näher eingegangen werden soll.

Entscheidend wichtig ist die Gruppeneigenschaft dieser Symmetrieoperationen. Unter einer Gruppe im Sinne der Mathematik versteht man eine Menge von gedachten Dingen, den Elementen $a, b, c, \ldots$ der Gruppe, zwischen denen eine Verknüpfung definiert ist, d. h. jedem geordneten Paar von zwei Gruppenelementen a und b ist eindeutig ein drittes zugeordnet, welches meist als ihr "Produkt" ab bezeichnet wird. Für diese "Multiplikation" gelten die folgenden drei Axiome:

1) Die Multiplikation von Gruppenelementen ist assoziativ:

$$a(bc) = (ab)c \ . \tag{1}$$

2) Die Gruppe enthält genau ein Element e *, welches als das Einselement oder das neutrale Element bezeichnet wird. Dieses genügt für jedes Gruppenelement* a *der Beziehung*

$$ea = ae = a \ . \tag{2}$$

3) Zu jedem Gruppenelement a *gibt es ein inverses Element* a^{-1} *, für das*

$$aa^{-1} = a^{-1}a = e \tag{3}$$

gilt.

Wenn $a, b, c, \ldots$ Symmetrieoperationen sind, bedeutet das Gruppenprodukt ab diejenige Operation, bei welcher zuerst b und dann a ausgeführt wird. Die Gültigkeit von (1) ist dann trivial, denn beide Seiten besagen, daß erst c , dann b und zuletzt a ausgeführt werden sollen. Das Einselement bedeutet bei Symmetrieoperationen einfach, daß alles unverändert gelassen wird. Dann ist (2) auch trivial. Das inverse Element ist diejenige Symmetrieoperation, welche die erstere wieder rückgängig macht. Das Inverse zu einer Drehung ist also eine Drehung um die gleiche Achse und den gleichen Winkel in umgekehrter Richtung. Das Inverse zu einer Translation mit der Verschiebung $\vec{t}$ ist die Translation mit $-\vec{t}$. Eine Spiegelung ist ihr eigenes Inverses, denn zweimalige Spiegelung an derselben Ebene stellt den Ausgangszustand wieder her. Bei Permutationen ist das Inverse diejenige Vertauschung, welche die ursprüngliche Reihenfolge wieder herstellt. In allen Fällen ist also die Gültigkeit von (3) trivial.

In der Gruppentheorie werden nur aus der Gültigkeit der genannten drei Axiome zahlreiche Schlüsse über die Struktur der Gruppe abgeleitet, ohne daß dabei auf die Bedeutung der Gruppenelemente eingegangen wird. Die in der Quantentheorie allein betrachteten Gruppen aus Symmetrieoperationen bilden ein vorzügliches Mittel zur Veranschaulichung der Eigenschaften von Gruppen. Man beachte, daß die Bildung des Gruppenproduktes nichts mit der Multiplikation von Zahlen zu tun hat. Insbesondere ist das Produkt zweier Gruppenelemente im allgemeinen nicht kommutativ. Das werden die im folgenden betrachteten Beispiele zur Genüge darlegen. Wenn ausnahmsweise in einer Gruppe für alle Produkte $ab = ba$ gilt, nennt man die Gruppe abelsch[1].

1) Nach Niels Hendrik Abel (1802 - 1829)

§16. Die Eigenschaften einer Gruppe

Da in der mathematischen Literatur Gruppen unter völlig anderen Gesichtspunkten betrachtet werden als in der Physik, seien hier die für die Physik wichtigsten Begriffe und Sätze zusammengestellt. Beweise sollen entweder nur kurz angedeutet oder ganz weggelassen werden. Am wichtigsten ist für den Physiker die Veranschaulichung. Deshalb sollen hier alle Aussagen an einer speziellen Gruppe erläutert werden, nämlich der einfachsten, nichtabelschen Gruppe, welche in der Kristallographie mit $\mathcal{C}_{3v}$ bezeichnet wird. Sie besteht aus den Symmetrieoperationen, welche ein gleichseitiges Dreieck in der Ebene mit sich selbst zur Deckung bringen. Da die Lage dieses Dreiecks auch durch die Lage seiner drei Eckpunkte eindeutig gegeben wird, ist sie mit der Gruppe der Permutationen von drei Dingen identisch. In der Physik kommt sie beim Ozon-Molekül vor, denn die drei Kerne dieses Moleküls bilden in der Ruhelage ein gleichseitiges Dreieck (vgl. Abb. 11).

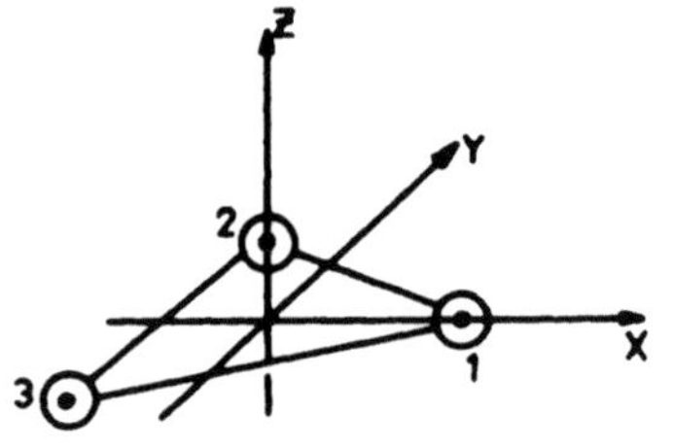

Abb. 11. Das O_3-Molekül und das zur Beschreibung seiner Symmetrie benutzte Koordinatensystem.

Im folgenden sollen die Gruppenelemente dieser Symmetriegruppe auf zwei verschiedene Weisen beschrieben werden. Erstens seien in Klammern die Koordinaten $(x'; y'; z')$ desjenigen Punktes angegeben, in welchen der Punkt mit den Koordinaten $(x; y; z)$ durch die Symmetrieoperation überführt wird. Dabei wird die z-Achse in Richtung senkrecht zu der Ebene des Dreiecks angenommen. Zweitens werden in Klammern die Nummern derjenigen Kerne angegeben, die bei Ausführung der Symmetrieoperation an den 1., 2. und 3. Platz gelangen.

Dann findet man leicht die folgenden 6 Symmetrieoperationen:

1) e = Einselement: $(x; y; z)$ $(1; 2; 3)$ (1)

2) d = Drehung um die z-Achse um $2\pi/3$:

$$(-x/2 - y\sqrt{3}/2;\; x\sqrt{3}/2 - y/2;\; z) \qquad (3; 1; 2) \tag{2}$$

3) dd = d^2 = Drehung um die z-Achse um $4\pi/3$:

$$(-x/2 + y\sqrt{3}/2;\; -x\sqrt{3}/2 - y/2;\; z) \qquad (2; 3; 1) \tag{3}$$

Da dreimalige Ausführung der Drehung um $2\pi/3$ den Ausgangszustand wieder herstellt, gilt

$$d^3 = e. \tag{4}$$

4) s = Spiegelung an der x-z-Ebene:

$$(x;\; -y;\; z) \qquad (1; 3; 2) \tag{5}$$

5) sd = Spiegelung an einer Ebene, welche aus der x-z-Ebene durch die Drehung d hervorgeht:

$$(-x/2 - y\sqrt{3}/2;\; -x\sqrt{3}/2 + y/2;\; z) \qquad (3; 2; 1) \tag{6}$$

6) sd^2 = Spiegelung an einer Ebene, welche aus der x-z-Ebene durch die Drehung d^2 hervorgeht:

$$(-x/2 + y\sqrt{3}/2;\; x\sqrt{3}/2 + y/2;\; z) \qquad (2; 1; 3) \tag{7}$$

Die Kombinationen dieser Gruppenelemente liefert keine weiteren, denn eine zweimalige Spiegelung stellt den Ausgangszustand her:

$$s^2 = e. \tag{8}$$

Außerdem gilt, wie man leicht nachrechnet,

$$ds = sd^2. \tag{9}$$

Die Anzahl der voneinander verschiedenen Elemente einer Gruppe nennt man ihre Ordnung. $\mathcal{C}_{3v}$ hat also die Ordnung 6. In der Physik werden auch Gruppen unendlich hoher Ordnung betrachtet. Ein einfaches Beispiel dafür bilden die Drehungen um eine feste Achse, bei welchen der Drehwinkel α die kontinuierlich vielen Werte des Intervalls $-\pi < 0 \leq +\pi$ annehmen kann. Solche Gruppen, deren Elemente von einem oder mehreren kontinuierlich veränderlichen Parametern abhängen, werden auch kontinuierliche Gruppen genannt. Oft kann man in der Physik stattdessen Gruppen mit einer sehr hohen, aber endlichen Ordnung betrachten. Bei den Drehungen um eine feste Achse kann man z. B. den Drehwinkel auf die ganzzahligen Vielfachen von $2\pi/N$ mit sehr großem, ganzzahligem N beschränken. Dadurch geht physikalisch nichts Wesentliches verloren.

Mathematisch ist das ein fundamentaler Unterschied. Bei kontinuierlichen Gruppen können Besonderheiten auftreten, die bei Gruppen endlicher Ordnung nicht möglich sind. Es zeigt sich aber, daß diese physikalisch immer bedeutungslos sind und durch eine unbedenkliche Zusatzannahme ausgeschlossen werden können. Deshalb sollen im folgenden im Grunde nur endliche Gruppen betrachtet werden. Bei den kontinuierlichen Gruppen werde so getan, als ob Unendlich eine sehr große endliche Zahl sei. Einem Mathematiker muß das naturgemäß als Sakrileg erscheinen. Dem Praktiker geht dadurch nichts verloren.

Nun seien die einfachsten Begriffe der Gruppentheorie erklärt und an der Gruppe $\mathcal{C}_{3v}$ mit der Ordnung 6 erläutert:

1) Die Gruppentafel. Darunter versteht man bei einer Gruppe der Ordnung h ein quadratisches Schema mit h Zeilen und Spalten, welches alle Gruppenprodukte enthält. Man pflegt das Einselement in die linke obere Ecke zu schreiben und alle anderen Elemente je einmal in die erste Zeile und Spalte. An eine beliebige Stelle schreibt man das Produkt aus dem ersten Element der gleichen

Spalte als erstem, rechten Faktor und dem ersten Element der gleichen Zeile als dem zweiten, linken Faktor.

Tab. 1. Die Gruppentafel der Gruppe $\mathfrak{C}_{3v}$.

e	d	d^2	s	sd	sd^2
d	d^2	e	sd^2	s	sd
d^2	e	d	sd	sd^2	s
s	sd	sd^2	e	d	d^2
sd	sd^2	s	d^2	e	d
sd^2	s	sd	d	d^2	e

In jeder Zeile und in jeder Spalte kommt jedes Gruppenelement genau einmal vor. Das gilt allgemein. Wenn man nämlich in einer Gruppe $\mathfrak{G}$ mit den Elementen g_j alle Elemente nacheinander von links mit a multipliziert, erhält man die Elemente derjenigen Zeile der Gruppentafel, die mit a in der ersten Spalte beginnt. Wenn nun zwei Elemente in ihr gleich wären, also $ag_j = ag_k$, so erhält man durch Multiplikation mit a^{-1} von links und Anwendung der drei Gruppenaxiome (§15; 1, 2 und 3) $g_j = g_k$. Also müßten diese beiden Elemente an derselben Stelle stehen.

2) Die Untergruppe. Wenn einige Elemente der Gruppe zusammen bereits für sich eine Gruppe bilden, so nennt man diesen Komplex von Elementen eine Untergruppe. Solche Komplexe sollen im folgenden abgekürzt durch große Frakturbuchstaben bezeichnet werden, wie das oben bereits mit dem Buchstaben $\mathfrak{G}$ für eine ganze Gruppe geschah. Im obigen Beispiel bilden die Elemente e, d und d^2 zusammen eine Untergruppe, welche mit $\mathfrak{C}_3$ bezeichnet wird. Ihre Gruppentafel ist durch das 3×3 -Kästchen oben links in der Gruppentafel in Tab. 1 gegeben. Dieses wurde

durch eine gestrichelte Linie abgegrenzt. Diese Untergruppe ist abelsch, wie man daran erkennt, daß ihre Gruppentafel zur Hauptdiagonalen symmetrisch ist. Ferner bilden e und s zusammen eine Gruppe der Ordnung 2, welche mit $\mathcal{C}_s$ bezeichnet wird. d und d^2 zusammen bilden dagegen keine Gruppe, da das Einselement fehlt. e, d und s zusammen bilden auch keine Gruppe, weil das Produkt sd nicht zu dem Komplex gehört.

3) Die Nebenklassen zu Untergruppen. Wenn man alle Elemente einer Untergruppe $\mathfrak{U}$ von rechts mit einem nicht zu $\mathfrak{U}$ gehörenden Element a multipliziert, erhält man eine Rechtsnebenklasse der Untergruppe, welche mit $\mathfrak{U}a$ bezeichnet werde. $\mathfrak{U}a$ ist keine Untergruppe, denn sie enthält das Einselement nicht. Eine Nebenklasse kann keine zwei gleichen Elemente enthalten, weil aus $u_j a = u_k a$ wie oben $u_j = u_k$ folgen würde.

Wenn die mit zwei Elementen a und b gebildeten Nebenklassen $\mathfrak{U}a$ und $\mathfrak{U}b$ einer Untergruppe ein gemeinsames Element besitzen, so stimmen sie bis auf die Reihenfolge der Elemente überein. Ist etwa $u_j a = u_k b$, so gilt $b = u_k^{-1} u_j a$. Ein beliebiges Element $u_l b$ der Nebenklasse $\mathfrak{U}b$ kann man daher auch in der Form $u_l b = u_l u_k^{-1} u_j a$ schreiben. Da aber $u_l u_k^{-1} u_j$ wegen der Gruppeneigenschaft von $\mathfrak{U}$ ein Element von $\mathfrak{U}$ ist, kommt demnach $u_l b$ unter den Elementen von $\mathfrak{U}a$ vor. Genauso schließt man umgekehrt, daß jedes Element von $\mathfrak{U}a$ unter den Elementen von $\mathfrak{U}b$ vorkommt. Die Nebenklassen derselben Untergruppe $\mathfrak{U}$ sind also entweder identisch oder enthalten kein gemeinsames Element. Jede von ihnen enthält genauso viele Elemente wie $\mathfrak{U}$. Da jedes Gruppenelement in einer der Nebenklassen oder in $\mathfrak{U}$ enthalten sein muß, ergibt sich der Satz:

Die Ordnung einer Untergruppe ist Teiler der Ordnung der ganzen Gruppe. Eine Gruppe, deren Ordnung eine Primzahl ist, besitzt keine echten Untergruppen.

4) Die Klassen konjugierter Elemente. Wenn man in einer Gruppe $\mathcal{G}$ mit den Elementen g_j ein festes Element a von rechts mit g_j und von links mit g_j^{-1} multipliziert, erhält man das zu a konjugierte Element $g_j^{-1} a g_j$. Läßt man g_j nacheinander alle Elemente der Gruppe durchlaufen, so erhält man alle zu a konjugierten Elemente. Von diesen können aber mehrere gleich sein. Die voneinander verschiedenen Gruppenelemente bilden die Klasse $\mathcal{K}_a$ der zu a konjugierten Elemente.

Wenn die Klassen $\mathcal{K}_a$ und $\mathcal{K}_b$ der zu a und zu b konjugierten Elemente ein gemeinsames Element besitzen, so stimmen sie bis auf die Reihenfolge vollständig überein. Denn wenn für irgendwelche Indizes j und k die Beziehung $g_j^{-1} a g_j = g_k^{-1} b g_k$ erfüllt ist, erhält man $a = g_j g_k^{-1} b g_k g_j^{-1}$. Nun beachte man, daß das Inverse von $g_k g_j^{-1}$ durch $g_j g_k^{-1}$ gegeben ist. Die obige Gleichung besagt also, daß in diesem Fall a zu der Klasse der zu b konjugierten Elemente gehört. Für irgendein zu a konjugiertes Element $g_l^{-1} a g_l$ kann man daher auch schreiben: $g_l^{-1} a g_l = g_l^{-1} g_j g_k^{-1} b g_k g_j^{-1} g_l$. Jedes zu a konjugierte Element ist also in diesem Fall auch zu b konjugiert. Zugleich zeigt diese Überlegung, daß zwei zu einem Element b konjugierte Elemente auch zueinander konjugiert sind.

Man kann also die ganze Gruppe in Klassen von zueinander konjugierten Elementen einteilen. Kein Element kann gleichzeitig zu zwei verschiedenen Klassen gehören. Das Einselement bildet immer eine Klasse für sich. Die Klassen haben im allgemeinen verschieden viele Elemente. Bei dem oben betrachteten Beispiel bilden d und d^2 zusammen eine Klasse, denn $s^{-1}ds = sds = s^2d^2 = d^2$. Ferner bilden s , sd und sd^2 zusammen eine Klasse. Insgesamt gibt es also in dieser Gruppe drei Klassen von zueinander konjugierten Elementen. In einer abelschen Gruppe bildet jedes Element eine Klasse für sich.

5) Der Normalteiler. Unter einem Normalteiler versteht man eine Untergruppe, die von jedem ihrer Elemente auch alle zu ihm konjugierten Elemente umfaßt. In dem betrachteten Beispiel ist die Untergruppe $\mathcal{C}_3$ mit den Elementen (e, d, d^2) ein Normalteiler, denn sie umfaßt die beiden Klassen e und (d, d^2) von zueinander konjugierten Elementen. Dagegen ist die Untergruppe $\mathcal{C}_s = (e,s)$ kein Normalteiler. Sie enthält z. B. das zu s konjugierte Element sd nicht.

Bei einem Normalteiler $\mathcal{N}$ ist die Rechtsnebenklasse $\mathcal{N}a$ der Elemente, die durch Multiplikation aller Elemente von $\mathcal{N}$ mit a von rechts entsteht, mit $a\mathcal{N}$, der durch Multiplikation mit a von links entstehenden Linksnebenklasse, bis auf die Reihenfolge der Elemente identisch:

$$\mathcal{N}a = a\mathcal{N} . \tag{10}$$

Das Produkt $n_j a$ von $\mathcal{N}a$ kann man nämlich in der Form $a a^{-1} n_j a$ schreiben. Wenn $\mathcal{N}$ ein Normalteiler ist, gehört das zu n_j konjugierte Element $a^{-1} n_j a$ auch zu $\mathcal{N}$. Ist dieses Element gleich n_k , so gilt $n_j a = a n_k$, d. h. jedes Element von $\mathcal{N}a$ kommt in $a\mathcal{N}$ vor.

Ferner gilt: Wenn man alle Elemente von $\mathcal{N}a$ mit allen Elementen von $\mathcal{N}b$ multipliziert, erhält man die Elemente der Nebenklasse $\mathcal{N}ab$, und zwar jedes so oft, wie die Ordnung der Gruppe $\mathcal{N}$ beträgt. Ein solches Produkt $n_j a n_k b$ läßt sich nämlich in der Form $(n_j a n_k a^{-1})ab$

schreiben. Das eingeklammerte Element ist Element von $\mathfrak{N}$, weil $an_k a^{-1}$ als ein zu n_k konjugiertes Element zu $\mathfrak{N}$ gehört und $\mathfrak{N}$ eine Untergruppe ist. Also kommt das Produkt $n_j a n_k b$ in $\mathfrak{N}ab$ vor. Läßt man nun n_j die ganze Untergruppe $\mathfrak{N}$ durchlaufen, so durchläuft auch $n_j a n_k a^{-1}$ die ganze Untergruppe, da, wie vorn gezeigt wurde, jeder Zeile der Gruppentafel alle ihre Elemente enthält. Also durchläuft $n_j a n_k b$ bei festem k die ganze Nebenklasse $\mathfrak{N}ab$, und das gilt für jedes k.

6) Die Faktorgruppe. Die Multiplikation aller Elemente von $\mathfrak{N}a$ mit allen von $\mathfrak{N}b$ liefert, wie soeben gezeigt wurde, gerade alle Elemente von $\mathfrak{N}ab$, sofern man doppelt vorkommende Elemente streicht. Diese Kombination von zwei Komplexen $\mathfrak{N}a$ und $\mathfrak{N}b$ kann als die Verknüpfungsoperation in einer Gruppe aufgefaßt werden, deren Elemente die voneinander verschiedenen Nebenklassen $\mathfrak{N}a$ des Normalteilers $\mathfrak{N}$ der Gruppe $\mathfrak{G}$ sind. Diese Gruppe bezeichnet man als die zu $\mathfrak{N}$ gehörende Faktorgruppe von $\mathfrak{G}$. Man bezeichnet sie symbolisch wie einen Quotienten mit $\mathfrak{G}/\mathfrak{N}$. Der Normalteiler ist ihr Einselement. Das zu $\mathfrak{N}a$ inverse Element ist der Komplex $\mathfrak{N}a^{-1}$. Man rechnet leicht nach, daß die drei Gruppenaxiome erfüllt sind. Die Ordnung der Faktorgruppe ist gleich dem Quotienten aus der Ordnung der ganzen Gruppe und der des Normalteilers.

In dem betrachteten Beispiel gibt es nur einen Normalteiler, nämlich $\mathfrak{C}_3 = \mathfrak{N} = (e, d, d^2)$. Er besteht aus allen Drehungen der Gruppe. Dazu gehört genau eine Nebenklasse, nämlich $\mathfrak{N}s = (s, sd, sd^2)$, welche die drei Spiegelungen enthält. Die Faktorgruppe hat daher zwei Elemente. Man rechnet leicht nach, daß $\mathfrak{N}s\,\mathfrak{N}s = \mathfrak{N}$, also gleich dem Einselement der Faktorgruppe ist. Das muß bei jeder Gruppe der Ordnung 2 so sein. Bei ihr liefert das vom Einselement verschiedene Element beim Quadrieren immer das Einselement.

7) Homomorphie und Isomorphie. Wenn sich die Elemente g_j einer Gruppe $\mathcal{G}$ auf die Elemente einer anderen Gruppe $\mathcal{H}$ so abbilden lassen, daß das Bild des Gruppenproduktes $g_j g_k$ zweier Elemente von $\mathcal{G}$ gleich dem Produkt der Bilder von g_j und g_k ist, so bezeichnet man die Gruppe $\mathcal{H}$ als homomorph (= ähnlich gestaltet) zu $\mathcal{G}$. Man beachte, daß dabei mehrere Elemente von $\mathcal{G}$ dasselbe Bild haben können. Wenn man dem Bild von g_k die gleiche Nummer k gibt, es also mit h_k bezeichnet, so bekommt ein- und dasselbe Element von $\mathcal{H}$ unter Umständen mehrere Nummern. Aber dann gilt:

$$\text{Aus} \quad g_j g_k = g_l \quad \text{folgt} \quad h_j h_k = h_l . \tag{11}$$

Wenn die Abbildung umkehrbar eindeutig ist, wenn also jedes Element von $\mathcal{H}$ nur als Bild eines Elementes von $\mathcal{G}$ auftritt, bezeichnet man die beiden Gruppen als isomorph (= gleichgestaltet). Als mathematische Struktur betrachtet, sind isomorphe Gruppen identisch, denn sie unterscheiden sich nur durch die Bezeichnung oder durch die Bedeutung der Gruppenelemente. In der reinen Mathematik wird aber von der Bedeutung der mathematischen Dinge abstrahiert. Ein Beispiel für eine solche Isomorphie wurde oben bereits betrachtet: Die Gruppe der Symmetrieoperationen des gleichseitigen Dreiecks ist zu der Gruppe der Permutationen von 3 Dingen isomorph.

Für solche Abbildungen gilt der folgende Satz:

Wenn $\mathcal{H}$ homomorph zu $\mathcal{G}$ ist, bilden diejenigen Elemente von $\mathcal{G}$, welche auf das Einselement von $\mathcal{H}$ abgebildet werden, einen Normalteiler von $\mathcal{G}$. Alle Elemente von $\mathcal{G}$, welche auf dasselbe Element von $\mathcal{H}$ abgebildet werden, bilden eine Nebenklasse dieses Normalteilers. Die Gruppe $\mathcal{H}$ ist daher isomorph zu der Faktorgruppe: $\mathcal{H} = \mathcal{G}/\mathcal{N}$.

Zum Beweis mache man sich klar, daß das Einselement e_g von $\mathfrak{G}$ nur auf das Einselement e_h von $\mathfrak{H}$ abgebildet werden kann, denn nur das Einselement e einer Gruppe erfüllt die Beziehung $ee = e$. Wird g_j auf h_j abgebildet, so muß das Bild $h_j{}'$ von g_j^{-1} gleich dem Inversen h_j^{-1} sein, denn auf Grund der Abbildungsbedingung (11) muß aus $g_j\,g_j^{-1} = e_g$ die Beziehung $h_j\,h_j{}' = e_h$ folgen, und diese ist nur für $h_j{}' = h_j^{-1}$ erfüllt. Wenn nun die Elemente n_j und n_k von $\mathfrak{G}$ beide das Einselement e_h von $\mathfrak{H}$ als Bild haben, muß wegen (11) auch ihr Gruppenprodukt $n_j\,n_k$ dieses Einselement als Bild haben, d. h. die Elemente von $\mathfrak{G}$, die auf das Einselement von $\mathfrak{H}$ abgebildet werden, bilden eine Untergruppe. Ferner findet man, daß das Bild von $g_j^{-1} n_k\, g_j$ durch $h_j^{-1} e_h\, h_j$ gegeben ist, also auch gleich e_h ist. Die Menge der auf e_h abgebildeten Elemente von $\mathfrak{G}$ enthält also von jedem Element auch alle dazu konjugierten Elemente. Daher ist diese Menge ein Normalteiler. Die Richtigkeit der weiteren Aussagen folgt dann leicht.

8) Das direkte Produkt zweier Gruppen. Wenn alle Elemente einer Gruppe $\mathfrak{G}$ mit allen Elementen einer Gruppe $\mathfrak{H}$ vertauschbar sind, bilden die Produkte $g_j h_k$ aus je einem Element g_j von $\mathfrak{G}$ und h_k von $\mathfrak{H}$ auch eine Gruppe, deren Ordnung gleich dem Produkt der Ordnungen von $\mathfrak{G}$ und $\mathfrak{H}$ ist. Diese Gruppe bezeichnet man als das direkte Produkt $\mathfrak{G} \times \mathfrak{H}$ der Gruppen $\mathfrak{G}$ und $\mathfrak{H}$.

In diesem Fall läßt sich die Struktur von $\mathfrak{G} \times \mathfrak{H}$ leicht aus derjenigen der Gruppen $\mathfrak{G}$ und $\mathfrak{H}$ ablesen. Die Produkte aus je einem Element einer Untergruppe von $\mathfrak{G}$ mit einem einer Untergruppe von $\mathfrak{H}$ bilden dann wieder eine Untergruppe von $\mathfrak{G} \times \mathfrak{H}$. Entsprechendes gilt für die Klassen und Normalteiler. Die Zahl der Klassen konjugierter Elemente von $\mathfrak{G} \times \mathfrak{H}$ ist daher auch gleich dem Produkt der Zahl der Klassen von $\mathcal{G}$ mit derjenigen von $\mathcal{H}$.

Ein direktes Produkt liegt immer dann vor, wenn es zwei Arten von Symmetrieoperationen gibt, die sich gegenseitig gar nicht beeinflussen, etwa weil sie auf verschiedene Koordinaten wirken. Als Beispiel sei das direkte Produkt der bereits betrachteten Gruppe $\mathcal{C}_{3v}$ mit der Gruppe $\mathcal{C}_s$ der Ordnung 2 betrachtet, welche außer dem Einselement die Spiegelung σ an der Ebene $z = 0$ enthält. Diese letzte Symmetrieoperation läßt den Hamiltonoperator des O_3-Moleküls auch invariant. σ führt den Punkt $(x_i; y_i; z)$ in $(x_i; y_i; -z)$ über. Da die 6 auf S. 135 angegebenen Symmetrieoperationen von $\mathcal{C}_{3v}$ die z-Koordinate invariant lassen, sind sie alle mit σ vertauschbar. Die Symmetrieoperationen von $\mathcal{C}_{3v}$ verändern nur die x- und y-Koordinaten der Punkte, σ nur die z-Koordinate. Die Symmetriegruppe des O_3-Moleküls ist also das direkte Produkt aus $\mathcal{C}_{3v}$ und $\mathcal{C}_s = (e, \sigma)$ und hat die Ordnung 12. Sie wird in der Kristallographie mit $\mathcal{D}_{3h}$ bezeichnet. Da $\mathcal{C}_{3v}$ drei Normalteiler besitzt, nämlich das Einselement e , die Gruppe $\mathcal{C}_3$ der Drehungen und die ganze Gruppe $\mathcal{C}_{3v}$, und $\mathcal{C}_s$ zwei Normalteiler, nämlich das Einselement und die ganze Gruppe $\mathcal{C}_s$, besitzt $\mathcal{D}_{3h}$ sechs Normalteiler. Man macht sich leicht klar, daß diese Multiplikationsregel nur gilt, wenn man die unechten Normalteiler, also die ganze Gruppe und das Einselement jeweils mitzählt.

Wenn eine Gruppe ein direktes Produkt aus zwei kleineren Gruppen ist, kann man sich bei vielen Überlegungen auf die Betrachtung der beiden kleineren Gruppen beschränken. Die verschiedenen Symmetrieoperationen verhalten sich dann in gewissem Sinne so, als ob sie auf verschiedene Körper wirken. Wenn man z. B. in Atomen die Spin-Bahn-Wechselwirkung vernachlässigt, ist der Hamiltonoperator bei Abwesenheit äußerer Felder invariant gegen eine beliebige Drehung des Ortsraumes und eine beliebige andere Drehung der Spinvektoren. Die gesamte Symmetriegruppe ist daher das direkte Produkt aus der Gruppe der Drehungen der Ortsvektoren und derjenigen der Spinrichtungen. Wenn man aber die Spin-Bahn-Wechselwirkung in Betracht zieht, ist der Hamiltonoperator nur noch invariant gegen Drehungen, bei denen die Spinmomente und die Ortsvektoren um die gleiche Achse und den gleichen Drehwinkel gedreht werden. Diese gemeinsamen Drehungen bilden eine Untergruppe der vorher betrachteten Symmetriegruppe. Die quantenmechanischen Aussagen über die Aufspaltung infolge der Spin-Bahn-Wechselwirkung ergeben sich aus dem Übergang zu dieser Untergruppe (vgl. §22).

Bei der Anwendung der Gruppentheorie in der Quantenmechanik untersucht man zweckmäßig zunächst die Struktur der Symmetriegruppe des Hamiltonoperators. Man stellt fest, ob sie etwa ein direktes Produkt ist, welche Untergruppen und Klassen konjugierter Elemente sie besitzt und ob Normalteiler existieren. Wie nachher gezeigt werden soll, folgen daraus Aussagen über die Vielfachheit der Eigenwerte und die Art der zugehörigen Eigenzustände.

§17. Die Darstellung einer Symmetriegruppe zu einem Eigenwert

Wenn man einen Körper einer Symmetrieoperation unterwirft, ändert sich nicht nur seine Lage, sondern meist auch sein Bewegungszustand. Bei einer Drehung eines Körpers ändert sich z. B. auch die Richtung seines Impulses und seines Drehimpulses, wenn diese nicht zufällig der Drehachse parallel ist. Da in der Quantenmechanik der Zustand eines Körpers durch ein Element seines Hilbertraumes beschrieben wird, definiert jede Symmetrieoperation $\mathfrak{d}$ implizit einen Operator D im Hilbertraum, welcher die entsprechende Änderung des darstellenden Zustandselementes bewirkt.

Dabei ist jedoch eine Einschränkung zu beachten: D ist nicht eindeutig definiert, weil alle Elemente auf dem gleichen Strahl im Hilbertraum, welche sich nur durch einen Faktor unterscheiden, denselben Zustand darstellen. Die durch die Symmetrieoperationen erzeugten Zustandsänderungen definieren daher nur, in welcher Weise die Strahlen des Hilbertraumes ineinander transformiert werden. Der im Hilbertraum wirkende Operator D zu einer Symmetrieoperation $\mathfrak{d}$ ist deshalb auch nur bis auf einen Faktor definiert. Wenn man nämlich zu D den komplexen Faktor α hinzufügt, entsteht aus dem Zustandselement $|\psi\rangle$ zum Anfangszustand statt $\mathsf{D}|\psi\rangle$ das Element $\alpha\mathsf{D}|\psi\rangle$ zum gleichen Endzustand.

Diese Schwierigkeit wird in der Lehrbuchliteratur meist nicht beachtet, weil sie sich in dem am häufigsten betrachteten Spezialfall, dem Modell eines Systems von Massenpunkten ohne Spin, durch Benutzung der Ortsdarstellung vermeiden läßt. Sobald man aber den Spin berücksichtigt, lassen sich die Symmetrieoperatoren im Hilbertraum nicht mehr eindeutig definieren. Das zeigt sich bei der Behandlung der Gruppe der räumlichen Drehungen an dem Auftreten einer Zweideutigkeit, deren Herkunft aus der Vieldeutigkeit der Operatoren im Hilbertraum selten hervorgehoben wird. Deshalb soll hier zunächst nur das Modell eines Systems von Massenpunkten ohne Spin betrachtet werden und erst später auf den allgemeineren Fall eingegangen werden.

Bei Massenpunkten ohne Spin läßt sich jede Drehung, Spiegelung, Translation oder Teilchenvertauschung im Ortsraum eindeutig durch eine Beziehung zwischen den Ortsvektoren vor und nach der Transformation ausdrücken. Die Permutation identischer Teilchen kann durch die entsprechende Vertauschung ihrer Ortsvektoren beschrieben werden. Bei einer Drehung oder Drehspiegelung und einer daran anschließenden Translation um die Strecke $\vec{t}$ geht der Ortsvektor $\vec{r}$ in den neuen Ortsvektor

$$\vec{r}' = \overleftrightarrow{C}\vec{r} + \vec{t} \tag{1}$$

über. Darin ist $\overleftrightarrow{C}$ eine dreidimensionale reell-orthogonale Matrix, deren Determinante bei Drehungen gleich $+1$ und bei Drehspiegelungen gleich -1 ist (vgl. Bd. I, §14). Numeriert man bei einem System von n Massenpunkten die $3n$ Koordinaten irgendwie durch, so lassen sich die beiden Transformationen zu einer Beziehung der Form

$$x_j' = \sum_{k=1}^{3n} R_{jk} x_k + t_j \qquad (j = 1, 2, \ldots 3n) \tag{2}$$

zusammenfassen. Diese schreibt man abgekürzt mit Benutzung der $3n$-dimensionalen Vektoren $\vec{\xi}$ und $\vec{\tau}$

$$\vec{\xi}' = \overleftrightarrow{R}\vec{\xi} + \vec{\tau}\,. \tag{3}$$

Der zugehörige Operator D im Hilbertraum kann nun in der Ortsdarstellung eindeutig durch die Vorschrift definiert werden, daß die Zustandsfunktion $\langle\vec{\xi}'|\mathsf{D}|\psi\rangle$ des Zustandselementes $\mathsf{D}|\psi\rangle$ nach der Transformation an der Stelle $\vec{\xi}'$ im $3n$-dimensionalen Koordinatenraum denselben Wert haben soll, wie die Funktion $\langle\vec{\xi}|\psi\rangle$ des Zustandselementes $|\psi\rangle$ vorher an der Stelle $\vec{\xi}$:

$$\langle\vec{\xi}'|\mathsf{D}|\psi\rangle = \langle\vec{\xi}|\psi\rangle\,. \tag{4}$$

Diese Beziehung wird übersichtlicher, wenn man (3) nach den $\vec{\xi}$ auflöst, was zu $\vec{\xi} = \overleftrightarrow{R}^{-1}(\vec{\xi}' - \vec{\tau})$ führt, und das

Ergebnis auf der rechten Seite in (4) einsetzt. Wenn man dann der Einfachheit halber die Striche an den Variablen fortläßt, erhält man

$$\langle \vec{\xi} | D | \psi \rangle = \langle \overleftrightarrow{R}^{-1}(\vec{\xi} - \vec{t}) | \psi \rangle \tag{5}$$

Das bedeutet: Man erhält die Wellenfunktion zu dem transformierten Zustand $D|\psi\rangle$, indem man in der alten an Stelle der Koordinaten eines Punktes im 3n-dimensionalen Koordinatenraum die Koordinaten desjenigen Punktes einsetzt, der durch die Symmetrietransformation in den betrachteten Punkt überführt wird.

Anmerkung: Die hier geschilderte Definition des Operators D bezeichnet man manchmal als die "aktive" Definitionsweise, bei welcher die Funktion durch die Symmetrieoperation verändert wird. Das entspricht der physikalischen Vorstellung, daß die Transformation den Zustand des betrachteten Körpers verändert. In der mehr mathematisch eingestellten Literatur wird stattdessen oft die sogenannte "passive" Definitionsweise benutzt, bei welcher die Transformation (2) als eine Änderung des Koordinatensystems aufgefaßt wird und von einer Zustandsänderung der Körper nicht gesprochen wird. Das hat zur Folge, daß die formale Änderung der Funktion infolge Einführung anderer Koordinaten gerade diejenige ist, die hier der inversen Symmetrietransformation zugeordnet wird. Bezeichnet man bei dieser Auffassung jeden Symmetrieoperator so wie hier sein Inverses, so bleibt alles unverändert. Zu anderen physikalischen Folgerungen führt das nicht.

Aus der obigen, ausführlichen Beschreibung der Wirkung des Symmetrieoperators D auf die Wellenfunktionen im $3n$ -dimensionalen Raum der Ortskoordinaten eines n -Teilchensystems lassen sich nun unmittelbar die folgenden Eigenschaften dieser Operatoren ablesen:

1). Der Operator der Teilchenvertauschung ist mit dem Operator einer Drehung, Spiegelung oder Translation vertauschbar.

Das gilt auch noch im allgemeinen Fall von Teilchen mit Spin und in anderen Modellen. Trotzdem besteht wegen der Statistik der Teilchen und des Pauliprinzips indirekt ein Zusammenhang zwischen dem Verhalten gegenüber Drehungen und der Teilchenvertauschung, worauf hier nur hingewiesen sei.

2). Der Hamiltonoperator eines Körpers ist mit dem Symmetrieoperator $\mathbf{D}$ vertauschbar, sofern nur die äußeren Felder gegenüber der zugehörigen Drehung, Spiegelung oder Translation invariant sind.

Der Operator der kinetischen Energie hat in der Ortsdarstellung die Gestalt

$$E_{kin} = -\sum_{j=1}^{n} \frac{\hbar^2}{2m_j}\left(\frac{\partial^2}{\partial x_j^2} + \frac{\partial^2}{\partial y_j^2} + \frac{\partial^2}{\partial z_j^2}\right). \qquad (6)$$

Der darin enthaltene Laplacesche Operator ist offenbar gegen Transformationen der Form (1) invariant. Eine Vertauschung gleicher Teilchen ändert im obigen Ausdruck nur die Reihenfolge der Summanden mit gleichem m_j und läßt daher auch E_{kin} invariant. Deshalb ist es gleichgültig, ob man diese Operationen erst auf eine Zustandsfunktion anwendet und danach E_{kin} oder umgekehrt. Dasselbe gilt auch für alle Wechselwirkungsoperatoren zwischen zwei Teilchen. Die potentielle Energie äußerer Kräfte und das Vektorpotential geladener Teilchen in einem äußeren Magnetfeld sind stets gegen Vertauschungen gleicher Teilchen invariant. Was allein eine nähere Untersuchung erfordert, ist die Invarianz der Potentiale der äußeren Kräfte gegenüber den in $\mathbf{D}$ enthaltenen Drehungen, Spiegelungen und Translationen. Wenn diese vorhanden ist, ist der gesamte Hamiltonoperator mit $\mathbf{D}$ vertauschbar.

3). Der Symmetrieoperator $\mathbf{D}$ einer Symmetrieoperation ist unitär, d. h. er läßt jedes skalare Produkt invariant:

$$\langle \mathbf{D}\varphi | \mathbf{D}\psi \rangle = \langle \varphi | \psi \rangle. \qquad (7)$$

In der Ortsdarstellung folgt das aus der Tatsache, daß dieses skalare Produkt ein Volumenintegral über den $3n$-dimensionalen Koordinatenraum von n Teilchen ist. Eine Symmetrieoperation verschiebt die Werte der Zustandsfunktion an andere Punkte, ohne Änderung des $3n$-dimensionalen Volumenelements. Die Grenzen des Integrals liegen im Unendlichen, also in Gebieten, wo der Integrand entweder exakt oder asymptotisch verschwindet. Die Symmetrieoperation bewirkt deshalb auch dort keine Änderung des Integrals.

Aus diesen Sätzen lassen sich nun eine ganze Reihe von Folgerungen ziehen:

4). Der Operator D zu einer Symmetrie des Hamiltonoperators verwandelt ein Eigenelement von H wieder in ein Eigenelement zum gleichen Eigenwert.

Aus der Vertauschbarkeit

$$\mathsf{DH} = \mathsf{HD} \tag{8}$$

und einer Eigenwertgleichung

$$\mathsf{H}|j\rangle = E_j|j\rangle \tag{9}$$

folgt nämlich bei Beachtung der Linearität von D

$$\mathsf{HD}|j\rangle = \mathsf{DH}|j\rangle = E_j\mathsf{D}|j\rangle . \tag{10}$$

Wenn die Elemente $|1\rangle, |2\rangle, \ldots |p\rangle$ normierte und orthogonale Eigenelemente zu ein- und demselben p-fachen Eigenwert sind, ist demnach $\mathsf{D}|j\rangle$ eine Linearkombination von ihnen:

$$\mathsf{D}|j\rangle = \sum_{k=1}^{p} |k\rangle\langle k|\mathsf{D}|j\rangle . \tag{11}$$

Die skalaren Produkte $\langle k|\mathsf{D}|j\rangle = \mathcal{D}_{kj}$ bilden die Koeffizienten einer p-dimensionalen, unitären Matrix $\overleftrightarrow{\mathcal{D}}$. Die skalare Multiplikation von $\mathsf{D}|j\rangle$ mit dem entsprechenden Ausdruck für $\mathsf{D}|l\rangle$ liefert nämlich bei Beachtung der Orthonormierung

$$\langle k|m\rangle = \delta_{km} \tag{12}$$

die Gleichung

$$\begin{aligned} \langle Dj|Dl\rangle &= \sum_{k,m=1}^{p} \langle k|m\rangle \langle k|D|j\rangle^{*} \langle m|D|l\rangle \\ &= \sum_{k=1}^{p} \langle k|D|j\rangle^{*} \langle k|D|l\rangle . \end{aligned} \tag{13}$$

Wegen (7) gilt andererseits

$$\langle Dj|Dl\rangle = \langle j|l\rangle = \delta_{jl} . \tag{14}$$

Die Gleichheit der rechten Seiten von (13) und (14) besagt, daß die Spalten der p-dimensionalen Matrix $\overleftrightarrow{D}$ orthogonale Einheitsvektoren eines p-dimensionalen Vektorraumes sind, und das ist mit der Unitarität von $\overleftrightarrow{D}$ identisch (vgl. Bd. I, §16; 36).

Nun mögen zwei Symmetrieoperationen t und s betrachtet werden, die bei Ausführung hintereinander, also bei Bildung des gruppentheoretischen Produktes st die Symmetrieoperation r liefern:

$$st = r . \tag{15}$$

Dann erfüllen die zugehörigen Operatoren im Hilbertraum offenbar die entsprechende Beziehung

$$D(s)D(t) = D(r) , \tag{16}$$

denn der Operator $D(r)$ bedeutet, man soll die durch $D(t)$ und $D(s)$ vorgeschriebenen Ersetzungen von Koordinaten nacheinander ausführen. Schreibt man nun (11) für $D(t)$ hin und wendet auf beide Seiten $D(s)$ an, so erhält man bei Benutzung von (11) für $D(s)$

$$\begin{aligned} D(s)D(t)|j\rangle &= \sum_{k=1}^{p} D(s)|k\rangle\langle k|D(t)|j\rangle \\ &= \sum_{k,l=1}^{p} |l\rangle\langle l|D(s)|k\rangle\langle k|D(t)|j\rangle . \end{aligned} \tag{17}$$

Die linke Seite dieser Gleichung ist wegen (11) und (16)

identisch mit

$$D(r)|j\rangle = \sum_{l=1}^{p} |l\rangle\langle l|D(r)|j\rangle. \tag{18}$$

Da die $|l\rangle$ linear unabhängig sind, folgt aus der Gleichheit der rechten Seiten von (17) und (18)

$$\langle l|D(r)|j\rangle = \sum_{k=1}^{p} \langle l|D(s)|k\rangle\langle k|D(t)|j\rangle. \tag{19}$$

Hier steht auf der rechten Seite das Matrixelement mit den Indizes lj von dem Matrizenprodukt aus $\overleftrightarrow{D}(s)$ und $\overleftrightarrow{D}(t)$. Diese Beziehungen kann man zu folgendem Satz zusammenfassen:

5). Die p orthonormierten Eigenelemente eines p-fachen Eigenwertes des Hamiltonoperators erzeugen zu jedem Operator s seiner Symmetriegruppe eine p-dimensionale unitäre Matrix $\overleftrightarrow{D}(s)$ mit der Eigenschaft, daß dem gruppentheoretischen Produkt zweier Symmetrieoperationen das Matrixprodukt der zugehörigen Matrizen entspricht, d. h.:

$$\text{Mit } st = r \quad \text{gilt} \quad \overleftrightarrow{D}(s)\overleftrightarrow{D}(t) = \overleftrightarrow{D}(r). \tag{20}$$

Man kann das auch so ausdrücken: Durch die Eigenelemente wird eine homomorphe Abbildung der Symmetriegruppe auf eine Gruppe aus unitären Matrizen erzeugt, bei welcher die Gruppenverknüpfung durch die Matrizenmultiplikation gegeben ist. Eine solche Abbildung bezeichnet man als eine *Darstellung der Gruppe*.

Diese Darstellung ist manchmal der Gruppe isomorph, aber nicht immer. Insbesondere ist das Eigenelement eines einfachen Eigenwertes gegen alle Symmetrieoperationen invariant. In diesem Falle sind daher alle zugeordneten Matrizen gleich der Zahl 1. Wichtig ist, daß man über diese Matrixdarstellungen allein aus der Struktur der Gruppe zahlreiche mathematische Aussagen ableiten kann, ohne den Hamiltonoperator zu kennen. Das ist der Grund, warum man aus der Gruppentheorie so viele quantentheoretische Aussagen ableiten kann.

Bevor diese Folgerungen weiter entwickelt werden, soll jetzt noch erörtert werden, was sich an diesen Ausführungen bei einem allgemeineren, quantenmechanischen Modell ändert, welches keine reine Ortsdarstellung besitzt. Dann ist der Symmetrieoperator im Hilbertraum nur bis auf einen Faktor definiert. Wenn man über diesen Faktor irgendwie verfügt, kann es vorkommen, daß der Operator zu dem Produkt zweier Symmetrieoperationen nicht mehr gleich dem Produkt ihrer Operatoren ist, sondern sich davon durch einen Faktor unterscheidet. Wenn also die 3 Operationen s , t und r der Beziehung (15) genügen, brauchen die zugehörigen Operatoren nicht unbedingt (16) zu erfüllen, sondern nur der Beziehung

$$D(s)\,D(t) = \gamma(s,t)\,D(r) \tag{21}$$

mit einem von s und t abhängigen Zahlenfaktor $\gamma(s,t)$.

Ein Beispiel dafür liefern die Ergebnisse von §26 in Bd. II. Dort wurde gezeigt, daß der Operator

$$D(\alpha) = exp\left(-\frac{i}{\hbar}\alpha L_z\right) \tag{22}$$

im Hilbertraum eine Drehung des Zustandselements um die z -Achse um den Winkel α bewirkt (L_z = Operator zur z -Komponente des Drehimpulses). Wenn man nun nach der Drehung um den Winkel α eine Drehung um den Winkel $(2\pi-\alpha)$ um die gleiche Achse ausführt, erhält man für das Operatorenprodukt

$$D(2\pi-\alpha)D(\alpha) = exp\left(-\frac{i}{\hbar}2\pi L_z\right) . \tag{23}$$

Die resultierende Drehung um den Winkel 2π stellt aber bei jedem Körper den Ausgangszustand wieder her, ist also gruppentheoretisch gleich dem Einselement. Der Operator $\exp(-2\pi i L_z/\hbar)$ ist aber nicht immer gleich dem Einheitsoperator. Wenn man ihn auf einen Zustand anwendet, in welchem die z-Komponente des Drehimpulses den Wert $\hbar/2$ besitzt, ist er einer Multiplikation mit $\exp(-i\pi) = -1$ gleichwertig. In diesem Fall ist also der Faktor $\gamma(s,t)$ in der Gleichung (21) gleich -1 . Später wird gezeigt werden, daß man bei den Drehungen durch Wahl der willkürlichen Faktoren an ihren Operatoren $D(\alpha)$ die $\gamma(s,t)$ nicht in allen Fällen zu 1 machen kann, sondern nur dann, wenn die Drehimpulsquantenzahl eine ganze Zahl ist. Beim Modell eines Systems von Massenpunkten treten daher nur ganzzahlige Drehimpulsquantenzahlen auf, bei anderen auch halbzahlige.

Wenn die Operatoren im Hilbertraum nicht der Beziehung (16) genügen, sondern nur der allgemeineren Beziehung (21), gilt dasselbe natürlich auch für die zugehörigen Matrizen, welche von den Eigenelementen eines Eigenwertes des Hamiltonoperators erzeugt werden. Eine derartige Abbildung der Gruppe auf Matrizen bezeichnet man nach Schur[1)] als eine Strahldarstellung. In einer solchen Darstellung kann man zu jeder Darstellungsmatrix nach Belieben einen Faktor hinzufügen. Der Name hat folgenden Sinn: Eine Matrix vermittelt eine lineare Abbildung eines Vektorraumes auf sich selbst. Eine Matrix mit einem unbestimmten Faktor erzeugt aber aus einem Vektor nicht wieder einen eindeutig bestimmten Vektor, sondern nur die Gesamtheit aller Vektoren, die aus einem von ihnen durch Multiplikation mit einem Faktor hervorgehen. Solche Matrizen bilden also die Strahlen durch den Ursprung auf andere Strahlen durch den Ursprung ab, nicht die Vektoren eindeutig auf andere Vektoren. Die Darstellungen einer Gruppe durch Matrizen, welche die Beziehung

1) I. Schur, J. reine und angewandte Math. 127 (1904) S. 20; 132 (1907) S. 85

(16) erfüllen, ohne unbestimmte Faktoren $\gamma(s,t)$, werden deshalb zur Unterscheidung von den Strahldarstellungen auch als Vektordarstellungen bezeichnet.

Über die Vektordarstellungen der Gruppen existiert eine umfangreiche mathematische Literatur. Die Strahldarstellungen sind dagegen seit ihrer Einführung durch Schur nur relativ wenig mathematisch bearbeitet worden. In der Quantenmechanik spielen sie nur bei der Gruppe der Drehungen eine wesentliche Rolle. Deshalb sollen sie im folgenden zunächst nicht weiter behandelt werden, sondern erst bei der Betrachtung der Drehgruppe (§21).

§18. Die irreduziblen Darstellungen

In diesem Paragraphen sollen die mathematischen Eigenschaften der Matrixdarstellungen endlicher Gruppen behandelt werden. Alle mathematischen Beweise sollen nur flüchtig angedeutet werden. Deren Auffindung und Ausarbeitung gehört zum Arbeitsgebiet des Mathematikers. Ein Physiker muß mathematische Beweise nur soweit verstehen, wie das zur sachgerechten Anwendung der bewiesenen Sätze notwendig ist.

A. Äquivalente Darstellungen

Die p orthonormierten Eigenelemente eines p-fachen Eigenwertes von H sind nicht eindeutig festgelegt und daher auch die von ihnen erzeugten Darstellungsmatrizen nicht. Der Übergang von den Funktionen $|j\rangle$ zu anderen, orthonormierten Funktionen $|\mu\rangle$ wird durch eine unitäre Matrix $\overleftrightarrow{U}$ mit den Matrixelementen

$$U_{j\mu} = \langle j|\mu\rangle \tag{1}$$

gegeben. Mit Hilfe der Beziehung

$$|\mu\rangle = \sum_{j=1}^{p} |j\rangle\langle j|\mu\rangle = \sum_{j=1}^{p} |j\rangle U_{j\mu} \tag{2}$$

ergibt sich für den Zusammenhang zwischen dem Matrixelement $\langle\nu|\mathsf{D}|\mu\rangle$, welches mit den neuen Funktionen $|\nu\rangle$ und $|\mu\rangle$ gebildet wurde, und denjenigen mit den alten Funktionen $|j\rangle$, $|k\rangle$

$$\langle\nu|\mathsf{D}|\mu\rangle = \sum_{j,k=1}^{p} U_{k\nu}^{*} \langle k|\mathsf{D}|j\rangle U_{j\mu} . \tag{3}$$

Bezeichnet man die von den $|\mu\rangle$ aufgespannte Matrix des Operators D mit $\overleftrightarrow{\mathcal{D}}'$ und ihre Elemente mit $\mathcal{D}'_{\nu\mu} = \langle\nu|\mathsf{D}|\mu\rangle$ und entsprechend die mit den $|j\rangle$ gebildete Matrix mit $\overleftrightarrow{\mathcal{D}}$, so lautet (3)

$$\mathcal{D}'_{\nu\mu} = \sum_{j,k=1}^{p} U^{+}_{\nu k} \mathcal{D}_{kj} U_{j\mu} \tag{4a}$$

oder in Matrixschreibweise

$$\overleftrightarrow{\mathcal{D}}' = \overleftrightarrow{U}^{+} \overleftrightarrow{\mathcal{D}} \overleftrightarrow{U} . \tag{4b}$$

Alle diese Beziehungen lauten genauso wie die des Übergangs von einer Matrixdarstellung zu einer anderen in der allgemeinen Transformationstheorie (vgl. Bd. II, §19), jedoch mit dem Unterschied, daß hier die Transformation nur innerhalb des p-dimensionalen Teilraumes der Eigenelemente zu einem Eigenwert von H vollzogen wird, nicht im ganzen, unendlich-dimensionalen Hilbertraum.

Jede solche Ähnlichkeitstransformation (4) läßt die Gleichungen zwischen den Darstellungsmatrizen in ihrer Form invariant. Wenn z. B. die Symmetrieoperationen r , s und t der gruppentheoretischen Beziehung

$$rs = t \tag{5}$$

genügen, gilt für eine Vektordarstellung nicht nur

$$\overleftrightarrow{D}(r)\,\overleftrightarrow{D}(s) = \overleftrightarrow{D}(t), \tag{6}$$

sondern wegen der Unitarität $\overleftrightarrow{U}\overleftrightarrow{U}^{+} = 1$ auch

$$\overleftrightarrow{D}'(r)\,\overleftrightarrow{D}'(s) = \overleftrightarrow{U}^{+}\overleftrightarrow{D}(r)\overleftrightarrow{U}\,\overleftrightarrow{U}^{+}\overleftrightarrow{D}(s)\overleftrightarrow{U} = \overleftrightarrow{U}^{+}\overleftrightarrow{D}(t)\overleftrightarrow{U} = \overleftrightarrow{D}'(t). \tag{7}$$

Zwei Darstellungen, welche sich nur durch eine solche Ähnlichkeitstransformation unterscheiden, heißen in der Gruppentheorie äquivalent. Zwei äquivalente Darstellungen werden als im wesentlichen identisch angesehen. Der Übergang von der einen zur anderen entspricht nur einer Änderung des Koordinatensystems in dem betrachteten p-dimensionalen Funktionenraum.

B. Reduzibel und irreduzibel

Manchmal kann man die Eigenfunktionen eines p-fachen Eigenwertes so wählen, daß alle Symmetrieoperationen des Hamiltonoperators die ersten p_1 von ihnen in Linearkombinationen dieser p_1 Funktionen allein verwandeln und die übrigen $p - p_1 = p_2$ Funktionen nur in Linearkombinationen der letzteren, p_2 Funktionen. Wegen der Orthogonalität der Eigenfunktionen verschwinden dann in den mit diesen Funktionen gebildeten Matrizen aller Symmetrieoperatoren alle Matrixelemente, bei welchen der eine Index $j \leq p_1$ und der andere $k > p_1$ ist. Im Falle $p = 4$, $p_1 = 1$ haben also alle Matrizen die folgende Form:

$$\left(\begin{array}{c|ccc} \times & 0 & 0 & 0 \\ \hline 0 & \times & \times & \times \\ 0 & \times & \times & \times \\ 0 & \times & \times & \times \end{array}\right). \tag{8}$$

Darin bedeuten die Kreuze irgendwelche Zahlen, die bei den verschiedenen Matrizen verschieden und ungleich null sein können. In diesem Falle bilden die Teilmatrizen aus den Elementen mit den Indizes $j, k \leq p_1$ und aus denjenigen mit $j,k > p_1$ je für sich eine Darstellung der Gruppe. Daher sagt man in solch einem Fall, die Darstellung zerfällt in zwei Darstellungen. Wenn ein System von endlich vielen Matrizen durch eine Ähnlichkeitstransformation auf diese Form gebracht werden kann, bezeichnet man es als reduzibel. Ist das nicht der Fall, so heißt es irreduzibel.

Anmerkung: In der Mathematik wird die obige Eigenschaft "zerfällbar" genannt und von der etwas anders definierten Eigenschaft "reduzibel" unterschieden. Ein reduzibles System aus endlich vielen Matrizen oder aus unendlich vielen unitären Matrizen ist aber stets auch zerfällbar. Daher kann hier von diesem Unterschied abgesehen werden, da in der Physik nur solche Matrizensysteme betrachtet werden. Man beachte, daß es sich dabei um eine Eigenschaft von Systemen aus Matrizen handelt. Von der Gruppeneigenschaft wurde kein Gebrauch gemacht. Im folgenden interessiert aber die Frage, ob die Matrizen reduzibel oder irreduzibel sind, ausschließlich für die unitären Matrizen der Darstellung einer Gruppe.

Etwas allgemeiner kann man diese Eigenschaft eines endlichen Matrizensystems auch folgendermaßen ausdrücken: Bei einem System von reduziblen p-dimensionalen quadratischen Matrizen kann man den p-dimensionalen Vektorraum, der durch diese Matrizen auf sich selbst abgebildet wird, in solcher Weise in zwei zueinander orthogonale Teilräume zerlegen, daß alle Bilder eines Vektors aus einem der Teilräume in den gleichen Teilraum fallen. Solche Teilräume bezeichnet man deshalb auch als invariante Teilräume. Jeder von ihnen bleibt bei der Abbildung mit jeder der Matrizen des betrachteten Systems als Ganzes invariant. Bei einem irreduziblen Matrizensystem ist jeder invariante Teilraum entweder gleich dem ganzen Vektorraum oder enthält nur den Nullvektor.

Wenn die Darstellung zu einem Eigenwert eines Hamiltonoperators reduzibel ist, sagt man in der Physik, es liege eine zufällige Entartung vor. Das H-Atom liefert dafür ein gutes Beispiel. Bei Vernachlässigung des Spins gehören zum ersten angeregten Zustand mit der Hauptquantenzahl $n=2$ gerade 4 Eigenfunktionen, von denen die eine, die s-Funktion, kugelsymmetrisch ist, während die drei anderen, die p-Funktionen, gleich einem in den Koordinaten x,y,z linearen Ausdruck mal einer Funktion von r sind. Die Symmetrieoperationen umfassen alle Drehungen um eine Achse durch den Ursprung. Sie lassen die s-Funktion invariant und erzeugen aus einer der p-Funktionen jeweils eine Linearkombination der drei p-Funktionen. Die zu $n=2$ gehörende 4-dimensionale Darstellung der Drehgruppe ist also reduzibel und zerfällt bei der genannten Wahl der Eigenfunktionen in eine eindimensionale und eine dreidimensionale Darstellung. Wenn man aber andere Linearkombinationen der 4 Wellenfunktionen wählt, wie man das z. B. bei der Betrachtung der Wellenfunktionen des C-Atoms in dem tetraedrischen CH_4-Molekül zu tun pflegt (vgl. §26), erkennt man diese Reduzibilität nicht mehr ohne weiteres. Deshalb ist es nötig, mathematische Kriterien zu entwickeln, mit deren Hilfe man feststellen kann, ob ein System von Matrizen reduzibel ist oder nicht, und ob zwei solche Systeme gleicher Dimension äquivalent sind oder nicht.

Das betrachtete Beispiel macht auch den Sinn der Bezeichnung "zufällige" Entartung verständlich. Sobald die potentielle Energie im H-Atom auch nur wenig vom Coulombpotential abweicht, ist die Energie der s- und p-Terme nicht mehr gleich. Dann liegen zwei verschiedene Eigenwerte vor, deren Eigenfunktionen jeweils eine irreduzible Darstellung der Drehgruppe erzeugen. Die Unabhängigkeit der Energie des H-Atoms von der Drehimpulsquantenzahl l wird also nicht durch die Symmetrie bedingt, sondern tritt "zufällig" nur bei einer potentiellen Energie proportional $1/r$ auf.

C. Das Schursche Lemma

Alle folgenden Aussagen über irreduzible Darstellungen endlicher Gruppen ergeben sich aus einer geschickten Anwendung des folgenden, zweiteiligen Satzes von Schur:

1). Eine Matrix $\overleftrightarrow{M}$, die mit allen h Matrizen $\overleftrightarrow{A}(s)$

$(s = 1, 2, 3, \ldots h)$ eines irreduziblen Systems endlich-dimensionaler unitärer Matrizen vertauschbar ist, ist ein Vielfaches der Einheitsmatrix $\overleftrightarrow{E}$, d. h.:

Aus $\overleftrightarrow{M}\overleftrightarrow{A}(s) = \overleftrightarrow{A}(s)\overleftrightarrow{M}$ für alle s (9)

folgt $\overleftrightarrow{M} = \lambda\overleftrightarrow{E}$. (10)

2). Bilden die Matrizen $\overleftrightarrow{A}(s)$ und $\overleftrightarrow{B}(s)$ zwei nichtäquivalente Systeme aus h irreduziblen unitären Matrizen, so sind die h Gleichungen

$$\overleftrightarrow{N}\overleftrightarrow{A}(s) = \overleftrightarrow{B}(s)\overleftrightarrow{N} \qquad (s = 1, 2, \ldots h) \qquad (11)$$

nur für die Nullmatrix $\overleftrightarrow{N} = 0$ erfüllt[1].

Zum Beweis von (10) betrachtet man die Eigenvektoren von $\overleftrightarrow{M}$. Aus (9) folgt, daß jedes $\overleftrightarrow{A}(s)$ einen Eigenvektor von $\overleftrightarrow{M}$ in einen Eigenvektor zum gleichen Eigenwert verwandelt. Wenn also $\overleftrightarrow{M}$ zwei oder mehr verschiedene Eigenwerte besitzt, bilden die zugehörigen, von den Eigenvektoren zu einem der Eigenwerte gebildeten linearen Teilräume invariante Teilräume des Matrixsystems der $\overleftrightarrow{A}(s)$. Wenn die $\overleftrightarrow{A}(s)$ irreduzibel sind, ist jeder derartige Teilraum gleich dem ganzen Vektorraum, denn der Nullvektor wird nicht zu den Eigenvektoren gerechnet. Die einzige p-dimensionale Matrix, für welche alle Vektoren des ganzen p-dimensionalen Vektorraumes Eigenvektoren zum gleichen Eigenwert sind, ist ein Vielfaches der Einheitsmatrix. Beim Beweis des 2. Teilsatzes ist zu beachten, daß $\overleftrightarrow{A}(s)$ und $\overleftrightarrow{B}(s)$ verschiedene Dimension p und q haben können. $\overleftrightarrow{N}$ ist dann eine Rechteckmatrix mit p Spalten und q Zeilen. Nun betrachtet man zunächst die p-dimensionalen Vektoren $\vec{x}_0$, die durch $\overleftrightarrow{N}$ zu null gemacht werden, also $\overleftrightarrow{N}\vec{x}_0 = 0$ erfüllen. Sie mögen den Teilraum O aufspannen. Aus (11) folgt dann, daß auch $\overleftrightarrow{N}\overleftrightarrow{A}(s)\vec{x}_0 = 0$ gilt, d. h. $\overleftrightarrow{A}(s)\vec{x}_0$ gehört auch zum Teilraum O. Dieser Vektorraum ist also invarianter Teilraum des Matrixsystems der $\overleftrightarrow{A}(s)$, ist also wegen dessen Irreduzibilität gleich dem ganzen p-dimensionalen Vektorraum oder enthält nur den Nullvektor. Im ersten Fall ist $\overleftrightarrow{N} = 0$, der Satz also erfüllt. Im zweiten Fall ist $\overleftrightarrow{N}\vec{x}_0 = 0$ nur für $\vec{x}_0 = 0$ erfüllt. Das bedeutet, daß die Gleichung $\vec{y} = \overleftrightarrow{N}\vec{x}$ für gegebenes $\vec{y}$ und gesuchtes $\vec{x}$ eine eindeutige Lösung besitzt, wenn es

1) I. Schur, Sitzungsber. preuß. Akad. Wiss. 1905, S. 406

überhaupt Lösungen gibt. Nun betrachtet man den Teilraum $\mathcal{N}$ der q -dimensionalen Vektoren $\vec{y}$, welche die Form $\vec{y} = \overleftrightarrow{N}\vec{x}$ mit irgenwelchen p -dimensionalen Vektoren $\vec{x}$ haben. Aus (11) folgt dann

$$\overleftrightarrow{B}(s)\vec{y} = \overleftrightarrow{B}(s)\overleftrightarrow{N}\vec{x} = \overleftrightarrow{N}\overleftrightarrow{A}(s)\vec{x} \,. \tag{12}$$

$\overleftrightarrow{B}(s)\vec{y}$ ist also ein Vektor aus $\mathcal{N}$. Dieser Vektorraum ist daher invarianter Teilraum des Matrizensystems der $\overleftrightarrow{B}(s)$. Da das System der $\overleftrightarrow{B}(s)$ irreduzibel sein sollte, ist $\mathcal{N}$ entweder gleich dem gesamten q -dimensionalen Vektorraum oder besteht aus dem Nullvektor allein. Im letzteren Falle ist $\overleftrightarrow{N} = O$, der Satz also erfüllt. Im anderen Fall haben alle $\vec{y}$ die Form $\vec{y} = \overleftrightarrow{N}\vec{x}$, d. h. zu jedem q -dimensionalen Vektor $\vec{y}$ gibt es eindeutig einen p -dimensionalen Vektor $\vec{x}$, der durch $\overleftrightarrow{N}$ auf $\vec{y}$ abgebildet wird. Eine solche umkehrbar-eindeutige Abbildung dieser Vektorräume aufeinander gibt es aber nur, wenn $p = q$ ist und die Matrix $\overleftrightarrow{N}$ eine reziproke besitzt. Das bedeutet, die Matrizensysteme der $\overleftrightarrow{A}(s)$ und $\overleftrightarrow{B}(s)$ sind äquivalent, entgegen der Voraussetzung. Folglich muß $\overleftrightarrow{N} = O$ sein.

D. Orthogonalitätssätze

Im folgenden sei $\overleftrightarrow{A}(s)$ die unitäre Matrix, welche in einer irreduziblen Darstellung einer Gruppe der Ordnung h dem Gruppenelement s zugeordnet ist. Die h Zahlen $A_{jk}(s)$ zu einem festen Indexpaar j,k kann man dann als die Komponenten eines h -dimensionalen komplexen Vektors auffassen, dessen Komponenten durch s als Index abgezählt werden. Für diese Vektoren gelten folgende Sätze:

Vektoren mit verschiedenen Indizes j,k aus einer Darstellung $\overleftrightarrow{A}(s)$ sowie die Vektoren aus zwei verschiedenen, nichtäquivalenten, irreduziblen, unitären Darstellungen $\overleftrightarrow{A}(s)$ und $\overleftrightarrow{B}(s)$ sind im hermitischen Sinne zueinander orthogonal. Ist p die Dimension der Darstellung $\overleftrightarrow{A}(s)$, so gilt

$$\sum_{s=1}^{h} A_{jk}^{*}(s)\, A_{mn}(s) = \frac{h}{p}\,\delta_{jm}\,\delta_{kn} \tag{13}$$

und

$$\sum_{s=1}^{h} B_{jk}^{*}(s) A_{mn}(s) = 0\,. \tag{14}$$

Zum Beweis betrachte man die Matrizen

$$\overleftrightarrow{M} = \sum_{t=1}^{h} \overleftrightarrow{A}^{-1}(t)\, \overleftrightarrow{C}\, \overleftrightarrow{A}(t) \qquad \text{und} \qquad \overleftrightarrow{N} = \sum_{t=1}^{h} \overleftrightarrow{B}^{-1}(t)\, \overleftrightarrow{D}\, \overleftrightarrow{A}(t)\,, \tag{15}$$

wobei $\overleftrightarrow{C}$ und $\overleftrightarrow{D}$ irgendwelche konstanten Matrizen sind. $\overleftrightarrow{M}$ und $\overleftrightarrow{N}$ erfüllen dann die Voraussetzungen des Schurschen Lemmas. Das liegt daran, daß $\overleftrightarrow{A}(t)\,\overleftrightarrow{A}(s)$ wegen der Darstellungseigenschaft gleich der Matrix zu dem Gruppenprodukt ts ist. Wenn t die ganze Gruppe durchläuft, tut das bei festem s auch ts, nur in anderer Reihenfolge. Daher gilt

$$\overleftrightarrow{A}^{-1}(s)\, \overleftrightarrow{M}\, \overleftrightarrow{A}(s) = \sum_{t=1}^{h} \left(\overleftrightarrow{A}(t)\overleftrightarrow{A}(s)\right)^{-1} \overleftrightarrow{C}\, \overleftrightarrow{A}(t)\overleftrightarrow{A}(s) = \overleftrightarrow{M}\,. \tag{16}$$

Diese Gleichung ist mit (9) identisch. Genauso zeigt man die Gültigkeit von (11) für $\overleftrightarrow{N}$. Also ist $\overleftrightarrow{N} = 0$ und $\overleftrightarrow{M} = \lambda \overleftrightarrow{E}$ für jedes $\overleftrightarrow{C}$ und $\overleftrightarrow{D}$. Nun wählt man für $\overleftrightarrow{C}$ und $\overleftrightarrow{D}$ jeweils eine Matrix, bei der nur ein einziges Element gleich 1 ist und alle anderen gleich null. Beachtet man die Unitärität $\overleftrightarrow{B}^{-1}(t) = B^{+}(t)$, so wird $\overleftrightarrow{N} = 0$ mit (14) identisch. In der Gleichung $\overleftrightarrow{M} = \lambda \overleftrightarrow{E}$ muß man zur Bestimmung von λ noch auf beiden Seiten die Spur bilden und die Unitärität von $\overleftrightarrow{A}(s)$ ausnutzen. Dann ergibt sich daraus (13).

Aus diesen Orthogonalitätssätzen ergibt sich, daß eine endliche Gruppe nur endlich viele, nichtäquivalente, irreduzible Darstellungen besitzen kann. Denn jede irreduzible Darstellung aus p-dimensionalen Matrizen enthält p^2 solche Vektoren mit h Komponenten. In einem h-dimensionalen Vektorraum gibt es aber nur h orthogonale Vektoren. Numeriert man also die nichtäquivalenten irreduziblen Darstellungen mit dem oberen Index (j) durch, so kann die Summe über die Quadrate ihrer Dimensionen $p^{(j)}$

höchstens gleich h sein. Wie sogleich gezeigt werden soll, wird diese Zahl auch immer erreicht. Es gilt der Satz:

Die Summe der Quadrate der Dimensionen $p^{(j)}$ aller nichtäquivalenten, irreduziblen Darstellungen $A^{(j)}(s)$ ist gleich der Ordnung der Gruppe.

$$\sum_{j=1}^{\cdots} p^{(j)2} = h . \tag{17}$$

E. Die Charaktere

Unter dem Charakter einer Darstellung $\overleftrightarrow{A}(s)$ versteht man die Gesamtheit der Spuren $\chi(s)$ der Darstellungsmatrizen:

$$\chi(s) = Sp\,\overleftrightarrow{A}(s) = \sum_{k=1}^{p} A_{kk}(s) . \tag{18}$$

Nun beachte man, daß sich die Spur einer Matrix und daher auch der Charakter einer Darstellung bei einer Ähnlichkeitstransformation nicht ändert. Denn aus (4) ergibt sich wegen $\overleftrightarrow{U}\overleftrightarrow{U}^{+} = 1$

$$\begin{aligned} Sp\,\overleftrightarrow{A}'(s) &= Sp\,\overleftrightarrow{U}^{+}\overleftrightarrow{A}(s)\overleftrightarrow{U} = \sum_{j,k,l} U^{+}_{jk} A_{kl}(s) U_{lj} \\ &= \sum_{k,l}\Big(\sum_{j} U_{lj} U^{+}_{jk}\Big) A_{kl}(s) = \sum_{k} A_{kk}(s) = Sp\,\overleftrightarrow{A}(s) . \end{aligned} \tag{19}$$

Alle äquivalenten Darstellungen haben also die gleichen Spuren, und deshalb bezeichnet man diese als ihren Charakter. Eine Ähnlichkeitstransformation ändert gewissermaßen nur das äußere Aussehen einer Darstellung und läßt ihre charakteristischen Eigenschaften, ihren Charakter, unverändert.

Im folgenden soll auch bei den Charakteren als oberer Index ein für die Darstellung kennzeichnendes Symbol

(A) oder (B) oder die Nummer (j) der irreduziblen Darstellung angebracht werden. Setzt man in (13) und (14) $j=k$ und $m=n$ und summiert dann über j und m, so ergibt sich

$$\sum_{s=1}^{h} \chi^{(A)*}(s)\, \chi^{(A)}(s) = h \tag{20}$$

und

$$\sum_{s=1}^{h} \chi^{(B)*}(s)\, \chi^{(A)}(s) = 0. \tag{21}$$

Die Charaktere zweier nichtäquivalenter, irreduzibler, unitärer Darstellungen sind also, wenn man sie als h-dimensionale Vektoren auffaßt, ebenfalls im hermitischen Sinne orthogonal und haben alle die gleiche Norm.

Aus diesen Charakteren kann man nun aber meist Vektoren mit geringerer Komponentenzahl herstellen, weil die Matrizen zu Gruppenelementen aus der gleichen Klasse konjugierter Elemente die gleiche Spur besitzen. Wenn nämlich zwei Gruppenelemente s und t zur gleichen Klasse gehören, gilt mit einem Gruppenelement a die Beziehung

$$t = a^{-1} s a . \tag{22}$$

Wegen der Darstellungseigenschaft der Matrizen gehört zu a^{-1} die reziproke Matrix von derjenigen zu a. Daher ergibt sich aus (22)

$$\overleftrightarrow{A}(t) = \overleftrightarrow{A}^{-1}(a)\, \overleftrightarrow{A}(s)\, \overleftrightarrow{A}(a) . \tag{23}$$

Daraus folgt analog zu (19)

$$Sp\, \overleftrightarrow{A}(t) = Sp\, \overleftrightarrow{A}(s). \tag{24}$$

Der Charakter einer Darstellung hat also höchstens soviel verschiedene Komponenten, wie die Zahl k der Klassen konjugierter Elemente beträgt. Man kann daher die obigen Summen bei geeigneter Umdefinition der Komponenten auf die Form skalarer Produkte in einem k -dimensionalen Vektorraum bringen. Das soll der Kürze halber hier nicht formelmäßig geschehen, da die Folgerung daraus ohnehin klar ist: Da es in einem k -dimensionalen Vektorraum höchstens k zueinander orthogonale Vektoren gibt, kann es nicht mehr als k nichtäquivalente, irreduzible Darstellungen geben. Auch hier kann man zeigen, daß diese Zahl immer erreicht wird, d. h. es gilt der Satz:

Die Zahl der nichtäquivalenten, irreduziblen Darstellungen einer endlichen Gruppe ist gleich der Zahl ihrer Klassen konjugierter Elemente.

Auf den Beweis dieses Satzes sei hier verzichtet. Er erfordert eine relativ langwierige Rechnerei und die vorherige Ableitung eines Satzes von Burnside, ohne wesentlich neue Einsichten in die Struktur der Gruppen zu liefern. Für die Physik ist nur eine Folgerung wichtig: Da es bei endlichen Gruppen nur endlich viele nichtäquivalente, irreduzible Darstellungen gibt, ist es bei nicht zu hoher Ordnung möglich, sie alle aufzuschreiben. Das erlaubt die Klassifizierung der möglichen verschiedenen Typen von Eigenwerten und den dazu gehörenden Systemen von Eigenelementen allein auf Grund der Symmetrie des Hamiltonoperators.

F. Das Ausreduzieren

Unter dem Prozeß des Ausreduzierens einer reduziblen Darstellung versteht man den Übergang zu einer äquivalenten Darstellung, in welcher bei allen Matrizen längs der Hauptdiagonalen die Matrizen $A^{(j)}(s)$ irgendwelcher irreduzibler Darstellungen aufgereiht sind und außerhalb dieser Matrizen nur Nullen stehen (vgl. Tab. 2).

Tab. 2. Die Form einer ausreduzierten Darstellungsmatrix.

$$\begin{pmatrix} A^{(1)}(s) & O & O & \dots & O \\ O & A^{(2)}(s) & O & \dots & O \\ O & O & A^{(3)}(s) & \dots & O \\ \dots & \dots & \dots & & \dots \\ O & O & O & \dots & A^{(j)}(s) \end{pmatrix} \qquad (O = \text{Nullmatrix})$$

Meist ist es schwierig, die dafür nötige Transformationsmatrix $\overleftrightarrow{U}$ zu finden. Aus den Charakteren kann man aber entnehmen, wie häufig die verschiedenen irreduziblen Darstellungen nach der Ausreduktion auftreten würden. Im folgenden werde mit $\chi^{(j)}(s)$ die Spur der Matrix zum Gruppenelement s in der j-ten irreduziblen Darstellung bezeichnet. $\chi(s)$ sei die Spur der entsprechenden Matrix in einer reduziblen Darstellung. Wenn nun die k-te irreduzible Darstellung nach dem Ausreduzieren gerade n_k mal längs der Hauptdiagonalen auftritt, muß gelten:

$$\chi(s) = \sum_k n_k \chi^{(k)}(s) . \tag{25}$$

Das ergibt sich nämlich unmittelbar aus der in Tab. 2 angedeuteten Form der Matrix nach der Ausreduktion, und daher muß es auch vorher gelten, weil sich die Spur bei einer Ähnlichkeitstransformation nicht ändert.

Der Orthogonalitätssatz (21) erlaubt dann sofort die Berechnung der Zahl n_k. Dazu multipliziert man beide Seiten von (25) mit $\chi^{(j)*}(s)$ und summiert über s. Dann ergibt sich

$$\sum_{s=1}^{h} \chi^{(j)*}(s)\, \chi(s) = n_j h . \tag{26}$$

Dafür müssen allerdings die Charaktere aller irreduziblen Darstellungen bekannt sein. Dann erlaubt diese Formel (26) noch eine gute Rechenkontrolle. Wenn sich beim Ausrechnen der linken Seite kein ganzzahliges Vielfaches der Gruppenordnung h ergibt, muß man einen Rechenfehler gemacht haben.

Nebenbei ergibt sich hieraus die folgende, wichtige Umkehrung des oben bewiesenen Satzes, wonach zwei äquivalente Darstellungen stets denselben Charakter haben. Es gilt auch umgekehrt: Wenn zwei Darstellungen denselben Charakter haben, sind sie äquivalent. Sie lassen sich nämlich beim Ausreduzieren auf eine Form bringen, die dieselben irreduziblen Teilmatrizen gleich oft längs der Diagonalen enthält. Die Ergebnisse können sich dann nur noch durch die Reihenfolge der Teilmatrizen unterscheiden, und auch diese kann man durch eine Ähnlichkeitstransformation verändern.

Als Anwendungsbeispiel für diesen Satz sei die sogenannte reguläre Darstellung betrachtet. Wenn man sich die Gruppenelemente in irgendeiner fest vorgegebenen Reihenfolge aufschreibt, bewirkt die Multiplikation mit einem Element s , wie auf S.137 gezeigt wurde, nur eine Änderung ihrer Reihenfolge. Kein Element tritt nachher doppelt auf und keines fehlt. Wenn s nicht das Einselement der Gruppe ist, bleibt kein Element an seinem Platz stehen. Nun kann man Vektoren mit h Dimensionen betrachten und Matrizen, welche dieselbe Permutation der Komponenten jedes Vektors verursachen wie die Multiplikation aller Gruppenelemente mit einem Element s von links. Wenn z. B. das j -te Element g_j dabei in das k -te Element g_k überführt wird, also $g_k = sg_j$ ist, so muß diese Matrix in der ganzen k -ten Zeile lauter Nullen haben mit Ausnahme des Elements in der j -ten Spalte, und dieses muß gleich 1 sein. Die Zuordnung dieser h-dimensionalen Matrix, in welcher in jeder Zeile und Spalte jeweils nur eine 1 und sonst lauter Nullen stehen, zu dem Gruppenelement s liefert eine Darstellung der Gruppe. Die Nachprüfung dieser Aussage ist eine gute Übungsaufgabe. Diese Darstellung wird als die reguläre Darstellung bezeichnet. Man sieht daraus, daß man jede Gruppe der Ordnung h im Prinzip als eine Gruppe aus Permutationen von h Dingen auffassen kann, doch kommen in ihr nicht alle Permutationen vor, sondern nur solche, bei denen entweder alle oder keines seinen Platz wechselt.

In dieser regulären Darstellung sind die Spuren aller Matrizen null mit Ausnahme derjenigen zum Einselement. Letztere ist gleich h :

$$\chi(s) = 0 \qquad \text{für} \quad s \neq e\,; \quad \chi(e) = h\,. \tag{27}$$

Setzt man dieses Ergebnis in (26) ein, so erhält man

$$\chi^{(j)*}(e)\,h = n_j h\,. \tag{28}$$

Die Darstellungsmatrix zu e ist aber stets die Einheitsmatrix. Wenn die j-te irreduzible Darstellung die Dimension $p^{(j)}$ hat, ist also $\chi^{(j)}(e) = p^{(j)}$, also

$$n_j = p^{(j)}\,. \tag{29}$$

Das bedeutet: Die reguläre Darstellung enthält die j-te irreduzible Darstellung gerade so oft, wie ihre Dimension beträgt. Da jede dieser Teildarstellungen nach dem Ausreduzieren $p^{(j)}$ Plätze längs der Diagonalen besetzt, muß die Summe über $p^{(j)2}$ gleich der Dimension der regulären Darstellung sein, also

$$\sum_j p^{(j)2} = h\,, \tag{30}$$

wie bereits auf S. 163 behauptet wurde.

G. Die Charakterentabelle

Fast alle quantentheoretischen Aussagen, welche gruppentheoretisch begründet werden können, ergeben sich aus den Eigenschaften der irreduziblen Darstellungen und dem Verfahren des Ausreduzierens von reduziblen Darstellungen. Dazu benötigt man vor allem eine Liste der Charaktere der irreduziblen Darstellungen. Von den Mathematikern und Physikern sind viele verschiedene Verfahren zu deren Aufstellung entwickelt worden. Diese können hier nicht im einzelnen erläutert werden. Die Resultate für fast alle Gruppen, die in der Physik vorkommen, liegen in der mathematischen Literatur tabelliert vor. Es kommt daher heute nur noch selten vor, daß ein Physiker diese Arbeit für eine neue Gruppe durchführen muß. In solch einem Falle muß er sowieso die Spezialliteratur zu Rate ziehen. Deshalb soll hier die Berechnung der Charakterentabelle nur an einem besonders einfachen Beispiel exemplarisch erläutert werden, nämlich für die vorn betrachtete Gruppe $\mathcal{C}_{3v}$. Sie hat die Ordnung 6 und besitzt 3 Klassen konjugierter Elemente, hat also 3 nichtäquivalente, irreduzible Darstellunge, von denen zwei die Dimension 1 und eine die Dimension 2 besitzt, denn die Zahl 6 läßt sich nur in der Form $6 = 4 + 1 + 1$ als Summe von 3 Quadratzahlen schreiben.

In ähnlicher Weise kann man bei vielen einfachen Gruppen die Dimensionszahlen der irreduziblen Darstellungen leicht ermitteln. Z. B. hat eine abelsche Gruppe nur eindimensionale Darstellungen, denn bei ihr bildet jedes Element eine Klasse für sich. Also ist die Zahl der irreduziblen Darstellungen bei ihnen gleich der Ordnung der Gruppe.

Bei jeder Gruppe kann man eine einfache Darstellung sofort angeben, nämlich die sogenannte identische Darstellung, welche jedem Element die Zahl 1 zuordnet. Ferner gilt: Wenn in einer Darstellung mehreren Elementen dieselbe Matrix zugeordnet ist, wenn also die Darstellung nicht isomorph ist, so bildet sie (nach §16) eine isomorphe Darstellung einer Faktorgruppe. Auf Grund dieses Umstandes kann man zu $\mathcal{C}_{3v}$ sofort eine weitere Darstellung angeben. Bei ihr bilden nämlich die Elemente e, d, d^2 einen Normalteiler, zu dem die Elemente mit s als einzige Nebenklasse gehören. Die zugehörige Faktorgruppe mit der Ordnung 2 hat außer der identischen Darstellung nur noch eine weitere irreduzible Darstellung, welche eindimensional ist und der Nebenklasse die Zahl -1 zuordnet.

Aus den Orthogonalitätssätzen (20) und (21) ergibt sich damit der Charakter der noch fehlenden dritten, zweidimensionalen irreduziblen Darstellung von $\mathcal{C}_{3v}$ eindeutig. Das Ergebnis enthält die folgende Tab. 3:

Tab. 3. Die Charaktere der 3 irreduziblen Darstellungen von $\mathcal{C}_{3v}$.

Klasse	e	d, d^2	s, sd, sd^2
	1	1	1
	1	1	-1
	2	-1	0

Den Charakter der zweidimensionalen Darstellung hätte man auch leicht auf dem folgenden Weg finden können: Alle Symmetrieoperationen von $\mathcal{C}_{3v}$ lassen die z-Koordinate unverändert und transformieren die x- und y-Koordinate linear in neue Koordinaten. Die zugehörige zweidimensionale Matrix zu einer Drehung der x-y-Ebene um den Ursprung mit dem Winkel α lautet

$$\overleftrightarrow{D}(\alpha) = \begin{pmatrix} \cos\alpha & -\sin\alpha \\ \sin\alpha & \cos\alpha \end{pmatrix} \tag{31}$$

Sie hat die Spur $2\cos\alpha$, bei einer Drehung um $2\pi/3$ oder $4\pi/3$ also -1. Der Spiegelung an der x-z-Ebene ist die Matrix

$$\overleftrightarrow{D}(s) = \begin{pmatrix} 1 & 0 \\ 0 & -1 \end{pmatrix} \tag{32}$$

zugeordnet mit der Spur 0. Die Matrizen $\overleftrightarrow{D}(2\pi/3)$, $\overleftrightarrow{D}(4\pi/3)$, $\overleftrightarrow{D}(s)$ und ihre Produkte bilden offenbar eine Darstellung der Gruppe $\mathcal{C}_{3v}$, deren Charakter mit demjenigen der dritten Zeile in Tab. 3 übereinstimmt.

Diese Methode ist bei einfachen Gruppen oft anwendbar. Man sucht einfache Funktionen, die bei Anwendung der Symmetrietransformationen in Linearkombinationen von ihnen transformiert werden. Wählt man die Ausgangsfunktionen orthogonal, so erhält man auf diese Weise stets eine unitäre Darstellung der Gruppe. Oft ist es durch einfache Zusatzüberlegungen möglich, nachzuprüfen, ob diese Darstellungen irreduzibel sind oder nicht. Wenn man auf diese Weise eine Anzahl von irreduziblen Darstellungen gefunden hat, kann man manchmal die Charaktere der noch fehlenden Darstellungen aus den Orthogonalitätsrelationen (20) und (21) ermitteln. Man beachte ferner, daß bei einer Gruppe, welche ein direktes Produkt aus zwei Gruppen bildet, das direkte Produkt der Matrizen irreduzibler Darstellungen der beiden Bestandteile wieder eine irreduzible Darstellung liefert. Mit diesen relativ einfachen Regeln kommt man in der Praxis des Physikers nahezu aus[1].

1) Einige weiterführende, speziell für Physiker geeignete Werke:

A. Speiser: Die Theorie der Gruppen endlicher Ordnung. Berlin 1923

E. Wigner: Gruppentheorie und ihre Anwendung auf die Quantenmechanik der Atomspektren. Braunschweig 1931. Englische Übersetzung New York, London 1959

H. Weyl: Gruppentheorie und Quantenmechanik. Leipzig 1931. Englische Übersetzung New York 1931

B.L. van der Waerden: Die gruppentheoretische Methode in der Quantenmechanik, Berlin 1932

H. Boerner: Darstellungen von Gruppen. Berlin, Göttingen, Heidelberg 1. Aufl. 1955, 2. Aufl. 1967

M. Hamermesh: Group Theory and its Application to physical Problems. London, Paris 1962

G.J. Ljubarski: Anwendungen der Gruppentheorie (aus dem Russ.). Berlin 1962

W. Tinkham: Group Theory and Quantum Mechanics. New York, San Francisco, Toronto, London 1964.

Fragen und Aufgaben zu Kap. IV

Fragen

1). Welche Axiome definieren eine Gruppe?

2). Wann heißt eine Gruppe abelsch?

3). Was ist die Ordnung einer Gruppe?

4). Was versteht man unter einer kontinuierlichen Gruppe?

5). Was ist eine echte Untergruppe einer Gruppe?

6). Wann sind zwei Gruppenelemente a und b zueinander konjugiert?

7). Was ist ein Normalteiler?

8). Was versteht man unter der Faktorgruppe einer Gruppe?

9). Wann sind zwei Gruppen homomorph?

10). Was versteht man unter einer Vektordarstellung und einer Strahldarstellung einer Gruppe?

11). Was ist eine Ähnlichkeitstransformation einer Darstellung?

12). Wann sind zwei Darstellungen zueinander äquivalent?

13). Wann ist ein System von Matrizen irreduzibel?

14). Was versteht man unter dem Charakter einer Darstellung?

15). Wieviel irreduzible nichtäquivalente Darstellungen besitzt eine Gruppe?

16). Wie groß ist die Summe der Quadrate der Dimensionen aller nichtäquivalenten irreduziblen Darstellungen?

17). Gibt es Gruppen, die nur eindimensionale irreduzible Darstellungen besitzen?

18). Was versteht man unter der regulären Darstellung?

19). Kann es vorkommen, daß in einer Darstellung mehreren Elementen die Einheitsmatrix zugeordnet ist?

20). Kann es vorkommen, daß eine Gruppe nur eine einzige irreduzible Darstellung besitzt?

Aufgaben

1). Hexagonale Kristalle besitzen eine Symmetriegruppe, welche außer dem Einselement e die folgenden drei Elemente und ihre Produkte besitzt: d = Drehung um die z-Achse um 60°. s = Spiegelung an der y-z-Ebene. σ = Spiegelung an der x-y-Ebene. Welche

Ordnung hat die Gruppe? Wie ist die Klasseneinteilung? Ist sie ein direktes Produkt zweier einfacherer Gruppen? Hat sie Normalteiler? Welche irreduziblen Darstellungen besitzt sie?

2). Die Gruppe aus den 4 Elementen e, a, b, ab, welche den Rechenregeln $a^2 = b^2 = e$, $ab = ba$ genügt, heißt Kleinsche Vierergruppe. Für diese Gruppe sollen die Eigenschaften ihrer Strahldarstellungen ermittelt werden. Dazu zeige man, daß man durch Hinzufügen geeigneter Faktoren zu den Darstellungsmatrizen daraus stets die Vektordarstellung einer Gruppe mit doppelt so vielen Elementen herstellen kann, welche sich von der Kleinschen Gruppe durch ein mit allen Elementen vertauschbares zusätzliches Element v unterscheidet, für welches die Rechenregel $ab = vba$ gilt. Berechnen Sie die irreduziblen Darstellungen dieser Gruppe und zeigen Sie, daß sie außer eindimensionalen Darstellungen eine zweidimensionale Darstellung besitzt, deren Matrizen außer der Einheitsmatrix Vielfache der drei Paulimatrizen
$\begin{pmatrix} 1 & 0 \\ 0 & 1 \end{pmatrix}$, $\begin{pmatrix} 0 & -i \\ i & 0 \end{pmatrix}$ und $\begin{pmatrix} 0 & 1 \\ 1 & 0 \end{pmatrix}$ sind.

Kapitel V. Anwendungen der Gruppentheorie

Inhalt

Die Gruppentheorie erleichtert die Störungsrechnung im Fall der Entartung, weil die Störung meist die Symmetrie des Hamiltonoperators vermindert. Wenn die Symmetriegruppe $\mathfrak{U}$ des gestörten Hamiltonoperators $H = H^{(0)} + S$ eine Untergruppe der Gruppe $\mathfrak{G}$ des ungestörten Hamiltonoperators $H^{(0)}$ ist, bilden die Matrizen, welche den Elementen von $\mathfrak{U}$ in einer p-dimensionalen irreduziblen Darstellung von $\mathfrak{G}$ zugeordnet werden, oft eine reduzible Darstellung von $\mathfrak{U}$. Die Anzahl ihrer irreduziblen Bestandteile gibt dann an, in wieviele verschiedene Eigenwerte der p-fache Eigenwert von $H^{(0)}$ höchstens durch die Störung in 1. Näherung aufspalten kann. Die zugehörigen richtigen Linearkombinationen lassen sich auch teilweise gruppentheoretisch ermitteln.

Als Anwendungsbeispiel dafür wird die Aufspaltung eines Atomniveaus bei Einbau des Atoms in ein Gitter behandelt für den Fall, daß der Spin vernachlässigt werden kann und die Umgebung des betrachteten Atoms kubische Symmetrie hat. Es wird gezeigt, daß dann s- und p-Terme nicht aufspalten, d-Terme dagegen höchstens in ein zweifaches und ein dreifaches Niveau.

Nach derselben Methode wird gezeigt, daß die Wellenfunktionen der Einzelelektronen in einem Kristall auf die Blochsche Form

$$u(\vec{r}) = \exp(i\vec{k}\cdot\vec{r})\cdot v(\vec{k};\vec{r}) \tag{1}$$

gebracht werden können. Darin ist $v(\vec{k};\vec{r})$ eine Funktion mit der gleichen Periodizität wie das Gitter. Der Ausbreitungsvektor $\vec{k}$ ist nur bis auf einen Summanden bestimmt, welcher das 2π-fache eines Gittervektors im reziproken Gitter ist. Derjenige unter diesen äquivalenten $\vec{k}$-Vektoren, welcher den kleinsten Betrag hat, wird reduzierter $\vec{k}$-Vektor genannt. Die Gesamtheit aller reduzierten $\vec{k}$-Vektoren bildet die erste Brillouin-Zone. Wenn man den Kristall als endlich annimmt und ihn außerhalb periodisch fortgesetzt denkt, ist die Zahl der $\vec{k}$-Vektoren in der ersten Brillouin-Zone gleich der Anzahl der Elementarzellen im Kristall. Die Eigenwerte können als mehrdeutige Funktionen des reduzierten $\vec{k}$ -Vektors in der ersten Brillouin-Zone aufgefaßt werden. Jeder Zweig dieser Funktion geht bei unbegrenzter Vergrößerung der Gitterkonstanten in ein Atomniveau über.

Die Gesamtheit der Drehungen mit verschiedenen Drehwinkeln um verschiedene Drehachsen durch einen festen Punkt bilden eine kontinuierliche Gruppe, die Drehgruppe. Ihr Parameterraum ist zweifach zusammenhängend. Es wird gezeigt, daß man alle Strahldarstellungen so eichen kann, daß das Produkt der Matrizen zweier Drehungen bis auf das Vorzeichen gleich der Matrix des Gruppenproduktes der Drehungen ist. Die Drehgruppe läßt sich daher erweitern zu einer Gruppe mit doppelt so vielen Elementen, in welcher sich alle Strahldarstellungen durch Umeichung in Vektordarstellungen umwandeln lassen. Diese Gruppe ist identisch mit der Gruppe SU_2 , der Gruppe der zweidimensionalen, unitären Matrizen mit der Determinante 1 . In dieser Gruppe gibt es zu jedem ganzzahligen und jedem halbzahligen j je eine irreduzible Darstellung der Dimension $2j+1$.

Mit diesen Hilfsmitteln wird bewiesen, daß ein Atomniveau mit der Bahndrehimpulsquantenzahl l und der Spindrehimpulsquantenzahl s bei Berücksichtigung der Spin-Bahn-Wechselwirkung in $(2l+1)$ oder $(2s+1)$ Niveaus aufspaltet, je nachdem, welche Zahl kleiner ist. Es wird das Verfahren zur Berechnung der richtigen Linearkombinationen bei dieser Störungsrechnung erörtert. Ihre Koeffizienten sind die Clebsch-Gordan-Koeffizienten. Aus diesen Überlegungen werden einige Folgerungen über die Multiplizitäten in Atomspektren und den Einfluß des Kernspins auf die Molekülspektren in Molekülen aus gleichen Kernen abgeleitet.

§19. Anwendung auf die Störungsrechnung

A. Berechnung der Maximalzahl der Eigenwerte

Bei der Schrödingerschen Störungsrechnung zur Berechnung der Eigenwerte eines Hamiltonoperators $H = H^{(0)} + S$ hat der ungestörte Hamiltonoperator $H^{(0)}$ in der Regel eine höhere Symmetrie als der gestörte. Ein typisches Beispiel ist die Elektronenhülle eines Atoms in einem äußeren Feld. Bei Abwesenheit des Feldes ist der Hamiltonoperator $H^{(0)}$ (bei Vernachlässigung des Kernspins) invariant gegen alle Drehungen um den Kernschwerpunkt. In einem homogenen äußeren Feld besteht nur noch eine Symmetrie gegenüber Drehungen um die Feldrichtung. In einem solchen Fall liefert die Gruppentheorie eine Aussage darüber, in wieviele Eigenwerte ein entarteter Eigenwert beim Einschalten der Störung S maximal aufspalten kann und welche Symmetrie die richtigen Linearkombinationen im Sinne der Störungsrechnung besitzen.

Als Beispiel werde ein p-facher Eigenwert $E^{(0)}$ von $H^{(0)}$ betrachtet mit den p orthonormierten Eigenelementen $|i\rangle$ ($i = 1,2,\dots p$). Wie in §17 ausgeführt wurde, erzeugen diese eine p-dimensionale Darstellung der Symmetriegruppe $\mathfrak{G}$ von $H^{(0)}$. Der gestörte Hamiltonoperator $H = H^{(0)}+S$ ist wegen seiner geringeren Symmetrie nur noch mit einem Teil der mit $H^{(0)}$ vertauschbaren Symmetrieoperatoren vertauschbar. Diese bilden eine Untergruppe $\mathfrak{U}$ von $\mathfrak{G}$. Die p-dimensionalen Matrizen, welche die Zustandselemente $|i\rangle$ den Symmetrieoperatoren dieser Untergruppe $\mathfrak{U}$ zuordnen, bilden auch eine Darstellung von $\mathfrak{U}$, aber im allgemeinen keine irreduzible mehr, auch dann nicht, wenn sie Teil einer irreduziblen Darstellung der größeren Symmetriegruppe $\mathfrak{G}$ von $H^{(0)}$

ist. Dann gilt der folgende Satz:

Die Zahl der verschiedenen Eigenwerte von H *, in die* $E^{(0)}$ *beim Einschalten der Störung* S *in 1. Näherung aufspaltet, ist höchstens gleich der Anzahl der irreduziblen Bestandteile in der von den* $|i\rangle$ *erzeugten* p *-dimensionalen Darstellung der Symmetriegruppe* $\mathfrak{U}$ *von* H *, welche eine Untergruppe der Symmetriegruppe* $\mathfrak{G}$ *von* $\mathsf{H}^{(0)}$ *ist.*

Der Beweis dieser Aussage ergibt sich - gewissermaßen nebenbei - wenn man den Prozeß der Hauptachsentransformation der Störmatrix von S nicht gleich als Ganzes in Angriff nimmt, sondern zunächst nur diejenigen Linearkombinationen der $|i\rangle$ zu bestimmen sucht, welche die p -dimensionale Darstellung der Gruppe $\mathfrak{U}$ in ausreduzierter Form liefern. Dabei benutzt man nicht alle Eigenschaften der Störmatrix von S , sondern nur ihre Symmetrie. Im folgenden werde angenommen, daß beim Ausreduzieren die j -te irreduzible Darstellung von $\mathfrak{U}$ mit der Dimension p_j gerade n_j mal auftritt. Natürlich gilt dann

$$p = \sum_j n_j p_j . \tag{1}$$

Ferner werde angenommen, daß die orthonormierten Linearkombinationen der $|i\rangle$, die die ausreduzierte Darstellung erzeugen, schon bekannt seien. Sie sollen mit $|j;\mu;\alpha\rangle$ bezeichnet werden. Der Index j kennzeichnet dabei die irreduzible Darstellung. μ ($= 1,2,\ldots p_j$) zählt die p_j Elemente ab, welche bei Anwendung der Symmetrieoperatoren von $\mathfrak{U}$ ineinander transformiert werden. Wenn es mehrere Komplexe von solchen p_j Zustandselementen gibt, sollen diese durch den letzten Index α abgezählt werden. Er nimmt die Werte 1 bis n_j an. Die Frage, wie man die $|j;\mu;\alpha\rangle$ bestimmt, werde zunächst zurückgestellt.

Die Zahlen n_j kann man nach den Ausführungen in §18 ohne Kenntnis der $|j;\mu;\alpha\rangle$ bestimmen. Bezeichnet man die

Symmetrieoperatoren der Gruppe $\mathfrak{U}$ mit der Ordnung h mit $D(s)$ ($s = 1, 2, \ldots h$), so lauten die Charaktere der p-dimensionalen reduziblen Darstellung

$$\chi^{(s)} = \sum_{i=1}^{p} \langle i | D(s) | i \rangle . \tag{2}$$

Aus ihnen ergibt sich bei bekannten Werten der Charaktere $\chi^{(j)}(s)$ der irreduziblen Darstellungen nach (§18; 25):

$$n_j = \frac{1}{h} \sum_{s=1}^{h} \chi^{(j)*}(s)\, \chi^{(s)} . \tag{3}$$

Die Linearkombinationen $|j;\mu;\alpha\rangle$ der $|i\rangle$ genügen definitionsgemäß den Gleichungen

$$D(s)|j;\mu;\alpha\rangle = \sum_{\nu=1}^{p_j} |j;\nu;\alpha\rangle\, D^{(j)}_{\nu\mu}(s) . \tag{4}$$

Dabei sind die $D^{(j)}_{\nu\mu}(s)$ die Matrixelemente der j-ten irreduziblen Darstellung in irgendeiner ihrer äquivalenten Formen. Wie nachher gezeigt werden soll, kann man die $|j;\mu;\alpha\rangle$ stets dazu passend auswählen. Man sagt dann, das Zustandselement $|j;\mu;\alpha\rangle$ gehört zur μ-ten Zeile dieser j-ten irreduziblen Darstellung. Die Elemente mit gleichem j und α und anderen Werten von μ werden als die zu $|j;\mu;\alpha\rangle$ gehörenden Partner bezeichnet.

Für die mit diesen Elementen gebildete Störmatrix gilt dann der folgende Satz:

Matrixelemente von S *, welche mit zwei Zustandselementen zu verschiedenen irreduziblen Darstellungen ihrer Symmetriegruppe oder zu verschiedenen Zeilen derselben Darstellung gebildet wurden, verschwinden. Diagonalelemente von* S *, welche mit Partner-Elementen gebildet wurden, also mit Elementen mit gleichem* j *und* α *, aber verschiedenem* μ *, sind gleich:*

$$\langle j; \mu; \alpha | S | k; \lambda; \beta \rangle = \delta_{jk}\, \delta_{\mu\lambda}\, f(\alpha, \beta, j)\,. \tag{5}$$

Das ergibt sich daraus, daß die Operatoren $D(s)$ unitär und mit S vertauschbar sind:

$$\langle D(s)\varphi | D(s)\psi \rangle = \langle \varphi | D^{+}(s) D(s) | \psi \rangle = \langle \varphi | \psi \rangle \tag{6}$$

für alle $|\varphi\rangle$ und $|\psi\rangle$, sowie

$$D(s) S = S D(s)\,. \tag{7}$$

Dann gilt nämlich

$$\begin{aligned} \langle j; \mu; \alpha | S | k; \lambda; \beta \rangle &= \langle D(s) | j; \mu; \alpha \rangle | D(s) S | k; \lambda; \beta \rangle \\ &= \langle D(s) | j; \mu; \alpha \rangle | S D(s) | k; \lambda; \beta \rangle. \end{aligned} \tag{8}$$

Setzt man hier (4) ein, so erhält man

$$\langle j; \mu; \alpha | S | k; \lambda; \beta \rangle = \sum_{\nu, \xi} \langle j; \nu; \alpha | S | k; \xi; \beta \rangle\, \mathcal{D}^{(j)*}_{\nu\mu}(s)\, \mathcal{D}^{(k)}_{\xi\lambda}(s)\,. \tag{9}$$

Summiert man nun diese Gleichung über die h Symmetrieoperatoren der Gruppe $\mathfrak{U}$ und dividiert durch h, so ergibt sich wegen (§18; 13 und 14)

$$\begin{aligned} \langle j; \mu; \alpha | S | k; \lambda; \beta \rangle &= \sum_{\nu, \xi} \langle j; \nu; \alpha | S | k; \xi; \beta \rangle \frac{1}{p_j} \delta_{jk}\, \delta_{\nu\xi}\, \delta_{\mu\lambda} \\ &= \frac{1}{p_j} \delta_{jk}\, \delta_{\mu\lambda} \sum_{\nu} \langle j; \nu; \alpha | S | j; \nu; \beta \rangle\,. \end{aligned} \tag{10}$$

Jetzt steht auf der rechten Seite eine Summe über ν, welche offenbar von μ nicht mehr abhängt. Damit ist die Aussage (5) bewiesen.

Daraus folgt: Wenn keiner der irreduziblen Bestandteile in der ausreduzierten Form der p-dimensionalen Darstellung mehr als einmal vorkommt, hat die Matrix von S Diagonalform. Dann sind die Elemente $|j; \mu; \alpha\rangle$ bereits die richtigen Linearkombinationen im Sinne der Störungsrechnung. Dann ergeben sich diese also allein aus der Symmetrie von S . Außerdem haben dann die Diagonalelemente, welche mit den p_j Zustandselementen zur gleichen j -ten Darstellung gebildet werden, alle den gleichen Wert, liefern also die gleiche Energieänderung 1. Näherung. Dann ist also der Satz auf S. 179 offenbar erfüllt.

Wenn dagegen eines der $n_j > 1$ ist, bilden die Matrixelemente $\langle j;\mu;\alpha|S|j;\mu;\beta\rangle$ mit α und $\beta = 1$ bis n_j eine Teilmatrix, die für sich allein betrachtet werden kann, denn alle Matrixelemente $\langle j;\mu;\alpha|S|k;\nu;\beta\rangle$ und $\langle k;\nu;\alpha|S|j;\mu;\beta\rangle$, bei denen $j \neq k$ oder $\mu \neq \nu$ ist, verschwinden. Die zugehörige Säkulargleichung vom Grade n_j kann dann n_j verschiedene Wurzeln haben. Aber jede dieser Wurzeln tritt p_j mal als Störung der Energie in 1. Näherung auf, weil dieselbe Säkulargleichung für jeden der Werte $\mu = 1$ bis $\mu = p_j$ auftritt. Daher gilt der obige Satz auch in diesem Fall. Wenn man also beim Ausreduzieren nicht gleich die richtigen Linearkombinationen im Sinne der Störungsrechnung vollständig erhält, so hat man doch das Problem vereinfacht. Man hat dann nur noch Säkulargleichungen vom Grade n_j zu lösen.

Das bedeutet manchmal eine gewaltige Vereinfachung. Die folgenden Beispiele werden zeigen, daß nicht selten $n_j \leq 1$ ist für alle j . Bei den Elektronenbändern (vgl. §20) reduziert sich der Grad p der Säkulargleichung dadurch von einem Wert in der Größenordnung der Atomzahl in Festkörpern auf 1 . Man kann diesen Prozeß auch als eine Zerlegung des Hilbertraumes in orthogonale Teilräume zu den verschiedenen irreduziblen Darstellungen der Symmetriegruppe bezeichnen. Dadurch vereinfacht sich die Störungsrechnung, weil man die richtigen Linearkombinationen nur innerhalb eines dieser Teilräume zu suchen hat. Bereits in Bd. II, §3 wurde dieses Prinzip ausgenutzt durch Beschränkung auf Wellenfunktionen, die entweder in x gerade oder in x ungerade waren. Das war eine Folge der Symmetrie des dort betrachteten Hamiltonoperators gegen Spiegelungen an der Ebene $x=0$. Hier wurde dieses Verfahren auf beliebige Symmetrien ausgedehnt.

Der obige Satz für die Zahl der voneinander verschiedenen Energieänderungen bei Einschaltung einer Störung gilt zunächst nur für die 1. Näherung, ist aber oft auch für höhere Näherungen richtig. Das läßt sich aber nicht mit Sicherheit aus den obigen Überlegungen folgern. Insbesondere kann es vorkommen, daß der Störoperator wie beim Zeeman-Effekt aus mehreren Summanden besteht, welche verschiedenen Potenzen des Störparameters proportional sind. Diese Summanden können dann verschiedene Symmetrie haben. Das hat zur Folge, daß die Symmetrie in den verschiedenen Näherungen der Störungsrechnung verschieden ist. Einfache Beispiele dafür gibt es anscheinend nicht.

B. Berechnung der Zustandselemente zur ausreduzierten Darstellung

Die obigen Überlegungen wären für die Durchführung der Störungsrechnung praktisch bedeutungslos, wenn es schwierig wäre, die Linearkombinationen $|j;\mu;\alpha\rangle$ der Eigenelemente von $H^{(0)}$ zu ermitteln, welche die ausreduzierte Form der Darstellung von $\mathcal{U}$ liefern. Meist ist das aber sehr einfach. Die irreduziblen Darstellungen enthalten oft unmittelbar Symmetrieaussagen über die $|j;\mu;\alpha\rangle$. Nicht selten ist z. B. ein Zustandselement $|j;\mu;\alpha\rangle$ gegenüber einigen $D(s)$ invariant, ändert sich bei Anwendung von anderen nur um einen Faktor und wird durch weitere Symmetrieoperatoren in Partner-Elemente mit anderem μ überführt. Wie die nachher behandelten Beispiele zeigen, lassen sich auf Grund solcher Aussagen die $|j;\mu;\alpha\rangle$ manchmal unmittelbar hinschreiben.

In komplizierteren Fällen, in denen das nicht der Fall ist, hilft der folgende Satz:

Ist $|\psi\rangle$ ein beliebiges Element des betrachteten Hilbertraumes, so spannen die durch die folgende Formel (11) definierten p_j Elemente $|\varphi_\mu\rangle$, falls sie nicht verschwinden, die j-te irreduzible Darstellung der Symmetriegruppe $\mathfrak{U}$ auf, d. h. die Elemente

$$|\varphi_\mu\rangle = \sum_{t=1}^{h} \mathsf{D}(t)|\psi\rangle \mathcal{D}^{(j)}_{\nu\mu}(t^{-1}) \tag{11}$$

mit $\mu = 1,2,\ldots p_j$ und gleichem ν und $|\psi\rangle$ genügen der Gleichung

$$\mathsf{D}(s)|\varphi_\mu\rangle = \sum_{\lambda=1}^{p_j} |\varphi_\lambda\rangle \mathcal{D}^{(j)}_{\lambda\mu}(s). \tag{12}$$

Der Beweis ergibt sich unmittelbar aus der Gruppeneigenschaft der Operatoren $\mathsf{D}(s)$ und ihrer Darstellungsmatrizen. Sind s und t zwei Gruppenelemente mit dem Produkt $r = st$, so gilt

$$\mathsf{D}(s)\mathsf{D}(t) = \mathsf{D}(r). \tag{13}$$

Das Inverse von t ist dann $t^{-1} = r^{-1}s$ und daher

$$\mathcal{D}^{(j)}_{\nu\mu}(t^{-1}) = \sum_{\lambda=1}^{p_j} \mathcal{D}^{(j)}_{\nu\lambda}(r^{-1})\mathcal{D}^{(j)}_{\lambda\mu}(s). \tag{14}$$

Man wendet nun $\mathsf{D}(s)$ auf (11) an und nutzt aus, daß bei festem s mit t auch $r = st$ die ganze Gruppe durchläuft (vgl. S. 137). Dann ergibt sich

$$\begin{aligned}\mathsf{D}(s)|\varphi_\mu\rangle &= \sum_{t=1}^{h} \mathsf{D}(s)\mathsf{D}(t)|\psi\rangle \mathcal{D}^{(j)}_{\nu\mu}(t^{-1}) \\ &= \sum_{\lambda=1}^{p_j}\sum_{r=1}^{h} \mathsf{D}(r)|\psi\rangle \mathcal{D}^{(j)}_{\nu\lambda}(r^{-1})\,\mathcal{D}^{(j)}_{\lambda\mu}(s) = \sum_{\lambda=1}^{p_j} |\varphi_\lambda\rangle \mathcal{D}^{(j)}_{\lambda\mu}(s),\end{aligned} \tag{15}$$

wie in (12) behauptet wurde.

Dieser Satz läßt sich nun in folgender Weise anwenden: Man setzt für $|\psi\rangle$ ein festes Eigenelement $|i_1\rangle$ von $H^{(0)}$ ein und läßt μ die Werte $\mu = 1$ bis p_j durchlaufen. Dann erhält man für jedes feste ν entweder immer null oder einen Komplex von p_j Linearkombinationen der $|i\rangle$, welche die j -te irreduzible Darstellung aufspannen. Da nämlich der Operator $D(t)$ als Element der Untergruppe $\mathfrak{U}$ auch Element der größeren Symmetriegruppe $\mathfrak{G}$ des ungestörten Hamiltonoperators $H^{(0)}$ ist, erzeugt er aus jedem Eigenelement von $H^{(0)}$ wieder ein Eigenelement von $H^{(0)}$ zum gleichen Eigenwert, in diesem Falle also eine Linearkombination der $|i\rangle$. Es kann sein, daß man für verschiedene Ausgangselemente $|i_1\rangle$ und verschiedene ν denselben Komplex erhält oder ein Vielfaches von ihm. Wenn $n_j > 1$ ist, gibt es mehrere Komplexe von zueinander orthogonalen Linearkombinationen der $|i\rangle$, welche die j -te irreduzible Darstellung von $\mathfrak{U}$ aufspannen. Dann kann es vorkommen, daß man für verschiedene $|i_1\rangle$ und ν verschiedene Linearkombinationen dieser Komplexe erhält. Es ist aber ausgeschlossen, daß es irgendwelche Komplexe solcher Zustandselemente gibt, die nicht unter den erhaltenen Komplexen vorkommen oder aus ihnen durch Linearkombination hergestellt werden können. Auf den Beweis dieser Aussage sei hier verzichtet. Wenn man also diesen Prozeß auf genügend viele $|i_1\rangle$ anwendet für genügend viele Werte ν und aus den erhaltenen Ergebnissen die linear unabhängigen Komplexe aussondert, orthogonalisiert und normiert, so erhält man alle Komplexe der $|j;\mu;\alpha\rangle$ (mit $\mu = 1$ bis p_j), die es gibt. Das ist in Wirklichkeit viel einfacher, als es nach diesen Ausführungen erscheint. Das wird sich an den folgenden Beispielen zeigen.

C. Das Fremdatom an einem Gitterplatz mit kubischer Umgebung

Als Anwendungsbeispiel werde ein Atom ohne Spinmoment in einem Zustand mit der Drehimpulsquantenzahl l betrachtet. Dann ist $p = 2l+1$. Bei Vernachlässigung des Kernspins ist der ungestörte Hamiltonoperator invariant gegen alle Drehungen um eine Achse durch den Kernschwerpunkt. Die Gruppe $\mathfrak{G}$ von $H^{(0)}$ ist in diesem Falle also die kontinuierliche Gruppe aller Drehungen, welche in §21 ausführlich behandelt werden wird. Hier benötigt man von den dort abgeleiteten Ergebnissen nur die beiden Aussagen, daß zwei Drehungen mit dem gleichen Drehwinkel ω um verschiedene Achsen in der gleichen Klasse konjugierter Gruppenelemente liegen und daß der Charakter der Darstellung, welche von den $(2l+1)$ Zustandselementen zur Drehimpulsquantenzahl l erzeugt wird, den Wert

$$\chi^{(l)}(\omega) = \frac{\sin(l+1/2)\omega}{\sin\omega/2} \tag{16}$$

hat (vgl. §21; 27).

Wenn das betrachtete Atom in ein Gitter aus anderen Atomen so eingebaut wird, daß die Umgebung kubische Symmetrie besitzt, ist die Untergruppe $\mathfrak{U}$ gleich der kubischen Symmetriegruppe O_h. Zunächst muß man daher die Charaktere der irreduziblen Darstellungen dieser Gruppe bestimmen. Wählt man die tetragonalen Achsen des Kristalls als Koordinatenachsen und macht den Kern des Fremdatoms zum Koordinatenursprung, so erzeugen die Symmetrieoperationen von O_h aus einem Punkt mit den Koordinaten $(x;y;z)$ alle Punkte, deren Koordinaten daraus durch eine beliebige Permutation und irgendwelche Vorzeichenwechsel entstehen. Da es 6 verschiedene Permutationen von 3 Dingen gibt und 8 verschiedene Vorzeichenkombinationen, enthält die Gruppe O_h also 48 Elemente. Eines davon, nämlich die Inversion i, welche $(x; y; z)$ in $(-x; -y; -z)$ überführt, ist dadurch ausgezeichnet, daß es mit allen anderen Symmetrieoperationen vertauschbar ist. Infolgedessen ist O_h ein direktes Produkt aus einer Gruppe mit 24 Elementen und der Gruppe aus den beiden Elementen e und i. Bei geeigneter Auswahl der Elemente kann man erreichen, daß die erste Gruppe mit 24 Elementen nur Drehungen enthält, keine Spiegelungen. Diese Gruppe bezeichnet man in der Kristallographie mit O. Nur diese Gruppe ist Untergruppe der Gruppe aller Drehungen. Im folgenden wird daher fast immer nur die Gruppe O betrachtet. Das Verhalten gegenüber der Inversion ist in diesem Falle von vornherein klar. Alle Wellenfunktionen mit der Drehimpulsquantenzahl l werden durch die Inversion bis auf den Faktor $(-1)^l$ reproduziert. In der $(2l+1)$-dimensionalen Darstellung des betrachteten ungestörten Eigenwertes ist ihr also bei geradem l die Einheitsmatrix und bei ungeradem l die negative Einheitsmatrix zugeordnet.

Die folgende Tabelle 4 enthält die Elemente von O, nach Klassen konjugierter Elemente geordnet. Genauso wie auf S.135 sind zur Kennzeichnung der Symmetrieoperationen die Koordinaten desjenigen Punktes angegeben, in welchen der Punkt $(x; y; z)$ überführt wird. Der Index n an dem Klassensymbol $\mathcal{C}_n$ gibt die Zähligkeit der Drehung an, d. h. die Anzahl der gleichen Drehungen, welche den Anfangszustand wieder herstellt. Der Drehwinkel beträgt also $2\pi/n$. Drehungen verschiedener Zähligkeit können nicht zur gleichen Klasse gehören, da sie schon bei der Drehgruppe in verschiedenen Klassen sind. Es kann jedoch vorkommen, daß zwei Drehungen, die in der Drehgruppe in der gleichen Klasse stehen, hier nicht zur gleichen Klasse gehören, nämlich dann, wenn diejenigen Elemente der Drehgruppe, welche das eine durch Konjugation in das andere überführen, nicht mehr zur Gruppe gehören.

Tab. 4. Die Klasseneinteilung der Symmetrieoperationen der Gruppe $\mathcal{O}$.

1). $\mathcal{E}$: Die Einheit $(x; y; z)$

2). $\mathcal{C}_2$: Drehungen um eine Koordinatenachse um π
$(x; -y; -z)$, $(-x; y; -z)$, $(-x; -y; z)$

3). $\mathcal{C}_3$: Drehungen um eine Raumdiagonale um $2\pi/3$
$(z; x; y)$, $(y; z; x)$, $(z; -x; -y)$, $(y; -z; -x)$,
$(-z; x; -y)$, $(-y; z; -x)$, $(-z; -x; y)$, $(-y; -z; x)$

4). $\mathcal{C}_2'$: Drehungen um eine Flächendiagonale um π
$(y; x; -z)$, $(-y; -x; -z)$, $(-x; z; y)$, $(-x; -z; -y)$,
$(z; -y; x)$, $(-z; -y; -x)$

5). $\mathcal{C}_4$: Drehungen um eine Koordinatenache um $\pi/2$
$(x; -z; y)$, $(x; z; -y)$, $(z; y; -x)$, $(-z; y; x)$,
$(-y; x; z)$, $(y; -x; z)$

Das ist z. B. bei den Elementen von $\mathcal{C}_2$ und $\mathcal{C}_2'$ der Fall. Beide Klassen enthalten Drehungen um π. Die Elemente von $\mathcal{O}$ lassen sich aber in 2 Sorten unterteilen, je nachdem ob sie eine zyklische oder eine antizyklische Vertauschung der Koordinaten bewirken. Die Elemente von $\mathcal{E}$, $\mathcal{C}_2$ und $\mathcal{C}_3$ gehören zur einen Sorte, diejenigen von $\mathcal{C}_2'$ und $\mathcal{C}_4$ zur anderen. Das Inverse zu einem Element der einen Sorte gehört immer zur gleichen Sorte. Daher geht auch bei der Konjugation mit einem Element von $\mathcal{O}$ kein Element der einen Sorte in eines der anderen über. Daraus folgt, daß die Elemente von $\mathcal{C}_2$ nicht in der gleichen Klasse wie die von $\mathcal{C}_2'$ liegen können. Aus diesen Betrachtungen ergibt sich, daß sich die 24 Elemente von $\mathcal{O}$ mindestens auf die in Tabelle 4 angegebenen 5 Klassen verteilen. Durch elementares Nachrechnen überzeugt man sich dann leicht davon, daß die angegebenen Elemente auch wirklich in derselben Klasse sind, daß also eine Unterteilung in kleinere Klassen von konjugierten Elementen nicht möglich ist.

$\mathcal{O}$ besitzt demnach 5 verschiedene Klassen konjugierter Elemente und daher auch 5 irreduzible Darstellungen (vgl. §18 E). Daraus ergibt sich deren Dimension, denn 24 läßt sich nur auf eine Weise als Summe von 5 Quadratzahlen schreiben:

$$24 = 1 + 1 + 4 + 9 + 9 . \qquad (17)$$

Die Gruppe $\mathcal{O}$ hat also zwei eindimensionale, eine zweidimensionale und zwei dreidimensionale irreduzible Darstellungen.

Zur Ermittlung der irreduziblen Darstellungen sucht man zweckmäßig einfache Komplexe von Ortsfunktionen, welche durch die in (§17; 2) erklärten, auf Ortsfunktionen wirkenden Operatoren zu den Drehungen von $\mathcal{O}$ in sich transformiert werden. Jede Funktion $f(r)$ vom Abstand $r = \sqrt{x^2+y^2+z^2}$ bleibt dabei offenkundig invariant, erzeugt also die identische Darstellung. Die Funktion $xyzf(r)$ bleibt unter der Wirkung der Symmetrieoperationen von $\mathcal{E}$, $\mathcal{C}_2$ und $\mathcal{C}_3$ auch invariant und wird durch die Operationen von $\mathcal{C}_2'$ und $\mathcal{C}_4$ in ihr negatives verwandelt. Diese Funktion erzeugt also die zweite eindimensionale Darstellung. Die drei Funktionen $xp(r)$, $yp(r)$, $zp(r)$ werden für beliebiges $p(r)$ durch die Symmetrieoperationen von O ebenso wie die Koordinaten nur vertauscht oder in ihr negatives verwandelt. Sie erzeugen also eine dreidimensionale Darstellung, die man leicht als irreduzibel erkennt. Multipliziert man diese Funktionen mit xyz , so erhält man drei Funktionen, welche den Elementen der ersten drei Klassen dieselben Matrizen zuordnen wie die vorigen drei Funktionen, denen der letzten beiden Klassen dagegen das negative davon. Diese drei Funktionen erzeugen demnach eine andere dreidimensionale irreduzible Darstellung.

Mit ihrer Hilfe lassen sich 4 der 5 irreduziblen Darstellungen leicht hinschreiben. Die daraus folgenden Charaktere sind in Tabelle 5 zusammengestellt. Etwas schwieriger ist es, die noch fehlende zweidimensionale irreduzible Darstellung zu finden. Ihre Charaktere ergeben sich aus den Orthogonalitätssätzen (§18; 20) eindeutig und sind in Tabelle 5 angegeben. Die einfachsten Funktionen, die diese Darstellung erzeugen, enthalten außer einem von r allein abhängigen Faktor nur die Quadrate der drei Koordinaten. Da sie zu den Funktionen aller anderen irreduziblen Darstellungen und untereinander orthogonal sind und außerdem normiert sein müssen, ist ihre Gestalt damit nahezu eindeutig gegeben.

Tabelle 5 enthält außer den Charakteren der irreduziblen Darstellungen von O in der letzten Spalte die einfachsten dazu gehörenden Ortsfunktionen und außerdem in den ersten beiden Spalten die gebräuchlichsten Bezeichnungen für diese Darstellungen. Die erste Bezeichnung wird vor allem in der Chemie benutzt, die zweite in der theoretischen Festkörperphysik. Wenn man von O zu O_h übergeht, verdoppelt sich diese Tabelle. Aus jeder der angegebenen irreduziblen Darstellungen entstehen zwei, von denen eine der Inversion die Einheitsmatrix zuordnet, die andere das Negative davon. In der Symbolik der Chemiker pflegt man das erstere durch den Index g (gerade gegenüber der Inversion) anzudeuten, das letztere durch den Index u (ungerade). Bei der zweiten Bezeichnungsweise wird eine der beiden Darstellungen meist durch ein Apostroph gekennzeichnet. Da man allerdings in der Festkörperphysik bei der Einführung der Bezeichnungen in der Gruppe O_h eine andere Zerlegung als hier in ein direktes Produkt von zwei Gruppen vorzunehmen pflegt, ist es üblich, bei Γ_1 , Γ_2 und Γ_{12} bei derjenigen Darstellung, welche der Inversion die Einheit zuordnet, kein Apostroph anzubringen. Bei Γ_{15} und Γ_{25} macht man es dagegen meist umgekehrt. Bei der Auswahl der einfachsten Funktionen zu diesen Darstellungen wurde auf das Verhalten gegenüber der Inversion keine Rücksicht genommen. Als erzeugende Funktionen zu einer irreduziblen Darstellung von O_h betrachtet, gehören die Funktionen der 1., 3. und 5. Zeile in Tabelle 5 zu geraden Darstellungen, die der anderen beiden zu ungeraden. Die zugehörigen Darstellungen der Gruppe O_h haben also in der Symbolik der Chemiker die Bezeichnungen A_{1g} , A_{2u} , E_g , T_{1u} , T_{2g}.

Tabelle 6 enthält nun die Anwendung dieser Ergebnisse auf die Störungsrechnung. Dort sind für die ersten 7 Werte von l gemäß (16) die Charaktere der reduziblen, $(2l+1)$-dimensionalen Darstellungen von O angegeben, welche von den Eigenelementen zum Quadrat des Bahndrehimpulses mit der Quantenzahl l erzeugt werden. Welche irreduziblen Bestandteile darin enthalten sind, ergibt sich entweder aus (3) oder unmittelbar durch Vergleich mit Tabelle 5. Jede der Zahlenreihen in Tabelle 6 muß sich durch ein- oder mehrfache Addition einiger der Zahlenreihen von Tabelle 5 herstellen lassen. Man sieht sofort,

Tab. 5. Die Charaktere der irreduziblen Darstellungen der Gruppe $\mathcal{O}$, ihre Bezeichnungen und einige der zugehörigen Ortsfunktionen.

Klasse		$\mathcal{E}$	$\mathcal{C}_2$	$\mathcal{C}_3$	$\mathcal{C}_2'$	$\mathcal{C}_4$	
Elementenzahl		1	3	8	6	6	
Bezeichnungs-symbole							Typische Funktionen
A_1	Γ_1	1	1	1	1	1	$f(r)$
A_2	Γ_2	1	1	1	-1	-1	$xyz\,f(r)$
E	Γ_{12}	2	2	-1	0	0	$(x^2-y^2)g(r);\ \frac{2z^2-x^2-y^2}{\sqrt{3}}g(r)$
T_1	Γ_{15}'	3	-1	0	-1	1	$xp(r)$; $yp(r)$; $zp(r)$
T_2	Γ_{25}'	3	-1	0	1	-1	$yzd(r)$; $zxd(r)$; $xyd(r)$

Tab. 6. Die Charaktere der Darstellungen der Gruppe $\mathcal{O}$, welche von den Zustandselementen zur Drehimpulsquantenzahl l erzeugt werden sowie ihre irreduziblen Bestandteile.

Drehimpuls-quantenzahl	$\mathcal{E}$	$\mathcal{C}_2$	$\mathcal{C}_3$	$\mathcal{C}_2'$	$\mathcal{C}_4$	Irreduzible Bestandteile
$l = 0$	1	1	1	1	1	A_{1g}
$l = 1$	3	-1	0	-1	1	T_{1u}
$l = 2$	5	1	-1	1	-1	$E_g \oplus T_{2g}$
$l = 3$	7	-1	1	-1	-1	$A_{2u} \oplus T_{1u} \oplus T_{2u}$
$l = 4$	9	1	0	1	1	$A_{1g} \oplus E_g \oplus T_{1g} \oplus T_{2g}$
$l = 5$	11	-1	-1	-1	1	$E_u \oplus 2T_{1u} \oplus T_{2u}$
$l = 6$	13	1	1	1	-1	$A_{1g} \oplus A_{2g} \oplus E_g \oplus T_{1g} \oplus 2T_{2g}$

daß die Zahlenreihe zu $l=0$ mit derjenigen zu A_1 übereinstimmt und die zu $l=1$ mit der zu T_1 . Die Charaktere zu $l=2$ sind gleich der Summe von denen zu E und T_2 usw. Die Ergebnisse dieser Analyse sind in der letzten Spalte von Tabelle 6 angegeben. Dort stehen, durch ein eingekreistes Additionszeichen verknüpft, die "chemischen" Symbole der irreduziblen Bestandteile, wobei die Bezeichnung der Tabelle 5 jeweils bei geradem l durch den Index g und bei ungeradem l durch den Index u ergänzt wurde, um die Darstellungen anzudeuten, welche diese Funktionen von der vollen Symmetriegruppe O_h erzeugen. Das Symbol $\oplus$ bedeutet also, daß die Darstellungsmatrizen der angegebenen irreduziblen Darstellungen längs der Hauptdiagonalen aneinanderzureihen sind, wenn man die $(2l+1)$ -dimensionale Darstellung in der ausreduzierten Form erhalten will.

Diese Ergebnisse besagen: Ein S - und ein P -Term spalten unter der Wirkung einer Störung mit kubischer Symmetrie nicht auf. Ein D -Term spaltet höchstens in zwei Terme auf, einen zweifachen E_g -Term und einen dreifachen T_{2u} -Term. Ein F- Term des Atoms spaltet in höchstens 3 Terme auf, einen einfachen und zwei dreifache usw. Es ist auch nicht schwierig, die zugehörigen richtigen Linearkombinationen weitgehend zu bestimmen. Da erst für $l \geq 5$ derselbe irreduzible Bestandteil mehr als einmal auftritt, sind bis $l=4$ die richtigen Linearkombinationen durch die Symmetrie allein bestimmt und hängen nicht von der speziellen Form von S ab.

Für einen Einelektronenzustand findet man bei Vernachlässigung des Spins und Verwendung der Ortsdarstellung die richtigen Linearkombinationen für $l=2$ bereits in der letzten Spalte von Tabelle 5. Daraus lassen sich leicht einige qualitative Schlüsse ziehen. Wenn die Wellenfunktion des betrachteten d-Elektrons an dem Fremdatom bis in das Gebiet der Elektronenschalen der Nachbaratome hineinreicht, spürt dieses Elektron die Anziehungskraft der Atomkerne der Nachbaratome, da deren Feld dann nicht mehr voll durch ihre Elektronen abgeschirmt wird. Die potentielle Energie dieser Störung ist daher immer negativ. Ob der $\mathcal{E}_g$ -Term oder der $\mathcal{T}_{2g}$ -Term energetisch tiefer liegt, hängt von der Lage der nächsten Nachbarn ab. Besonders häufig treten Fremdatome auf sogenannten oktaedrischen oder tetraedrischen Plätzen auf. Im ersten Fall besitzt das Fremdatom 6 nächste Nachbarn, welche ein Oktaeder bilden, im zweiten Fall nur 4, welche ein Tetraeder bilden. Die Ecken des Oktaeders liegen auf den Koordinatenachsen des benutzten Koordinatensystems. Dort verschwinden die Wellenfunktionen des $\mathcal{T}_{2g}$-Zustandes gerade. Die Funktionen des $\mathcal{E}_g$-Zustandes haben dort, als Funktion der Richtung bei festem r betrachtet, ein Maximum ihres Absolutwertquadrates. Bei einem Fremdatom auf einem oktaedrischen Platz liegt also ein Einelektronen-$\mathcal{E}_g$ -Zustand energetisch tiefer als der $\mathcal{T}_{2g}$ -Zustand. Bei einem tetraedrischen Platz fallen die Richtungen von dem Fremdatom zu den Kernen der nächsten Nachbarn in die Richtungen von Raumdiagonalen, auf denen die $\mathcal{E}_g$ -Funktionen verschwinden, während die Funktion zum $\mathcal{T}_{2g}$ -Zustand dort ein Maximum ihres Absolutwertquadrates besitzen. Auf solchen Plätzen liegt also der Einelektronen-$\mathcal{T}_{2g}$-Zustand energetisch tiefer als der $\mathcal{E}_g$ -Zustand. Für $\mathcal{D}$ -Zustände, welche von mehreren Elektronen in der äußersten besetzten Elektronenschale gebildet werden, lassen sich keine solchen Aussagen machen, außer in dem Fall, daß der $\mathcal{D}$ -Schale nur ein Elektron an der vollen Besetzung fehlt. Dann kann man sagen, dort befinde sich ein positives Loch mit der in Tabelle 5 angegebenen Wellenfunktion. Da positive Löcher von den Atomkernen abgestoßen werden, gelten dann die obigen Aussagen über die energetische Lage der Terme mit umgekehrten Vorzeichen.

Als Beispiel für die Verwendung der Formel (11) seien noch die richtigen Linearkombinationen für die Störung eines F-Terms berechnet. Die zu dem einfachen Term A_{2u} gehörende Wellenfunktion ist leicht zu erraten und wurde bereits in Tabelle 5 als typische Funktion zur Darstellung A_2 angegeben. Die übrigen ergeben sich bei Anwendung von (11) auf die einfachsten f-Funktionen eines Elektrons. Das sind die Funktionen mit $m=\pm l$, welche die Form $(x\pm iy)^3 f(r)$ haben. Die einfachste reelle Kombination dieser Funktionen lautet

$$\langle \vec{r}\,|\,\psi\rangle = x(x^2-3y^2)f(r). \tag{17}$$

Für diese Funktion werde nun die erste zu T_1 gehörende Funktion $\langle \vec{r}\,|\,\varphi_1\rangle$ mit (11) für $\mu=\nu=1$ berechnet. Die Matrizen zu T_1 sind identisch mit denen, welche die Koordinaten der Ortsvektoren $\vec{r}$ und $\vec{r}'$ vor und nach der Symmetrieoperation miteinander verknüpfen. Das Element $\mu=\nu=1$ ist in ihnen daher nur dann ungleich null, wenn $x=\pm x'$ ist. Das ist nach Tabelle 4 nur bei 8 der 24 Gruppenelementen von O der Fall. Die Einheit und das erste Element der Klasse $\mathcal{C}_2$ lassen $\langle \vec{r}\,|\,\psi\rangle$ invariant. Die anderen beiden Elemente von $\mathcal{C}_2$ verwandeln $\langle \vec{r}\,|\,\psi\rangle$ in ihr Negatives, was in (11) durch die Multiplikation mit dem Matrixelement -1 gerade kompensiert wird. Die Addition der zu diesen Elementen gehörenden Summanden in (11) liefert also viermal die Ausgangsfunktion. Die 4 Elemente von $\mathcal{C}_2'$ und $\mathcal{C}_4$, bei denen $x'=\pm x$ ist, verwandeln y^2 in z^2. Sie liefern daher als Beitrag zu (11) viermal den Ausdruck $x(x^2-3z^2)f(r)$. Insgesamt erhält man also

$$\begin{aligned}\langle \vec{r}\,|\,\varphi_1\rangle &= 4[x(x^2-3y^2)+x(x^2-3z^2)]\,f(r)\\ &= 4x(5x^2-3r^2)\,f(r).\end{aligned} \tag{19}$$

Die Funktionen zur 2. und 3. Zeile von T_1 ergeben sich daraus durch Anwendung einer Drehung um die $[111]$-Achse um $\pm 2\pi/3$, bzw. durch zyklische Vertauschung der Koordinaten. Sie lauten

$$\langle \vec{r}\,|\,\varphi_2\rangle = 4y(5y^2-3r^2)\,f(r), \tag{20}$$

$$\langle \vec{r}\,|\,\varphi_3\rangle = 4z(5z^2-3r^2)\,f(r). \tag{21}$$

Die Funktionen zu T_2 ergeben sich genauso einfach. Die Matrizen zu dieser Darstellung unterscheiden sich von denen zu T_1 nur durch das andere Vorzeichen bei den Gruppenelementen der Klassen $\mathcal{C}_2'$ und $\mathcal{C}_4$. Die aus $\langle \vec{r}\,|\,\psi\rangle$ folgende Funktion $\langle \vec{r}\,|\,\chi_1\rangle$ zur 1. Zeile der Darstellung T_2 und $\mu=\nu=1$ erhält man daher aus (19) einfach durch Vorzeichenumkehr bei dem zweiten Summanden:

$$\langle \vec{r}\,|\,\chi_1\rangle = 4[x(x^2-3y^2)-x(x^2-3z^2)]f(r) = 12x(z^2-y^2)f(r). \tag{22}$$

Entsprechend ergibt sich

$$\langle \vec{r}\,|\,\chi_2\rangle = 12y(x^2-z^2)f(r), \tag{23}$$

$$\langle \vec{r}\,|\,\chi_3\rangle = 12z(y^2-x^2)f(r). \tag{24}$$

Dieses einfache Verfahren versagt erst bei $l=5$ und $l=6$, weil dort einer der irreduziblen Bestandteile zweimal auftritt. Erst dort hängen die richtigen Linearkombinationen von den Matrixelementen der Störung ab. Ihre Berechnung erfordert jedoch nur die Lösung einer Säkulargleichung 2. Grades. Ohne Anwendung der Gruppentheorie hätte man in diesen Fällen Säkulargleichungen 11. und 13. Grades zu lösen.

§20. Die Elektronenbänder in Festkörpern

Die Gruppentheorie erlaubt besonders einfache und weitreichende Schlüsse über das Verhalten der Elektronen in Festkörpern. Bei Vernachlässigung von Oberflächeneffekten besteht bei ihnen nämlich eine Symmetrie gegen Translationen, und diese bilden eine sehr einfache Gruppe. In einem Gitter mit den drei nicht komplanaren Gittervektoren $\vec{a}_1$, $\vec{a}_2$, $\vec{a}_3$ ist die potentielle Energie der Elektronen und daher auch der Hamiltonoperator invariant gegen jede Translation um den Vektor

$$\vec{R}_{\vec{n}} = n_1\vec{a}_1 + n_2\vec{a}_2 + n_3\vec{a}_3 \quad (n_j = \text{ganzzahlig}). \tag{1}$$

Meist behandelt man nun die vielen Elektronen in Kristallen näherungsweise als unabhängig voneinander und vernachlässigt den Spin. Dann lautet die Schrödingersche Eigenwertgleichung für ein Elektron in der Ortsdarstellung

$$-\frac{\hbar^2}{2m}\nabla^2 u(\vec{r}) + E_{pot}(\vec{r})\, u(\vec{r}) = E \cdot u(\vec{r}). \tag{2}$$

Dabei genügt $E_{pot}(\vec{r})$ der Symmetriebedingung

$$E_{pot}(\vec{r} - \vec{R}_{\vec{n}}) = E_{pot}(\vec{r}). \tag{3}$$

Unter den genannten Näherungsannahmen gilt dann der folgende Satz:

Alle Eigenfunktionen der Energie können auf die Form

$$u(\vec{r}) = \exp(i\vec{k}\cdot\vec{r}) \cdot v(\vec{k};\vec{r}) \tag{4}$$

mit einer periodischen Funktion $v(\vec{k};\vec{r})$ *gebracht werden:*

$$v(\vec{k};\vec{r} - \vec{R}_{\vec{n}}) = v(\vec{k};\vec{r}). \tag{5}$$

Der Vektor $\vec{k}$ spielt dabei die Rolle einer Quantenzahl, welche die verschiedenen, zueinander orthogonalen Eigenfunktionen abzählt.

Dieser Satz, welcher für Funktionen einer Ortskoordinate bereits im vorigen Jahrhundert von Floquet[1] bewiesen wurde, wird heute meist als Blochsches Theorem bezeichnet, weil F. Bloch[2] ihn zum ersten Mal auf die Elektronen in Kristallen anwandte. Man kann demnach jede Energieeigenfunktion auf die Form einer ebenen Welle bringen, welche durch $v(\vec{k};\vec{r})$ mit der Periodizität des Gitters moduliert ist (vgl. Abb. 12). Man beachte, daß $v(\vec{k};\vec{r})$ nur die Translationsinvarianz des Gitters besitzt, die übrigen Symmetrieeigenschaften in der Regel nicht.

1) G. Floquet, Ann. École Normale (2) 12 (1883) S. 47

2) F. Bloch (Nobelpreisträger, geb. 1905), Zs. f. Phys. 52 (1928) S. 555

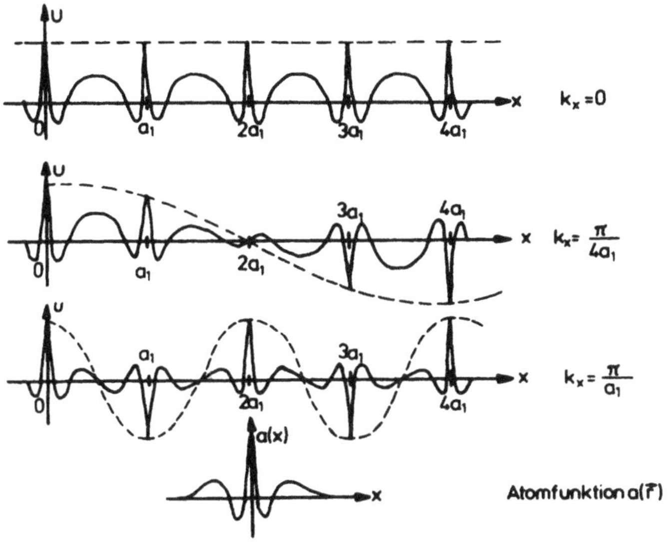

Abb.12. Die Wellenfunktionen der Leitungselektronen im Gitter des Na-Metalls längs der x-Achse und die zugehörige $3s$-Atomfunktion (schematisch).

Den Ausbreitungsvektor $\vec{k}$ schreibt man zweckmäßig als Linearkombination der zu den $\vec{a}_i$ reziproken Vektoren $\vec{a}^{(i)}$ (vgl. Bd. I, §15), welche durch die Gleichungen

$$\vec{a}^{(i)} \cdot \vec{a}_k = \delta_{ik} \tag{6}$$

definiert werden. Mit

$$\vec{r} = \sum_{j=1}^{3} x^{(j)} \vec{a}_j \quad \text{und} \quad \vec{k} = \sum_{l=1}^{3} k_l \vec{a}^{(l)} \tag{7}$$

gilt dann

$$\vec{r} \cdot \vec{k} = \sum_j k_j x^{(j)} . \tag{8}$$

Die potentielle Energie $E_{pot}(\vec{r})$ ist in den durch (7) definierten Koordinaten $x^{(j)}$ periodisch mit der Periode 1. Meist betrachtet man einen endlichen Kristall, den man sich aber zur Vermeidung von Oberflächeneffekten periodisch fortgesetzt denkt. Man verlangt also von allen Eigenschaften des betrachteten Körpers, auch von den Eigenfunktionen $u(\vec{r})$, Periodizität mit den drei sehr großen Perioden $N\vec{a}_j$ ($j = 1, 2, 3$). Dann müssen die Komponenten von $\vec{k}$ der Bedingung

$$k_j = \frac{2\pi}{N} h_j \qquad (h_j = \text{ganzzahlig}) \tag{9}$$

genügen. Sie bilden also ein Quasi-Kontinuum.

Da eine Translation mit der Verschiebung $N\vec{a}_j$ ($j = 1, 2, 3$) dann als identisch mit dem Einselement anzusehen ist, wird die Gruppe der Translationen endlich, aber mit der sehr großen Ordnung N^3. Da Translationen miteinander vertauschbar sind, bilden sie eine abelsche Gruppe, in welcher jedes Element eine Klasse für sich bildet und alle irreduziblen Darstellungen eindimensional sind. Wenn man also die Eigenfunktionen so wählt, daß die von ihnen erzeugten Darstellungen der Translationsgruppe in ausreduzierter Form erscheinen, werden sie durch jede der drei Translationen $\vec{a}_j$ bis auf einen Faktor ω_j reproduziert:

$$u(\vec{r} - \vec{a}_j) = \omega_j\, u(\vec{r}). \tag{10}$$

Für eine beliebige Translation ergibt sich dann

$$u(\vec{r} - \vec{R}_{\vec{n}}) = \omega_1^{n_1} \omega_2^{n_2} \omega_3^{n_3}\, u(\vec{r}). \tag{11}$$

Die allgemeine Periodizitätsbedingung

$$u(\vec{r} - N\vec{a}_j) = u(\vec{r}) \tag{12}$$

verlangt aber

$$\omega_j^N = 1 \tag{13}$$

oder

$$\omega_j = \exp\left(-\frac{2\pi i}{N} h_j\right) \tag{14}$$

mit ganzzahligem h_j . Führt man nun den Vektor

$$\vec{k} = \frac{2\pi}{N}\left(h_1\vec{a}^{(1)} + h_2\vec{a}^{(2)} + h_3\vec{a}^{(3)}\right) \tag{15}$$

ein, so gilt wegen (6)

$$\frac{2\pi}{N}h_j = (\vec{k}\cdot\vec{a}_j) \tag{16}$$

und daher

$$\omega_1^{n_1}\omega_2^{n_2}\omega_3^{n_3} = \exp\left(-\frac{2\pi i}{N}(n_1h_1 + n_2h_2 + n_3h_3)\right) = \exp(-i\vec{k}\cdot\vec{R}_{\vec{n}}). \tag{17}$$

Wenn man nun (11) durch $\exp\left(i\vec{k}\cdot(\vec{r}-\vec{R}_{\vec{n}})\right)$ dividiert, erhält man

$$\frac{u(\vec{r}-\vec{R}_{\vec{n}})}{\exp(i\vec{k}\cdot(\vec{r}-\vec{R}_{\vec{n}}))} = \frac{u(\vec{r})}{\exp(i\vec{k}\cdot\vec{r})}\ . \tag{18}$$

Dieser Quotient ist also periodisch mit der Periode des Gitters. Bezeichnet man ihn mit $v(\vec{k};\vec{r})$, so ist (18) mit (4) und (5) identisch.

Da N sehr groß ist, ändert sich $\vec{k}$ praktisch kontinuierlich. Der Eigenwert E von $u(\vec{r})$ ist dann auch eine Funktion von $\vec{k}$. Dabei hat man aber noch eine gewisse Wahlfreiheit. Wenn man nämlich h_j um N vermindert, ändert sich ω_j nach (14) nicht. Schreibt man zur Abkürzung für die Gittervektoren im reziproken Gitter

$$h_1\vec{a}^{(1)} + h_2\vec{a}^{(2)} + h_3\vec{a}^{(3)} = \vec{h} \quad (h_j = \text{ganzzahlig}), \tag{19}$$

so läßt sich das folgendermaßen beschreiben: Da $\exp(2\pi i\,\vec{h}\cdot\vec{r})$ die Periodizität des Gitters besitzt, kann man diesen Faktor zu $v(\vec{k};\vec{r})$ hinzufügen, ohne die Gültigkeit von (5) aufzuheben, und dafür das reziproke davon zu der ebenen Welle $\exp i\vec{k}\cdot\vec{r}$ hinzufügen.

Von dieser Willkür macht man, je nach den Umständen, in verschiedener Weise Gebrauch, und das gibt manchmal

Anlaß zu Unklarheiten. Wenn die Energie der betrachteten Elektronen sehr groß ist im Vergleich zu den mittleren Schwankungen der potentiellen Energie, kann man die potentielle Energie als kleine Störung ansehen. Die Lösungen von (2) sind dann in erster Näherung ebene Wellen $u(\vec{r}) = \exp(i\vec{k}\cdot\vec{r})$ mit den Eigenwerten $E = \hbar^2 k^2/(2m)$. In diesem Energiebereich verfügt man deshalb über die genannte Willkür zweckmäßig so, daß $v(\vec{k};\vec{r})$ möglichst konstant wird. $E(\vec{k})$ wird damit eine eindeutige Funktion von $\vec{k}$ im ganzen $\vec{k}$-Raum. Die Störungsrechnung liefert dann die Aussage, daß die Energie auf gewissen Ebenen im $\vec{k}$ -Raum, nämlich da, wo Braggsche Reflexionen möglich sind (vgl. Bd. I, §6), Unstetigkeiten besitzt. In der Nähe dieser Ebenen sind die Abweichungen von der Formel für die freien Elektronen am größten.

Bei kleinen Energien wählt man dagegen zweckmäßig aus den verschiedenen $\vec{k}$ -Vektoren zum gleichen Tripel der ω_j , also zur gleichen irreduziblen Darstellung der Translationsgruppe, denjenigen mit dem kleinsten Betrag aus. Diesen bezeichnet man als den reduzierten $\vec{k}$ -Vektor $\vec{k}_{red}$. Der bei großen Energien benutzte $\vec{k}$ -Vektor heißt zum Unterschied davon freier $\vec{k}$-Vektor. Nur $\vec{k}_{red}$ ist im Innern des sogleich zu beschreibenden Definitionsbereiches eindeutig bestimmt. Daher ist es ratsam, im Zweifelsfalle nur diesen zu benutzen.

Im einfachsten Fall, wenn nämlich die $\mathfrak{a}^{(j)}$ aufeinander senkrecht stehen, sind die reduzierten $\vec{k}$-Vektoren durch die Bedingung

$$-N/2 < h_j \leq +N/2 \tag{20}$$

ausgezeichnet. Man rechnet leicht nach, daß in diesem Gebiet gerade N^3 Tripel ($h_1; h_2; h_3$) von ganzen Zahlen liegen. In komplizierteren Fällen konstruiert man im $\vec{k}$ - Raum die mittelsenkrechten Ebenen auf allen Strecken vom

Nullpunkt zu den Endpunkten eines der Vektoren $2\pi\vec{h}$. Die Endpunkte der reduzierten $\vec{k}$-Vektoren liegen dann in dem Gebiet, welches vom Nullpunkt aus ohne Überschreitung einer dieser Ebenen erreichbar ist. Dieses Gebiet nennt man die erste Brillouin-Zone. Von ihrer Oberfläche muß man, um Doppelzählungen zu vermeiden, nur die Hälfte dazu rechnen. Von den Eckpunkten gehören manchmal noch mehr als zwei zum gleichen $\vec{k}_{red}$. Jeder Festkörperphysiker sollte die Gestalt dieser ersten Brillouin-Zonen für einfache Gitter kennen. Hier soll darauf nicht näher eingegangen werden.

Allgemein wichtig ist nur: Die erste Brillouin-Zone hängt nur von der Größe und relativen Lage der kleinsten Translationsvektoren $\vec{a}_j$ ab, nicht von den übrigen Symmetrien des betrachteten Kristalls. Es gibt ebensoviel qualitativ verschiedene Formen der ersten Brillouin-Zone wie Bravais-Gitter, nämlich 14, d. h. mehr als Achsensysteme und weniger als Kristallklassen (vgl. Bd. I, §14). Diese Zone enthält soviele verschiedene reduzierte $\vec{k}$-Vektoren wie die Zahl der Elementarzellen in dem betrachteten Kristall, also genau soviel wie die Ordnung der Translationsgruppe. Die Eigenwerte der Energie sind im Innern der ersten Brillouin-Zone mehrdeutige, stetige Funktionen von $\vec{k}_{red}$.

Man sagt deshalb, in Festkörpern treten Elektronenbänder auf. Die Bedeutung dieses Wortes ist aber nicht immer eindeutig. Zunächst meint man damit nur, daß die Eigenwerte der Energie auf gewissen Abschnitten der E-Achse ein Quasi-Kontinuum bilden, zwischen denen sogenannte verbotene Zonen liegen. Wenn man aber von der Zahl der Elektronenbänder spricht, versteht man unter einem Band eine Gesamtheit von N^3 Eigenfunktionen der Energie und die zugehörigen Eigenwerte, welche im Innern der ersten Brillouin-Zone stetig von $\vec{k}_{red}$ abhängen. Aber nur für solche $\vec{k}$-Vektoren, welche unter keiner der Symmetrieoperationen des Gitters invariant bleiben, sind die Eigenwerte nicht entartet. Auf Symmetrieebenen, Symmetrieachsen oder an ausgezeichneten Punkten im $\vec{k}$-Raum hängen oft mehrere Bänder zusammen. Dann gibt es dort zum gleichen $\vec{k}_{red}$ und gleichen $E(\vec{k}_{red})$ mehrere linear unabhängige Eigenfunktionen, die man nicht eindeutig auf die verschiedenen Bänder verteilen kann.

Die energetisch tiefsten Bänder lassen sich den Zuständen der Einzelelektronen in den freien Atomen zuordnen, in welche sie bei unbegrenzter Vergrößerung des Gitterabstandes übergehen. In der Nähe jedes Atomkerns stimmt nämlich die potentielle Energie für die einzelnen Elektronen im Kristall mit derjenigen im freien Atom überein. Ist nun $a(\vec{r}-\vec{R}_{\vec{n}})$ eine Wellenfunktion zu einem stationären Zustand eines Elektrons in dem freien Atom, dessen Kern bei $\vec{r}=\vec{R}_{\vec{n}}$ liegt, so ist diese Funktion bei genügend tiefen Energien auch eine Lösung von (2), weil sie dann nur in dem Gebiet mit gleicher potentieller Energie in Kristall und freiem Atom wesentlich von null verschieden ist. Diese Lösung hat zwar nicht die Form (4), aber diese läßt sich leicht durch Linearkombination der Funktionen mit verschiedenen Werten von $\vec{R}_{\vec{n}}$ erreichen. Allerdings muß man dann vorher auch die Atomfunktion $a(\vec{r}-\vec{R}_{\vec{n}})$ mit der sehr großen Periode $N\vec{a}_j$ periodisch fortsetzen. Solange man aber nur das Grundgebiet $-N/2 < x_j \leq +N/2$ betrachtet, merkt man davon gar nichts. Dann ist die gewünschte Form durch

$$u(\vec{k};\vec{r}) = C\sum_{\vec{n}} \exp(i\vec{k}\cdot\vec{R}_{\vec{n}})\cdot a(\vec{r}-\vec{R}_{\vec{n}}) \tag{21}$$

hergestellt. Dabei durchlaufen die $\vec{R}_{\vec{n}}$ in der Summe die N^3 Werte des Grundgebietes. Wenn sich die Atomfunktionen $a(\vec{r}-\vec{R}_{\vec{n}})$ für benachbarte Atome nicht überlappen, hat die Normierungskonstante C den Wert $1/\sqrt{N^3}$. Sonst ist sie von $\vec{k}$ abhängig.

Die obige Formel (21) ist nur für die stark gebundenen Elektronen eine gute Näherung für die Wellenfunktion. Andererseits kann man aber immer die Gesamtheit aller Wellenfunktionen eines Bandes auf diese Form bringen, nur nicht mit der Atomfunktion $a(\vec{r}-\vec{R}_{\vec{n}})$, sondern einer anderen Funktion $w(\vec{r}-\vec{R}_{\vec{n}})$, die sich bei den verschiedenen Summanden nur durch den Wert von $\vec{R}_{\vec{n}}$, also durch eine Translation unterscheidet. Wenn die $u(\vec{k};\vec{r})$ normiert sind, leistet das die sogenannte Wannierfunktion

$$w(\vec{r}-\vec{R}_{\vec{n}}) = \frac{1}{\sqrt{N^3}}\sum_{\vec{k}} u(\vec{k};\vec{r})\exp\left(-i\vec{k}\cdot\vec{R}_{\vec{n}}\right). \qquad (22)$$

Dabei durchläuft $\vec{k}$ in der Summe die N^3 Werte des reduzierten $\vec{k}$-Vektors der ersten Brillouin-Zone. Wenn N genügend groß ist, spielt es keine Rolle, daß beim Auftreten entarteter Zustände auf einzelnen Symmetrieebenen und Symmetrieachsen nicht festliegt, welche der verschiedenen Wellenfunktionen an diesen Stellen zu dem einen betrachteten Band zu rechnen ist, denn deren Zahl ist bei großem N relativ sehr klein.

Da die $u(\vec{k};\vec{r})$ für verschiedene reduzierte $\vec{k}$-Vektoren, wie alle Funktionen zu verschiedenen irreduziblen Darstellungen einer Gruppe, zueinander orthogonal sind, sind auch die $w(\vec{r}-\vec{R}_{\vec{n}})$ für verschiedene $\vec{R}_{\vec{n}}$ zueinander orthogonal. Wenn die $a(\vec{r}-\vec{R}_{\vec{n}})$ sich praktisch nicht überlappen, sind sie mit den $w(\vec{r}-\vec{R}_{\vec{n}})$ identisch. Bei stärkerer Überlappung sind zwar die Wannierfunktionen auch noch in der Umgebung von $\vec{r}=\vec{R}_{\vec{n}}$ am größten, sind aber auch noch im Bereich der nächsten und übernächsten Nachbarn merklich von null verschieden. Man kann sie dann als die orthogonalisierten Atomfunktionen ansehen.

Jede Wannierfunktion charakterisiert ein Band als Ganzes. Oft haben sie sogar noch bei relativ starker Überlappung der Atomfunktionen dieselbe Symmetrie wie diese. Solange das der Fall ist, kann man sinnvoll noch die Bänder den Atomzuständen zuordnen. Bei den s - und p -Zuständen ist das in der Regel der Fall, jedoch nicht mehr bei den nur teilweise mit Elektronen besetzten höchsten Bändern der Übergangsmetalle Fe, Co und Ni und den anderen Atomen in der gleichen Spalte des periodischen Systems. Bei diesen durchdringen sich mehrere Bänder in komplizierter Weise. Nur bei praktisch nicht herstellbar großen Gitterabständen würden diese Bänder sich so verändern, daß man wieder eindeutig von einem s -Band und mehreren d -Bändern sprechen könnte.

§21. Die Drehgruppe

A. Der Parameterraum

Die Drehgruppe besteht aus den Drehungen des dreidimensionalen Ortsraumes um irgendwelche Achsen durch einen festen Punkt mit beliebigen Drehwinkeln. Eine Drehung um den Winkel ω ist identisch mit einer Drehung um den Winkel $(2\pi-\omega)$ um die gleiche Drehachse mit entgegengesetztem Drehsinn. Daher kann man die Drehwinkel auf den Bereich $0\leq\omega\leq\pi$ beschränken. Dann können alle Drehungen umkehrbar eindeutig den Punkten P innerhalb einer Kugel vom Radius π zugeordnet werden (vgl. Abb. 13). Die Gerade vom Kugelmittelpunkt M zu dem zugehörigen Punkt P gibt dabei die Richtung der Drehachse an. Die Länge der Strecke PM stellt in geeignet gewähltem Maßstab die Größe des Drehwinkels ω dar. Der Drehsinn wird dadurch festgelegt, daß ein Fortschreiten in Rich-

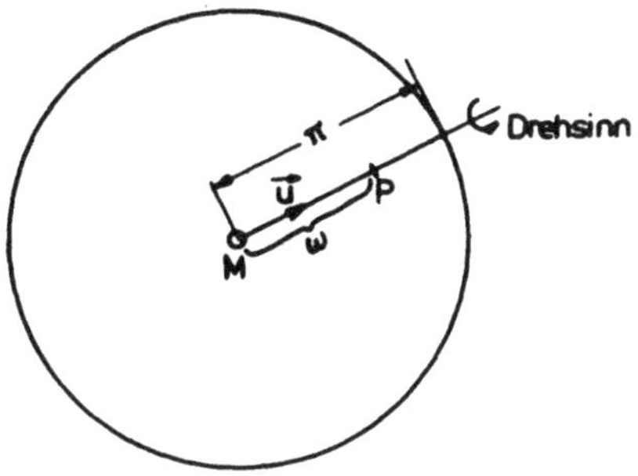

Abb. 13. Der Parameterraum der Drehgruppe.

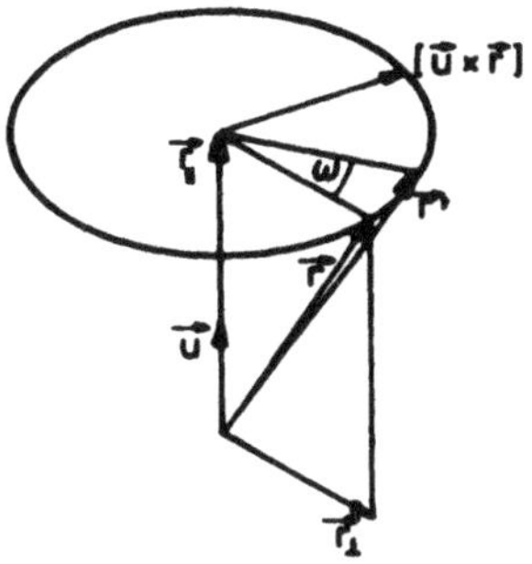

Abb. 14. Die Transformation des Ortsvektors bei einer Drehung.

tung von M nach P mit der Drehung zusammen eine Rechtsschraube liefert. Die beiden Endpunkte eines Kugeldurchmessers stellen identische Drehungen dar.

Manchmal wird die gerichtete Strecke MP als Vektor bezeichnet. Das kann leicht irreführen, denn diese Vektoren kann man nicht wie normale Vektoren addieren. Die Zusammensetzung von zwei Drehungen ist ein komplizierterer Vorgang. Deshalb soll im folgenden dieser "Vektor" nicht benutzt werden, sondern nur der Einheitsvektor $\vec{u}$ in Richtung der Drehachse von M nach P und der Drehwinkel ω .

Der Zusammenhang zwischen einem beliebigen Ortsvektor $\vec{r}$ und seinem Bildvektor $\vec{r}'$ bei einer Drehung kann am einfachsten durch eine Vektorformel gegeben werden. Zu ihrer Ableitung führt man zweckmäßig den Vektor

$$\vec{r}_{\parallel} = \vec{u}(\vec{u}\cdot\vec{r}) \tag{1}$$

ein (vgl. Abb. 14), welcher gleich der Projektion von $\vec{r}$ auf die Richtung der Drehachse bzw. des Einheitsvektors $\vec{u}$ ist. Dieser Anteil von $\vec{r}$ bleibt bei einer Drehung invariant. Die Differenz $\vec{r}-\vec{r}_{\parallel}$, also der Vektor

$$\vec{r}_{\perp} = \vec{r} - \vec{u}(\vec{u}\cdot\vec{r}), \tag{2}$$

welcher gleich der Projektion von $\vec{r}$ auf die Ebene $\perp\vec{u}$

ist, wird in dieser Ebene um den Winkel ω gedreht.

Um das formelmäßig auszudrücken, führt man den Vektor $[\vec{u} \times \vec{r}]$ ein, welcher auf $\vec{u}$ und $\vec{r}$ senkrecht steht und den gleichen Betrag wie $\vec{r}_\perp$ hat. Nach Abb. 14 wird $\vec{r}_\perp$ bei der Drehung in $\vec{r}_\perp \cos\omega + [\vec{u} \times \vec{r}] \sin\omega$ verwandelt. Also gilt insgesamt

$$\vec{r}\,' = \vec{D}(\omega; \vec{u})\vec{r} = \vec{u}(\vec{u}\cdot\vec{r}) + \left(\vec{r} - \vec{u}(\vec{u}\cdot\vec{r})\right)\cos\omega + [\vec{u} \times \vec{r}]\sin\omega \,. \quad (3)$$

Die durch diese Formel definierte Matrix $\vec{D}$ lautet, in Koordinaten ausgeschrieben, mit der Bezeichnung u_x, u_y, u_z für die Komponenten des Einheitsvektors $\vec{u}$,

$$\vec{D} = \cos\omega \begin{pmatrix} 1 & 0 & 0 \\ 0 & 1 & 0 \\ 0 & 0 & 1 \end{pmatrix} + \sin\omega \begin{pmatrix} 0 & -u_z & u_y \\ u_z & 0 & -u_x \\ -u_y & u_x & 0 \end{pmatrix} \quad (4)$$
$$+ (1-\cos\omega) \begin{pmatrix} u_x^2 & u_x u_y & u_x u_z \\ u_y u_x & u_y^2 & u_y u_z \\ u_z u_x & u_z u_y & u_z^2 \end{pmatrix}.$$

Der Ausführung zweier Drehungen hintereinander entspricht eine Drehung, deren Matrix durch Matrizenmultiplikation der entsprechenden Matrizen erhalten wird. Die obigen dreidimensionalen Matrizen bilden demnach eine Darstellung der Drehgruppe, und zwar sogar eine irreduzible. Denn im dreidimensionalen Raum läßt sich kein ein- oder zweidimensionaler Teilraum, d. h. keine Gerade und keine Ebene angeben, die bei allen Drehungen um irgendwelche Achsen in sich transformiert wird. Man kann also auch sagen: Die Drehgruppe wird durch eine ihrer irreduziblen Darstellungen definiert.

B. Die Klasseneinteilung

Alle Drehungen mit dem gleichen Drehwinkel ω gehören zur gleichen Klasse konjugierter Elemente. Drehungen mit verschiedenen Werten von ω gehören in verschiedene Klassen.

Von diesen beiden Aussagen ergibt sich die zweite sofort aus (4), denn wegen $u_x^2 + u_y^2 + u_z^2 = 1$ beträgt die Spur dieser Matrix $(1 + 2\cos\omega)$, hat also für verschiedene Werte von ω im Bereich $0 \leq \omega \leq \pi$ verschiedene Werte. Elemente der gleichen Klasse haben aber (nach §18 E) in allen Darstellungen die gleiche Spur. Der Nachweis, daß zwei Drehungen mit dem gleichen ω, aber verschiedenen Achsenrichtungen $\vec{u}$ zur gleichen Klasse gehören, ist einfach.

Zum Beweis legt man zweckmäßig die z-Achse in die Achsenrichtung $\vec{u}_1$ der einen Drehung und die x-Achse in die Richtung der Normalen $[\vec{u}_2 \times \vec{u}_1]$ auf den beiden Drehachsen $\vec{u}_1$ und $\vec{u}_2$. Ist α der Winkel zwischen den beiden Drehachsen, so führt eine Drehung um die negative x-Achse mit dem Drehwinkel α die Achse der ersten Drehung in die der zweiten über (vgl. Abb. 15). Eine Drehung um die positive x-Achse um α bewirkt die entgegengesetzte, dazu inverse Drehung. Also erwartet man die Beziehung

$$\overleftrightarrow{D}(\alpha; \vec{i})\, \overleftrightarrow{D}(\omega; \vec{j}\sin\alpha + \vec{k}\cos\alpha)\, \overleftrightarrow{D}(\alpha; -\vec{i}) = \overleftrightarrow{D}(\omega; \vec{k}). \tag{5}$$

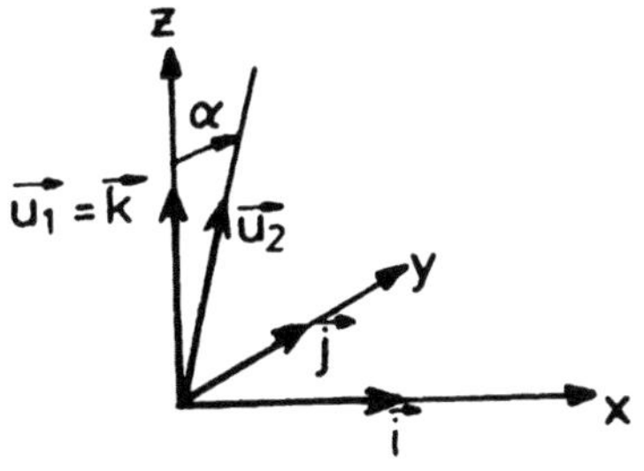

Abb. 15.
Zur Ableitung der Klasseneinteilung der Drehgruppe.

Darin wurden mit $\vec{i}$, $\vec{j}$, $\vec{k}$ in üblicher Weise die Einheitsvektoren in x-, y- und z-Richtung bezeichnet. Die Gültigkeit dieser Beziehung läßt sich nun leicht mit Hilfe der Matrixformel (4) nachrechnen. Da $\overleftrightarrow{D}(\alpha;-\vec{i})$ die inverse Drehung zu $\overleftrightarrow{D}(\alpha;\vec{i})$ darstellt, sind die beiden Drehungen mit dem gleichen Drehwinkel ω also zueinander konjugiert.

Aus dieser Aussage über die Klasseneinteilung wird man als Vermutung entnehmen, daß die Drehgruppe unendlich viele Darstellungen besitzt, weil sie unendlich viele verschiedene Klassen hat. Diese Übertragung eines Satzes für endliche Gruppen auf eine kontinuierliche Gruppe ist zwar in mathematischer Strenge sicher nicht zulässig. Die Aussage ist aber richtig, wie sich in Abschnitt D dieses Paragraphen herausstellen wird.

C. Die erweiterte Gruppe der Strahldarstellungen

Jetzt sollen die Darstellungen der Drehgruppe mit endlicher Dimension p untersucht werden, aber nicht mehr unter der bisher benutzten Beschränkung auf Vektordarstellungen bzw. auf das Modell eines Systems von Massenpunkten (vgl. §17). Es werde also ein p-dimensionaler Teilraum des Hilbertraumes eines beliebigen Körpers betrachtet, von dem nur bekannt ist, daß die Zustände zu irgendwelchen Strahlen dieses Teilraumes durch eine Drehung in Zustände zu Strahlen des gleichen Teilraumes transformiert werden. Das ist z. B. bei dem linearen Teilraum der Eigenelemente eines rotationssymmetrischen Hamiltonoperators zum gleichen Eigenwert der Fall. Eine Drehung bewirkt also eine Abbildung dieses Teilraumes auf sich selbst.

Wenn man an einem materiellen Gegenstand eine Drehung beobachten will, müssen an ihm gewisse Punkte oder Richtungen markiert worden sein, an denen man die Lage vor und nach der Drehung erkennen kann. Aus dem gleichen Grunde muß man in dem betrachteten Hilbertraum gewisse Elemente auszeichnen, deren Änderungen bei der Drehung einen zur Drehung gehörenden Operator $\mathsf{D}(\omega;\vec{u})$ definieren. Diese können in einem abstrakten Hilbertraum nur durch Angabe der Meßergebnisse von miteinander verträglichen Messungen irgendwelcher Observablen gekennzeichnet werden. Deren Operatoren müssen also miteinander vertauschbar sein und dürfen außerdem ein Element des betrachteten Teilraumes nicht in ein Element außerhalb desselben überführen. Wenn der betrachtete Teilraum von den Eigenelementen zum gleichen Eigenwert eines Hamiltonoperators H gebildet wird, müssen sie also auch mit H vertauschbar sein. Beim Wasserstoffatom haben z. B. bei Vernachlässigung der Spin-Bahn-Wechselwirkung die z-Komponenten des Spin- und des Bahndrehimpulses sowie die Quadrate dieser Vektoren diese Eigenschaft.

Durch ihre Eigenwerte wird ein System von p orthogonalen Strahlen definiert. Auf jedem von ihnen wählt man nun zur Kennzeichnung ein normiertes Element $|i\rangle$ ($i = 1, 2, \ldots p$) aus. Ein Faktor vom Absolutbetrag 1 bleibt dabei unbestimmt. Zur weiteren Einschränkung in der Wahl dieser Faktoren kann man außerdem gewisse Phasenbeziehungen zwischen ihnen festlegen. Wenn die $|i\rangle$ z. B. Eigenelemente zur z-Komponente des Drehimpulses mit verschiedenen Eigenwerten sind, so erzeugt nach Bd. II, §26 die Anwendung der Operatoren $\mathsf{S}^{(\pm)} = \mathsf{S}_x \pm i\mathsf{S}_y$ aus ihnen Vielfache der Eigenelemente mit einem um $\hbar$ größeren oder kleineren Eigenwert. In der Regel verlangt man dann, daß sich die $\mathsf{S}^{(\pm)}|i\rangle$ von den benutzten normierten Elementen $|i \pm 1\rangle$ nur durch einen positiv reellen Faktor unterscheiden. Durch solch eine Zusatzvorschrift kann man erreichen, daß die orthogonalen Elemente $|i\rangle$ bis auf einen allen gemeinsamen Faktor vom Absolutbetrag 1

festgelegt sind. In der Ortsdarstellung führt man die entsprechenden Phasenbeziehungen meist stillschweigend durch die Vorschrift ein, daß die benutzten Kugelfunktionen außer dem Faktor $exp(im\varphi)$ nur reelle Bestandteile enthalten. Bei Rechnungen mit abstrakt definierten Elementen eines beliebigen Hilbertraumes muß man sie explizit angeben. Da das meist vergessen wird, bleibt in vielen lehrbuchmäßigen Darstellungen der Grund für die im folgenden erörterten Unbestimmtheiten unklar. Man beachte, daß durch diese Phasenbeziehungen die Werte der Matrixelemente $\langle i|A|k\rangle$ aller Observablen im Prinzip eindeutig festgelegt sind, weil sie durch eine Änderung des noch unbestimmt gebliebenen gemeinsamen Faktors vom Absolutbetrag 1 nicht geändert werden. Anders ist das jedoch bei den Matrizen zu einer Drehung, wie jetzt gezeigt werden soll.

Der Operator D einer Drehung des betrachteten p-dimensionalen Teilraumes kann durch die folgende Vorschrift definiert werden: Die Zustandselemente $|i\rangle$ sollen durch D in Elemente $D|i\rangle$ transformiert werden, welche genauso wie die $|i\rangle$ festgelegt werden, nur sollen die dabei vorkommenden Richtungen oder Koordinatenachsen durch diejenigen ersetzt werden, in die sie bei der Drehung übergehen. Wenn also z. B. die $|i\rangle$ Eigenelemente des Operators L_z zur z-Komponente des Drehimpulses sind, sollen die $D|i\rangle$ Eigenelemente des Operators $L_{z'}$ zur Drehimpulskomponente in Richtung der z'-Achse sein, in welche die z-Achse bei der Drehung überführt wird, und zwar zum gleichen Eigenwert. Die Phasenbeziehungen zwischen den $D|i\rangle$ sollen genauso lauten wie die zwischen den $|i\rangle$, nur mit $L_{x'} \pm i L_{y'}$ an Stelle von $L_x \pm i L_y$.

Diese Vorschrift kann man allgemeiner mathematisch durch die folgenden Forderungen ausdrücken. 1). Sind

$|\varphi\rangle$ und $|\psi\rangle$ zwei Elemente aus dem betrachteten Teilraum, so sollen die mit $\mathbf{D}|\varphi\rangle$ und $\mathbf{D}|\psi\rangle$ gebildeten Matrixelemente bei allen Operatoren $\mathbf{A}$ zu skalaren Observablen denselben Wert haben wie bei den $|\varphi\rangle$ und $|\psi\rangle$:

$$\langle \mathbf{D}\varphi|\mathbf{A}|\mathbf{D}\psi\rangle = \langle\varphi|\mathbf{A}|\psi\rangle . \tag{6}$$

Diese Forderung drückt den Umstand aus, daß sich eine skalare Eigenschaft eines Körpers bei seiner Drehung nicht ändert. 2). Ist $\mathbf{B}_j$ der Operator zur j-ten Komponente einer Vektorgröße und $\mathbf{B}_{j'}$ der Operator zu der Komponente derselben Größe in Richtung derjenigen Achse, welche bei der Drehung aus der j-Achse hervorgeht, so soll gelten

$$\langle \mathbf{D}\varphi|\mathbf{B}_{j'}|\mathbf{D}\psi\rangle = \langle\varphi|\mathbf{B}_j|\psi\rangle . \tag{7}$$

Für die Komponenten von Tensoren höherer Stufe lassen sich entsprechende Forderungen formulieren. Sie ergeben sich daraus, daß die Komponenten eines Tensors n-ter Stufe sich genauso transformieren wie n-fache Produkte von Vektorkomponenten.

Alle diese Beziehungen legen aber die p-dimensionale Matrix des Operators $\mathbf{D}$ nur bis auf einen Faktor vom Absolutbetrag 1 fest. Da nämlich die Gesamtheit der $|i\rangle$ nur bis auf einen solchen Faktor bestimmt werden konnte, gilt dasselbe für die $\mathbf{D}|i\rangle$. Bei letzteren kann dieser Faktor natürlich ein anderer sein, und daher ist jedes Matrixelement von $\mathbf{D}$ nur bis auf einen von den Parametern $(\omega;\vec{u})$ der Drehung abhängigen Faktor der Form $\exp[i\alpha(\omega;\vec{u})]$ bestimmt. Da in (6) und (7) der Operator $\mathbf{D}$ jeweils zweimal vorkommt und dabei einmal auf ein Bra und das andere Mal auf ein Ket wirkt, ändert das Hinzufügen eines solchen Faktors die Werte dieser skalaren Produkte nicht.

Wie in §17 bereits ausgeführt wurde, hat das zur Folge, daß die p-dimensionalen Matrizen $\overleftrightarrow{D}$ mit den Matrixelementen $\langle i|\mathrm{D}|k\rangle$ nicht unbedingt eine Vektordarstellung der Drehgruppe bilden, sondern nur eine Strahldarstellung. Ist r etwa eine Drehung, welche durch Ausführung der Drehungen t und s hintereinander erzeugt wird, so folgt aus dem Bestehen der Gruppenbeziehung

$$r = st \tag{8}$$

nur die Gleichung

$$\overleftrightarrow{D}(r) = \gamma(s,t)\,\overleftrightarrow{D}(s)\,\overleftrightarrow{D}(t) \tag{9}$$

mit $|\gamma(s,t)| = 1$. Es fragt sich nun, ob man durch geeignete Verfügung über die Unbestimmtheit bei den $\overleftrightarrow{D}$ diesen Faktor γ immer zu 1 machen kann. Diesen Prozeß der Einführung von Zusatzvorschriften bei den Matrizen $\overleftrightarrow{D}(s)$ bezeichnet man als eine Eichung der Darstellung, den Übergang von einer solchen Eichvorschrift zu einer anderen als Umeichung.

Hier soll nur eine einzige Eichung diskutiert werden, die in der Physik ausschließlich benutzt wird, aber meist ohne sie ausführlich zu erläutern. Dabei wird der Umstand ausgenutzt, daß die Matrizen $\overleftrightarrow{D}$ stets unitär sind. Ersetzt man nämlich in (6) den Operator A durch den Operator $\mathbf{1}$ = "Multiplizieren mit 1", so ergibt sich

$$\langle \mathrm{D}\varphi|\mathrm{D}\psi\rangle = \langle\varphi|\mathrm{D}^{+}\mathrm{D}|\psi\rangle = \langle\varphi|\psi\rangle . \tag{10}$$

Mit $|i\rangle$ und $|k\rangle$ an Stelle von $|\varphi\rangle$ und $|\psi\rangle$ folgt daraus

$$\langle i|\mathrm{D}^{+}\mathrm{D}|k\rangle = \sum_{l=1}^{p}\langle i|\mathrm{D}^{+}|l\rangle\langle l|\mathrm{D}|k\rangle = \delta_{ik} . \tag{11}$$

Das ist identisch mit der Matrixbeziehung

$$\overleftrightarrow{D}^{+}\overleftrightarrow{D} = 1, \tag{12}$$

welche die unitäre Matrix charakterisiert. Die Determinante von $\mathfrak{D}^+$ ist das konjugiert-komplexe der Determinante von $\mathfrak{D}$ und die Determinante eines Matrizenproduktes gleich dem Produkt der Determinanten seiner Faktoren. Daher folgt aus (12)

$$(\det \mathfrak{D}^+)(\det \mathfrak{D}) = |\det \mathfrak{D}|^2 = 1. \tag{13}$$

Da also der Betrag der Determinante von $\mathfrak{D}$ gleich 1 ist, kann man den unbestimmten Faktor vom Betrage 1 bei den $\mathfrak{D}$ so wählen, daß die Determinanten selbst gleich 1 werden:

1. Eichvorschrift: $\det \mathfrak{D} = 1.$ (14)

Da das Hinzufügen eines Faktors δ zu einer p-dimensionalen Matrix ihre Determinante um den Faktor δ^p ändert, ist dadurch der bisher unbestimmte Faktor bei $\mathfrak{D}$ bis auf eine p-te Wurzel aus 1 bestimmt. In verschieden geeichten Darstellungen, die der 1. Eichvorschrift genügen, können sich die Matrizen $\mathfrak{D}$ also nur noch durch Faktoren der Form $\exp(2\pi i q/p)$ (p, q ganzzahlig) unterscheiden, also nur noch durch einen von p diskreten Werten. Diesen kann man vollständig bestimmen mit Hilfe der folgenden

2. Eichvorschrift: Der Drehung mit $\omega = 0$, also der Gruppeneinheit, soll stets die p-dimensionale Einheitsmatrix zugeordnet werden. Außerdem soll sich $\mathfrak{D}$ längs jedes Weges, der ganz im Innern der Parameterkugel vom Radius π liegt, stetig ändern. Die Matrix zu einem Punkt ihrer Oberfläche soll stetig an die benachbarten Matrizen zu Punkten im Innern anschließen.

Dadurch ist $\mathfrak{D}$ vollständig bestimmt, denn der Übergang von einer p-ten Einheitswurzel zu einer anderen ist unstetig. Aber die Matrizen zu zwei antipodisch zueinander liegenden Punkten A und A' (vgl. Abb. 16), welche zur gleichen Drehung gehören, können dabei verschieden sein. Sie können sich durch eine p-te Einheitswurzel β als Faktor unterscheiden. Wenn zu A der Einheitsvektor $\vec{u}_A$ gehört, kann also gelten

$$\overleftrightarrow{D}(\pi;\vec{u}_A) = \beta\,\overleftrightarrow{D}(\pi;-\vec{u}_A) \quad \text{mit} \quad \beta^p = 1. \tag{15}$$

Aus der Stetigkeitsforderung folgt nun, daß dieser Faktor β nicht von $\vec{u}_A$ abhängen kann, weil er eine stetige Funktion von $\vec{u}_A$ und zugleich eine p-te Einheitswurzel sein muß. Läßt man in (15) $\vec{u}_A$ stetig in $-\vec{u}_A$ übergehen, so ergibt sich

$$\overleftrightarrow{D}(\pi;-\vec{u}_A) = \beta\,\overleftrightarrow{D}(\pi;\vec{u}_A) \tag{16}$$

mit demselben Faktor β wie in (15). Einsetzen von (16) in (15) liefert daher

$$\overleftrightarrow{D}(\pi;\vec{u}_A) = \beta^2\,\overleftrightarrow{D}(\pi;\vec{u}_A). \tag{17}$$

Da in einer unitären Matrix nicht alle Elemente verschwinden können, folgt somit

$$\beta^2 = 1 \quad \text{oder} \quad \beta = \pm 1. \tag{18}$$

Daraus folgt nun, daß der Faktor γ in einer Strahldarstellung, welche den genannten Eichvorschriften genügt, auch nur gleich ± 1 sein kann. Denn aus der 1. Eichvorschrift folgt durch Bildung der Determinanten auf beiden Seiten von (9), daß auch γ eine p-te Einheitswurzel ist,

$$\det \overleftrightarrow{D}(r) = \gamma^p \det \overleftrightarrow{D}(s) \cdot \det \overleftrightarrow{D}(t) \tag{19}$$

oder wegen (14)

$$\gamma^p = 1. \tag{20}$$

Wenn ferner s und t beide gleich der Gruppeneinheit sind, ist auch r die Gruppeneinheit und daher wegen der 2. Eichvorschrift $\gamma = 1$. Läßt man nun s und t, von der Gruppeneinheit ausgehend, sich in solcher Weise stetig ändern, daß ihre Bildpunkte dabei ständig ganz im Innern der Parameterkugel bleiben, so muß dabei γ wegen der Stetigkeit solange gleich 1 bleiben, als auch der Bildpunkt ihres Gruppenproduktes $r = st$ im Innern der Parameterkugel bleibt.

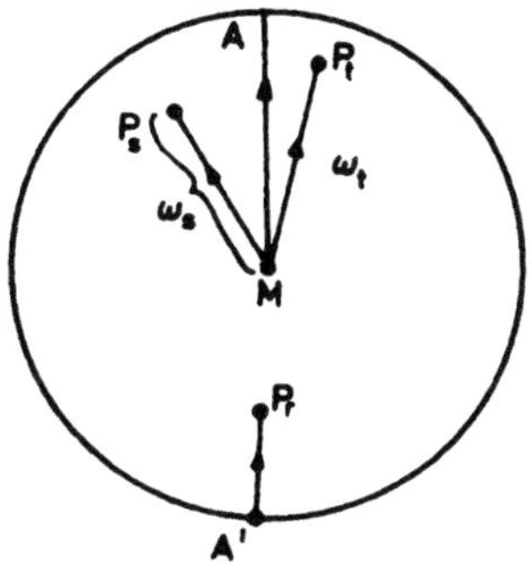

Abb. 16.
Die stetige Entwicklung eines Produktes r zweier Drehungen s und t aus der Einheit.

Sobald aber der Bildpunkt von r einen Oberflächenpunkt A erreicht und bei weiterer stetiger Änderung von s und t in Punkte übergeht, die an den Antipodenpunkt A' von A anschließen, ändert sich γ unstetig um einen Faktor $\beta = \pm 1$ (vgl. Abb. 16).

Aus diesen Überlegungen ergibt sich also das folgende Resultat: Außer den Vektordarstellungen der Drehgruppe, bei denen der Faktor γ in (9) stets gleich 1 ist, gibt es bei Beachtung der genannten Eichvorschriften nur solche Strahldarstellungen, bei denen für gewisse Paare s und t von Drehungen $\gamma = -1$ ist. Ob das der Fall ist oder nicht, kann man folgendermaßen feststellen: Man betrachtet eine von einem Parameter α abhängige Schar von Paaren zweier Drehungen, welche die Gruppeneinheit stetig mit dem Paar aus s und t verbinden. Wenn s und t die Parameterwerte $(\omega_s; \vec{u}_s)$ und $(\omega_t; \vec{u}_t)$ besitzen, kann man etwa die Schar mit den Parametern $(\alpha\omega_s; \vec{u}_s)$ und $(\alpha\omega_t; \vec{u}_t)$ benutzen ($0 \leq \alpha \leq 1$), deren Bildpunkte in der Parameterkugel auf den geraden Strecken zwischen dem Mittelpunkt M und den Bildpunkten P_s und P_t von s und t liegen. Wenn nun beim Anwachsen von α der Bildpunkt des Gruppenproduktes dieser Drehungen den Drehwinkel $\omega = \pi$ erreicht und bei weiterer Vergrößerung von α der zugehörige Einheitsvektor $\vec{u}_r$ sein Vorzeichen wechselt, ist in der Strahldarstellung bei dem Produkt aus s und t der Faktor $\gamma = -1$; sonst ist $\gamma = +1$.

Man kann zeigen, daß dieser Vorzeichenwechsel von γ beim Anwachsen von α von 0 bis 1 nur einmal vorkommen kann. Durch Ausmultiplizieren der Matrizen (4) zu s und t und längere elementare Rechnung kann man nämlich die folgende Formel für die Parameterwerte $(\omega_r; \vec{u}_r)$ des Gruppenproduktes $r = st$ beweisen:

$$\vec{u}_r \tan\frac{\omega_r}{2} = \frac{\vec{u}_s \tan\frac{\omega_s}{2} + \vec{u}_t \tan\frac{\omega_t}{2} + [\vec{u}_s \times \vec{u}_t] \tan\frac{\omega_s}{2} \tan\frac{\omega_t}{2}}{1 - (\vec{u}_s \cdot \vec{u}_t) \tan\frac{\omega_s}{2} \tan\frac{\omega_t}{2}}. \quad (21)$$

Bei Beachtung der Bedingungen $|\vec{u}_r| = 1$ und $0 \leq \omega_r \leq \pi$ ergibt sich daraus $\vec{u}_r$ und ω_r eindeutig. In Strahldarstellungen ist nur dann $\gamma = -1$, wenn beim Anwachsen von ω_s und ω_t die rechte Seite von (21) einen Pol durchläuft, an dem $\vec{u}_r$ sein Vorzeichen wechselt, also nur in dem Fall

$$(\vec{u}_s \cdot \vec{u}_t) \tan\frac{\omega_s}{2} \tan\frac{\omega_t}{2} > 1 . \quad (22)$$

Das kommt demnach nur vor, wenn die Drehachsen einen spitzen Winkel miteinander bilden und ω_s und ω_t genügend groß sind.

Manchmal ist es zweckmäßig, die in der geschilderten Weise geeichten Strahldarstellungen der Drehgruppe $\mathcal{D}$ als Vektordarstellungen einer erweiterten Gruppe $\tilde{\mathcal{D}}$ aufzufassen. Diese Gruppe erhält man durch formale Einführung eines weiteren Gruppenelements v, dessen Bezeichnung an das Wort "Vorzeichen" erinnern soll. v soll mit allen Drehungen r, s, t vertauschbar sein, und sein Quadrat ist das Einselement:

$$vr = rv; \quad v^2 = e = \text{Einselement.} \tag{23}$$

Die Anzahl der Gruppenelemente wird dadurch verdoppelt. Das Gruppenprodukt zweier Elemente s und t soll in $\tilde{\mathcal{D}}$ bei Erfüllung der Bedingung (22) gleich vr sein, sonst gleich r. Die Parameterwerte von r ergeben sich in beiden Fällen genauso wie bei $\mathcal{D}$ aus (21).

Man kann die Elemente dieser erweiterten Gruppe $\tilde{\mathcal{D}}$ umkehrbar eindeutig den Punkten des unendlichen, dreidimensionalen Raumes zuordnen. Eine einfache Drehung mit den Parameterwerten $(\omega_r; \vec{u}_r)$ wird dabei wie bisher durch einen Punkt im Abstand ω_r vom Nullpunkt in Richtung des Einheitsvektors $\vec{u}_r$ dargestellt, vr dagegen durch einen Punkt im Abstand π^2/ω_r in Richtung des Vektors $-\vec{u}_r$. Die Drehungen mit den Parametern $(\pi; -\vec{u})$ und $(\pi; \vec{u})$ werden nicht mehr als identisch angesehen. Der unendlich ferne Punkt wird als ein Punkt angesehen, dem entweder gar kein Richtungsvektor $\vec{u}$ oder alle zugeordnet werden können.

Diese erweiterte Gruppe $\tilde{\mathcal{D}}$ hat, im Gegensatz zu der gewöhnlichen Drehgruppe $\mathcal{D}$, einen einfach-zusammenhängenden Parameterraum, d. h. jeder geschlossene Weg in ihm kann stetig, ohne den Parameterraum zu verlassen, auf einen Punkt zusammengezogen werden (vgl. Abb. 17). Bei $\mathcal{D}$ ist das nicht immer möglich, z. B. nicht bei dem

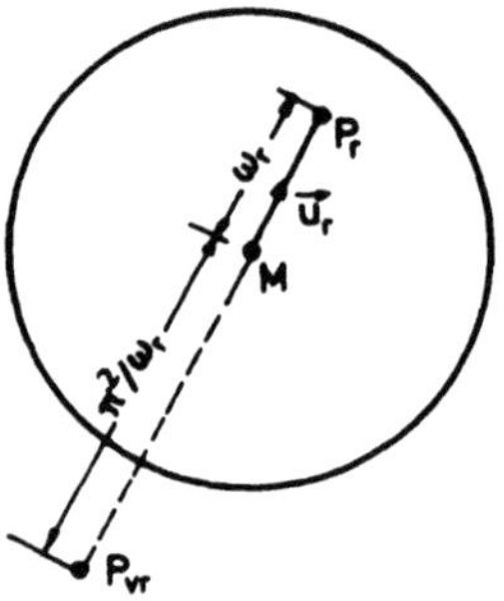

Abb.17.
Der Parameterraum der erweiterten Drehgruppe $\tilde{\mathcal{D}}$.

Weg, der geradlinig vom Nullpunkt zu einem Oberflächenpunkt A führt und von dem mit A identischen Antipodenpunkt A' zurück zum Nullpunkt. Damit hängt das Auftreten von Strahldarstellungen ursächlich zusammen. Die obigen Betrachtungen führen nämlich zu der Aussage, daß man in einer kontinuierlichen Gruppe mit einem einfach-zusammenhängenden Parameterraum jede Strahldarstellung endlicher Dimension durch passende Umeichung in eine Vektordarstellung verwandeln kann. $\tilde{\mathcal{D}}$ hat in diesem Sinne also keine echten Strahldarstellungen.

In $\tilde{\mathcal{D}}$ ist wegen der Vertauschbarkeit von v mit allen Gruppenelementen auch die Matrix zu v mit allen Darstellungsmatrizen vertauschbar und ist daher nach dem Schurschen Lemma in einer irreduziblen Darstellung gleich einem Vielfachen der Einheitsmatrix. Wegen $v^2 = e$ ist sie also entweder gleich der Einheitsmatrix oder ihrem Negativen. So ergeben sich gruppentheoretisch die oben begründeten Aussagen auch aus den Eigenschaften von $\tilde{\mathcal{D}}$.

Anmerkung: Man beachte, daß das Element v in $\tilde{\mathcal{D}}$ keine physikalische Bedeutung hat. Man kann ihm keinen physikalischen Prozeß und keine Observable zuordnen. Das zeigt sich besonders deutlich an folgendem Umstand: Reduzible Darstellungen von $\tilde{\mathcal{D}}$ können beim Ausreduzieren in Bestandteile zerfallen, in denen dem Element v teilweise die Einheitsmatrix und teilweise die negative

Einheitsmatrix zugeordnet ist. Aus den vorstehenden physikalischen Betrachtungen ergab sich, daß so etwas in der Physik unmöglich ist. Es wird mittelbar durch die Bedingung ausgeschlossen, daß zwischen den verschiedenen Elementen des betrachteten p-dimensionalen Teilraums mit Hilfe von Operatoren zu Observablen bestimmte Phasenbeziehungen hergestellt werden können. Die Darstellungen mit $\nu = +1$ treten nur in Zuständen auf, in denen die Quantenzahl j zum Gesamtdrehimpuls ganzzahlig ist, $\nu = -1$ nur bei halbzahligem j (vgl. S. 222). Es gibt keine physikalisch realisierbaren Zustandsänderungen, welche einen Übergang vom ganzzahligen zum halbzahligen j bewirken. In Systemen aus Fermionen müßte dabei aus einer geraden Anzahl von Teilchen eine ungerade werden oder umgekehrt. Fermionen kann man aber nur paarweise erzeugen. In der Physik treten durchaus Darstellungen auf, die bei Betrachtung der Drehungen allein reduzibel sind, aber niemals solche, die sich aus Vektordarstellungen und echten Strahldarstellungen der Drehgruppe zusammensetzen.

D. Die Charaktere

Darstellungen der Drehgruppe lassen sich am einfachsten nach dem auf S. 171 angedeuteten Verfahren gewinnen: Man ermittelt Elemente irgendeines Hilbertraumes, welche durch alle Drehungen in Linearkombinationen der Ausgangselemente transformiert werden. Alles dafür Wesentliche wurde bereits in Bd. II, §26 mit der Algebra der Drehimpulsoperatoren entwickelt. Dort wurde bewiesen, daß der Operator $D(\omega;\vec{k}) = \exp(-i\omega S_z)$ eine Drehung aller Ortsfunktionen um die z-Achse um den Winkel ω bewirkt ($\vec{k}$ = Einheitsvektor in z-Richtung). S_z bedeutet darin den Operator zur z-Komponente des Bahndrehimpulses, dividiert durch $\hbar$, in der Ortsdarstellung also $S_z = -i\dfrac{\partial}{\partial\varphi}$. Da die z-Achse beliebig gewählt werden kann, gilt die entsprechende Formel für alle Achsenrichtungen.

Man kann diese Formel statt durch eine Rechnung mit der Ortsdarstellung auch direkt aus den Vertauschungsrelationen ableiten, weil alle Eigenschaften der Ortsdarstellung aus ihnen folgen (vgl. Bd. II, §25). Da man die

Vertauschungsrelationen für allgemein gültig hält, gilt also für jeden Körper

$$D(\omega;\vec{u}) = \exp(-i\omega(u_x S_x + u_y S_y + u_z S_z)) \, . \tag{24}$$

Dabei bedeuten die S_j (mit $j = x, y, z$) die Operatoren zu den Komponenten des Gesamtdrehimpulses dividiert durch $\hbar$.

Die für den Drehimpuls erhaltenen Ergebnisse von Bd. II, §26 liefern daher mittelbar Darstellungen der Drehgruppe. Dort wurde gezeigt, daß sich zu jeder ganzzahligen und halbzahligen Quantenzahl j des Drehimpulses ein Komplex von $(2j+1)$ Eigenelementen von S_z mit den Eigenwerten $m = -j, -j+1, \ldots +j$ aufstellen läßt. Durch wiederholte Anwendung von $S_x \pm iS_y$ lassen sich diese Elemente ineinander transformieren. Die Anwendung von $D(\omega;\vec{u})$ führt also aus dem von ihnen aufgespannten $(2j+1)$ -dimensionalen Teilraum nicht heraus. Im Prinzip kann man daraus die $(2j+1)$ -dimensionalen unitären Matrizen berechnen, welche die orthonormierten Elemente $|m\rangle$ den Operatoren $D(\omega;\vec{u})$ zuordnen. Das ist aber eine langwierige Rechnung, die hier nicht ausgeführt werden soll. Nur das Resultat für $j = 1/2$ wird nachher abgeleitet werden.

Allgemein ergeben sich aus diesen Überlegungen leicht die Charaktere dieser Darstellungen. Da alle Drehungen mit dem gleichen Drehwinkel ω zur gleichen Klasse gehören, braucht man dazu nur die Matrix zu einer Drehung um die z -Achse zu berechnen. Wegen

$$S_z|m\rangle = |m\rangle m \tag{25}$$

gilt

$$D(\omega;\vec{k})|m\rangle = \exp(-i\omega S_z)|m\rangle = |m\rangle \exp(-im\omega) \, . \tag{26}$$

Die Matrix $\overleftrightarrow{D}(\omega;\vec{k})$ zu einer Drehung um die z -Achse in der Darstellung zur Quantenzahl j hat also die Spur

$$\chi^{(j)}(\omega) = \sum_{m=-j}^{+j} \exp(-im\omega) = \frac{\sin(j+1/2)\omega}{\sin\omega/2} . \tag{27}$$

Aus dieser Formel ergibt sich, daß keine dieser Darstellungen durch eine Ähnlichkeitstransformation in eine ausreduzierte Darstellung mit Teildarstellungen zu anderem j überführt werden kann. Teildarstellungen zu größerem j können nämlich nicht vorkommen, weil sie eine größere Dimension haben. Solche zu kleineren j -Werten können auch nicht vorkommen, weil die Summe in (27) eine endliche Fourierreihe ist für eine Funktion der Periode 4π , denn j kann nur ganzzahlige oder halbzahlige Werte annehmen. Eine solche Reihe kann aber niemals als Reihe mit weniger Gliedern geschrieben werden, wie sie von den Spuren zu kleineren j -Werten gebildet werden.

Wenn also bewiesen wäre, daß es außer den betrachteten Darstellungen und ihren Kombinationen keine anderen gäbe, wäre damit auch ihre Irreduzibilität gezeigt. Bei endlichen Gruppen kann man einfach durch Abzählen feststellen, ob man alle Darstellungen erfaßt hat. Bei unendlichen Gruppen ist das nicht so einfach, konnte aber auf anderem Wege von den Mathematikern bewiesen werden. Durch (27) sind demnach die Charaktere aller irreduziblen Vektor- und Strahldarstellungen der Drehgruppe gegeben.

Man kann nun leicht nachrechnen, daß diese Darstellungen auch den im vorigen Abschnitt aufgestellten Eichvorschriften genügen. Da $\exp(-i\omega(\mathfrak{S}\cdot\vec{\mathfrak{u}}))$ eine stetige Funktion von ω und $\vec{\mathfrak{u}}$ ist, sind die von diesen Operatoren erzeugten Matrizen stetig. Falls $\vec{\mathfrak{u}} = \vec{k}$ ist, lautet die Determinante der Darstellungsmatrix

$$\det \mathfrak{D}^{(j)}(\omega;\vec{k}) = \prod_{m=-j}^{+j} \exp(-im\omega) = 1. \tag{28}$$

Für die anderen Matrizen müssen die Determinanten denselben Wert haben, denn sie gehen aus diesen durch eine Ähnlichkeitstransformation mittels unitärer Matrizen hervor, und dabei ändern sich wegen (12) und (13) die Determinanten nicht.

Ein Vorzeichenwechsel von $\vec{u}$ ist nach (24) mit dem Übergang zum adjungierten Operator identisch. Bei einer Drehung um den Winkel π mit $\vec{u} = \vec{k}$ ist $\overleftrightarrow{D}^{(j)}(\pi; \vec{k})$ nach (26) eine Diagonalmatrix mit den Elementen $\langle m | D(\omega; \vec{k}) | m \rangle = \exp(-im\omega)$ $(m = j, j-1, \ldots -j)$. Ein Vorzeichenwechsel von $\vec{u}$ bewirkt in diesem Fall eine Vorzeichenänderung des Exponenten, also eine Multiplikation mit $\exp(2im\pi)$. Bei ganzzahligem j ist das für alle m gleich 1, bei halbzahligem gleich -1. Für andere Achsenrichtungen muß das nach den Ausführungen auf S.214 genauso sein. Daher gilt:

Zustände mit ganzzahliger Drehimpulsquantenzahl j *liefern Vektordarstellungen der Drehgruppe, Zustände mit halbzahligem* j *Strahldarstellungen.*

E. Die Gruppe SU_2

Zur Abrundung dieser Überlegungen sei nun noch die irreduzible Darstellung zu $j = 1/2$ explizit berechnet. Das ist die einfachste Darstellung, welche dem Gruppenelement v der erweiterten Drehgruppe die negative Einheitsmatrix zuordnet. In diesem Fall kann m nur die Werte $\pm 1/2$ annehmen. Die beiden Eigenelemente $|+1/2\rangle$ und $|-1/2\rangle$ von S_z sind beides Eigenelemente von S^2 zum Eigenwert $j(j+1) = 3/4$. Die Anwendung von $S^{(+)} = S_x + iS_y$ auf $|+1/2\rangle$ ergibt das Nullelement, diejenige von $S^{(-)}$ ein Vielfaches von $|-1/2\rangle$:

$$S^{(+)} |+1/2\rangle = 0, \tag{29}$$

$$\mathsf{S}^{(-)}|{+1/2}\rangle = |{-1/2}\rangle\,\alpha\,. \tag{30}$$

Aus $\mathsf{S}^{(+)}\mathsf{S}^{(-)} = \vec{\mathsf{S}}^2 - \mathsf{S}_z^2 + \mathsf{S}_z$ (vgl. Bd. II, §26; 11), der Normierung der $|\pm 1/2\rangle$ und der Vorzeichenregel, daß α positiv reell sein soll (vgl. S. 209), ergibt sich $\alpha = 1$. Daher folgt

$$\mathsf{S}_x|{+\tfrac{1}{2}}\rangle = |{-\tfrac{1}{2}}\rangle\tfrac{1}{2}\,;\; \mathsf{S}_y|{+\tfrac{1}{2}}\rangle = |{-\tfrac{1}{2}}\rangle\tfrac{i}{2}\,;\; \mathsf{S}_z|{+\tfrac{1}{2}}\rangle = |{+\tfrac{1}{2}}\rangle\,\tfrac{1}{2} \tag{31}$$

und ebenso

$$\mathsf{S}_x|{-\tfrac{1}{2}}\rangle = |{+\tfrac{1}{2}}\rangle\tfrac{1}{2}\,;\; \mathsf{S}_y|{-\tfrac{1}{2}}\rangle = -|{-\tfrac{1}{2}}\rangle\tfrac{i}{2}\,;\; \mathsf{S}_z|{-\tfrac{1}{2}}\rangle = -|{-\tfrac{1}{2}}\rangle\,\tfrac{1}{2} \tag{32}$$

(vgl. §14; 15 und 16). In Matrixschreibweise lauten diese Beziehungen

$$2\overleftrightarrow{S}_x = \begin{pmatrix} 0 & 1 \\ 1 & 0 \end{pmatrix};\quad 2\overleftrightarrow{S}_y = \begin{pmatrix} 0 & -i \\ i & 0 \end{pmatrix};\quad 2\overleftrightarrow{S}_z = \begin{pmatrix} 1 & 0 \\ 0 & -1 \end{pmatrix}. \tag{33}$$

Diese Matrizen $2\overleftrightarrow{S}_j$ werden Paulimatrizen genannt. Sie sind antikommutativ:

$$\overleftrightarrow{S}_j\overleftrightarrow{S}_k + \overleftrightarrow{S}_k\overleftrightarrow{S}_j = 0 \qquad \text{für} \quad k \neq j\,. \tag{34}$$

Ihre Quadrate sind alle gleich $1 = \begin{pmatrix} 1 & 0 \\ 0 & 1 \end{pmatrix}$:

$$(2\overleftrightarrow{S}_x)^2 = (2\overleftrightarrow{S}_y)^2 = (2\overleftrightarrow{S}_z)^2 = 1\,. \tag{35}$$

Daher gilt auch für die Matrix zu einer beliebigen Komponente von $\overleftrightarrow{S}$

$$(u_x\overleftrightarrow{S}_x + u_y\overleftrightarrow{S}_y + u_z\overleftrightarrow{S}_z)^2 = \frac{1}{4}\,. \tag{36}$$

Die Potenzreihenentwicklung des Operators

$$\mathsf{D}(\omega;\vec{u}) = \exp\bigl(-i\omega(u_x\mathsf{S}_x + u_y\mathsf{S}_y + u_z\mathsf{S}_z)\bigr) \tag{37}$$

nach Potenzen von ω liefert daher für seine Matrix in der Darstellung zu $j = 1/2$:

$$\overleftrightarrow{D}^{(1/2)}(\omega;\vec{u}) = 1 - i\omega\sum_j u_j\overleftrightarrow{\mathsf{S}}_j + \frac{(i\omega)^2}{2!}\cdot\frac{1}{4} + \frac{(-i\omega)^3}{3!}\cdot\frac{1}{4}\sum_j u_j\overleftrightarrow{\mathsf{S}}_j + \ldots \tag{38}$$

$$\overleftrightarrow{D}^{(1/2)}(\omega;\vec{u}) = \cos\frac{\omega}{2} \quad - 2i\sin\frac{\omega}{2}\cdot\sum_j u_j \overleftrightarrow{S}_j \tag{39}$$

$$= \begin{pmatrix} \cos\frac{\omega}{2} - iu_z\sin\frac{\omega}{2} & -i(u_x - iu_y)\sin\frac{\omega}{2} \\ -i(u_x + iu_y)\sin\frac{\omega}{2} & \cos\frac{\omega}{2} + iu_z\sin\frac{\omega}{2} \end{pmatrix} . \tag{40}$$

Alle zweidimensionalen, unitären Matrizen mit der Determinante 1 lassen sich so schreiben. Diese Matrizen bilden eine Gruppe, welche in der Mathematik mit SU_2 bezeichnet wird (spezielle unitäre Gruppe der Dimension 2). Man überzeugt sich leicht davon, daß bei diesen Matrizen das Ersetzen von $\vec{u}$ durch $-\vec{u}$ und von ω durch $(2\pi - \omega)$ das Vorzeichen umkehrt. In dieser Darstellung der erweiterten Drehgruppe besitzen also keine zwei Gruppenelemente dieselbe Matrix. Man kann deshalb das Ergebnis dieses Paragraphen auch in dem Satz zusammenfassen:

Ebenso wie die Drehgruppe durch die Gesamtheit der dreidimensionalen reellen Matrizen (4) definiert werden kann, läßt sich die erweiterte Drehgruppe, deren Vektordarstellungen mit den passend geeichten Strahldarstellungen der Drehgruppe übereinstimmen, durch die Gesamtheit der zweidimensionalen, unitären Matrizen mit der Determinante 1 definieren.

§22. Die Vektoraddition zweier Drehimpulse

A. Das direkte Produkt zweier Drehungen

Die in den vorigen Paragraphen entwickelten Hilfsmittel erlauben eine einfache Lösung des bereits in §13 angeschnittenen Problems, wie man die Beiträge zweier verschiedener Bewegungen zum Drehimpuls unter Beachtung der Quanteneigenschaften zusammenfügt. In §13 wurde ein Atom betrachtet, in welchem die Bahnbewegung und der Spin der Elektronen beide zum Gesamtdrehimpuls der Elektronenhülle beitragen. Bei Vernachlässigung der Spin-Bahn-Wechselwirkung ist der Hamiltonoperator bei Abwesenheit äußerer Felder sowohl gegen eine Drehung der Ladungsverteilung der Elektronen als auch gegen eine davon verschiedene Drehung aller Spinmomente invariant. Die Gruppe des Hamiltonoperators ist daher gleich dem direkten Produkt dieser beiden Drehgruppen. Bei Berücksichtigung der Spin-Bahn-Wechselwirkung besteht nur noch Invarianz gegen gemeinsame Drehungen des Bahn- und Spindrehimpulses um gleiche Achsen und gleiche Drehwinkel. Daher erlaubt die Gruppentheorie eine Berechnung der Anzahl der Niveaus, in die ein Energieniveau infolge der Spin-Bahn-Wechselwirkung aufspaltet.

Dasselbe Problem tritt auch bei Berücksichtigung der Wechselwirkung der Elektronenhülle mit dem magnetischen Moment der Atomkerne auf. Diese bewirkt die Hyperfeinstrukturaufspaltung. Es spielt ferner bei der Untersuchung der möglichen Zustände eines zusammengesetzten Körpers eine Rolle, also z. B. bei der Frage, welche Werte das Gesamtspinmoment vieler Elektronen in der Elektronenhülle annehmen kann oder der Kernspin auf Grund des Aufbaues der Atomkerne aus Protonen und Neutronen. Desgleichen benutzt man es bei der Untersuchung des Zusammenwirkens der Molekülrotation mit dem Drehimpuls des Kernspins in freien Molekülen. Immer handelt es sich um die Frage: Wenn die Bewegung zweier Körper oder die verschiedenen Bewegungsmöglichkeiten eines Körpers mit den Drehimpulsquantenzahlen l und s eine schwache Wechselwirkung aufeinander ausüben, welche Werte kann dann die Quantenzahl j des Gesamtdrehimpulses annehmen und welches sind die richtigen Linearkombinationen der Zustände zu verschiedenen Werten von j bei Berücksichtigung der Wechselwirkung in 1. Näherung.

Die oben benutzten Quantenzahlen sind beim Bahn- und Spindrehimpuls sowie dem Gesamtdrehimpuls der Elektronenhülle üblich. Im folgenden soll durchweg die diesem Fall entsprechende Bezeichnungsweise verwendet werden, obwohl diese Rechnung nicht auf diesen Fall beschränkt ist. Es werden Zustände betrachtet, welche durch Eigenelemente des Operators $\vec{L}_B^2$ zum Quadrat des Bahndrehimpulses mit dem Eigenwert $l(l+1)\hbar^2$ und zum Quadrat $\vec{L}_S^2$ des Spindrehimpulses mit dem Eigenwert $s(s+1)\hbar^2$ beschrieben werden. Aus einem dieser Elemente kann man durch Anwendung der Operatoren $D_B(\omega_B;\vec{u}_B) = \exp\left(-\frac{i}{\hbar}\omega_B(\vec{u}_B\cdot\vec{L}_B)\right)$ zur Drehung der Ladungsverteilung insgesamt $(2l+1)$ linear unabhängige Elemente mit verschiedener Orientierung des Bahndrehimpulses herstellen. Durch Anwendung der entsprechenden Operatoren $D_S(\omega_S;\vec{u}_S) = \exp\left(-\frac{i}{\hbar}\omega_S(\vec{u}_S\cdot\vec{L}_S)\right)$ zur Spindrehung entstehen ebenso aus einem Element $(2s+1)$ linear unabhängige Elemente mit unterschiedlicher Orientierung des Spindrehimpulses. Als Basis des von ihnen gebildeten $(2l+1)(2s+1)$ -dimensionalen Teilraums des Hilbertraumes sollen wie üblich die Eigenelemente $|m_B, m_S\rangle$ von L_{Bz} und L_{Sz} mit den Eigenwerten $m_B\hbar$ und $m_S\hbar$ benutzt werden.

Der Operator D_B zur Drehung der Ladungsverteilung ist in diesem Raum durch eine $(2l+1)$ -dimensionale Matrix $\mathfrak{D}^{(l)}$ gegeben:

$$D_B(\omega_B;\vec{u}_B)|m_B, m_S\rangle = \sum_{m_B'=-l}^{+l} |m_B', m_S\rangle D^{(l)}_{m_B' m_B}(\omega_B;\vec{u}_B). \tag{1}$$

Das System dieser Matrizen ist irreduzibel. Zum Operator $D_S(\omega_S;\vec{u}_S)$ der Spindrehung gehört ein entsprechendes System von $(2s+1)$ -dimensionalen, irreduziblen Matrizen. Die Wirkung beider Operatoren zusammen wird durch eine $(2l+1)(2s+1)$ -dimensionale Matrix beschrieben, in welcher jedes Element ein Produkt $D^{(l)}_{m_B' m_B}(\omega_B;\vec{u}_B)\, D^{(s)}_{m_S' m_S}(\omega_S;\vec{u}_S)$

aus je einem Element der Matrizen $\mathfrak{D}^{(l)}$ und $\mathfrak{D}^{(s)}$ ist. Das Wertepaar (m_B', m_S') spielt darin die Rolle des ersten Index, das Wertepaar (m_B, m_S) diejenige des zweiten. Diese Matrix bezeichnet man als das direkte Produkt der Matrizen $\mathfrak{D}^{(l)}$ und $\mathfrak{D}^{(s)}$ in völliger Analogie zu der Bezeichnung der Gruppe $\mathcal{D}_B \times \mathcal{D}_S$, welche aus den Produkten der miteinander vertauschbaren Operatoren D_B und D_S gebildet wird.

Wenn man nun die Spin-Bahn-Wechselwirkung als Störung berücksichtigt, ist der Hamiltonoperator nur noch gegen diejenigen Drehungen invariant, bei denen $\vec{u}_s = \vec{u}_B$ und $\omega_s = \omega_B = \omega$ ist. Diese Drehungen bilden eine Untergruppe der Gruppe $\mathcal{D}_B \times \mathcal{D}_S$ aus den bei Spin und Bahn verschiedenen Drehungen. Die dazu gehörenden $(2l+1)(2s+1)$-dimensionalen Matrizen des direkten Produktes der Matrizen $\mathfrak{D}^{(l)}$ und $\mathfrak{D}^{(s)}$ bilden meist reduzible Darstellungen dieser Untergruppe. Man muß nun berechnen, welche irreduziblen Darstellungen der Untergruppe darin enthalten sind und welche Komplexe von Linearkombinationen der $|m_B, m_S\rangle$ diese verschiedenen irreduziblen Bestandteile erzeugen.

B. Bestimmung der irreduziblen Bestandteile

Die Zahl und die Art dieser irreduziblen Bestandteile läßt sich allein aus den Charakteren ablesen. Die Spuren $\chi(\omega_B, \omega_S)$ der $(2l+1)(2s+1)$-dimensionalen Matrizen des direkten Produktes aller Drehungen der Bahn- und Spinmomente sind offenbar gleich den Produkten der Spuren der Faktormatrizen:

$$\chi(\omega_B, \omega_S) = \sum_{m_B=-l}^{+l} \sum_{m_S=-s}^{+s} D^{(l)}_{m_B m_B}(\omega_B; \vec{u}_B)\, D^{(s)}_{m_S m_S}(\omega_S; \vec{u}_S), \qquad (2)$$

also wegen (§21; 26)

$$\chi(\omega_B,\omega_S) = \sum_{m_B=-l}^{+l}\sum_{m_S=-S}^{+S} exp\left(-i(m_B\omega_B + m_S\omega_S)\right) \tag{3}$$

Die Spur der Matrizen zu den gemeinsamen Drehungen ergibt sich daraus einfach, indem man $\omega_B = \omega_S = \omega$ setzt. Dabei erhält man also eine Summe von lauter Summanden der Form $exp\left(-i(m_B+m_S)\omega\right)$.

Diesen Ausdruck muß man nun in eine Summe von Ausdrücken der Form

$$\chi^{(j)}(\omega) = \sum_{m=-j}^{+j} exp(-im\omega) \tag{4}$$

zerlegen, denn das ist der Charakter der j -ten irreduziblen Darstellung der Drehgruppe. Zu diesem Zweck ordnet man zweckmäßig die Indexpaare (m_B, m_S) , über die in (3) summiert wird, nach den Werten der Summe

$$m = m_B + m_S . \tag{5}$$

Das ist in Tab. 7 für das Beispiel $l = 2$, $s = 1$ geschehen. Man beachte dabei die Bedingungen $|m_B| \leq l$ und $|m_S| \leq S$. Die Indexpaare wurden so angeordnet, daß ein Schritt nach links unten einer Verminderung von m_S um 1 entspricht, ein Schritt nach rechts unten einer Verminderung von m_B um 1 . Man erkennt an dieser Tabelle sofort, daß der höchste Wert $m = l + S$ nur einmal vorkommt, der nächst niedrigere zweimal usw. bis herab zu $m = |l-S|$. Dieser Wert kommt $(2l+1)$ oder $(2S+1)$ mal vor, je nachdem, welche der beiden Zahlen kleiner ist. Bei weiterer Verminderung von m ändert sich die Zahl der vorkommenden Wertepaare (m_B, m_S) nicht mehr bis herab zu $m = -|l-S|$. Von da an nimmt sie von Zeile zu Zeile wieder um 1 ab bis herab zu $m = -(l+S)$, wo sie wieder gleich 1 ist.

Tab. 7. Die Zustandselemente $|m_B, m_s\rangle$ für die Quantenzahlen $l = 2$ und $s = 1$, geordnet nach den Werten von $m = m_B + m_s$.

$m = 3$			$|2,1\rangle$		
$m = 2$		$|2,0\rangle$	$|1,1\rangle$		
$m = 1$	$|2,-1\rangle$	$|1,0\rangle$	$|0,1\rangle$		
$m = 0$		$|1,-1\rangle$	$|0,0\rangle$	$|-1,1\rangle$	
$m = -1$			$|0,-1\rangle$	$|-1,0\rangle$	$|-2,1\rangle$
$m = -2$				$|-1,-1\rangle$	$|-2,0\rangle$
$m = -3$					$|-2,-1\rangle$

$m_s =$ konstant, $\Delta m_B = -1$

$\Delta m_s = -1$, $m_B =$ konstant

Da der höchste m-Wert in diesem Schema gleich $l+s$ ist, können irreduzible Bestandteile mit $j > l+s$ nicht vorkommen. Da $m = l+s$ nur bei einem Summanden vorkommt, muß $j = l+s$ genau einmal vorkommen. Subtrahiert man nun von $\chi(\omega,\omega)$ die Summe $\chi^{(l+s)}(\omega)$, so bleibt ein Ausdruck der gleichen Form übrig, in welchem jedoch für jedes m ein Summand weniger auftritt. Diese Restsumme enthält also den Summanden $m = l+s-1$ und demnach den Charakter der irreduziblen Darstellung mit $j = l+s-1$ genau einmal. So schließt man weiter und gelangt zu der folgenden Aussage:

Die $(2l+1)(2s+1)$-dimensionale Darstellung der Gruppe aus den bei Spin- und Bahnmoment verschiedenen Drehungen enthält von der Untergruppe der bei beiden gleichen Drehungen die irreduziblen Darstellungen mit $j = l+s$, $j = l+s-1$ bis herab zu $j = |l-s|$ je einmal.

Das ist das bereits in §13 benutzte Gesetz der quantenmechanischen Vektoraddition, welches man üblicherweise durch die auf S. 108 wiedergegebene Darstellung veranschaulicht.

C. Die richtigen Linearkombinationen

Das übliche gruppentheoretische Verfahren zur Bestimmung der Elemente, welche die j-te irreduzible Darstellung einer Gruppe aufspannen, nämlich die Anwendung der Formel (§19; 11), ist in diesem Falle praktisch kaum möglich, weil hier eine kontinuierliche Gruppe vorliegt. Dann tritt an die Stelle der Summe über alle Gruppenelemente ein Integral über den Parameterraum der Gruppe, das sogenannte Hurwitzsche Integral. In ihm kommt die Dichte der Elemente im Parameterraum vor, ein etwas schwierig zu definierender Begriff, der hier nicht behandelt werden soll.

Im betrachteten Fall kann man stattdessen die quantenmechanische Tatsache ausnutzen, daß die Zahl j eines irreduziblen Bestandteils zugleich Quantenzahl zum Quadrat $\vec{L}^2$ des Gesamtdrehimpulses ist und daß die $(2j+1)$ Elemente, welche die Normalform dieser Darstellung erzeugen, zugleich die Eigenelemente des Operators L_z zur z-Komponente des Gesamtdrehimpulses mit den Eigenwerten $m\hbar$ $(m = j, j-1, \dots, -j)$ sind. Im folgenden sollen diese gemeinsamen Eigenelemente von $\vec{L}^2$ und L_z mit $|j; m\rangle$ bezeichnet werden. Durch das Semikolon zwischen den Quantenzahlen j zu $\vec{L}^2$ und m zu L_z wird es äußerlich von dem Ausgangselement $|m_B, m_S\rangle$ unterschieden. Das Komma trennt also zwei Quantenzahlen zu den gleichartigen Operatoren L_{Bz} und L_{Sz}, das Semikolon die Quantenzahlen j und m zu zwei Operatoren verschiedener Größenart. In der Literatur werden meist außerdem die Quantenzahlen l und s hinzugefügt, so daß Symbole mit 4 Quantenzahlen entstehen. Da alle im folgenden betrachteten Zustandselemente das gleiche l und s besitzen, ist das unnötig kompliziert.

Aus einem gemeinsamen Eigenelement der Operatoren $\vec{L}^2$ und L_z erhält man durch Anwendung der Operatoren $S^{(\pm)} = (L_x \pm i\, L_y)/\hbar$ ein Vielfaches von $|j;\, m \pm 1\rangle$. Das Umschreiben von (§14; 15 und 16) auf die hier benutzten Bezeichnungen liefert

$$S^{(+)}|j;m\rangle = |j;m+1\rangle\sqrt{(j-m)(j+m+1)}\;, \tag{6}$$

$$S^{(-)}|j;m\rangle = |j;m-1\rangle\sqrt{(j+m)(j-m+1)}\;. \tag{7}$$

Wenn man also für jedes j nur ein solches gemeinsames Eigenelement bestimmt hat, folgen die anderen daraus durch wiederholte Anwendung dieser Formeln.

Ein solches Element zu dem höchsten j-Wert $j = l + s$ läßt sich sofort angeben, nämlich das eine Element mit $m_B = l$ und $m_S = s$ zum höchsten m-Wert $m = l + s$. Da es höhere Werte von m in dem betrachteten Teilraum nicht gibt, muß es zu $j = l + s$ gehören. Wiederholte Anwendung von $S^{(-)}$ darauf liefert für dieses höchste j und alle m je ein solches gemeinsames Eigenelement. Diese erzeugen zusammen die Darstellung mit $j = l + s$.

Wie Tab. 7 zeigt, gehören zu $m = l+s-1$ zwei linear unabhängige Eigenelemente von L_z. Das eine davon ist zu $S^{(-)}|l,s\rangle$ proportional und daher im Prinzip bekannt. Das Element zu $j = l+s-1$ muß dazu orthogonal sein, weil es zu einer anderen irreduziblen Darstellung gehört. Es kann daher durch Orthogonalisieren zu $S^{(-)}|l,s\rangle$ bis auf einen Faktor bestimmt werden. Die Normierung liefert den absoluten Betrag dieses Faktors. Über den unbestimmten

Phasenfaktor verfügt man in der Regel so, daß alle Koeffizienten reell werden und der Koeffizient bei dem Element $|m_B, m_S\rangle$ mit dem höchsten m_B-Wert $m_B = l$ positiv ist. Wiederholte Anwendung von $S^{(-)}$ liefert daraus wieder die übrigen Elemente mit dem gleichen $j = l + s - 1$.

So kann man im Prinzip fortfahren, indem man, vom höchsten Wert von m anfangend, wiederholt $S^{(-)}$ anwendet, die zu den erhaltenen Elementen orthogonalen Elemente bestimmt und wiederum $S^{(-)}$ anwendet. So einfach wie dieses Verfahren im Prinzip ist, so schwierig und mühsam ist die Durchführung, wenn nicht l und s ziemlich klein sind. Tatsächlich ist es aber gelungen, eine allgemeine Formel abzuleiten, welche die Koeffizienten der gesuchten Linearkombinationen explizit angibt. Man bezeichnet diese Zahlen als die Clebsch-Gordan-Koeffizienten. Sie kommen in vielen Problemen der Quantenmechanik vor. Daher ist in der theoretischen Physik eine ziemlich umfangreiche Literatur entstanden, welche die Eigenschaften dieser Koeffizienten, ihre Symmetrien und die sie verbindenden Verknüpfungsformeln und vieles andere enthalten[1].

Das normierte Element $|j;m\rangle$ schreibt man meist in folgender Form als Linearkombination der $|m_B, m_S\rangle$:

$$|j;m\rangle = \sum_{m_B, m_S} |m_B, m_S\rangle \begin{pmatrix} l & s & j \\ m_B & m_S & m \end{pmatrix} . \tag{8}$$

Leider sind für die darin vorkommenden Clebsch-Gordan-Koeffizienten $\begin{pmatrix} l & s & j \\ m_B & m_S & m \end{pmatrix}$ noch viele andere Bezeichnungen üblich, ein Zeichen, daß die Ursachen für die Verwirrungen beim Turmbau zu Babel noch immer wirksam sind. Aus

1) M.E. Rose: Elementary Theory of Angular Momentum. New York 1957
A.R. Edmonds: Drehimpulse in der Quantenmechanik. Mannheim 1964
D.M. Brink, G.R. Satchler: Angular Momentum. Oxford 1968

den obigen Überlegungen ergibt sich, daß $\begin{pmatrix} l & s & j \\ m_B & m_s & m \end{pmatrix}$ nur dann ungleich null ist, wenn $m_B + m_s = m$ und $l + s \geq j \geq |l - s|$ ist. An sich sind alle diese Betrachtungen invariant gegen eine Vertauschung von Spin- und Bahnmoment, also von l mit s und m_B mit m_s. Nur die Phasenbeziehung (S. 232) verletzt diese Symmetrie. Daher kommt es, daß diese Vertauschung einen Vorzeichenwechsel bewirkt, wenn $l + s - j$ ungerade ist. Für die kleinsten Werte von l und s sind die $|j; m\rangle$ in Tab. 8 angegeben. Im übrigen sei auf die genannten Bücher und die dort aufgeführte weiterführende Literatur verwiesen.

D. Einige einfache Anwendungen

Zur Erläuterung der Bedeutung dieser Rechnungen seien hier einige Anwendungen erörtert, die über den in §13 behandelten Fall der Störungsrechnung bei der Spin-Bahn-Wechselwirkung und der Hyperfeinstrukturwechselwirkung zwischen Kernmoment und Elektronenhülle hinausgehen. Der einfachste Fall ist das Spinmoment eines Zwei-Elektronen-Systems. Dort pflegt man allerdings die beiden Drehimpulsquantenzahlen nicht mit l und s zu bezeichnen, sondern mit s_1 und s_2, und für beide gilt $s_1 = s_2 = 1/2$. Die Quantenzahl des Gesamtspindrehimpulses wird in diesem Fall nicht mit j, sondern mit S bezeichnet. Sie kann die Werte $S = 1$ und $S = 0$ annehmen. Der erste Zustand ist dreifach (Triplettzustand), der letztere einfach (Singulettzustand). Bei den Übergängen von Zuständen der einen Sorte zu denen der anderen verschwindet der oszillierende Anteil jedes elektrischen Multipolmomentes. Daher beobachtet man diese unter irdischen Bedingungen in Emission nicht, d. h. sie sind spektroskopisch "verboten". Deshalb glaubte man zeitwei-

Tab. 8. Die Eigenelemente $|j;m\rangle$ zu den Operatoren $\vec{L}^2$ und L_z des Gesamtdrehimpulses, als Linearkombination der Eigenelemente $|m_B,m_S\rangle$ zur z-Komponente des Bahn- und Spindrehimpulses geschrieben, für einige Werte von l und s.

a). $l = 1/2, \; s = 1/2$

	$j = 1$	$j = 0$
$m = 1$	$\|1/2, 1/2\rangle$	–
0	$\|1/2,-1/2\rangle \frac{1}{\sqrt{2}} + \|-1/2, 1/2\rangle \frac{1}{\sqrt{2}}$	$\|1/2,-1/2\rangle \frac{1}{\sqrt{2}} - \|-1/2,1/2\rangle \frac{1}{\sqrt{2}}$
-1	$\|-1/2, -1/2\rangle$	–

b). $l = 1, \; s = 1/2$

	$j = 3/2$	$j = 1/2$
$m = 3/2$	$\|1, 1/2\rangle$	–
$1/2$	$\|1,-1/2\rangle\sqrt{\frac{1}{3}} + \|0, 1/2\rangle\sqrt{\frac{2}{3}}$	$\|1,-1/2\rangle\sqrt{\frac{2}{3}} - \|0, 1/2\rangle\sqrt{\frac{1}{3}}$
$-1/2$	$\|0,-1/2\rangle\sqrt{\frac{2}{3}} + \|-1, 1/2\rangle\sqrt{\frac{1}{3}}$	$\|0,-1/2\rangle\sqrt{\frac{1}{3}} - \|-1, 1/2\rangle\sqrt{\frac{2}{3}}$
$-3/2$	$\|-1, -1/2\rangle$	–

c). $l = 1, \; s = 1$

	$j = 2$	$j = 1$
$m = 2$	$\|1, 1\rangle$	–
1	$\|1,0\rangle \frac{1}{\sqrt{2}} + \|0,1\rangle \frac{1}{\sqrt{2}}$	$\|1,0\rangle \frac{1}{\sqrt{2}} - \|0,1\rangle \frac{1}{\sqrt{2}}$
0	$\|1,-1\rangle \frac{1}{\sqrt{6}} + \|0,0\rangle \frac{2}{\sqrt{6}} + \|-1,1\rangle \frac{1}{\sqrt{6}}$	$\|1,-1\rangle \frac{1}{\sqrt{2}} - \|-1,1\rangle \frac{1}{\sqrt{2}}$
-1	$\|0,-1\rangle \frac{1}{\sqrt{2}} + \|-1,0\rangle \frac{1}{\sqrt{2}}$	$\|0,-1\rangle \frac{1}{\sqrt{2}} - \|-1,0\rangle \frac{1}{\sqrt{2}}$
-2	$\|-1,-1\rangle$	–

	$j = 0$
$m = 0$	$\|1,-1\rangle \frac{1}{\sqrt{3}} - \|0,0\rangle \frac{1}{\sqrt{3}} + \|-1,1\rangle \frac{1}{\sqrt{3}}$

lig, es gäbe zwei Sorten von Heliumatomen, das Parhelium mit $S = 0$ und das Orthohelium mit $S = 1$. Tab. 8 zeigt, daß im ersten Fall die Zustandselemente gegenüber einer Vertauschung der Spinvariablen antisymmetrisch sind, im zweiten Fall symmetrisch. Wegen der Gültigkeit des Pauliprinzips gilt für die Ortskoordinaten der Elektronen das Umgekehrte. Da die Operatoren zu den elektrischen Multipolmomenten gegenüber einer Teilchenvertauschung symmetrisch sind, verschwinden daher alle ihre Matrixelemente, die mit einem Element des Singulettsystems und einem des Triplettsystems gebildet werden. Der Übergang ist nur deshalb nicht absolut unmöglich, weil die kleine magnetische Wechselwirkung zwischen den Elektronenspinmomenten auch noch eine Rolle spielt. Das alles wurde bereits in Bd. II auf wesentlich umständlichere Weise begründet (vgl. Bd. II, §30).

Hier kann man jetzt leicht ebenso weiter schließen: In Systemen mit drei Elektronen kann die Quantenzahl S des Gesamtspindrehimpulses einmal den Wert $S = 3/2$ (Quartett-Term) annehmen und zweimal den Wert $S = 1/2$ (Dublett-Term). Der erste Zustand hat Wellenfunktionen, die gegen alle Vertauschungen der Spinvariablen symmetrisch ist. Bei 4 Elektronen treten ein Quintett-Term, drei Triplett-Terme und zwei Singulett-Terme auf.

Da diese Aufbauregeln gänzlich unabhängig von der Größe der Wechselwirkung der Teilchen gelten, kann man sie auch in komplizierteren Fällen anwenden wie z. B. im H_2-Molekül. Im normalen H_2-Molekül mit zwei Protonen als Kernen bilden die Kerne wegen des Kernspins $i = 1/2$ auch zusammen einen Singulett-Term und einen Triplett-Term. Auch in diesem Fall glaubte man anfänglich wegen der ganz verschiedenen Spektren dieser Moleküle an die Existenz von zwei Sorten von Wasserstoffmolekülen, dem Parawasserstoff mit dem Gesamtkernspin $I = 0$ und dem Orthowasserstoff mit $I = 1$. Auch hier ist der Zustand mit $I = 1$ symmetrisch und derjenige mit $I = 0$ antisymmetrisch gegenüber einer Vertauschung der Kernspinvariablen. In solchen Molekülen können die beiden Atome um den Molekülschwerpunkt rotieren. Die Drehimpulsquantenzahl dieser Bewegung pflegt man mit j zu bezeichnen, obwohl es sich dabei um einen Bahndrehimpuls handelt. Auch hier gilt, genauso wie im H-Atom (vgl. Bd. II, §7), daß die Rotationszustände mit geradem j gegenüber der Inversion am Molekülschwerpunkt gerade sind und diejenigen mit ungeradem j ungerade. Diese Inversion entspricht einer Vertauschung der Ortskoordinaten der Kerne. Da Protonen ebenfalls Fermionen sind, kann daher ein Zustand mit der Quantenzahl $I = 1$ des Gesamtkernspins nur in Rotationszuständen mit ungeradem j auftreten und diejenigen mit $I = 0$ nur in solchen mit geradem j. Die Rotationsspektren und auch die Rotationsschwingungsspektren dieser Moleküle sehen also ganz verschieden aus.

Einen Übergang von Ortho- in Parawasserstoff kann man nur erreichen, wenn auf die magnetischen Kernmomente der beiden Kerne ein verschieden großes Magnetfeld einwirkt, damit sie sich gegeneinander verdrehen. Außerdem muß dieses Feld zeitlich veränderlich sein, um die passenden Strahlungsquanten zur Überwindung des Energieunterschiedes zur Verfügung stellen zu können. Diese Bedingungen sind erfüllt, wenn das Molekül mit einem anderen Atom oder Molekül mit einem magnetischen Moment zusammenstößt.

Bei normalen Temperaturen stellt sich im thermischen Gleichgewicht ein Mischungsverhältnis von 3 : 1 zwischen Ortho- und Parawasserstoff ein, weil zu $I = 1$ drei Zustandselemente gehören, zu $I=0$ nur eines. Bei sehr tiefen Temperaturen sind dagegen im thermischen Gleichgewicht fast alle Moleküle im Grundzustand, in welchem keine Rotation stattfindet. Dazu müssen sich die Kernspins wegen $j=0$ antiparallel stellen, was erst nach längerer Zeit und vielen Zusammenstößen stattfindet, am leichtesten noch, wenn man eine kleine paramagnetische Beimengung wie z. B. O_2-Gas hinzufügt. Wenn man den so gewonnenen fast reinen Parawasserstoff erwärmt, findet man als Beitrag der Molekülrotation zur spezifischen Wärme einen völlig anderen Verlauf als im normalen Wasserstoff, der nur 25 % Parawasserstoff enthält, denn innerhalb der dabei verwendeten Untersuchungszeiten stellt sich die zu höheren Temperaturen gehörende Gleichgewichtsverteilung der Kernspins nicht ein.

Die vorstehenden Betrachtungen erlauben es, diese Überlegungen auch leicht auf das D_2-Molekül des schweren Wasserstoffs auszudehnen. Der D-Kern enthält ein Proton und ein Neutron und ist ein Boson. Sein Kernspin hat den Wert $i=1$. Im Molekül können nach der Vektoradditionsregel für den Gesamtkernspin nur die Quantenzahlen $I=2$, $I=1$ und $I=0$ auftreten. Nach Tab. 8 sind die Zustände mit $I=2$ und $I=0$ in den Kernspinkoordinaten symmetrisch und treten daher nur in Rotationszuständen mit geradem j auf. Der Gesamtkernspin $I=1$ tritt nur in Zuständen mit ungerader Rotationsquantenzahl j auf. Da zu den Zuständen mit $I=2$ und $I=0$ zusammen 6 Zustandselemente der Kernspins gehören, zu $I=1$ dagegen nur 3, sind im schweren Wasserstoff diese beiden Sorten von Molekülen bei normaler Temperatur im Mischungsverhältnis 6 : 3 vorhanden. Bei ganz tiefen Temperaturen treten dagegen im thermischen Gleichgewicht nur die Zustände mit $I=2$ und $I=0$ auf. Auch das wurde spektroskopisch und durch kalorische Messungen nachgewiesen.

Fragen und Aufgaben zu Kap. V.

Fragen

1). In wieviel verschiedene Eigenwerte kann ein entarteter Eigenwert durch eine Störung gegebener Symmetrie aufspalten?

2). Wann kann man allein aus der Symmetrie die richtigen Linearkombinationen im Sinne der Störungsrechnung bestimmen?

3). Wie lautet eine Wellenfunktion der Blochschen Form für ein Elektron in einem Gitter?

4). Was versteht man unter dem reduzierten $\vec{k}$-Vektor?

5). Was versteht man unter der 1. Brillouin-Zone?

6). Was versteht man unter der Drehgruppe?

7). Wie groß ist die Ordnung der Drehgruppe?

8). Wann gehören zwei Drehungen zur selben Klasse konjugierter Elemente der Drehgruppe?

9). Durch welche Vorschriften eicht man in der Regel die Strahldarstellungen der Drehgruppe?

10). Welches sind die Dimensionen der irreduziblen Vektordarstellungen und eigentlichen Strahldarstellungen der Drehgruppe?

11). Welches sind die Charaktere der irreduziblen Darstellungen der Drehgruppe?

12). Welche Werte kann der unbestimmte Faktor eines Produktes in einer normal geeichten Strahldarstellung der Drehgruppe annehmen?

13). Was versteht man unter der Gruppe SU_2?

14). Welche Dimension hat das direkte Produkt zweier Darstellungen der Drehgruppe zu den Quantenzahlen $\mathfrak{l}$ und $\mathfrak{s}$?

15). In wieviel irreduzible Darstellungen zerfällt die in Frage 14 erwähnte Darstellung, wenn man sich auf die Untergruppe beschränkt, bei welcher beide Drehungen gleich sind?

16). Was versteht man unter den Clebsch-Gordan-Koeffizienten?

Aufgaben

1). Die Schrödingergleichung mit nur einer Koordinate x für die potentielle Energie $E_{pot}(x) = \frac{\hbar^2}{2ma} B \sum_{n=-\infty}^{+\infty} \delta(x-na)$ werde als Beispiel für ein lineares Gittermodell betrachtet. a). Berechnen Sie die Wellenfunktionen der Blochschen Form für gegebenes, reduziertes k ($|k| \leq \pi/a$). b). Mit $E = \hbar^2 \xi^2/(2ma^2)$ ergibt sich eine transzendente Gleichung für den Eigenwert E bzw. für ξ als Funktion von k. Wie lautet diese? c). Diskutieren Sie die Lage der Bänder.

2). Welche Werte des Gesamtspins können in einem System aus 3 Elektronen auftreten? Wie lauten die zugehörigen Linearkombinationen der Eigenelemente $|m_1, m_2, m_3\rangle$ zu den z-Komponenten der drei Einzelspins ($m_j = \pm 1/2$)? Welche von diesen Zuständen sind unmöglich, wenn sich zwei der drei Elektronen in der gleichen Bahn befinden?

3). In der Elementarteilchentheorie rechnet man mit hypothetischen Teilchen, den "Quarks", welche die drei Zustände $|u\rangle$, $|d\rangle$ und $|s\rangle$ annehmen können (von "up" und "down" wie beim Spin und "strange"). Angenähert sind ihre Wechselwirkungen invariant gegen eine unitäre Transformation in dem von ihnen aufgespannten dreidimensionalen Hilbertraum (SU_3 -Symmetrie). Ordnen Sie die Zustände von 2 und 3 solchen Quarks in Gruppen orthogonaler Zustände, die sich durch ihre Symmetrie gegen Teilchenvertauschung unterscheiden. Welche Multiplizitäten treten auf? Da sich die Symmetrie gegenüber Teilchenvertauschung bei einer bei allen Quarks gleichen unitären Transformation nicht ändert, erzeugen diese Komplexe von Zuständen zugleich irreduzible Darstellungen der Gruppe SU_3 .

Kapitel VI. Die chemische Bindung

Inhalt

Alle neutralen Atome ziehen sich in Abständen, die groß gegen die Durchmesser ihrer Elektronenhüllen sind, gegenseitig an, weil jedes im anderen ein elektrisches Dipolmoment induziert. Diese van-der-Waals'sche Anziehungskraft verursacht vor allem die Abweichungen von der idealen Gasgleichung.

Bei einem Atompaar aus einem Alkaliatom und einem Halogenatom liegt bei nicht zu großem Kernabstand der Grundzustand der Ionen zusammen energetisch tiefer als derjenige der neutralen Atome. Daher entstehen Ionen, die sich elektrostatisch anziehen (heteropolare Bindung).

Bei denjenigen Atomabständen, welche in Molekülen und Festkörpern wirklich vorkommen, spielen diese Anziehungskräfte eine geringere Rolle als diejenigen, welche von dem Eindringen der Elektronenwellen des einen Atoms in den Bereich des anderen herrühren. Dieser für die chemische Bindung wesentliche, quantenmechanische Effekt wird am Beispiel des H_2^+-Ions ausführlich diskutiert. Es wird gezeigt, daß die Wellenfunktionen in den Grundzuständen zweier Atome bei Überlagerung mit gleichem Vorzeichen in der Mitte zwischen den Kernen Wellenfunktionen von bindenden Zuständen liefern, deren Energie bei Annäherung der Kerne im Bereich großer Abstände abnimmt. Bei Überlagerung mit umgekehrtem Vorzeichen entstehen Wellenfunktionen zu antibindenden Zuständen.

Alle Eigenschaften der chemischen Bindungen lassen sich qualitativ durch näherungsweise Betrachtung von unabhängig bewegten, einzelnen Elektronen deuten. Ihre Zustände werden durch Molekülfunktionen beschrieben, welche angenähert durch Linearkombinationen von Atomfunktionen gegeben sind (MO-LCAO-Verfahren). Bei 2 Atomen kennzeichnet man diese durch Angabe der Atomzustände, in die sie bei sehr großen Kernabständen übergehen, und durch die Symbole σ, π, ... zu den Quantenzahlen $m = 0$, 1, ... der Drehimpulskomponente in Richtung der Kernverbindungsachse. Bei gleichen Kernen bezeichnet g die gegenüber einer Inversion am Molekülmittelpunkt geraden Zustände und u die ungeraden.

Die Bindung im H_2-Molekül wird von zwei Elektronen mit entgegengesetzten Spins in dem $1s\sigma g$-Term erzeugt. Ihre Austauschwechselwirkung schwächt die Bindungsstärke. Es wird erläutert, daß diese Effekte auch schon in der Heitler-Londonschen Theorie enthalten sind, aber formelmäßig gekoppelt. Deshalb schloß man daraus früher irrtümlich, daß eine generelle Tendenz zur Bildung von Elektronenpaaren mit entgegengesetzten Spins bestünde und daß darauf wesentlich die chemische Bindung beruhe. Auch heute bezeichnet man deshalb noch die Bindung durch 2 Elektronen im gleichen bindenden Zustand als eine einzige Bindung.

Bei Benutzung dieser Ausdrucksweise kann man sagen, im N_2-Molekül seien eine σ-Bindung und zwei π-Bindungen vorhanden. Im O_2-Molekül besteht eine σ- und eine π-Bindung, wobei jedoch letztere von zwei Elektronen mit parallelen Spins herrührt und daher durch Austauschwechselwirkung verstärkt ist. Im H_2O- und NH_3-Molekül bestehen σ-Bindungen von Elektronen, deren Wellenfunktionen aus den $1s$-Funktionen der H-Atome und verschiedenen $2p$-Funktionen des O- bzw. N-Atoms hervorgehen. Deshalb bilden die Kerne in diesen Molekülen einen Winkel bzw. eine Pyramide. Im CH_4-Molekül liegen 4 σ-Bindungen vor, deren Wellenfunktionen aus 4 gleichwertigen Linearkombinationen der $2s$- und $2p$-Funktionen des C-Atoms und den $1s$-Funktionen der H-Atome entstehen (Hybridisierung).

Bei der Bildung eines Bravaisgitters entsteht aus den s-Funktionen der Atome ein Band von Zuständen, deren Charakter sich mit wachsendem $\vec{k}$-Vektor von überall bindend zu überall antibindend stetig ändert. Wenn ein solches Band zur Hälfte mit Elektronen besetzt ist, erzeugen die Elektronen eine Bindung und eine elektrische Leitfähigkeit. Die quantenmechanische Ableitung des Ohmschen Gesetzes wird erläutert. Die hybridisierten s-p-Atomfunktionen des C-Atoms gehen bei der Bildung des Diamantgitters in zweimal 4 Bänder über, die ganz aus lauter bindenden oder lauter antibindenden Zuständen bestehen. Im Grundzustand sind die ersten 4 voll besetzt. Daher ist Diamant ein Isolator mit hoher Festigkeit.

§23. Die van-der-Waals'sche Anziehungskraft

Die Größe der chemischen Bindungsenergie zwischen zwei beliebigen Atomen oder Molekülen läßt sich im Prinzip quantenmechanisch exakt berechnen. Man muß dazu den tiefsten Eigenwert des Hamiltonoperators für die Atomkerne und Elektronen des vereinigten Moleküls berechnen sowie die Summe derselben Größen für die bei der Zerlegung entstehenden Atome, Moleküle oder Radikale. Ihre Differenz ist die gesuchte Bindungsenergie. Solche Rechnungen sind aber schwierig und lassen sich bisher selbst mit großen Computern nur in einfachen Fällen angenähert durchführen. Da sich die Atomkerne in den Molekülen wegen ihrer größeren Masse viel langsamer als die Elektronen bewegen, benutzt man meist die sogenannte Born-Oppenheimer-Näherung. Dabei werden die Atomkerne zunächst als ruhende, geladene Massenpunkte angenommen und nur die Bewegung der Elektronen in deren Feld quantenmechanisch behandelt. Die Energie der Elektronen im Grundzustand dieses Systems in Abhängigkeit von der Lage der Atomkerne wird dann in einer zweiten Rechnung als die potentielle Energie für die Bewegung der Atomkerne verwendet. Für die Ermittlung des tiefsten Eigenwertes eines Moleküls genügt es dabei, den Verlauf in der Nähe des Minimums dieser Funktion durch eine quadratische Funktion der Auslenkungen aus der Ruhelage zu approximieren und damit nach klassischen Methoden die Eigenfrequenzen ω_j zu berechnen (vgl. Bd. I, §16). Die Energie des Grundzustandes des ganzen Moleküls ist dann gleich dem Minimalwert der Elektronenenergie plus der Summe der Nullpunktsenergien $\hbar\omega_j/2$ aller Atomkernschwingungen.

Aber auch in dieser Näherung ist die Berechnung des tiefsten Eigenwertes des Hamiltonoperators der Elektronen außer in einem so einfachen Fall wie dem H_2-Molekül noch so schwierig, daß man bisher nur selten dieselbe Genauigkeit wie bei den Messungen erreicht hat. Die Bestimmung der Bindungsenergien und der Gleichgewichtsabstände der Atomkerne in den Molekülen kann deshalb nicht als das eigentliche Ziel der Quantentheorie der chemischen Bindung angesehen werden. Das besteht vielmehr darin, eine Einsicht in das Wesen der chemischen Bindung zu gewinnen und Zusammenhänge mit anderen physikalischen Eigenschaften aufzuzeigen. Für solche Zwecke ist oft die Behandlung eines einfachen Modells trotz ungenauer Ergebnisse aufschlußreicher als eine genauere, weniger durchsichtige Rechnung. In diesem Sinne sollen alle folgenden Betrachtungen dem qualitativen Verständnis der chemischen Bindung dienen und nicht als erste Schritte auf dem Wege zu quantitativen Ergebnissen.

Als erstes sei hier begründet, daß das Vorhandensein eines Atomkerns und einer Elektronenhülle stets zu einer Bindung zwischen neutralen Atomen mit einem endlichen, von den Abmessungen der Elektronenhülle abhängigen Gleichgewichtsabstand führt. Neutrale Atome ziehen sich nämlich in großen Abständen stets an und stoßen sich in kleinen ab. Wenn beim Zusammenführen zweier Atome der Abstand R der Atomkerne mit den Ordnungszahlen Z_1 und Z_2 erheblich kleiner als die Radien der $1s$-Schalen der beiden Atome geworden ist, hat die Elektronenhülle nahezu dieselbe Struktur wie bei einem Atom mit der Ordnungszahl $(Z_1 + Z_2)$. Die Energie der Elektronenhülle hat dann einen endlichen, nur noch wenig von R abhängigen Wert. Die elektrostatische Abstoßung der beiden Kerne liefert dagegen in diesem Bereich, solange R noch groß gegen den Kerndurchmesser ist, den Beitrag $Z_1 Z_2 e^2/(4\pi\varepsilon_0 R)$ zur potentiellen Energie. Da dieser mit abnehmendem R stark zunimmt, ergibt sich für kleine R eine Abstoßung.

Wenn R dagegen groß gegen den Durchmesser der Elektronenhüllen der getrennten Atome ist, ergibt sich stets eine Anziehungskraft proportional zu $1/R^7$. Das liegt daran, daß der Grundzustand eines neutralen Atoms im Mittel niemals ein elektrisches Dipolmoment besitzt. Zugleich besteht aber eine von null verschiedene Wahrscheinlichkeit dafür, in jedem Augenblick ein von null verschiedenes Dipolmoment anzutreffen. Dieses erzeugt in seiner Umgebung ein elektrisches Feld, das in einer festen Richtung mit wachsendem Abstand proportional zu $1/R^3$ abnimmt. Es induziert in einem anderen Atom im Abstand R ein Dipolmoment. Wenn das Dipolmoment des ersten Atoms auf das andere Atom hin gerichtet ist, hat das Feld und damit auch das induzierte Dipolmoment im zweiten Atom die gleiche Richtung wie dasjenige im ersten. Ist das Dipolmoment des ersten Atoms dagegen senkrecht zur Kernverbindungsachse gerichtet, so hat sein Feld und daher auch das induzierte Dipolmoment im zweiten Atom die entgegengesetzte Richtung von demjenigen im ersten (vgl. Abb. 18).

Wenn man sich nun einen Dipol als ein Paar von entgegengesetzt gleichen Ladungen in kleinem Abstand vorstellt, wird anschaulich klar, daß die Kraft eines inhomogenen Feldes auf den Dipol proportional der Differenz der Feldstärken an den Orten der beiden Ladungen bzw. proportional der Ableitung der Feldstärke nach dem Ort in Richtung des Dipolmomentes ist. Daher liest man aus Abb. 18 sofort ab, daß die Kraft auf das induzierte Dipolmoment immer auf das erste Atom hin gerichtet ist. Außerdem ist sie wegen der Proportionalität zur räumlichen Ableitung der Feldstärke für gegebenes induziertes Dipolmoment proportional zu $1/R^4$. Das induzierte Dipolmoment selbst ist der Feldstärke, also $1/R^3$ proportional. Die Kraft ist demnach proportional $1/R^7$. Man be-

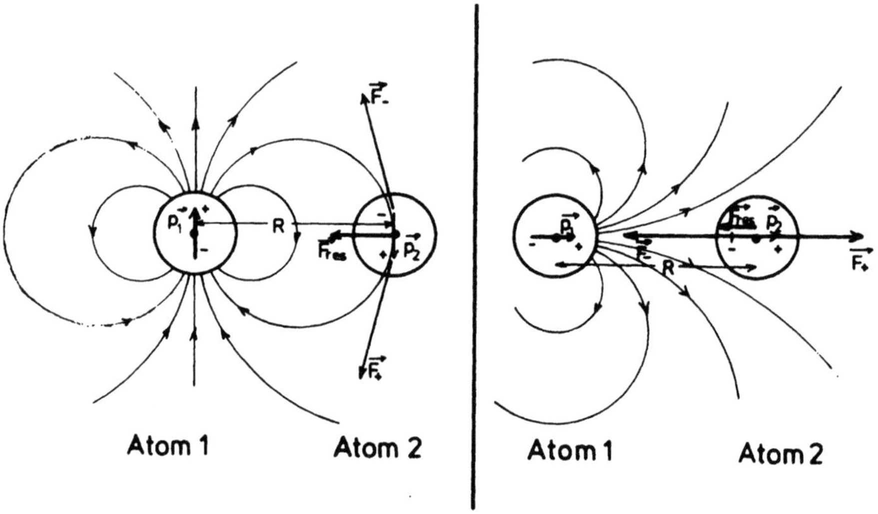

Abb.18. Das induzierte Dipolmoment in Atom 2 für verschiedene Dipolmomente in Atom 1 und die davon herrührende Kraft.

achte: Im Mittel sind die Dipolmomente der beiden Atome null, aber wegen der Korrelation ihrer Lagen infolge ihrer elektrostatischen Wechselwirkung ist die Kraft im Mittel immer anziehend.

Die Durchführung dieser Überlegung erfordert eine Störungsrechnung bis zur zweiten Näherung und soll hier nicht ausgeführt werden. Aber auch ohne Rechnung dürfte klar sein, daß diese Anziehungskraft umso größer ist, je leichter sich in dem betrachteten Atom ein elektrisches Dipolmoment induzieren läßt, je größer also seine elektrische Polarisierbarkeit ist. Wie alle Effekte 2. Näherung einer Störungsrechnung ist diese umso kleiner, je höher die tiefsten angeregten Elektronenniveaus liegen, also besonders klein bei den leichten Edelgasatomen und dem H_2-Molekül und groß bei den ausgedehnteren Atomen.

Diese Anziehungskraft zwischen neutralen Atomen bezeichnet man als van-der-Waals'sche Anziehung. In Gasen verursacht sie nämlich diejenige Abweichung von der idealen Gasgleichung, welche in der van-der-Waals'schen Zustandsgleichung

$$\left(p + \frac{a}{V^2}\right)(V - b) = RT \tag{1}$$

durch die Konstante a erfaßt wird (V = spez. Volumen). Von der Größe dieser Konstante hängt vor allem die Lage der kritischen Temperatur und der Siedetemperatur zu gegebenem Druck ab. Die obige Überlegung macht also deutlich, warum die elektrische Polarisierbarkeit der Atome und Moleküle mit den kritischen Daten zusammenhängt und warum die Abweichungen von der idealen Gasgleichung in Edelgasen so klein sind.

Da sich nach diesen Überlegungen zwei beliebige neutrale Atome im Grundzustand in großem Abstand anziehen, nimmt die potentielle Energie ihrer Wechselwirkung bei

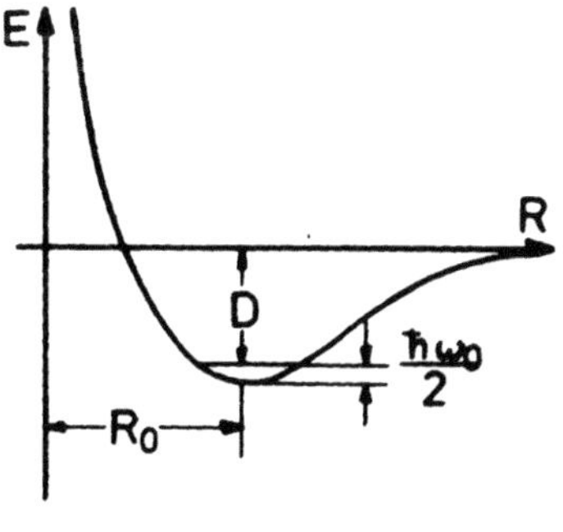

Abb.19. Der Verlauf der Energie der Elektronenhüllen plus der potentiellen Energie der Atomkerne bzw. der potentiellen Energie der Bewegung der Atome gegeneinander in Abhängigkeit vom Kernabstand in einem zweiatomigen Molekül (schematisch).

großem R mit abnehmendem R ab. Bei sehr kleinem R steigt sie andererseits auf große positive Werte an. Daher muß dazwischen ein Minimum liegen, also ein Abstand, bei dem sich die Anziehungs- und Abstoßungskräfte das Gleichgewicht halten (vgl. Abb. 19). Wenn für die Atombewegung die klassische Mechanik gelten würde, müßte jedes Paar von Atomen ein stabiles Molekül bilden. Nach der Quantenmechanik ist aber der tiefste Energiewert um die Nullpunktsenergie der Schwingung höher als das Minimum der potentiellen Energie. Daher gilt das nur, wenn die Tiefe dieses Minimums nicht zu gering ist.

Eine Tendenz zur Bildung von Molekülen besteht demnach bei allen Atomen. Man kann jedoch aus obigen Überlegungen noch keine Schlüsse über die Stärke der chemischen Bindungen ziehen. Wie im folgenden gezeigt wird, sind im Bereich des Energieminimums, wo sich die Elektronenhüllen teilweise durchdringen, andere Phänomene für die Wechselwirkung maßgebend und nicht die hier allein berücksichtigte Polarisierbarkeit der Elektronenhüllen und die elektrostatische Abstoßung der Atomkerne.

§24. Die heteropolare Bindung

Der heteropolare Bindungstypus ist am besten bei den Alkalihalogeniden verwirklicht. Schon mit den Hilfsmitteln der älteren Bohrschen Quantenmechanik glaubte man etwa seit 1920, diese Art der chemischen Bindung auf Grund der damaligen Kenntnisse von der Struktur der Elektronenhüllen verständlich machen zu können, und zwar auf folgende Weise: Bei einem Alkaliatom ist die Ionisierungsarbeit I zur Abtrennung des äußersten Elektrons relativ klein. Bei den Halogenatomen wird andererseits bei Anlagerung eines Elektrons die äußerste, im Atom nicht voll besetzte Schale abgeschlossen, und daher ist bei diesen die bei der Bildung eines negativen Ions frei werdende Energie, die sogenannte Elektronenaffinität A besonders groß. Wenn nun $A > I$ ist, wird beim Übergang eines Elektrons von dem Alkaliatom zum Halogenatom Energie frei. Die entstehenden Ionen ziehen sich dann gegenseitig an und werden sich im energetisch tiefsten Zustand aneinanderlagern. Der Gleichgewichtszustand ist erreicht, wenn sich die Elektronenhüllen der Ionen zu durchdringen beginnen, weil dann abstoßende Kräfte wirksam werden.

Auf diese Weise lassen sich zwar viele chemische Vorgänge qualitativ richtig deuten. Die genauere Nachprüfung erfordert jedoch eine Korrektur dieses Bildes. Tatsächlich ist nur bei dem einen Paar Cs-F die Elektronenaffinität größer als die Ionisierungsarbeit. Sonst ist immer $A < I$. Außer bei diesem einen Paar entstehen Ionenpaare nur in wäßriger Lösung oder im Vakuum in genügend kleinem Abstand der Ionen. Da Wassermoleküle ein elektrisches Dipolmoment besitzen, bildet sich in wäßriger Lösung um jedes Ion eine sogenannte Hydratationshülle aus Wassermolekülen, die jeweils die der Ionenladung entgegengesetzte Ladung ihres Dipolmomentes dem Ion zuwenden. Dadurch wird die Energie des elektrischen Feldes des Ions vermindert, die Ionenbildung also erleichtert. In wäßriger Lösung entstehen daher trotz $A < I$ aus den Alkali- und Halogenatomen getrennte, frei bewegliche Ionen.

Im Vakuum bilden sich aus diesen Atomen nur dann Ionen, wenn der Abstand der Atomkerne genügend klein ist. Zwei Punktladungen der Größe e haben im Abstand R eine um $e^2/(4\pi\varepsilon_0 R)$ geringere Energie als in großem Abstand. Nur wenn diese Energie größer als $I - A$ ist, nimmt die

Energie des Elektrons beim Übergang vom Alkaliatom zum Halogenatom ab. Für das Paar Na und Cl beträgt der Abstand, bei dem das der Fall ist, $R = 10{,}6\,\text{Å}$ (vgl. Abb. 20).

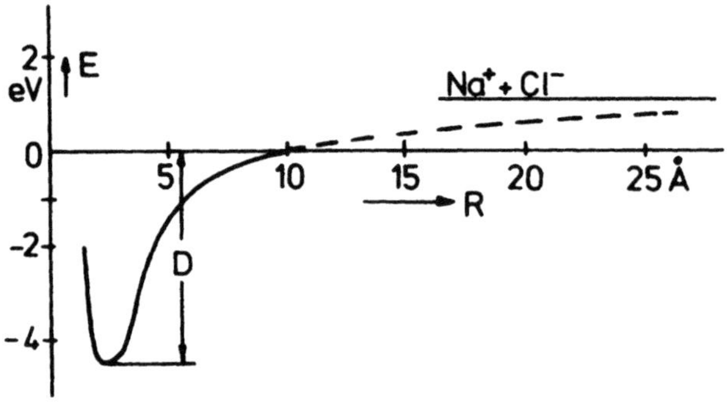

Abb.20. Die Gesamtenergie eines ruhenden Na- und Cl-Atomkerns und ihrer Elektronenhüllen zusammen im Grundzustand in Abhängigkeit vom Kernabstand sowie die Energie der entsprechenden getrennten Ionen.

Das ist zwar größer als die Summe der Radien der Elektronenhüllen der beiden Ionen, aber doch noch so klein, daß diese Betrachtungsweise nur angenähert richtig ist. Das Feld des Na-Ions ist bei diesem und in kleineren Abständen am Orte des Cl-Ions noch so stark, daß man seinen Einfluß auf die Ladungsverteilung des Cl-Ions nicht vernachlässigen kann. Bei anderen Ionenpaaren ist das noch extremer. Man kann nur soviel sagen: Das Leuchtelektron eines Alkaliatoms vermag im Vakuum nur dann unter Energieabgabe zu einem Halogenatom überzugehen, wenn es dabei den Anziehungsbereich des Na^{+}-Ions nicht ganz verlassen muß. Auch nach der Entstehung eines Ionenpaares wird seine Bewegung in der Umgebung des Halogenatomkerns von dem Feld des Alkali-Ions merklich beeinflußt. Es ist daher nicht exakt kugelsymmetrisch um den Kern des Halogenatoms herum verteilt.

Beim Gleichgewichtsabstand der Kerne im Molekül gilt das erst recht. Das ergibt sich aus der Größe des Dipolmomentes. Aus den Molekülspektren ergibt sich z. B. als Gleichgewichtsabstand der Kerne im HCl-Molekül $R = 1{,}315\,Å$. Wenn es aus einem Proton und einem kugelsymmetrischen Cl-Ion bestehen würde, müßte das Dipolmoment den Betrag $|\vec{p}| = eR$ haben. Aus der Temperaturabhängigkeit der Dielektrizitätskonstanten des HCl-Gases ergibt sich aber nur $|\vec{p}|/e = 0{,}22\,Å = 0{,}17R$. Bei den schweren Halogenwasserstoffen ist das noch ausgeprägter.

Wenn man sich ein einigermaßen realistisches, einfaches Bild von einem Alkali-Halogen-Molekül machen will, muß man die Verteilung der einzelnen Elektronen im Feld der beiden Atomkerne und dem der mittleren Ladungsverteilung der anderen Elektronen betrachten. Dann ergibt sich z. B. für NaCl, daß die 20 am stärksten gebundenen Elektronen noch nahezu kugelsymmetrisch um je einen der Kerne herum verteilt sind, fast genauso wie im $1s$-, $2s$- und $2p$-Zustand des Na- und Cl-Atoms. Die Verteilung der übrigen 8 Elektronen unterscheidet sich dagegen erheblich von derjenigen in der $3s$- und $3p$-Schale des Cl-Ions. Ihre Wellenfunktionen umfassen beide Atomkerne. Ihre Energie ist deshalb merklich niedriger als in den $3s$- und $3p$-Zuständen des freien Cl-Ions. Diese Erniedrigung beeinflußt die Bildungsenergie des NaCl-Moleküls erheblich.

Diese Betrachtungsweise ist nicht sehr verschieden von derjenigen bei der homöopolaren Bindung, welche in den nächsten Paragraphen behandelt wird. Die frühere Auffassung, welche die heteropolare Bindung zwei verschiedener Atome als qualitativ verschieden von der homöopolaren Bindung zwischen zwei gleichen Atomen ansah, muß heutzutage revidiert werden. Nach heutiger Ansicht gilt immer: *Die chemische Bindung beruht darauf, daß sich bei nicht zu großem Abstand zwischen den Kernen stationä-*

re Zustände der einzelnen Elektronen ausbilden, deren Wellenfunktionen in der Umgebung von zwei oder mehr Kernen gleichzeitig wesentlich von null verschieden sind und deren Energien kleiner sind als die der Zustände bei den getrennten Einzelatomen. Dieses Phänomen bestimmt bei den Molekülen die Bildungsenergie und den Gleichgewichtsabstand der Kerne. Deren Größe wird daher entscheidend von den quantenmechanischen Eigenschaften der Elektronen bestimmt, insbesondere von ihrer Doppelnatur Welle und Partikel, denn diese ist für die Gleichgewichtsverteilung der Ladungen maßgebend.

Da die Wellenfunktionen der Einzelelektronen in großem Abstand vom Kern exponentiell abfallen, nehmen auch alle Effekte, die mit ihrer Überlagerung zusammenhängen, exponentiell mit wachsendem Kernabstand ab. Bei Kernabständen, die groß gegen die Durchmesser der Elektronenhüllen sind, merkt man daher von dem genannten Bindungsmechanismus nichts mehr. Dann überwiegt in jedem Fall bei entgegengesetzt geladenen Ionen die Coulombsche Anziehung und bei neutralen Atomen die in §23 besprochene Anziehung zwischen den induzierten Dipolmomenten. Von heteropolarer und van-der-Waals'scher Anziehung kann man daher in einwandfreier Weise nur bei großen Kernabständen sprechen, nicht bei solchen, die sich nur wenig vom Gleichgewichtsabstand unterscheiden.

§25. Das H_2^+-Ion

Das H_2^+-Ion ist der einfachste Fall, in welchem man das Wesen der typisch quantenmechanischen Bindung studieren kann. In diesem Fall ist nur ein Elektron vorhanden. Dieses ist in der Lage, eine Bindung zwischen zwei sich elektrostatisch abstoßenden Protonen herzustellen. Das ist nur möglich, weil sich ein Elektron nicht wie ein negativ geladener Massenpunkt verhält, sondern auch Welleneigenschaften besitzt.

Um das als richtig nachzuweisen, muß man den tiefsten Eigenwert des Hamiltonoperators des Elektrons im Feld der beiden Protonen in Abhängigkeit vom Kernabstand berechnen und zeigen, daß dieser ein Minimum besitzt. Bezeichnet man die Ortsvektoren zu den beiden Kernen mit $\vec{R}_a$ und $\vec{R}_b$ und ihren Abstand mit $R = |\vec{R}_a - \vec{R}_b|$ (vgl. Abb. 21), so lautet die Eigenwertgleichung in der Ortsdarstellung mit $\langle\vec{r}|u\rangle = u(\vec{r})$

$$-\frac{\hbar^2}{2m}\nabla^2 u(\vec{r}) + \frac{e^2}{4\pi\varepsilon_0}\left(\frac{1}{R} - \frac{1}{|\vec{r}-\vec{R}_a|} - \frac{1}{|\vec{r}-\vec{R}_b|}\right)u(\vec{r}) = E\cdot u(\vec{r}). \quad (1)$$

Sie läßt sich in elliptischen Koordinaten separieren, d. h., $u(\vec{r})$ läßt sich als ein Produkt von drei Funktionen schreiben, von denen jede nur von einer der elliptischen

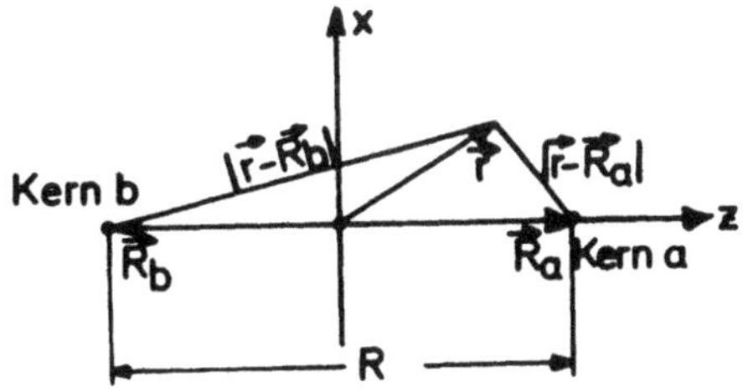

Abb.21. Die beim H_2^+-Ion verwendeten Koordinaten.

Koordinaten abhängt. Dadurch kann man die Rechnung auf die Integration von totalen Differentialgleichungen zurückführen. Die Lösungen sind weitgehend schon seit 1927 und vollständig seit 1953 bekannt[1]. Das Ergebnis lautet: Die Wellenfunktion des Grundzustandes ist rotationssymmetrisch um die Kernverbindungsachse, reell und hat keine Nullstelle im Endlichen. Der zugehörige Eigenwert in Abhängigkeit von R ist in Abb. 22 dargestellt. Das Minimum wird ziemlich genau bei $R_0 = 2{,}0\, a_0 = 1{,}06$ Å erreicht (a_0 = Bohrscher Radius = 0,5292 Å) und hat den Wert $E_{min} = -1{,}2053\, E_0$ (E_0 = Ionisierungsenergie des Wasserstoffatoms = 13,606 eV). Subtrahiert man

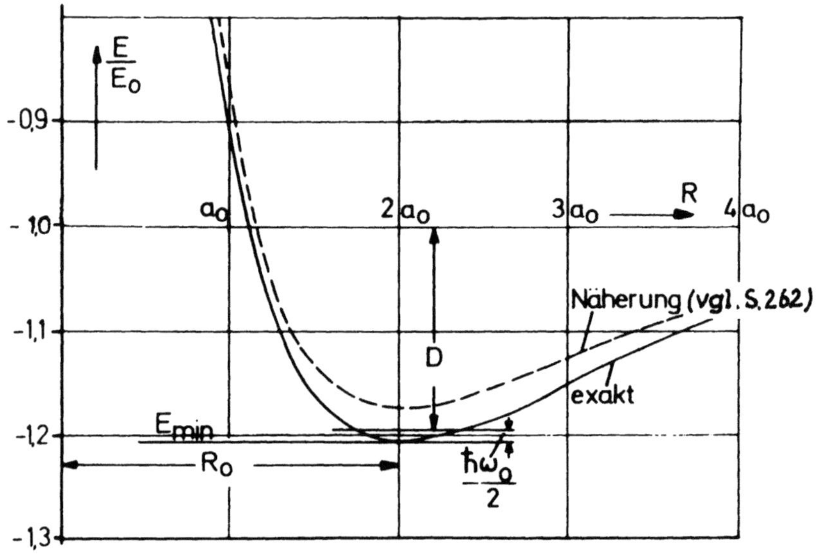

Abb.22. Die Energie des H_2^+-Ions für ruhende Kerne im Grundzustand in Abhängigkeit vom Kernabstand R.

1) Die ersten und die wichtigsten späteren Arbeiten sind:
O. Burrau, K. Dansk. Vidensk. Selsk. 7 (1927) S. 1
V. Guillemin und C. Zeener, Proc. Nat. Acad. Amer. 15 (1928) S. 314.
E. Hylleraas, Zs. f. Phys. 71 (1931) S. 739
D.R. Bates, K. Ledsham, A.L. Stewart, Phil. Trans. Roy. Soc. London 246 (1953) S. 215

von $|E_{min}|$ die Nullpunktsenergie $\hbar\omega_0/2$ der Kernschwingung und die Energie $E_0 = |E|$ für $R = \infty$, so erhält man für die Dissoziationsenergie $D = 0{,}1951\, E_0 = 2{,}654\ eV$, in guter Übereinstimmung mit dem Meßergebnis.

Dieses spezielle Ergebnis für das in der Natur ziemlich selten vorkommende H_2^+-Ion ist aber im Grunde ziemlich uninteressant, und deshalb soll hier auch die angedeutete Rechnung nicht ausgeführt werden. Grundsätzlich wichtig ist vielmehr die Antwort auf die Frage, wodurch diese Bindung zustandekommt und ob entsprechendes für andere Atome gilt. Für solche Fragen ist die Anwendung einer ungenaueren, aber allgemeiner anwendbaren Methode wie das Variationsverfahren viel aufschlußreicher.

Nach Bd. II, §29 ist der tiefste Eigenwert zugleich der kleinste Wert, den $\overline{E} = \langle u|H|u\rangle$ für normierte Zustandselemente $|u\rangle$ annimmt. Man kann sich von der Normierungsbedingung freimachen, indem man stattdessen den Ausdruck $\langle u|H|u\rangle / \langle u|u\rangle$ betrachtet, der von der Normierung unabhängig ist und für normiertes $|u\rangle$ mit $\langle u|H|u\rangle$ übereinstimmt. Ferner ist es für die Diskussion zweckmäßig, $\overline{E}$ als Summe aus den Mittelwerten der potentiellen und kinetischen Energie zu schreiben:

$$\overline{E} = \overline{E}_{kin} + \overline{E}_{pot} . \tag{2}$$

In der Ortsdarstellung gilt

$$\overline{E}_{kin} = \frac{\iiint u^*(\vec{r})\left(-\frac{\hbar^2}{2m}\nabla^2 u(\vec{r})\right) d^3x}{\iiint u^*(\vec{r})\; u(\vec{r})\, d^3x} = \frac{\frac{\hbar^2}{2m}\iiint |\operatorname{grad} u|^2 d^3x}{\iiint |u|^2\, d^3x} \tag{3}$$

und

$$\overline{E}_{pot} = \frac{\iiint u^*(\vec{r})\, \frac{e^2}{4\pi\varepsilon_0}\left(\frac{1}{R} - \frac{1}{|\vec{r}-\vec{R}_a|} - \frac{1}{|\vec{r}-\vec{R}_b|}\right) u(\vec{r})\, d^3x}{\iiint u^*(\vec{r})\; u(\vec{r})\; d^3x} . \tag{4}$$

Damit lassen sich alle wichtigen Einsichten über die chemische Bindung durch qualitative Betrachtungen gewinnen.

Bei komplizierten Molekülen genügt es nämlich, die Bewegungen der Elektronen näherungsweise als unabhängig voneinander anzusehen. Als potentielle Energie wird dabei die des Feldes der Kerne und der mittleren Ladungsverteilung der anderen Elektronen eingesetzt. Die Integrale haben dann die gleiche Form wie (3) und (4), nur lautet die potentielle Energie im Zähler des Integranden von (4) anders. Sie ist aber auch überall negativ, wenn man von dem Term prop. $1/R$ absieht, und hat die gleiche Symmetrie. Insbesondere ist sie in zweiatomigen Molekülen rotationssymmetrisch um die Kernverbindungsachse und bei gleichen Kernen außerdem invariant gegen die Inversion an dem Mittelpunkt der Strecke zwischen den Kernen. Zunächst seien deshalb die Folgerungen aus dieser Symmetrie erörtert.

Bei Rotationssymmetrie um die z-Achse können alle Eigenelemente des Hamiltonoperators so gewählt werden, daß sie in der Ortsdarstellung den Azimutalwinkel φ nur in einem Faktor $\exp(im\varphi)$ enthalten (m ganzzahlig). Elemente zu verschiedenen Werten von m sind orthogonal. Sie gehören zu verschiedenen irreduziblen Darstellungen der Gruppe aller Drehungen um die z-Achse. Man kann daher die zugehörigen orthogonalen Teilräume getrennt untersuchen. Man kennzeichnet diese durch griechische Buchstaben, welche den Symbolen s, p, d, ... zur Drehimpulsquantenzahl l entsprechen, also

σ für $m=0$, π für $m=\pm 1$, δ für $m=\pm 2$ usw.

Der energetisch tiefste Zustand eines einzelnen Elektrons ist stets ein rotationssymmetrischer σ-Zustand.

Außerdem charakterisiert man die Einelektronen-Zustände im Molekül meist durch Angabe der Symbole zu den

Atomzuständen, in die sie bei unbegrenzter Vergrößerung des Kernabstandes R übergehen, genauso wie man das bei einfachen Bändern in Kristallen macht (vgl. §20). Der Grundzustand des Elektrons im H_2^+-Ion wird demnach als $1s\sigma$-Zustand bezeichnet.

Bei Molekülen aus zwei gleichen Atomen kann man ferner die beiden orthogonalen Teilräume mit gerader oder ungerader Parität gegenüber der Inversion am Molekülmittelpunkt getrennt diskutieren. Eigenelemente mit gemischter Parität kommen nicht vor oder können, falls sie auf Grund einer zufälligen Entartung möglich sind, außer Betracht bleiben. Man kennzeichnet dementsprechend die Zustände außerdem durch den Index g (gerade) oder u (ungerade).

Für eine qualitative Diskussion der Ursachen der chemischen Bindung im H_2^+-Ion genügt es, Linearkombinationen der beiden Atomfunktionen

$$u_a = \exp\left(-\alpha\frac{|\vec{r}-\vec{R}_a|}{a_0}\right) \text{ und } u_b = \exp\left(-\alpha\frac{|\vec{r}-\vec{R}_b|}{a_0}\right) \tag{5}$$

zu betrachten. Darin ist $a_0 = 4\pi\varepsilon_0\hbar^2/(me^2)$ der Bohrsche Radius und α ein Variationsparameter. Das hat folgende Vorteile: 1). Die in (3) und (4) vorkommenden Integrale lassen sich damit leicht auswerten. 2). Die Schar der Funktionen (5) enthält die exakten Lösungen für den Grundzustand des Elektrons im Grenzfall $R=\infty$, nämlich mit $\alpha=1$. 3). Der Variationsparameter α erlaubt eine qualitative Diskussion des Einflusses der Molekülbildung auf die Ladungsverteilung in den einzelnen Atomen.

Mit den Funktionen (5) erhält man als nichtnormierte Näherungsfunktionen für den $1s\sigma g$-Zustand

$$u_+(\vec{r}) = \exp\left(-\alpha\frac{|\vec{r}-\vec{R}_a|}{a_0}\right) + \exp\left(-\alpha\frac{|\vec{r}-\vec{R}_b|}{a_0}\right) \tag{6}$$

und für den $1s\sigma u$-Zustand

$$u_-(\vec{r}) = \exp\left(-\alpha\frac{|\vec{r}-\vec{R}_a|}{a_0}\right) - \exp\left(-\alpha\frac{|\vec{r}-\vec{R}_b|}{a_0}\right). \quad (7)$$

Für die Mittelwerte der Energien ergeben sich damit bei Benutzung der Abkürzungen

$$X = \alpha\frac{R}{a_0} \quad \text{und} \quad E_0 = \frac{\hbar^2}{2ma_0^2} \quad (8)$$

die Formeln

$$\overline{E}_{kin} = E_0\alpha^2 K_\pm(X) \quad \text{und} \quad \overline{E}_{pot} = -2E_0\alpha P_\pm(X). \quad (9)$$

Darin ist

$$K_\pm(X) = 1 \mp \frac{2}{3}\cdot\frac{X^2\exp(-X)}{1\pm(1+X+X^2/3)\exp(-X)}, \quad (10)$$

$$P_\pm(X) = \frac{1-(1+1/X)\exp(-2X)\pm(1+5X/3-1/X)\exp(-X)}{1\pm(1+X+X^2/3)\exp(-X)}. \quad (11)$$

Das obere Vorzeichen gehört jeweils zu u_+, das untere zu u_-.

Die Ableitung dieser Formeln sei hier nur angedeutet. Zweckmäßig führt man die Variablen $\varrho_a = \alpha|\vec{r}-\vec{R}_a|/a_0$ und $\varrho_b = \alpha|\vec{r}-\vec{R}_b|/a_0$ ein. Für das Volumenelement d^3x findet man zunächst in Polarkoordinaten um den Kern a den Ausdruck $d^3x = (a_0/\alpha)^3\varrho_a^2 d\varrho_a \sin\vartheta\, d\vartheta\, d\varphi$. Da die Integranden in (3) und (4) im betrachteten Fall nicht von φ abhängen, kann man die Integration über φ in Zähler und Nenner einfach fortlassen. Wenn die Richtung $\vartheta = 0$ vom Kern a zum Kern b weist (vgl. Abb. 21), gilt nach dem Cosinussatz

$$\varrho_b^2 = \varrho_a^2 + X^2 - 2\varrho_a X\cos\vartheta. \quad (12)$$

Führt man jetzt statt ϑ die Variable ϱ_b ein, so folgt

$$\sin\vartheta\, d\vartheta = \frac{\varrho_b\, d\varrho_b}{\varrho_a X} \quad (13)$$

und somit

$$d^3x = \left(\frac{a_0}{\alpha}\right)^3 \frac{\varrho_a \varrho_b}{X} d\varrho_a \, d\varrho_b \, d\varphi \, . \tag{14}$$

ϱ_b durchläuft bei der Integration das Intervall von $|\varrho_a - X|$ bis $(\varrho_a + X)$. Alle Integrale sind dann elementar ausführbar.

Zur Diskussion der erhaltenen Ergebnisse werde zunächst $\overline{E}_{kin}$ und $\overline{E}_{pot}$ als Funktion des Kernabstandes für festes $\alpha=1$ betrachtet. Abb. 23 zeigt den Verlauf von K_+ und K_- als Funktion von $X = R/a_0$. Demnach nimmt $\overline{E}_{kin}$ bei Annäherung der Kerne in großen Abständen im Zustand u_+ zunächst stark ab, im Zustand u_- dagegen monoton zu. Das ist qualitativ verständlich. Das Integral im Nenner von (3) enthält im Integranden $|u|^2$, und diese Größe lautet für u_+

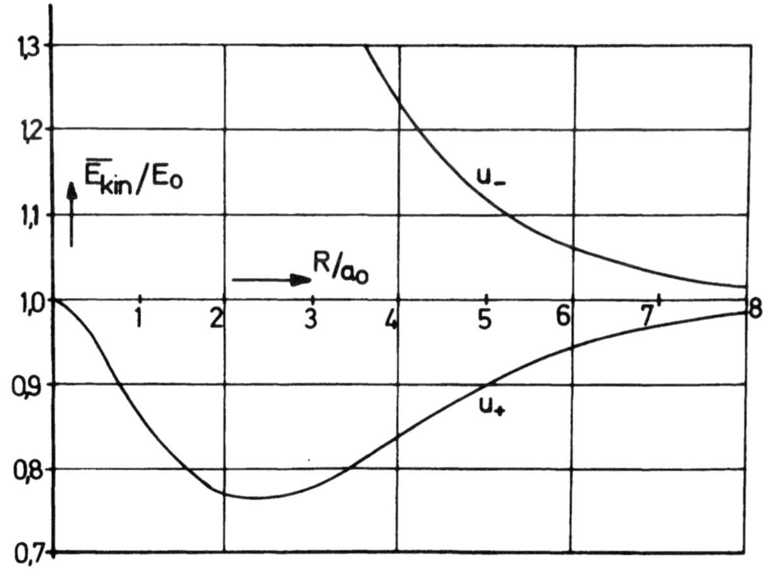

Abb.23. Der Mittelwert der kinetischen Energie $\overline{E}_{kin}$ in Abhängigkeit vom Abstand der Atomkerne im H_2^+-Ion bei Überlagerung der unveränderten Atomfunktionen mit gleichem (u_+) und ungleichem (u_-) Vorzeichen.

$$|u_+|^2 = u_a^2 + u_b^2 + 2u_a u_b \,. \tag{15}$$

Das Integral über u_a^2 und u_b^2 ist von R unabhängig. Das Produkt $u_a u_b$ ist vor allem im Gebiet zwischen den Kernen wesentlich und wächst dort mit abnehmendem R rasch an. Wenn man also zwei Atomfunktionen u_a und u_b so wie in u_+ überlagert, daß beide im Bereich zwischen den Kernen das gleiche Vorzeichen haben, wächst das Integral über $|u|^2$ im Nenner von (3) im Bereich großer Kernabstände mit abnehmendem R an.

Das Integral über $|\mathrm{grad}\, u|^2$ im Zähler von (3) nimmt dagegen bei diesem Prozeß ab, denn darin lautet das gemischte Produkt $(\mathrm{grad}\, u_a \cdot \mathrm{grad}\, u_b)$. Die Gradienten von u_a und u_b sind von den zugehörigen Atomkernen weg gerichtet. Sie bilden daher im Gebiet zwischen den Atomkernen einen stumpfen Winkel miteinander. Der Beitrag des gemischten Produktes im Zähler ist daher bei u_+ negativ.

Die relativen Änderungen der mittleren potentiellen Energien sind merklich kleiner als diejenigen von $\overline{E_{kin}}$, weil in (4) sowohl im Zähler als auch im Nenner im Integral nur $|u|^2$ auftritt. Zähler und Nenner ändern sich also bei der Überlagerung der unveränderten Atomfunktionen im gleichen Sinne.

Diese qualitativen Überlegungen zeigen, daß dieses Verhalten allgemein gültig ist:

Wenn man die Einelektronen-Wellenfunktionen u_a *und* u_b *von zwei getrennten Atomen in solcher Weise zu einer Molekülfunktion kombiniert, daß sie sich in der Mitte zwischen den Atomkernen mit gleichem Vorzeichen überlagern, entsteht eine Näherungsfunktion, für welche der Mittelwert der kinetischen Energie bei Verkleinerung des Kernabstandes* R *im Bereich großer* R

abnimmt. Die relative Änderung von $\overline{E_{kin}}$ *ist größer als diejenige von* $\overline{E_{pot}}$ *. Ein Elektron in einem solchen Zustand trägt also zur Bindung der Atome bei. Deshalb nennt man diese Zustände auch bindende Zustände. Eine Linearkombination von* u_a *und* u_b *, in welcher die beiden Summanden in der Mitte zwischen den Atomkernen entgegengesetztes Vorzeichen besitzen, liefert einen Zustand, dessen Energie bei Verminderung des Kernabstandes zunimmt, also einen antibindenden Zustand, dessen Besetzung mit einem Elektron die Bindungsenergie des Moleküls vermindert.*

Diese Aussage ist für das Verständnis der chemischen Bindung fundamental wichtig. Man darf sie aber nicht vereinfachend dahingehend mißverstehen, daß die chemische Bindung auf einer Abnahme der kinetischen Energie der Elektronen beruhe. Das ist aus folgendem Grunde nicht der Fall: Die Elektronenwelle im Grundzustand beschreibt ein Gleichgewicht zwischen zwei gegeneinander wirkenden Effekten. Die elektrostatische Anziehung der Elektronen durch die Atomkerne ist bestrebt, die Elektronenwelle in der Umgebung der Kerne, in den Gebieten mit stark negativer potentieller Energie zu konzentrieren. Nach dem Unbestimmtheitsprinzip erzeugt aber jede räumliche Konzentration der Welle eine Zunahme ihrer kinetischen Energie. Im Gleichgewicht stellt sich daher diejenige Verteilung ein, in welcher bei jeder weiteren Annäherung der Welle an den Kern die Zunahme der kinetischen Energie größer wird als die dadurch erzeugte Abnahme der potentiellen Energie.

Eine Überlagerung der Atomfunktionen u_a und u_b zu einer bindenden Funktion u_+ mit kleinerer kinetischer Energie stört nun dieses Gleichgewicht, welches für u_a und u_b in den getrennten Atomen verwirklicht war. Daher wirkt sich dann die Anziehung der Kerne dahingehend aus, daß sich u_a und u_b stärker um den Kern zusammenziehen. Für das hier betrachtete vereinfachte Modell bedeutet das, daß der mit den Funktionen (5) erreichbare energetisch tiefste Zustand im Molekül nicht wie im Einzelatom bei $\alpha = 1$ erreicht wird, sondern bei höheren Werten.

Das ist leicht nachzurechnen. Beachtet man, daß nach (8) auch X von α abhängt, erhält man aus (9) bis (11) für u_+

$$\left(\frac{\partial \overline{E}}{\partial \alpha}\right)_{R=konst} = E_0 \left\{ 2\alpha \left(K_+ + \frac{X}{2}\frac{dK_+}{dX}\right) - 2\left(P_+ + X\frac{dP_+}{dX}\right)\right\} \tag{16}$$

und daher für den α-Wert α_{min} im Zustand minimaler Energie bei festem R

$$\alpha_{min} = \frac{P_+ + X\frac{dP_+}{dX}}{K_+ + \frac{X}{2}\frac{dK_+}{dX}} . \tag{17}$$

Der daraus folgende Wert von α ist in Abb. 24 in Abhängigkeit von R/a_0 dargestellt. Beim Gleichgewichtsabstand $R/a_0 = 2{,}0$ ist $\alpha = 1{,}245$ und $\overline{E}_{kin} = 1{,}19\, E_0$, also größer als der Wert E_0 bei $R = \infty$. Die potentielle Energie beträgt an dieser Stelle $\overline{E}_{pot} = -2{,}36\, E_0$. Der für das jeweilige α_{min} berechnete Wert von $\overline{E}$ als Funktion von R/a_0 ist in Abb. 22 gestrichelt dargestellt. Man sieht, daß diese relativ einfache Rechnung bereits überraschend gute Resultate liefert. Für die Dissoziationsenergie erhält man nur einen um 15 % zu kleinen Wert, für den Gleichgewichtsabstand fast den exakten Wert. Daraus darf man schließen, daß diese Rechnung die wesentlichen Effekte qualitativ richtig erfaßt.

Der Umstand, daß die kinetische Energie eines Elektrons in einem bindenden Zustand bei der Molekülbildung

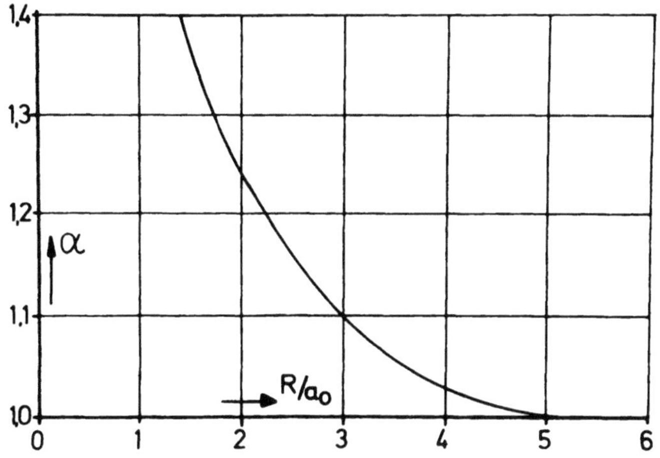

Abb.24. Der Wert der Konstante α , welcher bei festem Kernabstand das Minimum der Energie für Linearkombinationen der Funktionen u_a und u_b liefert, in Abhängigkeit vom Kernabstand R.

stets zunimmt, läßt sich mit Hilfe des Virialsatzes der Quantenmechanik zeigen. Dieser Satz besagt:

Wenn die potentielle Energie eines Hamiltonoperators als Funktion der Ortskoordinaten des betrachteten Körpers homogen vom Grade n ist, ist der Mittelwert der kinetischen Energie im Grundzustand gleich dem $n/2$ -fachen des Mittelwertes der potentiellen Energie:

$$\overline{E_{kin}} = \frac{n}{2}\,\overline{E_{pot}} \,. \tag{18}$$

Homogen vom Grade n heißt eine Funktion, wenn sie bei Multiplikation aller ihrer Variablen mit λ den λ^n -fachen Wert annimmt:

$$E_{pot}(\lambda x_1, \lambda x_2, .. \lambda x_n) = \lambda^n E_{pot}(x_1, x_2, .. x_n) \,. \tag{19}$$

Beim H_2^+-Ion hat die potentielle Energie diese Eigenschaft mit $n = -1$, aber nur, wenn man die Kernkoordinaten auch als Variable ansieht, also nicht nur den Hamiltonoperator für das Elektron allein und ruhende Kerne betrachtet. Da aber die kinetische Energie der Bewegung der Kerne wegen ihrer höheren Masse sehr viel kleiner ist als die des Elektrons, gilt der Satz nahezu auch für das Elektron allein. Daher gilt im H_2^+-Ion ebenso wie in Strenge für das Elektron im H-Atom

$$\overline{E_{kin}} = -\frac{1}{2}\overline{E_{pot}}\,, \tag{20}$$

also auch

$$\overline{E} = \overline{E_{kin}} + \overline{E_{pot}} = \frac{1}{2}\overline{E_{pot}} = -\overline{E_{kin}}\,. \tag{21}$$

Wenn also bei der Bindung $\overline{E}$ abnimmt, bzw. dem Betrage nach zunimmt, muß auch $\overline{E_{kin}}$ anwachsen.

Der Beweis des Virialsatzes ist bei Verwendung der Ortsdarstellung mit Hilfe des Variationsverfahrens leicht zu erbringen. Man betrachtet zu diesem Zweck eine Schar von Zustandsfunktionen $u(x_j/\lambda)$, die bei Veränderung des Parameters λ auseinander durch eine Dehnung oder Stauchung im Raum aller Ortskoordinaten hervorgehen, und berechnet für sie den von λ abhängigen Mittelwert von $\overline{E_{pot}}$. Macht man in den Integralen der Ortsdarstellung für diese Mittelwerte die Substitution $x_j/\lambda = x_j'$, so erhält man mit (19)

$$\begin{aligned}\overline{E_{pot}}(\lambda) &= \frac{\langle u(x_j/\lambda)|\,E_{pot}(x_j)\,|u(x_j/\lambda)\rangle}{\langle u(x_j/\lambda)\,|\,u(x_j/\lambda)\rangle} = \frac{\langle u(x_j')|\,E_{pot}(\lambda x_j')\,|u(x_j')\rangle}{\langle u(x_j')\,|\,u(x_j')\rangle}\\ &= \lambda^n\,\frac{\langle u(x_j')|\,E_{pot}(x_j')\,|u(x_j')\rangle}{\langle u(x_j')\,|\,u(x_j')\rangle} = \lambda^n\,\overline{E_{pot}}(\lambda=1)\,.\end{aligned} \tag{22}$$

Da der Operator der kinetischen Energie in der Ortsdarstellung homogen vom Grade $n=-2$ ist, ergibt sich ebenso

$$\overline{E_{kin}}(\lambda) = \langle u(x_j/\lambda)\,|\,E_{kin}\,|\,u(x_j/\lambda)\rangle = \lambda^{-2}\,\overline{E_{kin}}(\lambda=1)\,. \tag{23}$$

Nun wählt man für u die exakte Wellenfunktion des Grundzustandes und macht davon Gebrauch, daß dann $\overline{E_{kin}} + \overline{E_{pot}}$ für $\lambda = 1$ sein Minimum erreicht. Dann gilt

$$\frac{d\overline{E}(\lambda)}{d\lambda} = n\lambda^{n-1}\,\overline{E_{pot}}(\lambda=1) - 2\lambda^{-3}\,\overline{E_{kin}}(\lambda=1) = 0 \quad \text{für } \lambda = 1, \tag{24}$$

und das ist schon die zu beweisende Aussage (18).

Demnach kann man die folgende zweite, allgemein gültige Aussage zur chemischen Bindung machen:
In einem bindenden Einelektronenzustand, in welchem bei näherungsweiser Darstellung durch eine passende Überlagerung zweier Atomfunktionen die kinetische Energie im Bereich großer Kernabstände R mit abnehmendem R sinkt, verändern sich bei der Molekülbildung die Atomfunktionen in solcher Weise, daß die kinetische Energie des Elektrons zunimmt und zugleich die potentielle Energie um einen höheren Betrag abnimmt. Die Energieabnahme bei der Molekülbildung ist also insgesamt stärker als in dem Zustand, der durch unveränderte Überlagerung der Atomfunktionen beschrieben wird. Die kinetische Energie eines Elektrons in einem bindenden Zustand ist bei Erreichung des Gleichgewichtsabstands der Kerne sogar höher als im freien Atom. Zugleich aber ist sein mittlerer Abstand vom jeweils nächsten Kern und daher auch seine potentielle Energie merklich kleiner geworden.

§26. Die homöopolare Bindung

A. Das H_2-Molekül

Als homöopolar oder kovalent bezeichnet man den Typus der Bindung zwischen zwei gleichen Atomen. Der Name wurde ursprünglich zur Unterscheidung von der heteropolaren Bindung gewählt, welche auf der Entstehung von Ionen beruht und nach älterer Auffassung bei den Alkalihalogeniden verwirklicht sein sollte. Nach heutiger Ansicht hängen aber Dissoziationsenergie und Gleichgewichtsabstand auch bei diesen von denselben Erscheinungen ab wie bei der homöopoloaren Bindung (vgl. S.251).

Daher ist es eigentlich heute nicht mehr sinnvoll, diese Bindungstypen als qualitativ verschieden anzusehen.

Der einfachste Fall der homöopolaren Bindung liegt beim H_2-Molekül vor, weil dieses nur zwei Elektronen enthält. Betrachtet man ihre Bewegungen in erster Näherung als unabhängig voneinander, so wird man erwarten, daß im Grundzustand beide in den energetisch tiefsten, bindenden $1s\sigma_g$ -Zustand im Feld der beiden Kerne und der mittleren Ladungsverteilung des anderen Elektrons eintreten. Das Pauliprinzip ist dann nur erfüllbar, wenn sich die Elektronenspins antiparallel stellen.

In nächster Näherung muß man dann die Wechselwirkung der Elektronen berücksichtigen, soweit diese nicht bereits in der potentiellen Energie der Einelektronen-Näherungsrechnung enthalten ist. Wie bereits in Bd. II, §30 ausgeführt wurde, bewirkt die Korrelation der Elektronenbewegungen, daß der Triplettzustand energetisch begünstigt ist, weil in diesem Zustand die Wellenfunktion in den Ortskoordinaten antisymmetrisch ist. Daher sind die Elektronen dann relativ selten nah beieinander. Da dieser Zustand aber in dem betrachteten Fall nicht möglich ist, sondern nur der Singulettzustand, schwächt die Austauschwechselwirkung im H_2-Molekül die von den beiden Elektronen unabhängig voneinander erzeugte Einelektronen-σ-Bindung.

Nicht selten wird, im Gegensatz dazu, behauptet, die homöopolare Bindung beruhe auf der Bildung von Paaren von Elektronen mit antiparallelem Spin auf Grund der anschaulich nicht zu deutenden Austauschwechselwirkung. Diese Ansicht rührt von einer fehlerhaften Interpretation der Näherungsrechnung von Heitler und London[1] her,

1) W. Heitler, F. London, Zs. f. Phys. 44 (1927) S. 455

welche zum ersten Mal das Zustandekommen einer chemischen Bindung quantenmechanisch deuteten. Diese Rechnung geht nicht wie die obige Betrachtung von den Molekülfunktionen im Feld der beiden Atomkerne aus, sondern von den zueinander nicht orthogonalen Atomfunktionen. Wenn man aus ihnen eine in den Ortskoordinaten symmetrische oder antisymmetrische Wellenfunktion für 2 Elektronen herstellt, verändert man aber die mittlere Ladungsverteilung der Einzelelektronen. Damit ist eine Änderung der Wechselwirkung der einzelnen Elektronen mit den Kernen verbunden, und diese ist für die Bindung entscheidend.

Die Näherungsrechnung von Heitler und London sei hier nur kurz wiedergegeben. Mit $v_a(1)$ werde dabei die normierte Wellenfunktion des ersten Elektrons im Grundzustand des Atoms a bezeichnet, also

$$v_a(1) = \frac{1}{\sqrt{\pi a_0^3}} \exp\left(-\frac{|\vec{r}_1 - \vec{R}_a|}{a_0}\right). \tag{1}$$

Sie unterscheidet sich von der Atomfunktion (§25; 5) durch den Normierungsfaktor und dadurch, daß $\alpha = 1$ gesetzt wurde. $v_b(2)$ sei entsprechend die Wellenfunktion des Elektrons 2 im Grundzustand bei Kern b. Aus ihnen kann man je eine in den Ortskoordinaten symmetrische oder antisymmetrische Näherungsfunktion für den Zustand des Zweielektronensystems herstellen, nämlich

$$v_\pm(1,2) = v_a(1)\,v_b(2) \pm v_a(2)\,v_b(1) \tag{2}$$

(Oberes Vorzeichen für den Singulettzustand, unteres für den Triplettzustand). Schreibt man zur Abkürzung $r_{j\mu} = |\vec{r}_j - \vec{R}_\mu|$ ($j = 1,2$; $\mu = a$ oder b) und $r_{12} = |\vec{r}_1 - \vec{r}_2|$, so lautet der Hamiltonoperator für die zwei Elektronen im Feld der beiden Kerne

$$H = \frac{1}{2m}(\vec{P}_1^2 + \vec{P}_2^2) + \frac{e^2}{4\pi\varepsilon_0}\left(\frac{1}{R} - \frac{1}{r_{1a}} - \frac{1}{r_{2a}} - \frac{1}{r_{1b}} - \frac{1}{r_{2b}} + \frac{1}{r_{12}}\right). \tag{3}$$

Nun berechnet man mit (2) den Mittelwert $\langle v|H|v\rangle / \langle v|v\rangle$ dieses Operators und benutzt den Umstand, daß $v_a(1)$ und $v_b(2)$ Eigenelemente des Einelektronen-Hamiltonoperators mit dem Eigenwert $-E_0$ sind. Dann ergibt sich nach längerer elementarer Zwischenrechnung

$$\bar{E} = -2E_0 + \frac{C \pm I}{1 \pm S^2} \,. \tag{4}$$

Darin ist S ein Maß für die Abweichung von V_a und V_b von der Orthogonalität:

$$S = \iiint_{r_1} V_a^*(1)\, V_b(1)\, d^3x_1 \,. \tag{5}$$

C heißt Coulombintegral:

$$C = \frac{e^2}{4\pi\varepsilon_0} \iiint_{r_1}\iiint_{r_2} |V_a(1)|^2 |V_b(2)|^2 \left(\frac{1}{R} - \frac{1}{r_{1b}} - \frac{1}{r_{2a}} + \frac{1}{r_{12}}\right) d^3x_1\, d^3x_2 \,. \tag{6}$$

I heißt Austauschintegral:

$$I = \frac{e^2}{4\pi\varepsilon_0} \iiint_{r_1}\iiint_{r_2} V_a^*(1)\, V_b^*(2)\, V_a(2)\, V_b(1) \left(\frac{1}{R} - \frac{1}{r_{1b}} - \frac{1}{r_{2a}} + \frac{1}{r_{12}}\right) d^3x_1\, d^3x_2 \,. \tag{7}$$

Da S bei nicht zu kleinem Kernabstand R klein gegen 1 ist, kommt es auf das Vorzeichen von I an, ob der Singulettzustand oder der Triplettzustand nach dieser Näherungsrechnung die tiefere Energie besitzt. Beim H_2-Molekül ist I für nicht zu große Werte von R negativ, also der Singuletterm tiefer. Wie in Bd. II, §30 gezeigt wurde, ist das allgemein richtig: Der Grundzustand eines Zweielektronensystems ist bei Vernachlässigung der Spin-Bahn-Wechselwirkung stets ein Singulettzustand. Wenn wie beim H_2-Molekül bei sehr großem Kernabstand R das Austauschintegral $I > 0$ wird, ist die Näherungsrechnung von Heitler und London unbrauchbar, da sie zu qualitativ falschen Resultaten führt.

Jahrzehntelang wußte man das aber nicht und glaubte, aus dem Vorzeichen des Austauschintegrals I schließen zu können, welche Spinstellung energetisch günstiger ist. Da außerdem I ziemlich kompliziert aufgebaut ist, erschien die Austauschwechselwirkung als schwer durchschaubar. Daher kommt es, daß lange die Vorstellung vorherrschte, bei negativem I begründe die Austauschwechselwirkung die Bildung eines Paares von Elektronen mit antiparallelem Spins, und dieser Prozeß sollte für die homöopolare Bindung typisch sein.

Diese Fehlinterpretation klärt sich bei einer genaueren Untersuchung der Teile von I auf. Wenn man die Klammer im Integranden von (7) ausmultipliziert, entsteht eine Summe von 4 Integralen, von denen das erste proportional zu $1/R$ ist. Faßt man dieses mit dem entsprechenden Summanden von C zusammen, so hebt sich der Nenner $1 \pm S^2$ gegen den entsprechenden Faktor im

Zähler fort. Diese Terme zusammen liefern also für alle Spinstellungen die Kernwechselwirkungsenergie $e^2/(4\pi\varepsilon_0 R)$ und haben mit der Austauschwechselwirkung zwischen den Elektronen gar nichts zu tun.

Die nächsten beiden Teilintegrale von I, welche die Faktoren $1/r_{1b}$ und $1/r_{2a}$ enthalten, rühren davon her, daß sich die mittlere Dichteverteilung jedes einzelnen Elektrons in den Zuständen (2) von der mittleren Dichte $(|v_a|^2 + |v_b|^2)/2$ in den Atomzuständen unterscheidet. Erstere erhält man, indem man $|v_\pm(1,2)|^2$ über $\vec{r}_2$ integriert. Sie beträgt

$$\varrho(1) = \frac{\iiint_{\vec{r}_2} |v_\pm(1,2)|^2 d^3x_2}{\iiint_{\vec{r}_2}\iiint_{\vec{r}_1} |v_\pm(1,2)|^2 d^3x_1 d^3x_2} = \frac{|v_a(1)|^2 + |v_b(1)|^2 \pm 2S\, v_a(1)\, v_b(1)}{2(1 \pm S^2)} \,. \tag{8}$$

Diese Formel besagt: Durch den Ansatz (2) wird eine Kopplung zwischen der Symmetrie der Wellenfunktion bzw. zwischen der relativen Spinstellung der beiden Elektronen und der mittleren Dichteverteilung des einzelnen Elektrons hergestellt. Ein solcher Zusammenhang muß nicht unbedingt bestehen. Er würde fehlen, wenn v_a und v_b orthogonal wären, also $S = 0$ wäre. Der Unterschied zwischen den Werten von $\varrho(1)$ im Singulett- und Triplettzustand ist nach (8) proportional zu $v_a(1)v_b(1)$. Das ist (vgl. §25; 15) gerade auch der Unterschied zwischen der Ladungsverteilung im bindenden und antibindenden Zustand des Einzelelektrons. In verdeckter Form berücksichtigt dadurch die Rechnung von Heitler und London, daß bei parallelen Spins eines der Elektronen im antibindenden Zustand sein muß. Die davon herrührenden Energieunterschiede liefern den Hauptbeitrag zu I.

Nur das letzte Teilintegral von I, welches den Faktor $1/r_{12}$ enthält, erfaßt die eigentliche Austauschwechselwirkung. Diese ist, wie in Bd. II, §30a bewiesen wurde, für alle Funktionen v_a und v_b positiv und macht dementsprechend die Antiparallelstellung der Spins energetisch ungünstig. Diese Analyse des Austauschintegrals I zeigt, daß in ihm dieselben einander entgegen wirkenden Erscheinungen enthalten sind wie in der voranstehenden Betrachtung, welche von den Molekülzuständen der einzelnen Elektronen bzw. von den Verhältnissen im H_2^+-Ion ausgeht.

Zusammenfassend sei deshalb noch einmal betont: Die Bindung im H_2-Molekül rührt davon her, daß sich in ihm im Grundzustand zwei Elektronen in einem bindenden Molekülzustand befinden. Die Stärke dieser Bindung wird durch die Austauschwechselwirkung vermindert, weil das

Pauliprinzip eine Parallelstellung in diesem Zustand verbietet. Eine Tendenz zur Bildung eines Paares von Elektronen mit entgegengesetzten Spins folgt daraus nicht.

Das ist eine Feststellung von der gleichen Art wie die folgende: Aus dem Umstand, daß zwei Schiffbrüchige auf das gleiche Floß zustreben, kann man auch nicht schließen, daß zwischen ihnen eine Zuneigung besteht.

B. Das N_2- und O_2-Molekül

Dieselben Überlegungen wie beim H_2-Molekül machen auch die chemischen Eigenschaften vieler, schwererer Moleküle verständlich. Wie in Bd. II, §10 begründet wurde, lautet im Atom die Reihe der Atomzustände, nach wachsender Energie geordnet: $1s$; $2s$; $2p$; $3s$; ..... In einem Molekül mit zwei gleichen Atomen beginnt die entsprechende Folge bei großen Kernabständen demnach folgendermaßen:

$1s\sigma g$, bindend; $1s\sigma u$, antibindend;

$2s\sigma g$, bindend; $2s\sigma u$, antibindend.

Das $2p$ -Atomniveau ist dreifach. Schreibt man seine Wellenfunktionen reell, so haben sie die Form $p_x = xf(r)$, $p_y = y\,f(r)$, $p_z = z\,f(r)$. Legt man die z -Achse in die Kernverbindungsachse, so ist p_z rotationssymmetrisch um diese Achse. Die Kombination dieser Funktionen bei den beiden Atomen liefert daher nur σ-Zustände. Bei derjenigen Linearkombination, die gegenüber der Inversion am Molekülmittelpunkt gerade ist, haben die beiden Summanden in der Mitte gleiches Vorzeichen und ergeben daher einen bindenden Zustand. Die anderen Funktionen p_x und p_y liefern π -Zustände des Moleküls. Addiert man die p_x -Funktionen der beiden Atome, so entsteht eine gegen die Inversion ungerade Zustandsfunktion, die auf der Geraden durch die Kerne überall verschwindet. In dem Bereich daneben haben aber die beiden Summanden das gleiche Vorzeichen (vgl. Abb. 25). Daher

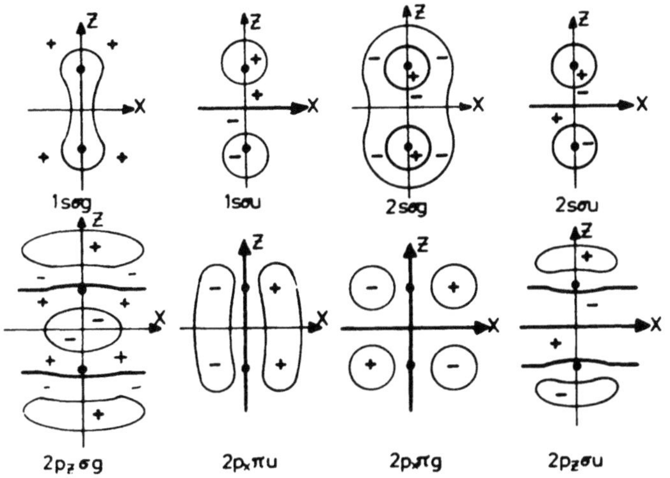

Abb.25. Die Nullinien der einfachsten Molekülfunktionen eines Elektrons in einem Molekül mit zwei gleichen Kernen in der $x - z$ -Ebene. Es sind alle Funktionen dargestellt, welche aus Atomfunktionen mit der Hauptquantenzahl $n = 1$ und $n = 2$ hervorgehen mit Ausnahme von $2p_y\pi u$ und $2p_y\pi g$, welche in der $x - z$ -Ebene verschwinden.

entsteht dabei wiederum ein bindender Zustand, dessen Bindungsstärke aber wegen der geringeren Überlappung der Atomfunktionen kleiner ist als bei den σ-Funktionen. So gelangt man zu der Aussage, daß die obige Reihe folgendermaßen fortzusetzen ist:

$2p\sigma g$, bindend; $2p\pi u$, schwächer bindend, doppelt; $2p\pi g$, schwach antibindend, doppelt; $2p\sigma u$, antibindend.

Im N_2-Molekül besetzen die 14 Elektronen die 7 energetisch tiefsten Zustände je doppelt mit entgegengesetzter Spinorientierung. Bei den $1s$ - und $2s$ -Zuständen heben sich dabei die bindende und antibindende Wirkung der Elektronen nahezu auf. Die obersten 6 Elektronen sind dagegen alle in bindenden Zuständen. Das bezeichnet man in der Chemie in der Regel als eine Dreifach-Bindung, weil man ein Paar von zwei Elektronen mit entgegengesetzter Spinrichtung im gleichen bindenden Zustand als eine Bindung anzusehen pflegt. In dieser Ausdrucksweise wirkt noch die ältere Vorstellung nach, wonach die Bindung auf der Entstehung eines Elektronenpaares mit antiparallelen Spins beruht. Im N_2-Molekül bestehen demnach eine σ-Bindung und zwei π-Bindungen. In der chemischen Symbolsprache bezeichnet man das mit $N\equiv N$.

Das O_2-Molekül enthält zwei Elektronen mehr als das N_2-Molekül. Diese werden also den schwach antibindenden πg-Zustand besetzen und schwächen damit die Bindung. Die bindende Wirkung eines der Elektronenpaare in den πu-Zuständen wird aber dadurch nicht ganz aufgehoben, weil der πg-Zustand doppelt ist. Daher können die zusätzlichen Elektronen im O_2-Molekül verschiedene Bahnen einnehmen, so daß die Parallelstellung ihrer Spins nicht mehr durchs Pauliprinzip verboten ist. Sie folgen daher der Tendenz der Austauschwechselwirkung und bilden einen Triplettzustand. Im Grundzustand besteht also bei O_2 eine durch Austauschwechselwirkung verstärkte doppelte $\sigma\pi$-Bindung.

Diese qualitativen Schlüsse entsprechen weitgehend den Beobachtungen. Beim N_2-Molekül findet man eine besonders hohe Dissoziationsenergie, nämlich 9,756 eV, während diejenige des O_2-Moleküls nur 5,080 eV beträgt. Ferner erweist sich das O_2-Gas als paramagnetisch wegen des magnetischen Spinmomentes seines Moleküls. Die quantitative Berechnung aus den Grundgleichungen der Quantenmechanik ist jedoch, im Gegensatz zu der geschilderten qualitativen Betrachtung, äußerst mühsam und führt selbst bei Verwendung umfangreicher Computerrechnungen nicht zu voll befriedigenden Ergebnissen.

C. Das H_2O- und CH_4-Molekül

Die bisherigen Betrachtungen ermöglichen auch in komplizierteren Fällen ein qualitatives Verständnis des chemischen Verhaltens. Die Verallgemeinerung des bisher benutzten Verfahrens, die Einelektronen-Molekülfunktionen zu betrachten, bezeichnet man meist als die Methode von Hund und Mulliken[1] oder auch als das MO-Verfahren (Molecular Orbitals). Die in §25 erläuterte Methode, die Molekülfunktionen näherungsweise aus Atomfunktionen aufzubauen, heißt LCAO-Verfahren (Linear Combination of Atomic Orbitals).

Wenn man nach diesem Verfahren die Bindung im H_2O-Molekül verständlich machen will, betrachtet man zweckmäßig zunächst nur das O-Atom und ein H-Atom, also das OH-Radikal mit insgesamt 9 Elektronen. Stellt man sich die beiden Kerne räumlich fixiert vor und führt ihnen nacheinander die Elektronen zu, so werden die ersten 7 Elektronen im Grundzustand alle in Atomzustände des O-Atoms übergehen, denn die Energie zur Ablösung des zweiten Elektrons vom O-Atom ist schon wesentlich größer als die Ionisierungsenergie des H-Atoms. Dann bleibt also nur der Zustand der letzten beiden Elektronen im Grundzustand des Radikals zu diskutieren. Bei großen Kernabständen sind deren Wellenfunktionen angenähert Linearkombinationen aus einer der Funktionen zu einem $2p$-Zustand des O-Atoms und der $1s$-Funktion des Wasserstoffatoms. Legt man die z-Achse in die Richtung der Kernverbindungsachse, so ist die energetisch tiefste von diesen eine Überlagerung mit der p_z-Funktion des O-Atoms, denn die anderen beiden p-Funktionen gehören zu anderen ir-

1) F. Hund, Zs. f. Phys. 51 (1928) S. 759 und 63 (1929) S. 719; R.S. Mulliken, Phys. Rev. 32 (1928) S. 186 und 761 und 33 (1929) S. 730

reduziblen Darstellungen der Gruppe der Drehungen um die Kernverbindungsachse als die $1s$-Funktion des H-Atoms und liefern daher bei Überlagerung in 1. Näherung keine Zustände kleinerer Energie. Im OH-Radikal entsteht also eine σ-Bindung mit 2 Elektronen mit entgegengesetztem Spin in demjenigen bindenden Zustand, der aus dem $2p_z$-Zustand des O-Atoms und dem $1s$-Zustand des H-Atoms hervorgeht.

Führt man nun in Gedanken das andere H-Atom heran, so kann sich mit einem anderen p-Zustand und einem anderen Elektron des O-Atoms dasselbe noch einmal vollziehen. Aber nur, wenn das zweite H-Atom auf einer Geraden senkrecht zur Kernverbindungsachse des schon gebildeten OH-Radikals an das O-Atom herantritt, enthält die p-Funktion, welche die zweite σ-Bindung erzeugt, keinen Anteil von der bereits benutzten Funktion p_z. Das aber muß man verlangen, wenn die zweite σ-Bindung ihre maximale Stärke haben soll. Denn bei der Bildung einer Slaterdeterminante für den Vielelektronenzustand des Gesamtsystems (vgl. Bd. II, §29) hebt sich in einer Zeile jeder Anteil fort, der zu den Funktionen in einer anderen Zeile proportional ist, mit anderen Worten: Beim Hinzufügen einer weiteren Zeile und Spalte zu einer Slaterdeterminante werden die Anteile der neuen Funktion, die nicht zu den Zustandsfunktionen der bereits besetzten Zustände orthogonal sind, gewissermaßen ausgelöscht.

Die Energie der Elektronenhülle im H_2O-Molekül hat also dann ihren kleinsten Wert, wenn die Geraden vom O-Kern zu den beiden H-Kernen aufeinander senkrecht stehen. Da man aber bei der Berechnung der Gesamtenergie des Moleküls auch noch die potentielle Energie der abstoßenden Kraft zwischen den Protonen berücksichtigen muß, ist in Wirklichkeit dieser Winkel im Gleichgewichtszustand etwas größer. Die quantitative Berechnung dieses Winkels ist mühsam. Die atomphysikalische Ursache für das Auftreten einer gewinkelten Struktur im H_2O-Molekül wird aber durch diese einfache Betrachtung hinreichend deutlich gemacht. Dieselbe Überlegung erklärt auch, warum das NH_3-Molekül nicht eben ist, sondern eine dreiseitige Pyramide bildet mit dem N-Atom an der Spitze. Die Elektronenenergie allein ist in diesem Fall ein Minimum, wenn die drei Geraden vom N-Atom zu den H-Atomen aufeinander senkrecht stehen.

Bei diesen Überlegungen wurde ein Prinzip benutzt, welches zur Deutung der räumlichen Struktur komplizierterer Moleküle besonders wichtig ist. Die Atomfunktionen eines Zentralatoms, welche mit denen anderer Atome in verschiedenen Richtungen bindende Zustände erzeugen, müssen im Minimum der Elektronenenergie zueinander orthogonal sein. Das ermöglicht eine einfache Deutung für die Struktur des CH_4-Moleküls. Das C-Atom hat im Grundzustand die Konfiguration $(1s)^2 (2s)^2 (2p)^2$. Wenn nur die beiden p-Funktionen zur Bindung beitragen würden, wäre das CH_2-Radikal chemisch gesättigt, d. h. es könnte keine weiteren H-Atome an sich binden. Außerdem hätte es dann eine gewinkelte Struktur wie das H_2O-Molekül. In Wirklichkeit ist das nicht der Fall, weil der Energieunterschied zwischen den $2s$ - und $2p$ -Zuständen im C-Atom kleiner als die Bindungsenergie im CH_4-Molekül ist. Daher muß man bei der Konstruktion der bindenden Zustände auch die $2s$ -Funktion mit heranziehen. Bezeichnet man diese normierte Wellenfunktion kurz mit $s(r)$, so lassen sich die folgenden 4 zueinander orthogonalen und normierten Wellenfunktionen bilden:

$$
\begin{aligned}
V_1 &= \tfrac{1}{2}(s + p_x + p_y + p_z) = \tfrac{1}{2}[s(r) + (x+y+z)f(r)], \\
V_2 &= \tfrac{1}{2}(s + p_x - p_y - p_z), \\
V_3 &= \tfrac{1}{2}(s - p_x + p_y - p_z), \\
V_4 &= \tfrac{1}{2}(s - p_x - p_y + p_z).
\end{aligned} \tag{9}
$$

Wählt man das Vorzeichen des Radialanteils $f(r)$ von p_x, p_y und p_z so, daß es für große r mit demjenigen von $s(r)$ übereinstimmt, so hat V_1, bei festem r als Funktion der Richtung betrachtet, ein ausgeprägtes Extremum in der Richtung $[111]$, d. h. für $x = y = z = r/\sqrt{3}$. Die anderen Funktionen gehen aus dieser durch dieselben Drehungen hervor, welche die $[1\,1\,1]$-Richtung in die Richtungen $[1\,\bar{1}\,\bar{1}]$, $[\bar{1}\,1\,\bar{1}]$ und $[\bar{1}\,\bar{1}\,1]$ überführen. V_1 ist rotationssymmetrisch um die $[1\,1\,1]$-Richtung und erzeugt zusammen mit der $1s$-Funktion eines H-Atoms in dieser Richtung einen stark bindenden σ-Zustand. Die Existenz der obigen 4 orthogonalen Funktionen macht es also unmittelbar verständlich, warum das CH_4-Molekül Tetraederform besitzt mit 4 gleich stark gebundenen H-Atomen.

Der Übergang von den drei p-Funktionen und der s-Funktion zu den obigen 4 gleichberechtigten Funktionen bezeichnet man als Hybridisierung. Nach demselben Prinzip lassen sich zahlreiche Fakten über Form und Bindungsstärke in organischen Molekülen atomphysikalisch qualitativ deuten.

§27. Festkörperbindung und Leitfähigkeit

A. Metallische Bindung

Dieselben Gesichtspunkte wie bei der chemischen Bindung von Molekülen erklären auch die chemische Bindung von Festkörpern, obwohl manchmal behauptet wird, hier handele es sich um etwas qualitativ anderes. Als erstes Beispiel sei ein einwertiges Metall wie Na betrachtet, welches ein kubisch-raumzentriertes Bravaisgitter bildet (vgl. Bd. I, §14). In §20 wurde bereits gezeigt, daß in jedem Gitter die Wellenfunktion eines Einzelelektrons auf die Blochsche Form $u(\vec{k};\vec{r}) = v(\vec{k};\vec{r}) \exp i\vec{k}\cdot\vec{r}$ oder auf die Gestalt (§20; 21)

$$u(\vec{k};\vec{r}) = C \sum_{\vec{n}} a(\vec{r}-\vec{R}_{\vec{n}}) \exp i\vec{k}\cdot\vec{R}_{\vec{n}} \tag{1}$$

gebracht werden kann. Für große Kernabstände ist $a(\vec{r}-\vec{R}_{\vec{n}})$ darin eine Atomfunktion. Für qualitative Diskussionen genügt es, das auch im Bereich der Gleichgewichtsabstände im Gitter anzunehmen.

Wenn nun wie beim Natriummetall $a(\vec{r})$ eine kugelsymmetrische s-Funktion ist, überlagern sich für $\vec{k} = 0$ in (1) alle Atomfunktionen im Gebiet zwischen den Kernen mit gleichem Vorzeichen. Die mittlere Energie des durch $u(\vec{k}=0;\vec{r})$ dargestellten Zustandes nimmt daher bei Verminderung der Gitterkonstante im Bereich großer Abstände ab. Wenn $\vec{k}$ seinen größten Wert innerhalb der 1. Brillouinzone erreicht, wechselt dagegen $\exp i\vec{k}\cdot\vec{R}_{\vec{n}}$ von einem Atom zu jedem seiner nächsten Nachbarn das Vorzeichen. Denn wenn man mit $\vec{a}_1$, $\vec{a}_2$, $\vec{a}_3$ die aufeinander senkrechten Gittervektoren mit dem Betrag $|\vec{a}_j| = a$ bezeichnet (vgl. Bd. I, §14; Tab. 3), so hat $\vec{R}_{\vec{n}}$ die Form

$$\vec{R}_{\vec{n}} = \sum_{j=1}^{3} n_j \vec{a}_j \ . \tag{2}$$

Dabei sind die n_j im kubisch-raumzentrierten Gitter entweder alle drei gleich ganzen Zahlen oder alle drei halbzahlig. Für einen $\vec{k}$-Vektor in Richtung von $\vec{a}_1$ mit dem Betrag $|\vec{k}| = 2\pi/a$ ist daher $\exp i\vec{k}\cdot\vec{R}_{\vec{n}} = \exp 2\pi i n_1$, also gleich 1 für ganzzahliges n_1 und -1 für halbzahliges. Für diesen $\vec{k}$-Vektor liefert also (1) eine Wellenfunktion, welche für jedes Paar von nächsten Nachbarn antibindend ist.

Ein s-Band in einem kubisch-raumzentrierten Gitter enthält also ein Quasikontinuum von Zuständen, deren Charakter sich stetig von überall bindend bei den tiefsten Energien über teilweise bindende, teilweise antibindende Zustände bis zu rein antibindenden Zuständen bei den höchsten Energien ändert (vgl. Abb. 26). Im

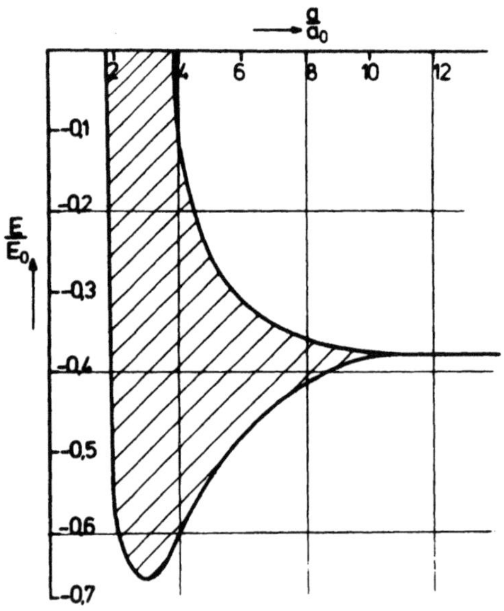

Abb.26.
Die Grenzen der Energie des $3s$-Bandes im Na-Metall in Abhängigkeit vom Abstand a zwischen den Kernen benachbarter Atome (nach J.C. Slater, Phys. Rev. 45 (1934) S. 794; Rev. mod. Phys. 6 (1934) S. 208).

Grundzustand des Körpers sind die energetisch tiefsten Zustände jeweils durch 2 Elektronen mit entgegengesetztem Spin besetzt, bei einwertigen Metallen wie Na also gerade alle, bei denen der bindende Charakter überwiegt.

Dieser Bindungstypus wird oft als metallische Bindung bezeichnet. Beim Vorliegen eines solchen s -Bandes tritt eine Bindung nämlich nur bei unvollständiger Besetzung des Bandes auf, und damit ist immer das Vorhandensein einer metallischen Leitfähigkeit verbunden. Man beachte aber, daß die Bindung dabei im Prinzip die gleiche Ursache hat wie im H_2^+-Ion und im H_2-Molekül. Die nicht selten geäußerte gegenteilige Ansicht beruht auf der Fehlinterpretation der Bindung im H_2-Molekül als einer Bindung durch Bildung von Elektronenpaaren. Von einer Paarbildung kann im Metall in der Tat keine Rede sein.

B. Das Ohmsche Gesetz

Wegen des Zusammenhangs mit der metallischen Bindung sei hier die quantenmechanische Begründung für das Ohmsche Gesetz kurz erläutert. Metallische Leitfähigkeit tritt immer dann auf, wenn die Grenze, bis zu der die Zustände besetzt sind, die sogenannte Fermienergie E_F, im Kontinuum der Zustände eines Bandes liegt. Am absoluten Nullpunkt sind exakt alle Zustände mit $E < E_F$ doppelt mit je einem Elektron für jede Spinrichtung besetzt und alle Zustände mit $E > E_F$ leer. Bei endlichen Temperaturen T nimmt die Besetzungswahrscheinlichkeit an dieser Grenze innerhalb einer Zone von der ungefähren energetischen Breite kT von 1 auf 0 ab und hat an der Fermigrenze gerade den Wert $1/2$ (k = Boltzmannsche Konstante). Da aber die Breite des Bandes stets $\gg kT$ ist, spielt das für das Folgende keine Rolle.

Für die Ableitung des Ohmschen Gesetzes benötigt man die folgenden zwei Sätze über die Eigenschaften der Wellenfunktionen der Blochschen Form:

1). Die mittlere Geschwindigkeit $\vec{v}$ eines Elektrons in einem Zustand mit dem Ausbreitungsvektor $\vec{k}$ ergibt sich aus der Abhängigkeit der Energie $E(\vec{k})$ bzw. der Frequenz $\omega = E(\vec{k})/\hbar$ nach derselben Formel wie die Gruppengeschwindigkeit (vgl. Bd. I, §33; 6):

$$\vec{v} = \operatorname{grad}_{(\vec{k})} \omega = \frac{1}{\hbar} \operatorname{grad} E(\vec{k}) \tag{3a}$$

oder in Komponenten $v_j = \dfrac{1}{\hbar} \dfrac{\partial E}{\partial k_j}$. (3b)

2). In einem elektrischen Feld $\vec{F}$ ändert sich der k-Vektor eines Zustandes zeitlich genau so, als ob $\hbar\vec{k}$ der Impuls wäre, was in Wirklichkeit nur im Vakuum und nicht im periodischen Gitter der Fall ist:

$$\hbar \frac{d\vec{k}}{dt} = -e\vec{F}. \tag{4}$$

Zum Beweis von (3) bildet man aus Wellenfunktionen der Blochschen Form $u(\vec{k};\vec{r}) = v(\vec{k};\vec{r}) \exp i\vec{k}\cdot\vec{r}$ ein Wellenpaket, welches aus Funktionen mit $\vec{k}$-Vektoren in der Umgebung von $\vec{k} = \vec{k}_0$ besteht. Hinzufügen des Zeitfaktors $\exp(-iEt/\hbar)$ liefert die zeitabhängige Wellenfunktion

$$\psi(\vec{r},t) = \iiint_{\vec{k}} C(\vec{k})\, v(\vec{k};\vec{r}) \exp i(\vec{k}\cdot\vec{r} - E(\vec{k})t/\hbar)\, d^3k . \tag{5}$$

Man entwickelt nun $E(\vec{k})$ nach den Komponenten von $(\vec{k}-\vec{k}_0)$ und bricht diese Reihe nach den linearen Gliedern ab, weil $C(\vec{k})$ nur für kleine Werte von $|\vec{k}-\vec{k}_0|$ merklich von null verschieden sein sollte. Dann ergibt sich

$$\psi(\vec{r},t) = \mathfrak{F}(\vec{r},t) \exp i(\vec{k}_0\cdot\vec{r} - E(\vec{k}_0)t/\hbar) \tag{6}$$

mit

$$\mathfrak{F}(\vec{r},t) = \iiint_{\vec{k}} C(\vec{k})\, v(\vec{k};\vec{r}) \exp i(\vec{k}-\vec{k}_0)\cdot(\vec{r} - t(\operatorname{grad} E(\vec{k}))_0/\hbar)\, d^3k . \tag{7}$$

Wenn man von der durch $v(\vec{k};\vec{r})$ gegebenen periodischen Modulierung absieht, hängt das Integral $\mathfrak{F}(\vec{r},t)$ nur von $\vec{r} - t(\operatorname{grad}(E(\vec{k}))/\hbar)$ ab, verschiebt sich also zeitlich mit der durch (3) gegebenen Geschwindigkeit. Da $\psi(\vec{r},t)$ sich von $\mathfrak{F}(\vec{r},t)$ nur durch einen Faktor vom Absolutbetrag 1 unterscheidet, bestimmt $\mathfrak{F}(\vec{r},t)$ allein die zeitliche Änderung der Intensitätsverteilung des Wellenpakets.

Die weitere Aussage (4) folgt dann aus (3) mit Hilfe des Energiesatzes. Die Leistung des elektrischen Feldes $\vec{F}$ bzw. der Kraft $-e\vec{F}$ auf das Elektron ist $-e(\vec{v}\cdot\vec{F})$. Ist $\overline{\vec{k}}$ der zeitlich veränderliche Mittelwert des $\vec{k}$-Vektors in dem betrachteten Wellenpaket, so muß demnach gelten

$$\frac{dE(\overline{\vec{k}})}{dt} = \left((\operatorname{grad} E(\vec{k}))_{\overline{\vec{k}}} \cdot \frac{d\overline{\vec{k}}}{dt}\right) = -e(\vec{v}\cdot\vec{F}). \tag{8}$$

Setzt man hier (3) ein und beachtet, daß diese Gleichung für alle $\overline{\vec{k}}$, also auch für alle Werte von $(\operatorname{grad} E(\vec{k}))_{\overline{\vec{k}}}$ gelten muß, ergibt sich (4).

Eine erste wichtige Folgerung aus (3) ist die Aussage, daß ein vollbesetztes Band keinem Strom entspricht, weil dann der Mittelwert von $\vec{v}$ verschwindet. Denn zwei $\vec{k}$-Vektoren, die sich um das 2π-fache eines Vektors $\vec{h}$ im reziproken Gitter unterscheiden, entsprechen ja demselben reduzierten $\vec{k}$-Vektor (vgl. §20). Solange man also im gleichen Band bleibt und die Wellenfunktionen im $\vec{k}$-Raum stetig fortsetzt, hängen sie periodisch von $\vec{k}$ ab und ihre Eigenwerte $E(\vec{k})$ daher auch. Im Mittel über eine Periode ist aber jede Ableitung einer differenzierbaren Funktion gleich null.

Um weiterhin aus (3) und (4) das Zustandekommen des Ohmschen Gesetzes verständlich zu machen, denke man sich im $\vec{k}$-Raum das Gebiet gezeichnet, in welchem die besetzten Zustände liegen. Bei freien Elektronen, bei denen $E = \hbar^2\vec{k}^2/(2m)$ gilt, ist das eine Kugel um den Ursprung.

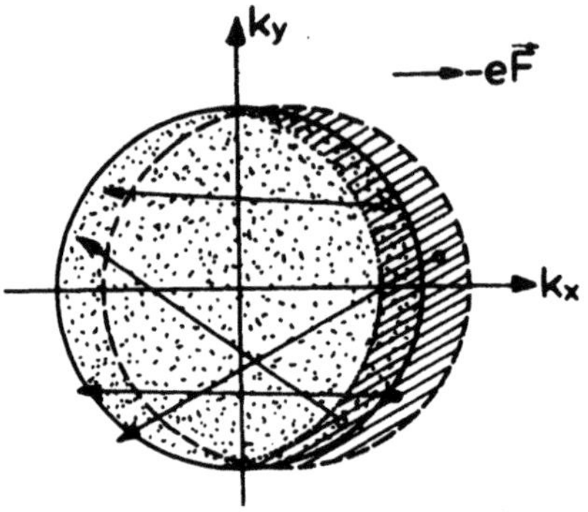

Abb.27. Die Lage der Fermigrenze im $\vec{k}$-Raum bei $T = 0$ ohne Feld und im elektrischen Feld sowie die Änderungen der $\vec{k}$-Vektoren bei einer Streuung.

In Alkalimetallen gilt das angenähert auch noch. Beim Einschalten eines Feldes beginnen alle $\vec{k}$-Vektoren von besetzten Zuständen nach (4) mit der gleichen Geschwindigkeit in Richtung von $-e\vec{F}$ zu wandern. Nach kurzer Zeit liegt also die Fermigrenze so, wie das in Abb. 27 gestrichelt angedeutet ist. In idealen Gittern würde diese Verschiebung dauernd so weiter gehen. In Wirklichkeit kommt sie bald zum Stillstand, weil die Elektronenwellen an den Störungen im Gitter gestreut werden.

Solche Streuprozesse finden natürlich auch schon vor Anlegen des Feldes statt, aber da machen sie sich nicht bemerkbar, weil sie praktisch ohne Änderung der Energie der Elektronen ablaufen. Für Streuprozesse an zeitlich unveränderlichen Störungen des Gitters, also an Fremdatomen oder Versetzungen im Gitter, ist das selbstverständlich. Es gilt aber praktisch auch an den Störungen infolge der thermischen Schwingungen der Atome im Gitter, weil diese Bewegungen infolge der viel größeren Masse der Atome viel langsamer ablaufen als die Elektronenbewegungen. Die Energie eines Elektrons ändert sich bei einer

Streuung an ihnen höchstens um ein Schwingungsquant der Gitterschwingung, und dieses ist sehr klein gegen die Elektronenenergie.

Ferner gilt für jede derartige Streuung der Symmetriesatz, daß der Streuprozeß von einem Zustand 1 in einen anderen Zustand 2 mit derselben Wahrscheinlichkeit abläuft wie der umgekehrte Prozeß von 2 nach 1 (vgl. §37). Wenn also alle Zustände bis zu einer festen Energie besetzt sind, verursacht die Streuung nur, daß einige Elektronen von Zeit zu Zeit ihre Plätze vertauschen. An der Verteilung im Ganzen ändert sich nichts. Sobald nun aber die Besetzungsgrenze keine Fläche $E(\vec{k})$ = konst. mehr ist, sondern die in Abb. 27 gestrichelte Lage annimmt, bewirkt die Streuung Übergänge von den besetzten Zuständen auf der einen Seite in unbesetzte Zustände gleicher Energie auf der anderen. So wird die Unsymmetrie der Verteilung laufend wieder abgebaut.

Daraus aber ergibt sich sofort das Ohmsche Gesetz. Das elektrische Feld bewirkt, daß die $\vec{k}$-Vektoren der mit Elektronen besetzten Zustände mit einer zu $\vec{F}$ proportionalen Geschwindigkeit in das in Abb. 27 schraffierte Gebiet hineinwandern. Dieses wächst solange an, bis die Zahl der durch Streuung auf die andere Seite herübergeworfenen Elektronen gleich der Zahl der hineinwandernden ist. Sein Volumen ist daher im dynamischen Gleichgewicht der Feldstärke $|\vec{F}|$ proportional. Dasselbe gilt daher auch für die Stromdichte:

$$\vec{j} = \frac{1}{\varrho}\vec{F} . \qquad (9)$$

Man kann aus dieser Betrachtung leicht auch noch etwas mehr schließen. Die Zahl der Streuprozesse ist proportional der Zahl der Gitterstörungen. Daher ist der Proportionalitätsfaktor ϱ in (9), der spezifische elektrische Widerstand, auch dazu proportional. Der Anteil des Widerstandes, welcher von Fremdatomen herrührt, sollte nach obigen Überlegungen unabhängig von der Temperatur sein. Bei dem Anteil, der von den Gitterschwingungen herrührt, ist die Amplitude der Streuwelle proportional den Auslenkungen der Atome aus der Gleichgewichtslage, ihre Intensität also proportional zu ihrem Quadrat und daher auch proportional zum Energieinhalt der Gitterschwingungen. Dieser ist aber bei Temperaturen weit oberhalb der Debye-Temperatur der Temperatur proportional (vgl. Bd. I, §12). Daher sollte dasselbe für den thermischen Anteil von ϱ gelten. So finden diese beiden, lange bekannten Gesetze quantenmechanisch ohne besondere Zusatzannahmen zwanglos eine Deutung. Die quantitative Durchführung dieser Theorie ist allerdings schwierig und soll hier nicht erörtert werden. Da man die Größe der Änderungen der potentiellen Energie durch die Störungen nur unvollkommen kennt, liefert sie tatsächlich auch nicht mehr als die genannten Proportionalitäten.

C. Bindung im Diamantgitter

Die Aussage, daß die Bindung in einem Gitter mit der Entstehung einer Leitfähigkeit verbunden ist, gilt nicht allgemein. Sie wurde vorn auch nur für Atome mit einem äußeren s-Elektron in einem Bravaisgitter bewiesen. Ein Gegenbeispiel, in welchem keine Leitfähigkeit entsteht, bildet das Diamantgitter. Nach Bd. I, §14 besteht es aus zwei kubisch-flächenzentrierten Gittern, die gegeneinander in Richtung der Raumdiagonalen um $\sqrt{3}/4$ der Gitterkonstante verschoben sind. Dann ist jedes Atom des einen Teilgitters von 4 Atomen des anderen in tetraedrischer Anordnung umgeben. Die einzelnen Atomkerne sind keine

Symmetriezentren des Gitters mehr. Solche liegen vielmehr in den Mitten zwischen jedem Paar von nächsten Nachbarn.

Es liegt nahe, in diesem Fall näherungsweise für die Bandfunktionen bei großem Gitterabstand Linearkombinationen der hybridisierten $2s$ - $2p$ -Atomfunktionen (§26; 9) anzusetzen, und zwar solche, deren Ladungswolken in Richtung auf die jeweiligen nächsten Nachbarn weisen. Diese Funktionen überlappen sich bei der Bildung des Gitters besonders stark und liefern daher die energetisch tiefsten Zustände.

Für das Atom im Ursprung sind diese Funktionen unmittelbar durch (§26; 9) gegeben. Für die anderen Atome desselben kubisch-flächenzentrierten Teilgitters ergeben sie sich daraus durch Translation. Die Atomfunktionen zu den Atomen des anderen Teilgitters erhält man aus ihnen durch Inversion an den genannten Symmetriezentren. Zunächst sei nur die erste dieser Funktionen betrachtet:

$$v_1(\vec{r}) = \frac{1}{2}[s(r) + (x+y+z)f(r)]\,. \tag{10}$$

Die Radialanteile seien dabei so gewählt, daß $s(r)$ und $f(r)$ für große Radien das gleiche Vorzeichen haben, also gerade anders als das bei den Atomfunktionen des H-Atoms mit $n=2$ üblich ist (vgl. Bd. II, S. 111 und 112). Aus den Formeln in Bd. II, §7 und 8 ergibt sich, daß dann für große r etwa $rf(r) \approx s(r)/\sqrt{3}$ gilt. Bezeichnet man mit $\vec{t}$ den Vektor mit den Komponenten ($a/4$, $a/4$, $a/4$), welcher vom Ursprung zum Basisatom des zweiten, kubisch-flächenzentrierten Teilgitters führt, so lautet die Funktion $Iv_1(\vec{r})$, welche aus $v_1(\vec{r})$ durch Inversion am Punkt I mit den Komponenten ($a/8$, $a/8$, $a/8$) entsteht,

$$Iv_1(\vec{r}) = \frac{1}{2}\left[s(|\vec{t}-\vec{r}|) + \left(\frac{3a}{4} - x - y - z\right)f(|\vec{t}-\vec{r}|)\right]\,. \tag{11}$$

Im Gebiet zwischen den Atomkernen bei $(0, 0, 0)$ und $(a/4, a/4, a/4)$ sind diese beiden Funktionen (10) und (11) relativ groß und haben gleiches Vorzeichen. Die Funktion

$$w_1(\vec{r}) = C[v_1(\vec{r}) + I v_1(\vec{r})] \tag{12}$$

stellt daher für das C_2-Molekül mit diesen beiden Kernen einen stark bindenden Molekülzustand dar.

Die Funktionen des zugehörigen Elektronenbandes erhält man daraus durch Anwendung der Translationen und Linearkombination. Sind $\vec{a}_1$, $\vec{a}_2$ und $\vec{a}_3$ die aufeinander senkrechten Translationsvektoren des Gitters mit dem Betrag a, so haben alle Translationsvektoren des kubisch-flächenzentrierten Gitters die Form

$$\vec{R}_{\vec{n}} = \sum_{j=1}^{3} n_j \vec{a}_j \, . \tag{13}$$

Darin sind die n_j entweder alle drei ganzzahlig oder zwei von ihnen sind halbzahlig, die dritte ganzzahlig. Die Wellenfunktion der Form (1) zu der Molekülfunktion (12) lautet dann

$$u_1(\vec{k};\vec{r}) = C \sum_{\vec{R}_{\vec{n}}} w_1(\vec{r} - \vec{R}_{\vec{n}}) \exp i\vec{k}\cdot\vec{R}_{\vec{n}} \, . \tag{14}$$

Anhand von Abb. 28 läßt sich nun leicht der Verlauf des Erwartungswertes der Energie in diesen Zuständen bei Abnahme der Gitterkonstante von großen Energien her abschätzen. In dieser Abbildung der $(1\bar{1}0)$-Ebene des Diamantgitters bedeuten die Vollkreise Atome in der Zeichenebene; die Hohlkreise sind Projektionen anderer Atomkerne auf diese Ebene. Wie man sieht, bilden die Atome in diesem Gitter gewinkelte Ketten in Richtung $[110]$. Die punktierten Strecken in Abb. 28 sind Projektionen ebensolcher Ketten, die sich in Richtung senkrecht zur Zeichenebene erstrecken.

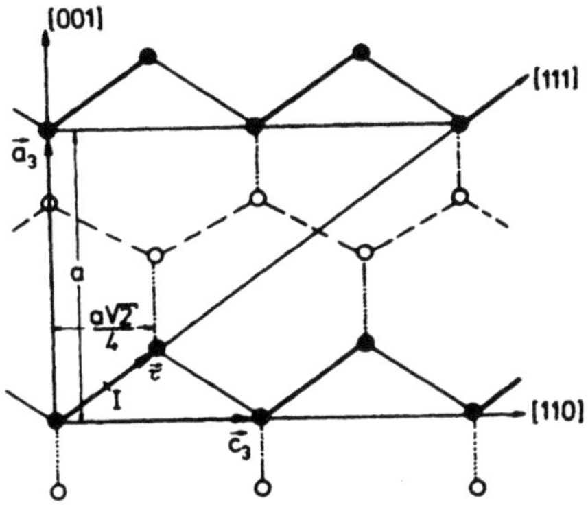

Abb.28. Die $(1\bar{1}0)$-Ebene im Diamantgitter.

Alle Summanden $w_1(\vec{r}-\vec{R}_{\vec{n}})$ in (14) sind Linearkombinationen der Atomfunktionen von zwei Atomen, die in Abb. 28 durch einen dicken Strich verbunden sind. Deren Energie nimmt wegen ihrer starken Überlappung mit abnehmender Gitterkonstante ab, und zwar unabhängig von dem Wert von $\vec{k}$, da die Koeffizienten in (12) von $\vec{k}$ nicht abhängen. Die Energie des Zustandes (14) hängt nur deshalb noch von $\vec{k}$ ab, weil sich auch die verschiedenen Molekülfunktionen $w_1(\vec{r}-\vec{R}_{\vec{n}})$ überlappen.

Für die Atomfunktion $v_1(\vec{r})$ des Atoms im Nullpunkt erhält man längs der dick gezeichneten Strecke in Richtung $\vec{\tau}$ für die Abhängigkeit vom Abstand $v_1(\vec{r}) = \frac{1}{2}[s(r) + rf(r)\sqrt{3}] \approx s(r)$, längs einer der dünner gezeichneten Strecken unter einem Winkel von 110° gegen $\vec{\tau}$ dagegen $v_1(\vec{r}) = \frac{1}{2}[s(r) - rf(r)/\sqrt{3}] \approx \frac{1}{3}s(r)$. Wenn man auf einer dieser Strecken jeweils die Beiträge der Atomfunktionen der entfernteren Atome gegenüber denen an den Enden der Strecke vernachlässigt, ist also längs der stark gezeichneten Strecken die Überlappung in (14) dreimal so stark als längs der dünner gezeichneten Strecken im Falle $\vec{k}=0$. Die von letzterer herrührende schwächere Nebenbindung geht außerdem mit wachsendem $\vec{k}$ in eine schwache Antibindung über.

Insgesamt erhält man also einen Verlauf des Bandes, wie er in Abb. 29 schematisch dargestellt ist. Es besteht aus lauter bindenden Zuständen, deren Bindungs-

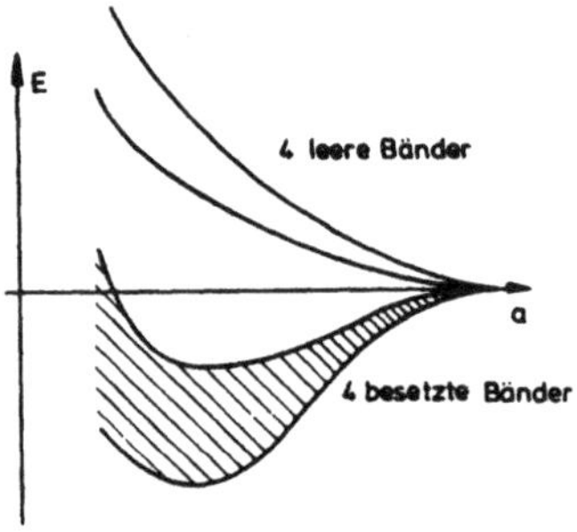

Abb.29. Die Grenzen der tiefsten Bänder im Diamantgitter in Abhängigkeit von der Gitterkonstanten (schematisch).

stärke von $\vec{k}=0$ an bei einem bis an den Rand der 1. Brillouinzone wachsenden $\vec{k}$ auf etwa die Hälfte absinkt. Jede der 4 Atomfunktionen (§25; 9) liefert ein solches Band. Sie unterscheiden sich nur durch die Lagen der stark miteinander verbundenen Paare benachbarter Atome. Da beim C-Atom 4 Elektronen in dem $2s-2p$ -Niveau vorhanden sind und jede Elementarzelle des kubisch-flächenzentrierten Gitters zwei C-Atome enthält, sind die 4 bindenden Bänder im Grundzustand gerade alle voll besetzt. Also tritt in diesem Fall keine Leitfähigkeit auf, aber eine besonders starke chemische Bindung. In keinem anderen Gitter eines chemischen Elements ist der Überschuß der Elektronen in bindenden Zuständen über den der Elektronen in antibindenden Zuständen so groß. So wird es qualitativ verständlich, warum Diamant so hart ist.

Fragen und Aufgaben zu Kap. VI

Fragen

1). Was versteht man unter der van-der-Waals'schen Kraft?

2). An welcher Erscheinung macht sich das Vorhandensein der van-der-Waals'schen Anziehungskräfte physikalisch bemerkbar?

3). Kommt es vor, daß der Grundzustand eines Paares von weit getrennten, einwertigen, entgegengesetzt geladenen Ionen energetisch tiefer liegt als der Grundzustand der getrennten Atome?

4). Durch welche Erscheinung wird der Gleichgewichtsabstand der Atomkerne und die Stärke der Bindung in Molekülen bestimmt?

5). In welcher Reihenfolge, nach wachsender Energie geordnet, liegen die Einelektronenzustände im Feld eines Paares gleicher Atomkerne bei mittleren Kernabständen?

6). Welche der in Frage 5 genannten Zustände sind bindend?

7). Was versteht man unter dem MO-LCAO-Verfahren?

8). Wie groß ist die Differenz zwischen der Zahl der besetzten, bindenden Zustände und der der besetzten, antibindenden Zustände im O_2- und im N_2-Molekül?

9). Was ist eine σ -Bindung?

10). Was ist eine π -Bindung?

11). Besteht eine allgemeine Tendenz zur Bildung von Paaren von Elektronen mit antiparallelen Spins?

12). Gibt es Gründe dafür, daß Elektronen ihre Spins parallel zu stellen suchen?

13). Gibt es bei Nukleonen eine Tendenz zur Parallel- oder zur Antiparallelstellung ihrer Spins?

14). Warum ist Sauerstoffgas paramagnetisch?

15). In welchem Sinne kann man davon reden, daß die Austauschwechselwirkung eine Bindung schwächt?

16). Wie ändert sich die kinetische Energie eines Elektrons in einem bindenden Zustand bei Verkleinerung des Kernabstandes im Bereich großer Abstände?

17). Warum ist das H_2O-Molekül gewinkelt?

18). Welche physikalischen Folgen hat die gewinkelte Struktur des H_2O-Moleküls?

19). Welchen Bindungscharakter haben die Bänder aus s -Zuständen der Atome in einem Bravaisgitter?

20). Wann hat ein Festkörper eine elektrische Leitfähigkeit?

21). Welches sind die Ursachen für die Streuung der Elektronenwellen in einem Gitter?

22). Warum hat der Diamantkristall eine so große Härte?

23). Warum ist Diamant ein Isolator?

Aufgaben

1). Als einfachstes, eindimensionales Modell für eine chemische Bindung werde ein System aus zwei Potentialtöpfen betrachtet. Im ersten sei $E_{pot}(x) = 0$ für $0 < x < a$, sonst $+\infty$. Im zweiten sei $E_{pot}(x) = 0$ für $-a < x < 0$, sonst $+\infty$. Bei ihrer Vereinigung werde die Wand zwischen ihnen bei $x = 0$ durch eine δ-Funktion gebildet, also $E_{pot}(x) = \frac{\hbar^2}{2ma} B\,\delta(x)$ für $-a < x < +a$ und sonst $+\infty$. Berechnen Sie die Eigenwerte der Energie für dieses System und diskutieren Sie ihren Verlauf in Abhängigkeit von B. $B = \infty$ entspricht getrennten Potentialtöpfen, $B = 0$ den vollständig vereinigten.

2). Im CH_3-Radikal liegen die 4 Atomkerne in einer Ebene. Die H-Atome bilden ein gleichseitiges Dreieck, in dessen Schwerpunkt das C-Atom liegt. Wie lauten die Einelektronenzustandsfunktionen, welche sich näherungsweise aus den Atomfunktionen bilden lassen, und welche sind im Grundzustand besetzt?

3). Das Pauliprinzip verhindert, daß sich zwei Elektronen mit gleichem Spin am gleichen Ort befinden. In einem Gas aus freien Elektronen nimmt deshalb die Wahrscheinlichkeit, ein Elektron Nr. 1 im Volumen dV_1 zu finden und gleichzeitig ein Elektron Nr. 2 mit gleichem Spin im Volumen dV_2 mit abnehmendem Abstand der Volumenelemente ab. Diese Abnahme soll berechnet werden unter der Annahme, daß die Wellenfunktionen ebene Wellen innerhalb eines großen, würfelförmigen Periodizitätsvolumens der Größe $V = L^3$ sind, also $\langle \vec{r} | \vec{k} \rangle = \exp i\vec{k}\cdot\vec{r} / \sqrt{V}$. Die Komponenten der $\vec{k}$-Vektoren sind $k_j = 2\pi n_j / L$ (n_j ganzzahlig, L sehr groß). Alle Zustände bis zur Energie $E_F = \hbar^2 \vec{k}_F^2 / (2m)$ seien mit Elektronen mit gleichem Spin besetzt (Fermi-Loch).

Kapitel VII. Der statistische Operator

Inhalt

Wenn der Zustand eines Körpers unvollständig bestimmt wurde, liegt ein Gemisch vor. Man beschreibt es durch die normierten Zustandselemente $|\psi_j\rangle$ zu den möglichen Zuständen und die Wahrscheinlichkeiten w_j ihres Auftretens. Nach einer vollständigen Messung liegt ein reiner Zustand vor.

Alle Aussagen über den Zustand eines Gemisches sind in dem statistischen Operator

$$\varrho = \sum_j |\psi_j\rangle w_j \langle\psi_j| \tag{1}$$

enthalten, welcher auch Dichtematrix genannt wird. Der Mittelwert der Ergebnisse von wiederholten Messungen der Größe a mit dem Operator $\mathbf{A}$ an gleich präparierten Gemischen beträgt

$$\bar{\bar{a}} = Sp(\varrho \mathbf{A}). \tag{2}$$

ϱ ist hermitisch und hat die Spur 1. In einem reinen Zustand ist $Sp\,\varrho^2 = 1$. Sonst gilt $0 < Sp\,\varrho^2 < 1$.

Im Schrödingerbild ist $\varrho = \varrho_S(t)$ zeitlich veränderlich und genügt der Differentialgleichung

$$\frac{d\varrho_S}{dt} = -\frac{i}{\hbar}[\mathbf{H}, \varrho_S]. \tag{3}$$

Im Heisenbergbild ist $\varrho = \varrho_H = \varrho_S(t=0)$ zeitlich konstant. Eine Messung mit kleinstmöglicher Störung mit dem vom Meßergebnis abhängigen Projektionsoperator $\mathbf{W}$ verwandelt ϱ in den Operator

$$\varrho' = \frac{\mathbf{W}\varrho\mathbf{W}}{Sp(\mathbf{W}\varrho\mathbf{W})}. \tag{4}$$

Am Beispiel des Elektronenspins wird das Rechnen mit dem statistischen Operator erläutert.

§28. Die Beschreibung der Zustände eines Gemisches

Nach dem allgemeinen Unbestimmtheitsprinzip der Quantenmechanik läßt sich durch Messungen über den Zustand eines Körpers nicht mehr feststellen, als was durch einen zum Meßergebnis gehörenden Strahl im Hilbertraum bzw. durch ein normiertes Element $|\psi\rangle$ auf ihm wiedergegeben werden kann (vgl. Bd. II, §21). In vielen Fällen weiß man aber über den Zustand eines Körpers viel weniger, weil es selten möglich ist, eine vollständige Messung im Sinne der Quantenmechanik durchzuführen. Dann gibt es im Hilbertraum mehrere orthogonale Strahlen zu dem erhaltenen Meßergebnis. Man sagt in diesem Falle, es liege ein Gemisch von Zuständen vor. Bei wiederholten Messungen unter gleichen Bedingungen können sich dann die Zustände des betrachteten Körpers nach der Messung noch meßbar unterscheiden. Man weiß nur nicht, welcher von den möglichen Zuständen bzw. welcher von den mit dem Meßergebnis verträglichen Strahlen im Hilbertraum im Einzelfall verwirklicht ist. Zur Veranschaulichung dieser Verhältnisse sei das an drei Beispielen erläutert.

1). Beim Stern-Gerlach-Versuch (vgl. Bd. II, §9) an Teilchen mit einem Drehimpuls mit der Quantenzahl j spaltet der Strahl im inhomogenen Magnetfeld in $(2j+1)$ Teilstrahlen auf. Zu ihnen gehören verschiedene Werte $m\hbar$ der Komponente des Drehimpulses in Feldrichtung ($m = j$, $j-1$, ... , bis $-j$). Nun kann es aber vorkommen, daß diese Teilstrahlen nicht vollkommen getrennt werden können. Das war z. B. bei den Versuchen von Estermann, Frisch und Stern[1] an Strahlen aus H_2-Molekülen der Fall, weil bei diesen das magnetische Moment fast

1) O. Frisch und O. Stern, Zs. f. Phys. 85 (1933) S. 4
I. Estermann und O. Stern, Zs. f. Phys. 85 (1933) S. 17

nur von den Kernmomenten herrührt und daher ziemlich klein ist. Blendet man dabei einen kleinen Teil des austretenden Strahles aus, so sind in ihm immer noch Anteile von Teilstrahlen zu mehreren m-Werten enthalten. Eine genaue Untersuchung der Intensitätsverteilung im Strahl, wie sie in den zitierten Arbeiten vorgenommen wurde, erlaubt es dann zwar anzugeben, wie groß der relative Anteil w_m des m-ten Teilstrahles im Austrittsstrahl ist, aber nicht, welchen m-Wert ein einzelnes beobachtetes Teilchen in ihm besitzt. Es vermischen sich also in ihm mehrere Teilstrahlen, die grundsätzlich bei Vervollkommnung der Apparatur, also bei Verwendung stärkerer Magnete mit größerer Inhomogenität getrennt werden könnten.

2). Wenn man zur Messung des Anfangszustandes eines Körpers eine Größe mit einem kontinuierlichen Eigenwertspektrum ermittelt, ist es grundsätzlich nicht möglich, den Zustand vollständig im Sinne der Quantenmechanik festzustellen, weil die Wahrscheinlichkeit, exakt einen Zustand des Kontinuums zu erhalten, verschwindet (vgl. Bd. II, §21, S. 273). Wie klein man auch immer die Ungenauigkeit der Messung macht, immer gehört zum Meßergebnis noch ein unendlich-dimensionaler Teilraum des Hilbertraumes. Das wichtigste Beispiel dafür ist ein Atom- oder Molekularstrahl aus Teilchen "einheitlicher" Geschwindigkeit, wie er bei Streuversuchen verwendet wird. In Wirklichkeit haben die Teilchen in ihm niemals alle genau denselben Impuls. Je nach der Schärfe der Ausblendung und der Trennschärfe der Vorkehrungen zur Geschwindigkeitsselektion liegen die Impulsvektoren in einem mehr oder weniger großen, aber stets endlichen Intervall.

3). Bei makroskopischen Körpern ist die Zahl der Größen, welche bei einer vollständigen Messung im Sinne der

Quantenmechanik bestimmt werden müßten, unvorstellbar groß. Statt der genauen Werte der Zustandsvariablen der Einzelteilchen gibt man deshalb bei ihnen Verteilungsfunktionen an (vgl. Bd. I, §9). Wenn sich die betrachteten Körper in einem Gefäß mit endlichem Volumen befinden, sind die stationären Zustände $|j\rangle$ zwar diskret verteilt, aber manchmal, wie z. B. bei den Molekülen in einem Gas, sind die Differenzen der Zustandsdaten in benachbarten stationären Zuständen unmeßbar klein. Die Zustände bilden dann also ein Quasikontinuum. Die Wahrscheinlichkeit, im thermischen Gleichgewicht bei der Temperatur T ein Teilchen in dem stationären Zustand $|j\rangle$ mit der Energie E_j zu finden, beträgt in diesem Fall nach Boltzmann

$$w_j = \frac{1}{Z} \exp\left(-\frac{E_j}{kT}\right) \tag{1}$$

(vgl. Bd. I, §11). Die Konstante Z in dieser Formel, die sogenannte Zustandssumme, ergibt sich daraus, daß die Summe aller Wahrscheinlichkeiten gleich 1 sein muß:

$$Z = \sum_j \exp\left(-\frac{E_j}{kT}\right) . \tag{2}$$

Diese Betrachtungen zeigen, daß nach einer Messung des Zustandes praktisch immer ein Gemisch vorliegt. Der Fall, daß durch eine Messung ein "reiner" Zustand hergestellt wird, daß also durch den zur Messung gehörenden Projektionsoperator $\mathbf{W}$ ein eindimensionaler Teilraum des Hilbertraumes ausgeblendet wird, läßt sich fast nie realisieren. Deshalb ist es notwendig, den Formalismus der Quantenmechanik so zu verallgemeinern, daß er auch auf Gemische anwendbar ist. Das wurde zum ersten Mal von J. von Neumann[1)] getan, um die Aussagen der statistischen Mechanik in eine der Quantenmechanik entsprechende Form

1) J. von Neumann, Gött. Nachr. 1927, S. 245 und 273

zu bringen. In neuerer Zeit hat sich die Verwendung dieser Hilfsmittel bei der theoretischen Behandlung von Streuversuchen, insbesondere bei der Streuung von polarisierten Strahlen und bei Korrelationsmessungen sehr bewährt[1].

Bei diesen Betrachtungen werden die Eigenschaften der Spur eines Operators ausgenutzt. Diese müssen deshalb hier zunächst erörtert werden.

Definition: Die Spur eines Operators $\mathbf{B}$ ist gleich der Summe der Diagonalelemente seiner Matrix in irgendeinem vollständigen Orthonormalsystem $|n\rangle$ ($\langle n|m\rangle = \delta_{nm}$ für $n,m = 1,2,\ldots\ \infty$):

$$\mathrm{Sp}\mathbf{B} = \sum_{n=1}^{\infty} \langle n|\mathbf{B}|n\rangle \quad . \tag{3}$$

Diese Definition ist nur sinnvoll, wenn die Spur nicht von der Wahl des Orthonormalsystems abhängt. Das ist der Fall.

Satz: Die Spur eines Operators ändert sich beim Übergang zu einem anderen Orthonormalsystem nicht.

Ist $|\mu\rangle$ ($\mu = 1,2,\ldots,\infty$) ein anderes, vollständiges Orthonormalsystem, so gilt (vgl. Bd. II, §19C, S. 243)

$$\langle\mu|\mathbf{B}|\nu\rangle = \sum_{n,m=1}^{\infty} \langle\mu|n\rangle\langle n|\mathbf{B}|m\rangle\langle m|\nu\rangle \, . \tag{4}$$

Aus der Vollständigkeitsrelation

$$\sum_{\mu=1}^{\infty} |\mu\rangle\langle\mu| = 1 \tag{5}$$

ergibt sich dann die Behauptung:

$$\begin{aligned} \sum_{\mu=1}^{\infty} \langle\mu|\mathbf{B}|\mu\rangle &= \sum_{\mu,n,m} \langle\mu|n\rangle\langle n|\mathbf{B}|m\rangle\langle m|\mu\rangle \\ &= \sum_{n,m} \delta_{mn}\langle n|\mathbf{B}|m\rangle = \sum_{n}\langle n|\mathbf{B}|n\rangle \; . \end{aligned} \tag{6}$$

1) Vgl.: U. Fano, Rev. Mod. Phys. 29 (1957) S. 74

Ferner gilt der Satz:
Die Spur des Produktes zweier Operatoren ist von der Reihenfolge der Faktoren unabhängig:

$$Sp(AB) = Sp(BA). \tag{7}$$

Das ergibt sich unmittelbar aus der Regel der Matrizenmultiplikation:

$$\begin{aligned} Sp(AB) &= \sum_n \langle n|AB|n\rangle = \sum_{n,m} \langle n|A|m\rangle\langle m|B|n\rangle \\ &= \sum_{n,m} \langle m|B|n\rangle\langle n|A|m\rangle = \sum_m \langle m|BA|m\rangle = Sp(BA). \end{aligned} \tag{8}$$

Der Satz (7) gilt nicht etwa für jede beliebige Vertauschung der Faktoren in einem Produkt aus drei oder mehr Operatoren, sondern nur für zwei. Bei drei Faktoren ergibt sich aus dem obigen Satz noch die Zulässigkeit einer zyklischen Vertauschung der Faktoren. Eine antizyklische Vertauschung ist dagegen im allgemeinen nicht zulässig:

$$Sp(ABC) = Sp(BCA) = Sp(CAB) \neq Sp(BAC). \tag{9}$$

Die Unabhängigkeit der Spur von der Wahl des Orthogonalsystems kann man mit Hilfe dieses Satzes (7) auch folgendermaßen leicht einsehen: Ist $\overleftrightarrow{B}$ die Matrix des Operators B im System der $|n\rangle$ und $\overleftrightarrow{B}'$ diejenige im System der $|\mu\rangle$, so kann man mit Benutzung der unitären Matrix $\overleftrightarrow{U}$ mit den Elementen $U_{m\nu} = \langle m|\nu\rangle$ auch schreiben (vgl. Bd. II, §19C; 29):

$$\overleftrightarrow{B}' = \overleftrightarrow{U}^{+}\overleftrightarrow{B}\overleftrightarrow{U}. \tag{10}$$

Wegen $\overleftrightarrow{U}^{+} = \overleftrightarrow{U}^{-1}$ folgt daraus

$$Sp\overleftrightarrow{B}' = Sp(\overleftrightarrow{U}^{-1}\overleftrightarrow{B}\overleftrightarrow{U}) = Sp(\overleftrightarrow{U}\overleftrightarrow{U}^{-1}\overleftrightarrow{B}) = Sp\overleftrightarrow{B}. \tag{11}$$

Selbstverständlich kann man die Spur (3) auch als ein Integral über die Mittelwerte von B in den uneigentlichen Zuständen eines kontinuierlichen, vollständigen Orthonormalsystems schreiben. Diese Umrechnung soll hier aber nicht ausgeführt werden, da einige der folgenden Formeln bei der Umschreibung auf uneigentliche Zustandselemente falsch werden.

Es ist nämlich zu beachten, daß keineswegs alle Operatoren eine Spur besitzen. Das einfachste Gegenbeispiel ist der Einheitsoperator. Für ihn erhält man in einem unendlich-dimensionalen Hilbertraum

$$\mathrm{Sp}\,\mathbf{1} = \sum_{n=1}^{\infty} \langle n|n\rangle = \sum_{n=1}^{\infty} 1 = \infty \,. \tag{12}$$

Nur in einem endlich-dimensionalen Hilbertraum ist die Spur von $\mathbf{1}$ endlich, nämlich gleich der Dimension des Raums.

Ein Operator mit einem kontinuierlichen Eigenwertspektrum besitzt ebenfalls keine endliche Spur. Seine Zerlegung der Einheit enthält nämlich ein Integral über die uneigentlichen Projektionsoperatoren $|k\rangle\langle k|$ des Kontinuums (vgl. Bd. II, §5E und F). Dafür ergibt sich mit (5)

$$\begin{aligned} \mathrm{Sp}\int_k |k\rangle f(k)\langle k|\,dk &= \sum_{\mu=1}^{\infty}\int_k \langle\mu|k\rangle f(k)\langle k|\mu\rangle\,dk \\ &= \int_k \sum_{\mu=1}^{\infty} \langle k|\mu\rangle\langle\mu|k\rangle f(k)\,dk = \int_k \langle k|k\rangle f(k)\,dk \,. \end{aligned} \tag{13}$$

Dieser Ausdruck ist aber sinnlos, weil im Kontinuum

$$\langle k|k'\rangle = \delta(k-k') \tag{14}$$

gilt. Daher kommt in (13) unterm Integral der von k unabhängige sinnlose Faktor $\delta(0)$ ($=\infty$?) vor. Die Operatoren zu den Komponenten des Orts- und Impulsvektors haben also keine Spur. Bei einem Operator mit diskreten Eigenwerten ist die Spur gleich der Summe seiner Eigenwerte. Der Hamiltonoperator des harmonischen Oszillators hat also auch keine endliche Spur, wohl aber die Operatoren zu den Komponenten des Spindrehimpulses und der Projektionsoperator $\mathrm{P} = |\psi\rangle\langle\psi|$. Die Spur des Projektionsoperators auf einen linearen Teilraum des Hilbertraumes ist gleich der Dimension dieses Teilraums und existiert daher nur für endlich-dimensionale Teilräume.

Mit diesen mathematischen Hilfsmitteln lassen sich nun die quantenmechanischen Aussagen über reine Zustände und Gemische in einheitlicher Weise formulieren. Wenn der reine Zustand $|\psi\rangle$ vorliegt, lassen sich nach Bd. II, §14 bis 18 alle Aussagen, auch diejenigen über die Wahrscheinlichkeit für das Auftreten gewisser Meßergebnisse, durch Mittelwerte der Form

$$\bar{a} = \langle\psi|\mathsf{A}|\psi\rangle \tag{15}$$

ausdrücken. Wenn nun ein Gemisch vorliegt, in welchem verschiedene Zustände mit den normierten Zustandselementen $|\psi_j\rangle$ ($j = 1, 2, \dots p$) mit der relativen Häufigkeit w_j enthalten sind, beträgt der Mittelwert $\bar{\bar{a}}$ der quantenmechanischen Mittelwerte $\bar{a}$ in den verschiedenen Zuständen des Gemisches

$$\bar{\bar{a}} = \sum_{j=1}^{p} w_j \langle\psi_j|\mathsf{A}|\psi_j\rangle . \tag{16}$$

Dieser Ausdruck kann mit Hilfe des Operators

$$\varrho = \sum_{j=1}^{p} |\psi_j\rangle w_j \langle\psi_j| \tag{17}$$

in folgender Form geschrieben werden:

$$\bar{\bar{a}} = \mathrm{Sp}(\varrho\mathsf{A}). \tag{18}$$

Denn für ein beliebiges, vollständiges Orthonormalsystem $|\mu\rangle$ liefert die Vollständigkeitsrelation (5)

$$\begin{aligned} \mathrm{Sp}(\varrho\mathsf{A}) &= \sum_{\mu=1}^{\infty}\sum_{j=1}^{p}\langle\mu|\psi_j\rangle w_j \langle\psi_j|\mathsf{A}|\mu\rangle \\ &= \sum_{j=1}^{p} w_j \sum_{\mu=1}^{\infty}\langle\psi_j|\mathsf{A}|\mu\rangle\langle\mu|\psi_j\rangle = \sum_{j=1}^{p} w_j \langle\psi_j|\mathsf{A}|\psi_j\rangle. \end{aligned} \tag{19}$$

Man beachte, daß die $|\psi_j\rangle$ nicht als orthogonal vorausgesetzt werden müssen. Das soll die Bezeichnung $|\psi_j\rangle$ andeuten, welche den an sich überflüssigen Buchstaben ψ enthält. Dieser soll hier stets allgemeine Zustandselemente kennzeichnen, welche außer der Normierung keiner weiteren Bedingung genügen müssen.

Der Operator ϱ wurde früher meist als Dichtematrix bezeichnet. Diese Bezeichnung ist insofern ungeschickt, als ϱ natürlich keine Matrix sein muß, sondern so wie alle Operatoren im Hilbertraum auch ohne Benutzung einer speziellen Darstellung geschrieben und definiert werden kann. Die Bezeichnung Dichteoperator wäre deshalb besser. Aber auch dieser Name ist etwas einseitig. ϱ enthält alles, was man über den Zustand des betrachteten Körpers nach irgendeiner Messung aussagen kann. Dazu gehören natürlich auch Aussagen über mittlere Dichteverteilungen im Orts- oder Impulsraum, aber es besteht kein Grund, diese Eigenschaft von ϱ durch seinen Namen hervorzuheben. Deshalb soll hier die Bezeichnung "statistischer Operator" bevorzugt werden. Sie bringt zum Ausdruck, daß ϱ auch alle statistischen Aussagen über die möglichen Zustände in einer Gesamtheit aus vielen Körpern enthält, in welcher die Unterschiede zwischen den Zuständen zwar meßbar sind, aber nicht gemessen worden sind.

ϱ ist eine Linearkombination der Projektionsoperatoren $|\psi_j\rangle\langle\psi_j|$ zu den verschiedenen möglichen Zuständen des Gemisches. Die Summe der Koeffizienten w_j muß wie jede Summe von echten Wahrscheinlichkeiten gleich 1 sein:

$$\sum_{j=1}^{p} w_j = 1. \tag{20}$$

Es ist durchaus zulässig, daß diese Summe unendlich viele Summanden enthält. Bei dem dritten der vorn genannten Beispiele ist das der Fall. Die Zustände dürfen sogar von einem kontinuierlich veränderlichen Parameter abhängen, wie das bei dem zweiten Beispiel vorn der Fall ist. Bei freien Teilchen mit dem Impuls $\vec{p}$ wird man in einem solchen Falle die Verteilung nicht durch die diskreten Werte w_j , sondern durch eine Verteilungsfunktion $w(\vec{p})$ kennzeichnen. $w(\vec{p})d^3p$ bedeutet den relativen Anteil der Teilchen mit Impulsen des Volumens d^3p im Impulsraum. Der statistische Operator ist dann durch ein Integral gegeben:

$$\varrho = \iiint_{\vec{p}} |\psi(\vec{p})\rangle\, w(\vec{p})\, \langle\psi(\vec{p})|\, d^3p \ . \tag{21}$$

Man beachte aber, daß $|\psi(\vec{p})\rangle$ darin nicht etwa die uneigentliche Eigenfunktion $|\vec{p}\rangle$ des Kontinuums zum Operator von $\vec{p}$ ist, sondern ein normiertes Zustandselement zu einem physikalisch realisierbaren Zustand:

$$\langle\psi(\vec{p})|\psi(\vec{p})\rangle = 1 . \tag{22}$$

In der Ortsdarstellung ist $\langle\vec{r}|\psi(\vec{p})\rangle$ etwa ein Wellenpaket mit endlicher Ausdehnung im Raum und $\vec{p}$ ein Parameter zur Kennzeichnung dieser Zustände, nicht etwa der Impulseigenwert. In Atom- und Molekularstrahlen ist das Volumen des Wellenpakets $\langle\vec{r}|\psi(\vec{p})\rangle$ durch die Eigenschaften des Apparates zur Erzeugung des Strahles und zur Selektion der Geschwindigkeiten gegeben und kann nicht durch mathematische Grenzübergänge eliminiert werden.

§29. Die Eigenschaften des statistischen Operators

Der statistische Operator ϱ ist hermitisch:

$$\varrho^+ = \varrho \ . \tag{1}$$

Er ist nämlich nach (§28, 17 und 21) eine Linearkombination der hermitischen Projektionsoperatoren $|\psi_j\rangle\langle\psi_j|$ mit reellen Koeffizienten w_j bzw. $w(\vec{p})$. Diese Eigenschaft muß er auch auf Grund seiner Bedeutung (§28; 18) haben, weil nur für ein hermitisches ϱ die Spur von ϱA für jeden hermitischen Operator A reell ist.

Wählt man nämlich für A einen Operator, dessen Matrix in irgendeinem vollständigen Orthonormalsystem nur zwei von null verschiedene Matrixelemente besitzt, etwa $\langle j|A|k\rangle$ und $\langle k|A|j\rangle = \langle j|A|k\rangle^*$, so ergibt sich

$$\begin{aligned} \bar{\bar{a}} &= Sp(\varrho A) = \sum_{n,m} \langle n|\varrho|m\rangle\langle m|A|n\rangle \\ &= \langle j|\varrho|k\rangle\langle k|A|j\rangle + \langle k|\varrho|j\rangle\langle j|A|k\rangle . \end{aligned} \tag{2}$$

Ist $\langle j|A|k\rangle = 1$, so folgt aus $\bar{\bar{a}} = \bar{\bar{a}}^*$

$$\langle j|\varrho|k\rangle + \langle k|\varrho|j\rangle = \langle j|\varrho|k\rangle^* + \langle k|\varrho|j\rangle^* . \tag{3}$$

Ist $\langle j|A|k\rangle = i$, so ergibt sich ebenso

$$-\langle j|\varrho|k\rangle + \langle k|\varrho|j\rangle = \langle j|\varrho|k\rangle^* - \langle k|\varrho|j\rangle^* . \tag{4}$$

Die Addition beider Gleichungen liefert

$$\langle k|\varrho|j\rangle = \langle j|\varrho|k\rangle^* , \tag{5}$$

und das ist die Forderung der Hermitizität in Matrixform.

Die Spur von ϱ ist gleich 1:

$$Sp\,\varrho = 1 . \tag{6}$$

Das ergibt sich mathematisch aus (§28; 19), wenn man darin A durch den Einheitsoperator ersetzt und (§28; 20) berücksichtigt oder aus (§28; 21 und 22) bei Beachtung von $\iiint_{-\infty}^{+\infty} w(\vec{p})\,d^3p = 1$. Auch (6) ist eine physikalisch notwendige Forderung für jeden statistischen Operator, dessen Bedeutung durch (§28; 18) gegeben sein soll, denn der Mittelwert der Ergebnisse einer Messung, die stets die Zahl 1 liefert, muß natürlich 1 betragen.

Bezeichnet man mit $|u_j\rangle$ die normierten, orthogonalen Eigenelemente von ϱ und mit p_j die zugehörigen Eigenwerte, so gilt für ϱ wie für jeden selbstadjungierten Operator (vgl. Bd. II, §18)

$$\varrho = \sum_j |u_j\rangle p_j \langle u_j| \ . \qquad (7)$$

Ein Kontinuum von Eigenwerten mit uneigentlichen Eigenelementen kann in diesem Fall wegen der Endlichkeit der Spur von ϱ nicht auftreten. Der obige Ausdruck hat dieselbe Gestalt wie (§28; 17), nur sind die $|u_j\rangle$ zum Unterschied von den $|\psi_j\rangle$ orthogonal. Daraus ergibt sich:

Das Gemisch zu einem gegebenen statistischen Operator ϱ kann stets durch Mischung von Teilchen in Zuständen mit orthogonalen Zustandselementen erzeugt werden. Es ist aber natürlich nicht gesagt, daß es tatsächlich so entstanden ist. Aus den Eigenschaften von ϱ läßt sich sein Entstehungsprozeß nicht eindeutig erschließen.

Aus der Normalform (7) des statistischen Operators ϱ mit orthonormierten $|u_j\rangle$ läßt sich weiterhin folgern:

In einem reinen Zustand ist $Sp\,\varrho^2 = 1$; wenn dagegen ein Gemisch vorliegt, ist $0 < Sp\,\varrho^2 < 1$.

Aus (7) folgt nämlich

$$\varrho^2 = \sum_{j,k} |u_j\rangle p_j \langle u_j | u_k\rangle p_k \langle u_k| \qquad (8)$$

und daraus wegen $\langle u_j | u_k\rangle = \delta_{jk}$

$$\varrho^2 = \sum_j |u_j\rangle p_j^2 \langle u_j| \qquad (9)$$

und

$$Sp\,\varrho^2 = \sum_j p_j^{\,2} \ . \qquad (10)$$

Da p_j die Wahrscheinlichkeit ist, den Zustand $|u_j\rangle$ im Gemisch anzutreffen, muß $0 \leq p_j \leq 1$ gelten. Wegen $Sp\,\varrho = \sum_j p_j = 1$ kann daher $\sum_j p_j^2$ nur dann gleich 1

sein, wenn von allen p_j nur eines von null verschieden ist, und dieses ist dann gleich 1, d. h. wenn ein reiner Zustand vorliegt. In jedem anderen Fall ist $0 < \sum_j p_j^2 < 1$, weil jedes von null verschiedene p_j des Intervalles $0 < p_j < 1$ beim Quadrieren kleiner wird. Weiterhin folgt aus (7):

Der Erwartungswert von ϱ ist für kein normiertes $|\psi\rangle$ negativ und stets kleiner oder gleich 1:

$$0 \leq \langle\psi|\varrho|\psi\rangle \leq 1 . \tag{11}$$

Denn für diesen Ausdruck erhält man

$$\langle\psi|\varrho|\psi\rangle = \sum_j p_j |\langle\psi|u_j\rangle|^2 \tag{12}$$

Diese Summe enthält lauter nichtnegative reelle Summanden. Außerdem folgt aus der Normierung von $|\psi\rangle$, daß $|\langle\psi|u_j\rangle|^2 \leq 1$ ist und daß daher die obige Summe kleiner oder höchstens gleich $\sum_j p_j = 1$ ist. Der Operator ϱ wird deshalb als positiv-definit bezeichnet.

Zusammenfassend kann man feststellen: ϱ bewirkt eine Zerlegung jedes Elements des Hilbertraumes in diejenigen Anteile, welche in die orthogonalen Teilräume mit verschiedenen Werten der Wahrscheinlichkeit p_j fallen und faßt diese nach Multiplikation mit p_j wieder zusammen. Innerhalb eines Teilraumes zu einem Wert von p_j werden durch diesen Prozeß verschiedene Zustände nicht verschieden gekennzeichnet und sind daher auch nicht durch nachfolgende Messungen zu unterscheiden (vgl. Aufg. 1). Wenn also bei einer Messung der Zustände in einer Gesamtheit von Körpern so wie beim Stern-Gerlach-Versuch eine Größe mit diskreten Meßwerten gemessen wird und irgendwie, z. B. durch Ausblenden, die relativen Häufigkeiten, mit denen die verschiedenen Meßergebnisse im Austrittsstrahl auftreten, verschieden stark geändert werden, kann man im Prinzip hinterher durch weitere Messungen feststellen, welche Größe ursprünglich gemessen worden ist, andernfalls nicht.

Anmerkung: Die obigen Ausführungen enthalten eine physikalisch anscheinend unsinnige Alternative zwischen dem Fall genau gleicher Wahrscheinlichkeiten und demjenigen, wo sie sich beliebig wenig unterscheiden. Das ist ein ähnlicher Unterschied wie derjenige zwischen einer rationalen und irrationalen Zahl. Wenn z. B. ein Stern-Gerlach-Versuch mit Atomen oder Molekülen mit der Drehimpulsquantenzahl j durchgeführt wird, und der einfallende Strahl ist unpolarisiert, so genügt nach obigen Feststellungen eine beliebig kleine Intensitätsänderung an einem der austretenden $(2j+1)$ Teilstrahlen, um die Richtung des benutzten inhomogenen Magnetfeldes messen zu können. Faßt man dagegen alle Teilstrahlen hinterher vollständig zusammen, so kann man nicht mehr feststellen, ob überhaupt ein solches Feld vorhanden war oder nicht.

Hier sei nur darauf hingewiesen, daß diese Situation nicht so ungewöhnlich und unrealistisch ist, wie es hiernach erscheint. In einem Kriminalfall kann im Prinzip auch ein beliebig schwacher Fingerabdruck über Schuld und Unschuld entscheiden. Die Frage ist hier wie da, wie stark die Unterschiede praktisch sein müssen, um beweiskräftig zu sein. Das ist aber keine Frage, welche die mögliche Form der Naturgesetze betrifft, sondern eine nach der Zuverlässigkeit und Genauigkeit der Beobachtungshilfsmittel. Da es keine Möglichkeit gibt, bei einem kleinen Beobachtungsunterschied eindeutig zu entscheiden, ob nur ein Beobachtungsfehler vorliegt oder eine Differenz der Meßergebnisse festgestellt wurde, ist auch hier der alte physikalische Grundsatz erfüllt, daß die Natur keine Sprünge macht, im Gegensatz zur Mathematik, wo man einen qualitativen Unterschied macht zwischen rationalen und irrationalen Zahlen, die sich beliebig wenig unterscheiden.

§30. Die Änderungen des statistischen Operators

Bei dem statistischen Operator muß man - ebenso wie bei dem quantenmechanischen Zustand, den er beschreibt - zwei Ursachen für eine Veränderung unterscheiden, nämlich diejenige durch den normalen Bewegungsablauf auf Grund der Bewegungsgleichung und diejenige durch eine Messung. Im Schrödingerbild ist die erste durch die

Schrödingergleichung

$$i\hbar \frac{d}{dt}|\psi\rangle = H|\psi\rangle \tag{1}$$

gegeben und führt auf einen zeitabhängigen statistischen Operator $\varrho = \varrho_S(t)$. Im Heisenbergbild ist dagegen der statistische Operator ϱ_H ebenso wie die Zustandselemente in diesem Bild zeitunabhängig, solange keine Messungen gemacht werden. Er ist dann mit dem Operator ϱ_S zur Zeit $t = 0$ identisch. Hinsichtlich der Zeitabhängigkeit verhält sich also der Operator ϱ in diesen beiden Bildern gerade umgekehrt wie die Operatoren zu Observablen.

Aus (1) ergibt sich für

$$\varrho_S(t) = \sum_j |\psi_j(t)\rangle w_j \langle\psi_j(t)| \tag{2}$$

die Differentialgleichung

$$\frac{d\varrho_S}{dt} = \sum_j \left\{ |\frac{d\psi_j}{dt}\rangle w_j \langle\psi_j| + |\psi_j\rangle w_j \langle\frac{d\psi_j}{dt}| \right\} \tag{3}$$

$$= -\frac{i}{\hbar}\sum_j \left\{ |H\psi_j\rangle w_j \langle\psi_j| - |\psi_j\rangle w_j \langle H\psi_j| \right\}. \tag{4}$$

Da H hermitisch ist, kann man es in der zweiten Summe nach rechts herausziehen, denn für alle $|\varphi\rangle$ gilt

$$\langle H\psi_j|\varphi\rangle = \langle\psi_j|H\varphi\rangle. \tag{5}$$

Also folgt

$$\frac{d\varrho_S}{dt} = -\frac{i}{\hbar}(H\varrho_S - \varrho_S H) = -\frac{i}{\hbar}[H, \varrho_S]. \tag{6}$$

Man beachte hier das andere Vorzeichen im Vergleich zu der entsprechenden Formel für die zeitabhängigen Operatoren zu Observablen im Heisenbergbild (vgl. Bd. II, §27; 11).

Die Veränderung des statistischen Operators bei einer Messung läßt sich nur unter der Voraussetzung angeben, daß die Messung mit kleinstmöglicher Störung des Zustandes ausgeführt wurde (vgl. Bd. II, §18, S. 232). Die Ergebnisse lauten für das Schrödingerbild und das Heisenbergbild gleich. Zu jeder Messung gehört ein vom Meßergebnis abhängiger Projektionsoperator W, der bei Anwendung auf das normierte Zustandselement $|\psi\rangle$ vor der Messung alle Anteile zu null macht, welche nicht zu dem Meßergebnis passen. Die Wahrscheinlichkeit, im Zustand $|\psi\rangle$ das zu W gehörende Meßergebnis zu erhalten, beträgt

$$w = \langle\psi|\mathsf{W}|\psi\rangle . \tag{7}$$

Nach der Messung ist der Zustand $|\psi'\rangle$ ein Eigenelement von W mit dem Eigenwert 1, weil eine Wiederholung derselben Messung mit Sicherheit dasselbe Ergebnis liefern muß. Wenn die Messung mit kleinstmöglicher Störung durchgeführt wurde, unterscheiden sich bei der Entwicklung von $|\psi\rangle$ und $|\psi'\rangle$ nach den Eigenelementen zu der gemessenen Größe die Verhältnisse der Entwicklungskoeffizienten zu Eigenwerten innerhalb des Fehlerintervalles nicht. Bei $|\psi'\rangle$ sind lediglich die Koeffizienten zu Eigenwerten außerhalb des Fehlerintervalles null geworden. Daher ist in diesem Fall $|\psi'\rangle$ ein Vielfaches von $\mathsf{W}|\psi\rangle$. Fordert man, daß $|\psi'\rangle$ normiert ist, so ergibt sich daher

$$|\psi'\rangle = \frac{\mathsf{W}|\psi\rangle}{\sqrt{\langle \mathsf{W}\psi|\mathsf{W}\psi\rangle}} . \tag{8}$$

Diese Aussagen für einen reinen Zustand lassen sich nun leicht auf ein Gemisch übertragen. Es liege etwa vor der Messung ein Gemisch von Zuständen mit den normierten Zustandselementen $|\psi_j\rangle$ und den Wahrscheinlichkeiten w_j vor. Wenn insgesamt N Körper untersucht wurden, ist bei sehr großem N die Anzahl der Körper im Zustand

$|\psi_j\rangle$ durch $w_j N$ gegeben. Eine Messung, zu deren Ergebnis der Projektionsoperator W gehört, liefert bei dem Bruchteil $\langle\psi_j|W|\psi_j\rangle$ dieser $w_j N$ Körper das betrachtete Ergebnis. Wurde die Messung mit kleinstmöglicher Störung durchgeführt, so ist also in diesen Fällen nach der Messung der Zustand

$$|\psi_j'\rangle = \frac{W|\psi_j\rangle}{\sqrt{\langle W\psi_j|W\psi_j\rangle}} \tag{9}$$

realisiert. Die relative Häufigkeit, mit der dieser Zustand nach der Messung verwirklicht ist, beträgt

$$w_j' = \frac{\langle\psi_j|W|\psi_j\rangle w_j N}{\sum_k \langle\psi_k|W|\psi_k\rangle w_k N} . \tag{10}$$

Der statistische Operator ϱ' nach der Messung beträgt also

$$\varrho' = \sum_j |\psi_j'\rangle w_j' \langle\psi_j'| . \tag{11}$$

Beachtet man, daß $W^2 = W = W^+$ ist, so ergibt sich

$$\varrho' = \sum_j \frac{W|\psi_j\rangle}{\sqrt{\langle W\psi_j|W\psi_j\rangle}} \cdot \frac{\langle\psi_j|W|\psi_j\rangle w_j}{\sum_k \langle\psi_k|W|\psi_k\rangle w_k} \cdot \frac{\langle\psi_j|W}{\sqrt{\langle W\psi_j|W\psi_j\rangle}} \tag{12}$$

$$= \frac{W \sum_j |\psi_j\rangle w_j \langle\psi_j| W}{\sum_k \langle\psi_k|W|\psi_k\rangle w_k} . \tag{13}$$

Vergleich mit (§28; 19) zeigt, daß der Nenner in diesem Ausdruck gleich $Sp(\varrho W)$ ist oder wegen $W^2 = W$ und (§28; 7) auch gleich $Sp(W\varrho W)$. Somit erhält man

$$\varrho' = \frac{W\varrho W}{Sp(\varrho W)} = \frac{W\varrho W}{Sp(W\varrho W)} . \tag{14}$$

Die zweite Schreibweise macht deutlich, daß die notwendige Bedingung $Sp\,\varrho' = 1$ dabei tatsächlich erfüllt bleibt.

Bei einer vollständigen Messung im Sinne der Quantenmechanik, bei welcher nach der Messung der Zustand $|n\rangle$ vorliegt, muß ϱ' selbstverständlich gleich dem Projektionsoperator $W = |n\rangle\langle n|$ sein, denn dann liegt nach der Messung mit Sicherheit der reine Zustand $|n\rangle$ vor. Tatsächlich erhält man das auch aus (14), wenn man zur Berechnung der Spur im Nenner irgendein vollständiges Orthogonalsystem benutzt, welches $|n\rangle$ enthält. Dann ist

$$Sp(W\varrho W) = Sp(|n\rangle\langle n|\varrho|n\rangle\langle n|) = \langle n|\varrho|n\rangle . \tag{15}$$

Damit folgt aus (14)

$$\varrho' = \frac{|n\rangle\langle n|\varrho|n\rangle\langle n|}{\langle n|\varrho|n\rangle} = |n\rangle\langle n| = W . \tag{16}$$

Man beachte an obiger Rechnung ferner, daß die $|\psi_j'\rangle$ nach der Messung im allgemeinen nicht orthogonal sind, selbst wenn es die $|\psi_j\rangle$ vorher waren. Ein Blick auf Abb. 30 überzeugt jeden sofort davon, daß die Pro-

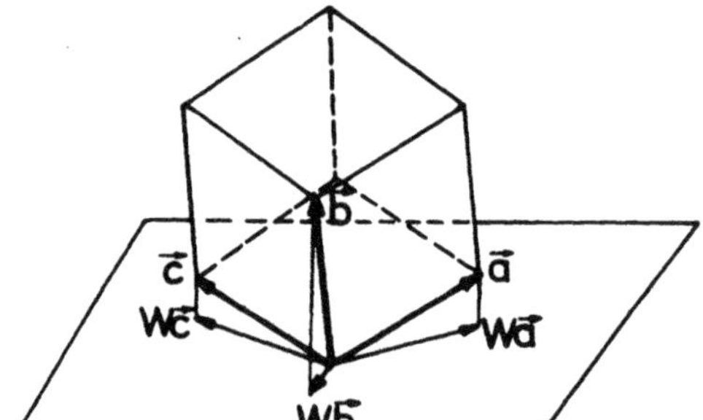

Abb.30. Drei orthogonale Vektoren und ihre Projektionen auf eine Ebene.

jektionen zweier orthogonaler Vektoren auf eine Gerade oder eine Ebene oft nicht orthogonal sind. Das gilt natürlich auch für die Elemente des Hilbertraumes. Man erhält also in (11) den statistischen Operator in der Regel nicht in seiner Normalform, in welcher die $|\psi_j'\rangle$

die orthogonalen Eigenelemente von ϱ' sind.

Der Vollständigkeit halber sei noch darauf hingewiesen, daß man in der statistischen Mechanik außer den hier betrachteten zwei Gründen für eine Änderung des statistischen Operators noch einen dritten in Betracht ziehen muß, nämlich die statistische Wechselwirkung bzw. den Wärmeaustausch mit einem größeren System. Wenn der betrachtete Körper ein Teil eines größeren Körpers ist, existiert strenggenommen für ihn gar kein Hamiltonoperator, sondern nur für das größere Gesamtsystem. Wenn aber die Wechselwirkung des Teilsystems mit dem Gesamtsystem genügend klein ist, kann man trotzdem näherungsweise einen Hamiltonoperator des Teilsystems definieren und mit dessen stationären Zuständen rechnen. Ein typisches Beispiel dafür ist ein Molekül als Teilsystem eines makroskopischen Gases als Gesamtsystem. Der statistische Operator des Einzelmoleküls ist dann infolge der Wechselwirkung mit den anderen Molekülen zeitlich veränderlich, weil sich allmählich das thermische Gleichgewicht einstellt. Aber diese Änderung folgt weder aus dem Hamiltonoperator des Teilsystems noch aus einer Messung seines Zustandes, sondern aus der Wechselwirkung mit einem Gesamtsystem, dessen Zustand selbst nur durch einen statistischen Operator innerhalb eines sehr viel größeren Hilbertraumes beschrieben werden kann. Das ist ein Problem der statistischen Mechanik der Nichtgleichgewichtszustände, welches hier nicht behandelt werden soll.

§31. Der statistische Operator für den Spin

Als Anwendungsbeispiel für den statistischen Operator sei das Spinmoment eines Atoms mit der Drehimpulsquantenzahl $j = 1/2$ behandelt. Das ist der einfachste Fall, in welchem eine Messung überhaupt eine unvollständige Kenntnis des Zustandes liefern kann. Bei der ersten Durchführung des Stern-Gerlach-Versuches an Ag-Atomen lag gerade dieser Fall vor[1].

Wählt man die Eigenelemente der z-Komponente des Drehimpulses als Basis, so besitzen die Operatoren S_j

1) O. Stern (Nobelpreisträger, geb. 1888), Zs. f. Phys. 7 (1921) S. 249; W. Gerlach und O. Stern, Zs. f. Phys. 8 (1921) S. 110 und 9 (1922) S. 349 und 352

($j = x, y, z$) zu den Drehimpulskomponenten dividiert durch $\hbar$ die Matrizen (vgl. §21; 33)

$$\overleftrightarrow{S}_x = \frac{1}{2}\begin{pmatrix} 0 & 1 \\ 1 & 0 \end{pmatrix}, \quad \overleftrightarrow{S}_y = \frac{1}{2}\begin{pmatrix} 0 & -i \\ i & 0 \end{pmatrix}, \quad \overleftrightarrow{S}_z = \frac{1}{2}\begin{pmatrix} 1 & 0 \\ 0 & -1 \end{pmatrix}. \tag{1}$$

Jede hermitische, zweidimensionale Matrix kann als Linearkombination der Einheitsmatrix und der obigen 3 Matrizen mit reellen Koeffizienten geschrieben werden. Da die Matrix von ϱ die Spur 1 hat, lautet sie allgemein

$$\overleftrightarrow{\varrho} = \begin{pmatrix} \frac{1+\alpha_z}{2} & \frac{\alpha_x - i\alpha_y}{2} \\ \frac{\alpha_x + i\alpha_y}{2} & \frac{1-\alpha_z}{2} \end{pmatrix} = \frac{1}{2}\overleftrightarrow{1} + \alpha_x \overleftrightarrow{S}_x + \alpha_y \overleftrightarrow{S}_y + \alpha_z \overleftrightarrow{S}_z. \tag{2}$$

Die α_j sind die halben Mittelwerte der $\overleftrightarrow{S}_j$. Da nämlich die $\overleftrightarrow{S}_j$ und $\overleftrightarrow{S}_k$ antikommutativ sind, gilt für $j \neq k$ wegen (§28; 8) in jeder Darstellung

$$Sp(\overleftrightarrow{S}_j \overleftrightarrow{S}_k) = Sp(\overleftrightarrow{S}_k \overleftrightarrow{S}_j) = -Sp(\overleftrightarrow{S}_k \overleftrightarrow{S}_j) = 0. \tag{3}$$

Aus $\overleftrightarrow{S}_k^2 = 1/4$ folgt außerdem $Sp\,\overleftrightarrow{S}_k^2 = 1/2$ für alle k.

Die Spuren von $\overleftrightarrow{S}_k$ verschwinden. Daher ergibt sich aus (2)

$$\overline{\overline{S}}_x = Sp(\overleftrightarrow{\varrho}\,\overleftrightarrow{S}_x) = \alpha_x\, Sp\,\overleftrightarrow{S}_x^2 = \alpha_x/2 \tag{4}$$

und ebenso $\overline{\overline{S}}_y = \alpha_y/2$ und $\overline{\overline{S}}_z = \alpha_z/2$.

Die folgenden Formeln werden etwas übersichtlicher, wenn man statt dieser Mittelwerte den Vektor der Polarisation einführt, dessen Komponenten gleich den Mittelwerten $\overline{\overline{S}}_k$ dividiert durch deren Maximalwerte $1/2$ sind:

$$P_j = 2\overline{\overline{S}}_j . \tag{5}$$

Dann lautet (2)

$$\overleftrightarrow{\varrho} = \frac{1}{2}\begin{pmatrix} 1+P_z & P_x - iP_y \\ P_x + iP_y & 1-P_z \end{pmatrix}. \tag{6}$$

Im Fall $j=1/2$ ist also der statistische Operator vollständig durch die Polarisation gegeben. Das gilt für höhere j-Werte nicht mehr. Man zählt leicht ab, daß eine hermitische Matrix der Dimension n gerade n^2 unabhängige reelle Parameter besitzt, die Matrix von ϱ also wegen $Sp\varrho = 1$ gerade (n^2-1). Im Fall $j=1$, also $n=3$ hängt der statistische Operator demnach von 8 Parametern ab. Man kann beweisen, daß er in diesem Falle durch die Mittelwerte der $\overleftrightarrow{S}_j$ und der $\overline{\overleftrightarrow{S}_j \overleftrightarrow{S}_k}$ ($j, k = x, y, z$) vollständig gegeben ist. Wegen $\overline{S_x^2} + \overline{S_y^2} + \overline{S_z^2} = j(j+1)$ sind von den 6 Mittelwerten $\overline{S_j S_k}$ nur 5 voneinander unabhängig.

Aus (6) folgt leicht

$$Sp\overleftrightarrow{\varrho}^2 = \frac{1}{2}(1 + \vec{P}^2). \tag{7}$$

Wie zu erwarten, erreicht diese Spur ihren Maximalwert 1 bei vollständiger Polarisation $|\vec{P}| = 1$. Dann liegt ein reiner Zustand vor. Bei fehlender Polarisation ist $Sp\overleftrightarrow{\varrho}^2 = 1/2$. Man kann beweisen, daß in einem n-dimensionalen Hilbertraum $Sp\overleftrightarrow{\varrho}^2$ niemals kleiner als $1/n$ werden kann.

Schreibt man $\vec{P}$ in Polarkoordinaten ($P_x = P\sin\vartheta\cos\varphi$, $P_y = P\sin\vartheta\sin\varphi$, $P_z = P\cos\vartheta$), so erhält man für die Eigenwerte von $\overleftrightarrow{\varrho}$ die Ausdrücke $(1+P)/2$ und $(1-P)/2$. Bezeichnet man die Eigenelemente von $\overleftrightarrow{S}_z$ mit $|+1/2\rangle$ und $|-1/2\rangle$, so lauten die Eigenelemente von $\overleftrightarrow{\varrho}$

$$|u_+\rangle = |+1/2\rangle \cos\vartheta/2 \exp(-i\varphi/2) + |-1/2\rangle \sin\vartheta/2 \exp(i\varphi/2) \tag{8}$$

und

$$|u_-\rangle = |+1/2\rangle \sin\vartheta/2 \exp(-i\varphi/2) - |-1/2\rangle \cos\vartheta/2 \exp(i\varphi/2). \tag{9}$$

Damit läßt sich $\overleftrightarrow{\varrho}$ in folgender Form schreiben

$$\overleftrightarrow{\varrho} = \frac{1+P}{2}|u_+\rangle\langle u_+| + \frac{1-P}{2}|u_-\rangle\langle u_-| . \tag{10}$$

Bei vollständiger Polarisation, $P=1$, ist $\overleftrightarrow{\varrho}$ gleich dem Projektionsoperator auf $|u_+\rangle$. Bei unpolarisiertem Strahl, $P=0$, ist die Richtung von $\vec{P}$ unbestimmt. Wie man leicht nachrechnet, ist dann

$$\begin{aligned} \overleftrightarrow{\varrho} &= \frac{1}{2}|u_+\rangle\langle u_+| + \frac{1}{2}|u_-\rangle\langle u_-| \\ &= \frac{1}{2}|+\tfrac{1}{2}\rangle\langle+\tfrac{1}{2}| + \frac{1}{2}|-\tfrac{1}{2}\rangle\langle-\tfrac{1}{2}| . \end{aligned} \tag{11}$$

Dann fällt die Richtung von $\vec{P}$ heraus. Das ist eine spezielle Folgerung aus dem allgemeinen Satz, daß die Summe der Projektionsoperatoren auf orthogonale Strahlen gegen eine unitäre Transformation in dem linearen Teilraum dieser Strahlen invariant ist (vgl. Aufg. 1).

Zur Aufstellung der Bewegungsgleichung für $\overleftrightarrow{\varrho}$ benötigt man den Hamiltonoperator. Bei einem Elektron besitzt jede Komponente des magnetischen Momentes die Eigenwerte $\pm\mu_B$. Da die Operatoren S_k die Eigenwerte $\pm 1/2$ haben, sind die Operatoren zu den Komponenten des magnetischen Momentes durch $2\mu_B S_k$ gegeben. Der Hamiltonoperator für ein beliebig zeitlich veränderliches Magnetfeld mit der Induktion $\vec{B}$ lautet daher

$$H = -2\mu_B(B_x S_x + B_y S_y + B_z S_z). \tag{12}$$

Unabhängig von der Basis gilt

$$\varrho = \frac{1}{2}(1 + \sum_k P_k S_k). \tag{13}$$

Damit ergibt sich

$$[H,\varrho] = \frac{1}{2}\sum_k P_k [H,S_k] = -\mu_B \sum_{j,k} P_k B_j [S_j,S_k]. \tag{14}$$

Die Vertauschungsrelationen

$$[S_x, S_y] = iS_z, \; [S_y, S_z] = iS_x, \; [S_z, S_x] = iS_y \tag{15}$$

liefern daher für die zeitliche Änderung von ϱ im Schrödingerbild mit (§30; 6)

$$\frac{d\varrho_S}{dt} = \frac{\mu_B}{\hbar}\{S_x(P_y B_z - P_z B_y) + S_y(P_z B_x - P_x B_z) + S_z(P_x B_y - P_y B_x)\}. \tag{16}$$

Da in diesem Bild in (13) nur die P_k zeitlich veränderlich sind und zwei in den S_k lineare Operatoren nur dann übereinstimmen, wenn ihre Koeffizienten übereinstimmen, ist (16) gleichwertig der Vektorgleichung

$$\frac{d\vec{P}}{dt} = \frac{2\mu_B}{\hbar}[\vec{P} \times \vec{B}] \; . \tag{17}$$

Das hätte man in diesem Fall natürlich auch klassisch aus dem Ehrenfestschen Theorem ableiten können (vgl. Bd. II, §16). Ist $\vec{s}$ der Einheitsvektor in Richtung des Spinmomentes, so ist klassisch $\hbar\vec{s}/2$ der Drehimpulsvektor und $\mu_B\vec{s}$ das magnetische Moment. Der Drehimpulssatz liefert daher

$$\frac{\hbar}{2}\frac{d\vec{s}}{dt} = \mu_B[\vec{s} \times \vec{B}]. \tag{18}$$

Da diese Gleichung in $\vec{s}$ linear ist, kann man sie über die verschiedenen Teilchen eines Gemisches mitteln, ohne daß sie dabei ihre Form ändert. Dadurch geht $\vec{s}$ in $\vec{P}$ über. Wie man sieht, erhält man für dieses einfache Beispiel durch die Rechnung mit dem statistischen Operator nur Aussagen, die anderweitig einfacher abzuleiten sind. Praktisch wichtig wird die Benutzung dieses Begriffes erst für Streuversuche an Teilchen mit höheren j-Werten, in denen die Mittelwerte von $S_j S_k$ bzw. die Tensorpolarisation wesentlich wird, sowie bei der quantenmechanischen Formulierung der Aussagen der statistischen Mechanik. Die Behandlung dieser Probleme würde hier aber zu weit führen.

Fragen und Aufgaben zu Kap. VII

Fragen

1). Wann liegt nach einer Messung ein Gemisch im Sinne der Quantenmechanik vor und wann ein reiner Zustand?

2). Was versteht man unter der Spur eines Operators?

3). Hat jeder Operator eine endliche Spur?

4). Wie wird der statistische Operator definiert?

5). a. Müssen die Zustände, aus denen ein Gemisch entstanden ist, orthogonale Zustandselemente besitzen? b. Müssen sie normiert sein?

6). Kann der statistische Operator ein Kontinuum von Eigenwerten besitzen?

7). Woran merkt man beim statistischen Operator, ob er einen reinen Zustand oder ein eigentliches Gemisch beschreibt?

8). Wie ändert sich der statistische Operator infolge der durch die Bewegungsgleichungen beschriebenen Zustandsänderungen im Schrödingerbild bzw. im Heisenbergbild?

9). Gibt es andere Gründe für eine Änderung des statistischen Operators außer dem in Frage 8 genannten?

10). Welche Dimension hat die Matrix des statistischen Operators zum Spin von Teilchen mit der Drehimpulsquantenzahl j und wieviele reelle veränderliche Parameter besitzt sie?

11). Was versteht man unter der Tensorpolarisation der Spinmomente?

Aufgaben

1). Beweisen Sie folgenden Satz: Die Summe über die Projektionsoperatoren $|u_j\rangle\langle u_j|$ mit orthonormierten $|u_j\rangle$ ändert sich nicht, wenn man zu einem anderen System orthonormierter $|v_k\rangle$ übergeht, welche den gleichen Hilbertraum aufspannen.

2). In einem Atomstrahl aus Teilchen mit der Drehimpulsquantenzahl $j=1$ ist der statistische Operator durch eine dreidimensionale Matrix gegeben. Berechnen Sie seine Elemente aus den Mittelwerten der Spinkomponenten S_j und ihrer Produkte.

Kapitel VIII. Die Greenschen Funktionen und Operatoren

Inhalt

Die von Green eingeführten Funktionen zur Lösung linearer, inhomogener Differentialgleichungen werden an zwei Beispielen der klassischen Physik erläutert, nämlich an der Differentialgleichung für die statische Auslenkung einer gespannten Saite und an der Poissonschen Differentialgleichung für die komplexe Amplitude des elektrostatischen Potentials einer zeitlich periodischen Ladungsverteilung. Im zweiten Fall bildet die Gesamtheit der Greenschen Funktionen eine einparametrige Schar von Linearkombinationen aus zwei Greenschen Funktionen, von denen die eine, die retardierte oder kausale Greensche Funktion, das physikalisch allein realisierbare retardierte Potential liefert. Dieselbe Rechnung führt bei der quantenmechanischen Behandlung der Streuung eines Massenpunktes an einem festen Target bei Verwendung der Ortsdarstellung auf die Lippmann-Schwinger-Gleichung für die stationären Streufunktionen. Ihre näherungsweise Lösung durch Iteration wird durch die Bornsche Reihe geleistet.

Der zeitabhängige Greensche Operator $G_+^{(0)}(t,t')$ der Quantenmechanik dient der Auflösung der inhomogenen Schrödingergleichung

$$i\hbar \frac{\partial}{\partial t}|\psi\rangle \quad - \quad H^{(0)}|\psi\rangle \quad = \quad |f(t)\rangle . \tag{1}$$

Wenn $|\psi^{(0)}(t)\rangle$ eine Lösung der zu (1) gehörenden homogenen Gleichung ist, lautet die allgemeine Lösung von (1)

$$|\psi(t)\rangle \quad = \quad |\psi^{(0)}(t)\rangle \quad + \int\limits_{t'=-\infty}^{+\infty} G_+^{(0)}(t,t')\,|f(t')\rangle\, dt' . \tag{2}$$

Wenn $H^{(0)}$ nicht explizit von t abhängt, gilt

$$G_+^{(0)}(t,t') \quad = \quad -\frac{i}{\hbar}\Theta(t-t')\exp\left(-\frac{i}{\hbar}(t-t')H^{(0)}\right) . \tag{3}$$

Darin ist $\Theta(t-t') = 1$ für $t > t'$ und $= 0$ sonst. Für einen freien Massenpunkt wird die Impulsdarstellung und die Ortsdarstellung dieses Operators berechnet.

Die inhomogene Schrödingersche Eigenwertgleichung

$$(E - H^{(0)})|u\rangle = |g\rangle \tag{4}$$

hat für den Fall, daß E kein Eigenwert von $H^{(0)}$ ist, die eindeutig bestimmte Lösung

$$|u\rangle = G^{(0)}(E)|g\rangle = \frac{1}{E - H^{(0)}}|g\rangle . \tag{5}$$

Der Operator $G^{(0)}(E)$ kann als die Fourieramplitude von $G_+^{(0)}(t,t')$ aufgefaßt werden. Für $\varepsilon > 0$ gilt nämlich

$$G_+^{(0)}(t,t') = \frac{1}{2\pi\hbar}\int_{E=-\infty}^{+\infty} G^{(0)}(E+i\varepsilon)\exp\left(-\frac{i}{\hbar}(E+i\varepsilon)(t-t')\right)dE . \tag{6}$$

In der Vielteilchentheorie wird die Funktion

$$G(\vec{r},t;\vec{r}',t') = -\frac{i}{\hbar}\langle\Phi_0|T\,\Psi_H(\vec{r},t)\Psi_H^+(\vec{r}',t')|\Phi_0\rangle \tag{7}$$

benutzt. Darin bedeutet $|\Phi_0\rangle$ das normierte Zustandselement zum Grundzustand. T ist der Zeitordnungsoperator, welcher die folgenden zeitabhängigen Operatoren in die Reihenfolge einer von rechts nach links wachsenden Zeit bringt. Bei Fermionensystemen bewirkt T außerdem bei jeder Vertauschung zweier Operatoren einen Vorzeichenwechsel. $\Psi_H^+(\vec{r},t)$ ist der Heisenbergsche Operator zur Erzeugung eines Teilchens am Ort $\vec{r}$:

$$\Psi_H^+(\vec{r},t) = \exp\left(\frac{i}{\hbar}tH\right)\Psi_H^+(\vec{r})\exp\left(-\frac{i}{\hbar}tH\right) . \tag{8}$$

Ersetzt man in (7) $|\Phi_0\rangle$ durch das normierte Zustandselement zum Vakuum, so ist (7) mit der Ortsdarstellung von $G_+^{(0)}(t,t')$ für einen freien Massenpunkt identisch. Die Verallgemeinerung der Greenschen Funktion (7) auf Systeme im thermodynamischen Gleichgewicht bei endlichen Temperaturen wird erörtert. Die Anwendung dieser Funktionen in der Vielteilchentheorie wird qualitativ erläutert.

§32. Die klassischen Greenschen Funktionen

Den Namen Greensche Funktion verwendet man in der Quantenmechanik für mehrere Größen, welche teilweise ganz verschieden definiert werden. Manchmal bestehen die Unterschiede aber auch nur in der Verwendung verschiedener Darstellungen desselben Operators. Bei den einfachsten dieser Begriffe besteht zwar ein Zusammenhang mit den Funktionen, welche G. Green[1] vor 150 Jahren als Hilfsmittel zur Lösung inhomogener linearer Differentialgleichungen einführte, aber allmählich wurde diese Verbindung immer lockerer. Wenn Green heute noch lebte, würde er sich vermutlich sehr wundern, was alles nach ihm benannt wird. Hier können nicht alle verschiedenen Varianten von Greenschen Funktionen behandelt werden, sondern nur die wichtigsten. Dabei sei ihr innerer Zusammenhang besonders deutlich ausgeführt.

Im einfachsten Fall werden Funktionen $u(x)$ einer Variablen x betrachtet. L sei ein linearer Operator. Gesucht werden die Lösungen von

$$L u(x) = f(x) \tag{1}$$

für solche Randbedingungen, daß die homogene Gleichung $L u(x) = 0$ nur die triviale Lösung $u(x) = 0$ besitzt. Für eine große Klasse von Funktionen $f(x)$ kann dann die Lösung in folgender Form geschrieben werden:

$$u(x) = \int_{x'} G(x,x')\, f(x')\, dx' \,. \tag{2}$$

Die darin vorkommende Funktion $G(x,x')$ von zwei Variablen heißt Greensche Funktion. $G(x,x')$ kann demnach als

1) G. Green (1793 - 1841)

Ortsdarstellung eines Operators $\mathbf{G}$ aufgefaßt werden, welcher unter Beachtung der zu (1) gehörenden Randbedingungen reziprok zu $\mathbf{L}$ ist. In der mathematischen Literatur wird $\mathbf{G}$ deshalb oft die Resolvente von $\mathbf{L}$ genannt.

A. Die gespannte Saite

Als einfachstes Beispiel sei eine Saite der Länge l betrachtet, welche mit der Kraft $\vec{S}$ zwischen zwei feste Backen bei $x=0$ und $x=l$ gespannt wurde. Kleine Kräfte senkrecht zur Saite erzeugen dann im Gleichgewicht eine kleine Auslenkung $u(x)$. Der Betrag S der Spannungskraft $\vec{S}$ ist im Falle $\partial u/\partial x \ll 1$ nahezu von x unabhängig. Ihre Komponente senkrecht zur unausgelenkten Saite beträgt $S\partial u/\partial x$. Wenn auf ein kleines Stück dx der Saite die äußere Kraft $f(x)dx$ in dieser Richtung wirkt, folgt aus dem Gleichgewicht der Kräfte (vgl. Abb. 31)

$$S\left(\frac{\partial u}{\partial x}\right)_{x+dx} + f(x)\,dx = S\left(\frac{\partial u}{\partial x}\right)_x . \tag{3}$$

Nach Division durch dx liefert der Grenzübergang $dx \to 0$

$$-S\,\frac{\partial^2 u}{\partial x^2} = f(x) . \tag{4}$$

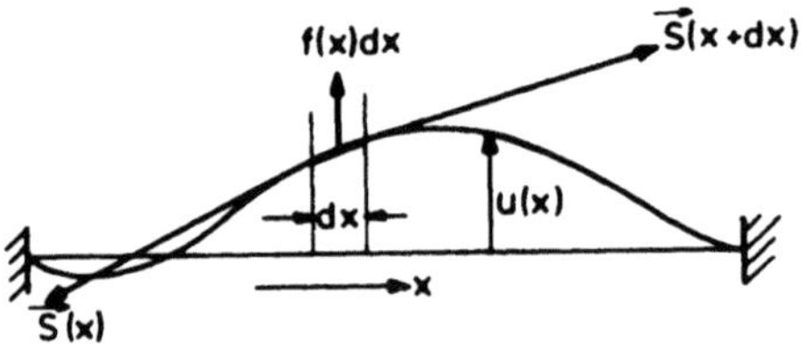

Abb.31. Eine statisch ausgelenkte, gespannte Saite.

Die linke Seite dieser Gleichung ist bis auf die Bezeichnung gleich dem Hamiltonoperator eines freien Massenpunktes bei eindimensionaler Bewegung in der Ortsdarstellung. Solche Ähnlichkeiten erlauben es, die folgenden Überlegungen auch in der Quantenmechanik anzuwenden.

Zur Lösung von (4) für beliebiges $f(x)$ betrachtet man zunächst die Differentialgleichung

$$-S\,\frac{\partial^2 G(x,x')}{\partial x^2} \;\stackrel{*}{=}\; \delta(x-x'). \tag{5}$$

Sie enthält die Koordinate x' als Parameter. Die dadurch definierte Greensche Funktion $G(x,x')$ bedeutet die Auslenkung der Saite an der Stelle x für den Fall, daß an der Stelle x' eine Einzelkraft mit dem Betrag 1 senkrecht zur Saite wirkt. Man beachte aber, daß G keine Auslenkung im strengen Sinne bedeutet, sondern eine Größe der Größenart Länge/Kraft. Kräfte mit dem Betrage 1 gibt es strenggenommen gar nicht.

Die obige Definition entspricht den folgenden Vorschriften, welche keine Distributionen enthalten:
1). $G(x,x')$ erfüllt für $0 < x < x'$ und $x' < x < l$ die zu (4) gehörende homogene Differentialgleichung $\partial^2 G/\partial x^2 = 0$. 2). Bei $x = 0$ und $x = l$ genügt $G(x,x')$ denselben Randbedingungen wie $u(x)$, d. h. $G(0,x') = G(l,x') = 0$ für alle x'. 3). Bei $x = x'$ ist $G(x,x')$ stetig, aber ihre Ableitung springt unstetig in solcher Weise, daß das Integral über die linke Seite der Differentialgleichung (5) von $x'-\varepsilon$ bis $x'+\varepsilon$ im Limes $\varepsilon \to 0$ und $\varepsilon > 0$ gleich 1 ist, d. h.

$$\lim_{\substack{\varepsilon\to 0;\\ \varepsilon>0}} \left\{ -S\left(\frac{\partial G}{\partial x}\right)_{x=x'+\varepsilon} + S\left(\frac{\partial G}{\partial x}\right)_{x=x'-\varepsilon} \right\} = 1. \tag{6}$$

Dann ist die Lösung einfach zu finden und lautet

$$G(x,x') = \begin{cases} x \cdot \frac{l-x'}{lS} & 0 < x < x' \\ (l-x)\frac{x'}{lS} & x' < x < l \end{cases} \qquad (7)$$

(vgl. Abb. 32). Offenbar erhält man mit dieser Hilfsfunktion die Lösung von (4) durch Integration

$$u(x) = \int_{x'=0}^{l} G(x,x') f(x') dx' . \qquad (8)$$

Das ergibt sich leicht durch Multiplikation von (5) mit $f(x')$ und Integration über alle x'. Wenn man das Integral (8) als Summe von zwei Integralen über die Interfalle von $0 < x' < x$ und von $x < x' < l$ schreibt, kann

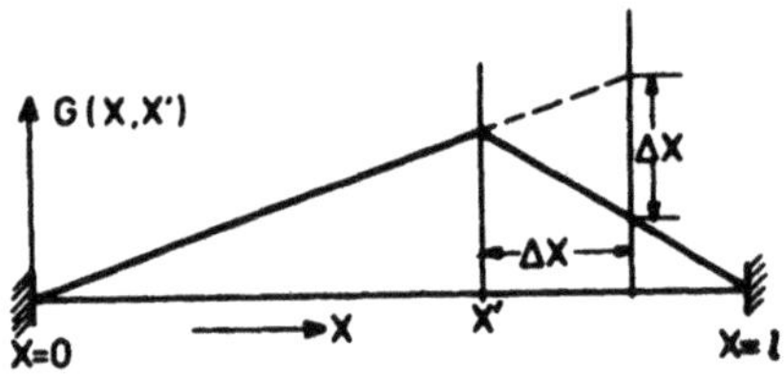

Abb.32. Die Greensche Funktion der statisch ausgelenkten gespannten Saite.

man sich auch leicht ohne Benutzung von Distributionen davon überzeugen, daß (8) mit der durch die angegebenen Vorschriften definierten Funktion $G(x,x')$ für alle stetigen Funktionen $f(x)$ eine Lösung von (4) liefert. So pflegte man das etwa 150 Jahre lang zu beweisen, als die Distributionen noch kein Hausrecht in der Mathematik gefunden hatten. Wenn wie hier die zu (4) gehörende homogene Gleichung nur die triviale Lösung $u(x) = 0$ besitzt, ist (8) die einzige Lösung von (4). Sonst muß man noch die allgemeine Lösung der homogenen Gleichung hinzufügen.

B. Die Poissonsche Differentialgleichung

Das elektrostatische Potential $U(\vec{r},t)$ einer gegebenen Ladungsverteilung $\varrho(\vec{r},t)$ genügt der Differentialgleichung (vgl. §43; 7)

$$-\nabla^2 U + \frac{1}{c^2}\frac{\partial^2 U}{\partial t^2} = \frac{\varrho}{\varepsilon_0} . \tag{9}$$

Hier soll speziell der Fall betrachtet werden, daß $\varrho(\vec{r},t)$ zeitlich periodisch ist mit der vom Ort unabhängigen Frequenz ω :

$$\frac{\varrho(\vec{r},t)}{\varepsilon_0} = Re\left(f(\vec{r}) \exp(-i\omega t)\right) . \tag{10}$$

Der Ansatz

$$U(\vec{r},t) = Re\left(u(\vec{r}) \exp(-i\omega t)\right) \tag{11}$$

mit der komplexen Amplitude $u(\vec{r})$ führt dann mit der Abkürzung $\omega^2/c^2 = k^2$ auf die Poissonsche Differentialgleichung

$$-(\nabla^2 u + k^2 u) = f(\vec{r}) . \tag{12}$$

Wiederum kann man die Lösung für alle $f(\vec{r})$ bestimmen, indem man zunächst die Differentialgleichung

$$-\left(\nabla^2 G(\vec{r},\vec{r}\,') + k^2 G(\vec{r},\vec{r}\,')\right) \overset{*}{=} \delta^3(\vec{r}-\vec{r}\,') \tag{13}$$

löst, welche die räumliche δ-Funktion enthält. Multiplikation dieser Gleichung mit $f(\vec{r}\,')$ und Integration über alle $\vec{r}$ führt nämlich die rechte Seite von (13) in diejenige von (12) über. Also ist zu vermuten, daß der Ausdruck

$$u(\vec{r}) = \iiint\limits_{\vec{r}\,'} G(\vec{r},\vec{r}\,') f(\vec{r}\,') \, d^3x' \tag{14}$$

eine Lösung von (12) ist.

In diesem Fall kann man die Greensche Funktion aus den Lehrbüchern der Elektrodynamik entnehmen. Dort wird meist zunächst das allgemeine retardierte Potential auf anderem Wege bestimmt. Daraus wird dann für den betrachteten Spezialfall einer zeitlich periodischen Lösung eine Formel für die komplexe Amplitude $u(\vec{r})$ mit der obigen Form (14) abgeleitet. Die darin enthaltene Greensche Funktion lautet

$$G_+(|\vec{r}-\vec{r}'|) = \frac{\exp ik|\vec{r}-\vec{r}'|}{4\pi|\vec{r}-\vec{r}'|} . \tag{15}$$

Dem Leser sei empfohlen, das Ergebnis als richtig zu bestätigen, wenn ihm der Gedankengang der Elektrodynamik nicht geläufig ist. Man zerlegt dazu zweckmäßig das Integral (14) in zwei Teile. Der eine ist das Integral über eine kleine Kugel mit dem Mittelpunkt M, welche den Punkt $\vec{r}' = \vec{r}$ enthält (vgl. Abb. 33). Das andere ist das Integral über den übrigen unendlichen Raum. In letzterem ist der Integrand überall regulär. Daher kann man in ihm die Differentiationen nach den Komponenten von $\vec{r}$ unterm Integralzeichen ausführen. Dann findet man, daß dieser Teil des Integrals die zu (12) gehörende homogene Gleichung befriedigt In

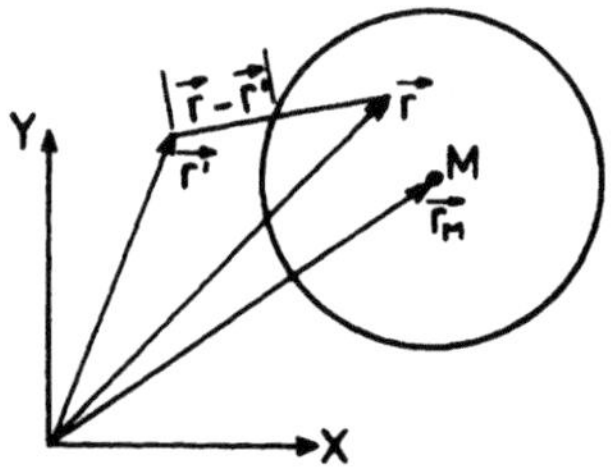

Abb.33.
Zur Berechnung der Greenschen Funktion zur Poissonschen Differentialgleichung.

dem Integral über die kleine Kugel kann man $f(\vec{r}') \exp ik|\vec{r}-\vec{r}'|$ nach Potenzen der Komponenten von $(\vec{r}'-\vec{r}_M)$ entwickeln und gliedweise integrieren. Der erste Summand enthält dann im Integranden die Variable $\vec{r}'$ nur in $1/|\vec{r}-\vec{r}'|$ und läßt sich geschlossen auswerten. Er liefert einen Ausdruck, der beim Einsetzen in (12) und Grenzübergang zum Kugelradius null $f(\vec{r})$ liefert. Bei den anderen Anteilen kann man durch Abschätzung feststellen, daß sie zu (12) nur Beiträge liefern, welche bei diesem Grenzübergang verschwinden.

Da (12) nur k^2 enthält, gibt es in diesem Fall noch eine zweite Greensche Funktion, welche aus (15) durch einen Vorzeichenwechsel von k entsteht:

$$G_-(|\vec{r}-\vec{r}'|) = \frac{\exp(-ik|\vec{r}-\vec{r}'|)}{4\pi|\vec{r}-\vec{r}'|} \quad . \tag{16}$$

G_+ bezeichnet man als die retardierte Greensche Funktion, weil sie sich aus dem retardierten Potential ergibt. G_- heißt dementsprechend avancierte Greensche Funktion, denn beim Einsetzen in (14) liefert sie eine komplexe Amplitude $u(\vec{r})$, welche in (11) auf sogenannte avancierte Felder führt, welche auf die Quellen des Feldes zulaufen und dort absorbiert werden. In der Elektrodynamik werden sie meist als physikalisch nicht realisiert ausgeschlossen, denn sie widersprechen dem Kausalitätsprinzip . Da das bei der mit G_+ berechneten Lösung nicht der Fall ist, wird G_+ manchmal auch kausale Greensche Funktion genannt. Rein mathematisch ist die allgemeine Lösung von (12) eine Linearkombination der mit (15) und (16) berechneten Lösungen, wobei die Summe der Koeffizienten gleich 1 ist. Dazu kommt dann noch eine beliebige Lösung der zu (12) gehörenden homogenen Gleichung.

C. Die Bornsche Näherung

Als Anwendungsbeispiel für die vorstehenden Betrachtungen werde hier das Problem der elastischen Streuung eines Teilchenstrahls an einem festen Streuzentrum behandelt. Wie sich dieses Problem in die Quantenmechanik einordnet, wird in §37 erörtert werden. Hier sei bereits darauf hingewiesen, daß die folgende Rechnung eigentlich das klassische Wellenmodell benutzt und nur scheinbar eine quantenmechanische Gleichung in der Ortsdarstellung. Dabei wird eine Lösung der zeitunabhängigen Schrödingergleichung

$$-\frac{\hbar^2}{2m}\nabla^2 u + E_{pot}(\vec{r})\,u = E\cdot u \tag{17}$$

für eine gegebene positive Energie E gesucht, welche in großem Abstand von dem Gebiet, in welchem $E_{pot}(\vec{r})$ merklich von null verschieden ist, aus einer einlaufenden ebenen Welle $u^{(0)}(\vec{r}) = C\exp i\vec{k}\cdot\vec{r}$ und lauter auslaufenden Streuwellen besteht. Schreibt man

$$E = \frac{\hbar^2 k^2}{2m}, \tag{18}$$

so ergibt sich aus (17)

$$-(\nabla^2 u + k^2 u) = -\frac{2m}{\hbar^2}E_{pot}(\vec{r})\cdot u\,. \tag{19}$$

Betrachtet man die rechte Seite dieser Gleichung als vorgegebene Funktion des Ortes, so ist (19) bis auf die Bezeichnung mit (12) identisch. Da $u^{(0)}(\vec{r})$ die homogene Gleichung $\nabla^2 u^{(0)} + k^2 u^{(0)} = 0$ befriedigt, wird (19) von jeder Funktion erfüllt, welche der folgenden Gleichung genügt:

$$u(\vec{r}) = u^{(0)}(\vec{r}) - \frac{2m}{\hbar^2}\iiint_{\vec{r}'} G_+(|\vec{r}-\vec{r}'|)\,E_{pot}(\vec{r}')\,u(\vec{r}')\,d^3x'\,. \tag{20}$$

In dieser Formel kommt die gesuchte Funktion $u(\vec{r})$ auch noch auf der rechten Seite unterm Integral vor. Sie hat gegenüber (19) den Vorteil, daß sie auch die Randbedingungen mit enthält. Jede Lösung von (20) erfüllt zwar auch (19), aber nicht umgekehrt. Da (20) unterm Integral die retardierte Greensche Funktion enthält, besteht jede Lösung von (20) nur aus der gegebenen einlaufenden Welle $u^{(0)}(\vec{r})$ und auslaufenden Wellen.

Diese Gleichung (20) ist die einfachste Form der sogenannten Lippmann-Schwinger Gleichung[1], die oft als Ausgangspunkt bei der Betrachtung von Streuprozessen ver-

1) B. Lippmann und J. Schwinger, Phys. Rev. 79 (1949) S. 469

wendet wird (vgl. §41). Implizit lag diese Gleichung auch einer Näherungsrechnung zu Grunde, welche Born[1] bereits in der Anfangszeit der Quantenmechanik entwickelte. Wenn die Streuwelle relativ schwach im Vergleich zur einfallenden Welle $u^{(0)}(\vec{r})$ ist, kann man näherungsweise in (20) auf der rechten Seite $u(\vec{r}')$ durch $u^{(0)}(\vec{r}')$ ersetzen. Dann liefert (20) die sogenannte 1. Bornsche Näherung der Streuwelle

$$u^{(1)}(\vec{r}) = u^{(0)}(\vec{r}) - \frac{2m}{\hbar^2}\iiint\limits_{\vec{r}'} G_+(|\vec{r}-\vec{r}'|)\,E_{pot}(\vec{r}')\,u^{(0)}(\vec{r}')\,d^3x' . \quad (21)$$

Natürlich kann man diese Näherungsrechnung fortsetzen. Setzt man auf der rechten Seite von (20) im Integral die erste Näherung $u^{(1)}(\vec{r})$ ein, erhält man als 2. Näherung

$$\begin{aligned} u^{(2)}(\vec{r}) = {} & u^{(0)}(\vec{r}) - \frac{2m}{\hbar^2}\iiint\limits_{\vec{r}'} G_+(|\vec{r}-\vec{r}'|)\,E_{pot}(\vec{r}')\,u^{(0)}(\vec{r}')\,d^3x' \\ & + \left(\frac{2m}{\hbar^2}\right)^2 \iiint\limits_{\vec{r}'}\iiint\limits_{\vec{r}''} G_+(|\vec{r}-\vec{r}'|)\,E_{pot}(\vec{r}')\,G_+(|\vec{r}'-\vec{r}''|)\,E_{pot}(\vec{r}'')\,u^{(0)}(\vec{r}'')\,d^3x'\,d^3x'' . \end{aligned} \quad (22)$$

So kann man im Prinzip fortfahren. Man erhält dann auf der rechten Seite eine unendliche Reihe, deren n-tes Glied ein $(n-1)$-faches Integral über den Ort ist. Diese Formel bezeichnet man als die Bornsche Reihe. Selbstverständlich ist sie nur dann praktisch brauchbar, wenn man sich auf wenige Glieder beschränken kann. Außerdem muß $E_{pot}(\vec{r})$ im Unendlichen aus Konvergenzgründen genügend rasch gegen null gehen. Das ist z. B. bei der Streuung von Neutronen an Atomkernen der Fall. Da die linke Seite von (19) mit der Wellengleichung für monochromatische elektromagnetische Wellen übereinstimmt, kann man auf dieselbe Weise auch die Streuung von Röntgenstrahlen an Materie behandeln. Darauf soll hier aber nicht näher eingegangen werden.

1) M. Born (Nobelpreisträger, 1882 - 1970), Zs. f. Phys. 38 (1926) S. 803

§33. Der zeitabhängige Greensche Operator

Wenn man die in Kap. II behandelte Diracsche Störungsrechnung zu höheren Näherungen fortsetzen will, muß man in die zeitabhängige Schrödingergleichung in der Form (§6; 1)

$$i\hbar \frac{\partial}{\partial t}|\psi\rangle - H^{(0)}|\psi\rangle = W|\psi\rangle \tag{1}$$

zu wiederholten Malen rechts eine Näherungslösung einsetzen und sie dann zur Bestimmung der nächst höheren Näherung nach dem $|\psi\rangle$ auf der linken Seite auflösen. Diese Rechnung erfordert also die Auflösung der inhomogenen Schrödingergleichung

$$i\hbar \frac{\partial}{\partial t}|\psi\rangle - H^{(0)}|\psi\rangle = |f(t)\rangle \tag{2}$$

für ein gegebenes, zeitabhängiges Element $|f(t)\rangle$ des Hilbertraumes.

Dazu führt man zweckmäßig einen von zwei Zeiten t und t' abhängigen Greenschen Operator $G_+^{(0)}(t,t')$ ein, welcher der Gleichung

$$i\hbar \frac{\partial}{\partial t} G_+^{(0)}(t,t') - H^{(0)} G_+^{(0)}(t,t') \stackrel{*}{=} 1\, \delta(t-t') \tag{3}$$

genügt (1 = Einheitsoperator) mit der Anfangsbedingung

$$G_+^{(0)}(t,t') = 0 \qquad \text{für} \quad t < t' \,. \tag{4}$$

Der Index (0) bei $G_+^{(0)}$ soll andeuten, daß dieser Greensche Operator zu dem ungestörten Hamiltonoperator $H^{(0)}$ gehört. Der untere Index $+$ deutet an, daß die mit ihm berechneten Lösungen von (2), wie sich sogleich zeigen wird, wegen (4) dem Kausalitätsprinzip Rechnung tragen. Dann hängen sie nämlich nur von den $|f(t')\rangle$ zu früheren Zeiten ab. Wendet man (3) auf $|f(t')\rangle$ an und integriert über t' , so ergibt sich, ähnlich wie in (§32; 13 und 14), daß

$$|\psi(t)\rangle = |\psi^{(0)}(t)\rangle + \int_{t'=-\infty}^{+\infty} G_+^{(0)}(t,t')\,|f(t')\rangle\, dt' \tag{5}$$

eine Lösung von (2) ist, sofern $|\psi^{(0)}(t)\rangle$ der homogenen Gleichung

$$i\hbar \frac{\partial}{\partial t}|\psi^{(0)}(t)\rangle - H^{(0)}|\psi^{(0)}(t)\rangle = 0 \tag{6}$$

genügt. Dabei darf man allerdings in (5) als untere Grenze nur dann $t'=-\infty$ setzen, wenn $|f(t')\rangle$ im Limes $t'\to-\infty$ genügend rasch gegen null geht, was im folgenden stets vorausgesetzt werden soll. Für die obere Grenze kann irgendein Wert $t'>t$ gewählt werden, weil $G_+^{(0)}(t,t')$ nach (4) für $t'>t$ verschwindet.

Damit ist das Problem der Lösung von (2) für fast alle $|f(t')\rangle$ auf die Lösung von (3) mit der Anfangsbedingung (4) zurückgeführt, und diese Lösung ist einfach. Für $t>t'$ folgt aus (3) für den Fall, daß $H^{(0)}$ nicht von t abhängt,

$$G_+^{(0)}(t,t') = C \exp\left(-\frac{i}{\hbar}(t-t')H^{(0)}\right). \tag{7}$$

Der Umstand, daß $H^{(0)}$ und $G_+^{(0)}$ Operatoren sind, macht sich dabei gar nicht bemerkbar, weil $G_+^{(0)}$ eine Funktion von $H^{(0)}$ und daher mit $H^{(0)}$ vertauschbar ist.

Integriert man nun (3) über t von $t'-\varepsilon$ bis $t'+\varepsilon$, so kann man bei genügend kleinem $\varepsilon>0$ das Integral über $H^{(0)}G_+^{(0)}(t,t')$ vernachlässigen, da $H^{(0)}G_+^{(0)}$ nach (7) bei $t=t'$ endlich ist. Daher folgt aus (3) und (4)

$$\lim_{\varepsilon\to 0;\,\varepsilon>0} i\hbar G_+^{(0)}(t'+\varepsilon, t') = 1 . \tag{8}$$

Diese Beziehung liefert in (7) den Wert von C . Führt man zur Abkürzung die Stufenfunktion

$$\Theta(t-t') = \begin{cases} 1 & \text{für } t > t' \\ 0 & \text{für } t < t' \end{cases} \tag{9}$$

ein, so lautet das Resultat der Integration von (3)

$$G_+^{(0)}(t,t') = -\frac{i}{\hbar}\Theta(t-t')\exp\Big(-\frac{i}{\hbar}(t-t')H^{(0)}\Big) . \tag{10}$$

Setzt man das in (5) ein, so erhält man ausgeschrieben

$$|\psi(t)\rangle = |\psi^{(0)}(t)\rangle - \frac{i}{\hbar}\int_{t'=-\infty}^{t} \exp\Big(-\frac{i}{\hbar}(t-t')H^{(0)}\Big)|f(t')\rangle\, dt' . \tag{11}$$

Durch Einsetzen dieses Resultats in (2) kann man leicht kontrollieren, daß das bei Beachtung von (6) eine Lösung ist. Auf diese Weise lassen sich die Vernachlässigungen in den obigen Überlegungen nachträglich rechtfertigen. Ein Vergleich von (10) mit der Formel in Bd. II (§22; 13) zeigt, daß der zeitabhängige Greensche Operator bis auf den Faktor $-i\Theta(t-t')/\hbar$ mit dem Operator der zeitlichen Änderung in der Zeit $(t-t')$ unter der Wirkung des ungestörten Hamiltonoperators $H^{(0)}$ identisch ist. Deshalb wird $G_+^{(0)}(t,t')$ manchmal auch Propagator genannt. Aber auch für diese Bezeichnung gilt ähnliches wie für den Namen Greensche Funktion: Sie wird gelegentlich auch für Größen verwendet, die nur mittelbar mit $G_+^{(0)}(t,t')$ zusammenhängen.

Zur praktischen Berechnung der Wirkung des Operators $G_+^{(0)}(t,t')$ auf ein Zustandselement benötigt man die zu $H^{(0)}$ gehörende Zerlegung der Einheit. Das ist der Hauptgrund, weshalb man den Hamiltonoperator $H = H^{(0)} + W$ des betrachteten Systems in einen ungestörten Operator $H^{(0)}$ und eine Störung W aufspaltet, denn nur für einfache Operatoren $H^{(0)}$ ist diese Zerlegung bekannt. Wenn $H^{(0)}$ die orthonormierten Eigenelemente $|j\rangle$ ($j = 1,2, \ldots$)

besitzt und außerdem die von einem Vektor $\vec{p}$ abhängigen uneigentlichen Eigenelemente $|\vec{p}\rangle$, so lautet die Zerlegung der Einheit bei passender Normierung der orthogonalen $|\vec{p}\rangle$ (vgl. Bd. II, §21)

$$1 = \sum_j |j\rangle\langle j| + \iiint_{\vec{p}} |\vec{p}\rangle\langle\vec{p}|\, d^3p \,. \tag{12}$$

Dann gilt

$$H^{(0)} = \sum_j |j\rangle E_j^{(0)} \langle j| + \iiint_{\vec{p}} |\vec{p}\rangle E^{(0)}(\vec{p}) \langle\vec{p}|\, d^3p \tag{13}$$

und

$$G_+^{(0)}(t,t') = -\frac{i}{\hbar}\Theta(t-t')\Big\{\sum_j |j\rangle \exp\Big(-\frac{i}{\hbar}(t-t')E_j^{(0)}\Big)\langle j| + \iiint_{\vec{p}} |\vec{p}\rangle \exp\Big(-\frac{i}{\hbar}(t-t')E^{(0)}(\vec{p})\Big)\langle\vec{p}|\, d^3p\Big\} \,. \tag{14}$$

Je nach den Eigenschaften des Operators $H^{(0)}$ und der benutzten Darstellung erhält man für diesen Operator $G_+^{(0)}(t,t')$ ganz verschiedene Matrixelemente, welche sinngemäß Greensche Funktionen genannt werden. Bei einem freien Massenpunkt, welcher keine diskreten stationären Zustände besitzt, tritt in (14) nur das Integral über $\vec{p}$ auf. In diesem Fall benutzt man zweckmäßig die Impulsdarstellung. Man rechnet also mit der Funktion

$$\langle\vec{p}|G_+^{(0)}(t,t')|\vec{p}'\rangle \triangleq -\frac{i}{\hbar}\Theta(t-t')\exp\Big(-\frac{i}{\hbar}(t-t')\frac{p^2}{2m}\Big)\,\delta^3(\vec{p}-\vec{p}') \,. \tag{15}$$

In der Ortsdarstellung erhält man stattdessen mit den uneigentlichen Zustandselementen $|\vec{r}\rangle$ und $|\vec{r}'\rangle$ eine von zwei Ortsvektoren und zwei Zeiten abhängige Greensche Funktion

$$\langle\vec{r}|G_+^{(0)}(t,t')|\vec{r}'\rangle \triangleq G_+^{(0)}(\vec{r},t;\vec{r}',t') \,. \tag{16}$$

Sie bedeutet bis auf den Faktor $-i/\hbar$ die Wahrscheinlichkeitsamplitude am Orte $\vec{r}$ zur Zeit t für den Fall, daß zur Zeit t' der uneigentliche Zustand $|\vec{r}'\rangle$ vorlag. Diese

Funktion wird in der relativistischen Quantenmechanik gern benutzt, weil sie sich als Integral mit einem relativistisch invarianten Integranden schreiben läßt. Für ein freies Teilchen, welches keine diskreten stationären Zustände besitzt, hat nämlich das uneigentliche Eigenelement $|\vec{p}\rangle$ des Hamiltonoperators in der Ortsdarstellung die Wellenfunktion (vgl. Bd. II, §15; 27)

$$\langle \vec{r} | \vec{p} \rangle = \frac{1}{\sqrt{2\pi\hbar}^{3}} \exp \frac{i}{\hbar}(\vec{p}\cdot\vec{r}) \quad . \tag{17}$$

Damit ergibt sich aus (14)

$$G_{+}^{(0)}(\vec{r},t;\vec{r}',t') = -\frac{i}{\hbar}\frac{\Theta(t-t')}{(2\pi\hbar)^{3}}\iiint_{\vec{p}} \exp \frac{i}{\hbar}\left[\vec{p}\cdot(\vec{r}-\vec{r}') - E^{(0)}(\vec{p})(t-t')\right] d^{3}p . \tag{18}$$

Der Ausdruck in der eckigen Klammer ist eine relativistische Invariante (vgl. §42). Wie zu erwarten, kommen in dieser Formel nur die Zeitdifferenz $(t - t')$ und die Differenz $(\vec{r} - \vec{r}')$ der Ortsvektoren vor, denn bei diesem Modell ist kein Zeitpunkt und kein Ort vor dem anderen ausgezeichnet.

Das Rechnen mit solchen "Funktionen" erfordert aber einige Vorsicht: Das Integral in (18) konvergiert nicht, weil der Integrand im Limes $|\vec{p}| \to \infty$ oszilliert und nicht auf null abklingt. Wegen der Benutzung der uneigentlichen Zustandselemente $|\vec{r}\rangle$ darf man $G_{+}^{(0)}(\vec{r},t;\vec{r}',t')$ nur als Integralkern in Integralen über $\vec{r}'$ benutzen und muß erst über $\vec{r}'$ und dann über $\vec{p}$ integrieren. Bei Anwendung von $G_{+}^{(0)}$ auf einen regulären Anfangszustand $|a\rangle$ mit der normierten Wellenfunktion $\langle \vec{r}' | a \rangle$ erhält man für die Wellenfunktion des entstehenden Zustandes

$$\langle \vec{r} | G_{+}^{(0)} | a \rangle = \iiint_{\vec{r}'} G_{+}^{(0)}(\vec{r},t;\vec{r}',t') \langle \vec{r}' | a \rangle \, d^{3}x' \; . \tag{19}$$

Wenn man hier (18) einsetzt und erst über $\vec{r}'$ integriert, entsteht eine mit wachsendem $|\vec{p}|$ so rasch auf null abklingende Funktion, daß das Integral über $\vec{p}$ konvergiert.

Man kann diesen Prozeß in (18) vorwegnehmen durch Einfügen eines konvergenzerzeugenden Faktors $\exp(-\varepsilon\vec{p}^2)$. In nichtrelativistischer Näherung, also für $E(\vec{p}) = \vec{p}^2/(2m)$ läßt sich dann das Integral (18) durch passende Substitutionen auf die Form des Gaußschen Fehlerintegrals (vgl. Bd. I, §10b) bringen und liefert nach dem Grenzübergang $\varepsilon \to 0$

$$G_+^{(0)}(\vec{r},t;\vec{r}',t') \doteq -\frac{i}{\hbar}\frac{\Theta(t-t')}{(2\pi\hbar)^3}\lim_{\substack{\varepsilon\to 0\\ \varepsilon>0}}\iiint \exp\frac{i}{\hbar}\left[\vec{p}\cdot(\vec{r}-\vec{r}') - \frac{p^2}{2m}(t-t')\right]\exp(-\varepsilon p^2)\,d^3p$$
$$\doteq -\frac{i}{\hbar}\Theta(t-t')\left(\frac{m}{2\pi i\hbar(t-t')}\right)^{3/2}\exp\left(-\frac{m(\vec{r}-\vec{r}')^2}{2i\hbar(t-t')}\right). \qquad (20)$$

Diese Formel ist bis auf den Vorfaktor gleich derjenigen für die Dichteverteilung bei der Diffusion einer zur Zeit t' an der Stelle $\vec{r}'$ konzentrierten Substanzmenge (vgl. Bd. I, §5c; 2), aber mit der imaginären Diffusionskonstanten $D = i\hbar/(2m)$.

Der Greensche Operator für einen Massenpunkt in der Ortsdarstellung (16) kann mit Benutzung der Erzeugungs- und Vernichtungsoperatoren auf eine Form gebracht werden, welche Ausgangspunkt für die Verallgemeinerung in der Vielteilchentheorie ist (vgl. §35). Bezeichnet man mit $\Psi^+(\vec{r}')$ den Operator zur Erzeugung eines Teilchens am Ort $\vec{r}'$, so kann man das uneigentliche Zustandselement $|\vec{r}'\rangle$, dessen Wellenfunktion in der Ortsdarstellung die dreidimensionale δ-Funktion ist, in folgender Form schreiben:

$$|\vec{r}'\rangle \doteq \Psi^+(\vec{r}')|0\rangle \qquad (21)$$

(vgl. Bd. II, §34; 11). Darin bedeutet $|0\rangle$ das normierte Zustandselement zum Vakuum. Für einen einzelnen Massenpunkt ohne Spin ergibt sich damit aus (10) und (16)

$$G_+^{(0)}(\vec{r},t;\vec{r}',t') \doteq -\frac{i}{\hbar}\Theta(t-t')\langle 0|\Psi(\vec{r})\exp\left(-\frac{i}{\hbar}(t-t')H^{(0)}\right)\Psi^+(\vec{r}')|0\rangle \qquad (22)$$

Da $|0\rangle$ Eigenelement des Hamiltonoperators $H^{(0)}$ für ein freies Teilchen zum Eigenwert null ist, gilt

$$\exp\left(-\frac{i}{\hbar}t'H^{(0)}\right)|0\rangle = |0\rangle. \qquad (23)$$

Das ermöglicht es, in den Ausdruck (22) die Heisenbergschen zeitabhängigen Erzeugungs- und Vernichtungsoperatoren einzuführen. Mit Benutzung des Operators zur zeitlichen Änderung

$$U(t) = \exp\left(-\frac{i}{\hbar} t H^{(0)}\right) \tag{24}$$

werden diese durch die folgenden Gleichungen definiert:

$$\Psi_H(\vec{r},t) = U^+(t)\Psi(\vec{r})U(t) = \exp\left(\frac{i}{\hbar} t H^{(0)}\right)\Psi(\vec{r})\exp\left(-\frac{i}{\hbar} t H^{(0)}\right) \tag{25}$$

und

$$\Psi_H^+(\vec{r},t) = U^+(t)\Psi^+(\vec{r})U(t) = \exp\left(\frac{i}{\hbar} t H^{(0)}\right)\Psi^+(\vec{r})\exp\left(-\frac{i}{\hbar} t H^{(0)}\right). \tag{26}$$

Damit lautet (22)

$$G_+^{(0)}(\vec{r},t;\vec{r}',t') \triangleq -\frac{i}{\hbar}\Theta(t-t')\langle 0|\Psi_H(\vec{r},t)\Psi_H^+(\vec{r}',t')|0\rangle . \tag{27}$$

In dieser Form sieht man dieser Größe gar nicht mehr an, daß sie die Eigenschaft einer Greenschen Funktion zur Integration einer inhomogenen linearen Differentialgleichung hat. Die Ausführungen dieses Paragraphen machen hoffentlich deutlich, daß das der Fall ist.

§34. Der zeitunabhängige Greensche Operator

Der zeitunabhängige Greensche Operator spielt für die zeitunabhängige, inhomogene Schrödingergleichung dieselbe Rolle wie der im vorigen Paragraphen betrachtete zeitabhängige Greensche Operator für die zeitabhängige, inhomogene Schrödingergleichung. Wenn in der Gleichung

$$(E - H^{(0)})|u\rangle = |g\rangle \tag{1}$$

E kein Eigenwert von $H^{(0)}$ ist, besitzt sie zu einem gegebenen Element $|g\rangle$ eine eindeutig definierte Lösung $|u\rangle$, welche linear von $|g\rangle$ abhängt. Wenn es nämlich zwei Lösungen gäbe, wäre die Differenz eine Lösung der homogenen Gleichung. Wenn aber E kein Eigenwert ist, gibt es solche unter den Elementen des Hilbertraumes nicht. (1) definiert demnach implizit einen linearen Operator $G^{(0)}(E)$, der $|g\rangle$ in $|u\rangle$ überführt:

$$|u\rangle = G^{(0)}(E)\,|g\rangle\ . \tag{2}$$

Man beachte den Unterschied der Bezeichnung gegenüber (§33; 3). Der obere Index deutet wieder darauf hin, daß $G^{(0)}(E)$ zum ungestörten Hamiltonoperator $H^{(0)}$ gehört. Das Fehlen des unteren Index $\pm$ weist darauf hin, daß dieser Operator nicht von t abhängt und daß dementsprechend die Unterscheidung zwischen dem retardierten und avancierten Operator entfällt. Stattdessen hängt dieser Operator von einem Parameter E ab, dessen Bezeichnung an die Energie erinnern soll, aber nicht ganz mit ihr identisch ist. Wie sich nämlich sogleich zeigen wird, ist E meist komplex.

Es kann natürlich sein, daß für gewisse $|g\rangle$ keine Lösung von (1) existiert. Dann ist $G^{(0)}(E)$ auf $|g\rangle$ nicht anwendbar. Solche Sonderfälle sollen im folgenden außer Betracht bleiben. In der Mathematik nennt man $G^{(0)}(E)$ oft die Resolvente von $E - H^{(0)}$ (d. h. die Auflösende). In der Physik wird $G^{(0)}(E)$ einfach als der zu $E - H^{(0)}$ reziproke Operator bezeichnet: $G^{(0)}(E) = (E - H^{(0)})^{-1}$. Wenn $H^{(0)}$ die in (§33; 13) angegebene Zerlegung der Einheit besitzt, lautet $G^{(0)}(E)$ ausgeschrieben

$$G^{(0)}(E) = \sum_j |j\rangle \frac{1}{E - E_j^{(0)}} \langle j| + \iiint_{\vec{p}} |\vec{p}\rangle \frac{1}{E - E^{(0)}(\vec{p})} \langle \vec{p}|\, d^3p\,. \tag{3}$$

Diese Formel kann als die strenge mathematische Definition von $G^{(0)}(E)$ angesehen werden. $G^{(0)}(E)$ existiert demnach für alle komplexen E mit Ausnahme der diskreten Eigenwerte $E_j^{(0)}$ von $H^{(0)}$ und den Eigenwerten $E^{(0)}(\vec{p})$ des Kontinuums (vgl. Abb. 34). Für erstere hat einer der Summanden in (3) einen Pol. Bei $E = E^{(0)}(\vec{p})$ besitzt

$G^{(0)}(E)$, wie eine nähere Analyse zeigt, eine Unstetigkeit. $G^{(0)}(E)$ ist auf alle diejenigen $|g\rangle$ anwendbar, für welche die Summen und Integrale in (3) nach Anwendung auf $|g\rangle$ konvergieren und ein Element des Hilbertraums liefern. Offenbar ist $G^{(0)}(E)$ nahezu mit dem durch (§5; 6) definierten Operator G identisch. Er unterscheidet sich von ihm nur dadurch, daß dort einer der Summanden von (3), nämlich derjenige zum Eigenwert $E_0^{(0)}$, fehlte.

Man kann $G^{(0)}(E)$ als die Fouriertransformierte des zeitabhängigen Operators $G_+^{(0)}(t,t')$ ansehen, wenn auch nicht ganz im üblichen Sinn. Wenn $H^{(0)}$, wie hier vorausgesetzt wurde, nicht von t abhängt, enthält $G_+^{(0)}(t,t')$ zwar nach (§33; 14) nur die eine Zeitvariable

$$\tau = t - t'. \tag{4}$$

Aber strenggenommen läßt sich dieser Operator, als Funktion von τ betrachtet, nicht als Fourierintegral schreiben. Denn $G_+^{(0)}(t,t')$ enthält τ in Faktoren der Form $\Theta(\tau)\exp(-i\tau E_j^{(0)}/\hbar)$, und diese Funktion ist nicht quadratintegrierbar (vgl. Bd. I, §31c).

Man kann aber $G_+^{(0)}(t,t')$ als ein Integral über E in der komplexen E-Ebene schreiben, nur ist der Integrationsweg nicht die reelle Achse, sondern ein dazu paralleler Weg in der positiv-imaginären Halbebene. Es gilt nämlich mit $z = E + i\varepsilon$ (E und ε reell) für beliebiges $\varepsilon > 0$

$$\Theta(\tau)\exp\left(-\frac{i\tau}{\hbar}E_j^{(0)}\right) = \frac{i}{2\pi}\int_{E=-\infty}^{+\infty} \frac{1}{z - E_j^{(0)}} \exp\left(-\frac{i\tau}{\hbar}z\right) dz. \tag{5}$$

Zum Beweis ergänzt man den Integrationsweg in passender Weise zu einem geschlossenen Weg. Ist $\tau < 0$, so geht $\exp(-i\tau z/\hbar)$

für positiv-imaginäres z im Unendlichen exponentiell gegen null. Daher kann man ohne Änderung des Integrals einen unendlich großen Halbkreis in der positiv-imaginären Halbebene zum Integrationsweg hinzufügen. Der so geschlossene Integrationsweg umschließt keine Singularität des Integranden (vgl. Abb. 34). Daher verschwindet das Integral für $\tau < 0$. Für $\tau > 0$ schließt

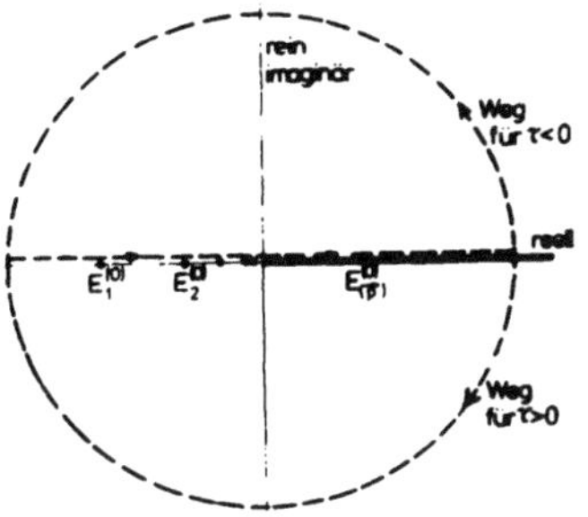

Abb.34.
Die Integrationswege in der komplexen E -Ebene.

man den Integrationsweg durch einen unendlich großen Halbkreis in der negativ-imaginären Halbebene. Der so geschlossene Weg kann zu einem Residuen-Integral um die Polstelle $z = E_j^{(0)}$ des Integranden zusammengezogen werden. Da diese Singularität im mathematisch-negativen Sinn umlaufen wird, liefert die Integration

$-2\pi i \exp(-i\tau E_j^{(0)}/\hbar)$, was zusammen mit dem Vorfaktor gerade die linke Seite von (5) ergibt. Wenn man stattdessen über eine Parallele zur reellen Achse in der negativ-imaginären Halbebene integriert, erhält man auf der linken Seite neben der e -Potenz den Faktor $(1 - \Theta(\tau))$ an Stelle von $\Theta(\tau)$. Für $\varepsilon = 0$ ist das Integral in (5) nicht eindeutig definiert.

Setzt man den Ausdruck (5) in (§33; 14) ein und vertauscht die Reihenfolge der Integrationen, so erhält man bei Beachtung von (3)

$$G_+^{(0)}(t,t') = \frac{1}{2\pi\hbar}\int_{E=-\infty}^{+\infty} G^{(0)}(E+i\varepsilon)\exp\left(-\frac{i}{\hbar}(t-t')(E+i\varepsilon)\right) dE \,. \quad (6)$$

In dieser Formel kann man nun den Grenzübergang $\varepsilon \to 0$ vollziehen. An sich ist das nicht notwendig. Da $G^{(0)}(E+i\varepsilon)$ außer auf der reellen Achse keine Singularitäten besitzt, ist das Integral in (6) im Bereich $\varepsilon > 0$ von ε unabhängig. Aber es kommt vor, daß bereits in

$G^{(0)}(E+i\varepsilon)$ der Grenzübergang $\varepsilon \to 0$ möglich ist. Dann pflegt man zu schreiben

$$\lim_{\varepsilon \to 0;\, \varepsilon > 0} G^{(0)}(E+i\varepsilon) = G^{(0)}(E+i0) . \tag{7}$$

Wenn außerdem $|f(t')\rangle$ so beschaffen ist, daß das Integral

$$\frac{1}{2\pi\hbar} \int_{t'=-\infty}^{+\infty} |f(t')\rangle \exp\left(\frac{i}{\hbar} E t'\right) dt' = |u(E)\rangle \tag{8}$$

existiert, kann man das allein interessierende Integral von $G_{+}^{(0)}(t,t')|f(t')\rangle$ über t' folgendermaßen schreiben:

$$\int_{t'=-\infty}^{+\infty} G_{+}^{(0)}(t,t')\,|f(t')\rangle\, dt' = \int_{E=-\infty}^{+\infty} G^{(0)}(E+i0)\,|u(E)\rangle \exp\left(-\frac{it}{\hbar} E\right) dE . \tag{9}$$

Auf diese Weise erhält man auf der rechten Seite ein Integral über Zustandselemente von der gleichen Form wie diejenigen zu stationären Zuständen, nämlich Produkte aus zeitunabhängigen Elementen des Hilbertraumes mal einem Zeitfaktor $\exp(-itE/\hbar)$. Diese Umformung ist für die Streutheorie beim Übergang von der zeitabhängigen Streutheorie zur zeitunabhängigen Formulierung wichtig.

Hier seien zur Vorbereitung dieser Überlegungen nur die Eigenschaften des Operators $G^{(0)}(E+i\varepsilon)$ und seiner verschiedenen Darstellungen an einem einfachen Beispiel erläutert, nämlich für einen freien Massenpunkt. In der Impulsdarstellung gilt in diesem Fall

$$\langle \vec{p}\,|G^{(0)}(E+i\varepsilon)|\,\vec{p}\,'\rangle \triangleq \frac{1}{E+i\varepsilon - \vec{p}^{\,2}/2m}\, \delta^3(\vec{p}-\vec{p}\,') . \tag{10}$$

An diesem Ausdruck erkennt man unmittelbar, daß $\langle \vec{p}\,|G^{(0)}(E+i\varepsilon)|\,\vec{p}\,'\rangle$ als Distribution aufzufassen ist und nur unterm Integralzeichen sinnvolle Ergebnisse liefert.

In der Ortsdarstellung erhält man, ebenso wie bei dem zeitabhängigen Greenschen Operator, eine für $\vec{r} \neq \vec{r}'$ reguläre Funktion, nämlich

$$\begin{aligned}\langle \vec{r}|G^{(0)}(E+i\varepsilon)|\vec{r}'\rangle &= \iiint_{\vec{p}} \frac{\langle \vec{r}|\vec{p}\rangle\langle \vec{p}|\vec{r}'\rangle}{E+i\varepsilon-\vec{p}^2/2m}\, d^3p \\ &= \frac{1}{(2\pi\hbar)^3}\iiint_{\vec{p}} \frac{\exp i\vec{p}\cdot(\vec{r}-\vec{r}')/\hbar}{E+i\varepsilon-\vec{p}^2/2m}\, d^3p\,.\end{aligned} \tag{11}$$

Dieses Integral läßt sich geschlossen auswerten und ergibt

$$\langle \vec{r}|G^{(0)}(E+i\varepsilon)|\vec{r}'\rangle = -\frac{m}{2\pi\hbar^2}\,\frac{\exp i\sqrt{(E+i\varepsilon)2m}\,|\vec{r}-\vec{r}'|/\hbar}{|\vec{r}-\vec{r}'|}\,. \tag{12}$$

Zum Beweis dieser Formel führt man zweckmäßig Polarkoordinaten im $\vec{p}$-Raum mit einer Polachse in Richtung des Vektors $(\vec{r}-\vec{r}')$ ein. Dann gilt $\vec{p}(\vec{r}-\vec{r}') = p|\vec{r}-\vec{r}'|\cos\vartheta$ und $d^3p = \sin\vartheta\, d\vartheta\, d\varphi \cdot p^2 dp$. Die Integration über den Azimutalwinkel φ und über ϑ ist einfach und liefert

$$\langle \vec{r}|G^{(0)}(E+i\varepsilon)|\vec{r}'\rangle = \frac{1}{(2\pi\hbar)^2}\int_{p=0}^{\infty} \frac{\exp(ip|\vec{r}-\vec{r}'|/\hbar)-\exp(-ip|\vec{r}-\vec{r}'|/\hbar)}{i|\vec{r}-\vec{r}'|(E+i\varepsilon-p^2/2m)}\, p\,dp\,. \tag{13}$$

In dem Integral über den zweiten Summanden macht man nun die Substitution $p = -p'$, vertauscht dann die Integrationsgrenzen und nennt anschließend p' wieder p. Dann entsteht ein Integral über die gesamte reelle p-Achse:

$$\langle \vec{r}|G^{(0)}(E+i\varepsilon)|\vec{r}'\rangle = \frac{1}{(2\pi\hbar)^2 i|\vec{r}-\vec{r}'|}\int_{p=-\infty}^{+\infty} \frac{\exp ip|\vec{r}-\vec{r}'|/\hbar}{E+i\varepsilon-p^2/2m}\, p\,dp\,. \tag{14}$$

Da $|\vec{r}-\vec{r}'|$ positiv reell ist, verschwindet die e-Potenz für positiv-imaginäres p im Unendlichen exponentiell. Durch Hinzufügen eines Integrals über einen sehr großen Halbkreis in der positiv-imaginären Halbebene der komplexen p-Ebene, dessen Wert für unendlich große Radien verschwindet, kann man dann den Integrationsweg schließen und durch Zusammenziehen zu einem Residuenintegral um den Pol $p = \sqrt{2m(E+i\varepsilon)}$ des Integranden auswerten. Das liefert das Ergebnis (12).

Daran erkennt man, daß in diesem Fall eines freien Massenpunktes der Grenzwert $\lim_{\varepsilon\to 0;\,\varepsilon>0} G^{(0)}(E+i\varepsilon)$ existiert. Er lautet mit der Abkürzung $\sqrt{2mE}/\hbar = k$

$$\langle \vec{r}|G^{(0)}(E+i0)|\vec{r}'\rangle = -\frac{2m}{\hbar^2}\,\frac{\exp ik|\vec{r}-\vec{r}'|}{4\pi|\vec{r}-\vec{r}'|}\,. \tag{15}$$

Bis auf den konstanten Faktor $-2m/\hbar^2$ ist das gerade die Greensche Funktion zur Poissonschen Differentialgleichung (vgl. §32; 15). Das war natürlich zu erwarten, weil ja in diesem Fall auch die Ausgangsgleichung (1) in der Ortsdarstellung damit übereinstimmt. Diese Überlegung sollte nur zeigen, daß die Darstellungen des Greenschen Operators in der Quantenmechanik sinnvolle Verallgemeinerungen des klassischen Begriffs der Greenschen Funktion einer Differentialgleichung sind.

§35. Die Greenschen Funktionen der Vielteilchentheorie

In der Quantentheorie der Systeme aus vielen Fermionen, insbesondere in der Elektronentheorie der Festkörper, werden seit etwa 20 Jahren in zunehmendem Maße Größen verwendet, die mit den betrachteten Greenschen Funktionen verwandt sind. Meist definiert man sie durch

$$G(\vec{r},t;\vec{r}',t') = -\frac{i}{\hbar}\langle\Phi_0|T\,\Psi_H(\vec{r},t)\,\Psi_H^+(\vec{r}',t')|\Phi_0\rangle\,. \tag{1}$$

Darin ist $|\Phi_0\rangle$ das normierte, exakte Zustandselement des Grundzustandes des betrachteten Systems. $\Psi_H(\vec{r},t)$ ist der zeitabhängige Teilchenvernichtungsoperator am Ort $\vec{r}$ zur Zeit t im Heisenbergbild (vgl. §33; 25), $\Psi_H^+(\vec{r}',t')$ der dazu adjungierte Erzeugungsoperator am Ort $\vec{r}'$ zur Zeit t'. T bedeutet den Zeitordnungsoperator. Er sorgt dafür, daß der Operator zu einer späteren Zeit links steht. Wenn also $t>t'$ ist, läßt er den obigen Ausdruck unverändert. Ist $t<t'$, so bewirkt er eine

Vertauschung der beiden Operatoren. Wenn die Operatoren Erzeugungs- und Vernichtungsoperatoren von Fermionen sind, bewirkt T außerdem einen Vorzeichenwechsel. Bei Teilchen mit Spin tritt zu $\vec{r}$ auch noch die Spinvariable s hinzu. Bei Elektronen lautet also (1) ausgeschrieben

$$\begin{aligned} G(\vec{r},s,t;\vec{r}',s',t') &= -\frac{i}{\hbar}\langle\Phi_0|\Psi_H(\vec{r},s,t)\Psi_H^+(\vec{r}',s',t')|\Phi_0\rangle \quad \text{für } t>t' \\ &= +\frac{i}{\hbar}\langle\Phi_0|\Psi_H^+(\vec{r}',s',t')\Psi_H(\vec{r},s,t)|\Phi_0\rangle \quad \text{für } t<t'. \end{aligned} \tag{2}$$

Der Einfachheit halber soll im folgenden s immer fortgelassen werden, bzw. ist in dem Buchstaben $\vec{r}$ enthalten zu denken. Bei $t=t'$ ist der obige Ausdruck (1) unstetig. Der Wert an dieser Unstetigkeitsstelle bleibt unbestimmt. Bei den Anwendungen kommt es in der Regel darauf nicht an.

Die Ähnlichkeit des Ausdrucks (1) mit (§33; 27) liegt auf der Hand und erklärt, warum man diese Größe Greensche Funktion nennt. Manche Autoren bevorzugen allerdings den Namen Propagator für (1) und wollen damit den Unterschied gegenüber (§33; 27) betonen. Dieser besteht in folgendem:

1). $|\Phi_0\rangle$ bedeutet nicht den Vakuumzustand, sondern den exakten Grundzustand eines Systems aus vielen Fermionen. Dieser ist praktisch niemals bekannt. Nur wenn man die Wechselwirkung der Teilchen untereinander vernachlässigt, ist $|\Phi_0\rangle$ in der Ortsdarstellung durch eine Slaterdeterminante (vgl. Bd. II, §29; 6) gegeben. Dann läßt sich der obige Ausdruck einfach auswerten. Bei Berücksichtigung der Wechselwirkung ist $|\Phi_0\rangle$ dagegen als unbekannt anzusehen. Die mit den Greenschen Funktionen ausgeführten Rechnungen haben dann, im Gegensatz zu den früheren Betrachtungen, teilweise das Ziel, verbesserte Aussagen über die Eigenschaften des Grundzustandes $|\Phi_0\rangle$ zu gewinnen und nicht über die Zustandsänderungen.

2). Die Greensche Funktion (1) ist erst dann eindeutig definiert, wenn auch der Hamiltonoperator des betrachteten Systems angegeben wird, denn dieser kommt implizit in den Operatoren $\psi_H(\vec{r},t)$ und $\psi_H^+(\vec{r},t')$ vor. Nach (§33; 25) gilt nämlich

$$\psi_H(\vec{r},t) = exp\left(\frac{it}{\hbar}H\right)\psi_H(\vec{r})\, exp\left(-\frac{it}{\hbar}H\right) . \tag{3}$$

Nur wenn man in H die Wechselwirkung der Teilchen untereinander vernachlässigt, ist (1) für $t > t'$ mit dem Operator (§33; 27) identisch. In diesem Fall läßt sich auch eine Differentialgleichung angeben, die analog zu (§33; 3) die zeitliche Änderung von $G(\vec{r},t;\vec{r}',t')$ bestimmt. In diesem Spezialfall ist nämlich H eine Summe aus Einteilchenoperatoren, welche in der Ortsdarstellung jeweils nur die Abhängigkeit der Zustandsfunktion von einer Ortsvariablen verändern. G erfüllt dann die Gleichung (§33; 3) mit diesem Einteilchenoperator an Stelle von $H^{(0)}$. Meist benutzt man aber die Greensche Funktion (1) gerade zur Untersuchung des Einflusses der Wechselwirkungen und streicht diese deshalb in H nicht. Dann hat die Gleichung für die zeitliche Änderung von G eine recht komplizierte Form. Insbesondere enthält sie dann höhere Greensche Funktionen, welche durch ähnliche Ausdrücke wie (1) definiert werden, aber mit mehr als einem Erzeugungs- und Vernichtungsoperator. Diese hängen dementsprechend von mehreren Paaren von Ortsvektoren ab. Oft werden Näherungsrechnungen durch Annahmen über den Zusammenhang dieser höheren Greenschen Funktionen mit den einfachen Funktionen (1) eingeführt. Auf dieses spezielle Gebiet kann hier aber nicht näher eingegangen werden.

3). Wenn man die Teilchenzahl als variabel ansieht, gibt es in Fermionensystemen zwei Arten von elementaren

Anregungen, nämlich das Hinzufügen eines Teilchens in einem im Grundzustand unbesetzten Einteilchenzustand und die Entfernung eines Teilchens aus einem besetzten Zustand. Diese beiden Sorten von Anregungen werden durch den Operator T erfaßt. Bei einem einzelnen Teilchen gibt es nur den ersten Prozeß, und daher fehlt T in (§33;27).

Die Richtigkeit der obigen Aussage erkennt man am besten beim Übergang zur Impulsdarstellung. Zugleich kann man dabei auf einfache Weise die Schwierigkeiten vermeiden, die manchmal dadurch auftreten, daß (1) den Charakter einer Distribution hat, weil $\Psi_H^+(\vec{r},t)$ einen uneigentlichen Zustand erzeugt. Man betrachtet ein endliches Normierungsvolumen in Form eines Würfels der Kantenlänge L, also dem Volumen $V=L^3$ und entwickelt alle Größen in Fourierreihen nach periodischen Funktionen aller Koordinaten mit der Periodenlänge L. Der zeitabhängige Operator zur Erzeugung eines Teilchens im Zustand mit der normierten Wellenfunktion $\exp(i\vec{k}\cdot\vec{r})/\sqrt{V}$ lautet dann (vgl. Bd. II, §34; 4)

$$\mathsf{B}^+(\vec{k},t) = \frac{1}{\sqrt{V}}\iiint\limits_{\vec{r}} \Psi_H^+(\vec{r},t)\, \exp i(\vec{k}\cdot\vec{r})\, d^3x \; . \tag{4}$$

Die zu dieser Darstellung gehörende Greensche Funktion lautet

$$\tilde{G}(\vec{k},t;\vec{k}',t') = \frac{1}{V}\iiint\limits_{\vec{r}}\iiint\limits_{\vec{r}'} G(\vec{r},t;\vec{r}',t')\, \exp i(\vec{k}'\cdot\vec{r}' - \vec{k}\cdot\vec{r})\, d^3x\, d^3x' \tag{5}$$

$$= -\frac{i}{\hbar}\langle \Phi_0 | \mathsf{T}\,\mathsf{B}(\vec{k},t)\mathsf{B}^+(\vec{k}',t') | \Phi_0 \rangle . \tag{6}$$

Wenn man nun ein System aus N freien Teilchen ohne Wechselwirkung betrachtet, ist

$$|\Phi_0\rangle = \left\{\prod_{j=1}^{N} \mathsf{B}^+(\vec{k}_j)\right\} |0\rangle \; . \tag{7}$$

Darin bedeutet $|0\rangle$ das normierte Hilbertraum-Element zum exakten Vakuum. Die N Vektoren $\vec{k}_j$ gehören zu den besetzten Einteilchenzuständen mit den Energien $E(\vec{k}_j) < E_F$ =Fermienergie. Aus $B(\vec{k})|0\rangle = 0$ und den Vertauschungsrelationen der $B(\vec{k}_j)$ (vgl. Bd. II, §37, 1 und 2) ergibt sich dann, daß $\tilde{G}(\vec{k},t;\vec{k}',t')$ nur für $\vec{k} = \vec{k}'$ ungleich null ist. Für $t > t'$ muß außerdem $E(\vec{k}) > E_F$ sein, für $t < t'$ dagegen $E(\vec{k}') < E_F$. Die Formeln (6) und (7) gelten auch, wenn die Wellenfunktionen keine ebenen Wellen sind, sondern die Blochsche Form besitzen und dadurch die Wechselwirkung der Elektronen untereinander und mit den Atomrümpfen soweit berücksichigt wird, wie das durch eine mittlere potentielle Energie bei der Bewegung der einzelnen Teilchen möglich ist. Diese Formeln werden der Vielteilchentheorie meist als 1. Näherung zu Grunde gelegt.

Das alles kann hier nicht näher ausgeführt werden. Die obigen Betrachtungen sollen nur dazu dienen, dem Leser den Einstieg in diese Theorie der Vielteilchensysteme zu erleichtern. In den Spezialwerken darüber[1)] wird oft mit der Formel (1) oder (6) begonnen, ohne ihren Zusammenhang mit den Greenschen Funktionen und Operatoren der früheren Paragraphen aufzuzeigen. Selbstverständlich wird dann auch durch eine Fouriertransformation der Übergang zu der zeitunabhängigen Greenschen Funktion vollzogen, wie er in §34 betrachtet wurde. Die dort erörterten Konvergenzschwierigkeiten treten auch hier auf.

1) V.L. Bonch-Bruevich, S.V. Tyablikov: The Green function method in statistical mechanic. Amsterdam 1962
T.D. Schultz: Quantum field theory and the many-body problem. New York, London, Paris 1962
N.H. March, W.H. Young, S. Sampanthar: The many-body problem in quantum mechanics. Cambridge 1967
R. Mills: Propagators for many-particle systems. New York, London, Paris 1969
A.L. Fetter, J.D. Walecka: Quantum theory of many-particle systems. New York 1971

Da die Eigenschaften der Greenschen Funktionen der Vielteilchentheorie zum Unterschied von den früher betrachteten Funktionen nicht unmittelbar aus ihrer Definition deutlich werden, sei hier noch etwas erläutert, warum man sich überhaupt mit diesen Größen beschäftigt. Da $|\Phi_0\rangle$ definitionsgemäß Eigenelement des Hamiltonoperators H ist, ergibt sich beim Einsetzen von (3) in (1), daß $G(\vec{r},t;\vec{r}',t')$ im Limes $t'\to t$ von der Zeit unabhängig ist. Für $t' = t+\delta$ ($\delta > 0$) erhält man für $\vec{r}=\vec{r}'$

$$\lim_{\delta\to 0;\,\delta>0} G(\vec{r},t;\vec{r},t+\delta) = \frac{i}{\hbar}\langle\Phi_0|\psi^+(\vec{r})\psi(\vec{r})|\Phi_0\rangle\,. \tag{8}$$

Das ist, bis auf den Faktor $i/\hbar$, gleich dem Mittelwert der Teilchendichte im Zustand $|\Phi_0\rangle$ am Ort $\vec{r}$. Ebenso findet man

$$\lim_{\substack{\delta\to 0\\ \delta>0}}\left\{-\frac{\hbar^2}{2m}\nabla^2_{(\vec{r})}G(\vec{r},t;\vec{r}',t+\delta)\right\} = \frac{i}{\hbar}\langle\Phi_0|\psi^+(\vec{r}')\left(-\frac{\hbar^2}{2m}\nabla^2\psi(\vec{r})\right)|\Phi_0\rangle\,. \tag{9}$$

Wenn man hier nach Anwendung des Laplaceschen Operators ∇^2 auf $\psi(\vec{r})|\Phi_0\rangle$ $\vec{r}=\vec{r}'$ setzt und über $\vec{r}$ integriert, erhält man die mittlere kinetische Energie aller Teilchen zusammen im Zustand $|\Phi_0\rangle$ (vgl. Bd. II, §36). Ebenso kann man aus G die mittlere potentielle Energie der Teilchen in einem äußeren Kraftfeld berechnen. Um die mittlere Wechselwirkungsenergie zwischen den Teilchen zu bestimmen, benötigt man allerdings den Wert der Greenschen Funktion zweiter Stufe mit zwei Erzeugungs- und zwei Vernichtungsoperatoren. Wenn der Hamiltonoperator von einem äußeren Feld abhängig ist und auf irgendeine Weise der Einfluß dieses Feldes auf G berechnet wurde, erlaubt diese Rechnung demnach die Bestimmung der Änderung der Teilchendichte unter der Wirkung dieses Feldes und damit die Ermittlung der Dielektrizitätskonstanten. Entsprechendes gilt für die magnetische Suszeptibilität. Wie man in komplizierten Systemen diese

Greenschen Funktionen berechnet, kann hier nicht erörtert werden.

Zum Abschluß sei nur noch darauf hingewiesen, daß man im Prinzip bei G auch die Temperaturabhängigkeit des Zustandes erfassen kann. Die exakten orthonormierten Eigenelemente des Hamiltonoperators des Gesamtsystems von N Teilchen seien mit $|\Phi_\nu\rangle$ ($\nu = 0, 1, 2, \ldots \infty$) bezeichnet. Der Einfachheit halber sei hier wieder angenommen, daß dieses System vollständig ist. Das in Wirklichkeit stets vorhandene Kontinuum von Eigenelementen sei durch ein Quasikontinuum ersetzt worden, was praktisch ohne Verlust an physikalischer Allgemeinheit stets möglich ist. Ist E_ν der Eigenwert von $|\Phi_\nu\rangle$, so ist der Zustand ν bei der Temperatur T mit der Wahrscheinlichkeit

$$w_\nu = \frac{1}{Z} \exp\left(-\frac{E_\nu}{kT}\right) \tag{10}$$

verwirklicht. Darin ist Z die Zustandssumme

$$Z = \sum_\nu \exp\left(-\frac{E_\nu}{kT}\right) \tag{11}$$

(vgl. Bd. I, §11; 14). Als Greensche Funktion im thermodynamischen Gleichgewicht bei der Temperatur T definiert man nun

$$G_T(\vec{r},t;\vec{r}',t') = -\frac{i}{\hbar} \sum_\nu w_\nu \langle\Phi_\nu| T\Psi_H(\vec{r},t)\Psi_H^+(\vec{r}',t')|\Phi_\nu\rangle . \tag{12}$$

Da das System der $|\Phi_\nu\rangle$ vollständig ist, ist das identisch mit

$$G_T(\vec{r},t;\vec{r}',t') = -\frac{i}{\hbar} \frac{Sp\left\{T\Psi_H(\vec{r},t)\Psi_H^+(\vec{r}',t')\exp\left(-\frac{\mathrm{H}}{kT}\right)\right\}}{Sp\left\{\exp\left(-\frac{\mathrm{H}}{kT}\right)\right\}} . \tag{13}$$

Aus dieser Greenschen Funktion lassen sich praktisch alle meßbaren Eigenschaften eines Vielteilchensystems ausrechnen. Der Zusammenhang dieser Größe mit derjenigen, welche Green seinerzeit einführte, ist allerdings recht weitläufig.

Fragen und Aufgaben zu Kap. VIII

Fragen

1). Was leistet die klassische Greensche Funktion einer linearen inhomogenen Differentialgleichung $Lu(x) = f(x)$?

2). Wie lautet die retardierte Greensche Funktion zur Poissonschen Differentialgleichung?

3). Warum wird die in Frage 2 erwähnte Greensche Funktion als retardiert bezeichnet?

4). Was leistet der zeitabhängige Greensche Operator zum Hamiltonoperator $H^{(0)}$?

5). Was leistet der zeitunabhängige Greensche Operator?

6). Wie lautet der zeitabhängige Greensche Operator für einen Massenpunkt in der Ortsdarstellung, ausgedrückt durch den Erzeugungs- und Vernichtungsoperator?

7). Wodurch unterscheidet sich die in Frage 6 erwähnte Greensche Funktion von der entsprechenden Greenschen Funktion der Vielelektronentheorie?

Aufgaben

1). Berechnen Sie die Wellenfunktion in 1. Bornscher Näherung für die Streuung einer einfallenden ebenen Welle von α -Teilchen an einem Atom mit der abgeschirmten potentiellen Energie $E_{pot}(\vec{r}') = \frac{2Ze^2}{4\pi\varepsilon_0 r'} \exp(-\alpha r')$. Dabei kann in $G_+(\vec{r}, \vec{r}')$ wegen $|\vec{r}| \gg |\vec{r}'| = r'$ im Exponenten $|\vec{r} - \vec{r}'| \approx r - \frac{(\vec{r} \cdot \vec{r}')}{r}$ gesetzt werden und im Nenner $\vec{r}'$ gegen $\vec{r}$ vernachlässigt werden.

2). Zeigen Sie, daß das Matrixelement $\langle \vec{r} | G^{(0)}(E+i\varepsilon) | \vec{r}' \rangle$ des Greenschen Operators für einen freien Massenpunkt für negatives ε bis auf den Faktor $-2m/\hbar^2$ gleich der avancierten Greenschen Funktion zur Poissonschen Differentialgleichung ist. Wie verhält sich demnach diese Funktion $\langle \vec{r} | G^{(0)}(E) | \vec{r}' \rangle$ in der komplexen E -Ebene bzw. auf der Riemannschen Fläche für $\sqrt{E}$?

Kapitel IX. Streutheorie

Inhalt

Das Meßergebnis eines Streuexperiments ist der differentielle Wirkungsquerschnitt $d\sigma/d\Omega$. Seine experimentelle Definition sowie sein Zusammenhang mit den theoretisch zu ermittelnden Übergangswahrscheinlichkeiten werden erläutert. Die quantentheoretische Methode seiner Berechnung wird zunächst für den einfachen Fall einer Streuung eines Strahles von Massenpunkten an einem ruhenden Target mit vorgegebener potentieller Energie, der sogenannten Potentialstreuung behandelt.

Es wird gezeigt, daß der differentielle Wirkungsquerschnitt aus der Wellenfunktion eines speziellen, uneigentlichen stationären Zustandes im Kontinuum des Hamiltonoperators, des sogenannten Streuzustandes folgt. Asymptotisch besteht diese Funktion aus der Überlagerung einer ebenen Welle mit einer auslaufenden Kugelwelle. Wenn die potentielle Energie kugelsymmetrisch ist, genügt zu ihrer Berechnung die Ermittlung der Phasenkonstanten δ_l in dem asymptotischen Verlauf der Radialanteile der Wellenfunktionen zur Drehimpulsquantenzahl l.

Wenn die Ausdehnung des Gebietes, in welchem die potentielle Energie wesentlich ungleich null ist, klein gegen die Wellenlänge der einfallenden Strahlung ist, hängt der differentielle Wirkungsquerschnitt $d\sigma/d\Omega$ fast nur von der Phasenkonstante δ_0 zu $l=0$ ab und ist von der Richtung unabhängig. Seine Abhängigkeit von der Energie ist in diesem Energiebereich durch zwei Konstanten, durch die Fermische Streulänge a und die effektive Reichweite r_0 der Wechselwirkungskräfte gegeben. Dann gelten die Beziehungen

$$\frac{d\sigma}{d\Omega} = \frac{\sin^2\delta_0}{k^2} \tag{1}$$

und

$$k \cot g\, \delta_0 = -\frac{1}{a} + \frac{k^2 r_0}{2} . \tag{2}$$

Diese Formel, welche von Landau und Smorodinsky erstmalig angegeben wurde, wird hier nach einem Verfahren von Bethe begründet. Für die Streuung von Neutronen an Protonen gilt sie bis zu Energien von etwa 10 MeV. Für die Proton-Proton-Streuung gilt für den Beitrag der Kernkräfte auch eine Formel wie (2) mit zwei Parametern a und r_0. Wegen des Einflusses der Coulombschen Abstoßungskraft mit großer Reichweite ist sie aber komplizierter. Ihre Ableitung wird hier nur qualitativ erläutert. Diese Überlegungen zeigen, daß man durch Streuversuche im Energiebereich bis 10 MeV den vollständigen Verlauf der Kernkräfte als Funktion des Abstandes der Nukleonenschwerpunkte nicht bestimmen kann.

Von der umfangreichen Theorie der Streuung in allgemeineren Fällen werden hier nur einige grundlegende Begriffe behandelt, vor allem die Møller-Operatoren für den asymptotischen Zustand der einfallenden und auslaufenden Teilchen, ihr Zusammenhang mit der S-Matrix für Ein-Kanal- und Mehr-Kanal-Streuung sowie die Analyse der S-Matrix mit Hilfe von Feynman-Graphen. Ferner wird die Lippmann-Schwinger-Gleichung zur Berechnung der Streuzustände im allgemeinen Fall erörtert sowie ihr Zusammenhang mit dem Übergangsoperator, welcher auch als T-Matrix oder als Operator für die Streuamplitude bezeichnet wird.

§36. Der differentielle Wirkungsquerschnitt

Bei Streuexperimenten läßt man einen Strahl von Teilchen auf einen Streukörper K, das sogenannte "Target", fallen und mißt die Zahl der gestreuten Teilchen, welche in die Richtung mit den Polarkoordinatenwinkeln ϑ, φ relativ zur Einfallsrichtung als Polachse in ein kleines Intervall $d\Omega = \sin\vartheta\, d\vartheta\, d\varphi$ des räumlichen Winkels gestreut werden (vgl. Abb. 35). Solche Messungen sind physikalisch besonders aufschlußreich, wenn sich alle einfallenden Teilchen im gleichen reinen Zustand befinden, also insbesondere alle nahezu die gleiche kinetische Energie besitzen. Theoretische Rechnungen setzen das deshalb fast immer voraus. Experimentell ist es aber oft

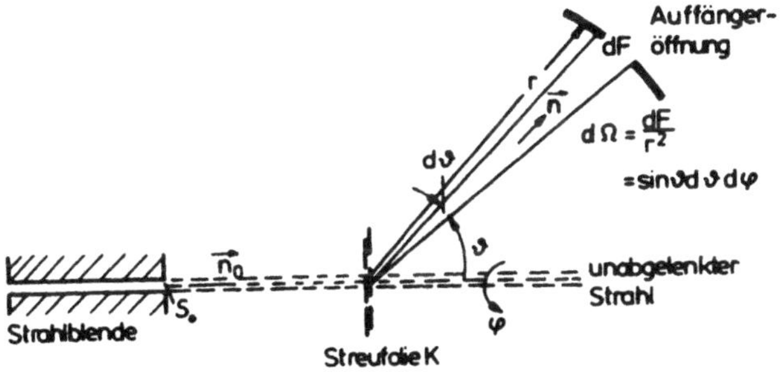

Abb.35. Das Schema der Versuchsanordnung bei Streuexperimenten mit einer Streufolie als Target.

nur schwer zu realisieren. Insbesondere sind bei Teilchen mit Spin die Richtungen der Spinmomente in der Regel gleichmäßig über alle Richtungen verteilt, so daß als Anfangszustand ein Gemisch vorliegt (vgl. §28).

Als Meßergebnis gibt man den differentiellen Wirkungsquerschnitt $d\sigma/d\Omega$ an (vgl. Bd. I, §26). Darunter versteht man den durch $d\Omega$ dividierten Quotienten aus der Teilchenstromstärke dI (= Teilchenzahl dividiert durch Beobachtungszeit) der gestreuten Teilchen im Winkelintervall $d\Omega$ dividiert durch die Teilchenstromdichte j_0 (= Teilchenzahl dividiert durch Beobachtungszeit und Strahlquerschnitt S_0) des einfallenden Strahles:

$$\frac{d\sigma}{d\Omega} = \frac{dI}{j_0\, d\Omega} . \tag{1}$$

Diese Größe ist von der Beobachtungszeit und von j_0 unabhängig, sofern j_0 innerhalb des Querschnittes S_0 des einfallenden Strahles konstant ist und S_0 groß gegen denjenigen Bereich ist, in welchem die Wechselwirkungskräfte zwischen K und den einfallenden Teilchen eine merkliche Ablenkung bewirken.

Die Teilchenstromstärke I des einfallenden Strahles beträgt

$$I = j_0 S_0 . \tag{2}$$

Die Größe dI/I ist die Wahrscheinlichkeit dW dafür, daß eines der einfallenden Teilchen in das Winkelintervall $d\Omega$ hineingestreut wird. Für sie ergibt sich aus (1)

$$dW = \frac{dI}{I} = \frac{d\sigma}{d\Omega} \cdot \frac{j_0 d\Omega}{I} = \frac{1}{S_0} \cdot \frac{d\sigma}{d\Omega} \cdot d\Omega . \tag{3}$$

Quantenmechanisch pflegt man diese Größe zu berechnen, da sie sich aus der Bewegungsgleichung für ein einfallendes Teilchen im Feld des Targets K ergibt. Bei der Messung läßt man dagegen stets viele Teilchen einfallen.

Experimentell ist es oft schwierig, den Querschnitt S_0 des einfallenden Strahles und die Teilchenstromdichte j_0 zu bestimmen. Das Auftreten dieser Größe kann man vermeiden, wenn man nicht einzelne Streukörper untersucht, sondern viele identische, welche innerhalb einer Folie homogen verteilt sind. Wenn ihre Abstände groß gegen die Reichweite der bei der Streuung wirksamen Kräfte sind und ihre Schwerpunkte regellos verteilt sind, überlagern sich die Beiträge der verschiedenen Targets zur Streuwelle inkohärent, d. h. dann addieren sich ihre Beiträge zur Stromstärke dI . Ist N die Anzahl der Streukörper im Strahlquerschnitt S_0 , also

$$n = N/S_0 \tag{4}$$

die Flächendichte der Streukörper in der Folie, so ergibt sich aus (2) und (3)

$$\frac{dI}{I} = \frac{d\sigma}{d\Omega}\,\frac{Nj_0\,d\Omega}{I} = n\,\frac{d\sigma}{d\Omega}\cdot d\Omega\,. \tag{5}$$

Diese Formel wird meist der experimentellen Bestimmung von $d\sigma/d\Omega$ zu Grunde gelegt, (3) oder (1) dagegen ihrer theoretischen Berechnung.

Es kommt vor, daß das einfallende Teilchen oder das Target K bei der Streuung angeregt wird oder daß dabei ein weiteres Teilchen abgespalten wird. Bei der Streuung von α -Teilchen an Atomen kann z. B. ein Elektron aus der Atomhülle herausgeschlagen werden, so daß das Target hinterher ionisiert ist. In diesem Fall kann man verschiedene differentielle Wirkungsquerschnitte definieren, bei der Anregung eines diskreten Zustandes nämlich für jeden möglichen Endzustand je einen. Bei der Stoßionisierung können die gestreuten Teilchen bei gegebener Einfallsenergie und gegebenem Ablenkwinkel nach dem Stoß noch kontinuierlich viele verschiedene Werte der Energie besitzen. Der Bruchteil der gestreuten Teilchen mit einer kinetischen Energie des Intervalles dE ist dann proportional $d^2\sigma/d\Omega dE \cdot dE$. Bei solchen Versuchen wird also das Versuchsergebnis durch die von ϑ, φ und E abhängige Funktion $d^2\sigma/d\Omega dE$ beschrieben.

§37. Die Streuung an einem festen Target

Zur Einführung in die quantenmechanische Behandlungsweise von Streuproblemen sei zunächst der denkbar einfachste Fall betrachtet, nämlich die Streuung eines als Massenpunkt idealisierten Teilchens an einem Target erheblich größerer Masse, in welchem bei der Streuung keine inneren Bewegungen angeregt werden. Seine Wirkung auf das einfallende Teilchen möge durch eine vorgegebene, zeitunabhängige potentielle Energie $E_{pot}(\vec{r})$ vollständig erfaßt werden. Deshalb spricht man in diesem Fall von "Potentialstreuung". Der Rutherfordsche Streuversuch, also die Streuung eines α-Teilchens an einem schweren Atomkern, ist dafür ein Beispiel.

Wenn man zur Zustandsbeschreibung des einfallenden Teilchens die Ortsdarstellung verwendet, ist zur Lösung des Problems eine Funktion des Ortes und der Zeit zu bestimmen, welche der Schrödingergleichung

$$i\hbar\frac{\partial\psi}{\partial t} = -\frac{\hbar^2}{2m}\nabla^2\psi + E_{pot}(\vec{r})\,\psi \qquad (1)$$

genügt. Legt man die z-Achse in die Richtung des einfallenden Strahles, so setzt man die Wellenfunktion der Teilchen im Einfallsstrahl gleich $C\exp(ikz - i\omega t)$. Wenn nun $E_{pot}(\vec{r})$ nur in einem nicht zu großen Gebiet um $\vec{r}=0$ herum ungleich null ist, wird im betrachteten Fall als Folge der Streuung eine Streuwelle derselben Frequenz auftreten, welche in Richtung wachsender $|\vec{r}| = r$ fortschreitet, also proportional $\exp(ikr - i\omega t)$ ist. Ihre Amplitude kann noch von der Richtung ϑ, φ des

Ortsvektors abhängen. In dem Bereich großer r, wo $E_{pot}(\vec{r})$ praktisch null ist, muß sie außerdem wegen des Satzes von der Erhaltung der Teilchenzahl proportional zu $1/r$ sein. Man vermutet daher, daß die gesuchte Lösung für genügend großes r die folgende Form hat:

$$\psi(\vec{r},t) = C\left\{\exp ikz + f(\vartheta,\varphi)\frac{\exp ikr}{r}\right\}\exp(-i\omega t) \tag{2}$$

(C = Normierungskonstante). Die mathematische Aufgabe besteht demnach darin, Lösungen von (1) mit diesem asymptotischen Verhalten zu finden. Man kann zeigen, daß das möglich ist, allerdings nur, wenn $E_{pot}(\vec{r})$ mit wachsendem $r = |\vec{r}|$ genügend rasch gegen null geht, nicht dagegen, wenn $E_{pot}(\vec{r})$ für große r nur prop. $1/r$ auf null abklingt. Für den Fall einer Coulombschen Abstoßungskraft tritt im Exponenten der Streuwelle noch eine logarithmisch von r abhängige, belanglose Phasenkonstante auf. Dieser Fall sei deshalb hier ausgeschlossen.

Bevor die obige Aufgabe in Angriff genommen wird, soll die physikalische Bedeutung der Lösung (2) und die des unbekannten Faktors $f(\vartheta,\varphi)$ erläutert werden. Man beachte, daß die Funktion (2) nicht als Wahrscheinlichkeitsamplitude eines Teilchens aufgefaßt werden kann, denn durch keine Wahl des Normierungsfaktors C läßt sich die Normierungsbedingung $\iiint_{-\infty}^{+\infty} |\psi|^2 d^3x = 1$ erfüllen. Gegenüber dieser Schwierigkeit sind zwei verschiedene Standpunkte möglich:

1). Man deutet ψ als Wellenfunktion des klassischen Wellenmodells der Materie. Wie in Bd. II, Kap. VII gezeigt wurde, liefert die Quantisierung dieses Modells für die Wahrscheinlichkeitsamplitude eines Teilchens in der Ortsdarstellung die klassische Wellengleichung unter Fortlassung der Wechselwirkung der Materie mit sich selbst, also gerade die hier verwendete Ausgangsgleichung (1). In Bd. I, §41, und Bd. II, §31, wurde diese klassiche Wellenfunktion für Elektronen mit χ bezeichnet und so normiert, daß $-|\chi|^2$ die Raumladungsdichte darstellt. Führt man stattdessen die zu χ proportionale Wellenfunktion $\psi = \chi/\sqrt{e}$ ein, deren Absolutwertquadrat die Teilchendichte bedeutet, so lautet die Formel für die Teilchenstromdichte (nach Bd. I, §41; 13 oder Bd. II, §31; 5)

$$\vec{j} = \frac{\hbar}{2im}(\psi^* \operatorname{grad}\psi - \psi \operatorname{grad}\psi^*) . \tag{3}$$

Für die einfallende Welle $\psi^{(0)} = C\exp(ikz - i\omega t)$ ergibt sich daraus eine Teilchenstromdichte $\vec{j}_0$ in z-Richtung mit dem Betrag

$$j_0 = \frac{\hbar k}{m}|C|^2 . \tag{4}$$

Die Streuwelle

$$\psi_{Str} = C f(\vartheta,\varphi)\frac{\exp ikr}{r}\cdot \exp(-i\omega t) \tag{5}$$

erzeugt in großem Abstand eine Teilchenstromdichte in Richtung $\vec{r}$ mit dem Betrag

$$j_{Str} = |C|^2 |f(\vartheta,\varphi)|^2 \frac{\hbar k}{m}\cdot\frac{1}{r^2} . \tag{6}$$

Der Teilchenstrom in dem Raumwinkel $d\Omega$ beträgt daher

$$dI = j_{Str}\, r^2 d\Omega = |C|^2 |f(\vartheta,\varphi)|^2 \frac{\hbar k}{m} d\Omega . \tag{7}$$

Division von (7) durch (4) ergibt daher nach (§36; 1)

$$\frac{d\sigma}{d\Omega} = |f(\vartheta,\varphi)|^2 . \tag{8}$$

Diese Überlegung ist einfach und führt auch zum richtigen Ergebnis, hat aber trotzdem einen schwerwiegenden Mangel: Es ist eigentlich keine quantenmechanische Rechnung und läßt sich daher nicht unmittelbar auf kompliziertere Fälle und allgemeinere Systeme übertragen.

2). Bei streng quantenmechanischer Berechnung muß man die Lösungen von (1) mit der asymptotischen Form (2) als uneigentliche Eigenfunktionen der Energie ansehen, denen strenggenommen keine physikalisch realisierbaren Zustände entsprechen. Man kann aber aus ihnen, wie sogleich gezeigt werden soll, durch Linearkombination Wellenfunktionen zu nichtstationären Zuständen herstellen, wie sie bei der Streuung vorkommen. Deshalb bezeichnet man die Zustände zu Wellenfunktionen mit dem asymptotischen Verhalten (2) auch als stationäre Streuzustände.

Eine beliebige Linearkombination der Wellenfunktionen solcher Zustände hat in großem Abstand vom Target K die Form

$$\psi(\vec{r},t) = \iiint_{\vec{k}} C(\vec{k})\left\{\exp i\vec{k}\cdot\vec{r} + f(\vartheta,\varphi)\frac{\exp ikr}{r}\right\}\exp\left(-\frac{i}{\hbar}E(\vec{k})t\right)d^3k. \quad (9)$$

Die Amplitudenfunktion $C(\vec{k})$ kann man nun so wählen, daß $\psi(\vec{r})$ zur Zeit $t=0$ ein Wellenpaket im Einfallsstrahl darstellt. Da die Abmessungen der Blenden praktisch immer groß gegen die de-Broglie-Wellenlänge der einfallenden Teilchen sind, ist dann $C(\vec{k})$ nur innerhalb eines sehr kleinen Intervalles der $\vec{k}$ in der Umgebung des mittleren $\vec{k}$ -Vektors $\vec{k}_0$ des Wellenpakets ungleich null. Daher kann man in (9) vernachlässigen, daß $f(\vartheta,\varphi)$ strenggenommen von dem Winkel zwischen $\vec{r}$ und dem $\vec{k}$ -Vektor der einfallenden Teilwelle abhängt. Stattdessen kann man die Funktion als unabhängig von $\vec{k}$ ansehen und für ϑ,φ die Polarkoordinatenwinkel von $\vec{r}$ mit $\vec{k}_0$ als Polachse einsetzen.

Wie im folgenden gezeigt werden wird, ist unter diesen Annahmen der Beitrag der Streuwelle zu Anfang gleich null. Diese entwickelt sich erst, wenn das mit der Geschwindigkeit $v_0 = \hbar|\vec{k}_0|/m$ fortschreitende Wellenpaket das Target K erreicht. Wenn es ganz über K hinweggestrichen ist, hat die Streuwelle nur noch innerhalb einer Kugelschale um K herum von null verschiedene Werte. Sie breitet sich dann mit der Geschwindigkeit v_0 radial nach allen Seiten aus. Das Integral über das Absolutwertquadrat dieser Streuwelle über den Bereich des räumlichen Winkels $d\Omega$ liefert, falls ψ anfangs normiert war, die Wahrscheinlichkeit dW für die Streuung in dieses Winkelintervall. Die Durchführung dieser Rechnung ergibt ebenfalls die Gültigkeit der Beziehung (8), dieses Mal aber aus einer einwandfreien quantenmechanischen Berechnung, die sich auf kompliziertere Fälle verallgemeinern läßt.

Die angedeutete Rechnung läßt sich ohne explizite Berechnung der Amplitudenfunktion $C(\vec{k})$ ausführen. Wenn $C(\vec{k})$ nur innerhalb eines kleinen Bereiches um $\vec{k} = \vec{k}_0$ herum ungleich null ist, kann man alle Ausdrücke in dem Exponenten von (9) nach Potenzen der Komponenten von $(\vec{k} - \vec{k}_0)$ entwickeln und diese Reihen nach den linearen Gliedern abbrechen. Aus

$$\vec{k} = \vec{k}_0 + (\vec{k} - \vec{k}_0) \tag{10}$$

ergibt sich in dieser Näherung

$$\vec{k}^2 = \vec{k}_0^2 + 2\vec{k}_0 \cdot (\vec{k} - \vec{k}_0)\,. \tag{11}$$

Schreibt man zur Abkürzung $|\vec{k}| = k$ und $|\vec{k}_0| = k_0$ und bezeichnet ferner den Einheitsvektor in Einfallsrichtung mit $\vec{n}_0 = \vec{k}_0/k_0$, so erhält man

$$k = \sqrt{\vec{k}^2} = k_0 + \vec{n}_0 \cdot (\vec{k} - \vec{k}_0) \tag{12}$$

und

$$\frac{E(\vec{k})}{\hbar} = \frac{\hbar k^2}{2m} = \frac{\hbar k_0^2}{2m} + \frac{\hbar \vec{k}_0}{m} \cdot (\vec{k} - \vec{k}_0)\,. \tag{13}$$

Mit der Abkürzung $\vec{v}_0 = \hbar \vec{k}_0/m$ lautet also (9)

$$\psi(\vec{r},t) = \exp i\left(\vec{k}_0\cdot\vec{r} - \frac{\hbar k_0^2}{2m}t\right)\iiint_{\vec{k}} C(\vec{k})\exp i(\vec{k}-\vec{k}_0)\cdot(\vec{r}-\vec{v}_0 t)\,d^3k$$
$$+\frac{f(\vartheta,\varphi)}{r}\exp i\left(k_0 r - \frac{\hbar k_0^2}{2m}t\right)\iiint_{\vec{k}} C(\vec{k})\exp i(\vec{k}-\vec{k}_0)\cdot(\vec{n}_0 r - \vec{v}_0 t)\,d^3k. \tag{14}$$

Wie man sieht, tritt in diesem Ausdruck als Integral zweimal dieselbe Funktion mit zwei verschiedenen Argumenten auf. Sie werde zur Abkürzung mit

$$F(\vec{r}) = \iiint_{\vec{k}} C(\vec{k})\exp i(\vec{k}-\vec{k}_0)\cdot\vec{r}\,d^3k \tag{15}$$

bezeichnet. Wenn man außerdem die für das Folgende belanglosen Phasen in den Exponentialfunktionen vor dem Integral mit α und β abkürzt, lautet (14)

$$\psi(\vec{r},t) = F(\vec{r}-\vec{v}_0 t)\exp i\alpha + \frac{f(\vartheta,\varphi)}{r}F(\vec{n}_0 r - \vec{v}_0 t)\exp i\beta. \tag{16}$$

Der erste Summand stellt das einfallende Wellenpaket dar, welches sich, wie man sieht, in der betrachteten Näherung für den mitbewegten Beobachter ohne Änderung der Intensitätsverteilung $|F(\vec{r}-\vec{v}_0 t)|^2$ mit der Geschwindigkeit $\vec{v}_0$ in Einfallsrichtung verschiebt. Hier soll vorausgesetzt werden, daß es zur Zeit $t=0$ nur in einem gewissen Bereich auf der negativen z-Achse eine von null verschiedene Intensität hat (vgl. Abb. 36). Dann verschwindet der zweite Summand, die Streuwelle, zur Zeit $t=0$,

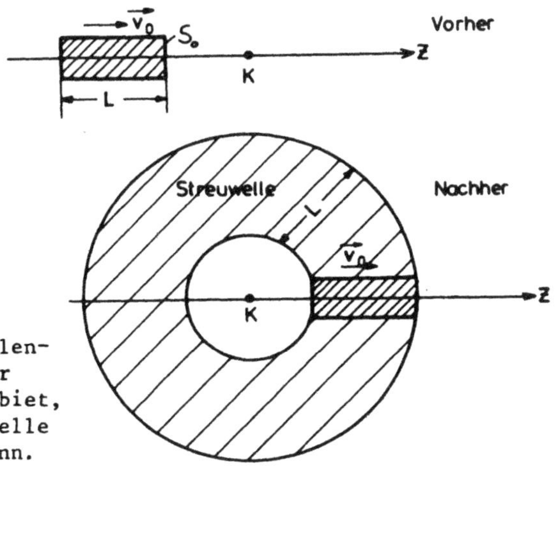

Abb.36.
Das einfallende Wellenpaket vor und nach der Streuung sowie das Gebiet, in welchem die Streuwelle ungleich null sein kann.

denn das Argument der in diesem Ausdruck auftretenden Funktion F ist zur Zeit $t = 0$ gleich $\vec{n}_0 r$. Da $\vec{n}_0$ die Richtung der positiven z-Achse hat und $r = |\vec{r}|$ stets positiv ist, hat $\vec{n}_0 r$ nirgends eine negative z-Komponente. Die Streuwelle entsteht also, wie zu erwarten, erst, wenn $\vec{v}_0 t$ größer wird als der Mindestabstand des Wellenpakets zu Anfang von dem Target K bei $\vec{r} = 0$.

Wenn das Wellenpaket normiert ist und innerhalb des Querschnittes S_0 des Einfallsstrahls konstante Intensität hat, muß das Integral über $|F(\vec{r})|^2$ über die negative z-Achse gleich $1/S_0$ sein.

$$\int_{z=-\infty}^{0} |F(\vec{r})|^2 dz = \frac{1}{S_0} . \tag{17}$$

Nach genügend langer Zeit ist in demjenigen Bereich des Arguments, in welchem $F(\vec{n}_0 r - \vec{v}_0 t) \neq 0$ ist, überall $r > 0$. Dann erhält man für das Integral über das Absolutwertquadrat von ψ_{Str} über den räumlichen Winkel $d\Omega$

$$\iiint_{\text{Winkel } d\Omega} |\psi_{Str}|^2 d^3x = \int_{r=0}^{\infty} |F(\vec{n}_0 r - \vec{v}_0 t)|^2 \frac{|f(\vartheta,\varphi)|^2}{r^2} r^2 d\Omega\, dr = \frac{|f(\vartheta,\varphi)|^2}{S_0} d\Omega . \tag{18}$$

Da dieses Integral gleich dW ist, ergibt sich daraus mit (§36; 3)

$$|f(\vartheta,\varphi)|^2 = \frac{d\sigma}{d\Omega} . \tag{19}$$

§38. Die Phasenkonstanten

Die im vorigen Paragraphen geschilderte Lösungsmethode soll jetzt für den Spezialfall ausgeführt werden, daß $E_{pot}(\vec{r})$ kugelsymmetrisch ist, also nur von $|\vec{r}| = r$ abhängt. Legt man die z-Achse in die Richtung des $\vec{k}$-Vektors der einfallenden Welle, so hängt die gesuchte Lösung der Schrödingergleichung (§37; 1) vom Azimutalwinkel φ nicht mehr ab. Der ortsabhängige Anteil $u(\vec{r})$ der

Wellenfunktion des uneigentlichen, stationären Zustandes zu der positiven Energie $E(\vec{k})$ hat für $kr \gg 1$ den asymptotischen Verlauf

$$u(\vec{r}) = \exp i\vec{k}\cdot\vec{r} + f(\vartheta)\frac{\exp ikr}{r} . \qquad (1)$$

Bei seiner Entwicklung nach Kugelfunktionen treten nur die Summanden mit der Azimutalquantenzahl $m = 0$ auf.

Da die Kugelfunktionen $Y_{l,0}(\vartheta,\varphi)$ den Legendreschen Polynomen $P_l(\cos\vartheta)$ proportional sind, kann man demnach den folgenden Ansatz machen:

$$u = \sum_{l=0}^{\infty} R_l(r) P_l(\cos\vartheta) . \qquad (2)$$

Setzt man das nach Multiplikation mit $\exp(-iE(\vec{k})t/\hbar)$ in (§37; 1) ein, so ergibt sich für $R_l(r)$ die gewöhnliche Differentialgleichung (vgl. Bd. II, §7)

$$\frac{d^2}{dr^2}(rR_l) = \left[\frac{2m}{\hbar^2}(E_{pot}(r) - E) + \frac{l(l+1)}{r^2}\right] rR_l . \qquad (3)$$

Die Bedingung, daß $R_l(r)$ bei $r = 0$ regulär ist, daß also $rR_l(r)$ bei $r = 0$ verschwindet, legt die Lösung bis auf einen unbestimmten Faktor fest. Wenn $E_{pot}(r)$ für große r genügend rasch gegen null geht, gilt für $kr \gg 1$ angenähert

$$\frac{d^2}{dr^2}(rR_l) = -\frac{2m}{\hbar^2}E \cdot rR_l = -k^2 \cdot rR_l , \qquad (4)$$

also

$$rR_l \approx C_l \sin\left(kr + \delta_l - l\frac{\pi}{2}\right) . \qquad (5)$$

In dieser Formel wurde die Phasenkonstante mit $\delta_l - l\frac{\pi}{2}$ bezeichnet, weil sich dann im Fall $E_{pot}(r) = 0$ gerade $\delta_l = 0$ ergibt. Das wird im nächsten Paragraphen nachgewiesen werden. Hier ist nur wichtig, daß δ_l durch die Differentialgleichung (3) und die Regularitätsforderung bei $r = 0$ eindeutig bestimmt ist.

Für die entsprechende Entwicklung der Asymptoten-Bedingung (1) nach Kugelfunktionen benötigt man die Orthogonalitäts- und Normierungsbedingung der Legendreschen Polynome. Sie lautet[1])

$$\int_{\vartheta=0}^{\pi} P_l(\cos\vartheta)\, P_{l'}(\cos\vartheta) \sin\vartheta\, d\vartheta = \int_{\xi=-1}^{+1} P_l(\xi) P_{l'}(\xi)\, d\xi = \frac{2}{2l+1} \delta_{ll'} . \tag{6}$$

Multiplikation von (1) mit $P_l(\cos\vartheta)$ und Integration über ϑ liefert daher für $kr \gg 1$

$$R_l(r) = \frac{2l+1}{2} \int_{\vartheta=0}^{\pi} P_l(\cos\vartheta) \exp(ikr\cos\vartheta) \sin\vartheta\, d\vartheta + \frac{\exp ikr}{r} f_l . \tag{7}$$

Darin wurde der Entwicklungskoeffizient von $f(\vartheta)$ nach Kugelfunktionen mit f_l bezeichnet:

$$f_l = \frac{2l+1}{2} \int_{\vartheta=0}^{\pi} f(\vartheta)\, P_l(\cos\vartheta) \sin\vartheta\, d\vartheta . \tag{8}$$

Damit ist der Punkt erreicht, an dem man das Prinzip der Rechnung überschauen kann: Aus der Forderung, daß die asymptotische Form (5) der Lösung von (3) mit (7) übereinstimmt, ergibt sich sowohl die Größe der Normierungskonstanten C_l in (5) als auch der Koeffizient f_l in (7). Um das zu erkennen, muß man das Integral in (7) durch partielle Integration umformen:

$$\int_{\vartheta=0}^{\pi} P_l(\cos\vartheta) \exp(ikr\cos\vartheta) \sin\vartheta\, d\vartheta = \int_{\xi=-1}^{+1} P_l(\xi) \exp ikr\xi\, d\xi \tag{9}$$

$$= \left[P_l(\xi) \frac{\exp ikr\xi}{ikr} \right]_{-1}^{+1} - \int_{\xi=-1}^{+1} \frac{\exp ikr\xi}{ikr} \frac{dP_l(\xi)}{d\xi}\, d\xi .$$

1) W. Magnus, F. Oberhettinger, W. Soni: Formeln und Sätze der speziellen Funktionen der mathematischen Physik, 3. Aufl., Berlin-Heidelberg-New York 1966
E. Madelung: Die mathematischen Hilfsmittel des Physikers, 7. Aufl., Berlin-Göttingen-Heidelberg 1964

Das hier verbleibende Integral hat dieselbe Gestalt wie das Ausgangsintegral in der ersten Zeile von (9). Beide enthalten im Integranden ein Polynom in ξ mal $\exp(ikr\xi)$. Aber in dem Integral in der zweiten Zeile von (9) steht ein zusätzlicher Faktor $1/(ikr)$. Für $kr \gg 1$ ist dieses Integral daher gegen den ausintegrierten Teil zu vernachlässigen. Deshalb gilt dann

$$\int_{\vartheta=0}^{\pi} P_l(\cos\vartheta)\exp(ikr\cos\vartheta)\sin\vartheta\,d\vartheta \approx \frac{\exp ikr}{ikr}P_l(1) - \frac{\exp(-ikr)}{ikr}P_l(-1). \quad (10)$$

Die Legendreschen Polynome sind so normiert, daß $P_l(1) = 1$ ist. Für gerades l ist $P_l(\xi)$ in ξ gerade, für ungerades l ungerade. Also gilt $P_l(-1) = (-1)^l$. Setzt man das alles in (7) ein, so ergibt sich für $kr \gg 1$

$$R_l(r) = \left(\frac{2l+1}{2ik} + f_l\right)\frac{\exp ikr}{r} - \frac{2l+1}{2ik}(-1)^l\frac{\exp(-ikr)}{r}. \quad (11)$$

Andererseits lautet (5)

$$R_l(r) = \frac{C_l}{2i}\exp i\left(\delta_l - l\frac{\pi}{2}\right)\frac{\exp ikr}{r} - \frac{C_l}{2i}\exp\left(-i\left(\delta_l - l\frac{\pi}{2}\right)\right)\frac{\exp(-ikr)}{r}. \quad (12)$$

Das Verhältnis der beiden Koeffizienten muß in beiden Formeln übereinstimmen. Daraus folgt

$$f_l = \frac{2l+1}{2ik}\left(\exp 2i\delta_l - 1\right) = \frac{2l+1}{k}\exp i\delta_l \cdot \sin\delta_l. \quad (13)$$

Die Umkehrformel von (8) lautet daher

$$f(\vartheta) = \sum_{l=0}^{\infty} f_l P_l(\cos\vartheta) = \frac{1}{k}\sum_{l=0}^{\infty}(2l+1)\exp i\delta_l \cdot \sin\delta_l \cdot P_l(\cos\vartheta). \quad (14)$$

Wegen $d\sigma/d\Omega = |f(\vartheta)|^2$ ist daher die Berechnung des differentiellen Wirkungsquerschnittes für den Fall eines kugelsymmetrischen Feldes $E_{pot}(r)$ im Prinzip gelungen, sobald man durch Integration der Differentialgleichung (3) die Phasenkonstanten δ_l bestimmt hat.

Diese letzte Integrationsaufgabe soll aber hier (außer in Übungsaufgaben) nicht behandelt werden. Denn der einzig wichtige Fall, in welchem der Verlauf der potentiellen Energie bekannt ist, der Rutherfordsche Streuversuch, muß hier ausgeschlossen werden (vgl. S. 353), weil $E_{pot}(r)$ zu langsam mit wachsendem r auf null abklingt. Im übrigen liegt das Problem meist umgekehrt. Durch Messung des differentiellen Wirkungsquerschnittes bestimmt man die Phasenkonstanten und zieht daraus Schlüsse über $E_{pot}(r)$. Das ist insbesondere bei der Untersuchung der Streuung von Elementarteilchen aneinander und an Atomkernen der Fall. Nur auf diesem Wege hat man Auskünfte über die Wechselwirkung der Elementarteilchen erhalten. Für Probleme dieser Art ist aber die Berechnung der Phasenkonstanten für spezielle Verläufe von $E_{pot}(r)$ relativ unwichtig. Interessanter sind die allgemeinen Aussagen über die Abhängigkeit der δ_l von l und k. Solchen Fragen ist deshalb der nächste Paragraph gewidmet.

§39. Die S-Wellen-Streuung

In diesem Paragraphen sollen vor allem die beiden folgenden Aussagen begründet werden:

1). Wenn die Ausdehnung des Gebietes, in welchem $E_{pot}(r)$ merklich von null verschieden ist, klein gegen die Wellenlänge $2\pi/k$ der einfallenden Strahlung ist, sind die Werte der Phasenkonstanten δ_l für $l \geq 1$ klein gegen δ_0. Dann ist also die Streuwelle nahezu kugelsymmetrisch, d. h. $f(\vartheta, \varphi)$ = konstant. Solche Streuwellen bezeichnet man als S-Wellen.

2). Die Phasenkonstante δ_0 hängt unter den genannten Voraussetzungen nicht von der potentiellen Energie

$E_{pot}(r)$ im einzelnen ab, sondern nur von zwei Eigenschaften der Wechselwirkungskräfte, ihrer Streulänge a und ihrer effektiven Reichweite r_0.

Die Gültigkeit des zweiten Satzes wurde anscheinend erstmalig 1944 von Landau und Smorodinsky[1] erkannt. Er ist von großer praktischer Bedeutung. Bis etwa 1949 versuchte man nämlich mit großem experimentellen Aufwand vergeblich, aus der Streuung von Protonen oder Neutronen an Protonen und anderen leichten Atomkernen die Abhängigkeit der Kernkräfte vom Abstand experimentell zu bestimmen. In dem damals erreichbaren Energiebereich bis etwa 10 MeV waren die gemessenen differentiellen Wirkungsquerschnitte für alle Ablenkungswinkel und alle Energien fast mit jeder Annahme über den Verlauf der potentiellen Energie in Abhängigkeit vom Nukleonenabstand verträglich, sofern die benutzten Funktionen nur zwei an die Messungen anzupassende Parameter enthielten. Da die de-Broglie-Wellenlänge der Protonen und Neutronen bei 10 MeV etwa gleich 10^{-12} cm ist, die Reichweite der Kernkräfte aber nur etwa $3 \cdot 10^{-13}$ cm, ist das auf Grund des Satzes von Landau und Smorodinsky verständlich.

Allerdings läßt sich dieser Satz aus mehreren Gründen nicht unmittelbar auf die genannten Experimente anwenden. Bei der Streuung von Neutronen oder Protonen an Protonen oder leichten Atomkernen ist die Masse des Targets gleich oder vergleichbar mit der Masse der einfallenden Teilchen. Daher muß man berücksichtigen, daß die Targetkerne bei der Streuung fortgestoßen werden. Am einfachsten geschieht das durch Übergang von dem im Laboratorium ruhenden Koordinatensystem auf das Koordinatensystem, in welchem der Schwerpunkt des Systems aus dem einfallenden Teilchen und dem Target ruht. In diesem Koordi-

1) L.D. Landau und J. Smorodinsky, J. Phys. Acad. Sci. UdSSR 8 (1944) S. 154 und 219, sowie 11 (1947) S. 195

natensystem gelten die in den vorigen Paragraphen betrachteten Gleichungen ebenfalls, nur ist $\vec{r}$ durch den Vektor vom Mittelpunkt des Targets zum einfallenden Teilchen und m durch die reduzierte Masse m_{red} zu ersetzen.

Außerdem sind aber noch weitere Besonderheiten zu beachten. Wenn man die Streuung von Neutronen an Wasserstoffgas untersucht, sind die H-Kerne nicht mehr regellos verteilt, sondern paarweise zu Molekülen vereinigt. Daher muß man die Streuwellen der beiden Kerne eines H_2-Moleküls kohärent überlagern. Dabei ist zu berücksichtigen, daß die Kernkräfte von der Spinrichtung abhängen und daß bei 75 % der H_2-Moleküle die Kernspins parallel stehen, bei 25 % antiparallel (vgl. §22). Bei der Streuung zweier Protonen aneinander ist ferner zu beachten, daß dabei zwei gleiche Fermionen in Wechselwirkung treten. Die Wellenfunktionen müssen deshalb bei parallelen Spins der aneinander gestreuten Protonen wegen des Pauliprinzips ungerade Funktionen der Relativkoordinaten sein und bei antiparallelen Spins gerade. Wenn die Kernspins der einfallenden Protonen oder diejenigen der Protonen im Target regellos verteilt sind, was meist der Fall ist, kann man so rechnen, als ob bei 75 % der Streuprozesse das eine und bei 25 % der Prozesse das andere der Fall ist. Schließlich ist zu beachten, daß zwischen zwei Protonen außer der Kernkraft die Coulombsche Abstoßungskraft wirkt, für welche die Voraussetzungen des Satzes von Landau und Smorodinsky nicht erfüllt sind. In diesem Fall kann man aber den Satz folgendermaßen abwandeln: Solange die Energie der einfallenden Teilchen kleiner als etwa 10 MeV ist, haben die Phasenkonstanten δ_l für $l \geq 1$ in guter Näherung denselben Wert wie beim Fehlen der Kernkräfte. Nur δ_0 hängt erheblich von ihnen ab. Für die Abhängigkeit von δ_0 von der Energie gilt dann wegen der kurzen Reichweite der Kernkräfte ebenfalls eine Formel, welche nur ihre Streulänge a und ihre Reichweite r_0 enthält, aber eine andere als bei Abwesenheit der Coulombkraft.

Es würde zu weit führen, hier auf diese Einzelheiten einzugehen. Die wesentlichen Einsichten werden bereits klar, wenn man den Spin außer Betracht läßt und die vorn genannten Aussagen aus den Gleichungen der vorigen Paragraphen für die Streuung von Massenpunkten mit gegebener potentieller Energie ableitet. Diese werden hier jedoch als Gleichungen im Schwerpunktsystem von einfallendem Teilchen und Target aufgefaßt.

Im folgenden sollen die beiden am Anfang dieses Paragraphen genannten Aussagen zunächst jeweils qualitativ plausibel gemacht werden. Danach wird dann die strengere Ableitung knapp umrissen. Ausgangspunkt ist die Gleichung (§38; 3), welche mit den Abkürzungen $rR_l(r) = v_l(r)$ und $E = \hbar^2 k^2/(2m_{red})$ folgendermaßen lautet:

$$\frac{d^2 v_l}{dr^2} + \left[k^2 - \frac{l(l+1)}{r^2} - \frac{2m_{red}}{\hbar^2} E_{pot}(r)\right] v_l = 0. \tag{1}$$

Die Lösungen dieser Gleichung vergleicht man nun mit denjenigen der entsprechenden Gleichung ohne potentielle Energie:

$$\frac{d^2 w_l}{dr^2} + \left[k^2 - \frac{l(l+1)}{r^2}\right] w_l = 0. \tag{2}$$

In beiden Fällen interessiert nur die bis auf einen Faktor eindeutig bestimmte Lösung, welche bei $r = 0$ regulär ist.

Da die Gleichung (2) die Eigenschaften der betrachteten Körper nicht mehr enthält, kann man ihre Lösungen allgemein diskutieren. Wenn sich dabei herausstellen würde, daß die Funktion $w_l(r)$ überall exakt verschwindet, wo

$E_{pot}(r)$ ungleich null ist, so wäre damit zugleich eine Lösung von (1) gefunden. Dann wäre δ_l exakt gleich null. Solche Lösungen gibt es aber tatsächlich nicht. Man kommt aber diesem Fall umso näher, je kleiner $w_l(r)$ in dem Bereich ist, wo $E_{pot}(r)$ wesentlich von null verschieden ist. Daraus ergibt sich die Richtigkeit der ersten der obigen Aussagen.

Durch die Substitution $w_l(r) = \sqrt{kr}\, J_p(kr)$ geht (2) in die Differentialgleichung für die Besselsche Funktion $J_p(kr)$ der Ordnung $p = l + 1/2$ über. Deren Lösungen sind gut bekannt. Wenn man über den unbestimmten Faktor so verfügt, daß $w_l(r)$ für große kr die Amplitude 1 besitzt, lautet die bei $r = 0$ reguläre Lösung

$$w_l(r) = \sqrt{\frac{\pi}{2}}\, \sqrt{kr}\, J_{l+\frac{1}{2}}(kr) . \tag{3}$$

Die Besselfunktionen halbzahliger Ordnung lassen sich durch trigonometrische Funktionen und Potenzen ausdrükken. Daher kann man die Eigenschaften von $w_l(r)$ elementar ableiten, ohne Formelsammlungen benutzen zu müssen. Mit Hilfe der Abkürzung $kr = \xi$ und des Operators

$$\mathsf{D} = -\frac{1}{\xi}\frac{d}{d\xi} = -2\frac{d}{d(\xi^2)} \tag{4}$$

läßt sich $w_l(r)$ in folgender Form schreiben:

$$w_l(r) = \xi^{l+1}\mathsf{D}^l\left(\frac{\sin\xi}{\xi}\right) . \tag{5}$$

Durch Einsetzen dieses Ausdrucks in (2) kann man sich durch längere, elementare Rechnung davon überzeugen, daß das eine Lösung ist. Da $\sin\xi/\xi$ für alle ξ regulär ist, ist (5) bei $\xi = 0$ regulär. Das Verhalten bei großen ξ ergibt sich, indem man bei der wiederholten Ausführung der Operation D immer die Ableitungen nach den ξ im Nenner fortläßt, denn dabei entstehen Summanden mit höheren negativen Potenzen von ξ, welche bei sehr großem ξ vernachlässigt werden können. So erhält man für $\xi \gg 1$

$$W_l(r) \approx \sin(\xi - l\frac{\pi}{2}) + O(\frac{1}{\xi}). \tag{6}$$

Vergleich dieser Formel mit (§38; 5) zeigt, daß die Phasenkonstante auf Grund ihrer Definition gerade den Unterschied zwischen $V_l(r)$ und $W_l(r)$ bei großen Radien kennzeichnet.

Für kleine ξ ergibt sich durch Einsetzen der Reihenentwicklung für $\sin\xi$ nach einigen Zwischenrechnungen

$$W_l(r) = \frac{2^l\, l!}{(2l+1)!}\,\xi^{l+1} - \dots \tag{7}$$

Diese Formel besagt, daß $W_l(r)$ im Bereich $\xi \ll 1$ umso kleiner ist, je größer l ist (vgl. Abb. 37). Wenn nun

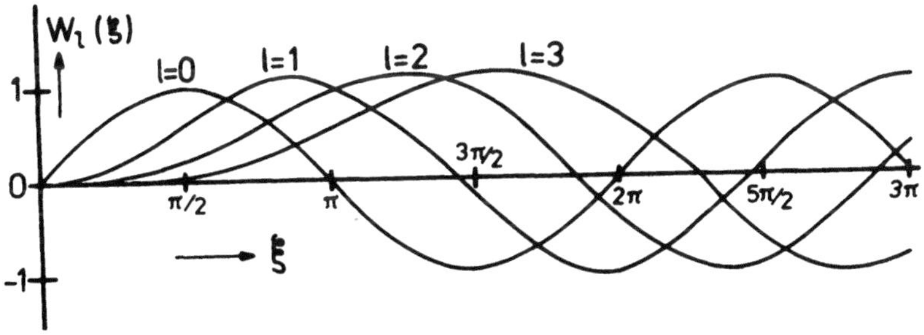

Abb.37. Die ersten 4 im Nullpunkt regulären Lösungen der Differentialgleichung (2).

$E_{pot}(r)$ nur in einem Bereich von $r=0$ bis $r=r_1$ wesentlich von null verschieden ist, so ist im Fall $kr_1 \ll 1$ das Produkt $E_{pot}(r)\,W_l(r)$ überall sehr klein. Denn im Bereich $kr \gg 1$, wo $W_l(r)$ in der Größenordnung von 1 liegt, ist $E_{pot}(r)$ praktisch null, und im

Bereich $kr \ll 1$ ist $w_l(r)$ außer für $l = 0$ klein. Daher gilt dasselbe für δ_l.

Um das exakt nachzuweisen, multipliziert man (2) mit $v_l(r)$ und (1) mit $w_l(r)$ und subtrahiert diese Gleichungen. Das ergibt

$$\frac{d}{dr}\left(v_l(r)\,\frac{dw_l(r)}{dr} - w_l(r)\,\frac{dv_l(r)}{dr}\right) + \frac{2m_{red}}{\hbar^2}E_{pot}(r)\,v_l(r)\,w_l(r) = 0\,. \quad (8)$$

Nun werde vorausgesetzt, daß der unbestimmte Faktor bei $v_l(r)$ und $w_l(r)$ beide Mal so gewählt wurde, daß die Amplitude bei großen Radien gleich 1 ist. In diesem Bereich $kr \gg 1$ gilt dann

$$v_l(r) = \sin\left(kr + \delta_l - l\frac{\pi}{2}\right) \quad (9)$$

und daher wegen (6)

$$v_l(r)\,\frac{dw_l(r)}{dr} - w_l(r)\,\frac{dv_l(r)}{dr} = k\sin\delta_l\,. \quad (10)$$

Nun beachte man, daß (6) und (9) bei kleinen Radien nicht gelten. Vielmehr sind $v_l(r)$ und $w_l(r)$ bei $r = 0$ beide gleich null und haben dort endliche Ableitungen. Daher ergibt sich aus (8) durch Integration von $r = 0$ bis $r = \infty$

$$k\sin\delta_l = -\frac{2m_{red}}{\hbar^2}\int\limits_{r=0}^{\infty} E_{pot}(r)\,v_l(r)\,w_l(r)\,dr\,. \quad (11)$$

Diese Formel erlaubt eine Abschätzung von δ_l. Es werde etwa angenommen, daß $E_{pot}(r)$ im Bereich $r > r_1$ vernachlässigbar klein sei und im Bereich $0 < r < r_1$ endlich ist, also $|E_{pot}(r)| < E_{max}$ erfüllt. Ferner werde vorausgesetzt, daß $v_l(r)$ im Bereich $0 < r < r_1$ ebenso wie für große Radien der Ungleichung $|v_l(r)| \leq 1$ genügt. Dann ergibt sich aus (11) für den Fall $kr_1 \ll 1$ mit Benutzung der Näherungsformel (7)

$$|\sin\delta_l| \leq \frac{E_{max}}{E}\cdot\frac{2^l\cdot l!}{(2l+1)!}\cdot\frac{(kr_1)^{l+2}}{l+2}\,. \quad (12)$$

Genauere Aussagen sind ohne spezielle Annahmen über den Verlauf von $E_{pot}(r)$ nicht möglich. Insbesondere kann es in besonderen

Fällen vorkommen, daß $v_l(r)$ im Bereich $r < r_1$ merklich größere Werte erreicht als bei großen Radien, obwohl $v_l(r)$ bei $r = 0$ verschwindet. Wenn solche Sonderfälle nicht vorliegen, liefert aber (12) die gewünschte Aussage.

Die Gültigkeit der zweiten der vorn genannten Aussagen kann man leicht für den Fall eines "kastenförmigen" Potentialverlaufs einsehen (vgl. Bd. II, §3) bzw. für den Fall, daß $|E_{pot}(r)|$ für $r < r_1$ überall groß gegen die kinetische Energie $E = \hbar^2 k^2/(2m_{red})$ der einfallenden Teilchen ist und bei $r = r_1$ plötzlich auf null absinkt. Das ist zwar selten eine gute Näherung, macht aber das Wesen der Sache deutlich. Dann hängt nämlich im Bereich $r < r_1$ der Verlauf von $v_l(r)$ praktisch nicht von k ab und ist dort wegen der Forderung $v_l(r) = 0$ bei $r = 0$ bis auf einen Faktor eindeutig bestimmt. Daraus folgt, daß dann $\frac{1}{v_l}\frac{dv_l}{dr}$ bei $r = r_1$ für alle k des betrachteten Bereiches eine nur von $E_{pot}(r)$ abhängige Konstante ist. Betrachtet man nun speziell den Fall $l = 0$, so ist $v_0(r)$ für $r > r_1$ wegen $E_{pot}(r) = 0$ eine Lösung von (2):

$$\frac{d^2 v_0}{dr^2} + k^2 v_0 = 0 \tag{13}$$

oder

$$v_0 = C \sin(kr + \delta_0(k)) . \tag{14}$$

Aus der Stetigkeit von v_0 und dv_0/dr bei $r = r_1$ ergibt sich daher

$$k \cot(\delta_0(k) + kr_1) = \left(\frac{1}{v_0}\frac{dv_0}{dr}\right)_{r=r_1} = \text{konstant} = \alpha . \tag{15}$$

Wenn nun $kr_1 \ll 1$ ist, kann man in erster Näherung kr_1 auf der linken Seite vernachlässigen und erhält $k \cot\delta_0(k) = \alpha$. In zweiter Näherung entwickelt man die linke Seite nach Potenzen von kr_1 bis zu den linearen

Gliedern und setzt in dem Korrekturterm die erste Näherung ein. Mit den Abkürzungen $\alpha + \alpha^2 r_1 = -1/a$ und $r_1 = r_0/2$ erhält man dann

$$k \cot \delta_0(k) = -\frac{1}{a} + \frac{k^2 r_0}{2} . \tag{16}$$

Das ist die Formel von Landau und Smorodinsky. Sie besagt, daß unter den genannten Voraussetzungen $k \cot \delta_0(k)$ eine lineare Funktion der kinetischen Energie $E = -\hbar^2 k^2/(2m_{red})$ der einfallenden Teilchen ist. Die in dieser Beziehung vorkommenden Konstanten a und r_0 sind beides Längen. r_0 ist ein Maß für die Ausdehnung des Bereiches, in welchem $E_{pot}(r)$ wesentlich von null verschieden ist und wird effektive Reichweite genannt. Voraussetzung für die Gültigkeit der Formel ist $kr_0 \ll 1$.

Die Länge a wird meist als Fermische Streulänge[1)] bezeichnet. Ihre Bedeutung kann man auf zwei ganz verschiedene Weisen deutlich machen. Erstens kann man den asymptotischen Verlauf von $v_0(r)$ ins Auge fassen. Für so kleine Energien, daß man den zweiten Summanden auf der rechten Seite von (16) vernachlässigen kann, ergibt sich aus (14) im Bereich $kr < kr_1 \ll 1$ der Ausdruck

$$v_0(r) = C \sin\delta_0 \cdot \left(1 - \frac{r}{a} + O(kr)^2\right) . \tag{17}$$

Wenn man also den asymptotischen Verlauf des Radialanteils $v_0(r)$ der Wellenfunktion zu $l = 0$ von großen Radien her in das Gebiet $r < r_1$ fortsetzt, erhält man dort für kleine k nahezu einen geradlinigen Verlauf mit einer Nullstelle bei $r = a$ (vgl. Abb. 38). Der wirkliche Verlauf von $v_0(r)$ weicht im Gebiet $r < r_1$ davon natürlich ab. Insbesondere hat die wirkliche Funktion $v_0(r)$ bei $r = 0$ eine Nullstelle. Die Nullstelle der asymptotischen

1) E. Fermi und L. Marschall, Phys. Rev. 71 (1947) S. 666

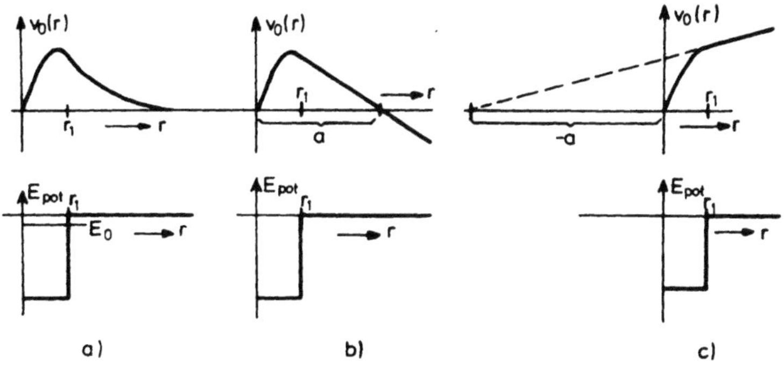

Abb.38. Der Radialanteil der Wellenfunktion, multipliziert mit r, für die S-Welle im Kastenpotential
a) für einen gebundenen Zustand
b) für die Streuwelle mit $k = 0$ im gleichen Fall
c) für die Streuwelle mit $k = 0$, wenn gerade kein gebundener Zustand mehr möglich ist.

Formel ist also rein fiktiv und kann sowohl innerhalb des Bereiches $r < r_1$ liegen als auch außerhalb, ja sie kann sogar negative Werte annehmen.

Das Vorzeichen von a enthält eine wichtige physikalische Aussage. Wie man am Beispiel des Potentialtopfes elementar durchrechnen kann (vgl. Aufg. 3), hat a bei Vorhandensein eines stationären Zustandes mit einer im Vergleich zur Tiefe des Potentialtopfes kleinen Bindungsenergie einen großen positiven Wert (vgl. Abb. 38b). Ein großes negatives a deutet auf das Vorhandensein eines sogenannten virtuellen stationären Zustandes hin, d. h. dann würde bei einer geringfügigen Vergrößerung der Tiefe des Potentialtopfes ein weiterer stationärer Zustand auftreten (vgl. Abb. 38c). Bei der Proton-Neutron-Streuung liegt bei parallelen Kernspins gerade der erste Fall vor. Der zugehörige stationäre Zustand ist beim Deuteron verwirklicht. Bei antiparallelen Kernspins besitzen Proton und Neutron dagegen keinen gebundenen Zustand. In diesem Fall ist a negativ. Die gemessenen Werte betragen

im Singulett-Zustand $a_S = (\ 5{,}40 \pm 0{,}01) \cdot 10^{-13}$ cm
im Triplett-Zustand $a_T = -(23{,}68 \pm 0{,}03) \cdot 10^{-13}$ cm
Man beachte, daß a nichts mit der Ausdehnung des Wechselwirkungsbereiches zu tun hat, sondern groß dagegen sein kann.

Die Bedeutung von a kann man zweitens aber auch durch Betrachtung des Wirkungsquerschnittes veranschaulichen. Wenn alle δ_l mit $l \geq 1$ klein gegen δ_0 sind, ist der differentielle Wirkungsquerschnitt nach (§38; 14) wegen $P_0(\cos\vartheta) = 1$ vom Ablenkungswinkel ϑ unabhängig und beträgt

$$|f(\vartheta)|^2 = \frac{\sin^2\delta_0}{k^2}. \tag{18}$$

Da nach (16) im Limes $k \to 0$ auch δ_0 gegen null geht, ergibt sich daraus für den totalen Wirkungsquerschnitt bei $k = 0$

$$\sigma = \iint \frac{d\sigma}{d\Omega}\, d\Omega = \lim_{k\to 0} \frac{4\pi\delta_0^2}{k^2} = 4\pi a^2. \tag{19}$$

Wenn man sich also den Wirkungsquerschnitt als eine Kreisscheibe vorstellt, in welche das einfallende Teilchen hineintreffen muß, um gestreut zu werden, so muß diese Scheibe bei ganz kleinen Einfallsenergien den Radius $2a$ haben.

Der Nachweis, daß (16) unter den genannten Voraussetzungen für jeden Verlauf der potentiellen Energie gilt, läßt sich nach einem ähnlichen Verfahren erbringen wie der Nachweis, daß die δ_l mit wachsendem l rasch abnehmen. Nur ist diese Rechnung deshalb umständlicher, weil jetzt Streuwellen zu verschiedenen k-Werten miteinander verglichen werden müssen. Daher ist es nicht mehr zweckmäßig, die Wellenfunktionen so wie bisher zu normieren, daß ihre Amplituden im Bereich großer Radien gleich 1 sind. Denn wegen (16) geht im Limes $k \to 0$ auch $\delta_0 \to 0$, und das bedeutet, daß die Wellenfunktion $v_0(r) = \sin(kr + \delta_0)$ im Limes $k \to 0$ für alle endlichen r gegen null strebt.

Deshalb ist es in diesem Fall vorteilhafter, eine anders normierte Funktion $V(k;r)$ zu benutzen, deren asymptotischer Verlauf bei rückwärtiger Verlängerung bis $r=0$ für alle k den festen Wert 1 ergibt. Da fortan nur noch der Fall $l=0$ betrachtet werden soll, werde in der Bezeichnung für diese Funktion der Index l als unnötig fortgelassen und dafür die jetzt wichtige Abhängigkeit von k hervorgehoben. $V(k;r)$ soll also die bei $r=0$ verschwindende Lösung der Differentialgleichung

$$\frac{d^2V(k;r)}{dr^2} + \left(k^2 - \frac{2m_{red}}{\hbar^2}E_{pot}(r)\right)V(k;r) = 0 \tag{20}$$

sein, welche asymptotisch für $kr \gg 1$ die Form

$$V(k;r) = \frac{\sin(kr+\delta_0(k))}{\sin\delta_0(k)} \tag{21}$$

annimmt. Diese Funktion wird zunächst mit der entsprechenden Funktion zu $k=0$ verknüpft, welche der Differentialgleichung

$$\frac{d^2V(0;r)}{d^2r^2} + \left(0 - \frac{2m_{red}}{\hbar^2}E_{pot}(r)\right)V(0;r) = 0 \tag{22}$$

genügt. Multipliziert man diese Gleichung mit $V(k;r)$ und (20) mit $V(0;r)$, so ergibt sich bei Subtraktion

$$\frac{d}{dr}\left(V(k;r)\,\frac{dV(0;r)}{dr} - V(0;r)\,\frac{dV(k;r)}{dr}\right) = k^2V(k;r)\,V(0;r)\,. \tag{23}$$

Die hier in der Klammer auftretende Größe hat im Limes $r\to\infty$ keinen Grenzwert, sondern oszilliert. Deshalb wird zum Vergleich eine andere Funktion $W(k;r)$ herangezogen, welche der Differentialgleichung (20) ohne die potentielle Energie genügt,

$$\frac{d^2W(k;r)}{dr^2} + k^2W(k;r) = 0, \tag{24}$$

aber anders als $w_0(r)$ nicht bei $r=0$ verschwindet, sondern für große Radien dasselbe asymptotische Verhalten wie $V(k;r)$ besitzt. Für große kr soll also gelten

$$W(k;r) = \frac{\sin(kr+\delta_0(k))}{\sin\delta_0(k)} = \cos kr + \cot\delta_0(k)\cdot\sin kr\,. \tag{25}$$

Wie man sofort sieht, genügt diese Funktion nicht nur asymptotisch, sondern für alle r der Gleichung (24), so daß sich eine Integration von (24) erübrigt. Genauso wie bei $V(k;r)$ wird diese Funktion mit der Funktion $W(0;r)$ zu $k=0$ verknüpft, welche mit der Abkürzung

$$\lim_{k\to 0} k\cot\delta_0(k) = -\frac{1}{a} \tag{26}$$

auch in der Form

$$W(0;r) = 1 - \frac{r}{a} \tag{27}$$

geschrieben werden kann und der Differentialgleichung

$$\frac{d^2W(0;r)}{d^2r^2} = 0 \tag{28}$$

genügt. Multipliziert man nun (28) mit $W(k;r)$ und (24) mit $W(0;r)$ und subtrahiert, so erhält man

$$\frac{d}{dr}\left(W(k;r)\frac{dW(0;r)}{dr} - W(0;r)\frac{dW(k;r)}{dr}\right) = k^2W(k;r)W(0;r). \tag{29}$$

Die Differenz aus (29) und (23) läßt sich nun leicht von $r=0$ bis $r=\infty$ integrieren, weil die Ausdrücke in den Klammern definitionsgemäß bei großen r übereinstimmen. Die Klammer mit $V(k;r)$ verschwindet bei $r=0$. Diejenige mit $W(k;r)$ läßt sich mit Hilfe von (25) und (27) leicht ausrechnen. So erhält man

$$k\cot\delta_0(k) = -\frac{1}{a} + k^2\int_{r=0}^{\infty}\Big(W(k;r)W(0;r) - V(k;r)V(0;r)\Big)dr. \tag{30}$$

Diese Formel, welche noch für alle k streng gültig ist, wurde anscheinend erstmalig von Bethe[1] abgeleitet. Bei kleinem k kann man den zweiten Summanden auf der rechten Seite als Korrektur ansehen und dementsprechend im Integranden $k=0$ setzen. Bei $r=0$ ist der Integrand gleich 1. Bei denjenigen Radien, bei denen $E_{pot}(r)$ vernachlässigbar klein wird, verschwindet er definitionsgemäß. Also ist sein Wert etwa gleich der Hälfte dieses Radius. Deshalb bezeichnet man dieses Integral für $k=0$ mit $r_0/2$. Dann ist (30) mit (16) identisch.

Dieser etwas umständliche Rechnungsgang wurde hier gewählt, um die entsprechende Rechnung für den Fall der Proton-Proton-

1) H.A. Bethe, Phys. Rev. 76 (1949) S. 38

Streuung qualitativ verständlich machen zu können. Bezeichnet man mit $E_K(r)$ die potentielle Energie der Kernkraft zwischen zwei Protonen, so lautet die Differentialgleichung (20) in diesem Fall

$$\frac{d^2V_p(k;r)}{dr^2} + \left(k^2 - \frac{2m_{red}}{\hbar^2}\left(\frac{e^2}{4\pi\varepsilon_0 r} + E_K(r)\right)\right)V_p(k;r) = 0. \quad (31)$$

Die Schwierigkeiten, die von dem langsamen Abfall des Coulombpotentials proportional mit $1/r$ herrühren, vermeidet man dadurch, daß man die Funktion $V_p(k;r)$ nicht wie bisher mit einer Lösung der Differentialgleichung ohne potentielle Energie vergleicht, sondern mit einer Funktion $W_p(k;r)$, welche der zu (31) entsprechenden Differentialgleichung ohne Kernpotential, aber mit dem Coulombpotential genügt, also der Gleichung

$$\frac{d^2W_p(k;r)}{dr^2} + \left(k^2 - \frac{2m_{red}\cdot e^2}{\hbar^2\cdot 4\pi\varepsilon_0}\cdot\frac{1}{r}\right)W_p(k;r) = 0. \quad (32)$$

Diese Gleichung ist zwar mathematisch etwas komplizierter, weil ihre Lösungen sowohl im Unendlichen als auch bei $r=0$ Singularitäten besitzen können. Da sie aber zum Unterschied von (31) keine unbekannte Funktion $E_K(r)$ enthält, kann man sie mathematisch streng untersuchen.

Das ist geschehen[1] und führte zu folgenden Aussagen: Diejenigen Lösungen, welche bei $r=0$ verschwinden, sind bis auf einen Faktor eindeutig bestimmt. Sie oszillieren bei großen Radien, ähnlich wie die Lösungen von (24), aber nicht streng periodisch, sondern mit einer logarithmisch von kr abhängigen Phase. Diejenige dieser Funktionen, deren Amplitude bei großen Radien gleich 1 ist, werde mit $F_0(r)$ bezeichnet. Mit Benutzung des durch (37) erklärten Zahlenkoeffizienten η und einer weiteren, belanglosen Konstanten σ_0 lautet $F_0(r)$ für $kr \gg 1$

$$F_0(r) \approx \sin(kr - \eta\ln 2kr + \sigma_0). \quad (33)$$

Diejenige Lösung von (32), welche bei großen Radien gerade um $\pi/2$ gegen $F_0(r)$ phasenverschoben ist, werde mit $G_0(r)$ bezeichnet. Sie genügt für $kr \gg 1$ der Beziehung

$$G_0(r) \approx \cos(kr - \eta\ln 2kr + \sigma_0). \quad (34)$$

Qualitativ kann man sagen, daß sich $F_0(r)$ ähnlich verhält wie die Lösung $\sin kr$ von (24) und $G_0(r)$ wie $\cos kr$. Ins-

1) F.L. Yost, J.A. Wheeler, G. Breit, Phys. Rev. 49 (1937) S. 174

besondere ist $G_0(r)$ auch bei $r = 0$ endlich, wenn sie dort auch Terme proportional $kr \ln kr$ enthält. Die allgemeinste Lösung von (32) ist eine Linearkombination von $F_0(r)$ und $G_0(r)$. Da $E_K(r)$ mit wachsendem Radius sehr rasch gegen null geht, verhalten sich die Lösungen von (31) und (32) bei großen Radien gleich. Wenn man nun über den unbestimmten Faktor bei der bei $r = 0$ verschwindenden Lösung $V_p(k;r)$ von (31) passend verfügt, muß sich eine Phasenkonstante $\delta_{0p}(k)$ finden lassen, so daß für $kr \gg 1$ die Beziehung

$$V_p(k;r) = G_0(r) + \cot \delta_{0p}(k) \cdot F_0(r) \tag{35}$$

gilt. Diese Gleichung spielt für die Proton-Proton-Streuung die gleiche Rolle wie (21) für Streuprozesse mit stärker abfallender potentieller Energie. Sie definiert implizit die Phasenkonstante $\delta_{0p}(k)$, welche den Einfluß der Kernkraft zwischen zwei Protonen auf die S-Welle erfaßt. Wenn man mit $V_p(k;r)$ und $W_p(k;r)$ dieselbe Rechnung ausführt wie in (20) bis (30) mit $V(k;r)$ und $W(k;r)$, so erhält man eine ähnliche Formel wie (30), nur mit einem komplizierteren Ausdruck an Stelle von $k \cot \delta_{0p}$. Daraus folgt für die Proton-Proton-Kernkraft die folgende Aussage:

Die Kernkraft zwischen zwei Protonen macht sich bei Streuversuchen im Energiebereich bis etwa 10 MeV praktisch nur bei der Phasenkonstante der S-Welle bemerkbar. Sie liefert zu ihr einen Beitrag $\delta_{0p}(k)$, welcher nicht von dem Verlauf dieser Kraft als Funktion des Nukleonenabstandes im einzelnen abhängt, sondern nur von ihrer Streulänge a_p und ihrer effektiven Reichweite r_{0p}. Er ist durch die folgende Formel gegeben:

$$f(\eta) \cot \delta_{0p}(k) + g(\eta) = \frac{1}{\eta k}\left(-\frac{1}{a_p} + \frac{k^2 r_{0p}}{2}\right). \tag{36}$$

Darin ist η eine von k abhängige Zahl

$$\eta = \frac{e^2 m_{red}}{4\pi\varepsilon_0 \hbar^2 k} = \sqrt{\frac{24{,}98 \text{ keV}}{E_{Lab}}} . \tag{37}$$

Ferner gilt

$$f(\eta) = \frac{2\pi}{\exp 2\pi\eta - 1} \tag{38}$$

und

$$g(\eta) = 2\sum_{s=1}^{\infty} \frac{\eta^2}{s(s^2+\eta^2)} - 2\ln\eta \qquad (39)$$

Dieses theoretische Ergebnis aus dem Jahre 1949 beendete eine lange Serie von aufwendigen Arbeiten, welche alle mit dem Ziel ausgeführt wurden, den Verlauf dieser Kernkraft experimentell vollständig zu bestimmen. Aus

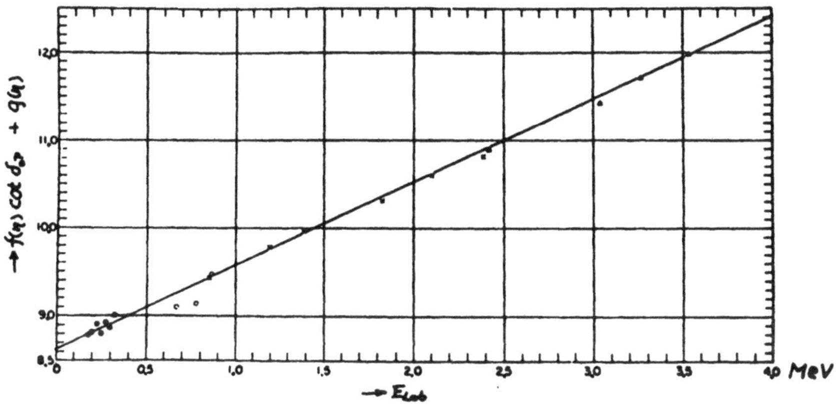

Abb.39. Die Funktion $f(\eta)\cot\delta_{0P} + g(\eta)$ in Abhängigkeit von der Energie der einfallenden Protonen im Gebiet bis 4 MeV (nach H.A. Bethe, Phys. Rev. 76 (1949) S. 38).

Abb. 39 ergibt sich eindrucksvoll, daß das nicht möglich ist. In dieser Abbildung sind als Meßpunkte die aus den gemessenen differentiellen Wirkungsquerschnitten berechneten Werte der linken Seite von (36) in Abhängigkeit von der kinetischen Energie der einfallenden Protonen E_{Lab} aufgetragen. Der Umstand, daß die Punkte recht genau auf einer Geraden liegen, kann einerseits als eine befriedigende Bestätigung der Richtigkeit der Theorie angesehen werden. Andererseits ist dieses Ergebnis enttäuschend, denn es besagt, daß aus derartigen Messungen nur die zwei Parameter a_p und r_{0p} entnommen werden können und keine weiteren Aussagen über die Kernkraft. Wenn man das vorher gewußt hätte, wären viele dieser Messungen vermutlich nicht ausgeführt worden, da sie zwecklos waren. Man sieht: Nichts ist praktischer als eine gute Theorie.

§40. Die Møller-Operatoren und die S-Matrix

In den folgenden beiden Paragraphen sollen einige der wichtigsten Begriffe der allgemeinen quantenmechanischen Streutheorie erörtert werden ohne jeden Anspruch auf Vollständigkeit. Bei jedem Streuversuch sind zu Anfang zwei praktisch getrennte Körper, das einfallende Teilchen und das Target vorhanden, welche nachher in Wechselwirkung treten. Ist $H^{(0)}$ der Hamiltonoperator der getrennten Teilchen und W der Operator ihrer Wechselwirkung, so ist das Zustandselement $|\psi^{(0)}(t)\rangle$ zu Anfang, d. h. für genügend großes negatives t, eine Lösung der ungestörten Schrödingergleichung

$$i\hbar\frac{\partial}{\partial t}|\psi^{(0)}(t)\rangle - H^{(0)}|\psi^{(0)}(t)\rangle = 0\,. \tag{1}$$

In diesem Zustand verschwindet die Wechselwirkung:

$$W|\psi^{(0)}(t)\rangle = 0\,. \tag{2}$$

Nach einiger Zeit gilt das aber nicht mehr. Dann ändert sich das Zustandselement entsprechend der gestörten Gleichung

$$i\hbar\frac{\partial}{\partial t}|\psi(t)\rangle - H^{(0)}|\psi(t)\rangle = W|\psi(t)\rangle\,. \tag{3}$$

Mathematisch streng gelten (1) und (2) nur asymptotisch für $t \to -\infty$. Da sich alle Lösungen von (1) mit einem passend gewählten , zeitunabhängigen Element $|in\rangle$ in der Form

$$|\psi^{(0)}(t)\rangle = \exp\left(-\frac{i}{\hbar}tH^{(0)}\right)|in\rangle \tag{4}$$

schreiben lassen, ersetzt man die obigen Gleichungen (1) und (2) bei strenger Behandlung durch die Anfangsbedingung

$$\lim_{t\to-\infty}\left\{|\psi(t)\rangle - \exp\left(-\frac{i}{\hbar}tH^{(0)}\right)|in\rangle\right\} = 0. \tag{5}$$

Das Element $|in\rangle$ beschreibt den Zustand, der zur Zeit $t=0$ angenommen werden würde, wenn (1) bis dahin gelten würde, was im allgemeinen nicht der Fall ist. Das

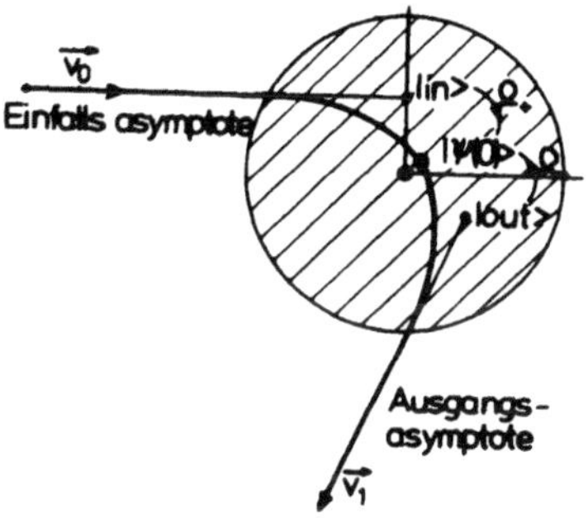

Abb.40.
Die Bedeutung der Møller-operatoren, erläutert an der Bewegung eines Massenpunktes.

wird durch Abb. 40 für das klassische Modell eines Massenpunktes veranschaulicht. $|in\rangle$ entspricht einer Lage auf der Einfallsasymptote mit der Anfangsgeschwindigkeit $\vec{v}_0$ zu einem Zeitpunkt $t=0$, an welchem das betrachtete Teilchen in Wirklichkeit schon an dem mit $|\psi(0)\rangle$ bezeichneten Punkt angekommen ist.

Wenn das wirkliche Zustandselement $|\psi(0)\rangle$ zur Zeit $t=0$ bekannt ist, ergibt es sich zu anderer Zeit t für den Fall, daß der Hamiltonoperator $H = H^{(0)}+W$ nicht explizit von t abhängt, aus der Gleichung

$$|\psi(t)\rangle = \exp\left(-\frac{i}{\hbar}tH\right)|\psi(0)\rangle. \tag{6}$$

Für die zu der gegebenen $|in\rangle$ -Asymptote gehörende Bewegung ergibt sich $|\psi(0)\rangle$ durch Auflösen von (6) und Anwendung von (5)

$$|\psi(0)\rangle = \lim_{t\to-\infty}\left\{\exp\left(+\frac{i}{\hbar}tH\right)\exp\left(-\frac{i}{\hbar}tH^{(0)}\right)\right\}|in\rangle. \tag{7}$$

Der Operator

$$\Omega_+ = \lim_{t\to-\infty}\exp\left(+\frac{i}{\hbar}tH\right)\exp\left(-\frac{i}{\hbar}tH^{(0)}\right) \tag{8}$$

wird als Møller-Operator für die Anfangsasymptote bezeichnet[1]. Er führt das Element $|in\rangle$, welches einen Zustand auf der Einfallsasymptote beschreibt, in dasjenige Zustandselement über, welches gleichzeitig wirklich angenommen wird. Das wurde in Abb. 40 durch den mit Ω_+ markierten gekrümmten Pfeil angedeutet.

Der Operator Ω_+ läßt ein skalares Produkt bei Anwendung auf seine beiden Faktoren invariant, weil die Faktoren $\exp\left(+\frac{i}{\hbar}tH\right)$ und $\exp\left(-\frac{i}{\hbar}tH^{(0)}\right)$ diese Eigenschaft haben. Trotzdem ist er nicht im strengen mathematischen Sinne unitär. Denn im allgemeinen gibt es nicht zu jedem $|\psi(0)\rangle$ ein $|in\rangle$, welches durch Ω_+ in $|\psi(0)\rangle$ überführt wird. Wenn das einfallende Teilchen und das Target sich gegenseitig anziehen, gibt es nämlich oft gebundene Zustände, deren Zustandselemente $|u_n(t)\rangle$ für alle Zeiten Vielfache des Anfangselementes $|u_n(0)\rangle$ sind. Die Anwendung des Operators $\exp\left(+\frac{i}{\hbar}tH^{(0)}\right)\exp\left(-\frac{i}{\hbar}tH\right)$, der zu dem in (8) unter dem Grenzwert stehenden Operator adjungiert ist, führt also zu einem Zustandselement, für das der Grenzwert $t\to-\infty$ nicht existiert. Für solche Elemente ist also das adjungierte Ω_+^+ von Ω_+ nicht erklärt. Ω_+^+ darf nur auf solche Zustandselemente angewandt werden, welche, von einem Zustand mit zwei getrennten Teilchen ausgehend, im Laufe der Zeit wirklich erreicht werden

1) C. Møller, Kgl. Danske Vidensk. Selsk. Math.-Fys. Medd. 23 (1945) Nr. 1 und 26 (1946) Nr. 19

können und zu allen Zustandselementen zu gebundenen Zuständen dieser beiden Teilchen orthogonal sind.

Wesentlich schwieriger ist die Beschreibung des Endzustandes nach Ablauf des Streuprozesses. Wenn man sich an den in den vorigen Paragraphen geschilderten Erscheinungen orientiert, liegt es nahe anzunehmen, daß das einfallende Teilchen und das Target für $t \to +\infty$ wieder in einen Zustand übergehen, in welchem sie weit getrennt sind und ihr Zustandselement der ungestörten Schrödingergleichung (1) genügt. Das ist aber nicht immer der Fall. Das erkennt man sofort bei Betrachtung des noch relativ einfachen Beispiels der Streuung eines α-Teilchens an einem H-Atom. In diesem Fall ist $\mathbf{W}$ die Wechselwirkung zwischen dem α -Teilchen einerseits und dem Elektron und dem H-Atomkern andererseits. Die Wechselwirkung zwischen dem Elektron und dem H-Atomkern gehört dagegen zu $\mathbf{H}^{(0)}$. Für den Zustand nach dem Durchlaufen des α -Teilchens durch das H-Atom gibt es 4 Möglichkeiten.

1). Das α -Teilchen hinterläßt das H-Atom im Grundzustand. Das bezeichnet man als elastische Streuung, auch dann, wenn das H-Atom dabei weggestoßen wird und dabei dem α -Teilchen kinetische Energie entzieht.

2). Das H-Atom ist nach dem Stoß angeregt. Diesen Prozeß bezeichnet man als unelastische Streuung.

3). Das Elektron wird aus dem H-Atom herausgeschlagen. α -Teilchen, Elektron und Proton fliegen nachher getrennt auseinander. Das bezeichnet man als Stoßionisation durch das α -Teilchen.

4). Das Elektron wird vom α -Teilchen eingefangen, so daß ein He^+-Ion und ein freies Proton entstehen. Dann spricht man von einer Umladung oder einem Ladungsaustausch.

Diese verschiedenen Möglichkeiten bezeichnet man in der Streutheorie als verschiedene "Ausgangskanäle". Je nachdem welcher Kanal realisiert ist, lautet der ungestörte Hamiltonoperator im Endzustand verschieden. Außer dem Operator der kinetischen Energie der drei Teilchen gehört im 1. und 2. Fall die Wechselwirkung zwischen Elektron und Proton dazu, genau wie im Eingangskanal. Im 3. Fall enthält $H^{(0)}$ jedoch nur die Operatoren der kinetischen Energie, im 4. Fall außerdem noch die Wechselwirkung zwischen Elektron und α -Teilchen, nicht dagegen diejenige mit dem Proton.

Ein einzelner Kanal, welcher im folgenden durch einen Index α , β , ... markiert werden soll, wird durch die Angabe gekennzeichnet, welche Teilchen aneinander gebunden sein sollen, in welchem stationären Zustand sie sich befinden und welche Körper sich unabhängig voneinander getrennt bewegen. Wenn es wie im betrachteten Fall im H-Atom und He^+-Ion unendlich viele stationäre Zustände gibt, durchläuft der Index α unendlich viele Werte, obwohl man praktisch diese verschiedenen Kanäle schwer unterscheiden kann. Da ein angeregtes Atom oder Ion meist vor dem Nachweis mit einem Detektor durch Ausstrahlung in den Grundzustand übergeht, sind die verschiedenen unelastischen Streukanäle nur unterscheidbar, wenn man außerdem die emittierten Lichtquanten feststellt, was praktisch kaum möglich ist. Trotzdem ist es zweckmäßig, diese Kanäle theoretisch zu unterscheiden. Der ungestörte Hamiltonoperator $H_\alpha^{(0)}$ zu einem Kanal α besteht aus den Operatoren zur kinetischen Energie aller Teilchen und der Wechselwirkung der miteinander verbundenen Teilchen. Die zugehörige Störung W_α enthält die übrigen Wechselwirkungen. Stets gilt

$$H = H_\alpha^{(0)} + W_\alpha = H_\beta^{(0)} + W_\beta = \dots \quad . \tag{9}$$

Zu verschiedenen Indizes α gehören verschiedene, zueinander orthogonale Teilräume des Hilbertraumes des Gesamtsystems. Die Zustandselemente eines Kanals sind in der Ortsdarstellung Produkte aus Wellenfunktionen, welche von den Koordinatendifferenzen der miteinander verbundenen Teilchen und den Schwerpunktskoordinaten der getrennten Körper abhängen. Jeder dieser Teilräume ist unendlich-dimensional und enthält ein Kontinuum von Zuständen.

Für große Zeiten geht $|\psi(t)\rangle$ asymptotisch in eine Superposition von Lösungen der ungestörten Schrödingergleichung zu den verschiedenen Kanälen über. Es läßt sich daher eine Folge von zeitunabhängigen Elementen $|out;\beta\rangle$ finden, zu jedem Kanal β eines, so daß

$$\lim_{t\to+\infty}\left\{ |\psi(t)\rangle - \sum_{\beta} \exp\left(-\frac{i}{\hbar} t H_{\beta}^{(0)}\right)|out;\beta\rangle \right\} = 0 \qquad (10)$$

gilt.

Im Prinzip wäre es natürlich auch denkbar, daß der Zustand der einfallenden Teilchen und des Targets zu Anfang durch solch eine Superposition beschrieben wird, aber praktisch ist das nicht der Fall. Die Präparation von Teilchen in verschiedenen Kanälen erfordert ganz verschiedene Apparaturen.

Die folgenden Formeln schreiben sich teilweise einfacher, wenn man den Operator P_β der Projektion auf einen Kanal β einführt. Bezeichnet man die geeignet normierten, uneigentlichen Eigenelemente der Impulsoperatoren der getrennten Teilchen dieses Kanals mit $|\vec{p}_1,\vec{p}_2,\dots;\beta\rangle$, so hat dieser Operator die Form

$$P_\beta := \iiint\limits_{\vec{p}_1}\iiint\limits_{\vec{p}_2}\dots |\vec{p}_1,\vec{p}_2,\dots;\beta\rangle\langle\vec{p}_1,\vec{p}_2,\dots\beta|\, d^3p_1\, d^3p_2 \dots \quad . \qquad (11)$$

Anwendung dieses Operators P_β auf (10) liefert

$$\lim_{t\to+\infty}\left\{P_\beta|\psi(t)\rangle - \exp\left(-\frac{i}{\hbar}tH_\beta^{(0)}\right)|out;\beta\rangle\right\} = 0 . \tag{12}$$

Darin ist jetzt die Summe über β weggefallen. Daher ergibt sich daraus mit (6)

$$|out;\beta\rangle = \lim_{t\to+\infty}\left\{\exp\left(\frac{i}{\hbar}tH_\beta^{(0)}\right)P_\beta\exp\left(-\frac{i}{\hbar}tH\right)\right\}|\psi(0)\rangle . \tag{13}$$

Der hier auftretende Operator

$$\Omega_{\beta-}^{+} = \lim_{t\to+\infty}\left\{\exp\left(\frac{i}{\hbar}tH_\beta^{(0)}\right)P_\beta\exp\left(-\frac{i}{\hbar}tH\right)\right\} \tag{14}$$

ist adjungiert zum Møller-Operator $\Omega_{\beta-}$ des β-Ausgangskanals, welcher das zum asymptotischen Zustand gehörende Element $|out;\beta\rangle$ dieses Kanals in den in diesen Teilraum fallenden Anteil des wirklichen Zustands $|\psi(0)\rangle$ bei $t=0$ überführt.

Der Symmetrie halber werde von jetzt ab der Eingangskanal mit dem Index α bezeichnet und dementsprechend (7) in folgender Form geschrieben:

$$|\psi(0)\rangle = \lim_{t\to-\infty}\left\{\exp\left(\frac{i}{\hbar}tH\right)P_\alpha\exp\left(-\frac{i}{\hbar}tH_\alpha^{(0)}\right)\right\}|in;\alpha\rangle = \Omega_{\alpha+}|in;\alpha\rangle . \tag{15}$$

Der Operator P_α ist darin eigentlich überflüssig, weil $|in;\alpha\rangle$ und $\exp\left(-\frac{i}{\hbar}tH_\alpha^{(0)}\right)|in;\alpha\rangle$ ohnehin in diesem Teilraum liegen und daher durch Anwendung dieses Projektionsoperators nicht verändert werden. Die Einführung von P_α zeigt aber besser die Symmetrie von (15) und (13). Aus beiden zusammen ergibt sich

$$|out;\beta\rangle = \Omega_{\beta-}^{+}\,\Omega_{\alpha+}|in;\alpha\rangle . \tag{16}$$

Nun beachte man, daß das Element $|in;\alpha\rangle$ alle Aussagen über den Zustand der einfallenden Teilchen und des Targets zu Anfang enthält und $|out;\beta\rangle$ alle Informationen, die man über den Streuvorgang durch Detektoren nachträglich feststellen kann. Die Operatoren

$$S_{\beta\alpha} = \Omega^{+}_{\beta -} \Omega_{\alpha +} \tag{17}$$

enthalten also alles, was theoretisch über die betrachtete Streuung gesagt werden kann. Der Weg von diesen S -Operatoren bis zu den wirklich gemessenen differentiellen Wirkungsquerschnitten ist aber noch ziemlich weit und soll deshalb nachher von einem anderen Ausgangspunkt aus beschritten werden.

Die Ausdrücke (17) zusammen bezeichnet man als S -Matrix. Diese Größe wurde 1943 von Heisenberg[1] in die Theorie eingeführt. Hinsichtlich der Indizes β, α der verschiedenen Kanäle ist es wirklich eine Matrix. Die einzelnen $S_{\beta\alpha}$ sind Operatoren, die einen Teilraum des Hilbertraumes auf einen anderen oder denselben abbilden. Man kann sie auch als Komponenten eines unitären Operators S im Gesamthilbertraum auffassen und die $S_{\beta\alpha}$ in der Form $S_{\beta\alpha} = P_\beta S P_\alpha$ schreiben. Für die weitere Rechnung sei der Einfachheit halber nur ein Kanal betrachtet und dementsprechend das Indexpaar $\beta\alpha$ unterdrückt.

Zur Berechnung von S hat man (3) zu integrieren mit der Anfangsbedingung (5). Dazu schreibt man zweckmäßig (3) mit Benutzung von (§33; 5) in eine Integralgleichung um:

$$|\psi(t)\rangle = |\psi^{(o)}(t)\rangle + \int_{t'=-\infty}^{+\infty} G_{+}^{(o)}(t,t')\, W\, |\psi(t')\rangle\, dt' . \tag{18}$$

1) W. Heisenberg (Nobelpreisträger, 1901 - 1976), Zs. f. Phys. 120 (1943) S. 673

Wegen der Gültigkeit von (2) für genügend großes negatives t kann man hier als untere Grenze unbedenklich $t' = -\infty$ setzen. Da der kausale Greensche Operator $G_+^{(0)}(t,t')$ für $t' > t$ verschwindet, ist die obere Grenze im Bereich $t' > t$ beliebig.

Diese Formel löst man nun formal durch Iteration. Die erste Näherung für $|\psi(t)\rangle$ erhält man, indem man rechts $|\psi(t')\rangle$ durch den Anfangswert $|\psi^{(0)}(t')\rangle$ ersetzt. Setzt man diese erste Näherung rechts ein, so erhält man die 2. Näherung usw. Das entspricht genau dem Vorgehen bei der Diracschen Störungsrechnung (vgl. Kap. II). Das Ergebnis lautet

$$
\begin{aligned}
|\psi(t)\rangle &= |\psi^{(0)}(t)\rangle + \int_{t_1=-\infty}^{+\infty} G_+^{(0)}(t,t_1)\, W\, |\psi^{(0)}(t_1)\rangle\, dt_1 \\
&\quad + \int_{t_1=-\infty}^{+\infty} \int_{t_2=-\infty}^{+\infty} G_+^{(0)}(t,t_1)\, W G_+^{(0)}(t_1,t_2)\, W\, |\psi^{(0)}(t_2)\rangle\, dt_1\, dt_2 + \dots\ .
\end{aligned} \tag{19}
$$

Bei der Ein-Kanal-Streuung erhält man nun nach (13) das Element $|\text{out}\rangle$ durch Anwendung von $\exp\left(\frac{i}{\hbar} t H^{(0)}\right)$ auf $|\psi(t)\rangle$ und Grenzübergang zu $t \to +\infty$. Beachtet man (§33; 10), so ergibt sich für $t > t_1$

$$
\lim_{t \to +\infty} \exp\left(\frac{i}{\hbar} t H^{(0)}\right) G_+^{(0)}(t,t_1) = -\frac{i}{\hbar} \exp\left(\frac{i}{\hbar} t_1 H^{(0)}\right). \tag{20}
$$

Daher erhält man aus (19)

$$
|\text{out}\rangle = S\,|\text{in}\rangle \tag{21}
$$

mit

$$
\begin{aligned}
S &= 1 - \frac{i}{\hbar} \int_{t_1=-\infty}^{+\infty} \exp\left(\frac{i}{\hbar} t_1 H^{(0)}\right) W \exp\left(-\frac{i}{\hbar} t_1 H^{(0)}\right) dt_1 \\
&\quad - \frac{i}{\hbar} \iint_{t_1,t_2=-\infty}^{+\infty} \exp\left(\frac{i}{\hbar} t_1 H^{(0)}\right) W G_+^{(0)}(t_1,t_2)\, W \exp\left(-\frac{i}{\hbar} t_2 H^{(0)}\right) dt_1\, dt_2 - \dots\ .
\end{aligned} \tag{22}
$$

Diese Formel ist bis auf die Schreibweise mit dem Ergebnis der Rechnung in Bd. II (§27; 32 und 38) identisch.

Man diskutiert diese Formel meist mit Hilfe einer Graphentechnik, welche von Feynman[1)] für die Quantenelektrodynamik erfunden wurde und deshalb auch hier für die dort vorliegenden Verhältnisse kurz erläutert werden soll. In diesem Fall besteht das ungestörte System aus Elektronen, Positronen und Lichtquanten ohne Wechselwirkung. Zustände mit verschiedenen Anzahlen dieser Teilchen können als verschiedene Kanäle angesehen werden. Wenn man aber den durch Quantelung des Wellenmodells entstehenden Hamiltonoperator benutzt, gehört bei Vernachlässigung des Wechselwirkungsoperators zu allen diesen Kanälen derselbe ungestörte Hamiltonoperator (vgl. §48).

In den Feynman-Graphen wird ein Elektron oder ein Positron meist durch eine glatte Linie dargestellt, ein Lichtquant durch eine Wellenlinie. Wie in §47 gezeigt werden wird, können die Positronen den Zuständen mit negativer Energie zugeordnet werden oder, was formal auf das gleiche hinauskommt, als Superposition von periodischen Wellen, bei denen im Argument das Produkt Et das umgekehrte Vorzeichen hat als bei den Wellen zu Elektronen. Deshalb werden Positronenlinien in den Feynman-Graphen von den Elektronenlinien durch die entgegengesetzte Fortschreitungsrichtung unterschieden. Bei den Lichtquanten erübrigt sich diese Unterscheidung. Meist wird in den Graphen die Richtung von unten nach oben als die Richtung fortschreitender Zeit angesehen, die horizontale Richtung dagegen als teilweiser Ersatz für die drei Raumrichtungen (vgl. Abb. 41).

1) R.P. Feynman (Nobelpreisträger, geb. 1918), Phys. Rev. 75 (1948) S. 1430 und 76 (1948) S. 939

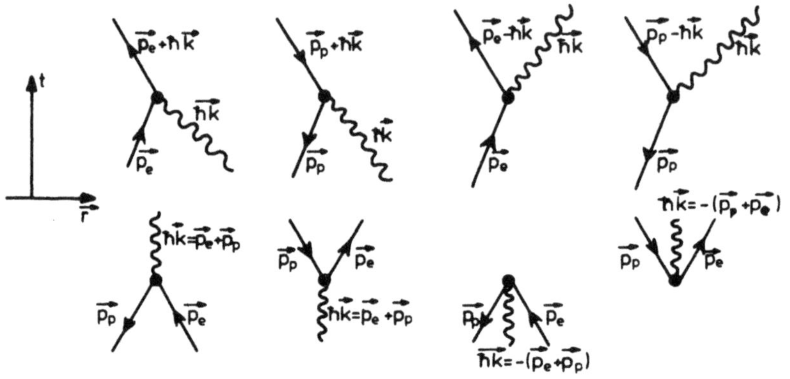

Abb.41. Die 8 elementaren Feynman-Graphen der Quantenelektrodynamik.

Der Wechselwirkungsoperator **W** besteht aus Produkten von 3 Operatoren (vgl. §48), von denen einer ein Elektron vernichtet oder ein Positron erzeugt, der zweite ein Lichtquant erzeugt oder vernichtet, der dritte ein Elektron erzeugt oder ein Positron vernichtet. Seine Wirkung wird nach Feynman durch einen Knoten (Vertex) dargestellt, in welchen von unten die Linien der von **W** vernichteten Elektronen oder Lichtquanten hineinlaufen und oben die Linien zu den erzeugten Elektronen oder Lichtquanten austreten. Die Positronenlinien laufen entgegengesetzt nach unten heraus, wenn **W** ein Positron vernichtet und von oben hinein, wenn es ein Positron erzeugt. Die demnach möglichen 8 Typen von Vertizes in der Quantenelektrodynamik sind in Abb. 41 dargestellt. Der Umstand, daß die mit Laufrichtung versehenen Linien in keinem Fall im Knoten enden, sondern durch ihn hindurchlaufen, veranschaulicht unmittelbar den Satz von der Erhaltung der Ladung.

Zur weiteren Veranschaulichung mögen nun noch die einfachsten Graphen zum Comptoneffekt beschrieben werden.

Dabei werde der Einfachheit halber ein sehr großes, aber endliches, würfelförmiges Normierungsgebiet mit dem Volumen L^3 betrachtet und alle Zustandsfunktionen in der Ortsdarstellung als periodisch mit der großen Periode L in jeder der Koordinatenrichtungen vorausgesetzt. Dann bilden die Eigenvektoren des Impulsvektors ein Quasikontinuum von diskreten Werten. Als Anfangszustand kann man dann bei der Comptonstreuung ein Elektron mit dem Impuls $\vec{p}$ und ein Lichtquant mit dem Impuls $\hbar\vec{k}$ mit einem normierten Zustandselement $|\psi^{(0)}(t)\rangle = |\vec{p};\vec{k}\rangle$ annehmen. Ohne solch eine künstliche Randbedingung gibt es keine solchen Zustände, sondern zu gegebenen Impulswerten nur uneigentliche Zustandselemente, denen kein physikalisch realisierbarer Zustand entspricht.

Im folgenden ist weiterhin zu beachten, daß $\mathbf{W}$ den Gesamtimpuls aller Teilchen nicht ändert, wohl aber ihre Energie. Im Eingangskanal ist beim Comptoneffekt ein Elektron und ein Photon vorhanden, was durch die zugehörigen Linien am unteren Bildrand von Abb. 42 dargestellt

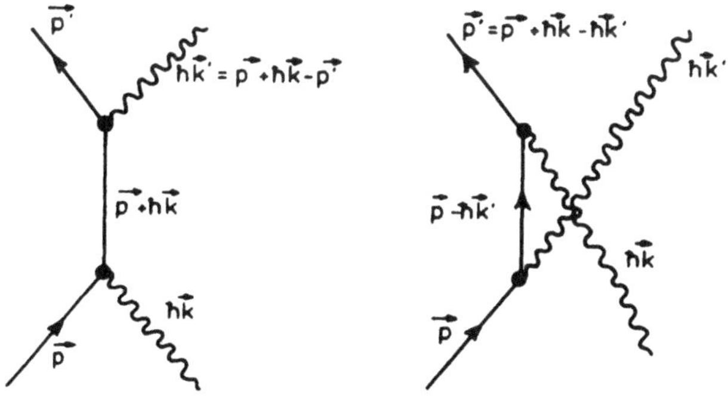

Abb.42. Die beiden Graphen zu Prozessen zweiter Ordnung bei der Compton-Streuung.

wird. Bei einmaliger Anwendung von $\mathbf{W}$ entsteht daraus entweder ein Zustand ohne Lichtquanten oder einer mit zweien, was durch einen Vertex des 1. oder des 3. Typs von Abb. 41 beschrieben wird. Keiner dieser Zustände hat die gleiche Energie wie der Ausgangszustand. Wie in §7 gezeigt wurde, oszilliert dann die Besetzungswahrscheinlichkeit des Endzustandes periodisch, und zwar wegen der starken Verletzung des Energiesatzes in diesem Falle sehr rasch. Das bedeutet, daß auf Grund der Störungsrechnung in 1. Näherung die vom Anfangszustand verschiedenen Zustände nur mit sehr geringer Wahrscheinlichkeit auftreten. Die beim Comptoneffekt wirklich beobachteten Endzustände mit einem Elektron und einem Photon mit anderem Impuls als zu Anfang erhält man im einfachsten Fall durch zweimalige Anwendung von W, den in Abb. 42 dargestellten beiden Graphen entsprechend. Diese symbolisieren zwei Terme von der Form, wie sie in (19) und (22) in der 2. Zeile stehen. Wenn man den Impuls $\vec{p}'$ des Elektrons nach der Comptonstreuung und den dadurch zugleich bestimmten Impuls des Lichtquants vorgibt, ist damit zugleich bestimmt, welcher von den unendlich vielen Summanden, aus denen W besteht, in diesem Fall den Übergang beschreibt. So wird verständlich, daß diese Graphentechnik die Übersicht der Rechnung außerordentlich erhöht.

Natürlich tragen zur Intensität der Comptonstreuung auch noch weitere Terme mit 4 und mehr Operatoren W bei. Von ihnen aber läßt man die meisten fort, und zwar aus dem folgenden Grunde: Wenn man ein einzelnes freies Elektron im Vakuum betrachtet, müßte eine richtige Rechnung keine Änderung des Zustandes ergeben. Die geschilderte Rechnung, welche von Elektronen und Photonen ohne Wechselwirkung ausgeht, liefert aber in zweiter und höherer Näherung solche Änderungen, welche z. B. durch die in Abb. 43 dargestellten Diagramme beschrieben werden. Sie

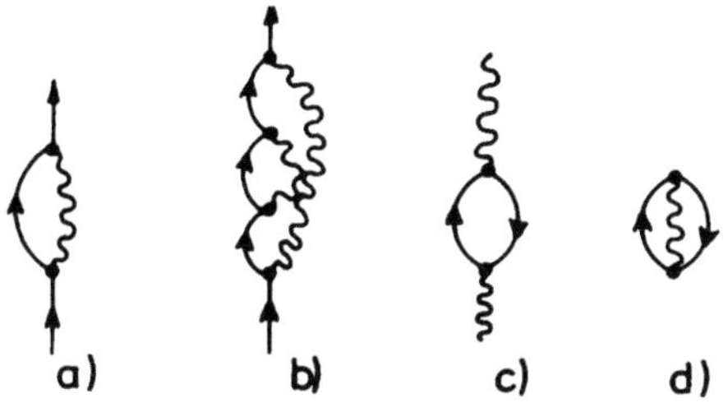

Abb.43. Einige Graphen zu Prozessen, welche in der Energie des freien Elektrons, des Lichtquants oder des Vakuumgrundzustandes enthalten zu denken sind.

erfassen die Wechselwirkung des Elektrons mit seinem eigenen Feld. Diese müßte eigentlich im Ausgangszustand schon berücksichtigt sein und sollte nicht erst durch eine Störungsrechnung nachträglich erfaßt werden.

Deshalb streicht man in Gedanken in (19) und (22) alle Summanden mit Feynman-Graphen, die von einer Elektronenlinie ausgehen , sich irgendwie verzweigen und nachher wieder auf diese Linie zusammenlaufen, ohne eine Verbindung zu anderen Teilen des Diagramms. Entsprechend läßt man Summanden mit Graphen der Form in Abb. 43c fort welche von einer Photonenlinie ausgehen und auf sie wieder zusammenlaufen. Man sagt, diese beschreiben die Polarisation des Vakuums bzw. die virtuelle Erzeugung von Elektronen und Positronen durch das Photon und sind im Ausgangszustand schon berücksichtigt, weil man Photonen, welche eine solche Polarisation nicht erzeugen, überhaupt nicht herstellen kann, genauso wenig wie Elektronen oder Positronen ohne das von ihnen erzeugte Feld. Nur durch diese Streichungen gelang es, die Divergenzen in der Quantenelektrodynamik zu vermeiden.

Dieses Verfahren hat sich erstaunlicherweise vorzüglich bewährt, obwohl es mathematisch höchst bedenklich ist. Denn es bedeutet, daß auf der rechten Seite von (19) oder (22) divergente, also in dieser Form mathematisch sinnlose Ausdrücke stehen. Sie werden erst sinnvoll durch Streichung von unendlich vielen, unendlich großen Summanden oder entsprechenden Anteilen in den Teilintegralen der mehrfachen Integrale. Es ist eigentlich nicht zu erwarten, daß dabei etwas Richtiges herauskommt, aber das ist offenbar der Fall. Erst die Graphentechnik macht das Vorgehen überhaupt eindeutig. Die vorzügliche Übereinstimmung der auf diese Weise gewonnenen Resultate mit den Experimenten enthält eine starke Aufforderung an die theoretischen Physiker, eine einwandfreie Theorie zu formulieren. Das scheint aber sehr schwierig zu sein.

Die Graphentechnik der Elektrodynamik ist in den letzten 30 Jahren mit großem Erfolg auch auf anderen Gebieten angewandt worden, vor allem in der Festkörperphysik und der Kernphysik. Darauf kann hier nicht näher eingegangen werden. Es sei nur darauf hingewiesen, daß die Bedeutung der Graphen je nach Anwendungsgebiet recht verschieden ist. Man hüte sich, aus ähnlichen Graphen in verschiedenen Theorien auf Ähnlichkeiten in der Rechnung zu schließen. Jeder Graph bedeutet nur eine symbolische Kennzeichnung eines komplizierten Integrals oder anderer, mit ihm zusammenhängender Ausdrücke. Er ist nicht erklärt, wenn man nicht genau die zugehörige Zerlegung in den ungestörten Hamiltonoperator $\mathsf{H}^{(0)}$ und den Wechselwirkungsoperator W angibt. Insbesondere wird in der Festkörperphysik stets ein Teil der Wechselwirkung in den ungestörten Operator hineingesteckt. Je nachdem wie man das macht, bedeuten gleiche Graphen etwas total Verschiedenes. Die scheinbare Anschaulichkeit der Graphen hat dazu geführt, daß sie oft ohne nähere Erläuterung verwendet werden, so daß es manchmal kaum möglich ist, genau zu sagen, was damit eigentlich gemeint ist.

§41. Die stationären Streuzustände

Wie in §37 für die Streuung von Massenpunkten ausgeführt wurde, benötigt man zur Berechnung des differentiellen Wirkungsquerschnitts nur die Kenntnis der stationären Streuzustände, aus denen sich das einlaufende Wellenpaket und die daraus bei der Streuung entstehenden auslaufenden Wellen aufbauen lassen. Die für Massenpunkte einfach und anschaulich auszudrückende Zusatzforderung, daß bei der Streuung nur auslaufende Wellen entstehen dürfen, ist im allgemeinen Fall schwierig zu formulieren. Die Integralgleichung (§40; 18) erlaubt es aber, diese stationären Streuzustände ohne eine solche Zusatzbedingung allgemein zu bestimmen.

Zu diesem Zwecke unterwirft man die Gleichung (§40; 18) einer Fouriertransformation hinsichtlich ihrer Zeitabhängigkeit. Um Konvergenzschwierigkeiten zu vermeiden, multipliziert man sie zu diesem Zweck mit $exp\left(\frac{it}{\hbar}(E+i\varepsilon)\right)$ (ε positiv) und integriert über t :

$$\begin{aligned}\lim_{\substack{t_o\to+\infty\\ t_u\to-\infty}} \int_{t_u}^{t_o} \left(|\psi(t)\rangle - |\psi^{(0)}(t)\rangle\right) exp\frac{i}{\hbar}t(E+i\varepsilon)\,dt \\ = \int_{t=-\infty}^{+\infty}\int_{t'=-\infty}^{+\infty} G_+^{(0)}(t,t')\,exp\frac{i}{\hbar}t(E+i\varepsilon) W|\psi(t')\rangle\,dt'dt.\end{aligned} \tag{1}$$

Das Integral auf der linken Seite konvergiert für $t_u\to-\infty$, weil $\left(|\psi(t)\rangle - |\psi^{(0)}(t)\rangle\right)$ für große negative t verschwindet. Für $t_o\to+\infty$ konvergiert es für $\varepsilon>0$ ebenfalls wegen des konvergenzerzeugenden Faktors $exp(-\varepsilon t/\hbar)$. Auf der rechten Seite entsteht das Integral

$$\int_{t=-\infty}^{+\infty} G_+^{(0)}(t,t') \exp \frac{i}{\hbar} t(E+i\varepsilon)\, dt = G^{(0)}(E+i\varepsilon) \exp \frac{i}{\hbar} t'(E+i\varepsilon) \, . \tag{2}$$

Das ist die Umkehrformel von (§34; 6), deren Gültigkeit man durch Einsetzen von (§33; 14) auf der linken Seite und Vergleich mit (§34; 3) leicht nachprüfen kann. Wenn man nun den Grenzübergang $\varepsilon \to 0$ macht, entstehen links in (1) zwei Integrale, die auch einzeln konvergieren.

Hinter dieser Aussage verbirgt sich ein mathematisch etwas komplizierter Sachverhalt. Die Norm von $|\psi(t)\rangle$ ist zeitunabhängig. Daher ist $\langle\psi(t)|\psi(t)\rangle$ als Funktion der Zeit nicht quadratintegrierbar, besitzt also keine Fouriertransformierte. Aber alle Skalarprodukte von $|\psi(t)\rangle$ mit einem zeitunabhängigen zweiten Faktor sind fouriertransformierbar. Das läßt sich für einen Massenpunkt bei Benutzung der Ortsdarstellung leicht plausibel machen. Die Wellenfunktion $\langle\vec{r}\,|\psi(t)\rangle$ an einem festen Ort geht dann nämlich sowohl für $t \to +\infty$ als auch für $t \to -\infty$ gegen Null, weil jedes Wellenpaket an einem festen Punkt vorbeiläuft und außerdem mit der Zeit auseinanderläuft. Der mathematisch strenge Beweis der Existenz einer Fourier-Integralentwicklung ist allerdings schwierig und erfordert die Unterscheidung verschiedener Arten der Konvergenz.

Mit Benutzung der Bezeichnung

$$\int_{t=-\infty}^{+\infty} |\psi(t)\rangle \exp \frac{i}{\hbar} Et\, dt = |u(E)\rangle \tag{3}$$

und entsprechend

$$\int_{t=-\infty}^{+\infty} |\psi^{(0)}(t)\rangle \exp \frac{i}{\hbar} Et\, dt = |u^{(0)}(E)\rangle \tag{4}$$

lautet dann (1)

$$|u(E)\rangle = |u^{(0)}(E)\rangle + \lim_{\varepsilon \to 0} G^{(0)}(E+i\varepsilon) W |u(E)\rangle \, . \tag{5}$$

Das ist die Lippmann-Schwinger-Gleichung für den allgemeinen Fall (vgl. §32; 20). Sie definiert implizit die Zustandselemente $|u(E)\rangle$ zu stationären Streuzuständen, deren Überlagerung nach Multiplikation mit den Zeitfaktoren $\exp(-iEt/\hbar)$ die bei einem Streuprozeß einzig möglichen Vorgänge liefert, also nur solche, bei denen die Teilchen nach der Streuung vom Ort der Wechselwirkung fortlaufen und nicht etwa umgekehrt.

Zur Abkürzung werde fortan

$$\lim_{\varepsilon\to 0;\, \varepsilon>0} G^{(0)}(E+i\varepsilon) = G^{(0)}(E+i0) \tag{6}$$

geschrieben. Dann kann man (5) formal durch die folgende Formel nach $|u(E)\rangle$ auflösen:

$$\left(1 - G^{(0)}(E+i0)W\right)|u(E)\rangle = |u^{(0)}(E)\rangle \tag{7}$$

oder

$$|u(E)\rangle = \frac{1}{1-G^{(0)}(E+i0)W}\,|u^{(0)}(E)\rangle\,. \tag{8}$$

Dasselbe Ergebnis kann man aus (5) auch durch Iteration erhalten. Man setzt zu diesem Zweck rechts $|u^{(0)}(E)\rangle$ ein. Dann liefert (5) die 1. Näherung für $|u(E)\rangle$. Setzt man diese wieder in (5) ein, so ergibt sich die zweite Näherung usw. So erhält man

$$|u(E)\rangle = \left\{1 + G^{(0)}(E+i0)W + G^{(0)}(E+i0)WG^{(0)}(E+i0)W + \ldots\right\}|u^{(0)}(E)\rangle\,. \tag{9}$$

In der Klammer steht dann eine geometrische Reihe von Operatoren, welche man zu dem Ausdruck (8) zusammenfassen kann. Betrachtet man einen Massenpunkt und benutzt die Ortsdarstellung, so ist dieses Ergebnis bei Benutzung der Bezeichnung $\langle\vec{r}\,|u^{(0)}(E)\rangle = u^{(0)}(\vec{r})$ mit der Bornschen Reihe (§32; 22) identisch.

Setzt man den Ausdruck (8) auf der rechten Seite von (5) für $|u(E)\rangle$ ein, so ergibt sich

$$|u(E)\rangle = |u^{(0)}(E)\rangle + G^{(0)}(E+i0)W\frac{1}{1-G^{(0)}(E+i0)W}\,|u^{(0)}(E)\rangle\,. \tag{10}$$

In dieser Formel steht rechts getrennt der Anfangszustand $|u^{(0)}(E)\rangle$ und die aus ihm durch die Streuung entstehende Streuwelle. Man definiert deshalb in der allgemeinen Streutheorie einen von der komplexen Energie $E+i\varepsilon$ abhängigen T-Operator

$$T(E+i\varepsilon) = W\frac{1}{1-G^{(0)}(E+i\varepsilon)W} \tag{11}$$

$$= W + WG^{(0)}(E+i\varepsilon)W + WG^{(0)}(E+i\varepsilon)WG^{(0)}(E+i\varepsilon)W + \dots \,. \tag{12}$$

Mit ihm nimmt (10) die folgende Form an:

$$|u(E)\rangle = \left\{1 + G^{(0)}(E+i0)\,T(E+i0)\right\}|u^{(0)}(E)\rangle\,. \tag{13}$$

Diese Gleichungen (11) bis (13) bilden den Ausgangspunkt für viele Rechnungen der allgemeinen Streutheorie. Der Operator $T(E+i0)$, also der Grenzwert von $T(E+i\varepsilon)$ in der komplexen E-Ebene auf der reellen Achse von der Seite positiv-imaginärer Energien her, wird als Übergangsoperator oder auch als Operator zur Streuamplitude bezeichnet. Aus seinen Matrixelementen ergeben sich die unmittelbar meßbaren Größen, insbesondere die differentiellen Wirkungsquerschnitte, wesentlich direkter als aus der S-Matrix. Andererseits kann man aber mit Hilfe von (12) den Operator T für alle (komplexen) E ebenso wie S im Prinzip bis zu beliebig hohen Näherungen in W ausrechnen.

Um die Richtigkeit dieser Aussagen einzusehen, sei die Gleichung (13) für den bisher am meisten behandelten Fall der Streuung von Massenpunkten an einem festen Target ausgewertet. In der Ortsdarstellung wird dann der Anfangszustand durch ein Wellenpaket aus ebenen Wellen mit Energiewerten nahe bei einer Energie $E_0 = \hbar^2k^2/(2m)$ gegeben, d. h. $|u^{(0)}(E)\rangle$ ist nur für Werte von E nahe bei E_0 ungleich null. Mit Benutzung von (§34; 15) erhält man dann in der Ortsdarstellung

$$\langle\vec{r}\,|u(E_0)\rangle = \langle\vec{r}\,|u^{(0)}(E_0)\rangle + \iiint_{\vec{r}'}\langle\vec{r}\,|G^{(0)}(E_0+i0)|\vec{r}\,'\rangle\langle\vec{r}\,'|\mathrm{T}(E_0+i0)|u^{(0)}(E_0)\rangle d^3x' \tag{15}$$

$$= \langle\vec{r}\,|u^{(0)}(E_0)\rangle - \frac{m}{2\pi\hbar^2}\iiint_{\vec{r}'}\frac{\exp ik|\vec{r}-\vec{r}\,'|}{|\vec{r}-\vec{r}\,'|}\langle\vec{r}\,'|\mathrm{T}(E_0+i0)|u^{(0)}(E_0)\rangle d^3x'. \tag{16}$$

T enthält in allen Summanden den Operator W , welcher im betrachteten Fall in der Ortsdarstellung eine Multiplikation mit $E_{pot}(\vec{r}\,')$ bedeutet. Wenn $E_{pot}(\vec{r}\,')$ nur für ein endliches Gebiet um $\vec{r}\,'=0$ herum wesentlich von null verschieden ist, kann man für große $|\vec{r}\,|$ in (16) im Exponenten

$$|\vec{r}-\vec{r}\,'| \approx r - \frac{(\vec{r}\cdot\vec{r}\,')}{r} \tag{17}$$

setzen und im Nenner $\vec{r}\,'$ neben $\vec{r}$ vernachlässigen. Wenn man außerdem in (16) noch die Einheit $\iiint|\vec{r}\,''\rangle\langle\vec{r}\,''|\,d^3x''$ einfügt, erhält man

$$\langle\vec{r}\,|u(E_0)\rangle = \langle\vec{r}\,|u^{(0)}(E_0)\rangle$$
$$-\frac{m}{2\pi\hbar^2}\frac{\exp ikr}{r}\iiint_{\vec{r}'}\iiint_{\vec{r}''}\exp\left(-\frac{ik}{r}(\vec{r}\cdot\vec{r}\,')\right)\langle\vec{r}\,'|\mathrm{T}(E_0+i0)|\vec{r}\,''\rangle\langle\vec{r}\,''|u^{(0)}(E_0)\rangle d^3x'd^3x''. \tag{18}$$

Beachtet man, daß $\langle\vec{r}\,|u^{(0)}(E_0)\rangle$ proportional $\exp i\vec{k}\cdot\vec{r}$ ist, so sieht man, daß (18) die Form des Ortsanteils von (§37; 2) hat, also die asymptotische Gestalt der stationären Streuwellen beim Massenpunkt. Wenn man $|\vec{k}|\,\vec{r}/r = \vec{k}\,'$ schreibt, erkennt man, daß das in obigem Ausdruck vorkommende Integral die folgende Form hat:

$$\iiint_{\vec{r}'}\iiint_{\vec{r}''}\exp\left(-i\vec{k}\,'\cdot\vec{r}\,'\right)\langle\vec{r}\,'|\mathrm{T}(E_0+i0)|\vec{r}\,''\rangle\exp i\vec{k}\cdot\vec{r}\,''\, d^3x'd^3x''. \tag{19}$$

Da $\exp i\vec{k}\cdot\vec{r}$ proportional zur Wellenfunktion des uneigentlichen Zustandselements $|\vec{p}\rangle$ mit dem Impuls $\hbar\vec{k}=\vec{p}$ ist, ist dieser Ausdruck bis auf konstante Faktoren gleich dem Matrixelement $\langle\vec{p}\,'|\mathrm{T}(E_0+i0)|\vec{p}\rangle$. So ergibt sich, daß für die Streuung von Massenpunkten an festen

Targets die Streuamplitude $f(\vartheta,\varphi)$ proportional zum Matrixelement $\langle\vec{p}'|T|\vec{p}\rangle$ des Operators $T(E+i0)$ zur Streuamplitude mit den uneigentlichen Zuständen $|\vec{p}'\rangle$ und $|\vec{p}\rangle$ der freien Teilchen ist. Darin ist $\vec{p}$ der Impulsvektor der einfallenden Teilchen und $\vec{p}'=\hbar\vec{k}'$ derjenige in Beobachtungsrichtung mit dem gleichen Betrag. Durch ähnliche Rechnungen kann auch die Bedeutung des Operators T in komplizierteren Fällen klargemacht werden. Während der Operator S mit den Streuvorgängen relativ unmittelbar zusammenhängt, ist T eine viel unanschaulichere Größe, die aber mit den beobachtbaren Größen enger verknüpft ist.

Es erübrigt sich auszuführen, daß man T auf Grund von (12) in ähnlicher Weise wie S mit Hilfe einer Graphen-Technik diskutieren und manchmal auch auswerten kann. Jedes Diagramm in §40, bzw. in Abb. 41 bis 43 kann auch als symbolische Darstellung für einen Summanden von (12) aufgefaßt werden. Die Richtung der Zeit in diesen Darstellungen gibt jetzt die Reihenfolge der Anwendung der Operatoren in den entsprechenden Ausdrücken an. An Stelle der in §40 auftretenden Zeiten t_i der einzelnen Knoten, über welche in (§40; 22) integriert wurde und welche infolge der Eigenschaften der $G_+^{(0)}(t,t')$ stets zeitlich geordnet auftraten, enthält jetzt der zugehörige Ausdruck (12) eine Energiegröße, die zunächst komplex zu wählen ist und nachträglich von der Seite positiver Imaginärteile an die reelle Achse heranzurücken ist. Hier zeigt sich die Vielseitigkeit der Anwendungsmöglichkeiten der Graphentechnik. Sie ist wohl der Hauptgrund, warum sie in den letzten Jahrzehnten so viel benutzt wird.

Zum Schluß sei aber kritisch darauf hingewiesen, daß sich dabei eine Art von Pseudo-Anschaulichkeit entwickelt hat, welche dieses ganze Gebiet in eine Art Zwielicht taucht. Durch Vergleiche mit anschaulichen Vorgängen wird versucht, die Graphen unmittelbar plausibel zu machen und darüber oft, ähnlich wie bei der Greenschen Funktion, vergessen, daß sie ohne eine genaue Erklärung der zugehörigen, formelmäßigen Aussagen bedeutunglos sind. Nicht selten bleibt es völlig unklar, was Ordinate und Abszisse in diesen Darstellungen sind, ob die gezeichneten Striche Zustände bedeuten sollen oder Operatoren, ob die Graphen so wie in §40 Integrale bedeuten oder Operatorenprodukte wie in §41 oder nur symbolische Andeutungen für Arten von Wechselwirkungsmechanismen. Manchmal hat man den Eindruck, daß diese Graphen etwas Ähnliches wie die abstrakten Gemälde sind, in denen zwar etwas angedeutet wird, aber im übrigen der Phantasie des Betrachters große Freiheit gelassen wird. Die vorstehenden Ausführungen sollten dazu dienen, diesen Nebel etwas zu zerstreuen. Im übrigen sei auf die Spezialliteratur verwiesen[1].

1) Lehrbücher über die Theorie der Streuung:

J.R. Taylor: Scattering Theory: The quantum theory of nonrelativistic collisions. New York 1972
L.S. Rodberg und R.M. Thaler: Introduction to the quantum theory of scattering. New York, London 1967
N.F. Mott und H.S.W. Massey: Theory of atomic collisions, London, 1. Aufl. 1933, 3. Aufl. 1965

Fragen und Aufgaben zu Kap. IX

Fragen

1). Wie wird der differentielle Wirkungsquerschnitt definiert?

2). Warum kann eine Funktion des Ortes mit der asymptotischen Gestalt $C(\exp ikz + f(\vartheta,\varphi)\exp(ikr)/r)$ nicht als Wahrscheinlichkeitsamplitude eines stationären Zustandes eines Teilchens gedeutet werden?

3). Auf welche Weisen kann man die in Frage 2 genannte Funktion physikalisch deuten?

4). Wie hängt die in Frage 2 genannte Funktion mit dem differentiellen Wirkungsquerschnitt zusammen?

5). Was versteht man unter den Phasenkonstanten der Streuung?

6). Unter welchen Bedingungen kann man den Wirkungsquerschnitt allein aus den Phasenkonstanten berechnen?

7). Was versteht man unter S -Wellen-Streuung?

8). Was versteht man unter der Fermischen Streulänge?

9). Welche Transformation leistet der Møller-Operator Ω_+ ?

10). Was versteht man bei der Streuung unter einem "Kanal"?

11). Was leistet die S-Matrix?

12). Was versteht man unter den Feynman-Graphen in der Quantenelektrodynamik?

13). Was versteht man unter der Lippmann-Schwinger-Gleichung
a. bei der Streuung von Massenpunkten an einem festen Target?
b. allgemein?

14). Was versteht man unter dem Operator $T(E)$ zur Streuamplitude?

Aufgaben

1). Die Bornsche Näherungsformel (§32; 21) soll für die Streuung an einem kugelsymmetrischen Feld $E_{pot}(r')$ für eine einfallende ebene Welle $u^{(0)}(\vec{r}) = \exp ikz$ ausgewertet werden. Falls im ganzen Integrationsgebiet $|\vec{r}| \gg r'$ ist, nimmt $u^{(1)}(\vec{r})$ die Gestalt (§37; 2) an. Zeigen Sie, daß die Abhängigkeit des differentiellen Wirkungsquerschnittes vom Ablenkungswinkel ϑ und der Wellenlänge der einfallenden Strahlung in diesem Fall nur in der einen Größe $q = 2k\sin\vartheta/2$ enthalten ist. Werten Sie die Formel aus für die Streuung von Elektronen an neutralen Atomen mit einem Z -fach geladenen Kern und einer Elektronenhülle mit der Raumladungsdichte $-e\varrho(r')$. Zeigen Sie, daß sich dann die Rutherfordsche Streuformel ergibt, jedoch mit $(Z - F(q))$ an Stelle von $2Z$. Für den Atomformfaktor $F(q)$ ergibt sich eine von $\varrho(r)$ abhängige Integralformel.

2). Berechnen Sie die Phasenkonstante δ_0 für das abstoßende Kastenpotential $E_{pot}(r) = +V_0$ für $r < r_1$, $E_{pot}(r) = 0$ für $r > r_1$. Berechnen Sie insbesondere die Fermische Streulänge a und die effektive Reichweite r_0.

3). Berechnen Sie die Phasenkonstante δ_0 für ein anziehendes Kastenpotential, an dessen Rand eine durch eine δ-Funktion approximierte Potentialschwelle vorhanden ist, also für

$$E_{pot}(r) = -V_0 + \frac{\hbar^2}{2mr_1} D\delta(r - r_1) \text{ für } r \le r_1 \text{ und } E_{pot}(r) = 0 \text{ für } r > r_1 .$$

Zeigen Sie, daß bei einem gewissen Zusammenhang zwischen V_0, r_1 und der Durchlässigkeit D der Schwelle die Fermische Streulänge a unendlich groß wird und daß das gerade die Bedingung dafür ist, daß bei $E = 0$ ein stationärer Zustand vorhanden ist.

4). Für die Proton-Neutron-Streuung wurden im Singulett- und im Triplettzustand die folgenden Werte für die Fermische Streulänge und die effektive Reichweite gemessen:

$$a_s = -23{,}7 \cdot 10^{-13} \text{ cm}; \qquad r_{0s} = 2{,}46 \cdot 10^{-13} \text{ cm};$$
$$a_t = 5{,}40 \cdot 10^{-13} \text{ cm}; \qquad r_{0t} = 1{,}73 \cdot 10^{-13} \text{ cm}.$$

Unter der Annahme, daß die Wechselwirkung die eines anziehenden Potentialtopfes $E_{pot}(r) = -V_0$ für $r < r_1$ und $E_{pot}(r) = 0$ für $r > r_1$ ist, sollen daraus die beiden Werte für V_0 und r_1 berechnet werden. Im Triplettzustand existiert ein gebundener Zustand mit der Bindungsenergie 2,22 MeV. Berechnen Sie zum Vergleich dazu die Bindungsenergie, die sich für den berechneten Potentialtopf ergibt.

5). Aus den Daten von Abb. 39 soll die Streulänge a_p und die effektive Reichweite r_{0p} für die Proton-Proton-Kernkraft entnommen werden. Dabei ist zu beachten, daß in den Formeln von §39 der Buchstabe k zur Bewegung im Schwerpunktssystem gehört, die Energie, welche in Abb. 39 auf der Abszisse aufgetragen wurde, aber die Energie E_{Lab} im Laborsystem bedeutet. Wenn man für die potentielle Energie der Kernkraft einen Potentialtopf annimmt, wie groß sind dann seine Tiefe V_0 und sein Radius r_1 ?

Kapitel X. Quantenelektrodynamik

Inhalt

Die Quantenelektrodynamik ist eine relativistisch-invariante Theorie. Der Einfachheit halber wird hier aber darauf verzichtet, alle Gleichungen in relativistisch-invarianter Form zu schreiben. Die Folgerungen aus der Relativitätstheorie lassen sich alle durch Betrachtung einiger Vierervektoren ableiten. Deshalb wird hier nur der Begriff des Vierervektors erläutert.

Die Maxwellschen Gleichungen zur Berechnung des elektrischen Feldes $\vec{E}$ und des Induktionsfeldes $\vec{B}$ zu gegebenen Ladungen und Strömen lassen sich nicht ohne weiteres auf kanonische Gestalt bringen, weil einige von ihnen keine zeitlichen Ableitungen enthalten. Deshalb muß man zunächst statt $\vec{E}$ und $\vec{B}$ das Vektorpotential $\vec{A}$ und das skalare Potential $U = cA_0$ einführen. Die dabei entstehenden Bewegungsgleichungen besitzen aber mehr Lösungen, als in der Natur verwirklicht sind. Die realisierbaren Felder genügen für alle $\vec{r}$ und t der Lorentzbedingung

$$\chi = \operatorname{div}\vec{A} + \frac{1}{c^2}\frac{\partial U}{\partial t} = 0 . \tag{1}$$

Diese ist den Anfangsbedingungen $\chi = 0$ und $\partial\chi/\partial t = 0$ für $t = 0$ und alle $\vec{r}$ gleichwertig.

Durch Fouriertransformation erhält man für die komplexen Koeffizienten $\tilde{A}_\mu(\vec{k},t)$ der Potentiale zu je zwei entgegengesetzt gleichen $\vec{k}$-Vektoren ein Paar von Bewegungsgleichungen, welche die Form der Bewegungsgleichung eines linearen harmonischen Oszillators haben. Ihre kanonische Formulierung ist dann einfach.

Zu jedem $\vec{k}$ gibt es einen komplexen Vierervektor $(\vec{c}(\vec{k})\,;\,c_0(\vec{k}))$, dessen Komponenten bei der üblichen Quantisierung in Erzeugungs- und Vernichtungsoperatoren von Lichtquanten übergehen. Es wird gezeigt, daß die Felder $\vec{E}$ und $\vec{B}$ nur von den Komponenten von $\vec{c}(\vec{k})$ senkrecht zu $\vec{k}$ abhängen. Die Lorentzbedingung verknüpft die Longitudinalkomponente $c_{\parallel} = (\vec{k}\cdot\vec{c}(\vec{k}))/|\vec{k}|$ von $\vec{c}(\vec{k})$ mit der zeitartigen Komponente $c_0(\vec{k})$ des Vierervektors $(\vec{c}(\vec{k}), c_0(\vec{k}))$. Bei einer Änderung der Eichung der Potentiale ändern sich auch nur diese beiden Komponenten.

Wenn man nur die Transversalkomponenten von $\vec{c}(\vec{k})$ als Feldvariablen ansieht und $c_{\parallel}$ und c_0 als Parameter, deren Werte durch die Lorentzbedingung und die Eichung vorgegeben sind, macht die Quantisierung des elektromagnetischen Feldes keine besonderen Schwierigkeiten. Sie liefert die bekannten Einsteinschen Aussagen über die Lichtquanten. Dann ist aber die Quantenelektrodynamik nicht mehr lorentzinvariant.

Eine relativistisch-invariante Quantisierung erfordert nach Gupta und Bleuler die Einführung einer neuen Definition des quantenmechanischen Mittelwertes $\bar{a}$. Bei einer Größe a mit dem Operator A ist zu setzen

$$\bar{a} = \langle\psi|\eta A|\psi\rangle . \qquad (2)$$

Der darin vorkommende Operator η ist hermitisch und unitär, kommutiert mit allen Operatoren zu den Komponenten der $\vec{c}(\vec{k})$, ist aber antikommutativ mit den Operatoren zu den $c_0(\vec{k})$. Dieser Ansatz hat zunächst die merkwürdige Konsequenz, daß der Mittelwert der Zahl 1 für manche normierten $|\psi\rangle$ nicht gleich 1 ist, sondern sogar negativ sein kann. Die Lorentzkonvention schließt aber das Vorkommen solcher Zustände gerade aus. Zu ein- und demselben Feld gibt es viele normierte Zustandselemente, die sich durch die Zahl der longitudinalen und zeitartigen Photonen und die Werte der elektromagnetischen Potentiale unterscheiden, aber für alle meßbaren Größen die gleichen Werte liefern.

Die Verwendung eines anders als üblich definierten Mittelwertes läßt sich vermeiden, wenn man in der Relativitätstheorie imaginäre zeitartige Größen verwendet mit einer imaginären Einheit j, die zwar auch die Beziehung $j^2 = -1$ erfüllt, aber als verschieden von dem in der Quantenmechanik verwendeten i anzusehen ist. Dann gibt es einen hermitischen Operator ξ, dessen Quadrat gleich η ist. Der gewöhnliche Mittelwert $\langle\psi_t|A_t|\psi_t\rangle$ des Operators $A_t = \xi A \xi^{-1}$ im Zustand $|\psi_t\rangle = \xi|\psi\rangle$ ist dann mit dem Mittelwert von Gupta und Bleuler identisch.

§42. Relativistische Invarianz

Die Quantenelektrodynamik und die Diracsche Elektronentheorie unterscheiden sich von allen übrigen, quantenmechanischen Theorien dadurch, daß sie den Invarianzforderungen der Relativitätstheorie genügen. Das läßt sich aber nicht ohne gewisse Abänderungen des quantenmechanischen Formalismus erreichen. In der Quantenelektrodynamik gelang das daher erst im Jahre 1950 durch die Arbeiten von Gupta und Bleuler[1)], also mehr als 20 Jahre nach dem Erscheinen der grundlegenden Arbeit von Dirac zur Quantenelektrodynamik[2)].

In der Diracschen relativistischen Elektronentheorie[3)] trat eine andere Schwierigkeit auf. Die Physiker brauchten lange Zeit, bis sie klar erkannten, daß die in der Diracschen Gleichung vorkommende Wellenfunktion eine ganz andere Bedeutung hat als die Wahrscheinlichkeitsamplitude eines Teilchens in der Ortsdarstellung der Quantenmechanik. Die Diracsche Gleichung ist vielmehr die Bewegungsgleichung eines klassischen Wellenmodells (vgl. Bd. II, S. 427 ff.). Noch heute wird deshalb in vielen Darstellungen der Quantenmechanik versucht, die Schrödingergleichung näherungsweise aus der Diracgleichung abzuleiten - ein grundsätzlich verfehltes Unterfangen, da die beiden Gleichungen qualitativ verschiedene Aussagen enthalten. Um das klarzustellen, sei hier nochmals betont: Die Diracsche relativistische Wellen-

1) S.N. Gupta, Proc. Phys. Soc. London A 63 (1950) S. 681
K. Bleuler, Helv. Phys. Acta 23 (1950) S. 567

2) P.A.M. Dirac (Nobelpreisträger), Proc. Roy. Soc. A 114 (1927) S. 243

3) P.A.M. Dirac, Proc. Roy. Soc. A 117 (1928) S. 610 und A 118 (1928) S. 351

gleichung und die Maxwellschen Gleichungen sind beides Bewegungsgleichungen klassischer Modelle, welche erfahrungsgemäß erst dann richtige physikalische Aussagen liefern, wenn man sie quantenmechanisch umdeutet. Man lasse sich nicht durch den Umstand verwirren, daß dieses Verfahren bei der Elektronentheorie als zweite Quantelung bezeichnet wird, bei den Maxwellschen Gleichungen dagegen nicht.

Die Anwendung des üblichen Quantisierungsverfahrens auf ein klassisches Modell erfordert eine Umformung der Bewegungsgleichungen in kanonische Gestalt. Dadurch wird aber die Zeit vor den Ortskoordinaten ausgezeichnet. Das ist daher nicht ohne vorübergehende Durchbrechung der relativistisch-invarianten Form möglich. Deshalb werde hier von vornherein kein Wert auf eine solche Schreibweise gelegt. Die wichtigsten Folgerungen aus der relativistischen Invarianz ergeben sich aus einer Betrachtung von Vierervektoren allein. Daher soll hier an Stelle allgemeinerer relativistischer Überlegungen nur der Begriff des Vierervektors erörtert werden.

Die spezielle Relativitätstheorie behauptet, daß alle Naturgesetze sich nicht nur in einer gegenüber Drehungen des Koordinatensystems invarianten Form schreiben lassen, sondern daß das auch für Übergänge zu Koordinatensystemen gilt, die sich gegeneinander mit konstanter Geschwindigkeit bewegen. Dabei muß nur dafür Sorge getragen werden, daß außer dem Ort auch die Zeit in allen Systemen durch dasselbe Meßverfahren definiert wird, und zwar so, daß die Geschwindigkeit des Lichtes im Vakuum in allen Richtungen denselben Wert c hat. Führt man statt der Zeit den Lichtweg

$$x_0 = ct \tag{1}$$

ein, so lautet diese Transformation auf ein mit der Geschwindigkeit v in x-Richtung bewegtes, gestrichenes Koordinatensystem ($\beta = v/c$)

$$x_1' = \frac{x_1 - \beta x_0}{\sqrt{1-\beta^2}}; \quad x_2' = x_2; \quad x_3' = x_3; \quad x_0' = \frac{x_0 - \beta x_1}{\sqrt{1-\beta^2}}. \tag{2}$$

Daraus folgt offenbar

$$x_1^2 + x_2^2 + x_3^2 - x_0^2 = x_1'^2 + x_2'^2 + x_3'^2 - x_0'^2. \tag{3}$$

Dieser Ausdruck behält also bei dieser Transformation seine allgemeine Form. Er ist außerdem, wie man sofort sieht, bei Drehungen um den Koordinatenursprung invariant, weil dabei x_0 invariant bleibt und auch das Quadrat des Abstandes vom Ursprung. Jede Koordinatentransformation, welche $x_1^2 + x_2^2 + x_3^2 - x_0^2$ forminvariant läßt, bezeichnet man als eine Lorentztransformation.

4 Größen A_μ ($\mu = 0,1,2,3$), welche von der Wahl des benutzten rechtwinkligen Koordinatensystems in solcher Weise abhängen, daß sie sich gegenüber einer Lorentztransformation wie die x_μ verhalten, bezeichnet man als einen Vierervektor. Er setzt sich stets aus den Komponenten A_j ($j = 1, 2, 3$) eines gewöhnlichen Vektors und einer sogenannten zeitartigen Größe A_0 zusammen. Beispiele für Vierervektoren sind:

Der Ausbreitungs-Vierervektor aus $\vec{k}$ und $k_0 = \omega/c$.

Der Viererimpuls aus $\vec{p} = \frac{m\vec{v}}{\sqrt{1-\beta^2}}$ und $p_0 = \frac{E_k}{c} = \frac{mc}{\sqrt{1-\beta^2}}$ (m = Ruhemasse, E_k = Ruheenergie + kinetische Energie).

Der Stromdichte-Vierervektor aus $\vec{j}$ und $j_0 = c\varrho$ (ϱ = Raumladungsdichte).

Das Viererpotential aus dem Vektorpotential $\vec{A}$ und $A_0 = U/c$ (U = skalares Potential).

Man beachte, daß die nullte, zeitartige Komponente stets vor den anderen ausgezeichnet ist, was man auch an dem negativen Vorzeichen in dem invarianten Ausdruck (3) erkennt. Vierervektoren sollen daher im folgenden meist in der Form $(\vec{A};\, A_0)$ angegeben werden.

Unter dem skalaren Produkt zweier Vierervektoren $(\vec{A};\, A_0)$ und $(\vec{B};\, B_0)$ versteht man den Ausdruck

$$\vec{A}\cdot\vec{B} - A_0 B_0 = A_1 B_1 + A_2 B_2 + A_3 B_3 - A_0 B_0 . \tag{4}$$

Dieser Ausdruck ist gegenüber einer Lorentztransformation invariant. Ein besonders häufig vorkommendes Beispiel für solch eine Größe ist das Argument einer ebenen, monochromatischen Welle

$$\vec{k}\cdot\vec{r} - \omega t = k_1 x_1 + k_2 x_2 + k_3 x_3 - k_0 x_0 . \tag{5}$$

Man kann solche skalaren Produkte auch mit Hilfe eines metrischen Tensors $(g^{\mu\nu})$ und Einführung der zu den A_ν kontravarianten Koordinaten $A^\mu = \sum_{\nu=0}^{3} g^{\mu\nu} A_\nu$ in der allgemeinen Form eines skalaren Produktes in schiefwinkligen Koordinaten $\sum_{\mu=0}^{3} A^\mu B_\mu$ schreiben (vgl. Bd. I, §15a). Dazu muß man nur $g^{\mu\nu} = 0$ für $\mu \neq \nu$ sowie $g^{11} = g^{22} = g^{33} = -g^{00} = 1$ setzen. Diese Schreibweise ist in den Lehrbüchern weit verbreitet, soll aber hier nur ausnahmsweise benutzt werden.

Der Kürze halber soll nämlich im folgenden in der Regel auf den Nachweis der relativistischen Invarianz der angegebenen Formeln verzichtet werden. Das sei den Spezialwerken überlassen. Hier werde nur jedes Mal darauf hingewiesen, wo irgendein Schluß aus der relativistischen Invarianz folgt. Dabei kann man sich auf die Betrachtung von Vierervektoren beschränken. Außerdem gibt es natürlich auch noch Größen mit anderem Transformationsverhalten. Außer invarianten Größen sind die wichtigsten wohl die relativistischen Vierertensoren

($F_{\mu\nu}$), die im allgemeinen Falle 16 Komponenten besitzen, die sich bei einer Koordinatentransformation so verhalten wie die Produkte $A_\mu B_\nu$ der Komponenten zweier Vierervektoren. Die elektromagnetischen Feldvektoren $\vec{E}$ und $\vec{B}$ bilden zusammen einen Vierertensor. Die Wellenfunktion der Diracschen relativistischen Wellengleichung hat zwar auch 4 Komponenten, ist aber kein Vierervektor, sondern ein sogenannter Spinor. Auch darauf sei hier nur hingewiesen.

§43. Die kanonische Formulierung der Maxwellschen Gleichungen

Die für die Quantisierung notwendige Umschreibung der Maxwellschen Gleichungen in kanonische Form ist etwas umständlich und soll deshalb hier der Klarheit halber in Teilschritten erfolgen, deren Notwendigkeit jeweils zu Anfang begründet wird.

A. Einführung der Potentiale

Die Maxwellschen Gleichungen[1]

$$\operatorname{rot}\vec{B} = \mu_0 \vec{j} + \frac{1}{c^2}\frac{\partial \vec{E}}{\partial t}\,; \qquad \operatorname{rot}\vec{E} = -\frac{\partial \vec{B}}{\partial t}\,; \tag{1}$$

$$\operatorname{div}\vec{B} = 0\,; \qquad \operatorname{div}\vec{E} = \frac{\varrho}{\varepsilon_0} \tag{2}$$

können nicht ohne weiteres als Gleichungen zur Berechnung der Änderungen der Felder $\vec{E}$ und $\vec{B}$ bei gegebener Stromdichte $\vec{j}$ und Raumladungsdichte ϱ aufgefaßt werden, weil

1) Vielen theoretischen Physikern sind die Maxwellschen Gleichungen im Gaußschen Begriffssystem (Index G) vertrauter. Der Übergang zu ihnen erfolgt durch Einsetzen der folgenden, von der Wahl der Einheiten unabhängigen Größengleichungen:

$$\vec{B} = \vec{B}_G\sqrt{\mu_0/4\pi}\,;\; j = j_G\sqrt{4\pi\varepsilon_0}\,;\; \vec{E} = \frac{\vec{E}_G}{\sqrt{4\pi\varepsilon_0}}\,;\; \varrho = \varrho_G\sqrt{4\pi\varepsilon_0}\,;\; c^2 = \frac{1}{\varepsilon_0\mu_0}$$

zwei von ihnen, nämlich die Divergenzgleichungen (2), gar keine zeitlichen Ableitungen enthalten. Diese können nicht aus kanonischen Gleichungen folgen, weil diese nur die zeitlichen Änderungen der Zustandsvariablen als Funktionen der Zustandsvariablen angeben. Die Gleichungen (2) stellen vielmehr Bedingungen dar, denen alle erzeugbaren Felder unterliegen müssen.

Diese Schwierigkeit verschwindet bei Einführung des Vektorpotentials $\vec{A}$ und des skalaren Potentials U durch den Ansatz

$$\vec{B} = \operatorname{rot} \vec{A} \; ; \qquad \vec{E} = -\operatorname{grad} U - \frac{\partial \vec{A}}{\partial t} \, . \tag{3}$$

Die eine der Bedingungsgleichungen, $\operatorname{div} \vec{B} = 0$, ist dann stets erfüllt. Die andere ergibt sich nachher aus (7) und (4). Wenn man die Willkür in der Wahl der Potentiale durch die Lorentzkonvention

$$\chi(\vec{r},t) = \operatorname{div} \vec{A} + \frac{1}{c^2} \frac{\partial U}{\partial t} = 0 \tag{4}$$

einschränkt, erhält man nach kurzer Zwischenrechnung unter Benutzung der Vektorgleichung

$$\operatorname{rot} \operatorname{rot} \vec{A} = \operatorname{grad} \operatorname{div} \vec{A} - \nabla^2 \vec{A} \tag{5}$$

das folgende Gleichungssystem:

$$\nabla^2 \vec{A} - \frac{1}{c^2} \frac{\partial^2 \vec{A}}{\partial t^2} = -\mu_0 \vec{j} \; ; \tag{6}$$

$$\nabla^2 U - \frac{1}{c^2} \frac{\partial^2 U}{\partial t^2} = -\frac{\varrho}{\varepsilon_0} \, . \tag{7}$$

Mit den Bezeichnungen $U/c = A_0$ und $c\varrho = j_0$ kann man diese 4 Gleichungen für die drei Komponenten von $\vec{A}$ und für U wegen $c^2 = 1/(\varepsilon_0 \mu_0)$ einheitlich in der folgenden Form schreiben:

$$\nabla^2 A_\mu - \frac{1}{c^2} \frac{\partial^2 A_\mu}{\partial t^2} = -\mu_0 j_\mu \quad (\mu = 0,1,2,3) \, . \tag{8}$$

Das ist ein relativistisch-invariantes Gleichungssystem für die Komponenten des Vierervektors $(\vec{A}; U/c)$. Wenn man die A_μ und $\partial A_\mu/\partial t$ als Zustandsvariablen ansieht, liefert es die Änderung des Zustands zu gegebenem Anfangszustand eindeutig. Ihre kanonische Formulierung macht dann keine Schwierigkeiten mehr.

Dabei ist allerdings die Einschränkung (4) zu beachten. Diese ist aber, wie jetzt gezeigt werden soll, gleichwertig der Anfangsbedingung:

$$\chi = 0 \quad \text{und} \quad \frac{\partial \chi}{\partial t} = 0 \quad \text{für} \quad t = 0. \tag{9}$$

Wegen der Gültigkeit der Kontinuitätsgleichung

$$\operatorname{div} \vec{j} + \frac{\partial \varrho}{\partial t} = 0 \tag{10}$$

folgt nämlich aus (6) und (7)

$$\nabla^2 \chi - \frac{1}{c^2} \frac{\partial^2 \chi}{\partial t^2} = 0. \tag{11}$$

Wenn (9) für alle $\vec{r}$ erfüllt ist, gilt also zur Zeit $t = 0$ auch $\partial^2 \chi/\partial t^2 = 0$ für alle $\vec{r}$. Differenziert man (11) nach t, so ergibt sich daraus auch $\partial^3 \chi/\partial t^3 = 0$ für $t = 0$ und alle $\vec{r}$ usw. Also verschwindet dann χ für alle t.

Diese Umformung ist eine entscheidende Voraussetzung für die kanonische Formulierung und die Quantisierung. Sie bedeutet: Man betrachtet in Wirklichkeit ein allgemeineres physikalisches System, dessen Zustände durch 8 unabhängige Funktionen A_μ und $\partial A_\mu/\partial t$ beschrieben werden. Die physikalisch realisierbaren Felder werden daraus durch die Anfangsbedingung (9) ausgesondert. Das ist eine ähnliche Situation wie bei den Mehrteilchensystemen, bei denen auch die Bewegungsgleichung bzw. die zeitabhängige Schrödingergleichung mehr Zustände zuläßt, als es in der Natur gibt. Die Symmetriebedingungen, denen die Zustandselemente der Bosonen oder Fermionen unterliegen, können ebenfalls als eine Anfangsbedingung angesehen werden, die dann auf Grund der Bewegungsgleichung für alle Zeiten erhalten bleibt (vgl. Bd. II, §28).

B. Die Fouriertransformation

Die kanonische Formulierung der Gleichungen (8) gelingt am einfachsten durch Einführung irgendeines vollständigen Orthogonalsystems von Ortsfunktionen, deren Koeffizienten dann eine abzählbar-unendliche Menge kanonischer Variablen darstellen (vgl. Bd. II, §32). Da die homogenen Wellengleichungen (8), also diejenigen für $j_\mu = 0$, gegen eine räumliche Verschiebung invariant sind, ist es zweckmäßig, hierfür die Funktionen zu den irreduziblen Darstellungen der Translationsgruppe zu verwenden, und das sind die periodischen Funktionen $\exp i\vec{k}\cdot\vec{r}$. Das bedeutet, man unterwirft die Ausgangsgleichungen einer Fouriertransformation. Das ist nicht notwendig, aber dadurch wird, wie sich zeigen wird, alles so einfach, daß die kanonische Formulierung und zum großen Teil auch die Quantisierung nach bekanntem Schema abläuft. Es treten dann nämlich nur noch Gleichungen von derselben Form wie beim linearen harmonischen Oszillator auf.

Die folgenden Rechnungen sind zwar relativ langwierig, aber elementar. Ein Leser, der bereit ist, ihre Richtigkeit zu glauben, kann sie überschlagen. Das auf S. 417, (36) bis (39) angegebene Resultat kann man auch ohne große Schwierigkeiten nachträglich als richtig bestätigen.

Der Einfachheit halber betrachtet man alle Funktionen $A_\mu(\vec{r},t)$ und $j_\mu(\vec{r},t)$ nur innerhalb eines würfelförmigen Volumens der Größe $V = L^3$, dessen Kanten der Länge L den drei Koordinatenachsen parallel sind. Für die Komponenten der Vektoren $\vec{k}$ werden nur die Werte $k_j = 2\pi n_j/L$ (n_j = ganzzahlig) zugelassen. Die Funktionen $\exp(i\vec{k}\cdot\vec{r})/\sqrt{V}$ sind dann orthogonal und normiert, sofern man das skalare Produkt als Integral über das Volumen V definiert. Solange L sehr groß gegen die Abmessungen aller betrachteten physikalischen Systeme ist, spielt es keine Rolle, daß die Reihenentwicklungen dann die wirklichen Verteilungen außerhalb V periodisch fortsetzen und dort nicht den wahren Verlauf wiedergeben.

Die Entwicklung der $A_\mu(\vec{r},t)$ lautet dann

$$A_\mu(\vec{r},t) = \frac{1}{\sqrt{V}}\sum_{\vec{k}} \tilde{A}_\mu(\vec{k},t)\exp i\vec{k}\cdot\vec{r} \tag{12}$$

mit

$$\tilde{A}_\mu(\vec{k},t) = \frac{1}{\sqrt{V}}\iiint\limits_{\text{über } V} A_\mu(\vec{r},t)\exp(-i\vec{k}\cdot\vec{r})\,d^3x\,. \tag{13}$$

Die Koeffizienten $\tilde{A}_\mu(\vec{k},t)$ sind in der Regel komplex. Für reelles $A_\mu(\vec{r},t)$ gilt aber wegen (13)

$$\tilde{A}^*_\mu(\vec{k},t) = \tilde{A}_\mu(-\vec{k},t)\,. \tag{14}$$

Entsprechende Formeln werden für alle anderen Funktionen auch angesetzt. Die Tilde über den Buchstaben der entsprechenden Größen bezeichnet jeweils die zugehörigen Fourieramplituden, also Funktionen von $\vec{k}$ und t .

Alle Operationen im Ortsraum lassen sich dann leicht in den $\vec{k}$ -Raum übertragen:

$\operatorname{div}\vec{A}$ hat die Fourieramplitude $i\vec{k}\cdot\tilde{\vec{A}}$. (15)

$\operatorname{rot}\vec{A}$ " " " $i[\vec{k}\times\tilde{\vec{A}}]$. (16)

$\operatorname{grad} U$ " " " $i\vec{k}\tilde{U}$. (17)

$\operatorname{div}\operatorname{grad} U$ " " " $-\vec{k}^2\tilde{U}$. (18)

Die Wellengleichung (8) liefert daher das Gleichungssystem

$$\frac{d^2\tilde{A}_\mu}{dt^2} = -c^2\vec{k}^2\tilde{A}_\mu + \frac{1}{\varepsilon_0}\tilde{j}_\mu(\vec{k})\,. \tag{19}$$

Das sind unendlich viele entkoppelte Gleichungen von der gleichen Form wie die Bewegungsgleichungen linearer harmonischer Oszillatoren der Eigenfrequenz

$$\omega(\vec{k}) = c|\vec{k}| \tag{20}$$

unter der Wirkung einer äußeren Kraft proportional zu $\tilde{j}_\mu(\vec{k},t)$. Die Fouriertransformierte der Lorentzkonvention (4) lautet

$$\tilde{\chi}(\vec{k},t) = i\vec{k}\cdot\tilde{\vec{A}} + \frac{1}{c}\frac{d\tilde{A}_0}{dt} = 0\,. \tag{21}$$

C. Die kanonischen Variablen

Es läge nahe, in (19) $\tilde{A}_\mu$ als Koordinate anzusehen und $d\tilde{A}_\mu/dt$ als proportional zu dem dazu kanonisch konjugierten Impuls. Das ist aber unzweckmäßig, weil $\tilde{A}_\mu(\vec{k})$ komplex ist und wegen (14) mit $\tilde{A}_\mu(-\vec{k})$ verknüpft ist. Das wird manchmal in den Lehrbüchern ignoriert. Das führt zwar meist nicht zu Fehlern, aber einige der Schlüsse sind dann nicht zwingend. Tatsächlich gehört nicht zu jedem $\vec{k}$ und jedem μ je ein linearer harmonischer Oszillator, wohl aber zu einem Paar von entgegengesetzt gleichen $\vec{k}$-Vektoren ein Paar linearer Oszillatoren.

Der zweckmäßige Ansatz mit zwei reellen Variablen $q_\mu(\vec{k},t)$ und $p_\mu(\vec{k},t)$ lautet

$$\tilde{A}_\mu(\vec{k},t) + \frac{i}{\omega}\frac{d\tilde{A}_\mu(\vec{k},t)}{dt} = N\big(q_\mu(\vec{k},t) + i\,p_\mu(\vec{k},t)\big)\,. \tag{22}$$

Darin ist N eine später zu bestimmende reelle Normierungskonstante, welche nur von $|\vec{k}|$ abhängt. Aus (19) ergibt sich damit durch Trennung von Real- und Imaginärteil

$$\frac{dq_\mu(\vec{k})}{dt} = \omega p_\mu(\vec{k}) - \frac{\tilde{j}_\mu(\vec{k}) - \tilde{j}^*_\mu(\vec{k})}{2iN\varepsilon_0\omega}\,, \tag{23}$$

$$\frac{dp_\mu(\vec{k})}{dt} = -\omega q_\mu(\vec{k}) + \frac{\tilde{j}_\mu(\vec{k}) + \tilde{j}^*_\mu(\vec{k})}{2N\varepsilon_0\omega}\,. \tag{24}$$

Das ist bereits ein Paar von kanonischen Gleichungen mit der Hamiltonfunktion

$$H_\mu(\vec{k}) = \frac{\omega}{2}\left(p_\mu^2(\vec{k}) + q_\mu^2(\vec{k})\right) - \frac{1}{2N\varepsilon_0\omega}\left[(q_\mu(\vec{k}) - ip_\mu(\vec{k}))\tilde{j}_\mu(\vec{k}) + (q_\mu(\vec{k}) + ip_\mu(\vec{k}))\tilde{j}_\mu^*(\vec{k})\right] \quad (25)$$

Die gesamte Hamiltonfunktion wäre die Summe dieser Ausdrücke $H_\mu(\vec{k})$ über alle $\vec{k}$ und μ.

In dem Ansatz (22) steckt aber noch eine gewisse Willkür. Aus der weiteren Rechnung würde sich ergeben, daß das Ergebnis nicht relativistisch invariant wäre. In der genannten Summe würden Ausdrücke der Form $p_1^2 + p_2^2 + p_3^2 + p_0^2$ auftreten. Relativistisch invariante Ausdrücke haben aber, wie in §42 gezeigt wurde, stets die Form $p_1^2 + p_2^2 + p_3^2 - p_0^2$. Es ist deshalb zweckmäßig, das Vorzeichen von $H_0(\vec{k})$ umzukehren und zugleich in (22) bei $\mu = 0$ die Variablen $p_0(\vec{k})$ und $q_0(\vec{k})$ zu vertauschen. Die Form der kanonischen Gleichungen ändert sich dadurch nicht. Deshalb wird (22) und (25) nur für $\mu = 1, 2, 3$ benutzt. Für $\mu = 0$ setzt man stattdessen

$$\tilde{A}_0(\vec{k},t) + \frac{i}{\omega}\frac{d\tilde{A}_0(\vec{k},t)}{dt} = N(p_0(\vec{k},t) + iq_0(\vec{k},t)) \quad (26)$$

und

$$H_0(\vec{k}) = -\frac{\omega}{2}\left(p_0^2(\vec{k}) + q_0^2(\vec{k})\right) + \frac{1}{2N\varepsilon_0\omega}\left[(p_0(\vec{k}) - iq_0(\vec{k}))\tilde{j}_0(\vec{k}) + (p_0(\vec{k}) + iq_0(\vec{k}))\tilde{j}_0^*(\vec{k})\right]. \quad (27)$$

D. Die Variablen zu den Erzeugungs- und Vernichtungsoperatoren

Nachher sollen bei der Quantisierung die $p_\mu(\vec{k})$ und $q_\mu(\vec{k})$ durch Operatoren ersetzt werden. Aus diesen entstehen, wie bei jedem linearen harmonischen Oszillator, durch geeignete Linearkombination die Operatoren zur Erzeugung und Vernichtung der Schwingungsquanten, der Photonen (vgl. Bd. II, §24). Es ist zweckmäßig, hier bereits die zugehörigen Modellvariablen $c_\mu(\vec{k})$ und $c_\mu^*(\vec{k})$ einzuführen. Da der erste Summand in (25) die Form der Hamiltonfunktion eines linearen Oszillators mit der Masse $m = 1/\omega$ hat, setzt man deshalb (vgl. Bd. II, §24; 3)

$$c_\mu(\vec{k},t) = \frac{q_\mu(\vec{k},t) + i\,p_\mu(\vec{k},t)}{\sqrt{2\hbar}} \quad \text{für} \quad \mu = 1, 2, 3 \quad (28)$$

und

$$c_0(\vec{k},t) = \frac{p_0(\vec{k},t) + i\, q_0(\vec{k},t)}{\sqrt{2\hbar}} \quad \text{für} \quad \mu = 0\,. \tag{29}$$

Das hat zur Folge, daß in den Ausdrücken für die $H_\mu(\vec{k})$ bereits die Plancksche Konstante vorkommt. Man lasse sich aber dadurch nicht zu dem Trugschluß verleiten, als sei dadurch in das betrachtete Modell bereits die Quantenmechanik eingeführt worden.

Mit (28) ergibt sich für $\mu = 1, 2, 3$

$$H_\mu(\vec{k}) = \hbar\omega c_\mu^*(\vec{k}) c_\mu(\vec{k}) - \frac{\sqrt{\hbar}}{N\varepsilon_0\omega\sqrt{2}}\left(c_\mu^*(\vec{k})\tilde{j}_\mu(\vec{k}) + c_\mu(\vec{k})\tilde{j}_\mu^*(\vec{k})\right). \tag{30}$$

Für $\mu = 0$ tritt das Negative dieses Ausdrucks auf.

Um die Bedeutung des zweiten Summanden deutlich zu machen, soll dieser durch die Potentiale ausgedrückt werden. Führt man zunächst in (22) die $c_\mu(\vec{k})$ mittels (28) ein, bildet dann das konjugiert-komplexe davon und ersetzt auf beiden Seiten $\vec{k}$ durch $-\vec{k}$, so erhält man bei Berücksichtigung von (14) durch Addition der beiden erhaltenen Gleichungen

$$\tilde{A}_\mu(\vec{k},t) = N\sqrt{\frac{\hbar}{2}}\left(c_\mu(\vec{k}) + c_\mu^*(-\vec{k})\right). \tag{31}$$

Wenn man andererseits (30) über alle $\vec{k}$ summiert und bei dem Summanden prop. $\tilde{j}_\mu(\vec{k})$ den Summationsindex $\vec{k}$ in $-\vec{k}$ umbenennt, tritt wegen $\tilde{j}_\mu(-\vec{k}) = \tilde{j}_\mu^*(\vec{k})$ in dieser Summe auch gerade die obige Kombination der c_μ auf. Daher ergibt sich

$$\sum_{\vec{k}} H_\mu(\vec{k}) = \sum_{\vec{k}} \hbar\omega c_\mu^*(\vec{k}) c_\mu(\vec{k}) - \sum_{\vec{k}} \frac{\tilde{A}_\mu(\vec{k})\tilde{j}_\mu^*(\vec{k})}{N^2\varepsilon_0\omega}\,. \tag{32}$$

Diese Formel zeigt, daß man zweckmäßig über N so verfügt, daß

$$N^2\varepsilon_0\omega = 1 \tag{33}$$

gilt. Dann wird nämlich der zweite Summand in (32) gleich einem Integral über den Ortsraum. Das ergibt sich durch Einsetzen von (13) und Berücksichtigung der zu (12) analogen Formel für das reelle $j_\mu(\vec{r},t)$. Das Resultat lautet

$$\sum_{\vec{k}} H_\mu(\vec{k}) = \sum_{\vec{k}} \hbar\omega c_\mu^*(\vec{k}) c_\mu(\vec{k}) - \iiint_{\vec{r}\text{ über }V} A_\mu(\vec{r},t)\, j_\mu(\vec{r},t)\, d^3x\,. \tag{34}$$

Für $\mu = 0$ ergibt sich wiederum das Negative davon.

Hier erkennt man einen zweiten Grund, weshalb man zweckmäßig für $\mu = 0$ die kanonischen Variablen p und q gegenüber $\mu = 1, 2, 3$ vertauscht einführt. Denn

$$\iiint\limits_{\vec{r}\text{ über }V} A_0(\vec{r},t)\, j_0(\vec{r},t)\, d^3x = \iiint\limits_{\vec{r}\text{ über }V} U(\vec{r},t)\, \varrho(\vec{r},t)\, d^3x \tag{35}$$

ist im statischen Fall, also beim Fehlen von Strömen und zeitlich konstantem ϱ die potentielle Energie der Ladungen. Die Hamiltonfunktion pflegt man aber stets so zu definieren, daß sie gleich der Energie ist und nicht gleich ihrem Negativen.

Dieses Ergebnis kann man folgendermaßen zusammenfassen: Mit Benutzung des gewöhnlichen Vektors $\vec{c}(\vec{k},t)$ mit den Komponenten $c_j(\vec{k},t)$ ($j = 1, 2, 3$) und der zugehörigen zeitartigen Größe $c_0(\vec{k},t)$ lautet die Hamiltonfunktion

$$\begin{aligned} H = \sum_{\mu=0}^{3} \sum_{\vec{k}} H_\mu(\vec{k}) &= \sum_{\vec{k}} \hbar\omega(\vec{k}) \left(\vec{c}^{\,*}(\vec{k}) \cdot \vec{c}(\vec{k}) - c_0^*(\vec{k})\, c_0(\vec{k}) \right) \\ &+ \iiint\limits_{\vec{r}} \left(U(\vec{r},t)\, \varrho(\vec{r},t) - \vec{A}(\vec{r},t) \cdot \vec{j}(\vec{r},t) \right) d^3x . \end{aligned} \tag{36}$$

Darin ist (nach (12), (31) und (33))

$$\vec{A}(\vec{r},t) = \frac{1}{\sqrt{V}} \sum_{\vec{k}} \sqrt{\frac{\hbar}{2\varepsilon_0\omega}} \left(\vec{c}(\vec{k}) + \vec{c}^{\,*}(-\vec{k}) \right) \exp i\vec{k}\cdot\vec{r} \tag{37a}$$

und

$$U(\vec{r},t) = \frac{c}{\sqrt{V}} \sum_{\vec{k}} \sqrt{\frac{\hbar}{2\varepsilon_0\omega}} \left(c_0(\vec{k}) + c_0^*(-\vec{k}) \right) \exp i\vec{k}\cdot\vec{r} . \tag{37b}$$

Die kanonischen Variablen $p_\mu(\vec{k})$ und $q_\mu(\vec{k})$ sind in den $c_\mu(\vec{k})$ enthalten:

$$\begin{aligned} c_j(\vec{k}) &= \frac{q_j(\vec{k}) + i\, p_j(\vec{k})}{\sqrt{2\hbar}} \qquad (j = 1, 2, 3) , \\ c_0(\vec{k}) &= \frac{p_0(\vec{k}) + i\, q_0(\vec{k})}{\sqrt{2\hbar}} . \end{aligned} \tag{38}$$

Die daraus folgenden kanonischen Gleichungen kann man zu den folgenden komplexen Gleichungen zusammenfassen:

$$\frac{dc_\mu(\vec{k},t)}{dt} = -i\omega\, c_\mu(\vec{k},t) + \frac{i}{\sqrt{2\hbar\varepsilon_0\omega}}\, \tilde{j}_\mu(\vec{k},t) . \tag{39}$$

Daraus kann man ablesen, daß man formal auch die $c_\mu(\vec{k})$ als Koordinaten und die $i\hbar c_\mu^*(\vec{k})$ als die zugehörigen kanonisch konjugierten Impulse auffassen kann bzw. für $\mu = 0$ die Größen $i\hbar c_0^*(\vec{k})$ als Koordinaten und $c_0(\vec{k})$ als Impulse. Das wäre aber strenggenommen mathematisch fehlerhaft, da $c_\mu(\vec{k})$ und $c_\mu^*(\vec{k})$ nicht unabhängig voneinander variiert werden können. Eine partielle Ableitung von H nach $c_\mu(\vec{k})$ bei konstantem $c_\mu^*(\vec{k})$ hat keinen Sinn, da bei konstantem $c_\mu^*(\vec{k})$ auch $c_\mu(\vec{k})$ konstant ist.

Die Gleichung (39) läßt sich formal leicht allgemein integrieren. Der Einfachheit halber sei hier nur der Fall $\vec{j} = 0$, $\varrho = 0$ betrachtet. Dann gilt

$$c_\mu(\vec{k},t) = c_\mu(\vec{k},0)\, \exp(-i\omega t)\,. \tag{40}$$

Setzt man das in (37) ein und ersetzt außerdem in dem zweiten Summanden den Summationsindex $\vec{k}$ durch $-\vec{k}$, so lauten diese Formeln

$$\vec{A}(\vec{r},t) = \frac{1}{\sqrt{V}}\sum_{\vec{k}}\sqrt{\frac{\hbar}{2\varepsilon_0\omega}}\left[\vec{c}(\vec{k},0)\exp i(\vec{k}\cdot\vec{r}-\omega t) + \vec{c}^*(\vec{k},0)\exp\left(-i(\vec{k}\cdot\vec{r}-\omega t)\right)\right], \tag{41}$$

$$U(\vec{r},t) = \frac{c}{\sqrt{V}}\sum_{\vec{k}}\sqrt{\frac{\hbar}{2\varepsilon_0\omega}}\left[c_0(\vec{k},0)\exp i(\vec{k}\cdot\vec{r}-\omega t) + c_0^*(\vec{k},0)\exp\left(-i(\vec{k}\cdot\vec{r}-\omega t)\right)\right]. \tag{42}$$

Hier erscheinen die Potentiale als Summen über ebene Wellen. Den ersten Summanden pflegt man mit A^+ bzw. U^+ zu bezeichnen, den zweiten mit A^- bzw. U^-, wobei der Index formal das Vorzeichen der Frequenz andeuten soll. Einen tiefliegenden Sinn hat das aber nicht. Zum Schluß sei außerdem bemerkt, daß das selbstverständlich nur eine von vielen möglichen kanonischen Formulierungen ist. Sie ist vor anderen dadurch ausgezeichnet, daß an ihr die relativistische Invarianz und das Verhalten gegenüber Translationen besonders einfach abzulesen ist. Man beachte, daß der Exponent der e-Funktionen in (41) und (42) eine relativistische Invariante darstellt (vgl. §42; 5) und daß bei einer räumlichen Verschiebung jeder Summand bis auf einen komplexen Faktor vom Absolutbetrag 1 reproduziert wird.

E. Die Lorentzkonvention

Die kanonischen Gleichungen mit der Hamiltonfunktion

(36) liefern nur dann die Maxwellschen Gleichungen, wenn die Anfangsbedingung (9) berücksichtigt wird. Diese soll deshalb jetzt in eine Anfangsbedingung für die $c_\mu(\vec{k})$ umgeschrieben werden. Zu diesem Zweck setzt man die Formel (31) unter Berücksichtigung von (33) in (21) ein und setzt (39) für die dabei auftretende zeitliche Ableitung von $c_0(\vec{k},t)$ ein. Schreibt man für die zeitartige Komponente des Ausbreitungsvierervektors

$$\omega/c = |\vec{k}| = k_0 , \tag{43}$$

so erhält man

$$\tilde{\chi} = i\sqrt{\frac{\hbar}{2\varepsilon_0\omega}}\left[\vec{k}\cdot\vec{c}(\vec{k}) - k_0 c_0(\vec{k}) + \vec{k}\cdot\vec{c}^{\,*}(-\vec{k}) + k_0 c_0^*(-\vec{k})\right] . \tag{44}$$

Dabei wurde die Beziehung $\tilde{j}_0(\vec{k}) = \tilde{j}_0^*(-\vec{k})$ ausgenutzt. Differenziert man diese Gleichung nach t und verwendet (39), so ergibt sich

$$\frac{d\tilde{\chi}}{dt} = \sqrt{\frac{\hbar\omega}{2\varepsilon_0}}\left[\vec{k}\cdot\vec{c}(\vec{k}) - k_0 c_0(\vec{k}) - \vec{k}\cdot\vec{c}^{\,*}(-\vec{k}) - k_0 c_0^*(-\vec{k})\right] + \frac{\tilde{j}_0(\vec{k},t)}{\varepsilon_0 c} . \tag{45}$$

Wenn zur Zeit $t=0$ beide Ausdrücke verschwinden sollen, muß für alle $\vec{k}$ und $t=0$ die Beziehung

$$\vec{k}\cdot\vec{c}(\vec{k}) - k_0 c_0(\vec{k}) + \frac{\tilde{j}_0(\vec{k})}{c\sqrt{2\varepsilon_0\hbar\omega}} = 0 \tag{46}$$

erfüllt sein. Man rechnet leicht nach, daß dieser Ausdruck auf Grund der Bewegungsgleichung (39) für alle t gleich null bleibt, wenn er es für $t=0$ ist. Mit Hilfe der Fouriertransformierten der Kontinuitätsgleichung (10),

$$i(\vec{k}\cdot\tilde{j}(\vec{k})) + \frac{1}{c}\frac{d\tilde{j}_0(\vec{k})}{dt} = 0 , \tag{47}$$

erhält man nämlich für die zeitliche Ableitung von (46) das $i\omega$-fache des Ausgangsausdruckes (46).

F. Die Felder

Aus (3) ergibt sich mit Hilfe von (37) und (39)

$$\vec{B} = \frac{i}{\sqrt{V}} \sum_{\vec{k}} \sqrt{\frac{\hbar}{2\varepsilon_0 \omega}} \left[\vec{k} \times \vec{c}(\vec{k}) + \vec{k} \times \vec{c}^{\,*}(-\vec{k}) \right] \exp i\vec{k}\cdot\vec{r} \tag{48}$$

und

$$\vec{E} = \frac{i}{\sqrt{V}} \sum_{\vec{k}} \sqrt{\frac{\hbar\omega}{2\varepsilon_0}} \left[\vec{c}(\vec{k}) - \frac{\vec{k}}{k_0} c_0(\vec{k}) - \vec{c}^{\,*}(-\vec{k}) - \frac{\vec{k}}{k_0} c_0^*(-\vec{k}) \right] \exp i\vec{k}\cdot\vec{r}. \tag{49}$$

Der zweite Ausdruck wird übersichtlicher, wenn man den Vektor $\vec{c}(\vec{k})$ in den Vektor $\vec{c}_\perp(\vec{k})$ senkrecht zu $\vec{k}$ und seine Komponente $c_\parallel(\vec{k})$ parallel zu $\vec{k}$ zerlegt. Da $\vec{k}/k_0$ ein Einheitsvektor in $\vec{k}$-Richtung ist, erhält man für letztere

$$c_\parallel(\vec{k}) = \frac{\vec{k}\cdot\vec{c}(\vec{k})}{k_0} . \tag{50}$$

Setzt man also

$$\vec{c}(\vec{k}) = \vec{c}_\perp(\vec{k}) + \frac{\vec{k}}{k_0} c_\parallel(\vec{k}) \tag{51}$$

in (49) ein, so tritt dort gerade derselbe Ausdruck wie in (46) auf. So erhält man

$$\vec{E} = \frac{i}{\sqrt{V}} \sum_{\vec{k}} \sqrt{\frac{\hbar\omega}{2\varepsilon_0}} \left[\vec{c}_\perp(\vec{k}) - \vec{c}_\perp^{\,*}(-\vec{k}) \right] \exp i\vec{k}\cdot\vec{r} - \frac{i}{\sqrt{V}} \sum_{\vec{k}} \frac{\vec{k}\,\tilde{j}_0(\vec{k})}{\varepsilon_0 k_0^2 c} \exp i\vec{k}\cdot\vec{r}. \tag{52}$$

Da das Vektorprodukt $\vec{k} \times \vec{c}(\vec{k})$ von der Komponente $c_\parallel(\vec{k})$ parallel zu $\vec{k}$ nicht abhängt, besagen diese Gleichungen: Die Felder hängen bei gegebener Ladungsverteilung nur von dem zu $\vec{k}$ orthogonalen Anteil $\vec{c}_\perp(\vec{k})$ des Vektors $\vec{c}(\vec{k})$ ab. Wie man mit (15) und (16) leicht nachrechnet, ist der erste Summand in (52) quellenfrei, der von $\tilde{j}_0(\vec{k})$ abhängige zweite Summand dagegen wirbelfrei. Das alles läßt sich zu folgender Aussage zusammenfassen:

Das elektromagnetische Feld läßt sich vollständig durch einen vom Ausbreitungsvektor $\vec{k}$ abhängigen komplexen Vierervektor mit dem raumartigen Anteil $\vec{c}(\vec{k})$ und der zeitartigen Komponente $c_0(\vec{k})$ darstellen. Die zeitlichen Änderungen der $c_\mu(\vec{k})$ genügen einer inhomogenen, linearen Differentialgleichung 1. Ordnung. Wenn man die Felder in ihren quellenfreien und wirbelfreien Anteil zerlegt, hängt der quellenfreie Anteil von $\vec{E}$ und $\vec{B}$ nur von der Projektion $\vec{c}_\perp(\vec{k})$ des Vektors $\vec{c}(\vec{k})$ auf die Ebene senkrecht zu $\vec{k}$ ab. Der wirbelfreie Anteil von $\vec{B}$ verschwindet. Derjenige von $\vec{E}$ ist durch die jeweilige Verteilung der Raumladungsdichte allein gegeben. Man kann daher bei gegebenen Ladungen und Strömen den transversalen Anteil $\vec{c}_\perp(\vec{k})$ allein als die eigentlichen Feldvariablen ansehen. Die Lorentzkonvention, welche als Anfangsbedingung für die $c_\mu(\vec{k},t)$ hinzugefügt werden muß, um physikalisch realisierbare Felder zu erhalten, erzeugt einen Zusammenhang zwischen der Raumladungsdichte und der Differenz aus der longitudinalen und der zeitartigen Komponente des Vierervektors $(\vec{c}(\vec{k}); c_0(\vec{k}))$. Die Longitudinalkomponente $c_\parallel(\vec{k}) = (\vec{k}\cdot\vec{c}(\vec{k}))/k_0$ und die zeitartige Komponente $c_0(\vec{k})$ können einzeln noch beliebig gewählt werden. Von dieser Wahl hängt nur die Eichung der Potentiale ab, nicht das Feld. Im Vakuum, wenn also alle Ladungen und Ströme verschwinden, kann man $c_\parallel$ und c_0 beide gleich null setzen. Das bezeichnet man als Coulomb-Eichung. Diese besonders einfache Formulierung ist jedoch nicht relativistisch invariant, da bei einer Lorentztransformation die Komponenten von $\vec{c}(\vec{k})$ und $c_0(\vec{k})$ ineinander transformiert werden.

§44. Die Quantisierung

Die Quantisierung der Maxwellschen Gleichungen erfolgt nach Herstellung der kanonischen Formulierung in der üblichen Weise: Man ersetzt die Zustandsvariablen $p_\mu(\vec{k})$ und $q_\mu(\vec{k})$ durch hermitische Operatoren, welche den Heisenbergschen Vertauschungsrelationen genügen. Die Hamiltonfunktion H geht dadurch in den Hamiltonoperator $\mathbf{H}$ über. Für das Folgende ist es dabei gleichgültig, ob man die Operatoren als zeitunabhängig ansieht und das den Zustand beschreibende Element $|\psi\rangle$ des Hilbertraumes als zeitabhängig oder umgekehrt (Schrödingerbild bzw. Heisenbergbild, vgl. Bd. II, §27). Die Vertauschungsrelationen und die Eigenwerte, die hier zunächst nur betrachtet werden sollen, sind in beiden Fällen die gleichen.

Bei dieser Quantisierung kann man trotzdem noch zwei verschiedene Wege einschlagen. Der einfachste ist, daß man nur die Transversalkomponenten des Vektors $\vec{c}(\vec{k})$ als Zustandsvariablen ansieht und die Longitudinalkomponente $c_\parallel(\vec{k})$ sowie die Zeitkomponente $c_0(\vec{k})$ des Vierervektors $(\vec{c}; c_0)$ als gegebene Größen, die außer von der Eichung der Potentiale allein von der Raumladungsdichte abhängen und daher ebenso wie die $j_\mu(\vec{r},t)$ hier als gegebene Größen betrachtet werden, denen keine Operatoren entsprechen. Bis etwa 1949 wurde ausschließlich diese Methode angewandt. Man sagt dann, es werde nur der transversale, quellenfreie Anteil des Feldes quantisiert, nicht der longitudinale, wirbelfreie Anteil. Dann macht die Quantisierung keine besonderen Schwierigkeiten, sondern verläuft genauso wie beim harmonischen Oszillator. Bei den meisten Problemen kommt man damit praktisch aus.

Wenn man aber eine Lorentztransformation auf ein bewegtes Koordinatensystem ausführen will, versagt diese Quantisierungsmethode, weil dabei die transversalen und longitudinalen Komponenten mit den zeitartigen Komponenten $c_0(\vec{k})$ der $(\vec{c}; c_0)$ verknüpft werden. Dann muß man alle $c_\mu(\vec{k})$ ($k = 0, 1, 2, 3$) als Feldvariablen ansehen und durch Operatoren ersetzen. Außerdem muß man die Lorentzbedingung als eine zusätzliche Anfangsbedingung einführen, welche im Hilbertraum die möglichen Elemente, welche zu physikalisch realisierbaren Feldern gehören, aus der Gesamtheit der mathematisch denkbaren Elemente aussondert.

Das erfordert aber eine Abänderung der üblichen quantenmechanischen Ansätze, weil diese mit den Forderungen der relativistischen Invarianz nicht vereinbar sind. Diese Problematik kann man jedoch als ein Sondergebiet ansehen, das nur die theoretischen Physiker angeht und deshalb hier zunächst zurückgestellt werden soll (vgl. §45).

Der Einfachheit halber seien im folgenden nur die Variablen zu einem festen $\vec{k}$-Vektor betrachtet und dementsprechend nur der lineare Teilraum des Hilbertraumes, in dem die zugehörigen Operatoren wirken. Die Abhängigkeit von $\vec{k}$ soll deshalb im folgenden nicht mehr jedes Mal zum Ausdruck gebracht werden. Ferner kann man dann ein festes Koordinatensystem einführen, in welchem $\vec{k}$ die Richtung der 3. Koordinatenachse hat. Dann sind nur 2 Komponenten c_1 und c_2 zu betrachten, denen die Operatoren $\mathbf{C}_1$ und $\mathbf{C}_2$ zugeordnet werden. Aus der Heisenbergschen Vertauschungsrelation

$$[\mathbf{P}_j, \mathbf{Q}_k] = \frac{\hbar}{i}\delta_{jk} \tag{1}$$

ergibt sich für sie

$$[\mathbf{C}_j, \mathbf{C}_k^+] = \delta_{jk}, \quad j,k = 1,2. \tag{2}$$

Daraus und aus der Vertauschbarkeit von $\mathbf{C}_1$ und $\mathbf{C}_2$ lassen sich dann alle weiteren Schlüsse ziehen, genauso wie bei einem harmonischen Oszillator (vgl. Bd. II, §24). Man findet: Die Anwendung des Operators C_j^+ auf ein Eigenelement von $C_j^+C_j$ erhöht den Eigenwert um 1, C_j vermindert ihn. Da $C_j^+C_j$ keine negativen Eigenwerte haben kann, muß die wiederholte Anwendung von C_j auf ein solches Eigenelement entweder aus dem Hilbertraum herausführen oder das Nullelement liefern. Durch ein Zusatzaxiom wird festgelegt, daß nur das letztere vorkommen soll. Die Eigenwerte von $C_j^+C_j$ sind dann die positiven ganzen Zahlen einschließlich der Null. Diese Zahlen werden als Teilchenzahlen, als die Zahl der Photonen gedeutet. Das Element, welches zum Eigenwert null von $C_1^+C_1$ und $C_2^+C_2$ gehört, entspricht dem Zustand, in welchem beim Fehlen von Ladungen und Strömen kein Feld vorhanden ist, also dem Photonenvakuum. Man setzt voraus, daß diesem Zustand nur ein einziges, bis auf einen Faktor eindeutig bestimmtes, normiertes Element $|0;0\rangle$ entspricht. Für dieses gilt

$$C_j|0;0\rangle = 0 \, , \, (j=1,2) \, . \tag{3}$$

Der Zustand mit den Photonenzahlen n_1, n_2 wird durch das normierte Element

$$|n_1;n_2\rangle = \frac{(C_1^+)^{n_1}}{\sqrt{n_1!}} \frac{(C_2^+)^{n_2}}{\sqrt{n_2!}} |0;0\rangle \tag{4}$$

beschrieben. Der ganze Hilbertraum der Zustände zu einem $\vec{k}$ -Vektor wird durch die Linearkombinationen dieser Elemente mit quadratsummierbarer Koeffizientenfolge gebildet.

Man kann nun alle Rechnungen in Beziehungen zwischen diesen Koeffizienten umschreiben. Man sagt dann, man benutzt die Teilchenzahldarstellung. Berücksichtigt man außerdem die $\vec{k}$ -Abhängigkeit, so kann der Zustand durch Funktionen von ebensovielen $\vec{k}$-Vektoren wie der gesamten Photonenzahl beschrieben werden. Das nennt man meist die Fockdarstellung. Alle solche speziellen Darstellungen liefern aber ziemlich unübersichtliche Formeln. Bequemer ist es, mit den abstrakten Elementen des Hilbertraumes selbst zu rechnen. Z. B. ergibt sich aus (2), (3) und (4)

$$C_1^+ |n_1; n_2\rangle = \sqrt{n_1+1}\, |n_1+1; n_2\rangle \tag{5}$$

und

$$C_1 |n_1; n_2\rangle = \sqrt{n_1}\, |n_1-1; n_2\rangle . \tag{6}$$

Entsprechende Formeln gelten für C_2^+ und C_2 .

Wenn man sich auf den Fall fehlender Ladungen und Ströme beschränkt, lautet der Anteil der Hamiltonfunktion zu einem $\vec{k}$ -Vektor (vgl. §43; 36)

$$H(\vec{k}) = \hbar\omega(\vec{c}^{\,*}(\vec{k})\,\vec{c}(\vec{k}) - c_0^*(\vec{k})\,c_0(\vec{k})) . \tag{7}$$

Die Lorentzbedingung verlangt in diesem Fall $c_{\parallel} = c_0$. Daher gilt in diesem Fall

$$H(\vec{k}) = \hbar\omega(c_1^* c_1 + c_2^* c_2) . \tag{8}$$

Bei der Aufstellung des zugehörigen Operators muß wieder die richtige Reihenfolge der Operatoren beachtet werden. Die Nullpunktsenergie verschwindet nur dann, wenn man die Erzeugungsoperatoren als zweite Operatoren nach links schreibt, also

$$H(\vec{k}) = \hbar\omega(C_1^+ C_1 + C_2^+ C_2) . \tag{9}$$

Die Eigenwerte dieses Operators sind die ganzzahligen Vielfachen von $\hbar\omega$. Man kann zeigen, daß der Operator zum Impuls des Feldes dieselbe Form hat mit $\hbar\vec{k}$ an Stelle von $\hbar\omega$. Mit anderen Worten: Die Quantisierung liefert genau die Aussagen, welche Einstein 1905 aus dem

Photoeffekt abgelesen hat. Die ganze Rechnung enthält also im Grunde nichts Neues, nur die Einsicht, daß die übliche Methode der Quantisierung ohne grundsätzlich neue Zutaten diese Ergebnisse liefert. Das ist natürlich eine wichtige Stütze für die Annahme, daß diese Methode allgemein gültig ist.

Auf die Berechnung weiterer Konsequenzen aus den vorstehenden Rechnungen sei hier verzichtet. Auf Grund des Ehrenfestschen Theorems (vgl. Bd. II, §16) ist ohnehin klar, daß die quantenmechanischen Mittelwerte den klassischen Gleichungen, also den Maxwellschen Gleichungen zu gegebenen Strömen und Ladungen genügen. Daraus folgen die aus der klassichen Physik bekannten Aussagen über die Emission und Absorption von Strahlung. Neu ist nur, daß bei der Messung ihrer Energie Quanten der Größe $\hbar\omega$ auftreten.

§45. Der Formalismus von Gupta und Bleuler

Wenn man die Longitudinalkomponenten $c_{\parallel}(\vec{k}) = c_3(\vec{k}) = (\vec{k}\cdot\vec{c}(\vec{k}))/k_0$ der Vektoren $\vec{c}(\vec{k})$ und die zeitartigen Größen $c_0(\vec{k})$ auch als Feldvariablen ansieht und ihnen Operatoren C_3 und C_0 zuordnet, ergeben sich nach dem üblichen Formalismus der Quantenmechanik für sie die Vertauschungsrelationen

$$[C_3, C_3^+] = 1 \,, \quad \boxed{[C_0, C_0^+] = -1} \,. \qquad (1)$$

~~$[C_0, C_0^+] = -1$~~

Dabei wurde die zweite Gleichung sofort durchgestrichen, da sie sich nachher als unhaltbar herausstellen wird. Operatoren mit verschiedenen Indizes und zu verschiedenen $\vec{k}$ -Vektoren sind natürlich vertauschbar.

Bevor die Fehlerhaftigkeit von (1) begründet wird, macht man sich zweckmäßig erst noch einmal genau klar, welche Gründe für diese Beziehungen sprechen. Erstens folgen sie aus (§43; 38) und den Heisenbergschen Vertauschungsrelationen (§44; 1). Zweitens aber ergeben sie sich auch unabhängig davon aus der Forderung der relativistischen Invarianz. Die Komponenten von $\vec{c}$ und c_0

verhalten sich bei einer Lorentztransformation wie die Komponenten eines Vierervektors, und daher gilt dasselbe für die zugehörigen Operatoren. Der Übergang zu den entsprechenden Operatoren C_3' und C_0' in bezug auf ein in 3-Richtung bewegtes Koordinatensystem lautet also (vgl. §42; 2)

$$C_3' = \frac{C_3 - \beta C_0}{\sqrt{1-\beta^2}} \; ; \; C_0' = \frac{C_0 - \beta C_3}{\sqrt{1-\beta^2}} \, . \tag{2}$$

Da die hier auftretenden Koeffizienten reell sind, gilt die gleiche Beziehung für die dazu adjungierten Operatoren. Daraus folgt

$$[C_3', C_3'^+] = \frac{[C_3, C_3^+] + \beta^2 [C_0, C_0^+]}{1 - \beta^2} \, . \tag{3}$$

Die rechte Seite ist aber nur dann gleich $[C_3, C_3^+]$, wenn $[C_3, C_3^+]$ und $[C_0, C_0^+]$ entgegengesetzt gleich sind.

Daraus folgt zunächst, daß die Rolle von C_0 und C_0^+ gegenüber derjenigen von C_j und C_j^+ ($j = 1,2,3$) vertauscht ist. Anwendung von C_0 auf ein Eigenelement von $C_0^+ C_0$ erhöht den Eigenwert um 1, C_0^+ vermindert ihn um 1. Man kann nun aber nicht allgemein die C_j für $j = 1,2,3$ und C_0^+ als Vernichtungsoperatoren ansehen und dementsprechend fordern, daß für das Zustandselement zum Photonenvakuum $|0;0;0;0\rangle$ die zu (§44; 3) entsprechenden Beziehungen gelten, nämlich

$$C_j |0;0;0;0\rangle = 0 \;(j = 1,2,3), \quad \boxed{C_0^+ |0;0;0;0\rangle = 0} \, , \tag{4}$$

denn das wäre nicht relativistisch invariant. Vielmehr muß allgemein gelten

$$C_\mu |0;0;0;0\rangle = 0 \quad \text{für} \quad \mu = 0,1,2,3 \, . \tag{5}$$

Das führt aber auf einen Widerspruch, weil C_0 nicht zum Teil wie in (1) die Eigenschaften eines Erzeugungsoperators haben kann und trotzdem in (5) wie ein Vernichtungsoperator wirken kann. Mathematisch ergibt sich das aus (5) für $\mu = 0$ durch Anwendung von $(C_0^+)^2$ und Einsetzen von (1) in der Form $C_0^+ C_0 = C_0 C_0^+ + 1$. Dann erhält man

$$C_0^+ C_0 (C_0^+ |0;0;0;0\rangle) = - C_0^+ |0;0;0;0\rangle \, . \tag{6}$$

Diese Gleichung besagt: Entweder ist auch $C_0^+|0;0;0;0\rangle = 0$ oder $C_0^+C_0$ hat den Eigenwert -1. Die erste Möglichkeit hätte zur Folge, daß weder C_0^+ noch C_0 bei Anwendung auf das Vakuumelement ein Zustandselement zu einem Teilchen erzeugt, auch nicht bei wiederholter Anwendung, und dann wäre der Mittelwert $\overline{C}_0$ und demnach das skalare Potential in allen Zuständen gleich null. Dann wäre das also keine Feldvariable, entgeben der Voraussetzung. Andererseits kann $C_0^+C_0$ keine negativen Eigenwerte haben, weil $\langle\psi|C_0^+C_0|\psi\rangle = \langle C_0\psi|C_0\psi\rangle \geq 0$ ist.

Aus diesem Dilemma wiesen Gupta[1] und Bleuler[2] im Jahre 1950 einen Ausweg durch die folgende Annahme: Der Mittelwert einer Größe a mit dem Operator A in einem Zustand mit dem normierten Zustandselement $|\psi\rangle$ ist nicht durch $\langle\psi|A|\psi\rangle$ gegeben, sondern durch

$$\overline{a} = \langle\psi|\eta A|\psi\rangle . \tag{7}$$

Darin ist η ein hermitischer, unitärer Operator, der mit allen Operatoren zu raumartigen Größen vertauschbar ist, dagegen antikommutativ zu den Operatoren zu zeitartigen Größen:

$$\eta = \eta^+ = \eta^{-1}, \quad \text{also} \quad \eta^2 = 1 \tag{8}$$

und für alle $\vec{k}$

$$\eta C_j = C_j\eta \qquad j = 1, 2, 3 \quad \text{und} \quad \eta C_0 = -C_0\eta . \tag{9}$$

Das hat zur Folge, daß man eine neue Art von adjungiertem Operator einführen muß. Wenn a eine komplexe Größe ist, muß der dazu konjugiert komplexen Größe a^* ein Operator $\overline{A}$ so zugeordnet werden, daß der Mittelwert $\overline{a^*}$ das konjugiert-komplexe von $\overline{a}$ ist, d. h.

$$\langle\psi|\eta\overline{A}|\psi\rangle = \overline{a^*} = \langle\psi|\eta A|\psi\rangle^* = \langle\eta A\psi|\psi\rangle = \langle\psi|A^+\eta^+|\psi\rangle . \tag{10}$$

Das soll für alle normierten $|\psi\rangle$ gelten. Das ist wegen (8) erfüllt, wenn man

$$\eta\overline{A} = A^+\eta \qquad \text{oder} \qquad \overline{A} = \eta A^+\eta \tag{11}$$

setzt. Man beachte den Unterschied: Für den gewöhnlichen adjungierten Operator A^+ von A gilt für alle $|\varphi\rangle$ und $|\psi\rangle$

1) S.N. Gupta, Proc. Phys. Soc. London A 63 (1950) S. 681

2) K. Bleuler, Helv. Phys. Acta 23 (1950) S. 567

$$\langle\varphi|A|\psi\rangle = \langle A^{+}\varphi|\psi\rangle . \tag{12}$$

Für den im Guptaschen Sinne adjungierten Operator $\bar{A}$ zu A gilt wegen (11) stattdessen

$$\langle\varphi|\eta A|\psi\rangle = \langle\bar{A}\varphi|\eta|\psi\rangle . \tag{13}$$

Für die Operatoren C_j zu raumartigen Größen ergibt sich aus (9) und (11)

$$\bar{C}_j = C_j^{+} . \tag{14}$$

Für die zeitartigen Operatoren C_0 gilt stattdessen

$$\bar{C}_0 = \eta C_0^{+}\eta = -C_0^{+} . \tag{15}$$

Wenn man also der Quantenmechanik die neue, Guptasche Definition (7) des Mittelwertes zu Grunde legt und der zeitartigen klassischen Modellgröße $c_0(\vec{k})$ den Operator C_0 zuordnet, muß man $c_0^{*}(\vec{k})$ den Operator $\bar{C}_0$ zuordnen und nicht etwa C_0^{+}. Sonst würde das Ehrenfestsche Theorem nicht gültig bleiben. Alle Gründe, welche vorher für die Gültigkeit von (1) sprachen, verlangen nun die entsprechenden Beziehungen für $\bar{C}_0$ an Stelle von C_0^{+}, also von

$$[C_0, \bar{C}_0] = -1 \tag{16}$$

und demnach wegen (15)

$$[C_0, C_0^{+}] = +1 . \tag{17}$$

Die Eigenwerte von $C_0^{+}C_0$ sind dementsprechend die nicht negativen ganzen Zahlen, diejenigen von $\bar{C}_0 C_0$ dagegen die nicht positiven ganzen Zahlen. Der Hilbertraum wird von den normierten Elementen

$$|n_0; n_1; n_2; n_3\rangle = \frac{(C_0^{+})^{n_0}}{\sqrt{n_0!}} \frac{(C_1^{+})^{n_1}}{\sqrt{n_1!}} \frac{(C_2^{+})^{n_2}}{\sqrt{n_2!}} \frac{(C_3^{+})^{n_3}}{\sqrt{n_3!}} |0;0;0;0\rangle \tag{18}$$

aufgespannt. n_3 wird darin als die Zahl der longitudinalen Photonen bezeichnet, n_0 als die Zahl der zeitartigen Photonen.

Auf den Unterschied zwischen $\bar{C}_0$ und C_0^{+} und die unterschiedlichen Gleichungen (12) und (13) sei besonders hingewiesen. In manchen Darstellungen wird in diesem Fall das gewöhnliche skalare Produkt $\langle\varphi|\psi\rangle$ zweier Elemente des Hilbertraumes gar nicht verwendet, sondern nur das Guptasche Produkt $\langle\varphi|\eta|\psi\rangle$. Dieses wird dann genauso bezeichnet wie sonst das gewöhnliche skalare Produkt, ohne Erwähnung des Operators η . Dementsprechend wird dann auch der im Guptaschen Sinne adjungierte Operator $\overline{A}$ manchmal so wie sonst der gewöhnliche adjungierte Operator mit A^+ bezeichnet. Das kann zu Irrtümern führen, weil damit die axiomatische Basis der Theorie des Hilbertraumes verlassen wird. Das Guptasche skalare Produkt hat nicht die Eigenschaften des normalen skalaren Produktes. Insbesondere ist es nicht positiv definit. Manchmal wird daher gesagt, hier würde eine indefinite Metrik benutzt. Das kann irreführen, denn mit der Metrik, der Messung von Längen, hat das skalare Produkt $\langle\varphi|\eta|\psi\rangle$ nichts zu tun. Hier soll deshalb immer bei allen Mittelwerten im Guptaschen Sinne der Operator η explizit hingeschrieben werden. Nirgends soll irgendein Axiom des Hilbertraumes außer Kraft gesetzt werden. Es wird sich zeigen, daß die Verwendung von C_0^+ neben dem Operator $\overline{C_0}$ durchaus zweckmäßig ist, weil dann viele Formeln für die raumartigen und zeitartigen Größen gleich lauten, wie das z. B. bei dem ersten Teil von (1) und (17) der Fall ist.

Durch den Kunstgriff von Gupta und Bleuler sind mathematisch alle Schwierigkeiten behoben, physikalisch dagegen nicht. Man gelangt nämlich damit zu einer physikalisch zunächst völlig unsinnigen Konsequenz. Da man der Zahl 1 natürlich den Einheitsoperator zuordnet, ergibt sich für den Mittelwert der Zahl 1 im Zustand mit dem normierten Element $|\psi\rangle$ der Ausdruck

$$\overline{1} = \langle\psi|\eta|\psi\rangle . \tag{19}$$

Das ist aber nicht immer gleich 1 . Für alle Zustände mit einer ungeraden Anzahl von zeitartigen Photonen ist dieser Ausdruck gleich -1 . Für $|\chi_1\rangle = C_0^+|0;0;0;0\rangle$ erhält man nämlich

$$\begin{aligned}\langle\chi_1|\eta|\chi_1\rangle &= \langle 0;0;0;0|C_0\eta|\chi_1\rangle = -\langle 0;0;0;0|\eta C_0 C_0^+|0;0;0;0\rangle \\ &= -\langle 0;0;0;0|\eta|0;0;0;0\rangle .\end{aligned} \tag{20}$$

Also ist der Mittelwert von 1 entweder im Vakuumzustand oder für $|\chi_1\rangle$ negativ. Natürlich setzt man stets $\langle 0;0;0;0|\eta|0;0;0;0\rangle = 1$. Dann ergibt sich leicht

$$\langle n_0';n_1';n_2';n_3'|\eta|n_0;n_1;n_2;n_3\rangle = (-1)^{n_0}\delta_{n_0n_0'}\delta_{n_1n_1'}\delta_{n_2n_2'}\delta_{n_3n_3'} . \tag{21}$$

Wenn nun aus dieser Theorie folgen würde, daß der Mittelwert der Zahl 1 in irgendwelchen, physikalisch realisierbaren Zuständen nicht gleich 1 wäre, müßte man diese Theorie natürlich als unsinnig verwerfen. Das ist aber nicht der Fall. Wie jetzt gezeigt werden soll, sind die Zustände, in denen der Mittelwert von 1 nicht gleich 1 ist, gerade auf Grund der Lorentzbedingung ausgeschlossen.

Das sei der Einfachheit halber zunächst für den Fall fehlender Raumladungen, also für $c\varrho = j_0 = 0$ nachgewiesen. Dann lautet die Lorentzbedingung modellmäßig als Anfangsbedingung für $t = 0$ (vgl. §43; 46)

$$c_3(\vec{k}) - c_0(\vec{k}) = 0. \tag{22}$$

Daraus wird quantenmechanisch aber nicht etwa eine Operatorenidentität, sondern eine Bedingung für die physikalisch realisierbaren Zustände. Deren Zustandselemente $|\psi\rangle$ müssen für alle $\vec{k}$ der Gleichung

$$(C_3 - C_0)|\psi\rangle = 0 \tag{23}$$

genügen. Diese ist wegen (5) offenbar für das Vakuumelement $|0;0;0;0\rangle$ erfüllt. Andererseits ist $C_3^+ + C_0^+$ wegen (1) und (17) mit $C_3 - C_0$ vertauschbar:

$$[C_3^+ + C_0^+, C_3 - C_0] = [C_3^+, C_3] - [C_0^+, C_0] = 0. \tag{24}$$

Daher gilt (23) auch für die Elemente

$$|\varphi_n\rangle = (C_3^+ + C_0^+)^n |0;0;0;0\rangle . \tag{25}$$

Das ist nicht nur hinreichend für die Gültigkeit von (23), sondern auch notwendig. Alle Lösungen von (23) sind Linearkombinationen der $|\varphi_n\rangle$ und derjenigen Elemente, die daraus durch Anwendung von C_1^+ und C_2^+ entstehen. Der Beweis sei dem Leser als Übungsaufgabe überlassen. Man setzt dazu für $|\psi\rangle$ in (23) eine Linearkombination der Elemente (18) ein und untersucht die entstehende Differenzengleichung für die Koeffizienten.

Weiterhin soll jetzt die folgende Aussage bewiesen werden: Für das Element

$$|\Phi_0\rangle = |0;0;0;0\rangle + \sum_{n=1}^{\infty} a_n |\varphi_n\rangle \tag{26}$$

ist der Guptasche Mittelwert der Zahl 1 für alle Koeffizienten a_n gleich 1. Man kann $|\Phi_0\rangle$ also als "normiert im Guptaschen Sinne" bezeichnen. Außerdem verschwinden in diesem Zustand die Erwartungswerte aller beobachtbaren Größen, jedoch nicht die Potentiale. $|\Phi_0\rangle$ stellt daher für den Fall fehlender Raumladungen und Ströme physikalisch das feldfreie Photonenvakuum dar. Von der Wahl der a_n hängt zwar die Eichung der Potentiale ab, nicht aber das Feld. Die Unbestimmtheit der elektromagnetischen Potentiale spiegelt sich also quantenmechanisch in der Willkür der Koeffizienten a_n in dem Zustandselement zum physikalischen Vakuumzustand wieder.

Der Nachweis dieser Aussage ist einfach. Aus (9), (12) und (25) ergibt sich zunächst für $n \geq 1$

$$\langle\varphi_n|\eta|\varphi_m\rangle = \langle(C_3^+ + C_0^+)\varphi_{n-1}|\eta|\varphi_m\rangle \tag{27}$$

$$= \langle\varphi_{n-1}|(C_3 + C_0)\eta|\varphi_m\rangle \tag{28}$$

$$= \langle\varphi_{n-1}|\eta(C_3 - C_0)|\varphi_m\rangle = 0. \tag{29}$$

Man beachte, daß das für alle $m \geq 1$ gilt, auch für $m = n$. Wenn man unter $|\varphi_0\rangle$ das Element $|0;0;0;0\rangle$ versteht, gilt es auch für $m = 0$. Wegen $\langle\varphi_n|\eta|\varphi_m\rangle = \langle\varphi_m|\eta|\varphi_n\rangle^*$ gilt es auch für $n = 0$ und $m \geq 1$, nur nicht für $n = m = 0$:

$$\langle\varphi_n|\eta|\varphi_m\rangle = 0 \quad \text{außer für} \quad m = n = 0. \tag{30}$$

Daraus folgt nun sofort durch Ausmultiplizieren

$$\langle\Phi_0|\eta|\Phi_0\rangle = \langle 0;0;0;0|\eta|0;0;0;0\rangle = 1. \tag{31}$$

Aus den Vertauschungsrelationen folgt weiter

$$C_3(C_3^+ + C_0^+) = (C_3^+ + C_0^+)C_3 + 1 \tag{32}$$

und daraus durch vollständige Induktion

$$C_3(C_3^+ + C_0^+)^n = (C_3^+ + C_0^+)^n C_3 + n(C_3^+ + C_0^+)^{n-1}. \tag{33}$$

Aus dieser Gleichung erhält man wegen (5)

$$C_3|\varphi_n\rangle = n|\varphi_{n-1}\rangle. \tag{34}$$

Ebenso beweist man

$$C_0|\varphi_n\rangle = n|\varphi_{n-1}\rangle. \tag{35}$$

Daraus kann man mit Hilfe von (30) ableiten

$$\langle \varphi_m | \eta C_3 | \varphi_n \rangle = \langle \varphi_m | \eta C_0 | \varphi_n \rangle = \delta_{n1} \delta_{m0} . \tag{36}$$

Das liefert für die Mittelwerte im Zustand $|\Phi_0\rangle$

$$\overline{C_3(\vec{k})} = \overline{C_0(\vec{k})} = \langle \Phi_0 | \eta C_3 | \Phi_0 \rangle = \langle \Phi_0 | \eta C_0 | \Phi_0 \rangle = a_1 . \tag{37}$$

Für den durch $|\Phi_0\rangle$ dargestellten Zustand ist also $\overline{C_3(\vec{k})} = \overline{C_0(\vec{k})}$, also die Lorentzbedingung für $\varrho = 0$ erfüllt. Da in diesem Zustand außerdem $\overline{C_1(\vec{k})} = \overline{C_2(\vec{k})} = 0$ ist, verschwinden auch die Erwartungswerte aller Komponenten von $\vec{E}$ und $\vec{B}$, unabhängig von dem Wert von a_1. Im Fall $a_1 \neq 0$ ist dagegen das Vektorpotential und das skalare Potential nicht gleich null. Der Zusatz $\sum_{n=1}^{\infty} a_n |\varphi_n\rangle$ zu dem Zustandselement $|0;0;0;0\rangle$ bzw. die Erzeugung von longitudinalen und zeitartigen Photonen verursacht also nur eine Änderung der Eichung, keine Feldänderung.

Wenn $\varrho(\vec{r},t)$ nicht verschwindet, ändert sich daran nicht viel. Da die Operatoren im Schrödingerbild und im Heisenbergbild zur Zeit $t=0$ identisch sind und sich ihre Vertauschungsrelationen und Eigenwerte mit der Zeit nicht ändern, genügt es, den Zeitpunkt $t=0$ zu betrachten. Dann lautet die Lorentzbedingung nach (§43; 46)

$$C_3(\vec{k},t=0) - C_0(\vec{k},t=0) + \frac{\tilde{\varrho}(\vec{k},t=0)}{k_0\sqrt{2\varepsilon_0 \hbar \omega}} = 0 . \tag{38}$$

Quantenmechanisch wird daraus die Bedingungsgleichung

$$\left(C_3 - C_0 + 1\frac{\tilde{\varrho}(\vec{k},t=0)}{k_0\sqrt{2\varepsilon_0 \hbar \omega}}\right)|\psi\rangle = 0 . \tag{39}$$

Führt man hier den Operator $C_{0\varrho} = C_0 - 1\frac{\tilde{\varrho}(\vec{k},t=0)}{k_0\sqrt{2\varepsilon_0\hbar\omega}}$ ei so nimmt sie dieselbe Form wie (23) an. Da sich $C_{0\varrho}$ und C_0 nur durch einen zum Einheitsoperator proportionalen Summanden unterscheiden, genügen beide denselben Vertauschungsrelationen. Daher ergibt sich genauso wie bisher: In dem Zustand mit dem Zustandselement

$$|\Phi_{0\varrho}\rangle = |0;0;0;0\rangle + \sum_{n=1}^{\infty} a_n (C_3^+ + C_{0\varrho}^+)^n |0;0;0;0\rangle \tag{40}$$

ist die Guptasche Norm gleich 1, also $\langle \Phi_{0\varrho} | \eta | \Phi_{0\varrho} \rangle = 1$, unabhängig von den a_n. In ihm ist das elektrische Feld gleich dem wirbelfreien Feld zu der Ladungsverteilung zur Zeit $t=0$. Das Magnetfeld verschwindet. Das Vektorpotential hängt von der Wahl der Koeffizienten a_1 für die verschiedenen $\vec{k}$-Vektoren ab.

Allgemein ergibt sich daraus: Man kann sich auf die Betrachtung der Zustandselemente ohne longitudinale und skalare Photonen beschränken, doch wählt man damit implizit eine ganz bestimmte Eichung der Potentiale.

Abschließend sei hier noch eine Bemerkung angeführt. Nach den vorstehenden Ausführungen, welche im wesentlichen mit denjenigen in den gängigen Lehrbüchern übereinstimmen, scheint es ausgeschlossen zu sein, die Quantenelektrodynamik ohne Benutzung eines anders als üblich definierten Mittelwertes relativistisch invariant zu formulieren. Das ist, wie jetzt gezeigt werden soll, unzutreffend. Wenn es gelingt, einen hermitischen Operator ξ zu finden, dessen Quadrat gleich η ist, also die Beziehungen

$$\xi^2 = \eta \qquad \text{und} \qquad \xi^+ = \xi \tag{41}$$

erfüllt, so kann man den Guptaschen Mittelwert auf die übliche Form eines Mittelwertes bringen. Dann gilt nämlich

$$\langle\psi|\eta A|\psi\rangle = \langle\xi\psi|\xi A\xi^{-1}|\xi\psi\rangle \tag{42}$$

Das heißt: Der gewöhnliche Mittelwert $\langle\psi_t|A_t|\psi_t\rangle$ des "transponierten" Operators

$$A_t = \xi A \xi^{-1} \tag{43}$$

im Zustand

$$|\psi_t\rangle = \xi|\psi\rangle \tag{44}$$

ist identisch mit dem Guptaschen Mittelwert von A im Zustand $|\psi\rangle$.

Zunächst sieht es aber so aus, als ob es solch einen Operator ξ nicht geben könne. Nach (21) hat nämlich η in dem vollständigen Orthogonalsystem der $|n_0; n_1; n_2; n_3\rangle$ Diagonalform, mit Diagonalelementen ± 1. Einige der Eigenwerte von η sind also gleich -1. Also muß ξ Eigenwerte haben, deren Quadrat gleich -1 ist, also imaginär sind, und das ist bei einem hermitischen Operator anscheinend unmöglich.

Solch eine Aussage der Mathematik ist aber natürlich nur im Rahmen eines vorgegebenen Bereiches mathematischer Gebilde möglich, nicht schlechthin. So kann man sagen, daß es im Rahmen des Systems der reellen Zahlen keine Wurzel aus -1 gibt. Es ist aber nicht ausgeschlossen, dieses Zahlensystem zu den komplexen Zahlen zu erweitern, und dann gibt es eine solche Wurzel. Genauso kann man versuchen, das System der komplexen Zahlen zu erweitern, so daß η eine hermitische Wurzel besitzt.

In der Relativitätstheorie ist die Benutzung der imaginären Zeitkoordinate ict seit Minkowski lange üblich. Es besteht kein zwingender Grund, das i der Relativitätstheorie als identisch mit dem in der Quantentheorie benutzten i anzusehen. Die Einführung einer von i verschiedenen, relativistischen imaginären Einheit j, welche auch der Beziehung $j^2 = -1$ genügt, bedeutet mathematisch, daß man statt mit geordneten Paaren reeller Zahlen, den komplexen Zahlen, mit geordneten Quadrupeln $(a; b; c; d)$ reeller Zahlen rechnet. Eine allgemeine Zahl hat dann die Form

$$z = a + bi + cj + dij \, . \tag{45}$$

Als grundlegende Rechenregel wird, außer der Kommutativität der Addition und der Multiplikation, die Gültigkeit der Beziehungen

$$i^2 = j^2 = -1 \tag{46}$$

gefordert. Die konjugiert-komplexe Zahl z^* zu z wird durch

$$z^* = a - bi + cj - dij \tag{47}$$

definiert. Der Operator "Multiplizieren mit j " wird dadurch hermitisch. Wie man elementar nachrechnen kann, hat der Operator

$$\xi = \exp\left(j \frac{\pi}{2} \sum_{\vec{k}} C_0^+(\vec{k}) C_0(\vec{k}) \right) \tag{48}$$

dann auf Grund der Vertauschungsrelation (17) die verlangten Eigenschaften (41).

Eine solche Erweiterung des Zahlensystems hat aber natürlich auch Nachteile. Diese neuen "Zahlen" bilden keinen Körper, sondern nur noch einen Ring mit Nullteilern. Z. B. gilt

$$(1 + ij)(1 - ij) = 0 \, , \tag{49}$$

obwohl keiner der beiden Faktoren verschwindet. Das skalare Produkt im Hilbertraum ist dann nicht mehr positiv definit. Wenn $|\psi\rangle$ normiert ist, gilt dann

$$\langle j\psi | j\psi \rangle = -1. \tag{50}$$

Das hat zur Folge, daß bei allen Beweisen, bei denen aus $\langle \varphi | \varphi \rangle = 0$ auf $|\varphi\rangle = 0$ geschlossen wird, einschränkende Bedingungen eingeführt werden müssen. Diese Schwierigkeit ist aber keine Besonderheit dieses hier neu vorgeschlagenen Formalismus. Sie tritt bei Gupta und Bleuler auch auf, denn aus $\langle \varphi | \eta | \varphi \rangle = 0$ folgt auch nicht $|\varphi\rangle = 0$. Jede Aussage im Rahmen des Formalismus von Gupta und Bleuler läßt sich mit Hilfe von (43) und (44) in eine entsprechende Beziehung übersetzen, in der alle Mittelwerte die übliche Form haben.

Anscheinend wurde auch schon früher bemerkt, daß es weder mathematisch noch physikalisch zwingend ist, die imaginäre Einheit in der Relativitätstheorie mit derjenigen der Quantenmechanik zu identifizieren[1]. Die Möglichkeit, auf diese Weise eine Neudefinition des quantenmechanischen Mittelwertes von Gupta und Bleuler zu vermeiden, scheint übersehen worden zu sein. Deshalb soll das hier auch nicht weiter ausgeführt werden. Es sei hier nur noch darauf hingewiesen, daß diese Betrachtung die Bedeutung des Operators η etwas deutlicher macht . In der Relativitätstheorie benutzt man heute meist bei einem Vierervektor zwei Quadrupel von reellen Komponenten, die kovarianten Koordinaten a_μ und die kontravarianten $a^\mu = \sum_\nu g^{\mu\nu} a_\nu$. Wenn man nun $(g^{\mu\nu})$ als Diagonalmatrix voraussetzt, kann man stattdessen auch nur ein Quadrupel "intervarianter" Komponenten $a(\mu) = \sqrt{g^{\mu\mu}}\, a_\mu$ benutzen. Für das skalare Produkt zweier Vierervektoren gilt dann

$$\sum_{\mu=1}^{4} a^\mu b_\mu = \sum_{\mu=1}^{4} a(\mu)\, b(\mu) . \tag{51}$$

Setzt man $g^{11} = g^{22} = g^{33} = -g^{00} = 1$, so sind die raumartigen Anteile der kovarianten, kontravarianten und intervarianten Komponenten gleich. Bei der zeitartigen Komponente gilt $a(0) = ja_0 = -ja^0$. Analog dazu kann man $|\psi\rangle$ als einen kovarianten Vektor im Hilbertraum ansehen und $\eta|\psi\rangle$ als den zugehörigen kontravarianten Vektor. $\xi|\psi\rangle$ ist dann der intervariante Vektor dazu. Jedes skalare Produkt setzt sich aus einem ko- und einem kontravarianten Vektor zusammen oder aus zwei intervarianten. Ebenso wie der Übergang von ko- und kontravarianten Koordinaten zu den intervarianten Komponenten eines Vierervektors den Übergang von reellen Zahlen zu komplexen erfordert, verlangt der Übergang von den $|\psi\rangle$ zu den $\xi|\psi\rangle$ eine entsprechende Erweiterung des Zahlensystems, diesmal jedoch über das der komplexen Zahlen hinaus, weil die letzteren in der Quantentheorie ohnehin benutzt werden.

1) Auf Grund mündlicher Berichte von W. Heisenberg in Seminaren

Fragen und Aufgaben zu Kap. X

Fragen

1). Welche Kombination der räumlichen Koordinaten A_j ($j = 1,2,3$) und der zeitartigen Komponente A_0 eines Vierervektors bleibt bei einer Lorentztransformation invariant?

2). Warum lassen sich in den Maxwellschen Gleichungen bei gegebenen Ladungen und Strömen die Felder $\vec{E}$ und $\vec{B}$ nicht unmittelbar als kanonische Variablen auffassen?

3). Warum darf man bei der kanonischen Formulierung der Maxwellschen Gleichungen die Lorentzkonvention nicht als eine allgemein gültige Nebenbedingung auffassen, sondern nur als eine Anfangsbedingung für die physikalisch realisierbaren Felder?

4). Warum darf man die komplexen Fourierkoeffizienten der Potentiale nicht unmittelbar als kanonische Koordinaten und ihre Ableitungen als die dazu kanonisch konjugierten Impulse ansehen?

5). Welcher Anteil der Fourierreihe für das Vektorpotential ändert sich bei einer Änderung der Eichung?

6). Welcher Vertauschungsrelation genügt ein Erzeugungsoperator C^+ und der zu ihm hermitisch-konjugierte Vernichtungsoperator C eines Schwingungsquants?

7). Wie lautet die lorentzinvariante Formulierung des Hamiltonoperators zum elektromagnetischen Feld im Vakuum?

Aufgaben

1). Leiten Sie aus den Maxwellschen Gleichungen ab, daß ein elektromagnetisches Feld, welches im Unendlichen genügend rasch gegen null abklingt, den Impuls $\vec{P} = \iiint_{-\infty}^{+\infty} \varepsilon_0 [\vec{E} \times \vec{B}]\, d^3x$ besitzt, indem Sie zeigen, daß die Kraft $\vec{F} = \iiint_{-\infty}^{+\infty} \{\varrho(\vec{r})\,\vec{E}(\vec{r}) + [\vec{j}(\vec{r}) \times \vec{B}(\vec{r})]\} d^3x$ des Feldes auf die Materie plus $d\vec{P}/dt$ verschwindet. Leiten Sie daraus für ein Feld im Vakuum bei Gültigkeit der Lorentzkonvention die Formel $\vec{P} = \sum_{\vec{k}} \hbar\vec{k}\, \vec{c}_\perp^{\,*}(\vec{k})\, \vec{c}_\perp(\vec{k})$ ab (vgl. S.425).

2). Beweisen Sie, daß jedes Element $|\psi\rangle$ aus dem Hilbertraum der Photonen zu einem festen $\vec{k}$-Vektor, welches der Bedingung $(C_3 - C_0)|\psi\rangle = 0$ genügt, eine Linearkombination der Elemente $|n_1; n_2; n\rangle = (C_0^+ + C_3^+)^n |0; n_1; n_2; 0\rangle$ sein muß.

Kapitel XI. Die Diracgleichung

Inhalt

Zunächst werden die Gesichtspunkte erörtert, welche zur Aufstellung der Diracgleichung führten. Diese sollte ursprünglich eine relativistisch-invariante Verallgemeinerung der Schrödingergleichung für die Wahrscheinlichkeitsamplitude eines Teilchens sein, aber diese Deutung stellte sich als unhaltbar heraus, weil sie auf unendlich viele Zustände mit negativer Energie führt.

Die Diracgleichung bewährte sich als Bewegungsgleichung eines klassischen Modells für zwei zweikomponentige Materiewellen zu kontinuierlich verteilter Materie mit Spin. Die Wechselwirkungen dieser beiden Wellen mit dem elektromagnetischen Feld sind entgegengesetzt gleich. Sie werden als Elektronen- und Positronenwellen gedeutet. Die elektrische Raumladungsdichte und Stromdichte ist bei ihnen nicht der Massendichte und Impulsdichte proportional, sondern geht daraus durch eine Art Mittelung über ein räumliches Gebiet von der linearen Ausdehnung der Comptonwellenlänge $\lambda\!\!\!^{-}_c = 1/\varkappa = \hbar/(mc)$ hervor. Die dabei auftretenden Formfaktoren der Fourieramplituden dieser Wellen bzw. die ihnen entsprechenden Integraloperatoren im Ortsraum werden eingehend diskutiert.

Die Bewegungsgleichungen für die Fourieramplituden $\tilde{\varphi}_e(\vec{k},s)$ und $\tilde{\varphi}_p(\vec{k},s)$ der Elektronen- und Positronenwelle werden aufgestellt. Sie sind invariant gegenüber Ladungskonjugation, d. h. sie ändern sich bei Vertauschung von $\tilde{\varphi}_e(\vec{k},s)$ und $\tilde{\varphi}_p(\vec{k},s)$ bei gleichzeitigem Vorzeichenwechsel von e nicht.

Bei der Quantisierung werden $\tilde{\varphi}_e(\vec{k},s)$ und $\tilde{\varphi}_p(\vec{k},s)$ durch Vernichtungsoperatoren ersetzt und die dazu konjugiert-komplexen Größen durch Erzeugungsoperatoren, welche den Vertauschungsrelationen von Fermionen genügen. Die Bedingung der Invarianz gegenüber Ladungskonjugation legt dann die Reihenfolge der Faktoren in Operatorenprodukten weitgehend fest. Der Hamiltonoperator der Elektronen-Positronenmaterie enthält außer den gleich gestalteten Termen zur kinetischen Energie der Teilchen 4 Terme, welche die Streuung von Elektronen und Positronen an gegebenen elektromagnetischen Feldern und die Erzeugung und Vernichtung von Elektron-Positron-Paaren beschreiben.

§46. Aufstellung der Diracgleichung

Dirac[1] erfand im Jahr 1928 eine Differentialgleichung, welche an die Stelle der Schrödingergleichung für die Wahrscheinlichkeitsamplitude $\psi(\vec{r},t)$ eines geladenen Teilchens in der Ortsdarstellung treten sollte, aber außerdem den Invarianzeigenschaften der speziellen Relativitätstheorie genügt. Das gelang ihm nur für Teilchen mit Spin $1/2$. Diese Wellengleichung bewährte sich an der Erfahrung. Die Messungen der Feinstruktur des Spektrums des H-Atoms und der Ionen mit einem Elektron schienen die Ergebnisse der Diracschen Theorie für die Energiewerte eines Elektrons im Feld eines geladenen Massenpunktes vollständig zu bestätigen.

Im Jahr 1947 fanden aber Lamb und Retherford[2] bei beträchtlicher Erhöhung der Meßgenauigkeit gewisse Abweichungen zwischen dieser Theorie und dem Experiment. Danach wurde allen Physikern allmählich klar, daß die genannte Deutung der Diracschen Wellenfunktion unzulässig ist, ein Umstand, den vorher nur wenige beachtet hatten. Die Diracgleichung hat nämlich den folgenden schwerwiegenden Mangel: Wenn man sie als Gleichung für die Wahrscheinlichkeitsamplitude eines Massenpunktes mit Spin auffaßt, liefert sie ein Kontinuum von stationären Zuständen mit negativer Energie, in welche alle Teilchen in relativ kurzer Zeit unter Emission von unendlich viel elektromagnetischer Strahlung übergehen sollten. Diesen offenkundigen Widerspruch zur Erfahrung versuchte Dirac[3] durch die Zusatzhypothese zu beheben, daß alle diese Zustände mit negativer Energie mit je einem Elektron be-

1) P.A.M. Dirac, Proc. Roy. Soc. London A 117 (1928) S. 10 und A 118 (1928) S. 351
2) W.E. Lamb und R.C. Retherford, Phys. Rev. 72 (1947) S. 241
3) P.A.M. Dirac, Proc. Roy. Soc. London A 126 (1930) S. 360

setzt seien und daß die davon herrührende, unendlich große Raumladung physikalisch unbeobachtbar sei. Das Pauliprinzip schließt dann einen Übergang in diese Zustände mit negativer Energie aus, solange diese nicht durch einen Anregungsprozeß frei gemacht worden sind. Ein unbesetzter Zustand mit negativer Energie, ein "Loch" in der unendlichen Ladungsverteilung der Teilchen in diesen Zuständen, sollte dann als Teilchen mit positiver Ladung in Erscheinung treten. Die Entdeckung des "Positrons" durch Anderson[1] 1932 zeigte, daß dieser Grundgedanke im Prinzip richtig ist.

Wenn man diese Vorstellung wirklich ernst nimmt, müßte man das Vakuum als einen Zustand mit unendlich vielen Elektronen ansehen, welcher in der Ortsdarstellung durch eine Wellenfunktion mit unendlich vielen Ortsvariablen zu beschreiben wäre, also mit einem mathematischen Gebilde, mit dem niemand sinnvoll rechnen kann. Praktisch macht man deshalb ganz etwas anderes. Man betrachtet die Diracgleichung als Bewegungsgleichung eines klassischen Modells mit einer kontinuierlich verteilten Elektronenmaterie, aus der sich die Partikeleigenschaften erst durch Quantisierung, durch den Prozeß der sogenannten zweiten Quantelung ergeben (vgl. Bd. II, Kap. VII). Bei passender Wahl der Vertauschungsrelationen gibt es dann bei Abwesenheit von Feldern keine Zustände mit negativer Energie mehr. Stattdessen treten Positronen- und Elektronen-Teilchen auf.

Die meisten Lehrbücher versäumen es aber, darauf hinzuweisen, daß diese Theorie etwas ganz anderes ist als die Diracsche Löchertheorie. Insbesondere ändert sich damit die Bedeutung der Größe $\psi(\vec{r},t)$ fundamental.

1) C.D. Anderson, Phys. Rev. 41 (1932) S. 405

Aus ihr wird eine Observable des Modells, welcher in der Quantenmechanik ein Operator zugeordnet wird. Es ist daher im Prinzip völlig verfehlt, daraus durch einen Grenzübergang zu kleinen Geschwindigkeiten näherungsweise die Schrödingergleichung für die Wahrscheinlichkeitsamplitude ableiten zu wollen. Trotzdem findet man diese Rechnung auch noch in vielen neueren Lehrbüchern der Quantenmechanik.

Die grundlegenden Bewegungsgleichungen eines Modells kann man niemals beweisen, sondern nur in Anlehnung an experimentelle Ergebnisse und bewährte Naturgesetze erraten. Da die de-Broglie-Beziehungen

$$\vec{p} = \hbar\vec{k} \; ; \quad E = \hbar\omega \tag{1}$$

bereits relativistisch invariant sind, hat man stets angenommen, daß sie auch für alle relativistisch invarianten Wellengleichungen gelten, d. h. daß diese beim Fehlen äußerer Felder als Lösungen ebene Wellen besitzen mit dem dadurch gegebenen Zusammenhang zwischen ω und $\vec{k}$. Für freie Teilchen mit der Ruhemasse m gelten relativistisch für den Impuls $\vec{p}$ und die Summe E aus der Ruheenergie und der kinetischen Energie die Formeln

$$\vec{p} = \frac{m\vec{v}}{\sqrt{1 - v^2/c^2}} \; ; \quad E = \frac{mc^2}{\sqrt{1 - v^2/c^2}} \; . \tag{2}$$

Bei Elimination der Geschwindigkeit ergibt sich daraus die Beziehung

$$E^2 = c^2(p^2 + m^2c^2) \; . \tag{3}$$

Die de-Broglie-Beziehung (1) macht daraus die Gleichung

$$\frac{\omega^2}{c^2} = \varkappa^2 + \vec{k}^2 \quad \text{mit} \quad \varkappa = \frac{mc}{\hbar} \; . \tag{4}$$

$1/\varkappa$ ist eine Länge, welche als Comptonwellenlänge $\lambdabar_c$ bezeichnet wird (vgl. Bd. I, §29 D). Für Elektronen gilt

$$\frac{1}{\varkappa} = \lambda\!\!\!^{-}_c = 3{,}8616 \cdot 10^{-11}\,\mathrm{cm}\,. \tag{5}$$

Jede Superposition von ebenen Wellen $\exp i(\vec{k}\cdot\vec{r} - \omega t)$, bei welchen ω und $\vec{k}$ der Beziehung (4) genügen, erfüllt die Differentialgleichung

$$\frac{1}{c^2}\frac{\partial^2\psi}{\partial t^2} = \nabla^2\psi - \varkappa^2\psi\,. \tag{6}$$

Diese Gleichung, welche man als Klein-Gordon-Gleichung[1] bezeichnet, wurde aber von Dirac seiner Zeit als ungeeignet verworfen. Aus ihr kann nämlich niemals näherungsweise die Schrödingergleichung folgen, da sie zum Unterschied von letzterer eine Gleichung 2. Ordnung in der zeitlichen Ableitung ist.

Diese Schwierigkeit könnte man vermeiden, wenn man (4) in der Form

$$\frac{\omega}{c} = \sqrt{\varkappa^2 + \vec{k}^2} \tag{7}$$

schreiben würde und dementsprechend die folgende Wellengleichung als gültig annimmt:

$$\frac{i}{c}\frac{\partial\psi}{\partial t} = \sqrt{\varkappa^2 - \nabla^2}\,\psi\,. \tag{8}$$

Das ist aber eine sehr komplizierte Gleichung, denn sie enthält die Wurzel aus einem linearen Ausdruck mit dem Laplaceschen Operator ∇^2 . Früher hielt man derartige nichtanalytische Funktionen von Operatoren überhaupt für sinnlos. Heute ist das nicht mehr der Fall. Durch Übergang zur Fourieramplitude $\tilde{\psi}(\vec{k})$ von $\psi(\vec{r})$ ergäbe sich daraus die zwar komplizierte, aber durchaus sinnvolle Gleichung

1) O. Klein, Zs. f. Phys. 37 (1926) S. 895
W. Gordon, Zs. f. Phys. 40 (1926) S. 117 und 121
Siehe auch V. Fock, Zs. f. Phys. 38 (1926) S. 242 und 39 (1926) S. 226

$$\frac{i}{c}\frac{\partial\tilde{\psi}(\vec{k})}{\partial t} = \sqrt{\varkappa^2+\vec{k}^2}\,\tilde{\psi}(\vec{k}). \tag{9}$$

Sie wurde hier angegeben, weil sich später zeigen wird, daß diese Gleichung für eine mit $\tilde{\psi}(\vec{k})$ verknüpfte andere Größe aus der Diracgleichung folgt. Von Dirac wurde auch Gleichung (9) nicht in Betracht gezogen.

Da die Lorentztransformation in den Zeit- und Ortskoordinaten linear ist (vgl. §42; 2), nahm Dirac an, daß die gesuchte, in $\partial\psi/\partial t$ lineare Differentialgleichung auch in den räumlichen Ableitungen $\partial\psi/\partial x_j$ linear sein müsse. Sein Ansatz für die Wellengleichung bei Abwesenheit äußerer Felder lautete dementsprechend mit vier zunächst unbekannten Koeffizienten $\alpha^{(j)}$ und β

$$\frac{i}{c}\frac{\partial\psi}{\partial t} = \sum_{j=1}^{3}\frac{\alpha^{(j)}}{i}\frac{\partial\psi}{\partial x_j} + \varkappa\beta\psi . \tag{10}$$

Differenziert man diese Gleichung nach t und setzt dann in die erhaltene Gleichung rechts wieder (10) ein, so ergibt sich

$$\frac{1}{c^2}\frac{\partial^2\psi}{\partial t^2} = \sum_{j,k=1}^{3}\alpha^{(j)}\alpha^{(k)}\frac{\partial^2\psi}{\partial x_j\partial x_k} + i\varkappa\sum_{j=1}^{3}(\alpha^{(j)}\beta+\beta\alpha^{(j)})\frac{\partial\psi}{\partial x_j} - \varkappa^2\beta^2\psi. \tag{11}$$

Diese Gleichung wird mit (6) identisch, wenn die $\alpha^{(j)}$ und β den folgenden Bedingungen genügen:

$$\alpha^{(j)}\alpha^{(k)} + \alpha^{(k)}\alpha^{(j)} = 2\delta_{jk} , \tag{12}$$

$$\alpha^{(j)}\beta + \beta\alpha^{(j)} = 0 , \tag{13}$$

$$\beta^2 = 1 . \tag{14}$$

Dann ist (6) und damit die Gültigkeit von (4) für ebene Wellen eine Folge der Ausgangsgleichung (10).

Die Bedingungen (12) bis (14) sind aber offensichtlich für Zahlen $\alpha^{(j)}$ und β nicht erfüllbar, wohl aber für Matrizen. Man muß also annehmen, daß ψ mehrere

Komponenten besitzt und daß die $\alpha^{(j)}$ und β Matrizen sind, welche Linearkombinationen dieser Komponenten erzeugen. Das war die entscheidende, geniale Idee von Dirac. Damit fand er die erfahrungsgemäß richtige relativistisch-invariante Wellengleichung für Elektronen.

Zum richtigen Verständnis beachte man aber, daß die obige Überlegung das Resultat (10) keineswegs eindeutig bestimmt, auch nicht bei Berücksichtigung der folgenden Zusatzforderungen. Man könnte in ähnlicher Weise auch die Maxwellschen Gleichungen "erraten", also zu ganz anderen Resultaten kommen als Dirac. Bezeichnet man die Komponenten von ψ mit dem Index s , so lautet die Diracgleichung (10), in Komponenten ausgeschrieben,

$$\frac{i}{c}\frac{\partial\psi(\vec{r},t,s)}{\partial t} = \sum_{j=1}^{3}\sum_{s'}\alpha^{(j)}_{ss'}\frac{1}{i}\frac{\partial\psi(\vec{r},t,s')}{\partial x_j} + \varkappa\sum_{s'}\beta_{ss'}\psi(\vec{r},t,s') . \qquad (15)$$

Dirac forderte nun zusätzlich, daß aus dieser Gleichung für das Integral über $\sum_s|\psi(\vec{r},t,s)|^2$ ein Erhaltungssatz folgen sollte, weil er hoffte, diese Größe als Wahrscheinlichkeitsdichte deuten zu können. Die Beziehung

$$\iiint_{\vec{r}}\sum_s|\psi(\vec{r},t,s)|^2 d^3x = \text{konstant} \qquad (16)$$

ergibt sich, wie man leicht nachrechnet, aus (15), wenn $\alpha^{(j)}$ und β hermitisch sind:

$$\alpha^{(j)+} = \alpha^{(j)} , \quad \beta^+ = \beta \qquad (17)$$

oder ausgeschrieben

$$\alpha^{(j)*}_{ss'} = \alpha^{(j)}_{s's} , \quad \beta^*_{ss'} = \beta_{s's} . \qquad (18)$$

Aber auch diese Zusatzbedingung legt die $\alpha^{(j)}$ und β nicht eindeutig fest. Jede Ähnlichkeitstransformation mit einer unitären Matrix läßt nämlich alle genannten Beziehungen unverändert. Man verfügt in der Regel über diese Willkür so, daß β Diagonalform annimmt. Wegen $\beta^2 = 1$ müssen dann die Diagonalelemente von β gleich ± 1 sein.

Ferner kann man leicht zeigen, daß die gesuchten Matrizen eine gerade Ordnung haben müssen. Durch Multiplikation von (13) mit $\alpha^{(j)}$ von rechts ergibt sich nämlich wegen (12)

$$\alpha^{(j)} \beta \alpha^{(j)} + \beta = 0 . \tag{19}$$

Bildet man hiervon die Spur und beachtet, daß sich die Spur eines Matrizenproduktes aus zwei Matrizen bei Vertauschung der Faktoren nicht ändert (vgl. §28; 7), so erhält man

$$Sp(\alpha^{(j)} \beta \alpha^{(j)}) + Sp\beta = Sp(\beta \alpha^{(j)2}) + Sp\beta = 2 Sp\beta = 0. \tag{20}$$

Die Spur von β muß also verschwinden. β muß demnach auf der Diagonalen gleich oft $+1$ und -1 enthalten. Die einfachste Möglichkeit ist also $\beta = \begin{pmatrix} 1 & 0 \\ 0 & -1 \end{pmatrix}$. Die einzigen Matrizen, die dazu antikommutativ und hermitisch sind, sind $\begin{pmatrix} 0 & 1 \\ 1 & 0 \end{pmatrix}$ und $\begin{pmatrix} 0 & -i \\ i & 0 \end{pmatrix}$ oder Linearkombinationen davon. Eine weitere Matrix, welche zu β und allen Linearkombinationen der genannten beiden Matrizen antikommutativ ist, gibt es nicht. Also ist (12) bis (14) durch zweireihige Matrizen nicht zu erfüllen. Vierreihige Matrizen mit dieser Eigenschaft gibt es aber. Bezeichnet man die zweireihigen Paulimatrizen mit

$$\sigma_1 = \begin{pmatrix} 0 & 1 \\ 1 & 0 \end{pmatrix} , \quad \sigma_2 = \begin{pmatrix} 0 & -i \\ i & 0 \end{pmatrix} , \quad \sigma_3 = \begin{pmatrix} 1 & 0 \\ 0 & -1 \end{pmatrix} , \tag{21}$$

so lauten sie, als Übermatrix aus zweireihigen Matrizen geschrieben,

$$\alpha^{(j)} = \begin{pmatrix} 0 & \sigma_j \\ \sigma_j & 0 \end{pmatrix} , \quad \beta = \begin{pmatrix} 1 & 0 \\ 0 & -1 \end{pmatrix} \tag{22}$$

oder ausgeschrieben (Leerstellen = 0)

$$\alpha^{(1)} = \begin{pmatrix} & & & 1 \\ & & 1 & \\ & 1 & & \\ 1 & & & \end{pmatrix}, \quad \alpha^{(2)} = \begin{pmatrix} & & & -i \\ & & i & \\ & -i & & \\ i & & & \end{pmatrix}, \quad \alpha^{(3)} = \begin{pmatrix} & & 1 & \\ & & & -1 \\ 1 & & & \\ & -1 & & \end{pmatrix}, \tag{23}$$

$$\beta = \begin{pmatrix} 1 & & & \\ & 1 & & \\ & & -1 & \\ & & & -1 \end{pmatrix}.$$

Bis auf triviale Verallgemeinerungen ist das die einzige Möglichkeit.

Diese Aussage beweist man am einfachsten gruppentheoretisch. Multipliziert man die 4 Matrizen in (23) wiederholt miteinander, so erhält man insgesamt 16 verschiedene Matrizen und ihre negativen. Diese 32 Matrizen definieren eine Gruppe, deren Einselement die Einheitsmatrix ist. Die negative Einheitsmatrix bedeutet ein davon verschiedenes, aber mit allen anderen vertauschbares Gruppenelement e' . Elementar ergibt sich dann, daß diese Gruppe 17 Klassen besitzt, also auch 17 irreduzible Darstellungen, von denen eine vierdimensional und die andern eindimensional sind. Die eindimensionalen Darstellungen ordnen dem Element e' die Zahl $+1$ zu, was den Ausgangsbeziehungen (12) bis (14) widerspricht. Wenn man ein beliebiges System von 32 Matrizen, welches (12) bis (14) erfüllt, ausreduziert, kann deshalb darin nur ein- oder mehrfach die vierdimensionale Darstellung oder eine ihr äquivalente auftreten. Das bedeutet, daß jedes System von Funktionen $\psi(\vec{r}, t, s)$, welches (10) mit irgendwelchen, (12) bis (14) genügenden Matrizen befriedigt, durch Übergang zu anderen Linearkombinationen in getrennte Systeme von je 4 Funktionen überführt werden kann, die (10) mit den Matrizen (23) erfüllen.

Für Elektronen in einem elektromagnetischen Feld setzte Dirac nun versuchtsweise ein Gleichungssystem an, welches aus (10) in derselben Weise hervorgeht wie die Schrödingergleichung mit Feld aus demjenigen ohne Feld. Das lag nahe, weil Dirac ja von der - später als unhaltbar erkannten - Annahme ausging, die gesuchte Gleichung könne eine Verallgemeinerung der Schrödingergleichung für die Wahrscheinlichkeitsamplitude darstellen. Demnach ist also im Feld der Operator $\frac{\hbar}{i}\frac{\partial}{\partial x_j}$ durch $\frac{\hbar}{i}\frac{\partial}{\partial x_j} + eA_j$

zu ersetzen und $i\hbar\frac{\partial}{\partial t}$ durch $i\hbar\frac{\partial}{\partial t} + eU$. Das liefert das folgende Gleichungssystem:

$$\frac{i}{c}\frac{\partial\psi}{\partial t} = \sum_{j=1}^{3}\alpha^{(j)}\left(\frac{1}{i}\frac{\partial\psi}{\partial x_j} + \frac{e}{\hbar}A_j\psi\right) + \varkappa\beta\psi - \frac{e}{\hbar}\frac{U}{c}\psi \tag{24}$$

oder in Komponenten ausgeschrieben

$$\begin{aligned}\frac{i}{c}\frac{\partial\psi(\vec{r},t,s)}{\partial t} &= \sum_{j=1}^{3}\sum_{s'=1}^{4}\alpha_{ss'}^{(j)}\left(\frac{1}{i}\frac{\partial\psi(\vec{r},t,s')}{\partial x_j} + \frac{e}{\hbar}A_j\,\psi(\vec{r},t,s')\right)\\ &\quad + \varkappa\sum_{s'=1}^{4}\beta_{ss'}\,\psi(\vec{r},t,s') - \frac{e}{\hbar c}U\,\psi(\vec{r},t,s)\,.\end{aligned} \tag{25}$$

Diese Gleichung hat sich erstaunlicherweise bis heute vorzüglich bewährt, nur in anderem Sinne, als Dirac anfänglich meinte. Aus den im nächsten Paragraphen ausführlich erläuterten Gründen kann man sie nur als Bewegungsgleichung eines klassischen Modells mit kontinuierlich verteilter Materie ansehen. Die Konstante $e/\hbar$ ist darin als eine makroskopische Kopplungskonstante zwischen diesem Materiefeld und dem elektromagnetischen Feld aufzufassen. Daß diese Größe durch makroskopische Messungen ohne Benutzung der Partikelvorstellung, also ohne Benutzung der Worte Elektron und Lichtquant, bestimmt werden kann, wurde bereits in Bd. I erläutert (vgl. Bd. I, §29a). Diese klassische Deutung der Diracgleichung soll hier relativ ausführlich behandelt werden, um die fehlerhafte, ursprünglich von Dirac beabsichtigte Deutung in vielen lehrbuchmäßigen Darstellungen dieses Gebietes richtigzustellen. Man beachte aber bei den folgenden Ausführungen, daß sich vollständig richtige Aussagen aus (24) erst nach der Quantisierung ergeben.

§47. Die Deutung der Diracgleichung

A. Ladungs- und Stromdichte

Wenn man die Diracgleichung (§46; 25) mit $\psi^*(\vec{r},t,s)$ multipliziert und über s summiert, dann das konjugiert-komplexe von ihr mit $\psi(\vec{r},t,s)$ multipliziert und wieder über s summiert, erhält man für die Differenz der erhaltenen Gleichungen bei Berücksichtigung von (§46; 18)

$$\frac{\partial}{\partial t}\left(\sum_{s=1}^{4}\psi^*(\vec{r},t,s)\psi(\vec{r},t,s)\right) = -\sum_{j=1}^{3}\sum_{s,s'=1}^{4}\frac{\partial}{\partial x_j}\left(\psi^*(\vec{r},t,s)c\,\alpha^{(j)}_{ss'}\,\psi(\vec{r},t,s')\right). \quad (1)$$

Die Integration dieser Gleichung über den Ort liefert die Aussage, daß der Erhaltungssatz (§46; 16) auch bei Anwesenheit von Feldern gilt. Früher, als man $|\psi|^2$ noch als die Wahrscheinlichkeitsdichte eines Teilchens ansah, wurde diese Gleichung als Satz von der Erhaltung der Teilchenzahl gedeutet. Heute wissen wir, daß die Zahl der Elektronen in Feldern genügend hoher Frequenz nicht erhalten bleibt, sondern daß dann Elektron-Positron-Paare entstehen können. Man deutet daher heute (1) als Satz von der Erhaltung der Ladung, welcher erfahrungsgemäß auch bei der Paarerzeugung allgemein gilt. Dementsprechend wird

$$\varrho(\vec{r},t) = -e\psi^*\psi = -e\sum_{s=1}^{4}\psi^*(\vec{r},t,s)\,\psi(\vec{r},t,s) \quad (2)$$

als Raumladungsdichte angesehen und der Vektor $\vec{j}$ mit den Komponenten

$$j_k(\vec{r},t) = -e\psi^* c\,\alpha^{(k)}\psi = -ec\sum_{s,s'=1}^{4}\psi^*(\vec{r},t,s)\,\alpha^{(k)}_{ss'}\,\psi(\vec{r},t,s') \quad (3)$$

als Stromdichte. Denn damit lautet (1)

$$\frac{\partial\varrho}{\partial t} + \operatorname{div}\vec{j} = 0. \quad (4)$$

Es sei bereits hier darauf hingewiesen, daß das nur bedingt richtig ist, denn nach (2) ist ϱ immer negativ. Wenn energiereiche Lichtquanten aber Positronen und Elektronen erzeugen, muß es beim Auseinanderlaufen dieser Teilchen auch Gebiete geben, wo ϱ positiv ist. Das ist ein Mangel des hier betrachteten Modells, der erst durch die Quantisierung behoben wird.

Die Unmöglichkeit, $|\psi|^2$ in der Diracschen Theorie als Wahrscheinlichkeitsdichte zu deuten, zeigt sich außer an den genannten Erscheinungen auch an Formel (3). Denn bei dieser Deutung müßte man wegen des Erhaltungssatzes (4) $c\alpha^{(k)}$ als den Operator zur k-ten Komponente der Geschwindigkeit ansehen. Bei normiertem ψ müßte dann $\iiint \psi^* c\alpha^{(k)} \psi \, d^3x$ den Mittelwert der k-ten Komponente der Geschwindigkeit bedeuten und $\iiint \psi^* (c\alpha^{(k)})^2 \psi \, d^3x$ den Mittelwert des Quadrates dieser Größe. Wegen (§46; 12) ist diese Größe aber immer gleich c^2. Man hat früher ernsthaft in Erwägung gezogen, daß die Diracsche Theorie die Bewegung von Teilchen beschreiben könnte, welche ständig eine rasche "Zitterbewegung" ausführen, so daß selbst bei im Mittel ruhenden Teilchen das Quadrat jeder Geschwindigkeitskomponente gleich c^2 ist. Heute darf man das wohl eindeutig als eine verfehlte Vorstellung bezeichnen.

B. Hauptachsentransformation im feldfreien Fall

Zur Vorbereitung der weiteren Überlegungen zur physikalischen Deutung der in der Diracgleichung vorkommenden Größen werde eine Hauptachsentransformation dieser Gleichung im feldfreien Fall vorgenommen. Dazu unterwirft man die Ausgangsgleichung

$$\frac{i}{c}\frac{\partial\psi}{\partial t} = \sum_{j=1}^{3}\alpha^{(j)}\frac{1}{i}\frac{\partial\psi}{\partial x_j} + \varkappa\beta\psi \tag{5}$$

zweckmäßig innerhalb eines sehr großen Normierungsvolumens einer Fouriertransformation (vgl. §43B, S. 412):

$$\psi(\vec{r},t,s) = \frac{1}{\sqrt{V}}\sum_{\vec{k}}\tilde{\psi}(\vec{k},t,s)\exp i\vec{k}\cdot\vec{r} . \tag{6}$$

Dann erhält man für die Fourieramplituden $\tilde{\psi}(\vec{k},t,s)$ die Gleichung

$$\frac{i}{c}\frac{\partial\tilde{\psi}(\vec{k},t,s)}{\partial t} = \sum_{s'=1}^{4}\Big(\varkappa\beta_{ss'} + \sum_{j=1}^{3}k_j\,\alpha^{(j)}_{ss'}\Big)\tilde{\psi}(\vec{k},t,s') . \tag{7}$$

In ihr sind nur noch die 4 Komponenten $\tilde{\psi}(\vec{k},t,s)$ zum gleichen $\vec{k}$ miteinander verknüpft.

Die weitere Rechnung wird übersichtlicher, wenn man statt der $\alpha^{(j)}$ die hermitischen Matrizen $\gamma^{(j)}$ einführt durch

$$\gamma^{(j)} = -i\beta\alpha^{(j)} \quad \text{bzw.} \quad \alpha^{(j)} = i\beta\gamma^{(j)} . \tag{8}$$

Dann lautet (7)

$$\frac{\partial\tilde{\psi}}{\partial t} = -ic\beta\Big(\varkappa + i\sum_{j=1}^{3}k_j\gamma^{(j)}\Big)\tilde{\psi} . \tag{9}$$

Die hier als Faktor vor $\tilde{\psi}$ auftretende Matrix läßt sich leicht auf Hauptachsen transformieren, wenn man beachtet, daß die $\gamma^{(j)}$ denselben Vertauschungsgesetzen genügen wie die $\alpha^{(j)}$:

$$\gamma^{(j)}\gamma^{(k)} + \gamma^{(k)}\gamma^{(j)} = 2\delta_{jk} ; \quad \beta\gamma^{(j)} + \gamma^{(j)}\beta = 0 . \tag{10}$$

Daraus folgt

$$\Big(\sum_{j=1}^{3}k_j\gamma^{(j)}\Big)^2 = \vec{k}^2 . \tag{11}$$

Da die Klammer $(\varkappa + i\sum_{j=1}^{3}k_j\gamma^{(j)})$ nur die eine Matrix $\sum_{j=1}^{3}\gamma^{(j)}k_j$ enthält, kann man, solange man diese nicht zerlegt, damit genauso rechnen wie mit Zahlen. Man definiert daher eine Matrix $\delta(\vec{k})$ durch

$$\tan\delta = \frac{1}{\varkappa}\sum_{j=1}^{3} k_j\gamma^{(j)} \qquad (12)$$

und kann dann setzen

$$\begin{aligned} \varkappa + i\sum_{j=1}^{3} k_j\gamma^{(j)} &= \sqrt{\varkappa^2+\vec{k}^2}\,\exp i\delta \\ &= \exp i\frac{\delta}{2}\sqrt{\varkappa^2+\vec{k}^2}\,\exp i\frac{\delta}{2} \end{aligned} \qquad (13)$$

Da β zu allen $\gamma^{(j)}$ und daher auch zu $\sum_{j=1}^{3}\gamma^{(j)}k_j$ antikommutativ ist, gilt das auch für die Matrix δ, denn das ist eine ungerade Funktion von $\sum_{j=1}^{3}\gamma^{(j)}k_j$. Daraus folgt

$$\beta\delta(\vec{k}) = -\delta(\vec{k})\beta \qquad (14)$$

und daher

$$\beta\exp i\frac{\delta(\vec{k})}{2} = \exp\left(-i\frac{\delta(\vec{k})}{2}\right)\beta\,. \qquad (15)$$

Die Bewegungsgleichung (9) kann demnach auf folgende Form gebracht werden:

$$\frac{\partial\tilde{\psi}}{\partial t} = -ic\exp\left(-i\frac{\delta}{2}\right)\beta\sqrt{\varkappa^2+\vec{k}^2}\,\exp\left(+i\frac{\delta}{2}\right)\tilde{\psi}\,. \qquad (16)$$

Mit

$$\tilde{\varphi}(\vec{k},t,s) = \exp\left(i\frac{\delta}{2}\right)\tilde{\psi}(\vec{k},t,s) \qquad (17)$$

lautet sie daher

$$\frac{\partial\tilde{\varphi}}{\partial t} = -ic\beta\sqrt{\varkappa^2+\vec{k}^2}\,\tilde{\varphi}\,. \qquad (18)$$

Da β nach (§46; 23) eine Diagonalmatrix ist, sind damit auch die 4 Komponenten von $\tilde{\varphi}$ zum gleichen $\vec{k}$ entkoppelt. Mit der Abkürzung

$$\omega = c\sqrt{\varkappa^2+\vec{k}^2} \qquad (19)$$

erhält man für $s = 1$ und $s = 2$

$$\frac{\partial \tilde{\varphi}(\vec{k},t,s=1;2)}{\partial t} = -i\omega\tilde{\varphi}(\vec{k},t,s=1;2) \tag{20}$$

mit der Lösung

$$\tilde{\varphi}(\vec{k},t,s=1;2) = B(\vec{k},s=1;2)\exp(-i\omega t). \tag{21}$$

Für $s = 3$ und $s = 4$ ergibt sich die Gleichung

$$\frac{\partial \tilde{\varphi}(\vec{k},t,s=3;4)}{\partial t} = +i\omega\tilde{\varphi}(\vec{k},t,s=3;4) \tag{22}$$

mit der Lösung

$$\tilde{\varphi}(\vec{k},t,s=3;4) = D(\vec{k},s=3;4)\exp(+i\omega t). \tag{23}$$

Früher, als man die Wellenfunktion $\psi(\vec{r},t,s)$ der Diracgleichung als Wahrscheinlichkeitsamplitude eines Teilchens zu deuten versuchte, pflegte man zu sagen, die Lösung (21) gehöre zu einem Zustand mit positiver Energie, die Lösung (23) dagegen zu negativer. Das muß heute als irreführende Ausdrucksweise bezeichnet werden. Man kann auch nicht sagen, diese beiden Lösungen unterscheiden sich durch das Vorzeichen der Frequenz. Bei einem Vorzeichenwechsel von ω geht eine harmonische Bewegung wegen $\cos(-\omega t+\alpha) = \cos(\omega t-\alpha)$ in eine Bewegung der gleichen Frequenz mit entgegengesetzter Phase über. Deshalb soll im folgenden ω stets als positive Größe angesehen werden.

Der Unterschied der beiden Lösungen wird deutlicher, wenn man den Ortsfaktor $\exp i\vec{k}\cdot\vec{r}$ hinzufügt. Dann erhält man aus (21) die Wellenfunktion $B\exp i(\vec{k}\cdot\vec{r}-\omega t)$, aus (23) dagegen $D\exp[-i(-\vec{k}\cdot\vec{r}-\omega t)]$. Im ersten Fall ergibt sich also eine in Richtung von $\vec{k}$ fortschreitende Welle, im zweiten dagegen eine Welle der gleichen Frequenz, welche in Richtung $-\vec{k}$ fortschreitet. Die beiden Wellenfunktionen sind zueinander konjugiert-komplex, wenn man von den konstanten Faktoren davor absieht.

Vollends klar wird die Sachlage erst bei der Quantisierung. Wenn man zur Erzeugung einer kanonischen Gestalt der Bewegungsgleichung in (20) $\tilde{\varphi} = C(x + ip)$ mit reellen x und p einsetzt und in (22) $\tilde{\varphi} = C(x - ip)$, erhält man nach Trennung von Real- und Imaginärteil in beiden Fällen die kanonischen Gleichungen eines harmonischen Oszillators der Frequenz ω und der Masse $1/\omega$. Bei der üblichen Quantisierung durch Ersetzen von x und p durch hermitische Operatoren, welche den Heisenbergschen Vertauschungsrelationen genügen, geht $\tilde{\varphi}(\vec{k},s)$ im Fall $s = 1; 2$ in ein Vielfaches des Operators zur Vernichtung eines Schwingungsquants über und $\tilde{\varphi}^*$ in ein Vielfaches des entsprechenden Erzeugungsoperators. Im Fall $s = 3; 4$ ist es dagegen umgekehrt. Genau diese Ersetzungen führen, wie in §48 gezeigt werden wird, zu der erfahrungsgemäß richtigen Quantenmechanik der Elektronen-Positronen-Materie, nur mit dem Unterschied, daß man für die Erzeugungs- und Vernichtungsoperatoren die Vertauschungsrelationen der Plusquantelung annimmt (vgl. Bd. II, §37), weil Elektronen und Positronen Fermionen sind. Die Heisenbergschen Vertauschungsrelationen führen dagegen auf Bosonen.

C. Die Formfaktoren des Elektrons

Jetzt soll für eine Welle, bei welcher nur die Amplituden $\tilde{\varphi}(\vec{k},s)$ für $s = 1$ und $s = 2$ ungleich null sind, die Ladungs- und Stromdichteverteilung mit Hilfe von (2) und (3) berechnet werden. Zu diesem Zweck muß zunächst die 4-reihige Matrix

$$\exp(-i\frac{\delta}{2}) = \cos\frac{\delta}{2} - i\sin\frac{\delta}{2} \tag{24}$$

explizit berechnet werden. Aus elementaren Formeln der Trigonometrie ergibt sich formal

$$\exp\left(-i\frac{\delta}{2}\right) = \sqrt{\frac{1+\sqrt{1+\operatorname{tg}^2\delta}}{2\sqrt{1+\operatorname{tg}^2\delta}}} - i\frac{\operatorname{tg}\delta}{\sqrt{2\sqrt{1+\operatorname{tg}^2\delta}\,(1+\sqrt{1+\operatorname{tg}^2\delta})}} \tag{25}$$

und daraus mit Hilfe von (11) und (12)

$$\exp\left(-i\frac{\delta}{2}\right) = \sqrt{\frac{1+\sqrt{1+\vec{k}^2/\varkappa^2}}{2\sqrt{1+\vec{k}^2/\varkappa^2}}} - i\frac{\sum_{j=1}^{3} k_j\gamma^{(j)}}{\varkappa\sqrt{2\sqrt{1+\vec{k}^2/\varkappa^2}\,(1+\sqrt{1+\vec{k}^2/\varkappa^2})}} \tag{26}$$

Mit den Abkürzungen

$$\tilde{F}(\vec{k}) = \sqrt{\frac{1+\sqrt{1+\vec{k}^2/\varkappa^2}}{2\sqrt{1+\vec{k}^2/\varkappa^2}}} \tag{27}$$

und

$$\tilde{G}(\vec{k}) = \frac{\sqrt{2}}{\sqrt{(1+\sqrt{1+\vec{k}^2/\varkappa^2})\sqrt{1+\vec{k}^2/\varkappa^2}}} \tag{28}$$

erhält man dann

$$\tilde{\psi}(\vec{k},s) = \tilde{F}(\vec{k})\,\tilde{\varphi}(\vec{k},s) - \frac{i\tilde{G}(\vec{k})}{2\varkappa}\sum_{j=1}^{3}\sum_{s'=1}^{4}\gamma_{ss'}^{(j)}k_j\,\tilde{\varphi}(\vec{k},s')\,. \tag{29}$$

Da hier ein klassisches Wellenmodell betrachtet wird, wird der Inhalt dieser Beziehungen anschaulicher, wenn man statt der Fourieramplituden $\tilde{\psi}(\vec{k},s)$ und $\tilde{\varphi}(\vec{k},s)$ die zugehörigen Ortsfunktionen $\psi(\vec{r},s)$ und $\varphi(\vec{r},s)$ einführt, welche durch die Formeln

$$\psi(\vec{r},s) = \frac{1}{\sqrt{V}}\sum_{\vec{k}}\tilde{\psi}(\vec{k},s)\exp i\vec{k}\cdot\vec{r}\;;\quad \varphi(\vec{r},s) = \frac{1}{\sqrt{V}}\sum_{\vec{k}}\tilde{\varphi}(\vec{k},s)\exp i\vec{k}\cdot\vec{r} \tag{30}$$

definiert werden. Auflösung der zweiten Gleichung von (30) nach $\tilde{\varphi}(\vec{k},s)$ liefert

$$\tilde{\varphi}(\vec{k},s) = \frac{1}{\sqrt{V}}\iiint_{\vec{r}'\,\text{über}\,V}\varphi(\vec{r}',s)\exp(-i\vec{k}\cdot\vec{r}')\,d^3x'\,. \tag{31}$$

Multiplikation dieser Gleichung mit ik_j und partielle Integration über x_j' liefert dann unter der Voraussetzung, daß $\varphi(\vec{r}',s)$ im Unendlichen genügend rasch gegen null geht, die folgende Beziehung

$$i k_j \tilde{\varphi}(\vec{k}, s') = \frac{1}{\sqrt{V}} \iiint \frac{\partial \varphi(\vec{r}', s')}{\partial x_j'} \exp(-i\vec{k}\cdot\vec{r}')\, d^3x' . \tag{32}$$

Setzt man nun (31) und (32) in (29) ein und das Resultat in die erste Gleichung von (30), so treten Fourierreihen mit den Koeffizienten $\tilde{F}$ und $\tilde{G}$ auf. Da die Werte der Komponenten der $\vec{k}$ -Vektoren quasikontinuierlich verteilt sind mit den sehr kleinen Abständen $2\pi/L$, kann man diese Summen in Integrale umschreiben. Das ergibt

$$F(\vec{r}) = \frac{1}{V} \sum_{\vec{k}} \tilde{F}(\vec{k}) \exp i\vec{k}\cdot\vec{r} = \frac{1}{(2\pi)^3} \iiint_{\vec{k}} \tilde{F}(\vec{k}) \exp i\vec{k}\cdot\vec{r}\, d^3k \tag{33}$$

und

$$G(\vec{r}) = \frac{1}{V} \sum_{\vec{k}} \tilde{G}(\vec{k}) \exp i\vec{k}\cdot\vec{r} = \frac{1}{(2\pi)^3} \iiint_{\vec{k}} \tilde{G}(\vec{k}) \exp i\vec{k}\cdot\vec{r}\, d^3k . \tag{34}$$

Mit Benutzung dieser Funktionen läßt sich der Zusammenhang (29) in die folgende Beziehung zwischen $\varphi(\vec{r}, s)$ und $\psi(\vec{r}, s)$ umschreiben:

$$\psi(\vec{r}, s) = \iiint_{\vec{r}'} F(\vec{r} - \vec{r}')\varphi(\vec{r}', s)\, d^3x' - \frac{1}{2\varkappa} \iiint_{\vec{r}'} G(\vec{r} - \vec{r}') \sum_{j=1}^{3} \sum_{s'=1}^{4} \gamma^{(j)}_{ss'} \frac{\partial \varphi(\vec{r}', s')}{\partial x_j'}\, d^3x' . \tag{35}$$

Die Größen $F(\vec{r})$ und $G(\vec{r})$ können als Formfaktoren bezeichnet werden. Sie hängen nur vom Betrag ihres Argumentvektors ab und sind nur innerhalb eines Bereiches von der ungefähren linearen Ausdehnung $1/\varkappa$ wesentlich von null verschieden. (35) bedeutet eine Mittelung über ein Gebiet dieser Größe. Das ergibt sich qualitativ aus den folgenden Beziehungen:

$$\iiint F(\vec{r})\, d^3x = \iiint G(\vec{r})\, d^3x = 1 ; \tag{36}$$

$$\iiint x_j F(\vec{r})\, d^3x = \iiint x_j G(\vec{r})\, d^3x = 0 ; \tag{37}$$

$$\iiint x_j x_k F(\vec{r})\, d^3x = \frac{1}{4\varkappa^2} \delta_{jk} ; \quad \iiint x_j x_k G(\vec{r})\, d^3x = \frac{3}{4\varkappa^2} \delta_{jk} . \tag{38}$$

Man beweist sie, indem man (33) und (34) nach $\tilde{F}(\vec{k})$ und $\tilde{G}(\vec{k})$ auflöst und in den erhaltenen Formeln entweder sogleich oder nach ein- oder zweimaliger Differentiation nach den Komponenten von $\vec{k}$ den Vektor $\vec{k}$ gleich null setzt. Für $\tilde{F}(\vec{k})$ ergibt sich aus (33)

$$\tilde{F}(\vec{k}) = \iiint\limits_{\vec{r}\text{ über }V} F(\vec{r})\exp(-i\vec{k}\cdot\vec{r})\,d^3x\,, \tag{39}$$

$$\frac{\partial\tilde{F}}{\partial k_j} = -i\iiint\limits_{\vec{r}\text{ über }V} F(\vec{r})\,x_j\exp(-i\vec{k}\cdot\vec{r})\,d^3x\,, \tag{40}$$

$$\frac{\partial^2\tilde{F}}{\partial k_j\partial k_k} = -\iiint\limits_{\vec{r}\text{ über }V} F(\vec{r})\,x_j x_k\exp(-i\vec{k}\cdot\vec{r})\,d^3x\,. \tag{41}$$

Setzt man hier und in den entsprechenden Formeln für $\tilde{G}(\vec{k})$ links die Ausdrücke (27) und (28) ein, so werden diese Formeln für $\vec{k}=0$ mit (36) bis (38) identisch.

Obwohl diese Formfaktoren in der relativistischen Quantenmechanik implizit viel benutzt werden, wurden ihre Eigenschaften anscheinend nirgends in der Lehrbuchliteratur ausführlich dargelegt. Deshalb soll das hier geschehen. Da die folgenden Formeln nachher nicht unmittelbar benutzt werden, seien alle Beweise fortgelassen.

Man beachte, daß $F(\vec{r})$ und $G(\vec{r})$ beides Distributionen sind, welche nur so wie in (35) als Faktoren unterm Integralzeichen sinnvoll sind. Die Integrale in (33) und (34) konvergieren nicht, sondern erst, nachdem man nach dem Einsetzen in (35) über $\vec{r}'$ integriert hat, und auch das nur, wenn $\varphi(\vec{r}',s)$ die notwendigen Regularitätseigenschaften besitzt. $F(\vec{r})$ und $G(\vec{r})$ sind beide bei $\vec{r}=0$ singulär. $F(\vec{r})$ hat dort einen Anteil proportional zu der dreidimensionalen δ-Funktion sowie Terme prop. $1/r^2$, $1/r$ und $\ln r$. Für $G(\vec{r})$ gilt das Gleiche, nur fehlt dort die δ-Funktion. Für große $\varkappa r$ gehen sie exponentiell gegen null. Mit der Abkürzung $\varkappa r = \xi$ schreiben sich diese Ausdrücke explizit

$$F(\vec{r}) \doteq \frac{1}{\sqrt{2}}\delta^3(\vec{r}) + \varkappa^3\left\{\frac{1}{4\pi^2\sqrt{2}}\,\frac{\exp(-\pi\xi/8)}{\xi^2} - \frac{3}{32\pi^2\sqrt{2}}K_0(\xi) - R(\xi)\right\} \tag{42}$$

und

$$G(\vec{r}) \doteq \varkappa^3\left\{\frac{1}{\pi^2\sqrt{2}}\,\frac{\exp(-\pi\xi/4)}{\xi^2} - \frac{1}{8\pi^2\sqrt{2}}K_0(\xi) + S(\xi)\right\}. \tag{43}$$

Darin ist $K_0(\xi)$ die modifizierte Hankelfunktion

$$K_0(\xi) = \frac{\pi i}{2}H_0^{(1)}(i\xi)\,. \tag{44}$$

$R(\xi)$ und $S(\xi)$ sind als Restglieder zu betrachten, welche für kleine ξ klein gegen die übrigen Terme sind und durch die folgenden Integralformeln gegeben sind:

$$R(\xi) = \frac{1}{2\pi^2\xi}\int_{\eta=0}^{\infty} \sin\xi\eta \left[\frac{\eta}{\sqrt{2}} + \frac{1}{\pi\sqrt{2}} \operatorname{arctg}\frac{8\eta}{\pi} - \frac{3\eta}{16\sqrt{2}\sqrt{1+\eta^2}^3} - \eta\sqrt{\frac{1+\sqrt{1+\eta^2}}{2\sqrt{1+\eta^2}}}\right] d\eta, \tag{45}$$

$$S(\xi) = \frac{1}{2\pi^2\xi}\int_{\eta=0}^{\infty} \sin\xi\eta \left[\frac{\sqrt{2}\,\eta}{\sqrt{1+\eta^2+\sqrt{1+\eta^2}}} - \frac{2\sqrt{2}}{\pi} \operatorname{arctg}\frac{4\eta}{\pi} + \frac{\sqrt{2}\,\eta}{8\sqrt{1+\eta^2}^3}\right] d\eta. \tag{46}$$

Der Verlauf dieser Funktionen ist in Abb. 44 und 45 dargestellt.

Da hier nur der Fall betrachtet wird, daß $\tilde{\varphi}(\vec{k},s)$ und $\varphi(\vec{r},s)$ nur für $s = 1$ und $s = 2$ ungleich null sind, seien in den folgenden Formeln auch alle weiteren, von s abhängigen Größen als Spinoren mit zwei Komponenten angesehen. Wo ein Produkt aus zwei solchen Größen auftritt, soll s, ohne daß das besonders angegeben wird, über 1 und 2 summiert werden. Also ist $f^*g = \sum_{s=1}^{2} f^*(\vec{r},s)\, g(\vec{r},s)$. Alle zweireihigen Matrizen sollen durch die Paulimatrizen σ_j ausgedrückt werden (vgl. §46; 21), welche als Komponenten eines Vektors $\vec{\sigma}$ aufgefaßt werden. $f^*\sigma_j g$ bedeutet demnach die Summe

$$f^*\sigma_j g = \sum_{s,s'=1}^{2} f^*(s)\, \sigma_{jss'}\, g(s') . \tag{47}$$

Das Symbol $\vec{\nabla}$ bezeichnet den Operator mit den Komponenten $\partial/\partial x_j$. Das skalare Produkt $\vec{\sigma}\cdot\vec{\nabla}$ bedeutet den Operator $\vec{\sigma}\cdot\vec{\nabla} = \sum_{j=1}^{3} \sigma_j \frac{\partial}{\partial x_j}$. Ferner sollen die Transformationen mit Hilfe der Formfaktoren $F(\vec{r})$ und $G(\vec{r})$ in Operatorform geschrieben werden:

$$\mathrm{F}\varphi(\vec{r}) = \iiint_{\vec{r}'} F(\vec{r}-\vec{r}')\,\varphi(\vec{r}')\, d^3x' . \tag{48}$$

Dann läßt sich (35) mit Benutzung von (8) abgekürzt schreiben

$$\psi(\vec{r},s) = \mathrm{F}\varphi(\vec{r},s) \; ; \quad \psi(\vec{r},s+2) = \frac{1}{2i\varkappa}\mathrm{G}(\vec{\sigma}\cdot\vec{\nabla})\varphi(\vec{r},s) . \tag{49}$$

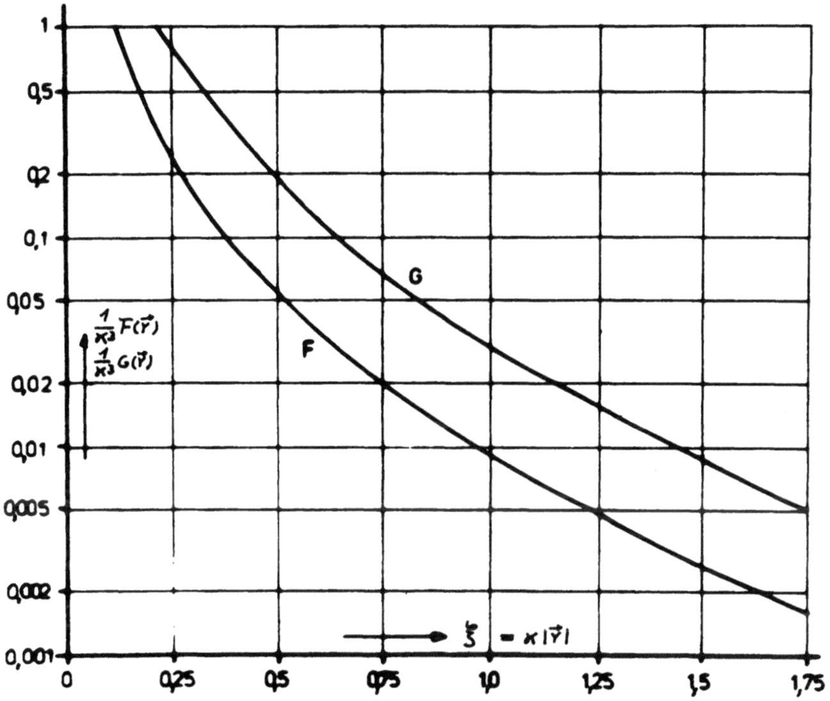

Abb.44. Die Funktionen $F(\vec{r})$ und $G(\vec{r})$, welche den Übergang von der Massendichte- und Impulsdichteverteilung zur Raumladungsdichte- und Stromdichteverteilung der Elektronen- und Positronenwellen vermitteln.

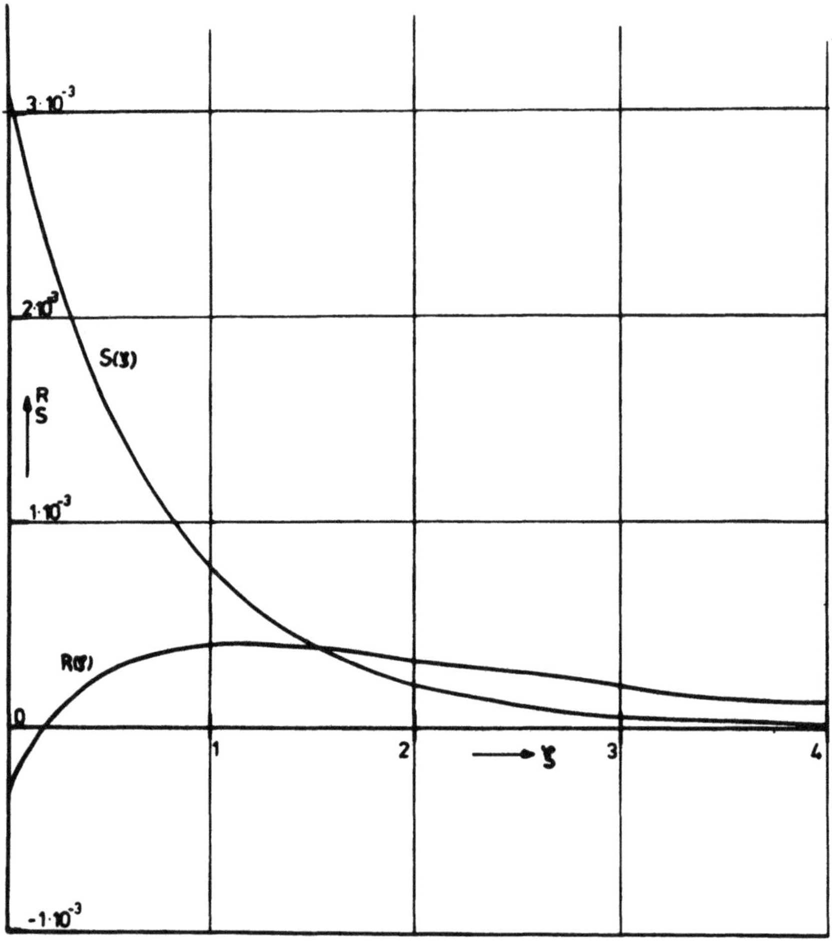

Abb.45. Die Restglieder $R(\xi)$ und $S(\xi)$ in den Formeln für $F(\vec{r})$ und $G(\vec{r})$ in Abhängigkeit von $\xi = \varkappa|\vec{r}|$.

Bei Beachtung der Beziehungen

$$\sigma_1\sigma_2 = -\sigma_2\sigma_1 = i\sigma_3\,, \quad \sigma_1^2 = 1 \tag{50}$$

und den entsprechenden Gleichungen mit zyklisch-vertauschten Indizes erhält man dann nach einigen elementaren Umrechnungen aus (2)

$$\varrho = -e\left\{|F\varphi|^2 + \frac{1}{4\varkappa^2}|G\vec{\nabla}\varphi|^2\right\} + \frac{ei}{4\varkappa^2}(G\vec{\nabla}\varphi)^{*}\cdot[\vec{\sigma}\times G\vec{\nabla}\varphi] \tag{51}$$

und ebenso aus (3)

$$\begin{aligned}\vec{j} = &-\frac{e\hbar}{2mi}\left\{(F\varphi)^{*}(G\vec{\nabla}\varphi) - F\varphi\,(G\vec{\nabla}\varphi)^{*}\right\} \\ &+ \frac{e\hbar}{2m}\left\{(F\varphi)^{*}[\vec{\sigma}\times G\vec{\nabla}\varphi] + (F\varphi)[\vec{\sigma}\times(G\vec{\nabla}\varphi)^{*}]\right\}.\end{aligned} \tag{52}$$

Der Inhalt dieser Gleichungen wird deutlicher, wenn man zunächst den nichtrelativistischen Grenzfall betrachtet, bei dem $\tilde{\varphi}(\vec{k},s)$ nur für $|\vec{k}| \ll \varkappa$ merklich von null verschieden ist bzw. wenn die Änderung von $\varphi(\vec{r},s)$ auf einer Strecke der Größenordnung $1/\varkappa$ klein gegen φ ist. Bei den Wellenfunktionen in den Atomen ist diese Bedingung stets erfüllt. In diesem Bereich ist $\tilde{F}(\vec{k}) \approx \tilde{G}(\vec{k}) \approx$ ≈ 1, d. h. die Operatoren F und G lassen $\varphi(\vec{r})$ fast unverändert. Außerdem ist $\frac{1}{\varkappa}\frac{\partial\varphi}{\partial x_j} \ll \varphi$ und erst recht $\frac{1}{\varkappa^2}\frac{\partial\varphi}{\partial x_j}\frac{\partial\varphi}{\partial x_k} \ll \varphi$. Wenn man dementsprechend F und G in (51) und (52) überall streicht und die Summanden proportional zu $1/\varkappa^2$ als klein vernachlässigt, erhält man

$$\varrho = -e|\varphi|^2 \tag{53}$$

und

$$\vec{j} = -\frac{e\hbar}{2mi}(\varphi^{*}\vec{\nabla}\varphi - \varphi\vec{\nabla}\varphi^{*}) - \frac{e\hbar}{2m}[\vec{\nabla}\times(\varphi^{*}\vec{\sigma}\varphi)]. \tag{54}$$

Der Ausdruck für ϱ und der erste Summand bei $\vec{j}$ stimmt dann mit demjenigen des Schrödingerschen Wellenmodells überein (vgl. Bd. I, §41, 11 und 12). Die dort angegebenen Ausdrücke gehen mit $\chi_r + i\chi_i = \chi = \sqrt{e}\varphi$ und

$\alpha = e/m$ sowie $\beta = \hbar/e$ in die obigen über. Neu kommt hier nur der letzte Term bei $\vec{j}$ hinzu. Er bringt das Vorhandensein eines Spinmoments zum Ausdruck. Wenn man nämlich bei einem magnetisch polarisierten Körper die Magnetisierung $\vec{M}$ so definiert, daß das Induktionsfeld durch $\vec{B} = \mu_0(\vec{H} + \vec{M})$ gegeben ist, ergibt sich aus dem Oerstedtschen Gesetz, daß das von $\vec{M}$ erzeugte Induktionsfeld mit demjenigen von Strömen der Dichte $\text{rot}\,\vec{M}$ identisch ist. Die obige Formel besagt also, daß die durch φ beschriebene Materieverteilung in nichtrelativistischer Näherung eine Magnetisierung der Größe

$$\vec{M} = -\frac{e\hbar}{2m}\varphi^*\vec{\sigma}\varphi = -\mu_B\,\varphi^*\vec{\sigma}\varphi \qquad (55)$$

besitzt.

In dieser Näherung unterscheidet sich also die Diracsche Theorie von dem klassischen Schrödingerschen Wellenmodell nur durch den Spin. Man beachte aber, daß die Schrödingersche Wellenfunktion dabei mit φ zu identifizieren ist, nicht etwa mit ψ. Die frühere Auffassung, wonach der Operator der k-ten Geschwindigkeitskomponente durch $c\alpha^{(k)}$ gegeben sei, beruht auf der Verwechselung von φ mit ψ (vgl. S. 450). Obwohl die Wellenfunktion $\varphi(\vec{r},s)$ die anschaulichere Bedeutung besitzt, wird diese Funktion in den Lehrbüchern so gut wie nie benutzt. Aus ihr ergibt sich die Massendichte $m|\varphi|^2$ und die Impulsdichte $\frac{\hbar}{2i}(\varphi^*\vec{\nabla}\varphi - \varphi\vec{\nabla}\varphi^*)$ der Materiewelle. Die Raumladungsdichte ρ und die elektrische Stromdichte $\vec{j}$ unterscheiden sich in der Diracschen Theorie davon nicht nur wie in der Schrödingerschen Theorie durch einen konstanten Faktor, sondern außerdem durch die von F und G bewirkten Mittelungen und weitere, durch die relativistische Invarianz entstehende Zusatzterme.

Um diese noch weiter zu erläutern, sei für ϱ der erste Schritt über die nichtrelativistische Näherung hinaus berechnet. Wenn man in (48) $\varphi(\vec{r}')$ in eine Taylorreihe an der Stelle $\vec{r}' = \vec{r}$ entwickelt und nach den quadratischen Gliedern abbricht, ergibt sich mit (36) bis (38)

$$F\varphi(\vec{r}) = \varphi(\vec{r}) + \frac{1}{8\varkappa^2}\sum_{j=1}^{3}\frac{\partial^2\varphi}{\partial x_j^2} + \dots \quad (56)$$

Damit erhält man in gleicher Näherung aus (51)

$$\varrho = -e\left\{|\varphi|^2 + \frac{1}{8\varkappa^2}\sum_{j=1}^{3}\frac{\partial^2}{\partial x_j^2}|\varphi|^2\right\} + \frac{ei}{4\varkappa^2}\,\vec{\nabla}\varphi^* \cdot [\vec{\sigma} \times \vec{\nabla}\varphi]. \quad (57)$$

Daraus soll hier der Abstand des elektrischen Schwerpunkts von dem Massenmittelpunkt berechnet werden. Der Ortsvektor zum elektrischen Schwerpunkt ist durch

$$\overline{\vec{r}_e} = \frac{\iiint \vec{r}\,\varrho\,d^3x}{\iiint \varrho\,d^3x} \quad (58)$$

gegeben, derjenige zum Massenmittelpunkt dagegen durch

$$\overline{\vec{r}} = \frac{\iiint \vec{r}\,|\varphi|^2 d^3x}{\iiint |\varphi|^2\,d^3x}. \quad (59)$$

Wie man leicht elementar nachrechnet, rührt der Unterschied zwischen beiden nur von dem letzten Summanden in (57) her. Setzt man φ als normiert voraus, d. h. $\iiint|\varphi|^2 d^3x = 1$ und führt die Abkürzungen

$$\overline{x_j} = \iiint x_j\,|\varphi|^2 d^3x \quad \text{und} \quad \overline{\sigma_k p_l} = \iiint \varphi^* \sigma_k \frac{\hbar}{i}\frac{\partial\varphi}{\partial x_l}\,d^3x \quad (60)$$

ein, so ergibt sich nach längerer, elementarer Zwischenrechnung

$$\overline{\vec{r}_e} - \overline{\vec{r}} = \frac{\mu_B}{2emc^2}[\overline{\vec{p}} \times \overline{\vec{\sigma}}]. \quad (61)$$

Das ist gerade gleich $1/(-e)$ mal der Hälfte des elektrischen Dipolmomentes $\vec{\pi}$, welches nach (§13; 21) in einem magnetischen Moment der Größe $\vec{\mu} = -\mu_B \vec{\sigma}$ bei Beschleunigung auf die Geschwindigkeit $\vec{v} = \vec{p}/m$ infolge von relativistischen Effekten entsteht. Der Thomasfaktor $1/2$ liegt hiernach an dem Unterschied zwischen der Massendichte und der Ladungsdichte in der Materiewelle und hat nichts mit irgendwelchen relativistischen Transformationseigenschaften zu tun. Er beruht vielmehr darauf, daß nach dem Diracschen Wellenmodell die Elektronen keine Punktladungen sind, sondern Gebilde mit kontinuierlich verteilter, unterschiedlicher Ladungs- und Massendichte.

D. Ladungskonjugation

Bisher wurden lediglich Wellenfunktionen betrachtet, bei denen nur die ersten beiden Fourierkoeffizienten $\tilde{\varphi}(\vec{k},s)$ mit $s = 1$ und $s = 2$ ungleich null waren. Jetzt soll gezeigt werden, daß die Wellenfunktionen mit den Koeffizienten $\tilde{\varphi}(\vec{k},s)$ zu $s = 3$ und $s = 4$ gleichartige Materiewellen liefern, deren Wechselwirkung mit dem elektromagnetischen Feld das entgegengesetzte Vorzeichen besitzt. Ordnet man die ersteren den Elektronen zu, so gehören die anderen zu den Positronen.

Die Vertauschung aller den Elektronen und Positronen zugeordneten Größen unter Vorzeichenumkehr von e bezeichnet man als Ladungskonjugation. Sie läßt die Diracgleichung invariant. Die Ausführungen zur Ladungskonjugation in den meisten Lehrbüchern legen den falschen Eindruck nahe, diese Symmetrie sei eine Folge der Quantisierung. Das rührt von der früher gebräuchlichen "Löchertheorie" her. In der Tat kann man ohne Benutzung von quantenmechanischen Begriffen wie "stationärer Zustand" und "Pauliprinzip" nicht von "Löchern" in der unendlichen

Gesamtheit der Zustände mit negativer Energie sprechen.

Diese Vorstellungen sind aber irreführend. Die Invarianz gegenüber Ladungskonjugation ist eine Eigenschaft des klassischen Diracschen Wellenmodells und ist verdeckt bereits in der Diracschen Wellengleichung (§46; 24) enthalten. Die Quantenmechanik ist nur notwendig, um die in den ψ quadratischen Formeln (2) und (3) für die Raumladungsdichte und die Stromdichte an diese Invarianzforderung anzupassen. Lediglich diese Formeln sind in der angegebenen Form nur für Elektronen gültig. Die in den ψ lineare Diracgleichung (§46; 24) ändert sich dagegen bei der Quantisierung nicht und beschreibt die gekoppelten Bewegungen der Elektronen- und Positronenwellen richtig.

Die Symmetrie der Diracgleichung (§46; 24) gegenüber Ladungskonjugation wird erst bei der Trennung der Gleichungen für die zeitliche Änderung der Elektronen- und Positronenwellen sichtbar und erfordert daher eine längere Rechnerei. Dazu muß man nämlich die im vorigen Abschnitt behandelte Fouriertransformation und Hauptachsentransformation bei Vorhandensein elektromagnetischer Felder durchführen. Der Kürze halber soll deshalb diese Rechnung hier nicht vollständig durchgeführt werden. Es soll nur der Ansatz genau angegeben werden und dann das Resultat. Die Zwischenrechnung kann als eine nützliche Übungsaufgabe für theoretische Physiker angesehen werden.

Als erster Schritt ist die Fourierreihe (6) für $\psi(\vec{r},t,s)$ und die entsprechende Formel (§43; 12) für die Felder in die Diracgleichung (§46; 24) einzusetzen. Im Gegensatz zu (7) bleiben dann die Gleichungen für die $\tilde{\psi}(\vec{k},t,s)$ zu verschiedenen $\vec{k}$ miteinander gekoppelt. Als zweiter Schritt wird die Umkehrformel von (17) eingesetzt, also

$$\tilde{\psi}(\vec{k}) = \exp\left(-i\frac{\delta(\vec{k})}{2}\right)\tilde{\varphi}(\vec{k}) . \tag{62}$$

Das Resultat lautet

$$\begin{aligned} i\frac{\partial\tilde{\varphi}(\vec{k})}{\partial t} = & \; c\beta\sqrt{\varkappa^2+\vec{k}^2}\;\tilde{\varphi}(\vec{k}) \\ & -\frac{e}{\hbar\sqrt{V}}\sum_{\vec{k}'}\exp\left(i\frac{\delta(\vec{k})}{2}\right)\left(\tilde{U}(\vec{k}-\vec{k}')-c\sum_{j=1}^{3}\alpha^{(j)}\tilde{A}_j(\vec{k}-\vec{k}')\right)\exp\left(-i\frac{\delta(\vec{k}')}{2}\right)\tilde{\varphi}(\vec{k}') . \end{aligned} \tag{63}$$

Dieses System von 4 Gleichungen für die 4 Ableitungen $\frac{\partial\tilde{\varphi}(\vec{k},t,s)}{\partial t}$ mit $s = 1,2,3,4$ schreibt man zweckmäßig als ein System von zwei Gleichungen für zwei zweikomponentige Spinoren. Statt der Matrizen $\alpha^{(j)}$ und β und den nach (26) in $\exp(-i\delta(\vec{k})/2)$ vorkommenden $\gamma^{(j)}$ treten dann überall nur noch die zweireihigen Paulimatrizen σ_j auf (vgl. §46; 21). Da $\tilde{\varphi}(\vec{k},s)$ für $s=3$ und 4 nach den Ausführungen auf S.453 die Amplitude des konjugiert-komplexen einer ebenen Welle zum Ausbreitungsvektor $-\vec{k}$ ist, nimmt man von den Gleichungen für $\frac{\partial\tilde{\varphi}(\vec{k},t,s)}{\partial t}$ mit $s = 3$ und 4 zweckmäßig auf beiden Seiten das konjugiert-komplexe und ersetzt überall $\vec{k}$ durch $-\vec{k}$ und $\vec{k}'$ durch $-\vec{k}'$. Nach (§43; 14) lassen diese beiden Änderungen zusammen $\tilde{U}(\vec{k}-\vec{k}')$ und $\tilde{A}_j(\vec{k}-\vec{k}')$ invariant. $\tilde{F}(\vec{k})$ und $\tilde{G}(\vec{k})$ ändern sich dabei nicht, weil es reelle Funktionen von $\vec{k}^2$ sind.

Etwas schwieriger ist das Verhalten der σ_j dabei zu übersehen. Diese Matrizen sind bis auf eine Ähnlichkeitstransformation durch die Beziehungen (50) gegeben. Durch Bildung des konjugiert-komplexen ergibt sich daraus

$$(-\sigma_1^*)(-\sigma_2^*) = -(-\sigma_2^*)(-\sigma_1^*) = i(-\sigma_3^*) . \tag{64}$$

Man beachte dabei, daß σ_j^* nicht die zu σ_j adjungierte Matrix bedeutet, sondern diejenige Matrix, welche aus σ_j durch Nehmen des konjugiert-komplexen jedes Elements ohne Änderung seiner Stellung im Matrixschema entsteht. Aus (64) folgt, daß es eine unitäre Matrix u geben muß, welche die drei Matrizen $-\sigma_j^*$ durch eine Ähnlichkeitstransformation in die σ_j überführt:

$$\sigma_j^* = -u\sigma_j u^+ . \tag{65}$$

Wählt man die σ_j so wie in (§46; 21), so gilt

$$u = \begin{pmatrix} 0 & -i \\ i & 0 \end{pmatrix} . \tag{66}$$

Man beachte, daß die Übereinstimmung mit σ_2 rein zufällig ist und bei anderer Wahl der Paulimatrizen verlorengeht. Für das folgende ist lediglich die Gültigkeit von

$$u = u^+ = -u^* = -u' \tag{67}$$

wichtig (u' = transponierte Matrix: $u'_{ss'} = u_{s's}$).

Als letzter Schritt werde jetzt eine neue Bezeichnung eingeführt. Da $\tilde{\varphi}(\vec{k},s)$ für $s=1$ und 2 zu den Elektronenwellen gehört, werde dort der Index e angefügt. Für $s=3$ und 4 werde dagegen mit $s'=s-2=1$ und 2 die folgende Schreibweise eingeführt:

$$\tilde{\varphi}^*(-\vec{k},s'+2) = \sum_{s''=1}^{2} u_{s's''}\,\tilde{\varphi}_p(\vec{k},s'') . \tag{68}$$

Der Index p soll dabei auf Positronen hindeuten. Dann ergibt sich schließlich mit den nachher erklärten Matrizen $\tilde{V}$ und $\tilde{W}$ das folgende symmetrische Gleichungssystem ($s=1,2$):

$$\begin{aligned} i\,\frac{\partial\tilde{\varphi}_e(\vec{k},s)}{\partial t} &= c\sqrt{\varkappa^2+\vec{k}^2}\;\tilde{\varphi}_e(\vec{k},s) \\ &\quad -\frac{e}{\hbar}\sum_{\vec{k}'}\sum_{s'=1}^{2}\tilde{V}(\vec{k},s;\vec{k}',s')\,\tilde{\varphi}_e(\vec{k}',s') - \frac{e}{\hbar}\sum_{\vec{k}'}\sum_{s'=1}^{2}\tilde{W}(\vec{k},s;\vec{k}',s')\,\tilde{\varphi}_p^*(\vec{k}',s') \end{aligned} \tag{69}$$

$$\begin{aligned} i\,\frac{\partial\tilde{\varphi}_p(\vec{k},s)}{\partial t} &= c\sqrt{\varkappa^2+\vec{k}^2}\;\tilde{\varphi}_p(\vec{k},s) \\ &\quad +\frac{e}{\hbar}\sum_{\vec{k}'}\sum_{s'=1}^{2}\tilde{V}(\vec{k},s;\vec{k}',s')\,\tilde{\varphi}_p(\vec{k}',s') + \frac{e}{\hbar}\sum_{\vec{k}'}\sum_{s'=1}^{2}\tilde{W}(\vec{k},s;\vec{k}',s')\,\tilde{\varphi}_e^*(\vec{k}',s') . \end{aligned} \tag{70}$$

In dieser Schreibweise ist die Invarianz gegenüber einer Vertauschung von $\tilde{\varphi}_e$ und $\tilde{\varphi}_p$ bei gleichzeitigem Vorzeichenwechsel von e evident.

Anscheinend wurde die Diracgleichung bisher noch nirgends in dieser Form angegeben. Der erste Schritt in dieser Rechnung ist mit dem ersten Schritt der Foldy-Wouthuysen-Transformation[1] identisch. Nur wurde dort angestrebt, auch den Feldanteil der Diracgleichung auf Hauptachsen zu transformieren, was nur angenähert in nichtrelativistischer Näherung möglich ist. Die hier benutzte Hauptachsentransformation des feldfreien Anteils allein bei Vorhandensein von Feldern wurde von Breitenlohner[2] vorgeschlagen und wird in dem Lehrbuch von Urban[3] eingehend diskutiert. Sie läßt sich zum Unterschied von der Foldy-Wouthuysen-Transformation streng ausführen. Der letzte Schritt, nämlich der Übergang zum konjugiert-komplexen bei einem Teil des Diracschen Gleichungssystems zur Erzielung einer konjugations-symmetrischen Schreibweise, wurde anscheinend bisher nicht ausgeführt. Dabei waren vermutlich die überholten Vorstellungen der Löchertheorie hinderlich oder auch die noch immer verbreitete Auffassung, das ψ der Diracgleichung könne als eine Wahrscheinlichkeitsamplitude für quantenmechanische Einteilchenzustände angesehen werden. Es scheint ungeheuer schwer zu sein, die Schlacken der historischen Entwicklung abzustreifen.

Die wichtigste Aussage, welche in (69) und (70) enthalten ist, besteht darin, daß es überhaupt möglich ist, die Diracgleichung in einer derartig symmetrischen Form zu schreiben. Die zweitwichtigste ist die der Symmetrie der Größen $\tilde{V}(\vec{k},s;\vec{k}',s')$ und $\tilde{W}(\vec{k},s;\vec{k}',s')$. Betrachtet man sie als Matrizen, deren einer Index durch $\vec{k},s$ und deren anderer durch $\vec{k}',s'$ gegeben ist, so ist $\tilde{V}$ hermitisch und $\tilde{W}$ symmetrisch:

$$\tilde{V}(\vec{k},s;\vec{k}',s') = \tilde{V}(\vec{k}',s';\vec{k},s)^{*}, \tag{71}$$

$$\tilde{W}(\vec{k},s;\vec{k}',s') = \tilde{W}(\vec{k}',s';\vec{k},s)\,. \tag{72}$$

Die vollständigen Formeln für diese Ausdrücke werden

1) L.L. Foldy, S.A. Wouthuysen, Phys. Rev. 78 (1950) S. 29
2) P. Breitenlohner, Acta Phys. Austr. 22 (1966) S. 217
3) P. Urban: Topics in Applied Quantumelectrodynamics. Wien, New York 1970

etwas übersichtlicher, wenn man sie in mehrere Summanden zerlegt, die durch zwei Indizes gekennzeichnet werden. Der erste Index L oder S gibt an, ob das Feld auf die Ladungen oder auf den Spin wirkt. Der zweite Index E oder B gibt an, ob das elektrische Feld $\vec{E}$ oder das Induktionsfeld $\vec{B}$ wirksam ist. Dann gilt

$$\tilde{V} = \tilde{V}_{LE} + \tilde{V}_{LB} + \tilde{V}_{SE} + \tilde{V}_{SB} \tag{73}$$

mit

$$\tilde{V}_{LE}(\vec{k},s;\vec{k}',s') = \frac{1}{\sqrt{V}}\left\{\tilde{F}(\vec{k})\,\tilde{U}(\vec{k}-\vec{k}')\,\tilde{F}(\vec{k}') + \tilde{G}(\vec{k})\,\tilde{U}(\vec{k}-\vec{k}')\,\tilde{G}(\vec{k}')\frac{(\vec{k}\cdot\vec{k}')}{4\varkappa^2}\right\}\delta_{ss'}, \tag{74}$$

$$\tilde{V}_{LB}(\vec{k},s;\vec{k}',s') = -\frac{c}{\sqrt{V}}\left\{\tilde{F}(\vec{k})\frac{(\tilde{\vec{A}}(\vec{k}-\vec{k}')\cdot\vec{k}')}{2\varkappa}\tilde{G}(\vec{k}') + \tilde{G}(\vec{k})\frac{(\tilde{\vec{A}}(\vec{k}-\vec{k}')\cdot\vec{k})}{2\varkappa}\tilde{F}(\vec{k}')\right\}\delta_{ss'}, \tag{75}$$

$$\tilde{V}_{SE}(\vec{k},s;\vec{k}',s') = \frac{i}{\sqrt{V}}\,\tilde{G}(\vec{k})\,\tilde{U}(\vec{k}-\vec{k}')\,\tilde{G}(\vec{k}')\,\frac{\vec{k}\cdot[\vec{k}'\times\vec{\sigma}_{ss'}]}{4\varkappa^2}, \tag{76}$$

$$\begin{aligned}\tilde{V}_{SB}(\vec{k},s;\vec{k}',s') = \frac{ic}{\sqrt{V}}\Big\{&\tilde{F}(\vec{k})\left(\vec{\sigma}_{ss'}\cdot\left[\frac{\vec{k}'}{2\varkappa}\times\tilde{\vec{A}}(\vec{k}-\vec{k}')\right]\right)\tilde{G}(\vec{k}')\\ &-\tilde{G}(\vec{k})\left(\vec{\sigma}_{ss'}\cdot\left[\frac{\vec{k}}{2\varkappa}\times\tilde{\vec{A}}(\vec{k}-\vec{k}')\right]\right)\tilde{F}(\vec{k}')\Big\}\end{aligned} \tag{77}$$

sowie

$$\tilde{W} = \tilde{W}_{LB} + \tilde{W}_{SE} + \tilde{W}_{SB} \tag{78}$$

mit

$$\tilde{W}_{LB}(\vec{k},s;\vec{k}',s') = -\frac{ic}{\sqrt{V}}\,\tilde{G}(\vec{k})\left(\tilde{\vec{A}}(\vec{k}+\vec{k}')\cdot\frac{[\vec{k}\times\vec{k}']}{4\varkappa^2}\right)\tilde{G}(\vec{k}')\,u_{ss'}, \tag{79}$$

$$\begin{aligned}\tilde{W}_{SE}(\vec{k},s;\vec{k}',s') = -\frac{1}{\sqrt{V}}\Big\{&\tilde{G}(\vec{k})\,\tilde{U}(\vec{k}+\vec{k}')\,\tilde{F}(\vec{k}')\left(\frac{\vec{k}}{2\varkappa}\cdot(\vec{\sigma}u)_{ss'}\right)\\ &+\tilde{F}(\vec{k})\,\tilde{U}(\vec{k}+\vec{k}')\,\tilde{G}(\vec{k}')\left(\frac{\vec{k}'}{2\varkappa}\cdot(\vec{\sigma}u)_{ss'}\right)\Big\},\end{aligned} \tag{80}$$

$$\begin{aligned}\tilde{W}_{SB}(\vec{k},s;\vec{k}',s') = \frac{c}{\sqrt{V}}\Big\{&F(\vec{k})\left(\tilde{\vec{A}}(\vec{k}+\vec{k}')\cdot(\vec{\sigma}\omega)_{ss'}\right)\tilde{F}(\vec{k}') - \tilde{G}(\vec{k})\left(\tilde{\vec{A}}(\vec{k}+\vec{k}')\cdot(\vec{\sigma}\omega)_{ss'}\right)\frac{(\vec{k}\cdot\vec{k}')}{4\varkappa^2}\tilde{G}(\vec{k}')\\ &+\tilde{G}(\vec{k})\left(\left(\tilde{\vec{A}}(\vec{k}+\vec{k}')\cdot\frac{\vec{k}}{2\varkappa}\right)\left((\vec{\sigma}\omega)_{ss'}\cdot\frac{\vec{k}'}{2\varkappa}\right)+\left(\tilde{\vec{A}}(\vec{k}+\vec{k}')\cdot\frac{\vec{k}'}{2\varkappa}\right)\left((\vec{\sigma}\omega)_{ss'}\cdot\frac{\vec{k}}{2\varkappa}\right)\right)\tilde{G}(\vec{k}')\Big\}.\end{aligned} \tag{81}$$

Die Gültigkeit von (71) ist daraus unmittelbar ersichtlich; diejenige von (72) folgt aus den Formeln

$$-iu = \begin{pmatrix}0 & -1\\ 1 & 0\end{pmatrix};\quad \sigma_1 u = \begin{pmatrix}i & 0\\ 0 & -i\end{pmatrix};\quad \sigma_2 u = \begin{pmatrix}1 & 0\\ 0 & 1\end{pmatrix};\quad \sigma_3 u = \begin{pmatrix}0 & -i\\ -i & 0\end{pmatrix}. \tag{82}$$

Die Bedeutung der Matrizen $\tilde{V}$ und $\tilde{W}$ wird bei Umrechnung in Operatoren im Ortsraum klarer. Mit Benutzung der auf S. 458 erklärten Schreibweise lauten die entsprechenden Operatoren bei Anwendung auf eine beliebige Funktion $\varphi(\vec{r},s)$ von Ort und Spin:

$$V_{LE}\varphi(\vec{r},s) = FU(\vec{r})F\varphi(\vec{r},s) - \frac{1}{4\kappa^2}\left(\vec{\nabla}\cdot GU(\vec{r})G\vec{\nabla}\varphi(\vec{r},s)\right). \quad (83)$$

In nichtrelativistischer Näherung ist das einfach $U(\vec{r})\varphi(\vec{r})$.

$$V_{LB}\varphi(\vec{r},s) = \frac{\hbar i}{2m}\left\{F\left(\vec{A}(\vec{r})\cdot G\vec{\nabla}\varphi(\vec{r},s)\right) + G\left(\vec{\nabla}\cdot\vec{A}(\vec{r})F\varphi(\vec{r},s)\right)\right\}. \quad (84)$$

In nichtrelativistischer Näherung ist das bis auf den Faktor $-e$ mit dem in den A_k linearen Ausdruck in (§11; 12) identisch.

$$V_{SE}\varphi(\vec{r},s) = \frac{i}{4\kappa^2}\sum_{s'=1}^{2}\left(\vec{\nabla}GU(\vec{r})G\cdot\left[\vec{\sigma}_{ss'}\times\vec{\nabla}\varphi(\vec{r},s')\right]\right). \quad (85)$$

In nichtrelativistischer Näherung ist das (bis auf den Faktor $-e$) genau die Spin-Bahn-Wechselwirkung (§13; 3) einschließlich des Thomasfaktors $1/2$.

$$V_{SB}\varphi(\vec{r},s) = -\frac{\hbar}{2m}\sum_{s'=1}^{2}\left\{G\left(\vec{\sigma}_{ss'}\cdot\vec{B}\right)F\varphi(\vec{r},s') + \vec{\sigma}_{ss'}\left[\left(G\vec{A}F - F\vec{A}G\right)\times\vec{\nabla}\varphi(\vec{r},s')\right]\right\}. \quad (86)$$

In nichtrelativistischer Näherung ist das (bis auf den Faktor $-e$) die Wechselwirkung zwischen dem Induktionsfeld und einem Spinmoment mit dem Betrag μ_B . Auf die entsprechende Umrechnung der $\tilde{W}$ in den Ortsraum sei hier verzichtet, da es zu ihrer Deutung wenig beiträgt.

Alle diese Überlegungen lassen sich zu der folgenden Aussage zusammenfassen:

Die Diracgleichung ist die Bewegungsgleichung eines klassischen Wellenmodells von zwei gekoppelten Materiewellen mit Spin, deren Wechselwirkungen mit dem elektromagnetischen Feld entgegengesetzt gleich sind.

Bei den beiden Wellen sind Ladungs- und Stromdichte nicht einfach der Massen- und Impulsdichte proportional, sondern entstehen daraus durch Multiplikation der Fourierkoeffizienten mit zwei Formfaktoren $\tilde{F}(\vec{k})$ *oder* $\tilde{G}(\vec{k})$ *, was einer Mittelung der ortsabhängigen Wellenfunktionen über ein Gebiet von der ungefähren linearen Ausdehnung der Comptonwellenlänge* $1/\varkappa$ *entspricht. Jede der Wellenfunktionen* $\varphi_{e \text{ oder } p}(\vec{r},s)$ *besitzt zwei Komponenten (* $s = 1,2$ *). Dadurch wird das Vorhandensein einer Magnetisierung* $\vec{M} = \pm\mu_B \sum_{s,s'=1}^{2} \varphi^*(\vec{r},s)\vec{\sigma}_{ss'}\varphi(\vec{r},s')$ *der Materie beschrieben.*

§48. Quantisierung

Nach den ausführlichen Überlegungen des vorigen Paragraphen liegen die Schritte zur Quantisierung praktisch fest: Man ersetzt die $\tilde{\varphi}_e(\vec{k},s)$ bzw. $\tilde{\varphi}_p(\vec{k},s)$ durch Vernichtungsoperatoren $\Phi_e(\vec{k},s)$ bzw. $\Phi_p(\vec{k},s)$ und die dazu konjugiert-komplexen Größen $\tilde{\varphi}_e^*(\vec{k},s)$ und $\tilde{\varphi}_p^*(\vec{k},s)$ durch die dazu adjungierten Erzeugungsoperatoren $\Phi_e^+(\vec{k},s)$ und $\Phi_p^+(\vec{k},s)$. Da Elektronen und Positronen Fermionen sind, muß man für sie natürlich die Vertauschungsrelationen der Plusquantelung ansetzen, also

$$\Phi_e^+(\vec{k},s)\,\Phi_e(\vec{k}',s') + \Phi_e(\vec{k}',s')\,\Phi_e^+(\vec{k},s) = \delta_{\vec{k}\vec{k}'}\,\delta_{ss'}\,, \tag{1}$$

$$\Phi_p^+(\vec{k},s)\,\Phi_p(\vec{k}',s') + \Phi_p(\vec{k}',s')\,\Phi_p^+(\vec{k},s) = \delta_{\vec{k}\vec{k}'}\,\delta_{ss'}\,. \tag{2}$$

Alle anderen Paare von Operatoren sind antikommutativ, auch die mit verschiedenen Indizes e oder p . Die Positronen- und Elektronenwellen verhalten sich also quantenmechanisch nicht wie die Wellen verschiedener Materiesorten, denn deren Erzeugungs- und Vernichtungsoperatoren kommutieren miteinander.

Ferner nimmt man an, daß es ein bis auf einen Faktor eindeutig definiertes, normiertes Zustandselement $|0\rangle$ zum Vakuumzustand gibt, für welches

$$\Phi_e(\vec{k},s)|0\rangle = 0 \qquad \text{und} \qquad \Phi_p(\vec{k},s)|0\rangle = 0 \tag{3}$$

für alle $\vec{k}$ und s gilt. Der gesamte Hilbertraum wird dann von den Elementen gebildet, welcher durch ein- oder mehrfache Anwendung von irgendwelchen Operatoren $\Phi_e^+(\vec{k},s)$ und $\Phi_p^+(\vec{k},s)$ auf $|0\rangle$ und Linearkombinationen aus ihnen entstehen. Man beachte aber, daß $\{\Phi_e^+(\vec{k},s)\}^2$ und $\{\Phi_p^+(\vec{k},s)\}^2$ wegen der Antikommutativität verschwindet. $\Phi_e^+(\vec{k}',s')|0\rangle$ ist auf Grund der Vertauschungsrelation (1) Eigenelement von $\sum_{\vec{k},s}\Phi_e^+(\vec{k},s)\,\Phi_e(\vec{k},s)$ zum Eigenwert 1, $\Phi_e^+(\vec{k}',s')\,\Phi_e^+(\vec{k}'',s'')|0\rangle$ im Fall $\vec{k}'' \neq \vec{k}'$ oder $s'' \neq s'$ desgleichen zum Eigenwert 2 usw.

Bei den Operatoren zu irgendwelchen Observablen des Diracschen Wellenmodells erhebt sich wieder wie stets die Frage nach der Reihenfolge der Operatoren in Produkten. Die Forderung der Hermitizität und der Symmetrie gegen Ladungskonjugation schränkt die Möglichkeiten weitgehend ein. Das sei an zwei Beispielen erläutert.

Zunächst werde der Operator Q zur Gesamtladung $Q = \iiint \rho\, d^3x$ betrachtet. Aus (§47; 2, 6 und 17) ergibt sich

$$\begin{aligned} Q &= -e\iiint_{\vec{r}}\sum_{s=1}^{4}\psi^*(\vec{r},s)\,\psi(\vec{r},s)\,d^3x = -e\sum_{\vec{k}}\sum_{s=1}^{4}\tilde{\psi}^*(\vec{k},s)\,\tilde{\psi}(\vec{k},s) \\ &= -e\sum_{\vec{k}}\sum_{s=1}^{4}\tilde{\varphi}^*(\vec{k},s)\,\tilde{\varphi}(\vec{k},s)\,. \end{aligned} \tag{4}$$

Führt man hier die bei (§47; 68) erläuterten Bezeichnungen ein, so erhält man

$$Q = -e\sum_{\vec{k}}\sum_{s=1}^{2}\left(\tilde{\varphi}_e^*(\vec{k},s)\,\tilde{\varphi}_e(\vec{k},s) + \tilde{\varphi}_p(\vec{k},s)\,\tilde{\varphi}_p^*(\vec{k},s)\right). \tag{5}$$

Dieser Ausdruck bleibt ebenso wie die Formel (§47; 2) für ρ bei einer Vertauschung von $\tilde{\varphi}_e$ und $\tilde{\varphi}_p$ und Vorzeichenwechsel von e nicht invariant. Wenn man die $\tilde{\varphi}_p(\vec{k},s)$ ohne Änderung der Reihenfolge durch ihre Operatoren ersetzen würde, erhielte man außerdem einen divergenten Operator. Denn (2) und (3) liefern

$$\Phi_p(\vec{k},s)\,\Phi_p^+(\vec{k},s)\,|0\rangle = |0\rangle \,. \tag{6}$$

Die Summe über alle $\vec{k}$ würde also unendlich liefern.

Beide Schwierigkeiten verschwinden, wenn man den Operator zur Gesamtladung Q durch den folgenden Ausdruck definiert:

$$Q = -e\sum_{\vec{k}}\sum_{s=1}^{2}\left(\Phi_e^+(\vec{k},s)\,\Phi_e(\vec{k},s) - \Phi_p^+(\vec{k},s)\,\Phi_p(\vec{k},s)\right) . \tag{7}$$

Das unterscheidet sich von dem erwähnten divergenten Operator durch eine Summe über unendlich viele 1, was man früher im Sinne der Löchertheorie als Ausdruck der Vorschrift deutete, daß die unendlich große Ladung aller Elektronen in den besetzten Zuständen mit negativer Energie als unbeobachtbar wegzulassen sei. Statt dieser mathematisch recht vagen Vorschrift ist es wohl besser zu sagen, daß bei Wellenmodellen für Fermionen beim Quantisieren nicht nur wie sonst die Reihenfolge der Operatoren, sondern auch das Vorzeichen jedes Operatorenproduktes durch eine zusätzliche, durch das Modell nicht festgelegte Vorschrift festgelegt werden muß. Eine solche Zusatzvorschrift ist auch die Forderung der Invarianz gegen Ladungskonjugation.

Aus diesem Grunde ist es auch nicht sinnvoll, bei der Aufstellung des Hamiltonoperators zur Diracgleichung zunächst die Hamiltonfunktion zu der Diracschen Bewegungsgleichung in der üblichen Gestalt (§46; 24) aufzustellen, denn in ihr wären die Anteile zu den Elektronen- und Positronenwellen untrennbar gemischt enthalten, so daß man die genannte Vorschrift gar nicht anwenden kann.

Sehr einfach ist es dagegen, wenn man von der Bewegungsgleichung in der konjugations-symmetrischen Schreibweise (§47; 69 und 70) ausgeht. Der dazu passende Hamiltonoperator lautet

$$
\begin{aligned}
H = &\sum_{\vec{k}} \sum_{s=1}^{2} \left(\Phi_e^+(\vec{k},s)\, \hbar c \sqrt{\varkappa^2 + \vec{k}^2}\, \Phi_e(\vec{k},s) + \Phi_p^+(\vec{k},s)\, \hbar c \sqrt{\varkappa^2 + \vec{k}^2}\, \Phi_p(\vec{k},s) \right) \\
&+ e \sum_{\vec{k},\vec{k}'} \sum_{s,s'=1}^{2} \left(\Phi_p^+(\vec{k},s)\, \tilde{V}(\vec{k},s;\vec{k}',s')\, \Phi_p(\vec{k}',s') - \Phi_e^+(\vec{k},s)\, \tilde{V}(\vec{k},s;\vec{k}',s')\, \Phi_e(\vec{k}',s') \right) \\
&- e \sum_{\vec{k},\vec{k}'} \sum_{s,s'=1}^{2} \left(\Phi_e^+(\vec{k},s)\, \tilde{W}(\vec{k},s;\vec{k}',s')\, \Phi_p^+(\vec{k}',s') + \Phi_p(\vec{k},s)\, \tilde{W}^*(\vec{k},s;\vec{k}',s')\, \Phi_e(\vec{k}',s') \right)
\end{aligned}
\tag{8}
$$

Es ist eine einfache Übungsaufgabe, mit Hilfe der Vertauschungsrelationen (1) und (2) und der Antikommutativität der übrigen Operatoren daraus abzuleiten, daß die Bewegungsgleichungen für die zeitabhängigen Operatoren des Heisenbergbildes

$$
\frac{d\Phi_{e,p}}{dt} = \frac{i}{\hbar} \left[H\Phi_{e,p} - \Phi_{e,p} H \right] \tag{9}
$$

genau die Gestalt der Bewegungsgleichungen (§47; 69 und 70) annehmen. Man sieht auch sofort, daß der Operator (8) auf Grund der Symmetriebeziehungen (§47; 71 und 72) hermitisch und invariant gegen Ladungskonjugation ist. Seine einzelnen Terme haben unmittelbar eine anschauliche Bedeutung. Die Operatoren der ersten Zeile gehören zur Energie der freien Teilchen. Die Operatoren der zweiten Zeile beschreiben die Streuung von Positronen und Elektronen an vorgegebenen elektromagnetischen Feldern, diejenigen der letzten Zeile die Erzeugung und Vernichtung von Elektronen-Positronenpaaren.

Es ist nicht schwierig, diesen Hamiltonoperator so zu ergänzen, daß daraus der Hamiltonoperator des gekoppelten Systems aus elektromagnetischen Feldern und Elektronen-Positronenwellen wird. Die Terme der zweiten und dritten Zeile von (8) gehen nämlich beim Ersetzen der Operatoren durch ihre Erwartungswerte in den Ausdruck in der zweiten Zeile von (§43; 36) über, also in denjenigen Anteil der Hamiltonfunktion des elektromagnetischen Feldes, welcher die Wechselwirkung mit den Ladungen und Strömen beschreibt. Man muß also zu (8) nur noch den Beitrag des freien elektromagnetischen Feldes hinzufügen und außerdem in den Ausdrücken $\tilde{V}(\vec{k},s;\vec{k}',s')$ und $\tilde{W}(\vec{k},s;\vec{k}',s')$ die vom elektromagnetischen Feld herrührenden Faktoren durch ihre Operatoren ersetzen. Dieser noch fehlende Beitrag des freien Strahlungsfeldes lautet nach (§43; 36)

$$H_{Str} = \sum_{\vec{k}} \hbar c|\vec{k}| \left(\vec{C}^{+}(\vec{k})\vec{C}(\vec{k}) - C_0^{+}(\vec{k})C_0(\vec{k})\right) . \tag{10}$$

Dabei wurden lediglich die $\omega(\vec{k})$ der Lichtwelle durch $c|\vec{k}|$ ersetzt, um eine Verwechslung mit den Frequenzen der Elektronenwellen auszuschließen. Außerdem wurden die $c_\mu(\vec{k})$ gemäß §44 und §45 durch ihre Operatoren ersetzt. Die in den Formeln (§47; 74 bis 81) vorkommenden Fourierkoeffizienten von $U(\vec{r})$ und $\vec{A}(\vec{r})$ sind natürlich ebenfalls durch die in (§43; 37) angegebenen Koeffizienten mit den Operatoren $C_\mu(\vec{k})$ an Stelle der $c_\mu(\vec{k})$ zu ersetzen. Aus jedem der 4 Summanden der Wechselwirkung in (8) entstehen dadurch zwei Terme, je einer mit einem Vernichtungsoperator und Erzeugungsoperator für ein Photon. Diese 8 Terme entsprechen genau den 8 Diagrammen in Abb. 41.

Die Schrödingergleichung mit diesem aus (8) und (10) gebildeten Hamiltonoperator beschreibt nach unserer heutigen Ansicht den weitaus größten Teil des physikalischen Weltbildes, nämlich alle Erscheinungen der Elektronenhülle und ihrer Wechselwirkungen, also auch alle Erscheinungen der Atomphysik, Molekülphysik und Festkörperphysik und bildet demnach mittelbar auch die Grundlage für die gesamte Chemie, Biologie und Technik. Nur die Gesetze der Kernphysik und der Elementarteilchenphysik sowie die von den Gravitationskräften beherrschten Erscheinungen der Astronomie benötigen noch weitere grundlegende Naturgesetze.

Allerdings treten bei der Entwicklung der Folgerungen aus diesem Hamiltonoperator, wie in §40 erläutert wurde, gewisse Divergenzen auf, die man aber heute mit Hilfe der Diagrammtechnik zu beherrschen glaubt. Bei Berücksichtigung dieser Korrekturen sind nach unseren heutigen Kenntnissen alle daraus folgenden Konsequenzen in vorzüglicher Übereinstimmung mit der Erfahrung. Dieses Gedankengebäude ist das beste Beispiel einer umfassenden physikalischen Theorie. Eines der Ziele dieses Buches ist es, den Leser an diese Grundlage der Physik heranzuführen und mit den mannigfaltigen Methoden der Quantenmechanik zur Entwicklung des darauf aufbauenden physikalischen Weltbildes wenigstens in Umrissen bekanntzumachen.

Fragen und Aufgaben zu Kap. XI

Fragen

1). Warum kann das ψ in der Diracgleichung (§46; 24) nicht als Wahrscheinlichkeitsamplitude eines Teilchens gedeutet werden?

2). Warum kann das in (§47; 2) angegebene ϱ nur bedingt als Raumladungsdichte der betrachteten Materie angesehen werden?

3). Was versteht man unter Ladungskonjugation?

4). Woran erkennt man die Symmetrie einer physikalischen Aussage gegenüber Ladungskonjugation?

5). Wie unterscheiden sich qualitativ in dem Diracschen Materiemodell die Massendichte und Raumladungsdichte voneinander?

6). Was versteht man unter der Compton-Wellenlänge?

7). Wie ist die Verteilung der Magnetisierung in einer Materiewelle mit Spin, welche durch die zweikomponentige Wellenfunktion $\varphi(\vec{r},s)$ ($s = 1, 2$) beschrieben wird?

8). Wie lauten die Vertauschungsrelationen der Erzeugungs- und Vernichtungsoperatoren von Fermionen?

9). Sind die Erzeugungs- oder Vernichtungsoperatoren von Positronen und Elektronen vertauschbar?

10). Sind die Erzeugungs- und Vernichtungsoperatoren von Elektronen und Protonen vertauschbar?

11). Warum läßt sich die klassische Hamiltonfunktion zu einem gegebenen Hamiltonoperator eines Fermionensystems nicht eindeutig angeben?

Aufgaben

1). Um die Ähnlichkeiten und Unterschiede zwischen den Maxwellschen Gleichungen und der Diracgleichung deutlicher zu machen, sollen die Maxwellschen Gleichungen für das Vakuum auf die Form der Diracgleichung gebracht werden, indem statt der beiden reellen Vektoren $\vec{E}(\vec{r},t)$ und $\vec{B}(\vec{r},t)$ ein komplexer Vektor mit den Komponenten $\psi(\vec{r},s,t) = \sqrt{\varepsilon_0}\,E_s + iB_s/\sqrt{\mu_0}$ ($s = 1, 2, 3$) eingeführt wird. Dann nehmen die Maxwellschen Gleichungen für $\partial\vec{E}/\partial t$ und $\partial\vec{B}/\partial t$ die folgende Form an:

$$\frac{i}{c}\,\frac{\partial\psi(\vec{r},s)}{\partial t} = \sum_{j,s'=1}^{3} \frac{\alpha^{(j)}_{ss'}}{i}\,\frac{\partial\psi(\vec{r},s')}{\partial x_j}$$

a. Wie lauten die drei Matrizen $\alpha^{(j)}$? b. Was unterscheidet diese Gleichungen wesentlich von der Diracgleichung im feldfreien Fall? c. Folgt aus der obigen Bewegungsgleichung auch ein Erhaltungssatz?

2). Die Diracgleichung im $\vec{k}$ -Raum (§47; 7) enthält die Matrix $\varkappa\beta + \sum_{j=1}^{3} k_j\,\alpha^{(j)}$. Statt der in §47 geschilderten, von der Darstellung unabhängigen Hauptachsentransformation kann man dieselbe Umformung auch durch elementare Rechnung mit Benutzung der speziellen Matrizen (§46; 23) durchführen. a. Welche Eigenwerte hat die genannte Matrix? b. Wie lauten die 4 vierdimensionalen, zueinander orthogonalen und normierten Eigenvektoren von ihr? c. In welchen Ausdrücken von §47 sind diese Eigenwerte und Eigenvektoren enthalten?

Antworten auf die Fragen

Antworten auf die Fragen zu Kap.I (S. 51)

1). b, d und e sind notwendig. 2). Die Existenz mehrerer linear unabhängiger Eigenelemente zum gleichen Eigenwert. 3). Gleich dem Mittelwert der Störung im ungestörten Zustand. 4). Beim tiefsten Eigenwert ist sie negativ. Wenn es einen höchsten Eigenwert gibt, ist sie für ihn positiv. 5). Nein (vgl. S. 18). 6). Eine Gleichung der Form (§2; 7). 7). Ja. 8). Ja. 9). Ja. 10). Ja, bei allen hermitischen Operatoren. 11). Im allgemeinen nicht, nur in speziellen Fällen wie in §4. 12). Ja (vgl. §12). 13). Die Änderung der Frequenz der Spektrallinien im elektrischen Feld. 14). Wenn Zustände mit benachbarten l -Werten miteinander entartet sind. 15). Die Formel für die Abhängigkeit des Brechungsindex von der Frequenz. 16). Wegen der Welleneigenschaften unendlich. 17). Ja, bei sehr hohen Frequenzen. 18). Die relative Intensität eines Resonanztermes in der Dispersionsformel. Die Summe aller f -Werte ist gleich der Elektronenzahl. 19). Wenn zwei Zustände mit benachbarten Werten der Quantenzahl des Bahndrehimpulses gleiche Energie besitzen. 20). Bei der ersten wird die Änderung des Eigenwertes und des Eigenelementes zugleich schrittweise berechnet, bei der letzten zunächst nur das Eigenelement und danach der Eigenwert.

Antworten auf die Fragen zu Kap.II (S. 81)

1). b, c, d sind lösbar, a nicht, e nur, wenn auch das Strahlungsfeld quantisiert wird. 2). a. prop. $(1 - \cos(\omega - \omega_k)t)$ b. prop. $(t - t_0)^2$ c. und d. prop. $(t - t_0)$. 3). Weil Fourierreihen nur für periodische Funktionen existieren, Fourierintegrale nur für quadratintegrierbare. 4). Die Energiedichte der Strahlung des kleinen Frequenzintervalles $\Delta\omega$ dividiert durch $\Delta\omega$. 5). Eine Vorrichtung zur Verstärkung von Lichtwellen. 6). Siehe (§9; 13). 7). Für kein ω . 8). Die Emission von Strahlung infolge der Einwirkung von Strahlung der gleichen Frequenz. 9). Die Emission von Strahlung ohne äußeren Einfluß. 10). Besetzungszahlen, die nicht mit wachsender Energie abnehmen. 11). Die Erhöhung der Besetzungszahl eines Terms über den Gleichgewichtswert durch optische Anregung eines höher gelegenen Terms. 12). Das negative der zeitlichen Ableitung der Besetzungszahl dividiert durch die Besetzungszahl selbst bei freier Ausstrahlung. 13). Bei Laser-Strahlung ist die emittierte Lichtwelle aller Teile des Strahlers kohörent mit der einfallenden Welle.

Antworten auf die Fragen zu Kap. III (S. 126)

1). Die Änderung der Frequenzen der Spektrallinien durch ein Magnetfeld. 2). Der Zeeman-Effekt von Atomen mit Elektronenhüllen ohne Spinmoment, bei welchem jede Spektrallinie in ein Triplett aufspaltet. 3). Das komplizierte Aufspaltungsbild in Spektren von Atomen mit elektronischem Spinmoment. 4). Die Lorentzkraft hat keine potentielle Energie. 5). $m\vec{v} + e\vec{A}$ 6). Eine Änderung von $\vec{A}$ und U, welche die Felder $\vec{E}$ und $\vec{B}$ unverändert läßt. 7). a, b und e sind eichinvariant, die anderen Größen nicht. 8). Eine Rotation der Elektronenhülle um die Richtung des Magnetfeldes mit der Kreisfrequenz $\omega_L = eB/(2m_e)$ 9). Durch die Larmorpräzession. 10). $\Delta m = \pm 1$ für die verschobenen Linien, welche bei Beobachtung in Feldrichtung zirkular polarisiert sind und bei Beobachtung in Richtung senkrecht zum Feld ein senkrecht zum Magnetfeld schwingendes elektrisches Feld besitzen. $\Delta m = 0$ für die unverschobenen Linien, die bei Beobachtung in Feldrichtung fehlen und bei Beobachtung senkrecht zum Magnetfeld ein parallel dazu schwingendes elektrisches Feld besitzen. 11). Weil die Bewegung ein elektrisches Dipolmoment senkrecht zu $\vec{v}$ und senkrecht zum magnetischen Moment erzeugt. 12). In $(2l+1)$ oder $(2s+1)$ Terme, je nachdem, welche Zahl kleiner ist. Der Gesamtdrehimpuls hat die Quantenzahlen $j = l+s,\ l+s-1$ bis $|l-s|$. 13). Eine Kopplung proportional zum skalaren Produkt aus dem gesamten Spinmoment und dem gesamten Bahndrehimpuls der Elektronenhülle. 14). Der Quotient aus dem gesamten mittleren magnetischen Moment der Elektronenhülle, dividiert durch $j\mu_B$. 15). Die Umwandlung des komplizierten Aufspaltungsbildes beim anomalen Zeeman-Effekt in ein normales Triplett bei hohen Feldern. 16). Der zusätzliche Faktor $1/2$ in (§13; 3) bei der Spin-Bahn-Wechselwirkung.

Antworten auf die Fragen zu Kap. IV (S. 172)

1). Die Existenz eines assoziativen Produktes, eines Einselementes und eines Inversen. 2). Wenn alle Produkte kommutativ sind. 3). Die Anzahl ihrer Elemente. 4). Eine Gruppe unendlich hoher Ordnung, bei der die Elemente von einem oder mehreren, kontinuierlich veränderlichen Parametern abhängen. 5). Eine echte Teilmenge ihrer Elemente, die selber eine Gruppe ist. 6). Wenn es ein Gruppenelement x gibt, so daß $b = xax^{-1}$ ist. 7). Eine Untergruppe, welche zu jedem Element auch die dazu konjugierten enthält. 8). Eine Gruppe, deren Elemente ein Normalteiler und seine Nebenklassen sind, wobei die Gruppenmultiplikation gleich der Komplexmultiplikation ist. 9). $\mathfrak{H}$ ist zu $\mathfrak{G}$ homomorph, wenn jedes Element g_j von $\mathfrak{G}$ sich einem Element h_j von $\mathfrak{H}$ so zuordnen läßt, daß aus $g_j g_k = g_l$ die Gültigkeit von $h_j h_k = h_l$ folgt. 10). Eine Vektordarstellung ist eine Abbildung der Gruppenelemente g_j auf Matrizen G_j, so daß das Gruppenprodukt auf das Matrixprodukt abgebildet wird. In einer Strahldarstellung ist das Matrixprodukt nur ein Vielfaches des Bildes des Gruppenproduktes. 11). Der Übergang von Matrizen $\overleftrightarrow{G}_j$ zu den Matrizen $\overleftrightarrow{U}\overleftrightarrow{G}_j\overleftrightarrow{U}^+$ mit einer unitären Matrix $\overleftrightarrow{U}$. 12). Wenn sie durch eine Ähnlichkeitstransformation auseinander hervorgehen. 13). Wenn sie sich nicht durch eine Ähnlichkeitstransformation in eine Darstellung umformen läßt, bei der längs der Hauptdiagonalen kleinere Matrizen stehen, die bereits für sich Darstellungen bilden. 14). Die Spuren der Darstellungsmatrizen. 15). Ebensoviele wie Klassen konjugierter Elemente. 16). Gleich der Ordnung der Gruppe. 17). Ja, abelsche Gruppen. 18). Bei einer Gruppe der Ordnung h ist die reguläre Darstellung eine Darstellung durch h-dimensionale Matrizen, in denen jede Zeile und jede Spalte nur eine 1 und sonst lauter Nullen enthält. 19). Ja. 20). Nur bei der trivialen Gruppe, die aus dem Einselement allein besteht.

Antworten auf die Fragen zu Kap. V (S. 238)

1). Höchstens in soviele wie die Zahl der irreduziblen Bestandteile der Symmetriegruppe des gestörten Hamiltonoperators in der Darstellung, welche von den Eigenelementen des ungestörten Hamiltonoperators erzeugt wird. 2). Wenn keine der irreduziblen Bestandteile mehr als einmal auftritt. 3). $u(\vec{k}; \vec{r}) = \exp(i\vec{k}\cdot\vec{r})\cdot v(\vec{k}; \vec{r})$ mit periodischem $v(\vec{k}; \vec{r})$. 4). Denjenigen mit dem kleinsten Betrag unter den Vektoren $\vec{k} + 2\pi\vec{h}$, wobei $\vec{h}$

ein Gittervektor des reziproken Gitters ist. 5). Die Gesamtheit aller reduzierten $\vec{k}$ -Vektoren. 6). Die Gesamtheit aller Drehungen des 3 -dimensionalen Raumes um verschiedene Achsen und Drehwinkel. 7). Unendlich. 8). Wenn ihre Drehwinkel ω gleich sind. 9). Die Determinante der Darstellungsmatrix wird gleich 1 gesetzt. Dem Einselement wird die Einheitsmatrix zugeordnet. Die Matrizen sind innerhalb des Parameterraumes stetig. 10). $(2j+1)$ mit ganzzahligem j bei Vektordarstellungen und halbzahligem bei Strahldarstellungen. 11). $\chi = \sin(j+1/2)\omega / \sin \omega/2$ 12). Nur ± 1 . 13). Die Gruppe der zweidimensionalen, unitären Matrizen mit der Determinante 1 . 14). $(2l+1)(2s+1)$. 15). In $(2l+1)$ oder $(2s+1)$, je nachdem, welche Zahl kleiner ist. 16). Die Koeffizienten der Eigenelemente zum Quadrat und zur z -Komponente des Gesamtdrehimpulses bei Entwicklung nach den Eigenelementen zum Quadrat und zur z -Komponente der beiden Teildrehimpulse.

Antworten auf die Fragen zu Kap.VI (S. 289)

1). Die Anziehungskraft zwischen neutralen Atomen oder Molekülen durch die gegenseitige elektrische Polarisation ihrer Elektronenhüllen. 2). An den Abweichungen von der idealen Gasgleichung, welche in der van-der-Waals'schen Zustandsgleichung durch den Term a/V^2 beschrieben wird. 3). Ja, bei dem Paar Cs^+ und F^-, bei keinem anderen. 4). Dadurch, daß sich die Elektronenwellen bei mittleren Kernabständen über den Bereich von zwei oder mehr Atomen erstrecken und dadurch Zustände entstehen, deren Energie mit abnehmendem Kernabstand sinkt. 5). $1s\sigma g$, $1s\sigma u$, $2s\sigma g$, $2s\sigma u$, $2p\sigma g$, $2p\pi u$, $2p\pi g$, $2p\sigma u$ .... 6). $1s\sigma g$, $2s\sigma g$, $2p\sigma g$, $2p\pi u$ ... . 7). Die näherungsweise Berechnung von Einelektronenzuständen in Molekülen durch Linearkombination von Atomfunktionen. 8). Beim O_2-Molekül 4 , beim N_2-Molekül 6 . 9). Eine Bindung durch einen Einelektronenzustand, der rotationssymmetrisch um die Kernverbindungsachse der beiden verbundenen Atome ist. 10). Eine Bindung durch einen Einelektronenzustand, der den Azimutalwinkel φ um die Kernverbindungsachse nur in einem Faktor $\exp(\pm i\varphi)$ enthält. 11). Nein. Nur wenn sich 2 Elektronen in der gleichen Bahn befinden, verlangt das Pauliprinzip die Antiparallelstellung ihrer Spins, obwohl dadurch die Bindungsstärke geschwächt wird. 12). Ja, die Austauschwechselwirkung. 13). Ja, zur Antiparallelstellung infolge Austauschwechselwirkung. 14). Das O_2-Molekül hat ein magnetisches Spinmoment, weil in ihm die beiden energetisch höchsten Elektronen in dem zweifachen π -Zustand wegen der Austauschwechselwirkung parallele Spins haben. 15). Wenn zwei Elektronen denselben bindenden Zustand besetzen, müssen sie ihre Spins antiparallel stellen, was wegen der Austauschwechselwirkung energetisch ungünstig ist. 16). Wenn man den Zustand durch Überlagerung unveränderter Atomfunktionen beschreibt, nimmt E_{kin} ab. In Wirklichkeit ziehen sich die Elektronenwellen der Atome dabei zusammen, so daß E_{kin} anwächst, wenn auch weniger, als E_{pot} abnimmt. 17). Weil jedes H-Atom mit dem O-Atom eine σ-Bindung eingeht, was nur mit verschiedenen p-Funktionen möglich ist. 18). H_2O hat ein elektrisches Dipolmoment. Wasser hat daher eine große Dielektrizitätskonstante und vermindert die Ionisierungsarbeit gelöster Ionen. 19). Sie bilden ein Kontinuum von Zuständen, von denen die energetisch tiefsten bindend, die höchsten antibindend sind. 20). Wenn ein Band von Einelektronenzuständen nur teilweise besetzt ist. 21). Abweichungen von der Periodizität des Gitters infolge von Gitterfehlern und thermischen Schwingungen der Atome. 22). Weil aus den 4 Atomfunktionen mit der Hauptquantenzahl $n=2$ im Gitter 4 Bänder entstehen, die nur bindende Zustände enthalten und gerade alle voll besetzt sind. 23). Weil zwischen den besetzten und den unbesetzten Zuständen eine energetische Lücke besteht.

Antworten auf die Fragen zu Kap. VII (S. 314)

1). Der Teilraum des Hilbertraumes, welcher den Zustand nach der Messung beschreibt, enthält bei einem Gemisch mehrere linear unabhängige Elemente. Bei einem reinen Zustand ist der Teilraum zum Zustand nach der Messung eindimensional. 2). Die Summe der Diagonalelemente seiner Matrix in irgendeiner Darstellung.
3). Nein (vgl. S. 297). 4). $\varrho = \sum_j |\psi_j\rangle w_j \langle\psi_j|$, wobei die $|\psi_j\rangle$ die normierten Zustandselemente der Teilzustände des Gemisches sind und w_j die Wahrscheinlichkeiten, mit denen sie auftreten. 5). a. Nein. b. Nur, wenn ϱ die in der Antwort auf Frage 5 angegebene Gestalt haben soll. 6). Nein, weil $Sp\varrho = 1$ ist. 7). Bei einem reinen Zustand ist $Sp\varrho^2 = 1$.
8). Im Schrödingerbild ändert sich ϱ zeitlich nach dem Gesetz (§30; 6); im Heisenbergbild bleibt es zeitlich konstant.
9). Ja, nämlich bei einer Messung (vgl. S. 307) oder durch die statistische Wechselwirkung mit der Umgebung (vgl. S. 309).
10). Dimension $(2j+1)$, Anzahl der Parameter $4j(j+1)$.
11). Die Mittelwerte von $S_j S_k$.

Antworten auf die Fragen zu Kap.VIII (S. 345)

1). Sie liefert die Lösung $u(x)$ für beliebiges $f(x)$ in Form eines Integrals der Form $u(x) = \int_{x'} G(x,x')\, f(x')\, dx'$. 2). $\exp(ik|\vec{r}-\vec{r}'|)/(4\pi|\vec{r}-\vec{r}'|)$. 3). Weil sie nach Hinzufügen des Zeitfaktors $\exp(-i\omega t)$ und Nehmen des Realteils auf das retardierte Potential zu der gegebenen, zeitlich periodischen Ladungsverteilung führt. 4). Die Lösung der inhomogenen Schrödingergleichung $H^{(0)}|\psi\rangle - i\hbar\frac{\partial}{\partial t}|\psi\rangle = |f(t)\rangle$ für beliebiges $|f(t)\rangle$ als Integral der Form $\int_{t'=-\infty}^{+\infty} G_+^{(0)}(t,t')\,|f(t')\rangle\, dt'$. 5). Die Lösung der inhomogenen Gleichung $H^{(0)}|u\rangle - E|u\rangle = |q\rangle$ für $|u\rangle$ bei gegebenem $|q\rangle$, falls eine Lösung existiert.
6). $(-i/\hbar)\Theta(t-t')\langle 0|\Psi(\vec{r},t)\,\Psi^+(\vec{r},t)|0\rangle$. 7). Statt des Vakuumelements $|0\rangle$ tritt das Zustandselement $|\Phi_0\rangle$ zum Grundzustand auf und statt $\Theta(t-t')$ der Zeitordnungsoperator $T=1$ für $t>t'$ und $T=-1$ für $t<t'$. Außerdem ist $\vec{r}$ durch die Orts- und Spinvariable zu ersetzen.

Antworten auf die Fragen zu Kap.IX (S. 400)

1). Der Quotient aus der Teilstromstärke der Teilchen, welche in das Intervall $d\Omega$ des räumlichen Winkels gestreut werden, dividiert durch die Teilchenstromdichte im einfallenden Strahl und $d\Omega$. Oder: Die Wahrscheinlichkeit einer Streuung in das kleine Winkelintervall $d\Omega$ mal dem Querschnitt des einfallenden Strahles dividiert durch $d\Omega$. 2). Weil diese Funktion durch keine Wahl von N normiert werden kann. 3). Entweder als Wellenfunktion eines uneigentlichen stationären Zustandes, aus welchem die Wellenfunktionen der physikalisch möglichen Zustände durch Integration über den $\vec{k}$ -Raum mit passend gewählter Amplitude $N(\vec{k})$ entstehen, oder als Zustandsfunktion eines stationären Stromes von Teilchen im klassischen Wellenmodell (vgl. S. 354 und 355).
4). $d\sigma/d\Omega = |f(\vartheta,\varphi)|^2$. 5). Bei der Streuung von Teilchen an einem festen Target mit kugelsymmetrischer potentieller Energie, die im Unendlichen stärker als prop. $1/r$ gegen null geht, hat der Radialanteil der Wellenfunktion zur Drehimpulsquantenzahl l für große r die Form $C\sin(kr + l\pi/2 + \delta_l)/r$. Das δ_l darin ist die Phasenkonstante. 6). Sie wurden in der Antwort auf Frage 5 am Anfang genannt. 7). Wenn praktisch nur die Phasenkonstante δ_0 ungleich null ist. 8). Die Konstante a in der Formel $C(1-r/a)$ für den Radialanteil der Wellenfunktion $l=0$ bei großen Radien für $k=0$. Der totale Wirkungsquer-

schnitt bei S -Streuung für $k=0$ ist $4\pi a^2$. 9). Ω_+ transformiert das Zustandselement $|in\rangle$, welches bei fehlender Wechselwirkung zur Zeit $t=0$ erreicht werden würde, in das Zustandselement, welches zur gleichen Zeit wirklich erreicht wird. 10). Die Gesamtheit der Zustände aus Target und einfallenden Teilchen mit festem Zustand der inneren Variablen und verschiedenen Werten der Impulse der getrennten Teilchen. 11). $S_{\beta\alpha}$ transformiert den $|in\rangle$ -Zustand des Einfallskanals α in den $|out\rangle$ -Zustand des Ausfallskanals β . 12). Eine symbolische Darstellung eines Terms der S -Matrix für Elektronen und Positronen in Wechselwirkung mit den Photonen des elektromagnetischen Feldes. 13). a. Eine Integralgleichung für den uneigentlichen Zustand aus auslaufenden Wellen und einer einlaufenden,ebenen Welle (S. 324). b. Eine Operatorenbeziehung, welche die entsprechenden uneigentlichen Streuzustände im Hilbertraum miteinander verknüpft (vgl. S. 394). 14). $G^{(0)}(E+i\varepsilon)\,T(E+i\varepsilon)$ geht im Limes $\varepsilon\to 0$ für $\varepsilon>0$ in einen Operator über, welcher einen uneigentlichen stationären Zustand des Einfallsstrahls in die bei der Streuung daraus entstehende Streuwelle transformiert (vgl. S. 396).

Antworten auf die Fragen zu Kap.X (S. 437)

1). $A_1^2+A_2^2+A_3^2-A_0^2$. 2). Weil ein Teil der Maxwellschen Gleichungen keine zeitlichen Ableitungen von $\vec{E}$ und $\vec{B}$ enthält. 3). Weil die Lorentzkonvention verschiedene Komponenten des Viererverektors $(\vec{A}, A_0)$ miteinander verknüpft, so daß die A_μ nicht mehr unabhängig voneinander variiert werden können. 4). Weil $\tilde{A}_\mu(\vec{k}) = \tilde{A}_\mu^*(-\vec{k})$ ist, also die $\tilde{A}_\mu(\vec{k})$ für entgegengesetzt gleiche $\vec{k}$ nicht unabhängig voneinander sind. 5). Der Anteil, welcher von den Komponenten $c_\parallel(\vec{k})$ der Fourierkoeffizienten $\vec{c}(\vec{k})$ parallel zu $\vec{k}$ abhängt. 6). $CC^+ - C^+C = 1$, falls $C|0\rangle = 0$ gilt. 7). $C_1^+(\vec{k})C_1(\vec{k}) + C_2^+(\vec{k})C_2(\vec{k}) + C_3^+(\vec{k})C_3(\vec{k}) - \bar{C}_0(\vec{k})C_0(\vec{k}) = \sum_{\mu=0}^{3} \bar{C}_\mu^+ C_\mu$.

Antworten auf die Fragen zu Kap.XI (S. 476)

1). Weil es dann unendlich viele Zustände mit negativer Energie gäbe, in welche das Teilchen unter Strahlungsemission rasch übergehen könnte. 2). Weil die Diracgleichung Elektronen- und Positronenwellen beschreibt, deren Raumladungsdichte beiderlei Vorzeichen haben kann. 3). Die Vertauschung von Teilchen und Antiteilchen bzw. Elektronen und Positronen unter Vorzeichenwechsel der Wechselwirkung mit dem elektromagnetischen Feld. 4). Bei Verwendung der im Text erläuterten, gegen Ladungskonjugation symmetrischen Schreibweise zeigt sie sich an der Invarianz der Gleichungen gegen Vertauschung von φ_e und φ_p verbunden mit einem Vorzeichenwechsel von e. In der üblichen Schreibweise (§46; 24) der Diracgleichung ist diese Symmetrie an einer Invarianz gegen einen Übergang zum konjugiert-komplexen, einer anschließenden Ähnlichkeitstransformation und einem Vorzeichenwechsel von e zu erkennen. 5). Durch eine Mittelung über ein Gebiet von der ungefähren linearen Ausdehnung der Comptonwellenlänge. 6). $\lambda\!\!\!^{-}_c = \hbar/(mc)$. 7). $\sum_{s,s'=1}^{2} \varphi^*(\vec{r},s)\,(\sigma_j)_{ss'}\,\varphi(\vec{r},s')$ $(j=1,2,3)$. 8). $\Phi(\vec{k},s)\,\Phi^+(\vec{k}',s') + \Phi^+(\vec{k}',s')\,\Phi(\vec{k},s) = \delta_{\vec{k}\vec{k}'}\,\delta_{ss'}$. 9). Nein. Sie sind antikommutativ. 10). Ja. 11). Weil die Operatoren $\Phi(\vec{k},s)$ und $\Phi(\vec{k}',s')$ antikommutativ sind, ihre Erwartungswerte aber miteinander kommutieren.

Lösungen der Aufgaben

Lösungen der Aufgaben zu Kap. I (S. 52)

1). a. Wegen $\langle n|X|0\rangle = \delta_{n1}\sqrt{\hbar/(2m\omega_0)}$ ergibt sich $FE_0^{(1)} = 0$ und $F^2E_0^{(2)} = -e^2F^2/(2m\omega_0^2)$. Die Änderung des Eigenelements in 1. Näherung ist $F|u_0^{(1)}\rangle = |1\rangle eF/\sqrt{2m\hbar\omega_0^3}$. b. In 1. Näherung ist $e\overline{x} = Fe^2/(m\omega_0^2)$. c. Klassisch und bei strenger Rechnung ergibt sich das gleiche.

2). a. Da $\lambda H^{(1)}$ mit L_z vertauschbar ist, sind die gemeinsamen Eigenelemente von L_z und L^2 bereits die richtigen Linearkombinationen. b. Die Hilfsformel besagt, daß die Reihenentwicklung der Störung 1. Näherung nach den $|l,m\rangle$ im Fall $l \neq 0$ nur zwei Summanden und für $l = 0$ nur einen enthält. Man erhält für $l \neq 0$

$$\overline{p\cos\vartheta} = -p^2F\frac{2\Theta}{\hbar^2}\frac{l(l+1)-3m^2}{l(l+1)(2l+3)(2l-1)} \quad \text{und} \quad \overline{p\cos\vartheta} = p^2F\cdot\frac{2\Theta}{3\hbar^2} \quad \text{für } l=0.$$

c. Die Aussage folgt aus $\sum_{-l}^{+l} m^2 = l(l+1)(2l+1)/3$. d. Die Polarisation P eines Gases mit der Molekülzahldichte N ist $P = Np^2F\cdot 2\Theta/(3\hbar^2 Z)$. Darin ist $Z = \sum_{l=0}^{\infty}(2l+1)\exp\left(-\frac{\hbar^2 l(l+1)}{2\Theta kT}\right)$ die Zustandssumme, welche angenähert durch ein Integral über l ersetzt werden kann. $P = Np^2F/(3kT)$.

3). Der s-Term ist nicht entartet. Wählt man die p-Funktionen in der Form $p_1 = xp(r)$, $p_2 = yp(r)$, $p_3 = zp(r)$, so wird die Störmatrix ein Vielfaches der Einheitsmatrix. Dieser Term spaltet also auch nicht auf. Wählt man als d-Funktionen die Funktionen $d_1 = (x^2-y^2)d(r)$, $d_2 = (2z^2-x^2-y^2)d(r)/\sqrt{3}$, $d_3 = 2xyd(r)$, $d_4 = 2yzd(r)$, $d_5 = 2zxd(r)$, so wird die Störmatrix eine Diagonalmatrix, deren erste beiden und letzten drei Diagonalwerte übereinstimmen. Der d-Term spaltet also in einen zweifachen und einen dreifachen Term auf.

Lösungen der Aufgaben zu Kap. II (S. 82)

1). Bezeichnet $|k\rangle$ das Zustandselement mit $n=2$, $l=1$, $m=0$, so gilt $\langle k|X|0\rangle = \langle k|Y|0\rangle = 0$ und $\langle k|Z|0\rangle = a_0 2^{15/2}/3^5$, sowie $A = \Delta\omega = \frac{\omega_k^3 e^2 |\langle k|Z|0\rangle|^2}{3\pi\epsilon_0 c^3 \hbar} = 6{,}26 \cdot 10^{-8}\,s^{-1}$. Relative natürliche Linienbreite $\Delta\omega/\omega = 4{,}04 \cdot 10^{-7}$. Relative thermische Linienbreite $\Delta\omega/\omega = 76{,}9 \cdot 10^{-7}$.

2). Fourieramplitude exakt $\tilde{F}(\omega) = \frac{C}{4\pi i}\left(\frac{1}{A/2 + i(\omega-\omega_k)} - \frac{1}{A/2 + i(\omega+\omega_k)}\right)$. Für $|\omega - \omega_k| \ll \omega_k$ und $A \ll \omega_k$ gilt $|\tilde{F}(\omega)|^2 = \frac{|C|^2}{16\pi^2} \cdot \frac{1}{(\omega-\omega_k)^2 + A^2/4}$.

3). $c_n^{(1)}(t) = -\frac{i}{\hbar}\langle n|X|0\rangle \frac{S_0}{t_0\sqrt{\pi}} \int_{t=-\infty}^{+\infty} \exp(in\omega_0 t - t^2/t_0^2)\,dt$ ist nur für $n = 1$ ungleich null. $|c_n^{(1)}(\infty)|^2 = \frac{S_0^2}{2m\hbar\omega_0} \exp\left(-\frac{\omega_0^2 t_0^2}{2}\right)$.

Bedingung für Gültigkeit im Limes $t_0 \to 0$: $S_0^2 \ll 2m\hbar\omega_0$.

Lösungen der Aufgaben zu Kap. III (S. 127)

1). Aus $\mu_B = \frac{e\hbar}{2m_e} = \pi r^2 I = \frac{evr}{2}$ folgt wegen $v < c$

$r > \hbar/(m_e c) = 3{,}86 \cdot 10^{-11}\,cm$ (Comptonwellenlänge).

2). $B = \frac{\pi\hbar c}{\mu_B}\left(\frac{1}{\lambda_1} - \frac{1}{\lambda_2}\right) = 18{,}4\ Vs/m^2 \mathrel{\hat{=}} 184\ kGauß.$

3). $B = \frac{\mu_0}{4\pi} \cdot \frac{2\mu_N}{r^3} = 94{,}2\ Vs/m^2 = 942\ kGauß$.

Lösungen der Aufgaben zu Kap. IV (S. 172)

1). Rechenregeln: $d^6 = e$, $s^2 = e$, $\sigma^2 = e$, $sd = d^5 s$. Ordnung 24. Die Gruppe ist ein direktes Produkt aus (e, σ) und der Gruppe aus allen Elementen ohne einen Faktor σ. Klasseneinteilung: (e), (d^3), $(d^2; d^4)$, $(d; d^5)$, $(s; sd^2; sd^4)$, $(sd; sd^3; sd^5)$ sowie dieselben mit einem zusätzlichen Faktor σ. Die Gruppe hat 8 eindimensionale und 4 zweidimensionale irreduzible Darstellungen. Die eindimensionalen erhält man, indem man s, d und σ je ± 1 zuordnet. Die einfachste zweidimensionale Darstellung wird von den Funktionen x und y erzeugt. Die anderen ergeben sich daraus durch Vorzeichenumkehr aller Matrizen zu Elementen mit einem Faktor σ oder einer ungeraden Potenz von d oder beiden.

2). Die Matrizen in einer Strahldarstellung seien mit den entsprechenden großen Buchstaben wie die Elemente bezeichnet. Eicht man sie so, daß $A^2 = B^2 = E$ ist, so folgt aus $AB = \gamma BA$ durch Multiplikation mit A von links und mit B von rechts $\gamma^2 = 1$. Ersetzt man nun γ durch eine Matrix V, die mit allen anderen Matrizen vertauschbar ist und $V^2 = E$ erfüllt, so bilden A, B, V und ihre Produkte die erweiterte Gruppe der Ordnung 8. Sie besitzt 4 eindimensionale Darstellungen ($A = \pm 1$, $B = \pm 1$, $V = 1$) und eine zweidimensionale, bei der A, B und AB gleich den Paulimatrizen sind und $V = -E$.

Lösungen der Aufgaben zu Kap.V (S. 238)

1).a. Für $0 < x < a$ ergibt sich $u = \exp(i\xi x/a) + \beta\exp(-i\xi x/a)$. Für $a < x < 2a$ ergibt sich $u(x)$ aus $u(x) = u(x-a)\cdot\exp ika$.
b. $u(x)$ ist bei $x = a$ stetig. Die Ableitung springt dort um $Bu(a)/a$. Daraus folgt

$$\cos\xi + \frac{B}{2}\,\frac{\sin\xi}{\xi} = \cos ka .$$

c. Man trage die linke Seite der obigen Gleichung als Funktion von ξ auf. Die Bänder liegen dann in denjenigen Bereichen von ξ, wo $0 \leq |\cos\xi + B\sin\xi/(2\xi)| \leq 1$ ist. Der obere Rand liegt jeweils bei $\xi = n\pi$ (n ganzzahlig, $n \geq 1$). Die Lücken zwischen den Bändern werden mit wachsendem ξ immer kleiner (R. Kronig und W. Penney, Proc. Roy. Soc. A130 (1931) S. 499).

2). Mögliche S-Werte: einmal $S = 3/2$ und zweimal $S = 1/2$. Der erste, vierfache Term besteht aus den Linearkombinationen, die gegen Vertauschungen der m_i symmetrisch sind. Zu den anderen Termen gehören die dazu orthogonalen Elemente, von denen das eine Paar symmetrisch gegen eine Vertauschung von m_1 und m_2 gewählt werden kann und das andere antisymmetrisch. Wenn die ersten beiden Elektronen in der gleichen Bahn laufen, ist nur das letzte Dublett möglich.

3). Die 9 Zustände von zwei Quarks zerfallen in ein Sextett und ein Triplett, von denen das erste aus den gegen Teilchenvertauschung symmetrischen Elementen und das letztere aus den antisymmetrischen besteht. Die 27 Zustände von drei Quarks enthalten ein zehnfaches Dekuplett, welches alle gegen alle Teilchenvertauschungen invarianten Elemente enthält, und ein Singulett, dessen Element gegen alle Teilchenvertauschungen antisymmetrisch ist. Die übrigen 16, zu den genannten orthogonalen Zustandselemente lassen sich zu zwei Oktetts zusammenfassen, von denen das eine die gegen Vertauschung der ersten beiden Quarks symmetrischen Zustände enthält, das andere die dagegen antisymmetrischen.

Lösungen der Aufgaben zu Kap.VI (S. 290)

1). Für den einzelnen Potentialtopf sind die Eigenwerte mit $E = \frac{\hbar^2}{2ma^2}\xi^2$ durch $\xi_n = n\pi$ gegeben. Für den rechten Potentialtopf lautet die Eigenfunktion $u = C \sin \pi n x/a$ für $0 < x < a$, sonst 0. Für den linken lautet sie $u = C' \sin \pi n x/a$ für $-a < x < 0$, sonst 0. Für die vereinigten Potentialtöpfe ist die in x ungerade Kombination dieser Lösungen auch eine Eigenfunktion zur gleichen Energie. Für die gerade Lösung liefert der Ansatz

$u = D \sin \xi (a+x)/a$ für $-a < x < 0$, $u = D \sin \xi (a-x)/a$ für $0 < x < a$ und

0 sonst die folgende Bedingung für ξ : $\tan\xi + 2\xi/B = 0$. Trägt man in einem z- ξ -Diagramm die Kurven $z = \tan\xi$ und $z = -2\xi/B$ auf, so liefern die Schnittpunkte die ξ -Werte der Eigenwerte. Der n -te von ihnen liegt in dem Intervall $(n-1/2)\pi < \xi < n\pi$ und zwar umso näher an der unteren Grenze, je kleiner B und je größer n ist. Die geraden Wellenfunktionen gehören also zu bindenden Zuständen. Die ungeraden gehören zu Zuständen, deren Energie nicht von B abhängt.

2). Legt man die x- y -Ebene in die Ebene der Kerne, den Nullpunkt in den Kern des C-Atoms und die x -Achse durch einen der H-Atomkerne, so lassen sich aus den normierten Atomfunktionen des C-Atoms zu $n=2$, $s(r)$, $xp(r)$ und $yp(r)$ die folgenden orthogonalen Funktionen bilden, die auseinander durch eine Drehung um $2\pi/3$ um die z -Achse hervorgehen:

$$f_1 = \frac{1}{\sqrt{3}}\left\{s(r) + \sqrt{2}\, x p(r)\right\}\,; \quad f_2 = \frac{1}{\sqrt{3}}\left\{s(r) + \sqrt{2}\left(-\frac{x}{2} + \frac{y}{2}\sqrt{3}\right)p(r)\right\};$$

$$f_3 = \frac{1}{\sqrt{3}}\left\{s(r) + \sqrt{2}\left(-\frac{x}{2} - \frac{y}{2}\sqrt{3}\right)p(r)\right\}.$$

Sie haben jeweils in Richtung eines der H-Atome ein Intensitätsmaximum. Aus ihnen lassen sich mit den s -Funktionen je eines der H-Atome je ein bindender und ein antibindender σ -Zustand herstellen. Von den 9 Elektronen des CH_3-Radikals besetzen im Grundzustand 2 Elektronen den $1s$ -Zustand des C-Atoms, je 2 weitere die drei bindenden σ -Zustände und eines den Zustand mit der Wellenfunktion $zp(r)$ des C-Atoms, welcher weder bindend noch antibindend ist.

3). Die ψ -Funktion des N-Teilchen-Systems lautet

$$\psi = \frac{1}{\sqrt{N!}}\sum_P (-1)^{T(P)} \langle \vec{r}_1 | \vec{k}_j \rangle \langle \vec{r}_2 | \vec{k}_m \rangle \ldots \quad \langle \vec{r}_N | \vec{k}_p \rangle \,.$$

Die Summe läuft dabei über alle Permutationen der N Indizes $j, m, \ldots\ p$. $T(P)$ ist die Zahl der Vertauschungen, welche diese Permutation erzeugt. Nun berechnet man das Integral von $\psi^* \psi$ über $\vec{r}_3$, $\vec{r}_4 \ldots$ bis $\vec{r}_N$. Dabei ergibt sich nur dann nicht null, wenn die Permutationen in den beiden Summen von der 3. Ziffer an übereinstimmen. So ergibt sich

$$\iiint_{\vec{r}_3, \vec{r}_4, \ldots \vec{r}_N} \psi^* \psi \, d^3x_3\, d^3x_4 \ldots\ d^3x_N = \frac{1}{N(N-1)} \sum_{\vec{k}_j, \vec{k}_m} \frac{1}{V^2}\left(1 - \exp i(\vec{k}_j - \vec{k}_m)\cdot(\vec{r}_1 - \vec{r}_2)\right).$$

Nun ersetzt man die Summen über die quasikontinuierlich verteilten $\vec{k}$ -Vektoren durch Integrale, welche sich durch Einführung von Polarkoordinaten mit der Polachse in Richtung von $(\vec{r}_1 - \vec{r}_2)$ leicht auswerten lassen. Die gesuchte Wahrscheinlichkeit ist $w(|\vec{r}_1 - \vec{r}_2|)dV_1 dV_2$ mit

$$w(r) = \frac{1}{V^2}\left\{1 - \left(3\,\frac{\sin k_F r - k_F r\cos k_F r}{(k_F r)^3}\right)^2\right\}.$$

Lösungen der Aufgaben zu Kap.VII (S. 314)

1). Mit $|v_j\rangle = \sum_k |u_k\rangle U_{kj}$ folgt aus der Unitarität der Matrix $\overleftrightarrow{U}$ bzw. aus $\sum_j U_{kj} U^*_{lj} = \delta_{kl}$ sofort die Behauptung.

2). Zwischen den 12 Mittelwerten $\overline{S_k}$ und $\overline{S_j S_k}$ bestehen wegen $\overline{S_1^2 + S_2^2 + S_3^2} = j(j+1) = 2$ und den Vertauschungsrelationen 4 Beziehungen. Sie liefern also gerade 8 unabhängige Gleichungen für die 8 Parameter von ϱ im dreidimensionalen Hilbertraum. Resultat:

$$\varrho = \begin{pmatrix} \frac{1}{2}\overline{S_3} + \frac{1}{2}\overline{S_3^2} & \frac{1}{2\sqrt{2}}\overline{(S_1 - iS_2)} + \frac{1}{\sqrt{2}}\overline{S_3(S_1 - iS_2)} & \frac{1}{2}\overline{(S_1 - iS_2)^2} \\ \frac{1}{2\sqrt{2}}\overline{(S_1 + iS_2)} + \frac{1}{\sqrt{2}}\overline{S_3(S_1 + iS_2)} & 1 - \overline{S_3^2} & \frac{1}{2\sqrt{2}}\overline{(S_1 - iS_2)} - \frac{1}{\sqrt{2}}\overline{S_3(S_1 - iS_2)} \\ \frac{1}{2}\overline{(S_1 + iS_2)^2} & \frac{1}{2\sqrt{2}}\overline{(S_1 + iS_2)} - \frac{1}{\sqrt{2}}\overline{S_3(S_1 + iS_2)} & -\frac{1}{2}\overline{S_3} + \frac{1}{2}\overline{S_3^2} \end{pmatrix}.$$

Lösungen der Aufgaben zu Kap.VIII (S. 345)

1). Mit $u^{(0)}(\vec{r}) = \exp i\vec{k}\cdot\vec{r}$ liefert (§32; 21)

$$u^{(1)}(\vec{r}) = \exp i\vec{k}\cdot\vec{r} + f(\vartheta,\varphi)\frac{\exp ikr}{r}.$$

Darin ist

$$f(\vartheta,\varphi) = -\frac{m}{2\pi\hbar^2}\cdot\frac{2Ze^2}{4\pi\varepsilon_0}\iiint_{\vec{r}'}\frac{\exp i\vec{r}'\cdot(\vec{k} - k\vec{r}/r)}{r'}\exp(-\alpha r')\,d^3x'.$$

Die Auswertung ist in Polarkoordinaten mit einer Polachse in Richtung von $\vec{k} - k\vec{r}/r$ einfach. Sie liefert mit der Abkürzung $q = 2k\sin\vartheta/2$

$$f(\vartheta,\varphi) = -\frac{mZe^2}{\pi\varepsilon_0\hbar^2}\,\frac{1}{q^2 + \alpha^2}.$$

Im Limes $\alpha \to 0$ ergibt sich daraus für $|f(\vartheta,\varphi)|^2$ die Rutherfordsche Streuformel.

2). Die Rechnung verläuft genauso wie in §34 bis (§34; 14). Wenn dort $\varepsilon < 0$ ist, liegt nur der Pol $p = -\sqrt{2m(E+i\varepsilon)}$ des Integranden innerhalb des geschlossenen Integrationsweges. Daher ergibt sich

$$\langle \vec{r}\,|\,G^{(0)}(E-i0)\,|\,\vec{r}\,'\rangle = -\frac{2m}{\hbar^2}\;\frac{\exp(-ik|\vec{r}-\vec{r}\,'|)}{4\pi|\vec{r}-\vec{r}\,'|}\;.$$

Wenn man also bei der Riemannschen Fläche für $\sqrt{E}$ den Verzweigungsschnitt auf die positiv-reelle Achse legt, ist $\langle \vec{r}\,|\,G^{(0)}(E)\,|\,\vec{r}\,'\rangle$ auf ihr eindeutig.

Lösungen der Aufgaben zu Kap.IX (S. 400)

1). Dieselbe Umformung wie in Kap. VIII, Aufg. 1, liefert

$$f(\vartheta,\varphi) = -\frac{2m}{\hbar^2}\int\limits_{r'=0}^{\infty}\frac{\sin qr'}{q}\,E_{pot}(r')\,r'dr'.$$

Damit ist die erste Aussage bewiesen. Mit

$$E_{pot}(r') = \frac{e^2}{4\pi\varepsilon_0}\left\{-\frac{Z}{r'} + \iiint\limits_{-\infty}^{+\infty}\frac{\varrho(r'')}{|\vec{r}\,''-\vec{r}\,'|}\,d^3x''\right\}$$

erhält man nach Einführung von Polarkoordinaten für $\vec{r}\,''$ mit der Polachse in Richtung von $\vec{r}\,'$ und zweimaliger partieller Integration

$$f(\vartheta,\varphi) = \frac{me^2}{2\pi\varepsilon_0\hbar^2q^2}\{Z - F(q)\} \quad \text{mit} \quad F(q) = \int\limits_{r'=0}^{\infty}\frac{\sin qr'}{q}\,4\pi r'\varrho(r')\,dr'.$$

2). Mit $V_0 = +\hbar^2\varkappa^2/(2m)$ ergibt sich streng

$$k\cot\delta_0 = \frac{\sqrt{\varkappa^2-k^2} + k\tan kr_1\,\tanh\sqrt{\varkappa^2-k^2}\,r_1}{\tanh\sqrt{\varkappa^2-k^2}\,r_1 - \sqrt{\varkappa^2-k^2}\,\tan kr_1/k}\;.$$

Entwicklung nach Potenzen von k^2 liefert mit $k\cot\delta_0 = -\frac{1}{a}+\frac{k^2r_0}{2}$

$$a = r_1\left(1 - \frac{\tanh\varkappa r_1}{\varkappa r_1}\right) \quad \text{und} \quad r_0 = r_1\left\{1 - \frac{1}{3}\left(\frac{r_1}{a}\right)^2 + \frac{1}{\varkappa^2 r_1 a}\right\}.$$

3). Mit $V_0 = -\hbar^2\varkappa^2/(2m)$ ergibt sich streng

$$k\cot\delta_0 = \frac{\sqrt{\varkappa^2+k^2}\,r_1 + (kr_1\tan kr_1 + D)\tan\sqrt{\varkappa^2+k^2}\,r_1}{r_1\left[\tan\sqrt{\varkappa^2+k^2}\,r_1 - (\sqrt{\varkappa^2+k^2}\,r_1 + D\tan\sqrt{\varkappa^2+k^2}\,r_1)\tan kr_1/kr_1\right]}\;.$$

Der Limes $k\to 0$ liefert $a = r_1\{1 - \tan\varkappa r_1/(\varkappa r_1 + D\tan\varkappa r_1)\}$. Das wird unendlich, wenn $D\tan\varkappa r_1 + \varkappa r_1 = 0$ ist. Für die stationären Zustände ergibt sich mit $E = -\hbar^2\lambda^2/(2m)$ die Bedingungsgleichung $D+\lambda r_1 + r_1\sqrt{\varkappa^2-\lambda^2}\cot\sqrt{\varkappa^2-\lambda^2}\,r_1 = 0$. Für $\lambda = 0$ ist das mit der Bedingungsgleichung für $a=\infty$ identisch.

4). Die in der Lösung von Aufg. 3 angegebene Formel für $k\cot\delta_0$ liefert für $D=0$ bei Entwicklung nach Potenzen von k^2

$$a = r_1\left\{1 - \frac{\tan\varkappa r_1}{\varkappa r_1}\right\} \quad \text{und} \quad r_0 = r_1\left\{1 - \frac{1}{3}\left(\frac{r_1}{a}\right)^2 - \frac{1}{\varkappa^2 r_1 a}\right\}.$$

Der Quotient dieser Ausdrücke liefert nach Elimination von a eine Formel für r_0/a in Abhängigkeit von $\varkappa r_1$. Ihre numerische Lösung ergibt für den Singulettzustand $(\varkappa r_1)_s = 1{,}511$, $r_{1s} = 2{,}37 \cdot 10^{-13}$ cm und $V_{0s} = 17{,}0$ MeV und für den Triplettzustand $(\varkappa r_1)_t = 1{,}884$, $r_{1t} = 2{,}05 \cdot 10^{-13}$ cm und $V_{0t} = 35{,}0$ MeV. Für den gebundenen Zustand des Potentialtopfes zum Triplettzustand erhält man $E_t = -2{,}19$ MeV, in guter Übereinstimmung mit dem experimentellen Wert $-2{,}22$ MeV.

5). Aus Abb. 39 liest man ab

$$\frac{1}{\eta k}\left\{-\frac{1}{a_p} + \frac{k^2 r_{0p}}{2}\right\} = 8{,}63 + 0{,}945\, E_{Lab}/\mathrm{MeV}.$$

Mit $1/(\eta k) = 4\pi\varepsilon_0 \hbar^2/(m_{red}\, e^2) = 5{,}764 \cdot 10^{-12}$ cm ergibt sich daraus $a_p = -6{,}68 \cdot 10^{-13}$ cm. Da im Schwerpunktsystem für den Fall, daß der eine Kern anfangs ruht, $E = E_{Lab}/2 = \hbar^2 k^2/(2m_{red})$ ist, folgt

$$r_{0p} = \frac{0{,}945}{\mathrm{MeV}} \cdot \frac{2\hbar^2 \eta k}{m_{red}} = 2{,}72 \cdot 10^{-13}\,\mathrm{cm}.$$

Daraus ergibt sich ebenso wie in Aufg. 4 $\varkappa r_1 = 1{,}383$, $r_1 = 2{,}38 \cdot 10^{-13}$ cm und $V_0 = 14{,}0$ MeV, also nahezu dieselben Werte wie bei der Proton-Neutron-Streuung im Singulettzustand.

Lösungen der Aufgaben zu Kap. X (S. 437)

1). Wenn man in der Formel für $\vec{F}$ für ϱ und $\vec{j}$ die Ausdrücke (§43; 1 und 2) einsetzt und dazu $d\vec{P}/dt$ addiert, ergeben sich in Koordinaten im Integranden bei Beachtung der Maxwellschen Gleichungen lauter Ausdrücke, die vollständige Ableitungen sind und daher bei Integration verschwinden. Bei der Umrechnung der Formel für $\vec{P}$ beachte man, daß in (§43; 48 und 49) im Fall $\varrho = 0$ bei Gültigkeit der Lorentzkonvention nur die $\vec{C}_\perp(\vec{k})$ vorkommen. Beim Einsetzen dieser Formeln ergibt sich zunächst eine Doppelsumme über $\vec{k}$ und $\vec{k}'$, die sich aber bei Beachtung der Orthogonalität der $\exp i\vec{k}\cdot\vec{r}$ für verschiedene $\vec{k}$ und $\vec{k}'$ zu einer einfachen Summe vereinfacht. Da $\sum_{\vec{k}} \vec{k}\, \vec{C}_\perp(\vec{k}) \cdot \vec{C}_\perp(-\vec{k})$ aus Symmetriegründen verschwindet, bleibt dann nur der angegebene Ausdruck übrig.

2). Man mache den Ansatz $|\psi\rangle = \sum_{n_0, n_1, n_2, n_3 = 0}^{\infty} |n_0; n_1; n_2; n_3\rangle\, a(n_0, n_1, n_2, n_3)$

und benutze die Beziehungen $C_3|n_0; n_1; n_2; n_3\rangle = |n_0; n_1; n_2; n_3 - 1\rangle \sqrt{n_3}$ sowie $C_0|n_0; n_1; n_2; n_3\rangle = |n_0 - 1; n_1; n_2; n_3\rangle \sqrt{n_0}$. Die geforderte Beziehung liefert dann die Koeffizientengleichung

$$a(n_0, n_1, n_2, n_3+1)\sqrt{n_3+1} = a(n_0+1, n_1, n_2, n_3)\sqrt{n_0+1}$$

für alle $n_0, n_1, n_2, n_3 \geq 0$. Erweitert man sie mit $\sqrt{n_0!\, n_3!}$, so besagt sie, daß $a(n_0, n_1, n_2, n_3)\sqrt{n_0!\, n_3!}$ nur von n_1 , n_2 und der Summe $n_0 + n_3 = n$ abhängt. Bezeichnet man diese Größe mit $b(n_1, n_2, n)$, so folgt

$$|\psi\rangle = \sum_{n_1, n_2, n=0}^{\infty} b(n_1, n_2, n) \sum_{p=0}^{n} \frac{|n-p; n_1, n_2; p\rangle}{\sqrt{(n-p)!\, p!}} .$$

Daraus ergibt sich mit (§45; 18)

$$|\psi\rangle = \sum_{n_1, n_2, n=0}^{\infty} b(n_1, n_2, n)\left(C_3^+ + C_0^+\right)^n |0; n_1; n_2; 0\rangle,$$

wie behauptet.

Lösungen der Aufgaben zu Kap.XI (S. 477)

1). a.

$$\alpha^{(1)} = \begin{pmatrix} 0 & 0 & 0 \\ 0 & 0 & -i \\ 0 & i & 0 \end{pmatrix}, \quad \alpha^{(2)} = \begin{pmatrix} 0 & 0 & i \\ 0 & 0 & 0 \\ -i & 0 & 0 \end{pmatrix}, \quad \alpha^{(3)} = \begin{pmatrix} 0 & -i & 0 \\ i & 0 & 0 \\ 0 & 0 & 0 \end{pmatrix} .$$

b. Folgende Unterschiede sind wichtig: $\psi(s)$ hat nur 3 Komponenten statt 4 bei der Diracgleichung. Der Summand mit der Ruhemasse fehlt, was bei Lichtquanten verständlich ist. Die $\alpha^{(j)}$ sind nicht unitär, wohl aber genauso wie in der Diracgleichung hermitisch. Eine Multiplikation von $\psi(\vec{r}, s)$ mit einem komplexen Faktor vom Betrag 1 erzeugt, anders als bei der Diracgleichung, einen anderen Zustand mit anderem elektrischen und magnetischen Feld. c. Aus der Wellengleichung folgt ein Erhaltungssatz der Form

$$\partial\varrho/\partial t + \operatorname{div}\vec{j} = 0 \quad \text{mit} \quad \varrho = \sum_{s=1}^{3} \psi^*(\vec{r}, s)\psi(\vec{r}, s) \text{ und } j_k = c\sum_{s,s'=1}^{3} \psi^*(\vec{r}, s)\, \alpha^{(k)}_{ss'}\, \psi(\vec{r}, s')$$

ϱ bedeutet die doppelte Energiedichte des elektromagnetischen Feldes; $\vec{j}$ ist der doppelte Poyntingvektor.

2). a. Die Eigenwerte sind $\pm\sqrt{\kappa^2 + \vec{k}^2}$. b. Zu $+\sqrt{\kappa^2 + \vec{k}^2}$ gehört $\left(\tilde{F}(\vec{k}); 0; \frac{k_3}{2\kappa}\tilde{G}(\vec{k}); \frac{k_1 + ik_2}{2\kappa}\tilde{G}(\vec{k})\right)$ und $\left(0; \tilde{F}(\vec{k}); \frac{k_1 - ik_2}{2\kappa}\tilde{G}(\vec{k}); -\frac{k_3}{2\kappa}\tilde{G}(\vec{k})\right)$ Zu $-\sqrt{\kappa^2 + \vec{k}^2}$ gehört $\left(-\frac{k_3}{2\kappa}\tilde{G}(\vec{k}); -\frac{k_1 + ik_2}{2\kappa}\tilde{G}(\vec{k}); \tilde{F}(\vec{k}); 0\right)$ und $\left(-\frac{k_1 - ik_2}{2\kappa}\tilde{G}(\vec{k}); \frac{k_3}{2\kappa}\tilde{G}(\vec{k}); 0; \tilde{F}(\vec{k})\right)$. c. Die Eigenvektoren sind die Spalten der Matrix $\exp\left(-i\,\frac{\delta(\vec{k})}{2}\right)$ in (§47; 26).

Namen- und Sachverzeichnis

A

B

C

D

E

F

G

H

I

J

K

L

M

N

O

P

Q

R

S

T

U

V

W

Y

Z

Inhaltsverzeichnis von Band I. Grundlagen

Inhaltsverzeichnis von Band II. Die allgemeinen Gesetze

Bei Fragen zur Produktsicherheit wenden Sie sich bitte an:
If you have any questions regarding product safety,
please contact:

Walter de Gruyter GmbH
Genthiner Straße 13
10785 Berlin
productsafety@degruyterbrill.com